ERGEBNISSE DER MIKROBIOLOGIE IMMUNITÄTSFORSCHUNG UND EXPERIMENTELLEN THERAPIE

FORTSETZUNG DER ERGEBNISSE DER HYGIENE
BAKTERIOLOGIE · IMMUNITÄTSFORSCHUNG UND EXPERIMENTELLEN THERAPIE
BEGRÜNDET VON WOLFGANG WEICHARDT

HERAUSGEGEBEN VON

W. HENLE
PHILADELPHIA

W. KIKUTH
DÜSSELDORF

K. F. MEYER
SAN FRANCISCO

E. G. NAUCK
HAMBURG

J. TOMCSIK
BASEL

FÜNFUNDDREISSIGSTER BAND

MIT 45 ABBILDUNGEN

SPRINGER-VERLAG BERLIN HEIDELBERG GMBH 1962

ISBN 978-3-540-02812-3   ISBN 978-3-662-42624-1 (eBook)

DOI 10.1007/978-3-662-42624-1

Inhaltsverzeichnis

Virus und Nucleinsäure*

Von

EBERHARD WECKER

Inhaltsverzeichnis

---

* The Wistar Institute of Anatomy and Biology, Philadelphia.

Die Virusforschung, als ein Teil der experimentellen Biologie, hat in den letzten Jahren Außerordentliches zur Erweiterung unserer biologischen Kenntnisse und zum Verständnis grundsätzlicher biologischer Phänomene beigetragen. Einer der wesentlichsten Marksteine in der Entwicklung dieses relativ jungen Wissenschaftszweiges war der experimentelle Beweis, daß der Nucleinsäure-Anteil eines Virus den einzigen und eigentlichen Träger des genetischen Codes darstellt, durch welchen neues Virus in einer lebenden Zelle reproduziert werden kann.

Um die Bedeutung dieser Ergebnisse ganz klar herauszustellen, sollen die beiden Begriffe „Virus" und „Nucleinsäure" kurz definiert und in ihren wichtigsten Charakteristiken beschrieben werden.

Die Viren wurden schon lange, bevor man noch Detailliertes über ihre Struktur und Funktion wußte, als „vagabundierende Gene" bezeichnet. In dieser schlagwortartigen Definition sind tatsächlich die entscheidenden Merkmale eines Virus enthalten:

seine geringe räumliche Ausdehnung,
daß es „genetische Informationen" enthält,
daß es Mutationen erleiden kann,
daß es selbst kein vollständiger Organismus ist, keinerlei eigenen Energiestoffwechsel besitzt und deshalb zu seiner Vermehrung auf einen Organismus (Zelle) und dessen Stoffwechsel angewiesen ist,
daß es als chemische Mindestausrüstung Nucleinsäure und Protein besitzt.

In genau der gleichen Weise könnte man auch die Träger der Erbmasse in jeder Zelle beschreiben. Hinzu kommt jetzt noch als spezifische Eigenart eines jeden Virus, daß es „vagabundierend" ist, also

daß es den Ort seiner Vermehrung, nämlich die Zelle, verlassen und zu erneuter Vermehrung in eine andere Zelle eindringen kann.

Die Substanzen, die wir heute als Nucleinsäuren bezeichnen, wurden erstmals von FRIEDRICH MIESCHER während seiner Arbeiten isoliert, die er im ersten biochemischen Laboratorium auf dem Tübinger Schloß im Jahre 1871 durchführte. 1930 gipfelten die Bemühungen vieler Forscher in der Erkenntnis, daß es zwei verschiedene Arten von Nucleinsäuren gibt:

1. Eine erstmals aus Hefezellen isolierte „Hefe-Nucleinsäure". Sie enthält den Zucker „Ribose" und wird deshalb Ribose-Nucleinsäure oder Ribonucleinsäure (RNS) genannt.

2. Eine erstmals aus Thymuszellen isolierte „Thymo-Nucleinsäure". Sie enthält den Zucker „Desoxy-Ribose" und wird deshalb Desoxyribo-Nucleinsäure (DNS) genannt.

Beide Arten von Nucleinsäure haben prinzipiell die gleichen chemischen Bausteine: im Verhältnis 1:1:1:

a) Zucker (Ribose oder Desoxyribose),
b) Phosphorsäure,
c) organische Basen (Adenin, Guanin, Cytosin, Uracil, Thymin)*.

Die Kombination je eines dieser genannten Grundbausteine wird Mononucleotid genannt. Ihre Polymerisierung führt zu Polynucleotiden, worunter die chemische Bezeichnung für Nucleinsäure zu verstehen ist.

---

* Jede Nucleinsäure enthält vier organische Basen. RNS enthält Adenin, Guanin, Cytosin und Uracil, DNS anstelle von Uracil die Base Thymin.

Im Gegensatz zu Organismen scheinen Viren immer nur eine Art von Nucleinsäure zu enthalten, entweder RNS oder DNS. Wann immer man beide Typen von Nucleinsäure in einer Virusart zu finden glaubte, stellte sich bei eingehender Untersuchung die eine davon als Verunreinigung mit Wirtszellen-Nucleinsäure heraus (1). Nachdem es gelungen war, Viren genügend zu reinigen, um sie auch einer quantitativen chemischen Analyse zugänglich zu machen, ergab sich ein weiterer bemerkenswerter Befund: Alle RNS-Viren, sowohl pflanzen- wie tierpathogene, die doch eine so große Variation hinsichtlich räumlicher Dimension und Teilchengewicht haben, scheinen dieselbe absolute Menge an RNS zu enthalten. Der relative Gewichtsanteil der RNS pro Virusteilchen nimmt nämlich mit zunehmendem Teilchengewicht ab (Poliovirus = etwa 25% RNS, Partikelgewicht etwa 6 Millionen; Influenza-Virus = etwa 1% RNS, Partikelgewicht etwa 200—300 Millionen). Bei allen untersuchten RNS-haltigen Virusarten ließ sich auf diese Weise das absolute Gewicht ihres RNS-Anteils berechnen und ergab eine Konstante, die einem Massenäquivalent von etwa 2 Millionen entspricht (2).

Auch eine generell gleiche Struktureigentümlichkeit aller Virusarten wurde im Verlaufe der letzten Jahre immer deutlicher: Die Nucleinsäure eines Virus, gleichgültig ob DNS oder RNS, ist regelmäßig im Innern des Teilchens lokalisiert und von Hüllsubstanzen, im einfachsten Falle von Protein, umgeben und gegenüber äußeren Einflüssen geschützt (3). So besitzen also auch die Viren ein Bauprinzip, das von den Organismen her schon bekannt war, bei denen der Zellkern oder Kernäquivalente als Träger der genetischen Substanz immer mehr oder weniger zentral gelagert, zumindest aber von einer unabhängigen Hülle umgeben sind.

Selbstverständlich berechtigen solche Feststellungen nicht dazu, aus Analogien her nun abzuleiten, daß die Nucleinsäure eines Virus sein genetisches Material darstellt. Es ist die Aufgabe dieser Übersicht, die Befunde aufzuzeigen, die diesen Schluß als über jeden Zweifel hinaus gerechtfertigt erscheinen lassen. Aus didaktischen Gründen sollen dabei erst die indirekten, dann die direkten Beweise für die zentrale biologische Rolle der Virusnucleinsäure dargestellt werden, wobei die historische Reihenfolge der einzelnen Arbeiten nur insofern berücksichtigt wird, als sie sich einer logischen Entwicklung fügt.

A. Indirekte Beweise für die biologische Rolle der Virusnucleinsäuren

In diesem Kapitel sind alle Versuche zusammengefaßt, die einen Anhalt dafür geben, daß der Nucleinsäure-Anteil eines Virus für dessen Infektiosität und für die Eigenschaften der neusynthetisierten Virusteilchen verantwortlich ist, ohne daß bei diesen Versuchen direkt mit isolierter Nucleinsäure gearbeitet wurde.

1. Versuche mit pflanzenpathogenen Virusarten

1948 teilten MARKHAM u. Mitarb. (4) mit, daß sich gereinigtes turnip yellow mosaic-Virus durch Ultrazentrifugation in zwei Komponenten auftrennen ließ. Die eine, schneller sedimentierende war infektiös und bestand aus Protein und RNS, die andere leichtere erwies sich als reines Protein und besaß keine Infektiosität. Beide Komponenten stellten jedoch zweifellos virusspezifische Produkte dar; ihre elektrophoretische Beweglichkeit war identisch, und auch serologisch waren sie nicht voneinander zu unterscheiden. Der einzige chemisch und physikalisch faßbare Unterschied war also das Fehlen oder das Vorhandensein einer RNS bei einem im übrigen völlig gleichen Virusprotein. Als Konsequenz ergab sich die Vermutung, daß allein die Anwesenheit der RNS ein nichtinfektiöses in ein infektiöses Teilchen verwandeln könne.

Schon 1940 hatten SCHRAMM und MÜLLER (5) festgestellt, daß die Acetylierung der freien Aminogruppen des Proteins von Tabakmosaik-Virus dessen Infektiosität nicht beeinträchtigte. Später konnte von HARRIS und KNIGHT (6) gezeigt werden, daß sogar die Abspaltung der endständigen Threoninreste vom Virusprotein ein Tabakmosaik-Virus (TMV) nicht inaktivierte.

Die ersten Versuche, Virusprotein und RNS voneinander zu trennen, wurden von BAWDEN und PIRIE, später von SCHRAMM et al. (7, 8) durchgeführt. Durch milde alkalische Behandlung von TMV zerlegten SCHRAMM et al. (9) das Virus in eine Reihe von Proteinuntereinheiten und in RNS. Bei Erniedrigung des p_H-Wertes vereinigten sich die Proteinbruchstücke wieder zu stäbchenförmigen Teilchen, die hinsichtlich ihrer physikalischen und serologischen Eigenschaften dem ursprünglichen Virus sehr ähnlich waren, jedoch keine Infektiosität mehr besaßen. Dies konnte freilich auch seinen Grund in Strukturfehlern bei der Reaggregation des Proteins haben, zumal solche Teilchen in ihrer Länge variierten und meist nicht mehr ganz diejenige des infektiösen Virusteilchens annahmen. Der entscheidende chemische Unterschied war aber auch hier, daß die reaggregierten Teilchen nicht mehr die ursprüngliche RNS enthielten.

Tabelle 1

Virusprotein	Virus-RNS	Infektiosität
Aminogruppen acetyliert	normal	+
Threonin abgespalten	normal	+
reaggregiert	fehlt	—
normal	fehlt	—
teilweise entfernt	normal	+

In Fortsetzung dieser Arbeiten konnten SCHRAMM u. Mitarb. (10) weitere Hinweise dafür erbringen, daß nicht die intakte Proteinstruktur für die Infektiosität von TMV verantwortlich ist, sondern die Anwesenheit seiner RNS. Es gelang, durch dreistündige Behandlung von TMV bei p_H 10,3 und einer Temperatur von 0^0 C nur einen Teil der Proteinhülle des Virus zu entfernen. Der relative RNS-Anteil stieg dadurch von 6 auf 9% an, die Sedimentationskonstante wurde dagegen von 180 s auf Werte von 80—160 s erniedrigt. Das Bemerkenswerte war jedoch, daß diese teilweise ihrer Proteinhülle beraubten Viren noch Infektiosität besaßen. Elektronenoptische Aufnahmen machten außerdem einige Details der Struktur von TMV klar: Die RNS zieht sich offenbar als eine Art von innerer Faden durch die ganze Länge des Virusteilchens und ist von Protein umgeben.

In der Tabelle 1 sind die Ergebnisse der bisher beschriebenen Arbeiten nochmals zusammengefaßt.

Schon allein diese Hinweise lassen den Schluß zu, daß dem RNS-Anteil der untersuchten Viren eine besondere Bedeutung für die Infektiosität der Teilchen beizumessen ist.

2. Versuche mit tierpathogenen Virusarten

Entsprechende Untersuchungen bei menschen- und tierpathogenen Virusarten waren schwieriger durchzuführen, da ausreichende Mengen gereinigten Virus für chemische Untersuchungen nur schwer herzustellen sind. Mit Hilfe von radioaktiv markiertem Virus konnten HOYLE (*11*) am Beispiel des Influenza-Virus und WECKER und SCHÄFER (*12*) mit dem Virus der klassischen Geflügelpest zeigen, daß bei der Infektion von Zellen ein ursprünglich im Inneren des Teilchens lokalisiertes Ribonucleoprotein freigesetzt wird und in das Zellinnere eindringt. Zumindest ein Teil der Hüllstrukturen, hauptsächlich Lipide, scheinen dagegen an der Zellmembran zurückzubleiben. In einem zweiten Zerlegungsprozeß wird dann anschließend noch die Virus-RNS von ihrem ursprünglichen Proteinpartner abgetrennt und kann in freier Form im Zellinneren nachgewiesen werden.

Dank neuer Züchtungsmethoden von Zellen, z. B. Suspensionskulturen, konnten in jüngerer Zeit auch mit Polio-Virus Untersuchungen durchgeführt werden, welche die entscheidende Rolle der Virus-RNS für die Infektiosität der Teilchen demonstrieren. Da diese Versuche jedoch erst angestellt wurden, nachdem schon die Infektiosität der korrespondierenden reinen RNS-Präparate bekannt war, soll darauf nicht weiter eingegangen werden.

In einer Reihe kürzlich erschienener Veröffentlichungen gaben JOKLIK u. Mitarb. (*13, 14*) ein sehr schönes experimentelles Beispiel für die genetische Funktion der Nucleinsäure von tierpathogenen DNS-Viren aus der Pockengruppe. BERRY und DEDRICK (*15*) hatten schon 1936 gefunden, daß infektiöses Myxoma-Virus in Kaninchen produziert wird, wenn die Tiere mit einer Mischung von hitzeinaktiviertem Myxoma-Virus und aktivem Fibroma-Virus infiziert werden. Später berichteten FENNER u. Mitarb. (*16*), daß dieses Phänomen der Reaktivierung generell für alle Viren der Pockengruppe zutrifft. JOKELIK u. Mitarb. (*13, 14*) entwickelten dann folgendes Bild:

Ein Pockenvirus, z. B. Kaninchen-Pocken, kann nur dann von einem anderen Virus der Pockengruppe reaktiviert werden, wenn die Inaktivierung auf eine Veränderung seiner Hüllproteine zurückgeht, seine DNS aber noch völlig intakt ist. Zur „Intaktheit" der Pocken-DNS scheint auch ein gewisser Proteinanteil zu gehören, welcher sich im sog. Zentralkörper (s. W. SCHÄFER, diese Zeitschrift, Bd. 31) befindet. Es darf vermutet werden, daß dieses Protein dem Zusammenhalt von etwa 40 Molekülen dient, aus denen sich die gesamte DNS-Masse eines Pockenvirus möglicherweise zusammensetzt.

Das „reaktivierende" Virus muß jedoch nur unveränderte Hüllproteine besitzen, während seine DNS auch chemisch verändert sein kann. Die Ergebnisse dieser Experimente seien im folgenden kurz zusammengefaßt.

Virus A: Inaktiviert durch Veränderung der Hüllproteine (Erhitzen, Harnstoff). DNS intakt = reaktivierbares Virus.

Virus B: Inaktiviert durch Veränderung der DNS (Stickstoff-Lost). Hüllproteine intakt = reaktivierendes Virus.

Wenn A und B zusammen auf die Chorioallantoismembran eines bebrüteten Hühnereies gebracht werden, bewirken sie dort die Infektion einiger Zellen, welche nun aktives Virus produzieren. Im Beispiel entspricht dieses ausschließlich dem Typ A, dem Donor der DNS. Daraus geht zwingend hervor, daß die DNS eines Pockenvirus der alleinige Träger der genetischen Information des Gesamtteilchens ist. Und sie allein bestimmt deshalb auch die Eigenschaften der neuproduzierten Viren.

3. Versuche mit Bakteriophagen

Mit diesen DNS-haltigen Virusarten sind wesentliche Erkenntnisse über die biologische Rolle von Virus-Nucleinsäure gewonnen worden. Die wohl wichtigsten Befunde in dieser Richtung wurden im Jahre 1952 von HERSHEY und CHASE (*17*) erhoben. Tatsächlich könnte man dieses wahrhaft klassische Experiment bereits als einen direkten Beweis für die genetische Rolle einer Virusnucleinsäure ansehen, wie dies auch vielfach getan wird. Wenn es hier trotzdem unter der Rubrik „indirekte Beweise" aufgeführt ist, so nur deshalb, weil diese Autoren noch mit dem kompletten Phagenteilchen und nicht mit isolierter Nucleinsäure arbeiteten.

HERSHEY und CHASE markierten T_2-Phagen im DNS-Anteil mit radioaktivem Phosphor, im Protein-Anteil mit radioaktivem Schwefel. Wenn solche Teilchen in Kontakt mit E. coli als Wirtszellen gebracht wurden, war es möglich, durch heftige mechanische Behandlung der Bakterienzellen nach kurzer Zeit die S^{35}-haltigen Virusproteine von den Bakterienmembranen wieder abzulösen. Die P^{32}-markierte Phagen-DNS war dagegen in die Zellen eingedrungen. Es konnte sogar gezeigt werden, daß sie auch wieder in den ersten neugebildeten Bakteriophagen erscheint. Als Konsequenz ergab sich, daß vom ganzen Bakteriophagen seine DNS und ein geringer Bruchteil des Proteins (etwa 4%) genügen, um eine Bakterienzelle zu infizieren. Es war somit erwiesen, daß die DNS allein die gesamte reproduktive Kapazität des Bakteriophagen enthält.

Die Bedeutung dieser Ergebnisse für die nachfolgenden Forschungen über Virus und Nucleinsäure ist schwer abzuschätzen. Jedenfalls war damit zum erstenmal überzeugend experimentell nachgewiesen worden, daß die alte Vermutung einer zentralen Rolle der Virusnucleinsäure bei der Infektion zu Recht bestand.

Versuche, nun auch möglichst mit Phagen-DNS allein Zellen zu infizieren, wurden später von SPIZIZEN (*18*) und FRASER et al. (*19*) unternommen. Tatsächlich gelang es, sog. Protoplasten, die mittels Lysozym aus E. coli gewonnen worden waren, durch osmotisch desintegrierte Phagenpräparate zu infizieren. Solche sog. „Shockates" sind für intakte Bakterienzellen nur in dem Maße infektiös, als sie noch einen geringen Prozentsatz ursprünglicher Phagenteilchen enthalten. Umgekehrt können aber Protoplasten von intakten Bakteriophagen nicht infiziert werden, weil in Ermangelung der vollständigen Bakterienmembran die Phagen sich nicht adsorbieren, was die notwendige Voraussetzung zur Injektion der DNS in die Wirtszelle beim normalen Infektionsvorgang darstellt. Diese Befunde im Zusammenhang mit denjenigen von HERSHEY und CHASE machen es sehr wahrscheinlich, daß die in den „Shockates" teilweise frei vorliegende Phagen-DNS direkt in die Protoplasten eindringt und sie infiziert. Jedoch ergaben alle bisherigen Versuche, die DNS aus den „Shockates" weiter zu isolieren und damit Protoplasten zu infizieren, negative Ergebnisse. Es ist denkbar, daß, wie bei der DNS von Pockenviren, auch hier ein gewisser Proteinanteil notwendig ist, um mehrere DNS-Moleküle, die für die Infektion notwendig sein können, zusammenzuhalten und gemeinsam in eine Zelle eindringen zu lassen. Bei diesem Protein würde es sich vermutlich dann um jene 4% handeln, die nach den Versuchen von HERSHEY bei der normalen Infektion zusammen mit der DNS in die Zelle penetrieren.

So überzeugend die geschilderten Befunde auch sind, sie können zunächst noch nicht als ein direkter Beweis für die Infektiosität reiner Phagen-DNS gewertet werden.

B. Direkte Beweise für die biologische Rolle der Virusnucleinsäuren

Als direkte Beweise sollen diejenigen Befunde angeführt werden, welche mit biologisch aktiven, aber isolierten und physikalisch-chemisch definierten Virusnucleinsäuren erhoben wurden. Zunächst sollen die wesentlichsten Techniken kurz beschrieben werden, mit Hilfe derer man biologisch aktive Virusnucleinsäure gewinnen kann. Da es sich bis auf wenige Ausnahmen dabei um RNS handelt, treffen die beschriebenen Verfahrensweisen hauptsächlich auf die Gewinnung dieser Art von Nucleinsäure zu.

1. Technik zur Extraktion von RNS

a) Mit Phenol. Die beste und heute wohl verbreitetste Technik zur Isolierung von hochmolekularer RNS ist die sog. „Phenolmethode", die von MORGAN und PARTRIDGE (*20*) eingeführt und von SCHUSTER u. Mitarb. (*21*) erstmalig auf das TMV angewendet wurde.

Eine Virussuspension in 0,02 molarem Phosphatpuffer, p_H 7,2—7,3, wird mit einem gleichen Volumen wassergesättigtem (80%) Phenol bei $+4^0$ C für 8 min kräftig geschüttelt. Die wäßrige und die Phenolphase können dann durch Zentrifugieren leicht wieder getrennt werden. Die wäßrige Phase wird noch zweimal einer gleichen Behandlung mit Phenol unterzogen. Das daraufhin in der wäßrigen Phase noch gelöste Phenol wird mittels Äther extrahiert und der Äther schließlich im Stickstoffstrom ausgetrieben. Das resultierende Produkt enthält nahezu die gesamte RNS des ursprünglichen Viruspräparates, aber keine nachweisbaren Proteine mehr. Das Prinzip der Methode beruht auf der Herstellung einer möglichst feinen Emulsion von Phenol in Wasser mit großer Gesamtoberfläche beider Phasen. Das denaturierte Protein löst sich besser in Phenol als in Wasser, die RNS verhält sich gerade umgekehrt, wodurch eine sehr vollständige Trennung erfolgt.

b) Mit Dodecylsulphat. Eine zweite, erfolgreich angewendete Technik ist die Behandlung von Virussuspensionen mit einer 1%igen Natrium-Dodecylsulphat-Lösung (NDS). Dadurch werden zunächst Proteine und RNS voneinander getrennt (*22*). Das Protein kann dann durch Ausfällung mit Ammoniumsulphat entfernt werden (*23, 24*).

c) Mit Kochsalz. Eine dritte, weniger gebräuchliche Methode ist die Hitzedenaturierung und Präcipitation des Proteins in 0,1 molarer Kochsalzlösung gemäß COHEN und STANLEY (*25*).

Für alle genannten Methoden wurden verschiedene Variationen und Verbesserungen beschrieben, ohne daß dadurch das Prinzip verändert worden wäre.

Die Einfachheit der Phenolmethode und die Vollständigkeit, mit der dadurch Proteine von RNS abgetrennt werden bei weitgehender Schonung dieser empfindlichen Makromoleküle, lassen diese Technik zur Zeit als die beste erscheinen.

2. Beispiele infektiöser Virusnucleinsäuren

Im folgenden sind einzelne Ergebnisse aufgeführt, die bei der Isolierung infektiöser Virusnucleinsäuren gewonnen wurden.

Die dabei besprochenen Beispiele umfassen bei weitem nicht alle Virusarten, von denen infektiöse Nucleinsäuren isoliert werden konnten. Die Darstellung beschränkt sich nur auf diejenigen Befunde, die generell wichtig oder zumindest für eine der Gruppen von Virusarten charakteristisch sind. Eine vollständigere Aufzählung findet sich in der nachfolgenden tabellarischen Zusammenfassung (s. Kapitel H).

a) Pflanzenpathogene Virusarten. Tabakmosaik-Virus (TMV)

Nicht nur aus historischer Treue sollen die Experimente mit diesem Virus an erster Stelle erwähnt werden. Diese Arbeiten haben nämlich neben dem ersten direkten Beweis für die Infektiosität isolierter Virus-RNS auch in der Art der Beweisführung das Fundament für alle diesbezüglichen nachfolgenden Arbeiten mit anderen Virusarten gelegt.

Im Interesse einer logischen Darstellung werden zunächst die Rekonstitutionsversuche von FRAENKEL-CONRAT und WILLIAMS (26) geschildert. Diese Autoren dissoziierten Protein und RNS des Virus durch milde alkalische Behandlung nach der Methode von SCHRAMM (9). Nichtdegradiertes Virus wurde in der Ultrazentrifuge abgeschleudert. Aus dem Überstand wurde das Virusprotein mittels Ammonsulphat gefällt und auf gleiche Weise zur Reinigung noch zweimal umgefällt. Das Endprodukt stellte die Fraktion der Virusproteine für die weiteren Versuche dar. Die Virus-RNS wurde mittels der NDS-Methode gewonnen. Auch hier wurde das Produkt durch Fällung und Umfällung mit Alkohol weiter gereinigt und dann als Fraktion der Virus-RNS bezeichnet.

Beide Fraktionen waren getrennt nicht infektiös bis zu den getesteten Höchstkonzentrationen von 1800γ/ml RNS oder 52 γ/ml Protein. Wenn aber 1%ige Lösungen beider Fraktionen im Verhältnis ein Teil RNS zu zehn Teilen Protein gemischt und für 24 Std bei $+3^0$ C inkubiert wurden, bildeten sich bei einem pH von 6,0—7,0 infektiöse Nucleoproteine. Die Infektiosität von 10—100 γ/ml solcher rekonstituierter Viruspräparate war gleich derjenigen von 0,1 γ/ml des ursprünglichen TMV. Das Elektronenmikroskop zeigte in solchen Produkten Stäbchen, die in Länge und Form mit TMV identisch waren, aber auch solche geringerer Länge. Der relative RNS-Gehalt der rekonstituierten Nucleo-Proteine entsprach mit 5—6% demjenigen des Virus.

Diese ersten Experimente wurden kurz darauf von anderer Seite bestätigt (27, 28). So interessant sie jedoch waren, sie ließen zunächst nur den Schluß zu, daß für die Infektiosität beides, sowohl Virus-RNS wie auch Virusprotein, nötig ist.

In weiteren Experimenten von FRAENKEL-CONRAT wurde jedoch dann die zentrale Rolle der RNS als der alleinigen Trägerin der genetischen Funktion deutlicher herausgearbeitet (24, 29).

Die Protein- und RNS-Fraktionen von unterschiedlichen TMV-Stämmen wurden in der beschriebenen Weise isoliert und in verschiedenen Kombinationen zu Nucleoproteinen rekonstituiert. Solche Mischprodukte zeigten in serologischen Testen, daß ihre Antigenität immer und ausschließlich derjenigen des TMV-

Stammes entsprach, der die Proteinfraktion geliefert hatte. Das entscheidende Ergebnis dieser Versuche war aber, daß, wenn solche gemischten Nucleoproteine auf Infektiosität geprüft wurden, die auf der Wirtspflanze hervorgerufenen Symptome dieselben waren wie die, welche vom „Geber-Stamm" der RNS erzeugt wurden. Darüber hinaus war die aus so infizierten Pflanzen isolierte Virus-Nachkommenschaft jetzt auch serologisch und überhaupt in jeder geprüften Eigenschaft identisch mit dem Stamm, von welchem die RNS in den gemischten Rekonstitutionsprodukten herrührte.

Der Schluß, daß die Virus-RNS also der alleinige Träger der genetischen Information des gesamten Virus ist, scheint zwingend. Hinsichtlich der hervorragendsten Virusaktivität, der Infektiosität, blieben aber diese Versuche auf Vermutungen beschränkt. Einige der für die Rekonstitutionsexperimente verwendeten RNS-Fraktionen hatten gelegentlich als solche, wenn sie in hohen Konzentrationen auf die Wirtspflanze gebracht wurden, dort typische Läsionen hervorgerufen. Da eine Verunreinigung der RNS-Fraktionen mit restlichem intaktem TMV unwahrscheinlich war, wurde vermutet, daß die isolierte RNS auch allein infektiöse Eigenschaften besitzen könnte. Der erste überzeugende Beweis dafür wurde jedoch von anderer Seite um dieselbe Zeit erbracht.

Es ist, historisch gesehen, ein hübsches Zusammentreffen, daß die wohl wichtigsten Befunde über die biologische Rolle von Nucleinsäuren am selben Ort erhoben wurden, wo, 85 Jahre zuvor, diese Körperklasse erstmalig beschrieben worden war: in Tübingen.

Tabelle 2

RNS			TMV		
pH	γ/ml	Zahl der Läsionen	γ/ml	Zahl der Läsionen	Aktivitäts-verhältnis RNS/TMV in %
6,1	10	153	0,09	95	1,7
6,1	10	109	0,8	445	1,2
7,3	1	524	0,05	795	2,5
7,3	10	815	0,27	1048	1,8
7,5	10	998	0,27	685	4,2

Nach A. GIERER u. G. SCHRAMM: Z. Naturforsch. 11 b, 138 (1956).

GIERER und SCHRAMM (30, 31) berichteten 1956 in zwei Arbeiten über ihre Versuche mit RNS, die sie nach der vorne beschriebenen Phenolmethode aus TMV isolierten. Wurden solche RNS-Präparate unmittelbar nach ihrer Fertigstellung auf nicotiana glutinosa als Wirtspflanze gebracht, erzeugten sie dort typische TMV-Läsionen. Die quantitativen Verhältnisse sind in Tabelle 2 zusammengestellt.

Die RNS-Präparate besaßen also etwa 2% der Infektiosität einer gleichen Gewichtsmenge von TMV. In ausführlichen Kontrollen wurde nachgewiesen, daß diese relativ geringe Infektiosität nicht auf Beimengungen mit restlichem intaktem TMV beruhen konnte. Die Art dieser Kontrollen war so gründlich und vollständig, daß sie für alle nachfolgenden ähnlichen Arbeiten richtungweisend wurde.

a) In den infektiösen RNS-Präparaten konnte chemisch kein Protein nachgewiesen werden. Die Nachweisbarkeitsgrenze dafür lag bei 0,4%. Im Komplementbindungstest konnte dann, dank dessen größerer Empfindlichkeit, gezeigt werden, daß, wenn überhaupt, weniger als 0,02% an nativem Virusprotein in den RNS-Präparaten vorlag.

b) TMV-Antikörper neutralisierten zwar intaktes TMV vollkommen, beeinflußten aber in derselben Konzentration ein RNS-Präparat vergleichbarer Infektiosität praktisch nicht.

c) Geringe Konzentrationen von Ribonuclease (0,1—0,01 γ/ml) zerstörten die Infektiosität von RNS-Präparaten noch restlos innerhalb von Minuten, während TMV gegenüber tausendfach höheren Enzymkonzentrationen resistent blieb.

Wie vollständig auch die aufgeführten Kontrollen darauf hindeuten, daß es sich bei dem zur Debatte stehenden infektiösen Prinzip tatsächlich um freie RNS handelt, so können sie doch noch nicht als ein definitiver Beweis angesehen werden. Gerade beim TMV ist es ja möglich, daß große Teile der Proteinhülle entfernt werden, wie dies von SCHRAMM u. Mitarb. (9) schon früher beschrieben worden war. Solche Teilchen sind ebenfalls RNase-empfindlich (32). Man könnte sich außerdem denken, daß auch die chemischen und serologischen Nachweismethoden für Protein nicht mehr ansprechen, wenn nur noch ganz geringe Mengen davon an der Virus-RNS verblieben sind. Tatsächlich sind auch verschiedentlich Zweifel daran geäußert worden, daß die Virus-RNS wirklich als solche infektiöse Eigenschaften besitzen kann. Die serologischen Teste lassen freilich die Aussage zu, daß im höchsten Falle ein Äquivalent von 30 Aminosäuren auf jedes infektiöse RNS-Molekül entfallen kann, während eine Protein-Untereinheit von TMV aus 157 Aminosäuren besteht (siehe später). GIERER und SCHRAMM haben jedoch weitere Kontrollen angeschlossen.

Tabelle 3

	Infektiosität*	
	RNS	TMV
Kontrolle	998	685
Mit Ribonuclease	0	514
Überstand nach Ultrazentr. .	242	3
Kontrolle Normalserum . .	240	157
Mit Antiserum	195	0
Kontrolle	541	311
48 Std, 20° C	2	130
Sedimentationskonstante . .	31 s	150 s
Molekulargewicht	2×10^6	40×10^6

* Die Infektiositäten sind ausgedrückt als Gesamtzahl der Läsionen, die auf den Testpflanzen erzeugt wurden. [Nach A. GIERER u. G. SCHRAMM: Z. Naturforsch. 11 b, 138 (1956); 13 b, 485 (1958).]

d) Die Sedimentationskonstanten von TMV mit 180 s und diejenige des infektiösen Prinzips in den RNS-Präparaten mit etwa 31 s sind sehr unterschiedlich. Wurden TMV und RNS unter Bedingungen zentrifugiert, bei denen Partikeln mit einer Sedimentationskonstante kleiner als 70 s im Überstand verblieben, so wurde dadurch die Infektiosität des Überstandes von RNS nur sehr wenig herabgesetzt, während diejenige des Überstandes von TMV fast vollständig verschwunden war.

e) Ein weiterer Unterschied zwischen TMV und RNS war die relativ große Labilität der letzteren. Verdünnte RNS-Lösungen verloren ihre Infektiosität nahezu vollständig, wenn sie für 48 Std bei 20° C gehalten wurden. TMV war unter denselben Bedingungen praktisch stabil.

Auf Grund dieser Ergebnisse kamen die Autoren zu dem Schluß, daß es sich bei dem infektiösen Prinzip in ihren Phenolextrakten tatsächlich um innerhalb der Nachweisbarkeit freie RNS-Moleküle von TMV handelte.

Durch genauere Bestimmung der Sedimentationskonstante und, als zweitem unabhängigem Parameter, der Viscositätszahl ermittelte GIERER dann das Molekulargewicht der infektiösen RNS. Dieses ergab sich zu 2×10^6 und entspricht damit der Gesamtmasse der RNS in einem Virusteilchen (*33, 34*). Das Hauptergebnis dieser Untersuchungen war also, daß jedes Virusteilchen nur ein Molekül RNS enthält. Darüber hinaus stellt die Übereinstimmung des Molekulargewichtes infektiöser RNS mit der Gesamtmasse an RNS in einem Virusteilchen einen Befund dar, der, für sich genommen, mehr als jeder andere als Beweis dafür gelten darf, daß es sich bei dem infektiösen Prinzip solcher Präparate in der Tat um freie Virus-RNS handelt.

Nur die Gesamtheit der Befunde läßt diese Aussage jedoch als gesichert erscheinen. Sie seien deshalb nochmals tabellarisch zusammengefaßt.

b) Tier- und menschenpathogene Virusarten

aa) Columbia SK-Gruppe. Mengo-Viren. Kurze Zeit nach den Veröffentlichungen von GIERER und SCHRAMM gelang es COLTER u. Mitarb. (*35*), mittels der Phenolmethode die ersten infektiösen RNS-Präparate aus einem tierpathogenen Virus, dem Mengo-Virus, herzustellen. In diesem Fall wurde die RNS jedoch nicht aus gereinigtem Virus, sondern aus virusinfizierten Zellen isoliert. Ehrlich-Ascites-Tumorzellen wurden nach 7 Tagen Wachstum in Albinomäusen durch intraperitoneale Injektion mit dem Virus infiziert und darauf nach weiteren 60—68 Std gewonnen. Nach mehrfachem Waschen wurden die Zellen dann rasch eingefroren und in gefrorenem Zustand in der Reibschale daraus ein feines Pulver hergestellt. Dieses wurde mit dem „Waring blendor" in citratgepufferter Kochsalzlösung homogenisiert. Der Überstand der 10%igen Suspension diente als Ausgangsmaterial für die Phenolextraktion, die gemäß GIERER und SCHRAMM in drei Cyclen bei etwa $+4^0$ C durchgeführt wurde.

Die Infektiosität der resultierenden Nucleinsäurefraktionen konnte durch intracerebrale Injektion in Mäusen nachgewiesen werden. Sie betrug etwa 0,1% derjenigen des ursprünglichen Homogenat-Überstandes.

Zum Beweis, daß es sich dabei nicht mehr um restliches Virus handeln konnte, führten die Verfasser im wesentlichen die schon im vorhergehenden Kapitel beschriebenen Kontrollen durch: Protein konnte mit der Biuretreaktion nicht nachgewiesen werden. Auch die papierchromatographische Untersuchung der alkalisch hydrolysierten RNS ergab keinen Anhalt für das Vorhandensein von Aminosäuren in den Präparaten.

Die Infektiosität der RNS-Fraktionen war empfindlich gegenüber RNase, das Virus war resistent. Inkubation für 6 Std bei 37^0 C zerstörte die biologische Aktivität der RN, nicht diejenige des Virus.

Außerdem zeigten Virus und infektiöses Prinzip der RNS-Präparate unterschiedliche Sedimentationsgeschwindigkeiten in der Ultrazentrifuge. Es wurden jedoch keine Versuche unternommen, diese Sedimentationskonstante zu bestimmen.

Ein zusätzlicher Unterschied zwischen Virus und infektiöser RNS ergab sich durch die Fällbarkeit der letzteren in 1-molarer NaCl-Lösung. Die Fällung der RNS trat nach 12—16 Std auf. Die abgeschleuderten Präcipitate konnten mit dem ursprünglichen Volumen physiologischer Kochsalzlösung wieder gelöst werden und hatten auch die ursprüngliche Infektiosität, während diejenige von Viruslösungen nach gleicher Behandlung wesentlich geringer war.

Die Ergebnisse dieser Versuche gibt Tabelle 4 wieder.

Die Gehirne von Mäusen, die mit den RNS-Präparaten erfolgreich infiziert worden waren, enthielten normales Mengo-Virus, welches mit spezifischem Antiserum neutralisiert werden konnte.

Mäuse-Encephalomyokarditis-Virus. Wie in den meisten Versuchen zur Extraktion infektiöser RNS aus tierpathogenen Viren diente auch in diesem Fall infiziertes Gewebe als Ausgangsmaterial, nämlich Mäuseascites-Tumorzellen. Die Extraktion erfolgte mit Phenol (*36*).

Die RNS-Fraktionen erzeugten Plaques in Gewebekulturen, jedoch gab dieses Testverfahren keine gute Möglichkeit zur quantitativen Auswertung. Der beste Nachweis war, wachsende Ascites-Tumorzellen mit der RNS zu infizieren und diese anschließend in Mäuse zu injizieren, die dann typisch erkrankten.

Physikalisch-chemisch zeigten die RNS-Präparationen das für Nucleinsäure typische Absorptionsspektrum im ultravioletten Licht. Sämtliche RNS-Fraktionen enthielten Mengen von 1—7% Protein. Die RNS konnte ohne Nachteil für die Infektiosität, im Gegensatz zum Virus, mit Alkohol oder einer 1-molaren Kochsalzlösung gefällt werden. Auch die RNase-Sensibilität der Präparate wurde nachgewiesen.

Tabelle 4. *Unterschiede zwischen Mengo-Virus und daraus gewonnenen RNS-Fraktionen*

	Virus LD_{50}	RNS LD_{50}
Kontrolle . .	6,5	2,6
Nach RNase .	6,6	0
6 Std, 37° C .	6,4	0
Ü nach UZ .	3,5	2,2
Kontrolle . .	7,0	3,3
Präz. 1 M NaCl	3,5	3,5

Nach J. S. COLTER, H. H. BIRD u. R. A. BROWN: Nature (London) **179**, 859 (1957).

Von besonderem Interesse ist, daß, wie bei EEE und WEE (s. Abschnitt bb), auch hier die extrahierte RNS nicht aus Virusteilchen zu stammen scheint. Die Verfasser fanden keine direkte Korrelation zwischen Ausbeute an RNS und Gehalt an infektösem Virus. Der RNS-Titer war mit $3—5 \times 10^3$ gleich hoch, ob das Ausgangsmaterial $2,8 \times 10^7$ oder $2,2 \times 10^8$ infektiöse Virusteilchen/ml enthielt. Weiterhin konnte gezeigt werden, daß sich Virusteilchen und die Komponente, aus welcher die infektiöse RNS extrahiert wird, in der Ultrazentrifuge voneinander trennen lassen, wie in Tabelle 5 dargestellt.

Dies zeigte an, daß die infektiöse RNS wohl kaum aus dem infektiösen Virus herstammt. Im Gegensatz zu EEE und WEE kann aber die extrahierbare Komponente, wie auch das Virus selbst, nicht sehr empfindlich gegenüber RNase sein.

Über Versuche, infektiöse RNS direkt auch aus den Virusteilchen zu isolieren, ist noch nichts mitgeteilt worden.

Mäuse-Encephalomyelitis-Virus (ME). Die Gehirne infizierter Mäuse dienten als Ausgangsmaterial. Die Extraktion der RNS erfolgte mit der üblichen Phenolmethode oder mit Phenol bei erhöhter Temperatur, wie es für EEE oder WEE beschrieben worden war. Infektionsteste wurden durch intracerebrale Injektion von Mäusen durchgeführt. In diesen Versuchen von FRANKLIN u. Mitarb. (*37*) waren die Virusteilchen die einzige Quelle für die infektiöse RNS. Aus Viruspräparaten, die mit Fluorcarbon (*38*) weitgehend gereinigt worden waren, ließ

sich ebenfalls infektiöse RNS isolieren. Diese besaß die üblichen Verhaltens-
unterschiede im Vergleich zu Virus.

In Bestätigung und Weiterführung der schon mit EEE erhobenen Befunde
(siehe *66*) konnte gezeigt werden, daß die in den Extrakten aus infizierten Geweben
vorliegende celluläre DNS einen inhibitorischen Einfluß auf die infektiöse RNS
ausübt. Der absolute RNS-Titer stieg an, wenn die DNS durch DNase zerstört
oder die RNS durch Ausfällung mit 1-molarer Kochsalzlösung von DNS abgetrennt wurde. Ebenso näherte sich die Dosis-Effekt-Kurve für die RNS dann der
theoretisch zu fordernden Eintreffer-Kurve, während dies vorher nicht der Fall war.

Gemäß einer nachfolgenden Mitteilung von HAUSSEN und SCHÄFER (*39*)
kann offenbar auch im Falle von ME-Virus aus damit infizierten Zellen eine Vor-

Tabelle 5

Ausgangsmaterial	Virus LD_{50}/ml	RNS LD_{50}/ml
Gewebekulturflüssigkeit	$5,8 \times 10^8$	$6,3 \times 10^3$
Überstand nach 1 Std, 100000 g	$2,2 \times 10^5$	$3,0 \times 10^3$
Sediment nach 1 Std, 100000 g.	$1,2 \times 10^8$	$1,6 \times 10^2$
Sediment gewaschen und konzentriert . .	$3,0 \times 10^9$	0

Nach J. HUPPERT u. F. K. SANDERS: Nature (Lond.) **182**, 515 (1958).

stufen-RNS gewonnen werden. Diese erscheint 1—2 Std vor dem Einsetzen der
eigentlichen Virusvermehrung.

In derselben Arbeit erscheint die Bemerkung, daß das hier als Mäuse-Encephalomyelitis-Virus bezeichnete Virus nach neueren Untersuchungen den Viren
der Columbia SK-Gruppe nahesteht.

**bb) Viren der Gruppe Encephalitis A. Virus der amerikanischen Pferde-Ence-
phalomyelitis (Typ Ost und West) (EEE und WEE).** Im Gegensatz zu den bisher
beschriebenen Virusarten handelt es sich hierbei um relativ große (45 mμ) Teilchen,
die außerdem einen sehr hohen Lipidgehalt von 54% besitzen (*40*).

Diese Besonderheiten machten es notwendig, die Extraktionstechnik für die
Gewinnung infektiöser RNS in bestimmter Weise zu variieren. Die erste infektiöse
RNS von EEE-Virus wurde in Anlehnung an die Versuche von COLTER (*35*) von
WECKER und SCHÄFER aus virusinfizierten Mäusegehirnen gewonnen (*41*). Die
gefrorenen Mäusegehirne wurden gleich in Gegenwart von Phenol homogenisiert.
Die durch Zentrifugieren abgetrennte wäßrige Phase wurde dann in drei weiteren
Cyclen mit Phenol bei niederen Temperaturen behandelt. Solche Präparate
erzeugten nach intracerebraler Injektion in Mäusen typische Infektionen. Auf
Gewebekulturen von Hühnerfibroblasten ließen sich damit Plaques erzeugen.
Wegen der Irregularität des Plaquetestes mit RNS-Präparaten ließ sich dieser
jedoch nicht quantitativ auswerten (s. auch Polio). Die infektiösen RNS-Präparate zeigten die übliche Empfindlichkeit gegenüber RNase und längerer Inkubation bei 37° C. Ein weiterer Unterschied zum intakten Virus ergab sich dadurch,
daß die RNS durch Alkohol ohne Infektiositätsverlust präcipitiert werden
konnte, während intaktes Virus dadurch völlig inaktiviert wurde.

Für die weiteren Untersuchungen dienten infizierte Hühnerembryonen als
Ausgangsmaterial. Auch die Infektiositätsteste wurden mit bebrüteten Hühnereiern durchgeführt.

Wie schon bei den Versuchen mit infizierten Mäusegehirnen festgestellt worden war, ließ sich auch bei den nachfolgenden Experimenten aus infizierten Hühnerembryonen nur dann eine optimale Ausbeute an infektiöser RNS isolieren, wenn Phenol schon während der Homogenisation des Gewebes anwesend war. Dies widersprach den mit TMV und Mengo-Virus erhobenen Befunden. Außerdem konnte gezeigt werden (s. Tabelle 6), daß eine kurzfristige RNase-Behandlung der Gewebehomogenate schon *vor* der Phenolextraktion die extrahierbare RNS völlig inaktiviert. Colter et al. (*35*) und später Franklin et al. (*37*) fanden keinen Einfluß von RNase auf die extrahierbare RNS, wenn das Enzym vor der Phenolbehandlung zugesetzt wurde. Die Verhältnisse bei EEE-Virus und zum Vergleich bei Mäuse-Encephalomyelitis-Virus sind in Tabelle 6 einander gegenübergestellt.

Tabelle 6

Technik	EEE * LD_{50}/ml	MEV ** LD_{50}/ml
Homogenisiert mit Phenol + 3 mal Phenol	3,2	3,0
Homogenisiert ohne Phenol + 3 mal Phenol	2,02	3,0
Homogenisiert ohne Phenol 10 min RNase 1 γ/ml + 3 mal Phenol	0	4,0

* Nach E. Wecker: IV. Internationaler Kongreß für Biochemie, Wien 1958.
** Nach R. Franklin: Virology **7**, 220 (1958).

Aus diesen Ergebnissen wurde geschlossen, daß die infektiöse RNS, die aus EEE-infizierten Geweben isoliert werden kann, schon vor der Phenolbehandlung in einer RNase-empfindlichen Form vorliegt. Da aber das EEE-Virus, wie alle übrigen Virusarten auch, völlig resistent gegenüber diesem Enzym ist, war zu vermuten, daß die extrahierbare infektiöse RNS nicht aus den Virusteilchen selbst stammte. Tatsächlich konnte gezeigt werden, daß ein weitgehend gereinigtes Präparat von WEE-Virus mit einer Infektiosität, die mehr als hundertmal größer war als diejenige der Gewebehomogenate, nach drei Extraktionscyclen mit Phenol bei niederen Temperaturen keine infektiöse RNS lieferte.

Bei der aus infizierten Geweben stammenden RNS handelte es sich deshalb wahrscheinlich um Virusnucleinsäure, die nicht oder noch nicht in Virusteilchen inkorporiert war (*42*).

Die Extraktion infektiöser RNS aus den Virusteilchen selbst gelang später durch die Erhöhung der Temperatur während der Phenolbehandlung (*43*). Es wurde angenommen, daß im Falle von EEE und WEE Lipide eine Hüllstruktur des Virusteilchens darstellen, die von Phenol bei niederen Temperaturen nicht ausreichend gelöst werden kann. Diese Anschauung wurde dadurch unterstützt, daß mit ansteigender Temperatur die Ausbeute an RNS aus einem Viruspräparat hinsichtlich Menge und Infektiosität zunahm, wie in Tabelle 7 dargestellt ist. Zum Vergleich sind die entsprechenden Ergebnisse bei TMV gezeigt.

In der Ultrazentrifuge zeigten die NS-Fraktionen aus infizierten Geweben drei Hauptgradienten. Sie hatten folgende Sedimentationskonstanten:

Gradient A (RNS) 30—32 s.
Gradient B (RNS) 19 s.
Gradient C (DNS) etwa 12 s.

Die Molekulargewichtsbestimmung ergab für die RNS des Gradienten A den Wert von 2×10^6 (*44*). Untersuchungen über die Sedimentationseigenschaften des infektiösen Prinzips deuteten an, daß dieses zusammen mit dem Gradienten A absinkt. Es wurde daraus abgeleitet, daß die infektiösen RNS-Moleküle in den Nucleinsäurefraktionen von EEE-infiziertem Gewebe ein Molekulargewicht von etwa 2×10^6 besitzen. Sie stimmten demnach in allen geprüften chemischen und physikalischen Eigenschaften mit der infektiösen RNS aus TMV überein (zit. *45*).

Dies ließ auch den Schluß zu, daß es sich bei der infektiösen Komponente, wie bei TMV, aller Wahrscheinlichkeit nach um freie RNS-Moleküle handelte. Die wesentlichen Unterschiede zwischen Virus und infektiöser RNS gibt Tabelle 8 wieder.

cc) Viren der Gruppe EncephalitisB.Murray-Valley-Encephalitis-Virus (MVE). Eine infektiöse RNS-Fraktion wurde mit Phenol aus den infizierten Gehirnen von neugeborenen Mäusen gewonnen (*46, 47*). Die Infektiosität der Extrakte war RNase-empfindlich und wurde durch 10% Normalserum vom Kaninchen inaktiviert.

Bemerkenswert ist die Feststellung von ADA und ANDERSON, daß ein Material gleicher Eigenschaften durch die Behandlung von nichtgereinigtem MVE-Virus mit 1% Desoxycholat bei 20° C zu gewinnen ist.

Tabelle 7

Temperatur in °C	WEE Gesamt-RNS extrahiert γ/ml	Infektiosität LD_{50}/ml	TMV Gesamt-RNS extrahiert γ/ml	Infektiosität Läsionen
4	0	0	0,93	94
40	72	2,35	1,58	112
50	710	3,24	—	—
60	—	—	1,33	87

Nach E. WECKER: Virology **7**, 241 (1959).

Tabelle 8

	Virus LD_{50}/ml	RNS LD_{50}/ml
Kontrolle	8,1	3,0
Nach Alkoholpräzipitation . .	0	3,5
Mit 25γ/ml RNase 30min 37°C	7,7	0
4 Std bei 37° C	6,7	0
Kontrolle	6,1	3,8
Mit Normalserum 1:100. . .	6,2	0
Molekulargewicht	etwa 50×10^6	etwa 2×10^6

Nach E. WECKER: Z. Naturforsch. **14 b**, 370 (1959); **15 b**, 71 (1960).

Ob die infektiösen Prinzipien nach Phenol- oder Desoxycholatbehandlung ganz identisch sind, ist noch nicht sicher, aber wahrscheinlich. In diesem Fall würde also das Virusteilchen durch Entfernung der Lipidhülle mittels Desoxycholat seine infektiöse RNS in Freiheit setzen, wenn sich nicht herausstellen sollte, daß auch beim MVE eine infektiöse RNS aus einem leichter extrahierbaren anderen Material und nicht nur aus den Virusteilchen selbst isoliert werden kann.

dd) Kleine Virusarten. Poliomyelitis-Virus. Verschiedene Arbeitsgruppen haben sich mit der Extraktion infektiöser RNS aus dem Polio-Virus beschäftigt (*48, 49, 50, 51, 52*).

COLTER u. Mitarb. (*48*) isolierten die RNS aus dem ZNS von Hamstern, die mit Polio-Virus Typ 2 infiziert worden waren. Die dabei verwendete Technik entspricht wiederum der für Mengo-Virus beschriebenen. Die Infektiosität der Präparate wurde durch intracerebrale Injektion an Mäusen nachgewiesen.

ALEXANDER u. Mitarb. (*49, 50, 51*) benützten für ihre Versuche konzentriertes und teilweise gereinigtes Polio-Virus Typ 1. Die RNS wurde ebenfalls mittels der von GIERER und SCHRAMM für das TMV beschriebenen Phenolmethode extrahiert. Mit ihr konnten auf Hela-Zell-Kulturen Plaques erzeugt werden. Für eine quantitative Auswertung der Infektiosität eignete sich dieser Plaquetest zunächst aber nicht, da mit unverdünnten RNS-Präparaten konfluierende cytopathogene Läsionen auftraten, bei Verdünnung jedoch keine auch nur einigermaßen lineare Proportion zwischen Verdünnungsfaktor und Plaquezahl zu beobachten war. In qualitativen Experimenten stellten die Verfasser fest, daß die Infektiosität ihrer RNS-Präparate durch 100 γ/ml RNase zerstört wurde, die gleiche Konzentration von DNase dagegen ohne Einfluß blieb. Auch proteolytische Fermente, wie Papain und Chymotrypsin, vernichteten die Infektiosität nicht. Affenserum in der Verdünnung 1:10 inaktivierte RNS vollständig, gleichgültig ob dabei ein spezifisches Antiserum oder ein Normalserum verwendet wurde. Die Verfasser vermuten, daß dieser „unspezifische" Effekt auf das Vorhandensein von RNase im Serum zurückzuführen ist. Tatsächlich wurde die Plaquebildung mit RNS durch γ-Globuline von Antiseren nicht verhindert. Gleiche Konzentrationen davon konnten aber eine äquivalente Menge Polio-Virus noch vollständig neutralisieren.

Die Ergebnisse beider Arbeitsgruppen zusammengenommen lassen es als sehr wahrscheinlich erscheinen, daß es sich bei dem infektiösen Prinzip in den RNS-Präparaten aus Polio-Virus ebenfalls um freie RNS-Moleküle handelt. Es fehlen in diesen Arbeiten jedoch leider eingehende physikalische und biophysikalische Untersuchungen, um das Bild zu vervollständigen.

SCHAFFER und MATTERN (*52*) isolierten später dann eine infektiöse RNS aus hochgradig gereinigtem Polio-Virus. Dies war mit allen drei Techniken möglich (siehe vorne). Die infektiöse Komponente verblieb im Überstand, wenn die RNS-Fraktionen bei 100000 $\times$ g zentrifugiert wurden. Sie ließ sich auch mit Alkohol fällen und war empfindlich gegenüber RNase. Außerdem besaß die infektiöse RNS die für Nucleinsäuren charakteristische Absorption im ultravioletten Licht.

Virus der Maul- und Klauenseuche (MKS). Dieses gehört zu den kleinsten und einfachsten tierpathogenen Viren. Mittels der Phenolmethode gelang es mehreren Arbeitskreisen, infektiöse RNS-Präparate zu gewinnen (*53, 54, 55, 56*).

Zunächst wurde die RNS aus infiziertem Gewebe isoliert und ihre Infektiosität durch Injektion in Mäuse demonstriert. Während der Titer von Virus bei intraperitonealer wie intracerebraler Applikation gleich hoch war, konnten mit RNS nur bei intracerebraler Injektion gute Ergebnisse erzielt werden (*54*).

Die Infektiosität der RNS-Präparate wurde durch RNase und Inkubation bei 37° C zerstört. Ebenso inaktivierten Normalseren bis zu Verdünnungen von 1:10000. Mit einer Immunglobulinfraktion in der Verdünnung 1:100 konnte aber noch Virus neutralisiert werden, während RNS nicht beeinflußt wurde.

STROHMEYER und MUSSGAY (*57*) bestimmten auch das Molekulargewicht der infektiösen Komponente in den RNS-Fraktionen, wobei sie die Beziehung zwischen Sedimentationskonstante und Molekulargewicht zugrunde legten, die von GIERER für die RNS aus TMV angegeben worden war (*33, 34*).

Die Sedimentationskonstante wurde durch Zentrifugation in einem D_2O—H_2O Dichtegradienten untersucht.

Der gefundene Wert betrug 37 *s*, liegt also etwas höher als diejenigen, die für TMV und EEE bestimmt wurden (*33, 43*). Das daraus errechnete Molekulargewicht der infektiösen RNS ergab sich zu $3,1 \times 10^6$ und ist konsequenterweise ebenfalls, um etwa 30%, größer. Der Unterschied mag wohl auf die Verschiedenheit der Technik zurückgehen, die zur Bestimmung der Sedimentationskonstanten herangezogen worden war.

Eine andere wichtige Beobachtung wurde von Brown u. Mitarb. (*55*) gemacht. Als sie den Überstand von infizierten Zellen und diese selbst auf Virusgehalt und extrahierbare RNS untersuchten, stellte sich heraus, daß aus den Zellen regelmäßig mehr infektiöse RNS zu extrahieren war, gleichgültig, ob der Virustiter hoch oder niedrig war. Es scheint daher auch beim MKS eine zweite Quelle für extrahierbare Virus-RNS in der Zelle vorhanden zu sein, die nicht das Virus selbst ist.

Auf Grund der Erfahrungen mit der infektiösen RNS des MKS-Virus fand sich schließlich eine überraschend einfache und einleuchtende Erklärung für das schon vorher bekannte Phänomen, daß dieses Virus bereits in leicht saurem Milieu, nämlich bei p_H-Werten zwischen 6,0 bis 6,5, seine Infektiosität verliert (*58*). Mussgay konnte nachweisen, daß bei diesem p_H das Virus in die sog. S-Antigen-Untereinheiten zerfällt, die vermutlich das Virusprotein darstellen. Die RNS wird dabei in Freiheit gesetzt. Werden die Versuche mit ungereinigten Viruspräparaten durchgeführt, genügt die geringe Verunreinigung mit RNase, die Nucleinsäure sofort zu inaktivieren. Wird dagegen gereinigtes Virus verwendet, dann findet sich tatsächlich eine infektiöse Komponente, welche selbst niedrigere p_H-Werte aushält und in allen geprüften Charakteristiken der Virus-RNS entspricht (*59*).

ee) Myxo-Viren. Influenza-Virus. Die Ergebnisse hinsichtlich einer infektiösen RNS aus dieser Virusart sind, um es vorsichtig auszudrücken, noch sehr umstritten. Über positive Resultate wurde nur von zwei Arbeitskreisen berichtet, während vermutlich mehrere andere Gruppen über ihre negativen Versuche nichts mitteilten.

R. Portocala u. Mitarb. (*60, 61, 62*) veröffentlichten, daß sie aus Influenza A-Virus, nach Entfettung mit Äther, mittels Phenol bei niedrigen Temperaturen eine RNS isolieren konnten, welche in der Allantoishöhle entembryonierter Hühnereier die Produktion von „homologem" Virus anregte. In zwei weiteren Arbeiten (*61, 62*) wurde jedoch dann festgestellt, daß das Virus, das von mit RNS infizierten Zellen produziert wurde, antigenmäßig etwas anders reagierte als dasjenige, von welchem die RNS abstammte. Nach einer zweiten Passage im befruchteten Hühnerei traten außerdem filamentöse Formen auf, welche im Ausgangsvirus fehlten. Die Infektiosität der RNS-Extrakte war sensitiv gegenüber RNase, Bebrütung bei 37° C oder längerem Stehen bei Raumtemperatur.

Maassab (*63*) berichtete kurz darnach, daß er aus Chorioallantoismembranen von Hühnereiern, welche mit dem asiatischen Stamm von Influenza A-Virus infiziert worden waren, ebenfalls mit Phenol bei niederen Temperaturen direkt eine infektiöse RNS-Präparation isolieren konnte. Ihre Infektiosität war aber ausschließlich durch Erzeugung eines cytopathogenen Effektes in Gewebekulturen von embryonalen Hühnernierenzellen nachweisbar, nicht aber durch Injektion in die Chorioallantoishöhle des bebrüteten Hühnereis. Dies erscheint um so überraschender, als von Wecker und Schäfer gefunden worden war, daß das bebrütete Hühnerei ein durchaus brauchbares Testsystem für infektiöse RNS von EEE und WEE darstellt (*41*). Im übrigen verhielt sich das infektiöse Agens von MAASSAB aber hinsichtlich RNase-Empfindlichkeit, Sedimentationseigenschaften und Fällbarkeit mit einer 1-molaren Kochsalzlösung ganz wie infektiöse RNS. Möglicherweise hat MAASSAB deshalb eine andere RNS, etwa von einem latent in dem Ausgangsmaterial vorliegenden Virus, isoliert. Die Nachkommenschaft der mit RNS infizierten Hühnernierenzellen wurde leider nicht eingehend charakterisiert. Auffällig ist jedoch, daß diese, die ja nunmehr wieder aus intaktem Virus bestehen sollte, nicht infektiös für das bebrütete Hühnerei war. Wenn in allen vorhergehend beschriebenen Fällen die isolierte Virus-RNS als wahrhafter „Träger der genetischen Information" die Produktion von normalem und korrespondierendem Virus in den damit infizierten Zellen anregte, so kann diese Bezeichnung nach den Ergebnissen von MAASAB für seine Influenza-RNS definitionsgemäß nicht zutreffen.

ADA u. Mitarb. (64) sind die einzigen, die über ihre negativen Versuche zur Isolierung infektiöser Influenza-RNS berichteten. Ihre Experimente schlossen gereinigtes Virus und virusinfizierte Gewebe sowie verschiedene Influenza A- und B-Stämme ein. Auch mit einem anderen Vertreter der Myxoviren, dem Newcastle disease-Virus, hatten sie keinen Erfolg. Nicht einmal eine teilweise biologische Aktivität ihrer RNS-Präparate konnten sie nachweisen. Während mit intaktem Virus Rekombinationen erzeugt werden können, war dies nicht der Fall, wenn RNS von einem Stamm und aktives Virus eines anderen benützt wurden. Der Arbeitskreis von BURNET kam also zu dem Ergebnis, daß keines der von ihnen untersuchten RNS-Präparate von Influenza-Virus irgendwelche biologischen Aktivitäten besaß.

In einem späteren Kapitel dieser Übersicht werden einige theoretische Überlegungen aufgeführt, die es als unwahrscheinlich erscheinen lassen, daß eine im üblichen Sinne infektiöse RNS aus dieser Virusart überhaupt gewonnen werden kann.

ff) Tumor-Viren. Polyoma-Virus. Es ist dies das erste DNS-Virus, aus dem eine infektiöse Nucleinsäure isoliert werden konnte. In diesem Zusammenhang sei noch die Bemerkung erlaubt, daß überhaupt das erste Beispiel für eine direkte biologische Aktivität von isolierter Nucleinsäure ebenfalls mit DNS gegeben wurde. Es handelt sich um das Phänomen der sog. Transformation, bei welchem durch die DNS eines Donorstammes von Bakterien eine bestimmte biologische Eigenschaft auf einen empfänglichen Stamm übertragen wird, welcher diese Eigenschaft nicht besitzt (65). In diesem Fall scheint aber nur eine Teilstrecke eines DNS-Moleküls notwendig zu sein (66). DIMAYORCA u. Mitarb. (67) berichteten über die erste erfolgreiche Isolierung einer infektiösen Virus-DNS, derjenigen des Polyoma-Virus. Die Arbeit ist von besonderem Interesse auch deshalb, weil es sich gleichzeitig um die erste infektiöse Nucleinsäure aus einem Tumor-Virus handelt (68).

Als Ausgangsmaterial dienten virusinfizierte embryonale Mäusezellen in Gewebekultur. Die Extraktion der DNS erfolgte nach der Phenolmethode, wie sie schon für das TMV angewendet worden war. Als Kontrolle wurde nach der von KIRBY modifizierten Phenolmethode (69) DNS aus nicht infizierten identischen Gewebekulturen extrahiert.

Die DNS-Präparate wurden dann auf Gewebekultur-Zellen von embryonalem Mäusegewebe gebracht. Die Virus-DNS erzeugte dort regelmäßig den für das Virus typischen cytopathogenen Effekt, die Kontrollen blieben negativ. Aus dem Überstand der mit Virus-DNS infizierten Zellen konnte normales Polyoma-

Virus gewonnen werden, welches in Mäusen die charakteristischen Tumoren hervorrief. Die infektiösen Nucleinsäure-Präparate waren empfindlich gegenüber DNase, unempfindlich gegen RNase.

Diese Ergebnisse konnten inzwischen von DMOCHOWSKI u. Mitarb. (70) wiederholt und bestätigt werden.

Shope Papilloma-Virus. Wie so häufig zog auch im Falle der infektiösen DNS ein Erfolg einen anderen nach sich: Kurz nachdem es gelungen war, eine infektiöse Nucleinsäurefraktion aus dem Polyoma-Virus zu isolieren, berichtete ITO (71) über seine positiven Ergebnisse mit einem anderen DNS-haltigen Tumorvirus: dem Shope Papilloma-Virus.

Aus papillomatösen Warzen von Cottontail-Kaninchen wurde mittels Phenol bei niederen ($+4^0$ C) und erhöhten ($+50^0$ C) Temperaturen ein Nucleinsäurepräparat gewonnen. Auf der Haut von Hauskaninchen rief es nach intracutaner oder nach Applikation auf die angeritzte Haut innerhalb von 2 bis 6 Wochen typische Papillome hervor, die auch mikroskopisch den von intaktem Shope-Virus erzeugten voll entsprachen.

Die NS-Fraktionen waren empfindlich gegenüber DNase ($2\,\gamma/\text{ml}$), nicht gegenüber RNase. Hitzeinaktivierte DNase war dagegen ohne Effekt, so daß ein unspezifischer Mechanismus weitgehend ausgeschlossen werden konnte. Konzentrationen von Antiserum, welche intaktes Virus noch voll neutralisierten, setzten die Infektiosität der NS-Fraktionen nicht herab.

In Fortführung seiner Studien konnte ITO zeigen, daß eine infektiöse DNS auch aus teilweise gereinigtem Shope Papilloma-Virus mit kaltem und heißem Phenol extrahiert werden kann (72). Daß aber nicht nur das reife und infektiöse Virusteilchen die Quelle für die infektiöse DNS darstellt, ergab sich daraus, daß eine solche aus Papillomen gewonnen wurde, deren Gehalt an infektiösem Virus praktisch gleich Null ist. Dieses Ergebnis ist von besonderer Bedeutung, erlaubt es doch die Vermutung, daß in gewissen Virustumoren das ursprünglich auslösende Agens, nämlich das intakte Virus, „verschwunden" sein kann, obwohl sein genetisches Material in den Tumorzellen durchaus vermehrt wird und wahrscheinlich sogar für die Entstehung des Tumors essentiell ist.

C. Infektiöse RNS und Wirtszelle

Die geringe relative Infektiosität von Virus-RNS, die im allgemeinen zwischen 2% und 0,001% liegt (s. H., Tabellarische Zusammenfassung, S. 33), gab häufig Anlaß zu Zweifeln an der Stichhaltigkeit der gewonnenen Ergebnisse. In diesem Kapitel soll deshalb auf diesen wichtigen Punkt eingegangen werden.

Wie aus dem vorhergehenden Kapitel ersichtlich, wurden die infektiösen RNS-Präparate normalerweise in denselben Wirtsorganismen getestet wie das korrespondierende Virus, seien dies nun bestimmte Organzellen von Pflanze und Tier oder entsprechende Gewebekulturzellen.

Zunächst erhebt sich die Frage, wie denn überhaupt ein Molekül von der Ausdehnung eines infektiösen RNS-Stranges in eine lebende Zelle gelangen soll, ohne daß ihm dazu spezifische Adsorptions- und Penetrationsmechanismen zur Verfügung stehen. Beim intakten Virus finden sich solche regelmäßig in der äußeren Hülle des Elementarteilchens, gleichgültig, ob es sich dabei um bestimmte Enzyme

(Bakteriophagen, Myxoviren) oder schlechterdings um spezifische Eigenschaften der Hüllstruktur handelt (z. B. Proteinhülle des Polio-Virus).

Beim TMV, aus welchem die erste infektiöse RNS isoliert wurde, besteht dieses Problem nicht. Auch das Virus selbst gelangt natürlicherweise durch Insektenstich, im Labortest durch das Abreiben von Blatthaaren erzeugte feinste Öffnungen, direkt in das Zellinnere.

Ganz anders ist es bei tierischen Zellen. Hier muß angenommen werden, daß die infektiösen NS-Moleküle tatsächlich durch die intakte Zellmembran dringen. Offensichtlich handelt es sich bei diesem Vorgang um eine celluläre Aktivität. Von den Nucleinsäuremolekülen muß daher nur gefordert werden, daß sie ein gesamtes elektrisches Ladungsmuster besitzen, welches eine genügende Annäherung an die Zellmembran ermöglicht. Das Eindringen kann dann entweder im Sinne einer Phagocytose vor sich gehen oder durch „funktionelle Lücken" der Membran. Es ist jedoch noch nichts Definitives darüber bekannt.

Immerhin ist es verständlich, daß ein infektiöses Nucleinsäuremolekül auf Grund des Fehlens spezieller Mechanismen wahrscheinlich eine wesentlich geringere Chance zur Penetration besitzt als ein Virusteilchen. Als weiterer Nachteil für das isolierte genetische Virusmaterial kommt noch seine große Labilität hinzu. Wenn also ein solches Nucleinsäuremolekül nicht ziemlich rasch (innerhalb von etwa 15 min) an die Zelle adsorbiert und von dieser aufgenommen wird, ist seine Inaktivierung ziemlich sicher.

Diese beiden Faktoren zusammen — die geringe Penetrationswahrscheinlichkeit und die sehr große Labilität — sind wohl die Hauptursache dafür, daß Nucleinsäure-Präparate so viel weniger infektiös sind als die korrespondierenden Viruspräparate.

Eine weitere Ursache ist darin zu suchen, daß möglicherweise nicht alle ursprünglich in den Virusteilchen vorhandenen Nucleinsäuremoleküle die Prozedur der Extraktion intakt überstehen. Durch die Untersuchungen von Gierer (45) war ja gezeigt worden, daß ein einziger Bruch irgendwo in der Kette der infektiösen RNS aus TMV genügt, um die biologische Aktivität des Moleküls zu zerstören. Im Falle von TMV wurde aber von Fraenkel-Conrat (86) auch gezeigt, daß ein RNS-Präparat mit der relativen Infektiosität von 0,5% nach Rekonstitution von Virusteilchen aus dieser RNS und aus isoliertem Virusprotein eine relative Infektiosität bis zu 80% annehmen konnte. In diesem Fall scheint also sicher, daß zumindest 80% der isolierten RNS in infektiöser Form vorlagen, obwohl der direkte Test nur etwa 0,5% davon nachwies. Beim WEE-Virus muß dagegen angenommen werden, daß tatsächlich nur ein verschwindender Teil der aus dem Virusteilchen isolierten RNS noch physikalisch intakt ist. Die relative Infektiosität solcher Präparate beträgt etwa 1/100000% (43)! Die Extraktion der RNS aus den Virusteilchen selbst ist in diesem Falle aber auch besonders schwierig und nur durch drastische Methoden möglich. Obwohl diesbezügliche Untersuchungen noch ausstehen, erscheint die Annahme vernünftig, daß die großen Unterschiede der angegebenen relativen Infektiositäten von Virusnucleinsäuren zum Teil darauf beruhen, daß diese unterschiedlich leicht gewonnen werden können. Verständlicherweise werden desto mehr Moleküle intakt bleiben, je einfacher und schonender die angewendete Technik zu ihrer Isolierung ist.

Von noch größerer Bedeutung für die relative Infektiosität der Nucleinsäure-Präparate ist aber die Art und Weise, wie sie getestet wurde. Nicht immer ist nämlich die für ein Virus optimale Testmethode auch am besten für die korrespondierende Nucleinsäure. Zum Beispiel zeigt MKS-Virus bei intraperitonealer Applikation etwas höhere Titer als bei intramuskulärer. Umgekehrt ist die Infektiosität von RNS aus diesem Virus nur durch intramuskuläre oder intracerebrale Injektion nachzuweisen (54). Es gibt noch eine ganze Reihe ähnlicher Beispiele (42, 46, 47, 51).

Bei der Auswertung relativer Infektiositäten von Virusnucleinsäure kann die verwendete Testmethode ohne weiteres Unterschiede von drei Potenzen nach zehn verursachen. Es ist aber auch umgekehrt möglich, Nicht-Wirtszellen für ein Virus mit der korrespondierenden RNS zu infizieren. HOLLAND u. Mitarb. (84, 87) konnten zeigen, daß mit infektiösen RNS-Präparaten von Poliomyelitis-Virus Typ 1 sogar Nicht-Primatenzellen von Tieren, wie Kaninchen, Hamstern und Meerschweinchen, infiziert werden können. Für keine dieser Zell- oder Tierarten ist das intakte Virus infektiös. Aus diesen bedeutsamen Versuchen geht hervor, daß zumindest ein Teil der sog. Wirtsspezifität eines Virus auf seine Oberflächeneigenschaft, in diesem Falle auf seine Hüllproteine, zurückgeht. Das Fehlen derselben, das normalerweise einen Nachteil für die Penetration der RNS gegenüber dem Virus darstellt, kann demnach auch einmal ein Vorteil sein. Ein weiteres wichtiges Ergebnis ist, daß offensichtlich viel mehr verschiedene Zellen, als vorauszusehen war, über prinzipiell gleiche biochemische Fähigkeiten verfügen, da alle dieselbe Art von RNS und dieselbe Art von Protein zu synthetisieren vermögen, nämlich komplettes Virus. Dieselben Ergebnisse konnten auch mit anderen Enteroviren, Echo 8-Virus und Coxsackie A-9 und B-1, erzielt werden (84). Die überragende Bedeutung des Testsystems bei der Angabe relativer Infektiositäten von Virusnucleinsäuren wird hier nochmals ganz deutlich: In diesen Fällen ist die Nucleinsäure sogar infektiöser als das Virus!

Bei der Austestung infektiöser RNS-Präparate von tierpathogenen Virusarten im Versuchstier scheint die intracerebrale Injektion ganz allgemein die höchsten Titer zu ergeben. Es wird vermutet, daß die relativ geringe RNase-Aktivität dieses Organsystems einer der Gründe dafür ist (88).

Mit dem Plaquetest waren die Ergebnisse, wie schon im vorhergehenden Kapitel erwähnt, zunächst wesentlich schlechter. Dies hat sich inzwischen aber geändert. ALEXANDER et al. (50, 51) beobachteten zuerst, daß nicht nur die absolute Plaquezahl mit RNS anstieg, sondern auch die theoretisch zu fordernde umgekehrte Proportionalität zwischen Plaquezahl und Verdünnungsfaktor gegeben war, wenn die RNS-Verdünnungen in hypertonischer Kochsalzlösung hergestellt wurden. Dieser Befund wurde von HOLLAND et al. (84) bestätigt. ELLEM und COLTER gaben in ihrer Arbeit einen ersten Hinweis auf den möglichen Wirkungsmechanismus dieses Verfahrens. Sie fanden, daß sogar noch bessere Ergebnisse mit Mengo-RNS und dem L-Stamm von Mäusefibroblasten zu erzielen waren, wenn die RNS in hochmolarer Sucrose-Lösung auf die Zellen gebracht wurde. Mit NaCl wie mit Sucrose ergaben sich optimale Konzentrationen, die, wenn überschritten, die Plaquezahlen wieder abfallen ließen. Offenbar scheint es sich um eine Art Kompromiß zwischen der höchstmöglichen Molarität der Lösung zugunsten der RNS zu handeln, der gerade noch mit dem Überleben der Zellen unter solch unphysiologisch hypertonischen Bedingungen zu vereinbaren ist. In den meisten Fällen desintegrieren sich durch eine solche Behandlung die Zell-

rasen, was eine reguläre Plaquebildung natürlich unmöglich macht. Die von
ELLEM und COLTER angewendete „infective center"-Technik erlaubt aber, diesen
Umstand zu umgehen. Dabei werden suspendierte Zellen mit der RNS in einer
hypertonischen Lösung infiziert. Durch Suspendieren der infizierten Zellen in
physiologischen Medien wird dann der osmotische Druck wieder normalisiert, und
die Zellen werden anschließend auf normalen Zellrasen zum Absitzen gebracht.
Nach der Überschichtung mit Nähragar entwickelt sich an jeder Stelle des Indi-
cator-Zellrasens ein Plaque, auf welchem sich eine infizierte Zelle abgesetzt hatte.

Durch diese Versuche wurde klargelegt, daß der Wirkungsmechanismus
hochmolarer Lösungen in diesem Fall an der Zelle zu suchen ist und nicht an der
RNS selbst. Ursprünglich war nämlich vermutet worden, daß durch 0,8 molares
NaCl die RNS, möglicherweise wegen Veränderung ihrer physikalischen Struktur
in Lösung, „stabilisiert" würde, weil sie ja bekanntlich durch 1-molares Kochsalz — allerdings bei niedrigeren Temperaturen — bereits präcipitiert werden
kann. Da jedoch Sucrose in den angewendeten Konzentrationen sicherlich
keinen derartigen Einfluß hat, wird jetzt angenommen, daß durch den osmotischen
Druck des extracellulären Mediums die intracelluläre Elektrolyt-Konzentration
entsprechend ansteigt. Tatsächlich entsprechen die optimalen Konzentrationen
für NaCl wie für Sucrose demselben osmotischen Druck der Lösung. Durch die
Steigerung der intracellulären Ionenstärke könnte dann die zelleigene RNase-
Aktivität ebenso gehemmt werden, wie dies in vitro demonstriert wurde. Ein
anderer Mechanismus scheint aber ebenso möglich. Wie von den Autoren berichtet, kann die Infektiosität von Mengo-RNS durch alle möglichen RNase-
freien Proteine vernichtet werden. Ähnliche Beobachtungen waren auch schon
von WECKER (42) gemacht worden. Bei hoher Ionenkonzentration erfolgt keine
Inaktivierung. Es ist also denkbar, daß hypertonische intracelluläre Bedingungen
diese Art unspezifischer Inaktivierung von RNS durch celluläre Proteine verhindern.

Im Rahmen dieses Kapitels ist es interessant zu erwähnen, daß sich die
Adsorption an und die Penetration in Zellen von intaktem Virus unter gleichen
hypertonischen Bedingungen ganz entscheidend verschlechtern. Ein weiterer
Hinweis darauf, daß bei dem Vergleich der Infektiositäten von Virus- und
korrespondierenden RNS-Präparaten viele, erst zum Teil bekannte Faktoren
mit berücksichtigt werden müssen. Selbstverständlich ist ein solcher Vergleich
überhaupt nur dann sinnvoll, wenn die infektiöse RNS auch wirklich aus den
infektiösen Virusteilchen selbst herstammt und nicht, wie in einigen vorne erwähnten Fällen, ausschließlich oder zusätzlich aus einem anderen virusspezifischen Material in den infizierten Zellen.

D. Die Vorstufen-RNS

Die Beobachtung, daß infektiöse RNS nicht nur aus reifen Virusteilchen,
sondern auch aus einem intracellulären virusspezifischen Material extrahiert
werden kann, gab Anlaß, die zeitlichen Zusammenhänge zwischen der Vermehrung
dieses Materials und dem Virus selbst zu untersuchen. Derartige Experimente
wurden mit Zellen durchgeführt, welche mit Mäuse-Encephalomyokarditis-Virus
(89), dem Virus der Maul- und Klauenseuche (55), dem Pferde-Encephalomyelitis-
Virus (90), dem Tabakmosaik-Virus (91, 92) und dem ME-Virus (39) infiziert waren.

In allen Fällen stellte sich heraus, daß in den virusinfizierten Zellen eine infektiöse RNS schon vor der nachweisbaren Synthese der neuen Virusteilchen auftritt.
Diese Art der RNS kann also mit Recht als „Vorstufen-Nucleinsäure" bezeichnet werden, da sie offenbar eine wesentliche Vorstufe bei der Vermehrung
von Virus darstellt.

Beim TMV war der Nachweis einer Vorstufen-RNS dadurch etwas erschwert,
daß durch die übliche Phenolbehandlung auch die schon im Virusteilchen eingebaute RNS erfaßt wird. ENGLER und SCHRAMM (91, 92) konnten sie deshalb
nur indirekt bestimmen. Wenn sie die infizierten Blätter homogenisierten und
anschließend eine Stunde bei 37⁰ C inkubierten, wurde durch die zelleigene
RNase die Vorstufen-RNS zerstört, und nur die im Virus geschützt vorliegende
konnte anschließend extrahiert werden. Wenn dagegen die infizierten Blätter
schon in Gegenwart von Phenol homogenisiert wurden, zerstörte dieses die
celluläre RNase sofort, und sowohl die empfindliche Vorstufen- wie die bereits
inkorporierte RNS konnte gewonnen werden. Der Titerunterschied zwischen den
beiden Präparaten wurde als Maß für die Vorstufen-RNS genommen. Mit Hilfe
dieser Technik wurde nachgewiesen, daß eine infektiöse RNS bereits 10 Std vor
der nachweisbaren Virusvermehrung erscheint. Im Augenblick, in dem die Virusformierung dann einsetzt, nimmt die „freie" Vorstufen-RNS ab. Dieses Ergebnis
wurde so interpretiert, daß beide Synthesen unabhängig voneinander verlaufen
und daß die Proteinsynthese schneller vor sich geht als die RNS-Synthese. Ein
solcher Schluß war naheliegend, da bekannt ist, daß ein TMV aus nur einem
Molekül RNS und etwa 2200 Molekülen Protein besteht.

SANDERS (89) konnte bereits 15 min nach Infektion mit Encephalomyokarditis-
Virus (EMC) aus Ascitestumorzellen eine infektiöse RNS extrahieren. In den
folgenden 5 Std vermehrte sich diese um das 100—1000fache. Die RNS erreichte
den maximalen Titer zu der Zeit, in der etwa die Formierung der ersten neuen
Virusteilchen begann. Die eigentliche Virussynthese erreichte das Maximum etwa
7—8 Std p.i.. Im Falle von EMC konnte die Vorstufen-RNS direkt gemessen
werden, da das fertige Virusteilchen seine RNS bei der angewendeten Technik
anscheinend nicht freisetzt (36).

SANDERS nimmt an, daß die erste sofort nachweisbare RNS aus den infizierenden Viren stammt, die beim Vorgang der Viruseclipse in eine extrahierbare
Form übergeführt wurden. Die eigentliche Neusynthese von RNS soll erst 1 Std
p.i. beginnen. Wie bei TMV, so nimmt auch hier der Titer der Vorstufen-RNS
zu dem Zeitpunkt ab, in welchem neues Virus erscheint. Dies kann bedeuten,
daß nun die bisher extrahierbare Vorstufe durch Einbau in Virus in die nicht
extrahierbare Form übergeht. Man könnte sich aber auch denken, daß die noch
nicht eingebaute und damit nicht stabilisierte RNS nun zunehmend zerstört
wird, da etwa zur selben Zeit die ersten cytopathogenen Effekte an den Zellen
sichtbar werden. Gegen eine solche Interpretation sprechen allerdings Versuche
von SANDERS mit Inhibitoren (89). Euflavin hemmt die Formierung von Vorstufen-RNS. Wenn der Inhibitor 4 Std p.i., also erst nachdem die RNS-Synthese
schon ihr Maximum erreicht hat, zugegeben wird, erscheint trotzdem kein infektiöses Virus. Obwohl die Zellen dann anscheinend in ganz üblicher Weise
einen cytopathogenen Effekt zeigen, bleibt der RNS-Titer länger erhalten, als
wenn Virussynthese möglich ist.

Anders waren die Verhältnisse mit dem Inhibitor 5-Fluor-Uracil. Dieses Pyrimidinanalogon wird in Nucleinsäure eingebaut. Die Dosis-Effekt-Beziehungen hinsichtlich Hemmung von RNS-Synthese und von Virussynthese waren sehr ähnlich, was darauf hindeutet, daß die Hemmung der Virussynthese als eine direkte Folge der Hemmung der RNS-Synthese angesehen werden kann. Die Vorstufen-RNS scheint demnach später tatsächlich in Virusteilchen eingebaut zu werden und stellt deshalb kein „Seitenprodukt" dar. Diese Anschauung konnte noch weiter gestützt werden: Wenn 5 Fluor-Uracil erst zur Zeit des nahezu maximalen RNS-Titers, also noch gerade vor Beginn der Virusformierung, zugegeben wurde, konnte es nun diese nicht mehr hemmen.

Wenn man diese Ergebnisse voll würdigt, erscheint die Annahme allerdings berechtigt, daß die Synthese von Virus-RNS und diejenige von Virus-Protein unabhängig voneinander ablaufen. Die Arbeiten von Sanders lassen jedoch bedauerlicherweise experimentelle Einzelheiten und wichtige Daten über die Wirkungskinetik der verwendeten Inhibitoren vermissen, so daß ihre Auswertung nicht ganz gesichert erscheint.

Beim WEE-Virus fand Wecker (90), daß aus damit infizierten Gewebekulturzellen bereits 1 Std nach der Infektion eine infektiöse RNS extrahiert werden kann. Auch hier kann diese Vorstufen-RNS ohne weiteres direkt nachgewiesen werden, da die im Virus inkorporierte RNS unter denselben Bedingungen nicht in Freiheit gesetzt wird (43). Die Vorstufen-RNS vermehrt sich exponentiell und erreicht ihr Maximum gleichfalls zum Zeitpunkt der einsetzenden Virusvermehrung. Im Gegensatz zu den vorher erwähnten Beispielen bleibt jedoch dann der Titer der Vorstufen-RNS praktisch konstant und nimmt nicht wesentlich ab.

Um die Zusammenhänge zwischen RNS-Synthese und Proteinsynthese zu untersuchen, wurden Experimente mit Aminosäure-Analoga unternommen, welche die Proteinsynthese beeinflussen können. Mit Äthionin, dem Analogon von Methionin, wurde die Synthese der Vorstufen-RNS von WEE unter keinen Bedingungen beeinflußt, während das Erscheinen von infektiösem Virus dann unterblieb, wenn der Inhibitor vor der Virusvermehrung, also etwa 4 Std p.i. oder früher, zugesetzt wurde. Die Hemmung der Virussynthese war irreversibel. Durch Zählen von Virusteilchen unter dem Elektronenmikroskop wurde gefunden, daß die Zahl der produzierten Virusteilchen fast identisch war mit derjenigen, die von nicht gehemmten Kontrollkulturen erzeugt wurde. Der Unterschied in der Infektiosität der synthetisierten Viren zeigte sich aber dadurch an, daß das Verhältnis infektiöse:gesamten Virusteilchen im Falle der Äthionin-Ansätze um mehr als hundertmal größer war. Die Versuche wurden so interpretiert, daß in Gegenwart von Äthionin tatsächlich Virusteilchen aufgebaut werden, welche aber trotz Einbau infektiöser RNS nicht infektiös sind, weil sie in ihrer Proteinhülle eine falsche Aminosäure, nämlich Äthionin, enthalten. Dadurch könnte die normale Oberflächeneigenschaft der Virusteilchen ausreichend geändert worden sein (E. Wecker, unveröffentlichte Ergebnisse). Mit dem Aminosäureanalogon Fluor-Phenylalanin (FPA) waren die Ergebnisse folgende:

Wenn der Inhibitor vor Beginn der RNS-Synthese zugesetzt wurde, unterblieb diese ganz (90). Nach Erreichung des optimalen RNS-Titers konnte FPA immer noch die Virussynthese hemmen. In beiden Fällen war die Inhibition völlig reversibel. Weitere Untersuchungen zeigten, daß mit größter Wahrscheinlichkeit die Hemmwirkung von FPA auf die RNS-Synthese nicht dadurch erklärt werden kann, daß etwa, wie im Falle von Bakteriophagen, die Virus-Nucleinsäure nur dann synthetisiert wird, wenn zunächst einige neue Enzyme dazu hergestellt wurden. Vielmehr stellte WECKER fest, daß keinerlei neue Enzyme für die Synthese der WEE-RNS notwendig sind, sondern daß offenbar der normale zelleigene Apparat dazu völlig ausreicht. Als Konsequenz ergab sich, daß die Hemmung einer RNS-Synthese mit einem bekannten Inhibitor von Proteinsynthese (*93, 94, 95*), nämlich FPA, wahrscheinlich so gedeutet werden muß, daß RNS-Synthese und Proteinsynthese unmittelbar voneinander abhängig sind und gleichzeitig ablaufen. Ob es sich bei diesem Protein freilich um das eigentliche Virusprotein handelt, bleibt noch gänzlich offen. Immerhin darf aber festgestellt werden, daß auch die Virusantigene, d. h. also Virusprotein, regelmäßig weit früher in der Zelle nachweisbar sind als das erste neue komplette Virus (*96*). Es zeichnet sich auch hier eine Parallele zwischen Vorstufen-RNS und Virus-Protein ab.

Entsprechende direkte Untersuchungen über die zeitlichen Zusammenhänge zwischen der Synthese von Nucleinsäure und dem Auftreten von intaktem Virus bei DNS-haltigen tierpathogenen Virusarten liegen noch nicht vor. Auf Grund mehr indirekter Techniken konnten aber SALZMAN (*97*) und MAGEE et al. (*98*) zeigen, daß die Synthese von Vaccine-Virus-DNS ebenfalls einige Stunden vor dem Auftreten reifer Virusteilchen einsetzt.

Die in infizierten Bakterien synthetisierte Phagen-DNS war Gegenstand ausführlicher Untersuchungen. Dieses Gebiet ist jedoch bereits so umfassend, daß es in speziellen Übersichtsartikeln beschrieben wurde und deshalb den Rahmen dieser Darstellung übersteigen würde (*99, 100*).

E. RNS und Proteinsynthese

Die Bezeichnung „infektiös" für eine Virus-RNS bedeutet, daß sie nicht nur die nötige Information für ihre eigene identische Reproduktion in die Zelle überträgt, sondern auch für die Synthese der korrespondierenden spezifischen Virusproteine. Darüber hinaus führt die Infektion von Zellen mit solcher Virus-RNS zu denselben Symptomen, wie sie auch nach einer Infektion mit komplettem Virus beobachtet werden. Wie vorhergehend erwähnt, kann nach Infektion mit Virus-RNS in Pflanze oder Tier ein typisches Krankheitsbild entstehen. Daraus ergibt sich, daß der Nucleinsäure-Bestandteil eines Virus wirklich der Träger all jener biologischen Funktionen sein kann, welche mit der Virusvermehrung unmittelbar zusammenhängen.

Infektiöse RNS wurde aber bereits von Viren unterschiedlicher Größe isoliert, d. h. von Viren, die verschiedene absolute Mengen Protein besitzen. Andererseits ist bekannt, wie einleitend ausgeführt wurde, daß die absolute Gewichtsmenge an RNS bei allen untersuchten RNS-haltigen Virusarten praktisch gleich ist. Dies ist in der Tabelle 9 nochmals veranschaulicht.

Zunächst ist festzuhalten, daß die wie oben berechneten Mengen an RNS pro Virusteilchen sehr gut mit dem in einzelnen Fällen direkt bestimmten Molekulargewicht der infektiösen RNS übereinstimmen, die aus diesen Virusarten gewonnen wurden (s. vorne). Diese enthalten also wahrscheinlich nur ein einziges Molekül RNS pro Virusteilchen. Wie aber soll nun ein RNS-Molekül fast oder tatsächlich gleicher Größe in der Lage sein, einmal ein Äquivalent von 38×10^6 Gesamtmenge Virusprotein, wie beim TMV, zu informieren, ein andermal nur ein solches von $4,7 \times 10^6$, wie im Falle von Poliomyelitis-Virus ?

Mit Hilfe von chemischen und physikalischen Methoden war schon, bevor diese Frage so gestellt werden konnte, ermittelt worden, daß das TMV einen inneren RNS-Faden besitzt, welcher von etwa *2200 identischen* Proteinuntereinheiten eingehüllt ist (*101, 102*). Eine prinzipiell ähnliche Oberflächenstruktur wurde auch für Tomato bushy shunt-, Turnip yellow- und Polio-Virus angegeben (*103, 104*). Vermöge einer verfeinerten Technik zur Darstellung von Oberflächenstrukturen im Elektronenmikroskop (*105*) konnten HORNE u. Mitarb. (*106*) zeigen, daß auch das „lösliche Antigen" von Myxoviren, das ist ihr internes Nucleoproteid, dieses Bauprinzip besitzt. Es ist sehr reizvoll, zu spekulieren, daß womöglich die Proteinhülle aller Virusarten aus vielen identischen Proteineinheiten aufgebaut sein könnte.

Tabelle 9

Virusart	Teilchengewicht des Virus	Relativer Gehalt an RNS in %	Absolute RNS-Menge pro Virus
TMV	40×10^6	5,6	$2,2 \times 10^6$
Polio	$6,7 \times 10^6$	22—30	$1,5$—$2,0 \times 10^6$
EEE + WEE. . .	50×10^6	4,4	$2,2 \times 10^6$
Klass. Geflügelpest	150×10^6	1,8	$1,7 \times 10^6$
Influenza	280×10^6	0,7—1,0	$2,0$—$2,8 \times 10^6$

Aus „Reproduction of RNA-containing animal viruses", W. SCHÄFER, in: Virus growth and variation. 9. Symposium Soc. Gen. Microbiology.

Die Antwort auf die vorne gestellte Frage wäre demnach, daß jede Virus-RNS wahrscheinlich nur die Information für *eine* Art von korrespondierender Proteineinheit trägt.

Ein „großes" Virus besäße dann viele solcher identischer Proteine, ein „kleines" entsprechend weniger.

Die Größe der Proteinuntereinheit des TMV ist bekannt. Sie ist ein Peptid vom Molekulargewicht etwa 1800 und besteht aus 157 Aminosäuren (*107*). Seine RNS dagegen besteht aus 6000 Mononucleotiden (*45*). Unter der Annahme, daß die Virus-RNS ausschließlich die Information für das eigentliche Virusprotein trägt, wären für jede seiner Aminosäuren etwa 40 Nucleotide notwendig, um sie in ihrem Platz innerhalb der Peptidkette festzulegen. Das mag als eine erhebliche Verschwendung von „Information" erscheinen, würden doch rein rechnerisch drei Mononucleotide pro Aminosäure genügen, um jede in einer spezifischen Sequenz anzuordnen (*108, 109, 110, 111*).

YČAS (*112*) schlägt sogar eine „Coding ratio" von 1 vor, was dann allerdings eine zusätzliche genetische Information von cellulärem Material für die Synthese eines RNS-Virus bedeuten würde.

Die Größenordnung von etwa 40 Nucleotiden (40—120) entspricht jedoch derjenigen einer niedermolekularen RNS, welcher eine spezifische Überträgerrolle für Aminosäuren bei der Proteinsynthese zugeschrieben wird (*113*).

Diese sog. S-RNS (S für soluble), oder neuerdings Transfer-RNS, scheint aktivierte Aminosäuren von einem Enzym zu übernehmen und sich dann an die Ribosomen innerhalb des endoplasmatischen Reticulums anzulagern. Jedenfalls konnte nachgewiesen werden, daß die an S-RNS gebundenen Aminosäuren später echt in Peptide eingebaut werden, ein Vorgang, welcher an den genannten Ribosomen stattfindet. Besonders wichtig ist die Feststellung, daß jede Aminosäure ihr spezifisches aktivierendes Enzym besitzt und ebenso eine bestimmte, nur für sie zutreffende S-RNS (*113*). GIERER (*114*) fand in vergleichenden Untersuchungen, daß ein Teil der RNS von Ribosomen dasselbe Molekulargewicht besitzt wie eine infektiöse Virus-RNS, nämlich ein solches von etwa 2×10^6. Wenn sich nun jedes RNS-Molekül mit seiner spezifischen Aminosäure mittels Wasserstoffbrücken an eine äquivalente Strecke der hochmolekularen Ribosomen- (oder Virus-) RNS anlagert, wie dies vorgeschlagen wurde (*113*), dann würden die Aminosäuren automatisch in eine Sequenz gebracht, die der „Information" innerhalb der hochmolekularen „Template-RNS" entspricht. In diesem Falle wäre dann aber sogar theoretisch zu fordern, daß das entstandene Peptid nur ungefähr aus 150 Aminosäuren bestehen kann.

Die beschriebenen Wechselwirkungen zwischen RNS und Aminosäuren bei der Proteinsynthese stellen bis heute den einzigen Anhalt für einen möglichen Mechanismus der Proteinsynthese dar, der wenigstens teilweise durch Experimente gerechtfertigt scheint und darüber hinaus erklären würde, warum z. B. die Proteinuntereinheit des TMV nur aus 157 Aminosäuren besteht.

Die angeführte Hypothese kann jedoch nur dann aufrechterhalten werden, wenn in der mit TMV infizierten Zelle wirklich keinerlei andere durch die Virus-RNS „informierte" Proteine synthetisiert werden. Bis heute wurden solche auch noch nicht gefunden (*115*). Die Entstehung spezifischer Symptome an der Pflanze können deshalb vorläufig als eine direkte Folge der Virusvermehrung gedeutet werden, ohne daß dabei neue Enzyme oder andere Proteine eine Rolle spielen. Wie im vorhergehenden Kapitel bereits erwähnt wurde, konnte die Beteiligung neuer Enzyme an der Synthese von WEE-Vorstufen-RNS bereits weitgehend unwahrscheinlich gemacht werden (*90*).

Schließlich sei nochmals darauf hingewiesen, daß für die Infektiosität einer Virus-RNS die gesamte Integrität des Moleküls erforderlich ist, also alle seine etwa 6000 Nucleotide. Wenn nur ein Teilstück davon für die eigentliche Virusvermehrung, ein anderer Teil für die Erzeugung der Symptome verantwortlich wäre, könnte man sich das nicht so ohne weiteres erklären.

Es ist also bei dem augenblicklichen Stand der Erkenntnis gerechtfertigt, anzunehmen, daß eine Virus-RNS von 2 Millionen Molekulargewicht ausschließlich ein Protein mit etwa 157 Aminosäuren zu informieren vermag. Im Lichte dieser Annahme wird es dann auch verständlich, warum die Berichte über eine infektiöse RNS aus den Viren der Myxogruppe, z. B. Influenza-Virus, mit großem Skeptizismus betrachtet werden müssen. Diese Virusarten sind nämlich aus zwei verschiedenen Unterstrukturen aufgebaut, von denen jede mindestens ein spezifisches Protein beinhaltet. Auch Myxoviren besitzen aller Wahrscheinlichkeit nach nur ein Molekül RNS mit einem Molekulargewicht von 2 Millionen (s. Tabelle 8). Es ist deshalb sicher kein Zufall, daß mehrere Arbeitsgruppen keine infektiöse RNS aus diesen Virusarten extrahieren konnten, welche, gemäß Definition, ausreichen müßte, um die Formierung *normaler und intakter* Viren in einer Zelle anzuregen. Alle bekannten und unzweifelhaften Fälle von infektiöser Virus-RNS stammen von Virusarten, die, soweit bekannt, nur eine einzige Art von spezifischem Protein besitzen.

Die äußerst engen Beziehungen zwischen Virus-RNS und -Proteinsynthese drücken sich auch wieder bei Versuchen aus, die Gegenstand des nachfolgenden Kapitels sind, da ihnen eine selbständige Bedeutung zukommt.

F. Die in vitro-Mutation von Virusnucleinsäuren durch Chemikalien

Wenn die Nucleinsäuren ganz allgemein das chemische Äquivalent für das Phänomen der Vererbung darstellen können, dann sollte eine entsprechende chemische Änderung dieser Substanzen Mutationen hervorrufen. Versuche, Virusmutanten willkürlich durch physikalische Behandlung von Virus infizierten Zellen, z. B. durch Röntgenstrahlen, zu erzeugen, waren erfolgreich (*116, 117, 118, 119*). Schon das Halten TMV-infizierter Pflanzen bei erhöhter Temperatur regte die Produktion einer größeren Anzahl von Virusmutanten an (*120*). Ein mehr direkter Beweis wurde von BENZER und FREESE (*121*) erbracht, als es ihnen gelang, unphysiologische Basen-Homologe in die DNS von Bakteriophagen durch den Bakterienstoffwechsel einbauen zu lassen. Dies führte zu einer erheblichen Ausbeute an Mutanten in der Nachkommenschaft solcher Phagen.

Die spontane, recht kleine Mutationsrate von Viren war jedoch durch keine der genannten Methoden zu verändern, wenn die Viren *in vitro* einer derartigen Behandlung ausgesetzt wurden.

Die Arbeiten mit infektiöser Virus-RNS hatten gezeigt, daß RNS-Moleküle von verschiedenen Virusarten sich physikalisch nur insignifikant voneinander unterscheiden. Ihre Spezifität war also in der besonderen linearen Sequenz zu suchen, in welcher die etwa 6000 Nucleotide im Makromolekül aneinandergefügt sind. Konsequenterweise sollte dann auch die RNS einer Virusmutante sich nur hinsichtlich ihrer Basensequenz von derjenigen des Wildstammes unterscheiden.

Für die Erzeugung von „mutierter" Virus-RNS in vitro mußten deshalb zwei Bedingungen erfüllt werden:

1. Die ursprüngliche Sequenz der Pyrimidine und Purine in der RNS mußte in geeigneter Weise verändert werden,

2. die physikalische Integrität des RNS-Moleküls mußte dabei voll erhalten bleiben, da nur ein solches biologische Aktivität, d. h. Infektiosität, besitzt.

SCHUSTER und SCHRAMM (*122*) zeigten, daß die Behandlung von Pyrimidinen oder Purinen mit salpetriger Säure auch bei relativ niedrigem p_H zur oxydativen Desaminierung führt, d. h. dem Austausch einer Aminogruppe (-NH_2) durch eine Hydroxyl-Gruppe (-OH), gleichgültig, ob die Basen in freier Form oder als Nucleotide in einer RNS vorlagen. Von den vier normalen Basen der RNS aus TMV reagieren drei in der beschriebenen Weise. Cytosin wird dabei zu Uracil, Adenin zu Hypoxanthin und Guanin zu Xanthin. Die vierte Base, Uracil, kann nicht reagieren, da sie keine Aminogruppe besitzt. Besonders interessant ist die Umwandlung von Cytosin zu Uracil, da es sich dabei in beiden Fällen um natürlicherweise in der Virus-RNS vorkommende Basen handelt. Im Gegensatz dazu sind die Reaktionsprodukte Hypoxanthin und Xanthin unphysiologisch für TMV.

SCHUSTER und SCHRAMM konnten weiterhin nachweisen, daß durch die Reaktion infektiöser RNS aus TMV mit salpetriger Säure unter geeigneten Bedingungen die physikalische Struktur der RNS nicht verändert wird. Eine quantitative Auswertung ihrer Experimente ergab, daß durch die chemische Veränderung jedes einzelnen von mindestens 3000 Nucleotiden eine Inaktivierung der RNS-Infektiosität hervorgerufen wird. Ein infektiöses Molekül besteht aber bekanntlich aus 6000 Nucleotiden. Größenordnungsmäßig enthalten davon etwa ein Viertel, also 1500, die nicht reagierende Base Uracil. Es war also möglich, daß mit Nitrit auch solche Nucleotide reagierten, deren Veränderung nicht letal ist. Möglicherweise konnte sie dann mutagen sein.

Dies wurde zuerst von MUNDRY und GIERER (*124, 125*) im Falle von TMV nachgewiesen. Als genetischen „marker" benützten die Verfasser die Verschiedenheit der Krankheitssymptome, die auf einer bestimmten Wirtspflanze (Java-Tabak) nach Infektion mit Wildstamm-TMV oder einer auch natürlicherweise vorkommenden Virusmutante auftreten. Der Stamm „vulgare" verursacht eine systemische Erkrankung der Pflanze, welche sich nur in chlorotisch verfärbten Flecken auf den Blättern kundtut. Der Mutantenstamm „dahlemense" erzeugt dagegen ausgeprägte nekrotische Stellen am Ort der Infektion, deren Zahl von der Anzahl infizierender Virusteilchen abhängt.

Es wurde untersucht, ob die Behandlung von infektiöser RNS aus dem Stamm „vulgare" mit salpetriger Säure in vitro zur Erzeugung von Java-Nekrose-Mutanten führt. Die spontane Mutationsrate für dieses System beträgt etwa 0,2%. Durch Nitritbehandlung konnte sie auf 5,65%, also um mindestens das Zwanzigfache, erhöht werden. Diese maximale Erhöhung der Mutationsrate wurde dann beobachtet, wenn durch die gleichzeitige Reaktion „letaler" Nucleotide die Gesamtinfektiosität des Präparates auf etwa die Hälfte herabgesetzt wurde. Allein dieser Befund schließt aus, daß es sich dabei nicht um die Erzeugung von Mutanten, sondern nur um die Selektionierung bereits vorher existierender mutierter Viren handelte.

Nach längerer Reaktionsdauer mit Nitrit war, wenn überhaupt, nur ein äußerst geringer Teil der „überlebenden" RNS nicht mutiert. Die Anwesenheit von Protein störte die in vitro-Mutation nicht. Auch intakte TMV-Teilchen reagierten in grundsätzlich der gleichen Weise auf die Behandlung.

Die quantitative Auswertung der Ergebnisse zeigte, daß die Erzeugung von Mutanten durch Nitrit einer Eintrefferkinetik folgt. Die oxydative Desaminierung eines einzigen geeigneten Nucleotids in der Virus-RNS kann also ein Mutationsereignis darstellen. Die erzeugten Mutanten sind offenbar stabil und vererben ihren mutierten Charakter unverändert auf die Nachkommenschaft.

Wie zu vermuten, führt die Behandlung mit salpetriger Säure nicht nur zu einer bestimmten Art von Mutation, z. B. immer zu einem Java-Nekrose-Stamm. Die obigen Angaben über die erhöhte Mutationsrate, die sich nur auf diese Art Veränderung beziehen, reflektieren also nicht die gesamte Anzahl aller erzeugten Mutanten. Diese dürfte wesentlich größer sein.

Das am Beispiel des TMV gezeigte Prinzip einer in vitro-Mutation durch chemische Veränderung der Nucleinsäure mittels salpetriger Säure sollte selbstverständlich ebenso auf alle anderen RNS-haltigen Virusarten anwendbar sein. Erstaunlicherweise wurde bisher nur eine einzige weitere Arbeit veröffentlicht, in welcher über die Mutation von Polio-Virus oder seiner RNS durch Nitrit berichtet wurde (*126*). Die dabei beobachtete Rate einer Rückmutation von dem sog. d-Charakter (attenuierte Stämme) zum Wildstammcharakter d$^+$ (*127*) war bemerkenswert gering, nämlich nur etwa dreimal größer als die Rate der spontanen Rückmutation (*128*). Es ist kaum anzunehmen, daß diese Unterschiede auf generellen Verschiedenheiten der physikalischen und chemischen Struktur zwischen TMV- und Polio-RNS beruhen. Einmal verhalten sich beide Arten von isolierter Virus-RNS in vielen anderen Beziehungen sehr ähnlich, zum anderen wird die Polio-RNS durch salpetrige Säure mit derselben Geschwindigkeit inaktiviert wie diejenige von TMV. Das bedeutet, daß die Zahl reaktionsfähiger „letaler" Gruppen beide Male gleich groß sein muß. Wenn daher die induzierten Mutationsraten so unterschiedlich sind, könnte das wohl eher daran liegen, daß jedes RNS-Molekül „marker" unterschiedlicher Mutationswahrscheinlichkeit trägt. Mit anderen Worten: Eine mit Nitrit behandelte Polio-RNS kann durchaus mutiert sein, auch wenn sich dieses Ereignis nicht in einer Veränderung des d-Charakters ausdrückt. Da aber das Testsystem nur solche nachzuweisen erlaubte, würden alle anderen Mutanten übersehen worden sein. Der Grund für die offenbaren Schwierigkeiten, bei animalen RNS-Viren in-vitro Mutationen zu erzeugen, liegt wahrscheinlich mehr an der Beschränktheit unseres Wissens über geeignete genetische Marker als im Verfahren der Mutationserzeugung selbst.

Tatsächlich konnten auch in anderen, genetisch besser erforschten Systemen mittels salpetriger Säure in vitro-Mutationen erzeugt werden. In diesen Fällen war DNS das genetische Material.

Mit T_2-Bakteriophagen erzielten VIELMETTER und WIEDER (129) maximal 3% einer bestimmten Plaquemutante. Selektive oder andere unspezifische Faktoren konnten ausgeschlossen werden. Über ähnliche Befunde berichtete FREESE (130) beim T_4-Phagen und TESSMANN beim $\varnothing \times 174$-Phagen (131). Auch die Mutation von „Transforming Principle" gelang mit dieser Methode (132). In allen Fällen folgten die Inaktivierung und die Mutation einer Kinetik erster Ordnung, was anzeigt, daß die Veränderung eines einzelnen Nucleotids im Sinne einer oxydativen Desaminierung genügt.

Eine Zweitrefferkinetik für die Mutation von E. coli Stamm B durch die Behandlung der Bakterien mit Nitrit wurde von KAUDEWITZ (133) beobachtet. Optimal wurden dabei 4% auxotrophe Mutanten erzeugt.

Von größtem Interesse war die Frage, welche der drei reagierenden organischen Basen zu einem Mutationsereignis führen, wenn sie desaminiert werden. Auf Grund eingehender kinetischer Studien konnte SCHUSTER (134) nachweisen, daß die Desaminierungsrate a abhängig von der H-Ionenkonzentration des Reaktionsgemisches ist, und daß Adenin und Cytosin sich dabei ähnlich verhalten, Guanin dagegen anders. VIELMETTER und SCHUSTER (135) verglichen dann die Desaminierungsrate der betreffenden Pyrimidine oder Purine bei verschiedenem p_H mit der beobachteten Mutationsrate von Bakteriophagen. Es stellte sich heraus, daß die Desaminierungsrate für Adenin und Cytosin gleich groß ist wie die Mutationsrate, während der Wert a für Guanin sich deutlich davon unterschied. Es kann daraus geschlossen werden, daß die Desaminierung von Adenin oder von Cytosin oder von beiden ein Mutationsereignis darstellen kann, nicht aber diejenige von Guanin.

Nach neueren Untersuchungen von TSUGITA und FRAENKEL-CONRAT (136) kann eine Mutation von TMV-RNS auch durch Methylierung oder Bromierung ihrer organischen Basen hervorgerufen werden.

Die geschilderten Ergebnisse sind geeignet, weitreichende theoretische und praktische Konsequenzen nach sich zu ziehen, ist doch damit eine experimentelle Möglichkeit gegeben, einen Genotyp durch direkte und im Prinzip verstandene chemische Umwandlung des genetischen Materials zu mutieren. Die Experimente beweisen außerdem erneut, daß jedes einzelne Nucleotid einer Virusnucleinsäure für die gesamte biologische Aktivität des Moleküls essentiell ist, nämlich für die Infektiosität oder die genetische Information, oder, wie dies in einer Arbeit von

Siegel ausgedrückt wurde: „Jede Desaminierung (innerhalb der Virus-RNS) resultiert in einem nachweisbaren biologischen Effekt" (137).

Es liegt freilich noch außerhalb der derzeitigen experimentellen Möglichkeiten, die gesamte Sequenz der etwa 6000 Nucleotide einer infektiösen RNS zu analysieren und damit exakt zu bestimmen, welche Korrelation zwischen der chemischen Veränderung eines oder mehrerer davon und einem bestimmten Genotyp besteht. Nachdem es aber Anderer u. Mitarb. (107) gelungen ist, die gesamte Aminosäuresequenz der Proteinuntereinheiten von TMV aufzustellen, bietet sich eine andere, höchst interessante Möglichkeit an: Verändert sich die Aminosäuresequenz der Proteinuntereinheiten vom Wildstammtyp, wenn dessen RNS chemisch mutiert wurde? Diese Frage wurde auch bereits von Wittmann (138) experimentell angegangen. Die tryptischen Peptide verschiedener bekannter TMV-Stämme unterscheiden sich voneinander geringgradig in der Aminosäurezusammensetzung (139). Alle besitzen jedoch dieselbe Gesamtzahl von Aminosäuren in den Proteinuntereinheiten, nämlich 157 (140).

Wittmann verglich nun die Aminosäurekomposition der 12 tryptischen Peptide von Proteinen des Wildstamms „vulgare" und einer Nitritmutante „Ni 54". Letztere wurde durch relativ lange Einwirkung von salpetriger Säure auf „vulgare" erzeugt und anschließend als Mutantenstamm herausgezüchtet. Es besteht sogar die Möglichkeit, daß sich die RNS dieser Mutante in mehr als einem Nucleotid von der RNS des vulgare-Stammes unterscheidet.

Wenn, wie im vorhergehenden Kapitel ausgeführt, die gesamte Virus-RNS ausschließlich die Information für das eigentliche Virusprotein und keine andere Proteinart trägt, dann sollte sich auch jede Veränderung in der Nucleotidsequenz in einer veränderten Aminosäuresequenz ausdrücken. Gleichzeitig wäre damit ein guter experimenteller Hinweis gegeben, daß jede einzelne Aminosäure der Virusproteine etwa 40 Nucleotide in der RNS braucht, um richtig plaziert zu werden. Mit anderen Worten, die sog. „coding ratio" wäre 40 und nicht drei.

Wittmann (139) fand aber, daß weder die tryptischen Peptide noch deren Aminosäurekomposition zwischen „vulgare" und „Ni 54" unterschiedlich waren. Es bleibt freilich noch zu untersuchen, ob auch die Aminosäuresequenzen identisch sind, weil ja schließlich die Zusammensetzung unverändert bleiben würde, auch wenn zwei bestimmte Aminosäuren ihre Plätze vertauschten. Dies aber würde dann trotzdem ein prinzipiell anderes Proteinmolekül bedeuten.

Im Gegensatz dazu fanden Tsugita und Fraenkel-Conrat (141) bei einigen ihrer TMV-Mutantenstämme, die ebenfalls durch chemische Behandlung in vitro erzeugt worden waren, daß bis zu drei Aminosäuren in den Proteinuntereinheiten andere sind als im Ausgangsstamm. Besonders bemerkenswert ist dabei, daß es sich bei zwei dieser Mutanten um genau dieselben Aminosäuren handelt, obwohl sich die beiden Stämme durch die von ihnen hervorgerufenen Symptome auf der Wirtspflanze, also biologisch, deutlich voneinander unterscheiden. Dazu kommt noch, daß ein Mutantenstamm durch Methylierung, der andere durch Bromierung erzeugt worden war (141). Unterschiedliche chemische Veränderungen an den Basen der Virus-RNS können demnach zu denselben Veränderungen innerhalb des Virusproteins führen.

Auch für Spontanmutanten von TMV war schon länger bekannt, daß sich ihre Proteinhülle hinsichtlich der Aminosäurezusammensetzung (142, 143, 144), der elektrophoretischen Beweglichkeit (*145*) und der Antigenität (*146*) von den ursprünglichen Virusstämmen unterscheidet.

Die außerordentlich wichtige Frage der coding ratio von Virus-RNS kann also im Augenblick noch nicht mit Sicherheit beantwortet werden. Im Augenblick sieht es so aus, als ob einige „in vitro-Mutanten" von TMV unterschiedliche Aminosäurekompositionen hätten, andere dagegen nicht. Wie die endgültigen Ergebnisse nun auch ausfallen sollten, jedenfalls zeichnet sich auch bei diesen Versuchen wieder die innige Verbindung zwischen RNS und Protein ab, wie sie ja schon durch viele andere Beobachtungen nahegelegt wurde.

G. Abschließende Betrachtungen

Die eingangs erwähnte Definition der Viren als „vagabundierende Gene" hat sich auch im Lichte neuer Erkenntnisse voll bewährt. In der Tat beschreibt dieses Schlagwort die wesentlichen Eigenschaften eines Virus vollständig!

Der Gencharakter eines Virus ist auf Grund der experimentellen Befunde der letzten Jahre, die in dem Beweis infektiöser Eigenschaften von Virusnucleinsäuren gipfelten, ausschließlich diesem Teil der chemischen Virusstruktur zuzuschreiben. „Vagabundierend" wird die Nucleinsäure dadurch, daß von ihr spezifisch informierte Proteine eine Hülle darstellen, welche dieses labile genetische Material gegen viele Umwelteinflüsse schützt. Unter günstigen Bedingungen ist die Proteinhülle jedoch nicht notwendig, und die Nucleinsäure allein erscheint als die einzige wirklich notwendige Virusstruktur, das einzige eigentlich infektiöse Agens. Zur identischen Reproduktion bedarf die Virusnucleinsäure eines enzymatischen Apparates, wie er in der lebenden Zelle vorliegt.

Es ist durchaus möglich, daß für die Reproduktion von Virusnucleinsäure und von Protein bei einigen einfacher strukturierten RNS-Viren die vorgefundene Enzymausrüstung der Zelle vollkommen ausreichend ist.

Im Gegensatz dazu wurde nachgewiesen, daß zur Reproduktion gewisser Bakteriophagen in der infizierten Zelle nicht weniger als 25 verschiedene Proteine synthetisiert werden, von denen etwa zwei Drittel ganz neue Enzyme darstellen (*99*).

Es war jedoch die Absicht dieser Übersicht, die Prinzipien deutlich herauszustellen, die in Extremfällen immer besonders klar in Erscheinung treten. Ein einfaches Ribonucleoprotein, welches über alle die Eigenschaften eines „vagabundierenden Gens" verfügt, muß zweifellos als ein „Extrem" bezeichnet werden, als eine extreme biologische Vereinfachung. Außer der mehr angewandten Virusforschung, welche sich hauptsächlich mit den Virusarten als den Erregern oft schwerer und seuchenartiger Erkrankungen beschäftigt, hat deshalb die Virologie eine theoretisch viel weitreichendere Bedeutung. Am Modellfall „Virus" sind Erkenntnisse gewonnen worden, welche unser Verständnis genereller biologischer Phänomene wesentlich erweiterten. In erster Linie gehören dazu diejenigen, die detaillierte Aufschlüsse über die Bedeutung von Nucleinsäuren als dem genetischen Material oder über die Beziehung zwischen chemischer Struktur und genetischer Information gaben. Es erscheint heute wahrscheinlich, daß einige entscheidende Probleme, die sich mit den beiden wichtigsten Substanzen lebender Materie, den Nucleinsäuren und den Proteinen beschäftigen, einer Lösung nahegebracht werden durch das weitere Studium der Beziehungen zwischen Virus und Nucleinsäure.

H. Tabellarische Zusammenfassung infektiöser Nucleinsäuren

Virusart	Ausgangsmaterial	Extraktionsmethode	Testsystem	Besonderheiten*	Literatur
Pflanzenpathogene Virusarten					
Tabakmosaik-Virus	gereinigtes Virus	Phenol + 4⁰ C	Blätter von nicotiana glutinosa	Infektiosität etwa 2%, Mol.-Gew. der infektiösen RNS 2 Millionen, Einstrang-Molkül, RNS	*30,31, 33,34*
Tabakmosaik-Virus	gereinigtes Virus	Dodecylsulfat	Blätter von nicotiana glutinosa	Restitution mit Protein vom TMV zu Virusteilchen, Infektiosität dann etwa 70%, RNS	*29*
Tobacco ringspot Virus	gereinigtes Virus	1 M-NaCl bei 95⁰ C	Blätter von vigna sinensis	Infektiosität 0,1—1,0%, RNS	*73*
Tomato bushy stunt Virus	gereinigtes Virus	Dodecylsulfat und Phenol 6⁰ C	Blätter von nicotiana glutinosa	Infektiosität 0,1%. Keine der beiden Extraktionsmethoden allein ergab bisher infektiöse RNS	*74*
Turnip yellow mosaic Virus	gereinigtes Virus	1 M-NaCl bei 95⁰ C	Blätter von brassica chinensis	Infektiosität 0,1—0,5%, RNS	*75*
Necrotic ringspot Virus	infizierte Blätter	Phenol + 4⁰ C	Blätter von cucumis satirus	Infektiosität etwa 1%, RNS	*76*
Tobacco rattle Virus	gereinigtes Virus	Phenol + 5⁰ C	Blätter von phasereus vulgaris oder nicotiana tabacum	Infektiosität etwa 5%, RNS	*77*
Potatoe x-Virus	gereinigtes Virus	Protein Denaturierung mittels Guanidin (s. Lit. *78*)	Blätter von chenopodium amaranti color	Infektiosität 0,1—1,0%, RNS	*78*
Cucumber mosaic Virus	infizierte Blätter	Phenol + 4⁰ C anwesend während Homogenisation der Blätter	Blätter von vigna sinensis	Infektiosität 50—500%. Wahrscheinlich stammt die infektiöse RNS nicht nur vom Virusteilchen, sondern einem anderen intracellulären Material ab	*79*
Tier- und menschenpathogene Virusarten					
Gruppe Columbia SK					
Mengo-Virus	infizierte Ehrlich-Ascites-Tumorzellen	Phenol + 4⁰ C	Mäuse i.c. Gewebekultur L-Zellen, hypertonisch	Infektiosität etwa 0,1%. RNS stammt von Virusteilchen ab. Fällbar mit 1 M NaCl. Erste tierpathogene RNS	*35*
Encephalomyokarditis-Virus	infizierte Ascites-Tumorzellen	Phenol + 4⁰ C	Ascites-Tumorzellen infiziert mit RNS, dann i.p. in Mäuse, Plaquetest	Infektiosität etwa 0,01%. RNS stammt von Vorstufe ab. Virusteilchen nicht extrahierbar	*36*

* Alle angegebenen Prozentwerte stellen die Infektiosität der isolierten Nucleinsäurepräparate relativ zu der Virusinfektiosität des Ausgangsmaterials dar.

Virusart	Ausgangsmaterial	Extraktionsmethode	Testsystem	Besonderheiten *	Literatur
„Mäuse-Encephalo-myelitis-Virus"	infizierte Mäusegehirne	Phenol $+4^0$ C und $+50^0$ C	Mäuse i.c.	RNS stammt von Vorstufe und von Virusteilchen ab. Celluläre DNS wirkt inhibitorisch. Gehört serologisch offenbar zur Columbia SK-Gruppe (39)	37, 39
Gruppe Encephalitis A					
Eastern equine encephalo myelitis Virus	infizierte Mäusegehirne oder Hühnerembryonen	Phenol $+4^0$ C, anwesend beim Homogenisieren der Gewebe	Mäuse i.c., bebrütete Hühnereier, Plaquetest auf Hühnerfibroblasten	Infektiosität etwa 0,01%. RNS stammt nur von Vorstufe ab. Virus wird durch Äthanol inaktiviert, RNS nicht. Mol.-Gewicht der infektiösen RNS etwa 2 Millionen	41, 42
Western equine encephalomyelitis Virus	gereinigtes Virus oder infizierte Gewebekulturzellen	Phenol $+4^0$ C oder $+50^0$ C	Hühnerei	Infektiosität etwa 10^{-5}%. RNS aus Virusteilchen, die mit kaltem Phenol nicht extrahierbar sind	43, 90
Semliki forest Virus	infizierte Mäusegehirne	Phenol $+4^0$ C	Mäuse i.c.	Infektiosität etwa 0,1%. Virus wird durch Desoxycholat inaktiviert, RNS nicht	80
Gruppe Encephalitis B					
West-Nile-Virus	infizierte Ascites-Tumorzellen	Phenol $+4^0$ C	Mäuse i.c.	Infektiosität etwa 0,1%. RNS stammt von Virusteilchen ab	48
Murray-Valley-Encephalitis-Virus	infizierte Mäusegehirne	Phenol $+4^0$ C oder 1% Desoxycholat	Befruchtete Hühnereier, Mäuse i.c.	Infektiosität 1,0—0,1%. RNS stammt vom Virus ab. Hitzeinaktiviertes Virus liefert noch infektiöse RNS	46, 47
Tickborne-Encephalitis-Virus	infizierte Mäusegehirne	Phenol $+4^0$ C	Mäuse i.c.	Infektiosität 10^{-1}—10^{-3}%, RNS	81
Dengue I und II	infizierte Mäusegehirne	Phenol $+4^0$ C	Jungmäuse i.c.	Infektiosität 0,001—0,05%. RNS stammt von Virusteilchen ab	82
Enteroviren					
Poliomyelitis-Virus Typ I	teilweise und hochgradig gereinigtes Virus	Phenol $+4^0$ C und $+50^0$ C, Dodecylsulfat, Kochsalz	Plaquetest auf Hela- und Affennierenzellen	Infektiosität etwa 0,01%. RNS unempfindlich gegen DNase, Chymotrypsin und Papain	49, 50, 51, 52
Poliomyelitis-Virus Typ II	infiziertes ZNS von Hamstern	Phenol $+4^0$ C	Mäuse i.c.	Infektiosität etwa 0,1%. RNS stammt von Virusteilchen ab	48
Coxsackie A-7, B-4 und B-5 Virus	Virushaltiges Gewebekulturmedium	Phenol $+4^0$ C	Plaquetest auf Hela- und menschlichen Amnionzellen	Infektiosität etwa 0,1—0,01%, RNS stammt vom Virus ab	83

Coxsackie A-4 und B-1 Virus	Virushaltiges Gewebekulturmedium	Phenol $+4^0$ C	Gewebekultur von Hela-, menschlichen Amnion- und anderen Zellen	Infektiosität der RNS nicht bestimmt, da die verwendeten Testsysteme vom intakten Virus nicht infiziert werden können	84
Echo 1 und 8	Virushaltiges Gewebekulturmedium	Phenol $+4^0$ C	Gewebekultur von Hela- und menschlichen Amnionzellen	Infektiosität etwa 0,1—0,01 %. RNS stammt vom Virus ab	83
Theiler GD VII	infizierte Mäusegehirne	Phenol $+4^0$ C	Mäuse i.c.	Infektiosität 0,1 %, RNS stammt vom Virus ab	82
Andere kleine Virusarten					
Virus der Maul- und Klauenseuche	infizierte Mäuse	Phenol $+4^0$ C	Jungmäuse i.c.	Infektiosität etwa 0,01 %. Virus stammt von Viren und intracellulärer Vorstufe ab. Mol.-Gewicht 3,1 Millionen	53, 57
Virus der Maul- und Klauenseuche	infizierte Mäusegehirne, infizierte Schweine-nieren-Gewebe-kulturen	Phenol $+4^0$ C	Mäuse i.m., Plaquetest auf Schweine- und Rinder-nierenzellen	Infektiosität 0,01—0,001 %. RNS stammt von Virus und Vorstufe ab	54, 55, 56
Myxoviren					
Influenza A-Virus asiatischer Stamm	infizierte Chorio-allantoismembran vom Hühnerei	Phenol $+4^0$ C	Gewebekulturen von Hühnernierenzellen	Infektiosität unbestimmt, RNS-Nach-kommenschaft der infizierten Zellen ist nicht identisch mit Ausgangsvirus	63
Influenza A	angereichertes Virus	Äthervorbehand-lung, dann Phenol $+4^0$ C	bebrütetes Hühnerei	RNS-Nachkommenschaft ist sereologisch nicht identisch mit Ausgangsvirus	60, 61, 62
Tumorviren					
Polyoma-Virus	infizierte embryonale Mäusegewebekulturen	Phenol $+4^0$ C, Phenol-Kirby-Modifikation	Gewebekulturen von embryonalen Mäuse-zellen, infiziert; Medium davon in Mäusen getestet	Infektiosität nicht angegeben. Erste infektiöse DNS. Erste infektiöse Nucleinsäure aus einem Tumorvirus	67, 70 Ref. für Kirby 69
Shope papilloma-Virus	infizierte Kaninchen Papillomatöse Warzen	Phenol $+4^0$ C Phenol $+50^0$ C	Kaninchenhaut	Infektiosität nicht bestimmt. DNS kann offenbar von einem anderen Material als dem Virus abstammen	71
Shope papilloma-Virus	teilweise gereinigtes Virus	Phenol $+4^0$ C Phenol $+50^0$ C	Kaninchenhaut	Infektiosität nicht bestimmt. DNS stammt von Virusteilchen ab	72
Chloroleukämie-Virus	leukämisches Gewebe der infizierten Maus	Phenol $+4^0$ C	Neugeborene Mäuse subcutan	Infektiosität nicht bestimmt. Erste infektiöse RNS von einem Tumorvirus	85

Literatur

1. Schäfer, W.: In: The Viruses (F. M. Burnet und W. Stanley Edit.), Vol. I, S. 475. New York: Academic Press 1959.
2. Frisch-Niggemeyer, W.: Nature (Lond.) 178, 307 (1956).
3. Zit. nach S. E. Luria, in: The Viruses (F. M. Burnet u. W. Stanley Edit.), Vol. I, p. 549. New York: Academic Press 1959.
4. Markham, R., R. Metthews and K. Smith: Nature (Lond.) 162, 88 (1948).
5. Schramm, G., u. H. Müller: Hoppe-Seylers Z. physiol. Chem. 266, 43 (1940).
6. Harris, J. I., and C. A. Knight: J. biol. Chem. 214, 215 (1955).
7. Bawden, F. C., and N. W. Pirie: Proc. roy. Soc. B 123, 274 (1937).
8. Schramm, G.: Z. Naturforsch. 2b, 249 (1947).
9. Schramm, G., G. Schumacher u. W. Zillig: Z. Naturforsch. 10b, 481 (1955).
10. Schramm, G., u. W. Zillig: Z. Naturforsch. 10b, 493 (1955).
11. Hoyle, L., and W. Frisch-Niggemeyer: J. Hyg. (Lond.) 53, 474 (1955).
12. Wecker, E., u. W. Schäfer: Z. Naturforsch. 12b, 483 (1957).
13. Joklik, W. K., G. M. Woodrooff, I. H. Holmes and F. Fenner: Virology 11, 168 (1960).
14. Joklik, W. K., I. H. Holmes and M. J. Briggs: Virology 11, 202 (1960).
15. Berry, G. P., and H. M. Dedrick: J. Bact. 31, 50 (1936).
16. Fenner, F., I. H. Holmes, W. K. Joklik and G. M. Woodrooff: Nature (Lond.) 183, 1340 (1959).
17. Hershey, A. D., and M. Chase: J. gen. Physiol. 36, 39 (1952).
18. Spizizen, J.: Proc. nat. Acad. Sci. (Wash.) 43, 694 (1957).
19. Fraser, D., H. R. Mahler, A. L. Shug and G. A. Thomas jr.: Proc. nat. Acad. Sci. (Wash.) 43, 939 (1957).
20. Morgan, W. T. J., and S. M. Partridge: Biochem. J. 35, 1140 (1941).
21. Schuster, H., G. Schramm u. W. Zillig: Z. Naturforsch. 11b, 339 (1956).
22. Sreenisvsnya, M., and N. W. Pirie: Biochem. J. 32, 1708 (1938).
23. Fraenkel-Conrat, H., and B. Singer: J. Amer. chem. Soc. 76, 180 (1954).
24. Fraenkel-Conrat, H., and B. Singer: Biochem. biophys. Acta 24, 540 (1957).
25. Cohen, S. S., and W. M. Stanley: J. biol. Chem. 144, 589 (1942).
26. Fraenkel-Conrat, H., and R. C. Williams: Proc. nat. Acad. Sci. (Wash.) 41, 690 (1955).
27. Lippincott, J. A., and B. Commoner: Biochim. biophys. Acta 19, 198 (1956).
28. Commoner, B., J. A. Lippincott, G. B. Shearer, E. E. Richman and J. H. Wu: Nature (Lond.) 183, 767 (1956).
29. Fraenkel-Conrat, H., B. Singer and R. C. Williams: In: The chemical basis of heredity (W. D. McElroy and B. Glass Edit.), S. 501. Baltimore, Maryland: Johns Hopkins Press.
30. Gierer, A., u. G. Schramm: Z. Naturforsch. 11b, 138 (1956).
31. Gierer, A., and G. Schramm: Nature (Lond.) 177, 702 (1956).
32. Hart, R. G.: Proc. nat. Acad. Sci. (Wash.) 41, 261 (1955).
33. Gierer, A.: Z. Naturforsch. 13b, 477 (1958).
34. Gierer, A.: Z. Naturforsch. 13b, 485 (1958).
35. Colter, J. S., H. H. Bird and R. A. Brown: Nature (Lond.) 179, 859 (1957).
36. Huppert, J., and F. K. Sanders: Nature (Lond.) 182, 515 (1958).
37. Franklin, R. M., E. Wecker and C. Henry: Virology 7, 220 (1958).
38. Gessler, A. E., C. E. Bender and M. C. Parkinson: Trans. N.Y. Acad. Sci., Ser. II 18, 701 (1956).
39. Haussen, P., u. W. Schäfer: Z. Naturforsch. 16b, 72 (1961).
40. Beard, J. W.: J. Immunol. 58, 49 (1948).
41. Wecker, E., u. W. Schäfer: Z. Naturforsch. 12b, 415 (1957).
42. Wecker, E.: Z. Naturforsch. 15b, 71 (1960).
43. Wecker, E.: Virology 7, 241 (1959).
44. Wecker, E.: Z. Naturforsch. 14b, 370 (1959).
45. Gierer, A.: In: Progress in biophysics, Vol. 10, p. 300. New York: Pergamon Press 1960.
46. Ada, G. L., and S. G. Anderson: Nature (Lond.) 183, 799 (1959).
47. Anderson, S. G., and G. L. Ada: Virology 8, 270 (1959).

48. COLTER, J. S., H. H. BIRD, A. W. MOYER and R. A. BROWN: Virology 4, 522 (1957).
49. KOCH, G., H. E. ALEXANDER, I. M. MOUNTAIN, K. SPRUNT and O. VAN DAMME: Fed. Proc. 17, 256 (1958).
50. ALEXANDER, H. E., G. KOCH, I. M. MOUNTAIN, K. SPRUNT and O. VAN DAMME: Virology 5, 172 (1958).
51. ALEXANDER, H. E., G. KOCH, I. M. MOUNTAIN and O. VAN DAMME: J. exp. Med. 108 493 (1958).
52. SCHAFFER, F. L., and C. F. T. MATTERN: Fed. Proc. 18, 317 (1959).
53. MUSSGAY, M., u. K. STROHMEYER: Zbl. Bakt., I. Abt. Orig. 173, 163 (1958).
54. BROWN, F., R. F. SELLERS and D. L. STEWART: Nature (Lond.) 182, 535 (1958).
55. BROWN, F., and D. L. STEWART: Virology 7, 408 (1959).
56. BACHRACH, H. L.: Virology 12, 258 (1960).
57. STROHMEYER, K., u. M. MUSSGAY: Z. Naturforsch. 14b, 171 (1959).
58. PYL, G.: Zit. nach H. RÖHRER u. G. PYL, in Handbuch der Virusforschung, S. 488. Wien: Springer 1958.
59. MUSSGAY, M.: Mh. Tierheilk. 11, 185 (1959).
60. PORTOCALÀ, R., V. BOERU and I. SAMUEL: Acta virol. (Engl. Edit.) 3, 172 (1959).
61. PORTOCALÀ, R., V. BOERU et I. SAMUEL: C.R. Acad. Sci. (Paris) 249, 201 (1959).
62. PORTOCALÀ, R., V. BOERN et J. SAMUEL: C.R. Acad. Sci. (Paris) 249, 848 (1959).
63. MAASSAB, H. F.: Proc. nat. Acad. Sci. (Wash.) 45, 877 (1959).
64. ADA, G. L., P. E. LIND, L. LARKIN and F. M. BURNET: Nature (Lond.) 184, 360 (1959).
65. AVERY, O. T., C. M. MACLEOD and M. MCCARTY: J. exp. Med. 79, 137 (1944).
66. Zit. nach S. ZAMENHOF, in: The chemical basis of heredity. Baltimore, Maryland: Johns Hopkins Press 1957.
67. DIMAYORCA, G. A., B. E. EDDY, S. E. STEWART, W. S. HUNTER, C. FRIEND and A. BENDICH: Proc. nat. Acad. Sci. (Wash.) 45, 1805 (1959).
68. STEWART, S. E., B. E. EDDY and N. G. BORGESE: J. nat. Cancer Inst. 20, 1223 (1958).
69. KIRBY, K.: Biochem. J. 66, 495 (1957).
70. DMOCHOWSKI, L., L. O. PEARSON, J. A. SYKES, C. F. GREY and A. C. GRIFFIN: Proc. Amer. Ass. Cancer Res. 3, 107 (1960).
71. ITO, Y.: Virology 12, 596 (1960).
72. ITO, Y: Fed. Proc. 20, 438 (1961).
73. KAPER, J. M., and R. I. STEERE: Virology 7, 127 (1959).
74. RUSHIZKY, G. W., and C. A. KNIGHT: Virology 8, 448—455 (1959).
75. KAPER, J. M., and R. I. STEERE: Virology 8, 527—530 (1959).
76. DIENER, T. O., and M. L. WEAVER: Virology 8, 531—532 (1959).
77. HARRISON, B. D., and H. L. NIXON: J. gen. Microbiol. 21, 591—599 (1959).
78. REICHMANN, M. E., and R. STACE-SMITH: Virology 9, 710—712 (1959).
79a. SCHLEGEL, D. E.: Virology 11, 329—338 (1960).
79b. WELKIE, G. W.: Phytopathology 49, 114 (1959).
80. CHENG, P. Y.: Nature (Lond.) 181, 1800 (1958).
81. SOKOL, F., H. LIBIKOVA and J. ZEMLA: Nature (Lond.) 184, Suppl. 20, 1581 (1959).
82. ADA, G. L., and S. G. ANDERSON: Aust. J. Sci. 21, 259—260 (1959).
83. SPRUNT, K., W. H. REDMAN and H. E. ALEXANDER: Proc. Soc. exp. Biol. (N.Y.) 101, 604—608 (1959).
84. HOLLAND, J. J., L. C. MCLAREN and J. T. SYVERTON: J. exp. Med. 110, 65—80 (1959).
85. GRAFFI, A.: Fortschritte der experimentellen Tumorforschung (F. HOMBURG, Edit.), Vol. I, p. 112. Basel u. New York: Karger 1960.
86. FRAENKEL-CONRAT, H.: In: The Viruses (F. M. BURNET u. W. STANLEY, Edit.), Vol. I, p. 429. New York: Academic Press 1959.
87. HOLLAND, J. J., L. C. MCLAREN and J. T. SYVERTON: Proc. Soc. exp. Biol. (N.Y.) 100, 843 (1959).
88. ELLEM, K. A. O., J. S. COLTER and J. KUHN: Nature (Lond.) 184, 984 (1959).
89. SANDERS, F. K.: Nature (Lond.) 185, 802 (1960).
90. WECKER, E.: Proc. nat. Acad. Sci. (Wash.) 47, 278 (1961).
91. ENGLER, R., u. G. SCHRAMM: Z. Naturforsch. 15b, 32 (1960).
92. ENGLER, R., and G. SCHRAMM: Nature (Lond.) 183, 1277 (1959).
93. HALVARSON, H. O., and S. SPIEGELMAN: J. Bact. 64, 207 (1952).

94. COHEN, G. N., and R. MUNIER: Biochim. biophys. Acta 31, 347 (1959).
95. ZIMMERMANN, TH., and W. SCHÄFER: Virology 11, 676 (1960).
96. SCHOLTISSEK, C., u. R. ROTT: Z. Naturforsch. 16b, 109 (1961).
97. SALZMAN, N. P.: Virology 10, 150 (1960).
98. MAGEE, W. E., M. R. SHEEK and M. J. BURROUS: Virology 11, 296 (1960).
99. COHEN, S. S.: Fed. Proc. (1961, in press).
100. ADAMS, H. M.: Bacterophages. New York u. London: Interscience Publishers 1959.
101. MARKHAM, R.: In: The viruses (F. M. BURNET u. W. STANLEY, Edit.), Vol. II, p. 33. New York: Academic Press 1959.
102. NIXON, H. L., and R. D. WOODS: Virology 10, 157 (1960).
103. CRICK, F. C. H., and J. D. WATSON: Nature (Lond.) 177, 473 (1956).
104. HORNE, R. W., and J. NAGINGTON: J. Mol. Biol. 1, 333 (1959).
105. BRENNER, S., and R. W. HORNE: Biochim. biophys. Acta 34, 103 (1959).
106. HORNE, R. W., A. P. WATERSON, P. WILDY and A. E. FÀRNHAM: Virology 11, 79 (1960).
107. ANDERER, F. A., H. UHLIG, E. WEBER and G. SCHRAMM: Nature (Lond.) 186, 922 (1960).
108. GAMOW, G.: Nature (Lond.) 173, 318 (1954).
109. GAMOW, G., and M. YČAS: Symposium on Information Theory in Biology (H. P. YAKEY, Edit.). London: Pergamon Press 1958.
110. CRICK, F. H., J. S. GRIFFITH and L. E. ORGEL: Proc. nat. Acad. Sci. (Wash.) 43, 416 (1957).
111. WOESE, C. R.: Nature (Lond.) 190, 697 (1961).
112. YČAS, M.: Nature (Lond.) 188, 209 (1960).
113. HOAGLAND, M. B.: In: Nucleic acids (E. CHARGAFF u. J. N. DAVIDSON, Edit.), Vol. III, p. 349. New York u. London: Acad. Press 1960.
114. GIERER, A.: Z. Naturforsch. 13b, 788 (1958).
115. FRAENKEL-CONRAT, H., and L. K. RAMACHANDRAN: Advanc. Protein Chem. 14, 175 (1959).
116. KAUSCHE, G. A., u. H. STUBBE: Naturwissenschaften 27, 501 (1939).
117. LATARJET, R.: C. R. Acad. Sci. (Paris) 228, 345 (1949).
118. WEIGLE, J. J.: Proc. nat. Acad. Sci. (Wash.) 39, 628 (1953).
119. WEIGLE, J. J., and R. DULBECCO: Experientia (Basel) 9, 372 (1953).
120. MUNDRY, K. W.: Z. indukt. Abstamm.- u. Vererb.-Lehre 88, 407 (1957).
121. BENZER, S., and E. FREESE: Proc. nat. Acad. Sci. (Wash.) 44, 112 (1958).
122. SCHUSTER, H., u. G. SCHRAMM: Z. Naturforsch. 13b, 697 (1958).
123. ZAMENHOF, S., H. E. ALEXANDER and G. LEIDY: J. exp. Med. 98, 373 (1953).
124. MUNDRY, K. W., u. A. GIERER: Z. Vererb.-Lehre 89, 614 (1958).
125. GIERER, A., and K. W. MUNDRY: Nature (Lond.) 182, 1457 (1958).
126. BOEYÉ, A.: Virology 9, 691 (1959).
127. VOGT, M., R. DULBECCO and H. A. WENNER: Virology 4, 141 (1957).
128. DULBECCO, R., and M. VOGT: Virology 5, 220 (1958).
129. VIELMETTER, W., u. C. M. WIEDER: Z. Naturforsch. 14b, 312 (1959).
130. FREESE, E.: Brookhaven Symp. Biol. 12, 63 (1959).
131. TESSMANN, I.: Virology 9, 375 (1959).
132. LITMAN, R., and H. EPHRUSSI-TAYLOR: C. R. Acad. Sci. (Wash.) 249, 878 (1959).
133. KAUDEWITZ, F.: Nature (Lond.) 183, 1829 (1959).
134. SCHUSTER, H.: Biochem. Biophys. Res. Commun. 2, 324 (1960).
135. VIELMETTER, W., and H. SCHUSTER: Biochem. Biophys. Res. Commun. 2, 320 (1960).
136. TSUGITA, A., and H. FRAENKEL-CONRAT: Proc. nat. Acad. Sci. (Wash.) 46, 636 (1960).
137. SIEGEL, A.: Virology 11, 156 (1960).
138. WITTMANN, H. G.: Virology 11, 505 (1960).
139. WITTMANN, H. G.: Z. Vererb.-Lehre 90, 463 (1959).
140. WITTMANN, H. G., and G. BRAUNITZER: Virology 9, 726 (1959).
141. TSUGITA, A., and H. FRAENKEL-CONRAT: Fed. Proc. 20, 254 (1961).
142. KNIGHT, C. A.: J. biol. Chem. 171, 297 (1947).
143. BLACK, F. L., and C. A. KNIGHT: J. biol. Chem. 202, 51 (1953).
144. AACH, H. G.: Z. Naturforsch. 13b, 425 (1958).
145. KRAMER, E., u. H. G. WITTMANN: Zit. nach A. GIERER, in: Progr. Biophys. 10, 299 (1960).
146. AACH, H. G.: Z. Naturforsch. 12b, 614 (1957).

Struktur und Leben der Bakterien-Endosporen[*, **]

Von

JOSEF TOMCSIK

Mit 20 Abbildungen

Inhaltsverzeichnis

I. Grundbegriffe, Nomenklatur

Laut FLÜGGE (1896) wurden die Bakterienendosporen 1852 von PERTY zuerst gesehen, von PASTEUR und BILLROTH in ihrer Bedeutung gewürdigt und 1876 von F. COHN in ihren Haupteigenschaften beschrieben. Spätere Autoren (z. B. BRUNSTETTER und MAGOON 1932) hielten F. COHN und R. KOCH für die Entdecker der Bakterien-Endosporen. R. KOCH war zweifellos der erste, der die Sporenbildung bei einem pathogenen Bacterium, Bacillus anthracis, entdeckte (1877). Einige amerikanische Autoren (YOUNG und FITZ-JAMES 1959a) gingen so weit, daß sie die Sporenforschung in drei Epochen einteilten: I. R. KOCH bis J. M. LEWIS. Die Monographie von LEWIS (1941) bedeutete nach ihnen die „Kulmination" der I. Epoche. Die III. Periode der Sporenforschung beginnt, laut diesen Autoren, mit der fast allgemein gewordenen Ansicht, wonach die Sporen Kernäquivalente besitzen (ROBINOW 1956a).

---

  * Aus dem Hygiene-Institut der Universität Basel (Direktor: Prof. Dr. med. J. TOMCSIK).
  ** Die eigenen Arbeiten wurden mit Hilfe des Arbeitsamtes des Bundes (Schweiz) durchgeführt.

Ich bin überzeugt, daß weder Monographien noch die Erkennung einzelner Elemente der Sporenzelle epochemachende Rollen in der Sporenforschung einnahmen. Die I. Epoche der Sporenforschung, in der die wichtigsten biologischen Grundlagen der Sporenbildung eruiert wurden, erstreckt sich, meiner Beurteilung nach, bis etwa 1905. Die klassischen Arbeiten von BUCHNER (1880, 1890, 1896) über Umweltfaktoren der Sporogenese, die Erkenntnis, daß aus den sporogenen Bakterien-Species hereditär konstante asporogene Varianten entstehen können (CHAMBERLAND et ROUX 1883; ROUX 1888), bilden Resultate der früheren Grundlagenforschung, die selbst heute, in der Periode der biochemischen Sporenforschung, berücksichtigt werden müssen. Nach der ersten Epoche folgten fast 40 Jahre, die in ihrer Gesamtheit einer Stagnation entsprachen. Unserer Beurteilung nach wurde die jetzige, dritte Periode der Sporenforschung mit den biochemisch tiefgreifenden Arbeiten von HILLS (1949a und b, 1950) über Sporenauskeimung eröffnet. Die in dieser Übersicht referierten Sporenarbeiten, in der Tabelle 1 dargestellt, beweisen wohl nicht; sie illustrieren aber die Berechtigung unserer Einteilung.

Tabelle 1. *Einteilung der in dieser Übersicht referierten Sporenarbeiten*

Periode	Bakteriologische, cytologische, biologische Arbeiten	Biochemische Arbeiten
1884—1904	21	0
1905—1944	21	3
1945—1949	8	4
1950—1954	21	22
1955—1961	23	94
	94	123

Außer den etwa 220 ausgewählten Sporenarbeiten mußten in dieser Übersicht noch einige Arbeiten über die vegetative Bakterienzelle berücksichtigt werden. Die ganz auffallende Zunahme der biochemischen Sporenarbeiten in den letzten 12 Jahren läßt unsere Einteilung der Forschungsepochen berechtigt erscheinen.

Die seit 1948 publizierten, ausführlichsten und besten Sporenübersichten sind die folgenden: KNAYSI (1948), DELAPORTE (1950), Symposium on the biology of bacterial spores (1952), Symposium, Amer. Inst. of Biol. Sciences, Washington, red. by HALVORSON (1956), Bacterial Anatomy-Beitrag ROBINOW (1956), STEDMAN (1956).

Wir erlauben uns, in Abb. 1 eine elementare graphische Zusammenfassung über den komplexen Lebenscyclus der sporenbildenden Bakterien zu bringen.

Es gehört gleichfalls in die Einleitung, die in dieser Übersicht gebrauchte Nomenklatur zu erörtern und zu begründen. Zur Einführung dieser Diskussion wird in einer schematischen Abbildung (Abb. 2), die wir nach den elektronenmikroskopischen Studien von DONDERO und HOLBERT (1957) an ultradünnen Schnitten von Bacillus polymyxa-Sporen zusammengestellt haben, die von diesen Autoren gebrauchte Nomenklatur angeführt.

Um Wiederholungen zu vermeiden, wird in der Einleitung nur die Terminologie der äußersten Sporenschichten kurz besprochen, da ihre Bezeichnung am häufigsten in verschiedenem Sinn verwendet wurde. Allgemeine Bezeichnungen für die äußeren Schichten der Spore waren: Hülle, Mantel, Membran, Schale, Zellhaut, „spore coat". Die sprachliche Verwirrung durch Verwendung dieser verschiedenen Bezeichnungen wäre kaum störend, wenn der Gesamtbegriff nicht in Details aufgeteilt worden wäre. Die erste äußerst klare Aufteilung stammt von DE BARY (1885), der in der „Membran" der Sporen eine äußere blasse, weiche, gelatinöse Hülle und eine derbe innere Membran unterschied. KLEIN (1889) bestätigte die

Auffassung von DE BARY über die Existenz einer gallertigen Sporenhülle und wies darauf hin, daß die agglomerierten Sporen, im Lichtmikroskop untersucht, deshalb nicht miteinander in Kontakt zu sein scheinen, weil sie mit einem unsichtbaren gallertigen Material umgeben sind. Einige Autoren bezeichneten bereits im letzten Jahrhundert die Gallerthülle der Sporen als Exosporium. Ich

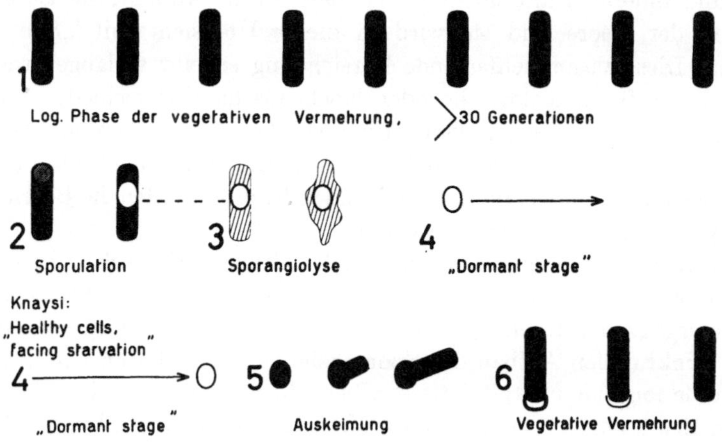

Abb. 1. Sporulation und Auskeimung der Sporen

halte das Exosporium für ein ähnliches strukturelles Element, wie es die Kapsel der vegetativen Bakterienzelle ist und bezeichne die derbe innere Schicht von DE BARY als Sporenwand.

FLÜGGE (1886) unterschied in seinem Buch den „Lichthof", der aber manchmal einer gallertigen Substanz entspricht, das Episporium bzw. Exosporium, die er aber nicht näher definieren konnte und das Endosporium, welches der innersten Membranschicht entspricht. Nach MÜHLSCHLEGEL (1900) wird das Endosporium zur Membran des Keimstäbchens umgewandelt; das „Ektosporium" wird bei der Keimung abgeworfen. NAKANISHI (1901) beschreibt sehr exakt die äußerste Gallertschicht, aber er nennt sie Ektosporium bzw. Perisporalplasma. FISCHER (1903) hält die polare Kappe des Bacillus anthracis bzw. cereus für den Überrest der Mutterzelle und führt darunter außerdem noch eine doppelte, aus „Ektosporium" und „Entosporium" bestehende Schicht an. Diese Ausdrücke wurden in der späteren Literatur seltener verwendet. Im Gegensatz dazu wurden aber die von MEYER ebenfalls im letzten Jahrhundert geprägten Ausdrücke: „Exin" und „Intin" auch in der neueren amerikanischen Literatur nicht selten gebraucht (u. a. KNAYSI 1948, ROBINOW 1953b,

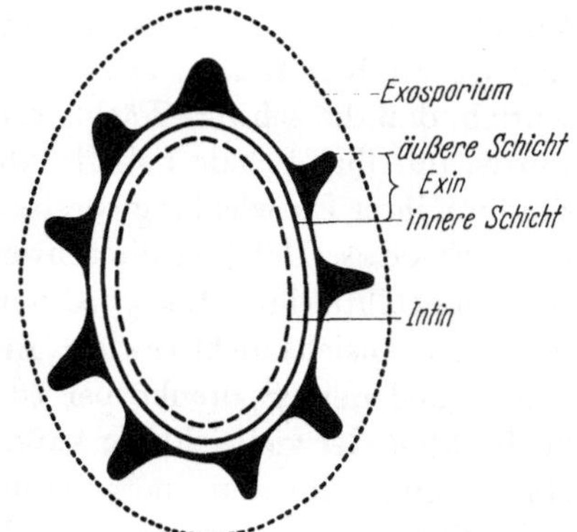

Abb. 2. Sporenschnitt des B. polymyxa nach DONDERO u. HOLBERT (1957)

CHAPMAN und ZWORYKIN 1957). Wenn mit der modernen ultradünnen, elektronenmikroskopischen Sporen-Schnittechnik in der „derben Membran" (spore-coat) z. B. drei Schichten beobachtet wurden, sprach man, mehr oder weniger willkürlich, über „double layered exine" und „closely fitting intine". Die letztere Schicht konnte mit der bisherigen Technik cytologisch nicht mit Sicherheit, biologisch nicht einmal mit Wahrscheinlichkeit mit der supponierten semipermeablen Cytoplasma-Membran der Spore identifiziert werden. Ausdrücke wie „outer coat" (anstelle von Exosporium), „inner coat" (Exin + Intin?), „innermost coat" gehören zu Einzelpublikationen, wenn sie experimentell begründet werden können.

Auf Grund der obigen Erwägungen bin ich der Meinung, daß die einzige feste Grundlage zur Aufteilung und Benennung der Oberflächenschichten der Sporen auf die Beobachtungen von DE BARY (1885) zurückgeführt werden muß. Die gelatinöse, kapselähnliche Oberflächenschicht ist das Exosporium, die auch fehlen kann; die „derbe Schicht" von DE BARY (1885) korrespondiert mit den äußeren und inneren Exinschichten und dem Intin (Abb. 2); sie ist integraler Bestandteil der Spore und sie wird in dieser Übersicht mit „Sporenwand" bezeichnet. Diese zusammenfassende Bezeichnung scheint so lange zweckmäßig zu sein, als greifbare biologische oder biochemische Unterschiede in den verschiedenen Schichten dieser Zellstruktur nicht beobachtet werden. Das Innere des Sporen-Glanzkörpers wird von MÜHLSCHLEGEL (1900) noch als Füllsel oder interstitielles Plasma bezeichnet. Im folgenden Kapitel werden die Bezeichnungen Cortex, Cytoplasma und Kern verwendet.

Der Aufbau der Sporenstruktur wurde bisher färberisch, phasenoptisch, elektronenmikroskopisch und immunocytologisch untersucht. Chemische Untersuchungen ergänzen vorläufig nur noch in bescheidenem Maße unsere Kenntnisse über den strukturellen Aufbau der Sporenzelle. Die erwähnten Untersuchungen können in die folgenden Kapitel dieser Übersicht eingebaut werden, doch werden hier einige Erwägungen über die älteste Methode, die Sporenfärbung, erörtert.

KLEIN (1889) schrieb über die Sporenfärbung folgendes: „Vor allem aber wäre es höchste Zeit, daß man auf medizinischer Seite endlich einmal aufhörte, die Sporenqualität in einzelnen problematischen Fällen ausschließlich durch Färbereaktionen entscheiden zu wollen, wie denn mit der Bakterienfärberei entschieden des Guten zuviel getan wird." Doch war es die Sporenfärbung, durch die die ersten Auskünfte über die Eigenartigkeit der äußersten Sporenschichten gesammelt werden konnten. Nachdem einer der treuesten Schüler von R. KOCH, MÖLLERS, die „Säurefestigkeit" der Spore entdeckte, wurde die Grundlage dieser Eigenschaft bereits im letzten Jahrhundert untersucht. MÜHLSCHLEGEL (1900) schrieb, daß die schwere Färbbarkeit der Spore nicht, wie vielfach angenommen wurde, nur ihre Schale betrifft; die „unfertige Spore" ist ja in einem gewissen Stadium ihrer Entwicklung bereits säurefest, obwohl sie noch keine Schale besitzt. Nach FISCHER (1903) ist die schwere Färbbarkeit der reifen Spore nur durch die Impermeabilität ihrer Haut bedingt. PREISZ (1904), ein Meister der Färbetechnik, teilt diese Ansicht nicht restlos. Er schreibt: „Zwischen der gänzlich ungefärbten Schale und dem Sporenkörper ist nicht selten ein intensiv gefärbter Saum zu beobachten, der vielleicht der äußersten Schicht des Sporenkörpers oder vielleicht einem dünnen inneren Sporenhäutchen entspricht; der Farbstoff konnte also die dicke Sporenschale durchziehen, ohne sie zu färben." Die letzterwähnte Ansicht wurde mit anderer Formulierung in einer neuen Arbeit von BLACK et al. (1960) ausgedrückt: "A mature spore with a fully formed cortex actually takes up stains, as measured with the space technique, and can be seen to absorb stain in its peripheral structure." BLACK et al. (1960) führten weiterhin aus, daß eine mechanisch geschädigte Spore gefärbt werden kann; das Innere der Sporen ist somit keinesfalls chromophob. In der reifen intakten Spore muß irgendwo an der Oberfläche eine impermeable Schicht eingebaut sein, deren biochemische Charakterisierung in der letzten Zeit gelang. YONEDA und KONDO (1959a) konnten den säurefesten Charakter der reifen Sporen mittels Chloroformextraktion aufheben. Dabei wurde Poly-β-Hydroxybutyrat extrahiert, eine Substanz, die an und für sich säurefest ist. Diese Substanz wurde von LEMOIGNE (1927) entdeckt und ihr Vorkommen in den vegetativen Zellen des B. cereus und des B. megaterium von MACRAE und WILKINSON (1958) studiert. LAW und SLE-PECKY (1961) arbeiteten eine empfindliche Methode zur quantitativen Be-stimmung des Poly-β-Hydroxybutyrats aus. Die Rolle dieser Substanz im strukturellen Aufbau der Spore wird im Abschnitt über die Sporenwand be-sprochen. Die primären Alkylamin-Studien führten RODE und FOSTER (1961) auch zur Annahme, daß die äußeren Schichten der Sporenwand zwar permeabel sind, doch daß eine innere impermeable Lipoid-Schicht angenommen werden muß. Eine gute Färbbarkeit der Spore kann erst durch mechanische oder andere Läsion dieser Schicht erreicht werden.

Unsere Schlußfolgerung ist, daß erst die konvergierende Verwendung von zahlreichen mikrobiologischen und chemischen Methoden dazu führen kann, unsere Kenntnisse über die Struktur und das Leben der Bakterienspore zu vertiefen.

II. Struktur der Bakterien-Endosporen

1. Exosporium

In neueren Arbeiten, in denen ultradünne Sporenschnitte mit einer kaum zu übertreffenden elektronenmikroskopischen Technik untersucht wurden (ROBINOW 1951, 1953; CHAPMAN 1956 usw.), konnte das Exosporium an den Sporen von B. cereus unmißverständlich, an denjenigen von B. megaterium nicht einmal in Spuren nachgewiesen werden. Demgegenüber wurde mit den von uns eingeführten immunocytologischen Methoden das Exosporium an den Sporen von beiden Species klar demonstriert (TOMCSIK und BAUMANN-GRACE 1959c; TOMCSIK, BOUILLE und BAUMANN-GRACE 1959). Ich führe die Divergenz dieser zwei verschiedenen Beobachtungen darauf zurück, daß das Exosporium des B. mega-terium (im Gegensatz zu demjenigen des B. cereus) im — zur elektronenmikro-skopischen Untersuchung erforderlichen — Vakuum, infolge Wasserverlust ganz zusammenschrumpft, während es in unseren immunocytologischen, im Phasenkontrastmikroskop (im feuchten Präparat) durchgeführten Untersuchun-gen unverändert erhalten bleibt. Zur Erklärung der Divergenz dieser zwei Beobachtungen ist es aber unumgänglich notwendig, die ältesten Beobachtungen über Exosporium in Betracht zu ziehen.

Wir bauen unsere Ansicht über die Natur und die Form des Exosporiums auf die folgende, äußerst klare Beschreibung von DE BARY (1885): „Um den dunklen Contour (der Spore) er-kennt man oft eine sehr blasse, augenscheinlich weiche *gelatinöse Hülle*, welche die Spore entweder ringsum gleichmäßig überzieht oder an beiden Enden stärker und zu Fortsätzen ausgezogen ist." Als Prototyp des kapselähnlichen, die Spore ringsum überziehenden Exo-sporiums führen wir B. megaterium an. Viel besser bekannt ist der zweite Prototyp von DE BARY; „fortsatzähnliche" Exosporia wurden bei B. cereus regelmäßig, bei B. anthracis häufig beobachtet. KLEIN (1889) unterschied die ziemlich scharfe Sporenmembran im engeren Sinne von einem breiten, matt silberglänzenden *Gallerthof*, der nicht bloß eine optische Erscheinung ist, „weil dicht zusammenliegende Sporen sich niemals mit den stark glänzenden Rändern berühren." KLEIN (1889) und GRETHE (1897) bildeten in ihren Schemata das Exo-sporium äußerst klar ab. NAKANISHIs (1900, 1901) Abbildung und Beschreibung (halbmond-förmige, kappenartige Ansätze) passen auf die Spore von B. cereus. Er erkannte, daß das

Exosporium in Trockenpräparaten nicht mehr nachweisbar ist. Die stärkere polare Entwicklung der äußeren Hülle mag den Sporen des B. subtilis eine viereckige Form geben. NAKANISHI (1901) ist der Auffassung, daß die äußere Hülle dem Rest des Sporangium-Cytoplasmas entsprechen könnte. GRETHE (1897) hält eine solche Annahme für wenig wahrscheinlich. PREISZ (1904) beschreibt die äußere Grenze der Hülle bei B. anthracis wie folgt: „die die Spore an einem oder an beiden Polen in einem größeren Abstand, seitwärts aber zumeist knapp anliegend umsäumt". PREISZ hat solche Gebilde auch an Vorsporen innerhalb des Sporangiums gesehen. Der in den Sporangien ursprünglich breitere Hof schrumpft ungleichmäßig zusammen und verschmilzt „an den Seiten der Spore zu einem dünnen Saum". Er beobachtete auch polare Kappen mit ungleicher Größe.

Es ist lehrreich, die ersten, meist in feuchten Präparaten durchgeführten, lichtmikroskopischen Exosporium-Untersuchungen mit den Resultaten der etwa ein halbes Jahrhundert später einsetzenden Forschung, in der ultradünne Sporenschnitte im Elektronenmikroskop untersucht wurden, zu vergleichen.

Die kappenähnlichen Ansätze der B. cereus-Sporen wurden zuerst von ROBINOW (1951, 1953 a) in Sporenschnitten elektronenmikroskopisch unter der Bezeichnung Exosporium (manchmal „envelope") beschrieben. ROBINOW drückte sich über die Natur des Exosporiums noch vorsichtiger aus: "many regard as a remnant of the vegetative cells". Über die Sporen des B. megaterium schreibt er (1953 a): "these spores lack the exosporium which is so conspicuous around spores of B. cereus". FITZ-JAMES (1953) und CHAPMAN (1956) bestätigten diese Ansichten von ROBINOW. CHAPMAN, der eine exosporiumähnliche Struktur auch innerhalb des Sporangiums von B. cereus (s. PREISZ 1904) beschrieb, hielt das Exosporium für die „Kondensation des Sporangium-Cytoplasmas". WINKLER (1956) schloß sich diesen Ansichten an, und sie hält das Exosporium mit Wahrscheinlichkeit für „Überreste der Sporenmutterzelle".

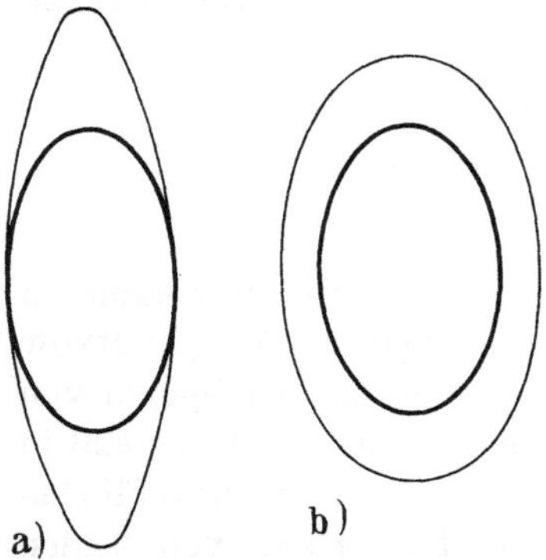

Abb. 3a u. b. Schematische Darstellung des Exosporiums. a B. cereus — kappenähnlich; b B. megaterium — kapselähnlich

Scharf im Gegensatz zu diesen Ansichten stehen die im Phasenkontrastmikroskop gewonnenen Resultate von TOMCSIK und BAUMANN-GRACE (1959 c), TOMCSIK, BOUILLE und BAUMANN-GRACE (1959), TOMCSIK (1960). Diese Autoren haben mit den von ihnen entwickelten immunocytologischen Methoden nachgewiesen, daß a) B. cereus kappenähnliches, B. megaterium kapselähnliches Exosporium besitzt, b) daß das Exosporium nichts mit der Sporenmutterzelle zu tun hat, — es ist ein „par excellence" Sporenmaterial.

Durch Teil a) dieser Feststellung ist die Exosporium-Forschung zu derjenigen Grundlage zurückgekommen, die von DE BARY (1885) geschaffen wurde. Das Exosporium des B. megaterium ist auch in feuchten Tuschepräparaten sichtbar (Abb. 4, TOMCSIK und BAUMANN-GRACE 1959 c).

Das Exosporium kann bei fast intakt gebliebener Sporenwand mit Ultraschall-Behandlung der Sporensuspension des B. megaterium in 60 min von der Spore abgetrennt und in Lösung gebracht werden (TOMCSIK und BOUILLE 1959).

Unsere Befunde warfen den Gedanken auf, ob dem Exosporium nicht gewisse Funktionen zugeschrieben werden könnten, wie sie bei der Kapsel der vegetativen

Zelle bekannt sind. Dabei sollte bei den Sporen nicht nur die Phagocytose ins Auge gefaßt werden.

Wir dachten zuerst an eine Hypothese von BISSET (1950b), wonach die Sporen auch bei der Verbreitung der Bakterienspecies durch den Luftweg förderlich sein könnten. LAMANNA (1952) wies diese Hypothese streng zurück, weil die Sporen größeres spezifisches Gewicht aufweisen als die vegetative Bakterienzelle. Nach MCINTOSH und SELBIE (1937) beträgt das Gewicht der Sporen, nach Ultrazentrifugieren gemessen, 1,5 g/ml. Es wäre abzuklären, ob im Lichte neuerer Kenntnisse über das Exosporium die Bestimmung des spezifischen Gewichtes der Sporen mit einer richtigen Methode vorgenommen wurde ?

Eine vorher ungeahnte biologische Rolle des Exosporiums wurde in einer neueren Arbeit, von BERGER und MARR (1960) entdeckt. Gewisse Enzyme, die in dem vorvegetativen Stadium der Sporenauskeimung eine wichtige Rolle spielen (HALVORSON und CHURCH 1957), thermostabile Alaninracemase, Adenosindeaminase sind wahrscheinlich in der äußersten Sporenoberfläche, im Exosporium enthalten. Am Anfang der Sporenauskeimung tritt die Aktivität dieser Enzyme sofort zum Vorschein, im Gegensatz zu den Enzymen Pyrophosphatase und Katalase, die in der Spore tiefer und zur Hitzestabilisierung mit anderen Substanzen gekoppelt sein sollen. Nach einer mechanischen Zerstörung der Sporen werden die zwei letzterwähnten Enzyme hitzelabil.

2. Sporenwand

Eine der eigenartigsten strukturellen Elemente der Sporenzelle ist die Sporenwand. Im letzten Jahrhundert wurde die färberische Eigenschaft, die mechanische, chemische und Hitze-Resistenz der Sporen größtenteils auf die Impermeabilität der Sporenwand zurückgeführt. PREISZ (1904) hat bereits eine partielle Permeabilität der Sporenwand erkannt, doch wird eine morphologisch noch unbekannte, chemisch aber definierbare Schicht der inneren Sporenwand auch heute noch für impermeabel gehalten und für das charakteristische färberische Verhalten der Sporen verantwortlich (s. Kapitel I) gemacht. Die mechanische Resistenz der Sporen hat ihre Grenzen. Wir konnten (TOMCSIK und BAUMANN-GRACE 1959c) die intakten, lichtbrechenden Sporen in Tuschesuspension zwischen Objektträger und Deckglas mit dem Finger zerdrücken.

Die Sporen, die in Abb. 5 dargestellt sind, stammen aus der gleichen Suspension wie die in der Abb. 4. Die Veränderung, die in Abb. 5 ersichtlich, ist durch Druckeinwirkung hervorgerufen. Das Exosporium ist in Abb. 5 noch immer sichtbar,

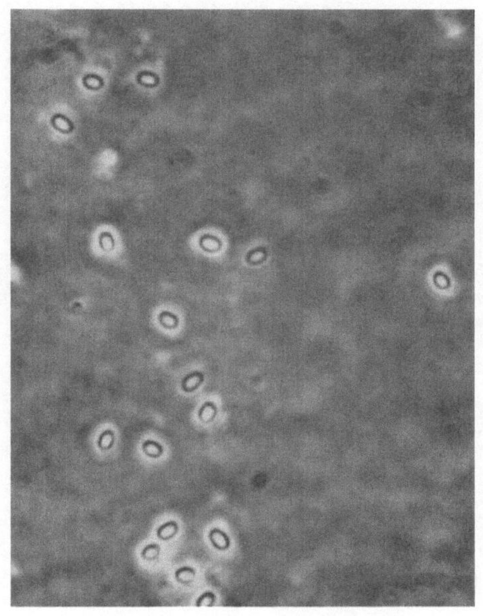

Abb. 4. B. megaterium-Sporen mit Exosporium (feuchtes Tuschepräparat)

die Sporenwand wurde aber gesprengt, und anstelle des „Glanzkörpers" ist ein
großes schwarzes, ovoides Element sichtbar.

Die erstaunlichste Eigenschaft der Sporen ist die hochgradige Thermoresistenz.
Ohne die Bedeutung der Sporenwand diesbezüglich leugnen zu wollen, muß an
dieser Stelle betont werden, daß die Ursache der Thermoresistenz nur chemisch
gedeutet werden kann. Die biochemische Sporenforschung hat auch auf diesem
Gebiet in der letzten Zeit einige Faktoren enträtselt.

Nach dieser Einleitung könnte die Frage gestellt werden: Ist es so wichtig,
wenn die reinmorphologische Sporenforschung in der Sporenwand zwei oder
vier differenzierbare Schichten nachweist, solange wir nicht wissen, was die
biochemische oder zellphysiologische
Bedeutung dieser Schichten ist? Im
letzten Jahrhundert haben mehrere
Autoren mit primitiven lichtmikroskopischen Methoden, aber mit scharfer
Beobachtungsgabe, bereits zwei Schichten der Sporenwand unterscheiden
können, die an ihrer äußersten Oberfläche noch mit einem Gallerthof (Exosporium) bedeckt waren. Solange nur
zwei Schichten der Sporenwand gesehen
wurden, war es noch logisch, ohne
nähere Definition, rein topographisch
über Exin und Intin zu reden (MEYER).
Das „Ektosporium" (Exin) wird nach
MÜHLSCHLEGEL (1900) bei der Sporenauskeimung abgeworfen, während-
dessen es wahrscheinlich ist, daß das
Endosporium (Intin) zur Membran des
Keimstäbchens wird. MÜHLSCHLEGEL
hielt das dünnere Ektosporium für derb
und elastisch, welches „sobald es einen

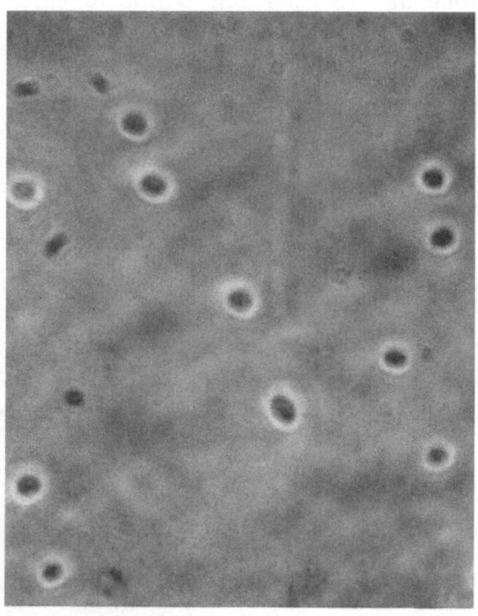

Abb. 5. B. megaterium-Sporen nach Druckeinwirkung
(feuchtes Tusche-Präparat; Exosporium noch sichtbar)

Riß bekommt, sich unter Abhebung seiner Kappen zurückzieht". Beim Ausschlüpfen des vegetativen Stäbchens wird das Endosporium von dem derben
Ektosporium wie von einer umfassenden „Zange zwar manchmal tief eingedrückt,
nie aber durchkniffen". KNAYSI (1948) faßte die alten Auffassungen über Sporen-
wand-Schichten in seiner ausgezeichneten Übersicht ausführlich zusammen, doch
gab er zu, daß kein experimenteller Beweis vorliegt, wonach die innerste Sporen-
wandschicht der neuen vegetativen Zellwand entspräche (s. auch PREISZ 1904).
KNAYSI schrieb: "germination is accompanied by a considerable metabolic activity, and it is not unlikely that the wall of the germ cell is formed during that
period." WINKLER (1956) betonte in ihrem Buch die Rolle der dichten, derben
Sporenwand in der starken Lichtbrechung der Sporen.

Technisch wurde eine neue Periode in die Forschung der Sporenstruktur von
ROBINOW (1951, 1953a) eingeleitet. Mittels Schnittverfahren wies er in der
zarteren Sporenwand des B. cereus nur eine Schicht, in derselben des B. megaterium mehrere Schichten nach. An den Sporen des B. megaterium entdeckte

er innerhalb der inneren Sporenwand eine durchsichtige Schicht (schwach färbbares Protoplasma). Diese früher unbekannte Sporenschicht wurde von ROBINOW später „cortex" genannt. Die höchst interessante „cortex" wird im 4. Abschnitt des Kapitels II (Cytoplasma) besprochen. Er postulierte bereits 1951, daß die starke Lichtbrechung und die Impermeabilität der Sporen für Farbstoffe nicht in der Sporenwand, sondern darunter zu suchen ist. CHAPMAN (1956), der mit dünneren Sporenschnitten arbeitete als ROBINOW, fand auch in der Sporenwand des B. cereus zwei Schichten. Wir weisen die folgenden Mitteilungen von CHAPMAN entschieden zurück: a) B. megaterium besitzt kein Exosporium, b) die äußere Sporenwand entsteht durch die Kondensation des Sporangium-Cytoplasmas, c) die Entstehung der inneren Sporenwand kann auf die Kondensation des Sporencytoplasmas zurückgeführt werden. Wir sehen nicht ein, weshalb teils leicht widerlegbare, teils jede experimentelle Beobachtung entbehrende Spekulationen auf Grund von komplizierten elektronenmikroskopischen Untersuchungen eher erlaubt sein sollen als auf Grund von einfachen lichtmikroskopischen Untersuchungen im letzten Jahrhundert. CHAPMAN und ZWORYKIN (1957) nahmen auf Grund von technisch sehr sorgfältig durchgeführten elektronenmikroskopischen Arbeiten an den Sporen des B. megaterium drei „spore coats" an. DONDERO und HOLBERT (1957) beschrieben ebenfalls drei Schichten der Sporenwand bei B. polymyxa (Abb. 2). CHAPMAN (1959) gab die Dicke der Sporenwand in 100—600 Å an; er nahm weiterhin an der inneren Oberfläche der Sporenwand noch eine Cytoplasmamembran an, deren Durchmesser 80 Å beträgt. Nach FITZ-JAMES (1959) können Sporenschichten infolge Metakrylat bzw. Säure-Behandlung als Kunstprodukte erscheinen, doch halten wir die Fortsetzung derartiger Untersuchungen für aussichtsreich, um einen tieferen Einblick in die Struktur der Sporenwand zu gewinnen, und einmal sogar biologische Informationen über die einzelnen Sporenwandschichten zu erhalten.

FRANKLIN und BRADLEY (1957) gewannen wahrscheinlich ohne künstliche Deformation über die Sporenoberfläche mit der Gold-Palladium-Replica-Methode ein naturgetreues Bild. Sie halten es für möglich, daß geringfügige mechanisch oder thermisch verursachte Spalten der Sporenwand die Lebensfähigkeit der Spore nicht beeinträchtigen; gelegentlich können solche geringfügigen Sporenwandläsionen beim Vorhandensein von gewissen chemischen Faktoren sogar zu einer rascheren Auskeimung führen.

Die ersten wesentlichsten Kenntnisse über die chemische Natur der Sporenwand stammen von POWELL (1953) sowie von POWELL und STRANGE (1953). Diese Autoren entdeckten im Laufe ihrer chemischen Studien über die Sporenauskeimung, daß parallel mit der Desintegration der Sporenwand eine beträchtliche Menge der Sporensubstanzen als „Exsudat" in Lösung geht. 50% des Exsudates besteht aus Calciumdipicolinat. Dipicolinsäure (Pyridin-2:6-dicarboxylsäure) wurde früher aus Zellen nicht isoliert. Calciumdipicolinat bildet, auf Trockengewicht bezogen, etwa 15% der Bakteriensporen. Bereits POWELL (1953) hielt es für möglich, daß eine spezielle strukturelle Form dieser Substanz für manche charakteristischen Eigenschaften der Spore verantwortlich ist. In späteren Arbeiten (POWELL sowie STRANGE und DARK 1956) wurde nachgewiesen, daß die wichtigsten Bestandteile des Auskeimungsexsudates außer Calciumdipicolinat, Sporenpeptid und Hexosamin sind, die „in vivo" wahrscheinlich in einer komplexen Verbindung vorkommen. Das Molekulargewicht des Sporenpeptids beträgt etwa 15300; es bildet 10—15% des Exsudates, und seine charakteristischsten Komponenten sind: α-ε-Diaminopimelinsäure, Glutaminsäure, Alanin, Acetyl-Glucosamin und ein Aminozucker (HALVORSON und CHURCH 1957b). Das Exsudat entstammt der Sporenwand infolge ihrer Permeabilitätsänderung, die im Laufe der Auskeimung oder bei mechanischen Einwirkungen usw. entsteht. Die Freisetzung der Substanzen des Sporenexsudates erfolgt enzymatisch (STRANGE und DARK 1957a). HALVORSON und CHURCH (1957b) stellten auf Grund von einigen früheren physikalischen Untersuchungen die Hypothese auf, daß das Peptid mit exponierten Säuregruppen an der Oberfläche der Sporenwand in die Zelle eingebaut ist. RODE und FOSTER (1960b) wiesen nach, daß in mechanisch zertrümmerten Sporen sehr wenig Dipicolinsäure in den Sporenwand-Trümmern zurückbleibt; der größte Teil geht in Lösung. 80% Äthanol, 80% Aceton, 5% H_2O_2, 5% Phenol und gewisse Netzmittel extrahieren Dipicolinsäure bereits bei 56° C, Wasser erst bei 100° C. Interessant ist in diesen Beobachtungen, daß die chemisch behandelten Sporen ihr Lichtbrechungsvermögen selbst nach Dipicolinsäureverlust — trotz ihres früheren Absterbens — beibehalten. JANSSEN (1958) arbeitete eine colorimetrische Methode zur Bestimmung des Dipicolinsäuregehaltes der Sporen aus. Diese Methode wurde u. a. in den Arbeiten von YONEDA und KONDO (1959a, b) verwendet.

Die Bedeutung der chloroformlöslichen, aus Poly-β-Hydroxybutyrat bestehenden Schicht (YONEDA und KONDO 1959a, b) in der Bestimmung des säurefesten Charakters der Spore wurde bereits im I. Kapitel dieser Übersicht besprochen. Methoden zur Bestimmung des Poly-β-Hydroxybutyrats wurden von WILLIAMSON und WILKINSON (1958) sowie von LAW und SLEPECKY (1961) ausgearbeitet.

Eine andere, phospholipoidähnliche Lipoidsubstanz wurde aus den Sporen des B. stearothermophilus von LONG und WILLIAMS (1960b) isoliert. Diese Substanz beträgt etwa 7—12% des Sporen-Trockengewichtes, doch verursacht ihre Extraktion keine Änderung in der Färbbarkeit, der Lebensfähigkeit und in der Hitzeresistenz der Spore.

DOUGLAS und SHAW (1956) sowie DOUGLAS (1957) eröffneten mit ihren elektrophoretischen und Kation-Spektrum-Untersuchungen einen neuen Weg zum Studium der Oberflächenlagerung gewisser chemisch definierbarer Sporensubstanzen. Sie zogen inerte, mit chemisch bekannten, hochmolekularen Bakterien- und Sporen-Substanzen beladene Teilchen einer Suspension für vergleichende Untersuchungen zu. So kamen sie zur Schlußfolgerung, daß an der Oberfläche der ruhenden B. subtilis-Spore ein Hexosamin-Peptid-Komplex, an derjenigen der B. megaterium-Spore nur Peptid exponiert ist. Die Kombination dieser Untersuchung mit der Prüfung der durch Glutamylpeptidase, Lipase, Lysozym und anderen Enzymen verursachten Änderungen (DOUGLAS 1957) verspricht neue Resultate für die zukünftige Forschung. Eine äußerst vorsichtige Beurteilung der Resultate ist aber bei der Interpretation solcher Versuche notwendig, da sowohl die vegetativen Bakterienzellen wie auch die Sporen, fremde Substanzen an ihren Oberflächen derartig absorbieren können, daß sie nicht einmal durch fünfmaliges Waschen mit dest. Wasser entfernt werden können (BAUMANN-GRACE und TOMCSIK 1959).

BLACK et al. (1960) schätzen das Volumen aller Sporenmembranen auf 40%
des gesamten Sporenvolumens. In dieser Arbeit wurden mit einer neuen „space"-
Technik äußerst interessante Befunde über die Permeabilität der Sporen besprochen.

3. Sporenkern

Wie es in den letzten zwei Abschnitten demonstriert wurde, können die
fundamentalen Grundlagen der Exosporium- und Sporenwand-Forschung auf
die erstaunliche Beobachtungsgabe der Mikrobiologen des letzten Jahrhunderts
zurückgeführt werden, obwohl diese nur mit einfachen Präparativmethoden, im
Lichtmikroskop, Beobachtungen machen konnten. Es ist nur selbstverständlich,
daß mit ähnlichen Methoden über die Bakterien- und die Sporenkerne, im letzten
Jahrhundert kaum grundlegende Erkenntnisse gewonnen werden konnten.

Die ersten Arbeiten über „Sporenkerne" wurden von SCHOTTELIUS (1888) und
NAKANISHI (1900) veröffentlicht. NAKANISHI bezeichnete die von ihm beobachteten Gebilde in den Sporen deshalb als Kerne, weil sie stark chromophil
waren und sowohl bei der Sporenbildung wie bei der Sporenauskeimung regelmäßige Teilungen aufwiesen. Er hat keine Zellteilung ohne vorangehende Kernteilung gesehen. Der frisch ausgekeimte B. anthracis soll am häufigsten in der
Mitte einen Kern oder einen solchen, welcher in Teilung begriffen ist, enthalten;
er hat aber auch zwei Kerne beobachtet. PREISZ (1904) kritisierte die Arbeiten
von SCHOTTELIUS und von NAKANISHI, doch war er überzeugt, daß er in lebenden
Zellen mit verdünnter Fuchsinlösung tatsächlich Kerne nachweisen könnte. Die
Untersuchungen von PREISZ, die er auch auf die einzelnen Etappen der Sporulation und der Sporenauskeimung ausdehnte, waren die sorgfältigsten, die mit
einer solchen Technik je durchgeführt wurden. Zu den älteren Arbeiten der Kern-
forschung rechnen wir das erste Studium des Chromatins im Entwicklungscyclus
der Bakterien (BADIAN 1933).

Es ist üblich, die oben erwähnten ersten „Sporenkern"-Arbeiten außer acht
zu lassen, da die älteren Autoren zur Unterstützung ihrer Ansicht nicht einmal
eine einigermaßen spezifische mikrochemische Reaktion, wie es der Feulgen-Test
ist, zuziehen konnten. Die ersten, die mit diesem Test Kerne in der Sporenzelle
nachweisen konnten, waren STILLE (1937) und SCHAEDE (1939). Weitere Unterstützung der Ansicht über die Existenz der Sporenkerne finden wir u. a. in der
elektronenmikroskopischen Arbeit von KNAYSI und BAKER (1947), die gleichfalls
verschiedene Etappen des Sporencyclus umfaßte. Sie konnten, in einem stick-
stofffreien Nährboden, die aus Ribonucleinsäure bestehenden Volutinkörnchen
von den Sporenkernen unterscheiden. Nach FLEWETT (1948) scheinen die Sporenkerne durch Produkte ihrer eigenen Aktivität, die sie teilweise umgeben, vergrößert zu sein. Über die Entwicklung unserer früheren Kenntnisse über Sporenkerne geben die Übersichten von KNAYSI (1948) und von DELAPORTE (1950) ein
lehrreiches Bild. KNAYSI (1955a, b) unterscheidet den primären Kern, dessen
Stäbchen bzw. Hantel-Formen für eine bevorstehende Teilung sprechen, vom
zusammengesetzten Kern, der außer 2—6 Kernen Nucleoplasma und Vacuolen
enthält. Die Bildung des zusammengesetzten Kernes leitet nach seiner terminalen
Verlagerung die Vorsporenbildung ein. Die Vorspore wird nach Entwicklung der
Sporenwand in die Endospore umgewandelt.

Die Begründung der neuesten Etappe in der cytologischen Sporenkernforschung wird üblicherweise auf die seit 1951 durchgeführten Arbeiten von ROBINOW zurückgeführt. Er hat (1951) drei verschiedene präparative Methoden angegeben (HCl, HNO_3, HCl + KM_nO_4), die zum Nachweis der Sporenkerne und über ihre Lagerung in reifen, ruhenden Sporen interessante Informationen gaben. BISSET und HALE (1951) sowie BISSET (1952) konnten die Beobachtungen von ROBINOW bestätigen und teilweise in gewisser Hinsicht ergänzen. ROBINOWs Befund über die exzentrische (mit gewissen Methoden scheinbar extra-cellulare) Lagerung des Sporenkernes, wobei die Sporenwand von innen her eingedrückt wird, wurde u. a. von DELAMATER und HUNTER (1952) bezweifelt. Diese Autoren, sowie BISSET und HALE (1951) führen die exzentrische Sporenkernlagerung größtenteils auf die Säurevorbehandlung der Sporen zurück. ROBINOW (1953a) anerkannte die Berechtigung der kritischen Bemerkungen von BISSET und HALE (1953a) und gab zu, daß die Säurebehandlung zwar zur Sichtbarmachung des Sporenkernes eine ausgezeichnete Differenzierung sichert, aber andererseits auch zur Entstehung von Kunstprodukten führen kann, die sogar eine extracytoplasmatische Lokalisation des Sporenkernes vortäuschen. In dieser Arbeit bestätigte ROBINOW seine frühere Vermutung über die Existenz einer unbekannten Schicht „Cortex" unter der Sporenwand bei B. megaterium. Seine elektronenmikroskopischen Studien an dünnen Schnitten der Spore von B. megaterium wiesen auch ohne Säurevorbehandlung auf eine vorwiegend periphere Lagerung des Kernes, der — bei B. megaterium — der inneren Fläche des Cortex anliegen soll. Der peripher liegende Kern wird während der vorvegetativen Phase der Auskeimung zentral verlagert (ROBINOW 1953b). FITZ-JAMES (1953) faßt — in Übereinstimmung mit ROBINOW — den Sporenkern als ein aus mehreren Segmenten bestehendes Chromatin-Körperchen auf, welches in eine aus Ribonucleinsäure bestehende basophile Substanz eingebettet ist.

In unserer Übersicht, die die Aufgabe hat, ein größeres Gebiet zu besprechen, konnten wir nur einige der grundlegenden Sporenkern-Arbeiten berücksichtigen. Diese Lücke ist um so leichter zu entschuldigen, als der kompetenteste Fachmann dieses Gebietes, ROBINOW (1956a, b, c), die cytologische Sporenkernforschung, im Vergleich zum Kern der vegetativen Bakterienzelle, in äußerst klaren Übersichten zusammenfaßte. Nur zwei weitere cytologische Arbeiten sollen hier kurz erwähnt werden, in denen ultradünne Sporenschichten elektronenmikroskopisch untersucht wurden. CHAPMAN und ZWORYKIN (1957) beschrieben in auskeimenden B. cereus-Sporen ein bis zwei helle Flecken, die in einer dunkleren Matrix eingebettet sind; sie sollen den Chromatin-Elementen der Spore entsprechen. CHAPMAN (1959) beschrieb ungeordnete Fäden und Granula im Sporenkernmaterial. Die Kernteilung soll nach ihm einer „klassischen Amitose" entsprechen.

Die grundlegenden cytologischen Sporenkernuntersuchungen wurden alsbald vor allem von FITZ-JAMES und YOUNG durch biochemische Studien ergänzt, wozu insbesondere der Vergleich der Sporulations- und Auskeimungs-Phase interessante Resultate brachte. In diesen beiden Phasen bildet die Synthese bzw. der Abbau der Nucleoproteide die fundamentale Erscheinung (FITZ-JAMES 1955). Durch quantitative Bestimmungen von Gesamtphosphor, Ribonucleinsäure, Desoxyribonucleinsäure und von Trichloressigsäure-löslichen Phosphorverbindungen konnte FITZ-JAMES (1955) die Schlußfolgerung ziehen, daß bei der

Sporenauskeimung die folgenden Etappen festzustellen sind: a) Abbau der Nucleoproteide (Abnahme des proteingebundenen und des säurelöslichen Phosphors), b) Synthese von einer zum Kern gehörenden Ribonucleinsäure, c) Synthese von Kern-Desoxyribonucleinsäure, d) Synthese der cytoplasmatischen Ribonucleinsäure. Fitz-James und Young (1959) stellten fest, daß der Desoxyribonucleinsäuregehalt der Sporen je nach Species konstant ist. Der Desoxyribonucleinsäuregehalt der Sporen von B. subtilis und von B. apiarius beträgt nur die Hälfte desjenigen der B. cereus-Sporen. Young und Fitz-James (1959a) beleuchteten in ihren Chromatin-Studien die wesentlichsten Vorgänge der Sporenbildung. Die vegetative Zelle enthält unmittelbar vor dem Eintreten der Sporulation zwei kompakte Chromatinkörperchen und, im Vergleich mit den reifen Sporen die doppelte Menge von Desoxyribonucleinsäure. Nach Fusion der zwei Chromatinkörperchen wandert die Hälfte der Chromatinmasse zu einem Pol. Nachdem die polare Chromatinmasse und das dazugehörige („associated") Cytoplasma mit einem Kreuzseptum von der Mutterzelle separiert wird, beginnt die Bildung der Vorspore. Nach Hodson und Beck (1960) übernehmen die Sporen von der vegetativen Zelle 10—14% Phosphor, gebunden an Ribonucleinsäure, und 33 bis 50%, gebunden an Desoxyribonucleinsäure. Weniger als 1% Desoxyribonucleinsäure der Spore wird von solchen einfachen Purin-„Prekursoren" synthetisiert wie Format, Glykokoll und Adenin. Die Nucleinsäuresynthese am Anfang der Auskeimung wurde von Woese und Forro (1961) untersucht.

4. Sporencytoplasma

Nach Knaysi (1948) enthält die ruhende Bakterienendospore ein dichtes Cytoplasma, in dem zwei oder mehr Kerne und eine verhältnismäßig große Menge von Ribonucleinsäure nachzuweisen sind. Die Materie des Cytoplasmas scheint auch elektronenoptisch dicht zu sein; selbst in ultradünnen Schichten können die Sporenkerne im Vergleich zum Cytoplasma als optisch hellere Flecken unterschieden werden (Chapman und Zworykin 1957). Fitz-James (1955b) unterschied nucleare und cytoplasmatische Ribonucleinsäuren, die während der Sporulation bzw. während der Sporenauskeimung quantitativ etappenweise in verschiedenen Proportionen synthetisiert oder abgebaut werden (siehe II., 3.). Über die Proteine des Sporencytoplasmas, die vermutlich teils an Nucleinsäuren gebunden, teils frei vorkommen, ist fast nichts bekannt. Calciumdipicolinat scheint eher ein Bestandteil der auf das Sporencytoplasma aufgelagerten, äußeren Schichten zu sein.

Mehr experimentelle Angaben stehen über den Metallgehalt der Sporen zur Verfügung. Dieser soll nach Slepecky und Foster (1959) in gewissem Grade vom Metallsalzgehalt der Nährböden abhängig sein, wobei insbesondere die Speicherung von Calcium und Nickel in den Sporen höhere Werte erreichen kann. Calcium kann zwar, mindestens bis zum gewissen Grade, durch verschiedene Kationen ersetzt werden, doch nimmt die Thermoresistenz der Sporen parallel mit der Abnahme des Claciumgehaltes ab. Nach Knaysi (1961) soll das mineralarme Cytoplasma an seiner Peripherie mit mineralreichen Schichten umgeben sein. Am Anfang der Sporenauskeimung diffundieren die peripherisch konzentrierten Mineralien gegen das Zentrum und werden bereits in einigen Minuten innerhalb der ganzen Spore gleichmäßig verteilt.

ROBINOW (1951) studierte am ausführlichsten das färberische Verhalten der Sporen nach ihrer Behandlung mit verschiedenen Säuren. Er nahm an, daß die geringe Farbstoff-Affinität und der hohe Refraktionsindex der Spore eher vom Cytoplasma als von den Zellmembranen abhängig ist. Das Sporencytoplasma schrumpft infolge Säurebehandlung; die dadurch zwischen dem Cytoplasma und den Zellmembranen erscheinende Lücke wird aber durch eine ganz spezielle Schicht ausgefüllt, die ROBINOW (1953a) „Cortex" nannte. Er lokalisierte bereits in seiner ersten Arbeit (1951) die Lichtbrechung und die Impermeabilität der Spore in diese Schicht. Die Sichtbarkeit der Cortex wird durch Salpetersäure sowie durch Lanthanum-Behandlung der mit Osmiumtetroxyd fixierten B. megaterium-Sporen erhöht (ROBINOW 1953a, MAYALL und ROBINOW 1957). Im Elektronenmikroskop sind auch feinere Schichten im Aufbau der Cortex zu entnehmen. Da die Cortex das Cytoplasma des B. megaterium umgibt und dieses von der Sporenwand trennt, kann sie a) als äußerste Schicht des Cytoplasmas, b) als innerste Schicht der Sporenwand oder aber c) als eine selbständige — sowohl vom Cytoplasma wie von der Zellwand differenzierbare, neu entdeckte Schicht der Sporenstruktur aufgefaßt werden. Im Gegensatz zu B. megaterium konnte ROBINOW in den Sporen von B. cereus keine Cortex nachweisen. Das Cytoplasma („core") der beiden Species ist elektronenoptisch dicht und homogen; färberisch basophil. Die Cortex ist weitaus weniger basophil. FITZ-JAMES (1953a) bestätigte in allen Details die von ROBINOW beschriebenen Eigenschaften der Cortex, die die Chromatin-Elemente und das Cytoplasma von der Sporenwand trennt und die nichtbasophilen Eigenschaften auch während der Sporenauskeimung bewahrt. Nach MAYALL und ROBINOW (1957) beträgt das Volumen der Cortex 50% desjenigen der B. megaterium-Spore innerhalb der Sporenwand. Aus der inneren Schicht der Cortex entsteht die Zellwand der auskeimenden vegetativen Zelle, wogegen die äußeren Schichten während der Auskeimung aufgelöst werden und wahrscheinlich das „Sporenexsudat" bilden. Vor der vollen Auflösung der äußeren Cortexschichten ist eine schwammartige Auflockerung dieser strukturellen Elemente zu beobachten. Diese Beobachtungen sprechen dafür, daß die Cortex der innersten Schicht der Sporenwand näher steht als der äußersten des Cytoplasmas. Doch ist es nicht nur morphologisch, sondern auch biologisch angezeigt, die Cortex der Spore eher als ein strukturelles Element an und für sich zu betrachten, wenn diese eine bestimmte Rolle in der Sporenauskeimung einnimmt, die von derjenigen der Sporenwand und des Sporencytoplasmas abweicht.

LEWIS et al. (1960) nehmen in ihren Studien über die Wasser-Permeabilität der Bakteriensporen an, daß eine kontraktionsfähige Membran an der Oberfläche der Sporen, die mit der Cortex identisch sein mag, durch einen mechanischen Druck dazu beiträgt, eine Dehydration des Sporencytoplasmas hervorzurufen.

III. Resistenz der Sporen und ihre physikalisch-chemische Grundlage

Es ist allgemein bekannt, daß die Bakterien-Endosporen in ihrer Lebensdauer, in ihrer Resistenz gegenüber Hitze, gegenüber Chemikalien so lange alle anderen Zellen weit übertreffen, bis sie in das vorvegetative Stadium der Auskeimung eintreten. Unsere populäre Bezeichnung „schlummerndes Leben" kann wahrhaftig mit Recht auf die ruhenden Sporen appliziert werden. CURRAN (1952) führte an, daß die Sporen des B. anthracis, die im Laboratorium von R. KOCH an Seidenfäden eingetrocknet wurden, nach 60 Jahren noch lebensfähig waren. Aus konserviertem, hermetisch verschlossenem Kalbfleisch konnten Bakterien selbst nach 115 Jahren gezüchtet werden. Von den sporenbildenden Bakterien sind diejenigen Species am resistentesten, die eine vegetative Vermehrung auch bei höheren Temperaturen aufweisen (LAMANNA 1940c) sowie diejenigen, deren Sporenwand bei der Auskeimung nicht aufgelöst, sondern nach Spaltung in den Nährboden abgegeben wird (s. CURRAN 1952). Einige Faktoren, die nach CURRAN die hohe Resistenz der ruhenden Spore bedingen mögen, sind: a) geringe Permeabilität der Oberflächenschichten, b) gebundenes Wasser, c) hoher Gehalt von Ribonucleinsäure und von Calciumsalzen; niedriger Gehalt an anderen Salzen (Sporen, die auf Nährböden mit geringem Salzgehalt produziert wurden, weisen ungewöhnlich hohe Thermoresistenz auf), d) Lipoide, die Peptidbindungen gegen Hydrolyse und gegen Denaturierung zu schützen vermögen, e) thermostabile Enzyme.

MAGOON (1926) beobachtete Resistenzänderungen an denselben Sporen je nach Alter und Umweltverhältnissen. Durch Selektion und Weiterzüchtung von Sporen konnte er solche erhalten, deren Resistenz 25mal größer war als diejenige der ursprünglichen Sporen. VAS und PROSZT (1957) fanden bei Sporen, die aus übermäßig hitzeresistenten Kulturen gezüchtet wurden, bei einer nachträglichen Untersuchung keine erhöhte Resistenz. LEVINE (1952) beobachtete an Sporen, die im Vakuum eingetrocknet und aufbewahrt oder aber in gepuffertem Wasser gehalten wurden, keine Änderung der Resistenz gegenüber chemischen Desinfektionsmitteln während eines Jahres. Wegen der Konstanz der Sporenresistenz empfiehlt er sogar Sporen anstelle vegetativer Zellen zur Prüfung der Desinfektionsmittel. Die Sporen sind auch gegenüber ionisierten Strahlen resistenter als die vegetativen Zellen. Die Bestrahlung der Sporen mit einer Intensität, die die vegetative Zellteilung eben aufhebt, ändert nach LEVINSON und HYATT weder die Atmung noch die Auskeimungsfähigkeit der Sporen. Höhere Strahlendosen wirken ähnlich wie höhere Temperaturen.

Die Lebensfähigkeit der ruhenden Sporen kann nur durch Auskeimungsversuche in einem entsprechenden Medium bei entsprechender Temperatur und bei entsprechendem p_H festgestellt werden. Die einzelnen Etappen der Geschehnisse wurden von SCHMIDT (1955) wie folgt zusammengefaßt: a) Abnahme der Lichtbrechung, Verlust der Hitzeresistenz, Zunahme der Permeabilität der Sporenwand für Farbstoffe, Entstehung des Sporenexsudates, Abnahme des Trockengewichtes, Quellung der Spore, Änderung der Zellstruktur, b) Entwicklung der ersten vegetativen Zelle nach Spaltung oder nach der Absorption der Sporenwand, c) Vermehrung der vegetativen Zellen, sichtbare Kolonien auf festen Nährböden, Trübung und charakteristische Stoffwechselprodukte auf flüssigen Nährböden. Die von SCHMIDT klar zusammengefaßten Etappen der Sporenauskeimung werden im Kapitel VI dieser Übersicht ausführlicher besprochen. Die Etappen b) und c) werden gehemmt, wenn die dazu erforderlichen optimalen Verhältnisse nicht genau eingehalten werden. Bei der Entstehung der ersten Etappe (vorvegetative Erscheinungen der Sporenauskeimung) sind andere Bedingungen notwendig als bei b) und c). Die Bedingungen der ersten Etappe lassen einige Abweichungen zu, doch können diese zur prozentuellen Reduktion der auskeimenden Sporen führen.

CURRAN und EVANS (1945) entdeckten, daß subletale Erhitzung der Sporen zu einer kompletteren Auskeimung führt, wenn diese später in ein entsprechendes Nährmedium überimpft werden. Sie führten die primäre subletale Erhitzung in einer wäßrigen 0,1% Glucose- oder Lactoselösung durch (wobei die NaCl-Konzentration geringer sein muß als 0,5%). Bei der Herstellung von kondensierter Milch wird die Keimzahl deutlich herabgesetzt, wenn die rohe Milch vorher während 10 min bei 95⁰ C gehalten wird. MURTY (1956) empfahl 60⁰ C während 15 min als Einleitung von Auskeimungsversuchen. Ein solcher „Hitzeschock" der Sporen soll innerhalb 2 Std nach seiner Durchführung optimale Bedingungen zu Auskeimungsstudien schaffen. MURTY besprach die vermutliche Rolle des Alanins und der Dipicolinsäure beim auskeimungsfördernden Effekt des Hitzeschocks. FERNELIUS (1960) führte eine „Verdünnungsmethode" zur technischen Durchführung des Hitzeschocks ein, indem er zu 9 ml dest. Wasser auf 60—65⁰C vorgewärmt tropfenweise 2 ml Anthrax-Sporensuspension gab. Gleich gute Auskeimungsresultate fand er, wenn er anstelle der Hitzeschockmethode 1 ml dichte Sporensuspension bei Zimmertemperatur tropfenweise in ein Röhrchen zugab, in dem früher 8 ml dest. Wasser und 1 ml 10%iges Phenol vermischt wurden. Die beiden „Verdünnungsmethoden" töteten die vegetativen Zellen und die bereits ausgekeimten Sporen in 30 min ab, und sie förderten nachträglich in entsprechenden Nährflüssigkeiten die Auskeimung der ruhenden Sporen erfolgreicher als die „konventionellen" Hitzeschock-Methoden. FERNELIUS empfahl vor der Einstellung von Auskeimungsversuchen seine technisch einfachere Phenolmethode, weil dazu nicht einmal ein Wasserbad notwendig ist.

KNAYSI (1948) führte die Resistenz der Bakterien-Endosporen auf die folgenden drei Faktoren zurück: a) geringe Permeabilität der Hüllen („spore-coats"), b) hoher Ribonucleinsäuregehalt (Schutz gegen Elektronen, gegen ultraviolette Bestrahlung), c) niedriger Gehalt an „freiem Wasser". FISCHER erwähnte bereits 1903 die Faktoren a) und c). Noch früher wurden die beiden Faktoren u. a. durch LEWITH (1890) vermutet, und zwar mit einer sonderbaren Annahme, wonach der vitale Teil der Spore eine wasserarme vegetative Zelle sei, die in diesem Zustand durch eine wasserimpermeable Grenzfläche konserviert werden soll. Modernere, experimentell fundierte Ansichten über Wassergehalt, „water activity", „moisture activity" und über die Beziehungen dieser zur Hitzeresistenz und zur Auskeimung der Sporen sind aus der Arbeit von MURREL und SCOTT (1957) sowie aus derjenigen von BEERS (1956) zu entnehmen. Nach BERGER und MARR (1957) enthalten B. cereus-Sporen, die mittels Ultraschallbehandlung von ihrem Exosporium befreit wurden, kein Hexosamin an ihrer Oberfläche, doch bleiben sie hitzeresistent.

Die Rolle des Calciums in der Sporulation des B. anthracis wurde von BORDET und RENAUX (1930a) am ausführlichsten studiert. Die Beziehung des Calcium-Gehaltes zur Hitzeresistenz der Sporen haben CURRAN et al. (1943) erkannt. Der Weg zum ausführlicheren Studium, welche Rolle die Calciumsalze in der Resistenz der Sporen einnehmen, wurde aber erst durch die Entdeckung von Calcium-dipicolinat in der Spore (POWELL 1953) eröffnet. Diese von POWELL entdeckte Sporensubstanz wurde schon in Verbindung mit der Sporenwand (II, b) besprochen; sie muß noch in dem Kapitel über die Sporenauskeimung (V) berücksichtigt werden. Zur klaren Gliederung unserer Übersicht soll aber diese Substanz auch in Verbindung mit der Resistenz der Sporen kurz behandelt werden.

Powell (1953) hat bereits in ihrer ersten Arbeit, in der sie Calciumdipicolinat aus dem — während der Ausleimung entstandenen — Sporenexsudat isolierte, die Vermutung ausgesprochen, daß ein spezieller struktureller Einbau dieses Salzes eine besondere Rolle in der Entstehung der Resistenz der ruhenden Sporen spielt. Nach Powell und Strange (1953) wird Calciumdipicolinat bereits bei 60° C nach 2 Std aus den Sporen freigesetzt, wonach — ohne Zugabe von induzierenden Substanzen — eine spontane Auskeimung entstehen kann. Die ruhenden Sporen enthalten wenig oder kein Wasser. Im vorvegetativen Stadium der Auskeimung entsteht eine plötzliche Änderung in der Zellpermeabilität unter gleichzeitigem Austausch von Wasser aus dem Nährboden und von festen Substanzen aus der Spore; Calcium, Dipicolinsäure und ein Glucosamin enthaltendes Peptid werden freigesetzt. Aus gewissen zeitlichen Unterschieden in der Synthese und dem Abbau des Calciumdipicolinats und des Peptids bei der Sporulation bzw. bei der Sporenauskeimung könnten verschiedene biologische Rollen der zwei Substanzen vermutet werden. Da Verlust des Calciums und Hitzeresistenz parallel gehen, ist es wahrscheinlich, daß die Hitzeresistenz der Sporen in irgendeiner Weise von der Höhe des Calciumgehaltes abhängt. Powell und Strange (1953) blieben in ihren weiteren Schlußfolgerungen äußerst vorsichtig; sie schrieben: „Die Rolle der Dipicolinsäure in der Sporulation bzw. in der Entwicklung der Hitzeresistenz der Sporen bleibt noch aufzuklären." In späteren Arbeiten nahm Powell (1956, 1957) an, daß die Resistenz der Spore a) durch ihre strukturelle Integrität bedingt sein soll, b) daß das Protoplasma der ruhenden Spore einem hochkondensierten, „waterproofed" System entspricht, welches durch Calciumdipicolinat stabilisiert wird. Es ist aus diesen Arbeiten nicht klar zu entnehmen, ob das Calciumdipicolinat auch in das Cytoplasma oder nur in die Oberflächenschichten der intakten, ruhenden Spore eingebaut sein soll. Das Calciumdipicolinat mag gewisse Proteasen gegenüber Hitzedenaturation schützen. Die Änderung der Calciumdipicolinat enthaltenden Sporenschichten in der Vorstufe der Sporenauskeimung erfolgt wahrscheinlich durch Hydratation und Depolymerisation des Calciumsalzkomplexes. Nach Powell und Strange (1956) könnten Chelat-Komplexe des Calciums mit Proteinen mit Wahrscheinlichkeit angenommen werden. Halvorson (1957) betrachtet auf Grund seiner tiefgreifenden experimentellen Arbeit die Sporulation als einen multiphasischen Prozeß, in dem zuerst hitzelabile aber stark lichtbrechende Vorsporen produziert werden; die Dipicolinsäureproduktion setzt später ein. Die Hitzeresistenz der Spore entsteht etwa 1 Std oder später nach Erreichen des maximalen Wertes der Dipicolinsäurereproduktion. Nach Halvorson nimmt der Calciumkomplex eine Schlüsselstellung in der Thermoresistenz der Spore ein. Es wurde bereits besprochen (II, 4), daß Slepecky und Foster (1959) auf Grund von wesentlich anderen Experimenten die Hitzeresistenz der Sporen auch auf Calcium zurückführten.

Die Hitzeresistenz und das schlummernde Leben („dormant state") der Sporen werden von Halvorson und Church (1957 b) auf die Bindung der Sporenfermente an größere strukturelle Elemente (Calcium-Dipicolinat-Protein-Chelatkomplexe) zurückgeführt. Die Enzyme werden am Anfang der Auskeimung freigesetzt. Aktive Enzyme in der intakten Spore wurden u. a. von Lawrence (1956) studiert. Die Sporenenzym-Arbeiten werden in dieser Übersicht nicht in Einzelheiten besprochen, da die diesbezüglichen grundlegenden experimentellen Arbeiten in einem Symposium (Amer. Inst. of Biol. Sciences, Washington 1956) in der hochkompetenten Organisation von HALVORSON ausführlich analysiert wurden.

IV. Serologie der Sporen

Vor der biochemischen Ära der Sporenforschung konnte nur mit Hilfe serologischer Methoden sicher festgestellt werden, daß mindestens die äußeren Zellschichten der Spore aus Substanzen bestehen, die in der vegetativen Zelle der gleichen Bakterien-Species nicht vorhanden sind. Der Unterschied der an der Zelloberfläche liegenden Substanzen der Spore gegenüber denjenigen der vegetativen Zelle kann am sichersten mit der Agglutinationsreaktion eruiert werden. Unterschiede in tiefer gelegenen Substanzen könnten gelegentlich mit Hilfe der Präcipitinreaktion beobachtet werden, wobei aber zu bemerken ist, daß die Extraktion der Gesamtzelle keine Auskunft darüber geben kann, aus welchem Teil der Zellstruktur die serologisch (oder chemisch) zu untersuchenden, in Lösung gebrachten Zellstoffe stammen. Für cytologische Zwecke ist der Extraktion eine Präparation der Zelle vorzuschalten, die am einfachsten mit einer mechanischen oder enzymatischen „Mikrodissektion" (TOMCSIK 1956a, TOMCSIK 1960) erreicht werden kann. Deswegen führten wir „immunocytologische" Methoden in das Studium der vegetativen Bakterienzellen und der Sporen ein, wovon insbesondere die „spezifische Exosporium-Reaktion" äußerst klare Informationen ergab und die allgemein verbreitete Ansicht widerlegte, wonach das Exosporium aus dem Sporangium stammt.

1. Agglutination der Spore

DEFALLE (1902) war der erste, der Sporenantikörper produzierte. Er injizierte eine Sporensuspension — die aber auch vegetative Zellen enthielt — neunmal subcutan in Hunde und zweimal intraperitoneal in Meerschweinchen. Die auf 115° C erhitzten Sporen produzierten weniger Sporenantikörper als die nativen. Beiderlei Antikörper reagierten aber gleich gut mit nativen und mit erhitzten Sporen; sie ergaben eine Objektträgeragglutination bis etwa 1:120 Verdünnung des Sporen-Antiserums. DEFALLE (1902) machte außerdem die folgenden Beobachtungen: a) die Spezifität (Typenspezifität) der Sporen-Antisera ist viel geringer als diejenige des „vegetativen" Immunserums, b) erhitzte vegetative Zellen sowie Erythrocyten produzieren nur agglutinierende, aber keine komplementbindenden Antikörper, c) erhitzte Sporen produzieren beide Antikörper. Absolute serologische Differenzen zwischen der Spore einerseits und den vegetativen Zellantigenen andererseits wurden von MELLON und ANDERSON (1919) überzeugend nachgewiesen. Sie konnten mit 4—6 Std Kulturen, die mit Sicherheit keine Sporen enthielten, absolut spezifische Antikörper produzieren, die nur die vegetativen Zellen (1:20000) agglutinierten. Die freien Sporen waren aber mit vegetativen Zellresten verunreinigt; sie riefen bei Kaninchenimmunisierung Antikörperproduktion sowohl gegen Sporen als auch gegen vegetative Zellen hervor. Die letzten konnten sie durch Absorption mit jungen vegetativen Zellen entfernen. So gelang es ihnen, ein reines Sporenimmunserum zu gewinnen, welches die Sporen 1:640 oder höher, die vegetativen Zellen gar nicht agglutinierte. Durch Antiformin-Behandlung der Sporen konnten MELLON und ANDERSON

diese von vegetativen Zellresten befreien. Die mit Antiformin vorbehandelten
Sporen riefen in Kaninchen ausschließlich Sporenantikörperproduktion hervor.
Die Antiformin-Studien von MELLON und ANDERSON verdienen auch heute noch
eine Vertiefung, in Anbetracht des Umstandes, daß die Haptene der vegetativen
Zellwand mittels Antiformin bei B. cereus und B. anthracis in Lösung gebracht
und sowohl serologisch wie chemisch studiert werden konnten (BAUMANN-GRACE,
KOVÁCS, TOMCSIK 1959).

KRAUSKOPF und McCoy (1937) glaubten, daß sie auf Grund ihrer Versuche
die Existenz von H-Antigen, welches serologisch den Geißeln der vegetativen
Zellen ähnlich reagiert, in den Sporen nachgewiesen haben. SIEVERS und ZETTER-
BERG (1940) schlossen sich dieser Ansicht an. KRAUSKOPF und McCoy (1937)
betonten im allgemeinen, daß auf Grund von Kreuzreaktionen der Antisera mit
der Spore und mit der vegetativen Zelle manche serologischen Ähnlichkeiten zu
finden sind. Wir halten eine Überprüfung dieser Befunde mit der heutigen
Technik für angezeigt. Eine Abweichung von den sehr klaren Resultaten von
MELLON und ANDERSON (1919) kann vor allem dadurch entstehen, daß nicht bei
allen Autoren die Reinigung der Sporen von vegetativen Zellresten gelang. Wir
halten die von KRAUSKOPF und McCoy verwendete KOH-Methode für unzweck-
mäßig.

HOWIE und CRUICKSHANK (1940) bestätigten die Resultate von MELLON
und ANDERSON mit Untersuchungen an Sporen bzw. an vegetativen Zellen von
Bac. mesentericus und von nicht näher identifizierten Bodenbakterien. Auto-
klavenbehandlung zerstört nach ihren Untersuchungen die Antigenaktivität der
vegetativen Zelle im Gegensatz zu derjenigen der Spore. LAMANNA (1940b, c),
BEKKER (1944) kamen zum gleichen Resultat; sie fanden mittels Kreuzaggluti-
nation kein gemeinsames Antigen in unvorbehandelten Sporen und in den vegetativen Zellen, vorausgesetzt, daß diese Antigene rein gewonnen werden konnten,
oder aber die im Immunserum vorkommenden „heterologen" Antikörper durch
entsprechende Absorption entfernt wurden. LAMANNA (1940b) fand bei einer aus-
gedehnteren Untersuchung an „kleinzelligen" Species des genus-Bacillus (Bacillus
subtilis, mesentericus, vulgatus, agri) drei deutlich verschiedene serologische
Gruppen in den Sporen, die auch für taxonomische Zwecke verwendet werden
konnten. In der Fortsetzung dieser Versuche an „großzelligen" Species dieses
Genus hat LAMANNA (1940c) dann weniger klare Verhältnisse beobachtet. Die
Sporen des B. cereus waren zwar für die Species charakteristisch, bei B. mycoides
und bei B. megaterium hat er aber eine gewisse Heterogenität der Sporenantigene
innerhalb der Species gefunden. Nach TOMCSIK und BAUMANN-GRACE (1957)
ist die typenreichste Bacteriumspecies (betreffend vegetative Zelle) B. megaterium
(Untersuchung an 54 Stämmen). Typenreich ist auch die Species B. cereus
(TOMCSIK und BAUMANN-GRACE 1959). TOMCSIK u. seine Mitarb. konnten von
Sporangiumresten absolut befreite Sporen (Methodik siehe später in diesem
Abschnitt) herstellen; die mit solchen Sporen produzierten Antikörper gaben
keine Agglutination mit vegetativen Zellen. Bei 36 B. megaterium Sporen
konnten fünf (TOMCSIK und BAUMANN-GRACE 1959), bei den Sporen von 48 B.
anthracis und B. cereus-Stämmen (TOMCSIK, BOUILLE und BAUMANN-GRACE
1959) drei serologisch verschiedene Sporentypen festgestellt werden. Der schein-

bare Gegensatz zu den Cereus-Befunden von LAMANNA kann vielleicht darauf zurückgeführt werden, daß er B. cereus und B. mycoides für zwei verschiedene Species hielt. Heute wird B. mycoides auf Grund von Stoffwechselreaktionen als eine Varietät der Species B. cereus aufgefaßt. Manche Sporentyp-Antisera agglutinierten absolut spezifisch die Sporen des gleichen serologischen Typs, manche gaben mit „verwandten" Sporentypen, nie aber mit vegetativen Zellen eine gewisse Kreuzreaktion.

Ganz andere Resultate wurden über die serologischen Beziehungen der Sporen zu den vegetativen Zellen von DOAK und LAMANNA (1948), SCHWEINSBERG (1952) und LAMANNA (1952) publiziert. Mit KOH-Vorbehandlung der Sporen (zur Entfernung der Sporangiumreste?) konnten sie im Prinzip ähnliche Beobachtungen machen wie KRAUSKOPF und McCOY (1937). LAMANNA (1952) interpretiert diese Resultate folgenderweise: „Während manche Antigene die Spore charakterisieren, kommen andere sowohl in der Spore wie in ihrer Mutterzelle vor. Es gibt keinen Anhaltspunkt dafür, daß ein gewisses Antigen in allen Bakterienendosporen vorkommt. Vielmehr können die Endosporen der verschiedenen Bakterienspecies auf Grund ihrer Antigene serologisch unterschieden werden. Gewisse Beobachtungen sprechen dafür, daß Antigenunterschiede zwischen Sporen und vegetativen Zellen sowohl auf Polysaccharide wie auf Proteine zurückgeführt werden können."

Wir zweifeln nicht daran, daß die Spore, wie jede Zelle, als ein Antigen-Mosaik aufgefaßt werden kann. Es ist wohl möglich, daß manche Sporenantigene mit denjenigen der vegetativen Bakterien-Zelle identisch sind, doch halten wir den diesbezüglichen „Beweis" nicht für stichhaltig. Außer der früher geäußerten Kritik über die KOH-Vorbehandlung der Sporen muß betont werden, daß eine Formalinbehandlung der Spore kein H- und die erhitzte Spore noch kein O-Antigen ist. Diese Ausdrücke lassen sich von den Enterobacteriaceae nicht ohne weiteres auf die Spore übertragen.

Zur Methodik der Produktion der Sporenantisera sei folgendes bemerkt. Die entsprechend gewonnenen (s. Kapitel V) und freigesetzten Sporen sollen womöglich von jeder Spur der Sporangiumreste befreit werden. Die an den Sporen haftenden Sporangiumreste können mikroskopisch nicht mit Sicherheit erkannt werden. Da die Zellwand bzw. das Sporangium des B. megaterium mit Lysozym vollständig und elektiv aufgelöst werden kann (TOMCSIK und GUEX-HOLZER 1952, TOMCSIK und BAUMANN-GRACE 1957) und die Struktur der Spore durch dieses Enzym nicht geändert wird (TOMCSIK und BAUMANN-GRACE 1959), war es am einfachsten, die B. megaterium-Sporen auf diesem Wege von Mutterzellresten vollständig zu befreien. Die lysozymbehandelten und nachher dreimal gewaschenen Megaterium-Sporen produzierten nach sechs bis acht Injektionen, die in 3—4tägigen Intervallen Kaninchen intravenös verabreicht wurden, elektiv wirkende Antikörper. Diese Antikörper agglutinierten die homologen Sporen durchschnittlich in einer 1:640 bis 1:1280 Verdünnung des Serums. Sie gaben keinerlei Agglutination mit den zugehörigen vegetativen Zellen; deshalb war jedwede Absorption des Antiserums überflüssig. Die Zellwand bzw. das Sporangium der vegetativen B. cereus-Zelle sind hingegen völlig lysozymresistent. Zu ihrer Auflösung verwendeten wir das s. g. V-Enzym, gewonnen und konzentriert nach STRANGE und DARK (1957) aus einer sporulierenden Kultur von B. cereus.

Es konnte nachgewiesen werden, daß dieses Enzym vor allem eine „parieto-lytische" Wirkung ausübt (Tomcsik und Bouille 1960). Die mit diesem Enzym vorbehandelten Cereus-Sporen wurden von den letzten Spuren der Sporangium-reste befreit. Mit derartig vorbehandelten Sporen konnten wir in Kaninchen Antisera produzieren, die die homologen Sporen spezifisch agglutinierten und mit den zugehörigen vegetativen Zellen, auch ohne Absorption, gar keine serologische Reaktion gaben. Auf Grund von solchen Versuchen leiten wir, in Übereinstim-mung mit Mellon und Anderson, die Schlußfolgerung ab, daß mindestens die-jenigen Antigene der Spore und der vegetativen Zelle, die in die Oberflächen-schichten dieser in vielen Beziehungen so sehr verschiedenen Zellen eingebaut, grundverschieden sind. In der Topographie der grundverschiedenen Antigene kommt an erster Stelle die Sporenwand bzw. die Zellwand in Frage.

Noble (1927) arbeitete eine spezielle Technik zur Agglutination der Sporen aus. 0,1 ml der fortschreitenden Verdünnungen des Sporenantiserums wurden mit je 0,1 ml einer dichten Sporen-Suspension vermischt, 30—45 min bei Zimmer-temperatur geschüttelt (58 Schwingungen pro Minute), mit 0,8 ml physiologischer NaCl-Lösung aufgefüllt und die Agglutination sofort abgelesen. Nach Lamanna (1940b) konnte mit dieser Technik der Auskeimung der Sporen vorgebeugt werden, die bei der alten Technik infolge der erforderlichen längeren Bebrütungs-zeit und bei höheren Temperaturen erfolgte. Die Auskeimung störte die Inter-pretation der Resultate des Agglutinationstestes. Wir führen es auf die Marrack-sche Theorie der Agglutination zurück, daß die Inkubation durch Schütteln praktisch eliminiert werden konnte. Im Sinne dieser Theorie sollte die Brücken-bildung der multivalenten Antikörpermoleküle mit den Zellen durch Zentri-fugieren rascher und erfolgreicher eintreten. Nachdem wir in unserer experi-mentellen Arbeit mit der Zentrifugierprobe bei verschiedenen Zellsuspensionen (Erythrocyten, vegetative Bakterienzellen, Zellwand- und Protoplast-Suspension) sehr gute Erfahrungen machten, führten wir diese Methode auch in die Technik der Sporenagglutination ein. 0.2 ml fortschreitende Antisporenserum-Verdün-nungen werden mit je 0,2 ml einer Sporensuspension (Dichte: McFarland Standard Nr. 4) vermischt, 10 min lang bei Zimmertemperatur stehengelassen, während 5 min abzentrifugiert (Winkelzentrifuge 3000—5000 Umdrehungen pro Minute). Das Resultat der Sporenagglutination ist unmittelbar nach dem Zentrifugieren nach angemessenem Aufklopfen auf den unteren Teil der Röhrchen, klar abzu-lesen (Tomcsik und Baumann-Grace 1959). Wir glauben, daß unsere Sporen-agglutinationstechnik derjenigen von Noble überlegen und einfacher ist.

2. Spezifische Exosporium- und Sporenwand-Reaktion

Tomcsik (1956a, b, c; 1958, 1960) wies darauf hin, daß die in der ganzen Welt verbreitete Bezeichnung „Neufeldsche Kapselquellungsreaktion" völlig unrichtig ist, a) weil Roger bereits im letzten Jahrhundert (viele Jahre vor den Pneumo-kokken-Studien von Neufeld) bei Oidium albicans nach Zugabe von Antikörpern eine optische Änderung der sonst unsichtbaren Kapsel entdeckte, b) weil bei dieser Reaktion keine Quellung der Kapsel entsteht; sie wird ohne Volumen-vergrößerung durch die serologische Reaktion mit ihrem homologen Antikörper sichtbar gemacht.

Tomcsik (1951) beobachtete mit immunochemisch identifizierten Antikörpern eine eigenartige Topographie der aus Muco-Polysaccharid bzw. aus D-Polyglutamylpolypeptid bestehenden strukturellen Elemente in der Kapsel der vegetativen Zelle bei einer gewissen Varietät des B. megaterium („Bacillus M"). Die Mucopolysaccharid transversalen Septa der Kapsel bilden die Fortsetzung der Kreuzwände, die die einzelnen Bacillen innerhalb der Kette voneinander trennen. Die Sichtbarkeit der einzelnen Elemente wird durch homologe Antikörper, die mit den Antigenen in situ eine Art von spezifischer Präcipitinreaktion geben, hervorgerufen. Die Sichtbarmachung der in die Kapsel der Zelle eingebauten Antigene mit Hilfe von Antikörpern erfolgt in der Regel ohne Quellung. Voraussetzungen, die zur Erzeugung einer solchen immunochemisch-cytologischen Reaktion nötig sind, bestehen aus folgenden: a) immunochemische oder aber mindestens biologisch-serologische Definition der Antikörper, b) Permeabilität der zu untersuchenden Zellstruktur gegenüber Antikörpermoleküle, c) optischer Kontrast der reagierenden Zellstruktur nach Bindung der Antikörpermoleküle gegenüber benachbarten Zellschichten. Diese Voraussetzungen sind sowohl bei der Kapsel der vegetativen Bakterienzelle wie bei dem Exosporium ohne vorherige präparative Arbeit vorhanden. Zur Produktion einer sichtbaren spezifischen Zellwandreaktion ist aber eine vorherige präparative Arbeit an der Zelle nicht zu umgehen. Enzymatische Trennung der Zellwand von der Cytoplasmamembran (Tomcsik und Guex-Holzer 1952), enzymatischer Abbau des vegetativen Cytoplasmas (Tomcsik und Guex-Holzer 1954; Tomcsik und Baumann-Grace 1955) können zur Präparation bei einigen Mikroorganismen zu diesem Zweck mit gutem Resultat verwendet werden. Ein Verfahren, welches geeignet ist, bei allen Mikroorganismen isolierte Zellwand- bzw. Sporenwand-Präparate herzustellen, wurde nach Modifikation einer wertvollen Vorarbeit von Curran und Evans (1942) im Prinzip von Dawson (1949) empfohlen. Dawson schüttelte die dicke Suspension der Mikroorganismen zusammen mit Glaskügelchen („Ballotini") im Mickleschen elektromagnetischen Vibrator. In diesem Apparat, dessen zwei Arme entsprechend der Phasenänderung des Wechselstromes und mit ziemlich großer Amplitude vibrieren, werden die Bakterien mit Glaskügelchen, deren Durchmesser 100 μ ist, bombardiert. Die im gleichen Augenblick von zwei Glaskügelchen getroffenen Bakterien erleiden Zellwandrisse, durch die das Cytoplasma entweicht (Tomcsik und Baumann-Grace 1956). Die Cytoplasmareste können mittels dreimaligem Waschen vollständig entfernt werden. Die Zellwand bewahrt, trotz der Risse, ihre ursprüngliche Form, die bei B. megaterium, B. cereus und bei B. anthracis einem leeren Zylinder entspricht. Bei B. megaterium und bei B. anthracis kann die „spezifische Zellwandreaktion" mit fermentativer und mechanischer Vorbehandlung der Bakterien gleichwohl hervorgerufen werden. Leere Sporenwandpräparate können durch eine geringfügige Modifikation der mechanischen Methode leicht gewonnen werden (Tomcsik, Bouille und Baumann-Grace 1959).

Wir bezeichneten die in ihrer Grundlage für diese Übersicht kurz zusammengefaßten cytologisch verwertbaren Antikörperreaktionen als „Immunocytologische" Methoden. Wir sind bewußt, daß unsere einfache immunocytologische Technik diejenige von Coons mit fluorescierenden Antikörpern in der Lösung mancher Probleme der Immunitätsforschung und der Virologie nicht einmal

annähernd ersetzen kann. Doch möchten wir darauf hinweisen, daß zur Abklärung gewisser cytologischer und mikrochemischer Probleme bei Bakterien-
und Sporen-Oberfläche unsere Technik der Fluoresceinmarkierung an Antikörpern
weit überlegen ist, da die Untersuchung (außer Elektronenmikroskop) auch im
Phasenkontrast durchgeführt werden kann, wodurch optisch äußerst klare Bilder
gewonnen werden können.

Bei den Sporen konnten wir spezifische Exosporium- und Sporenwand-
Reaktionen mittels Sporenantiserum beobachten, während eine eigenartige
spezifische Sporangium-Reaktion (siehe V, 4) mit vegetativen Zellwandanti-
körpern hervorgerufen werden konnte (TOMCSIK und BAUMANN-GRACE 1958).

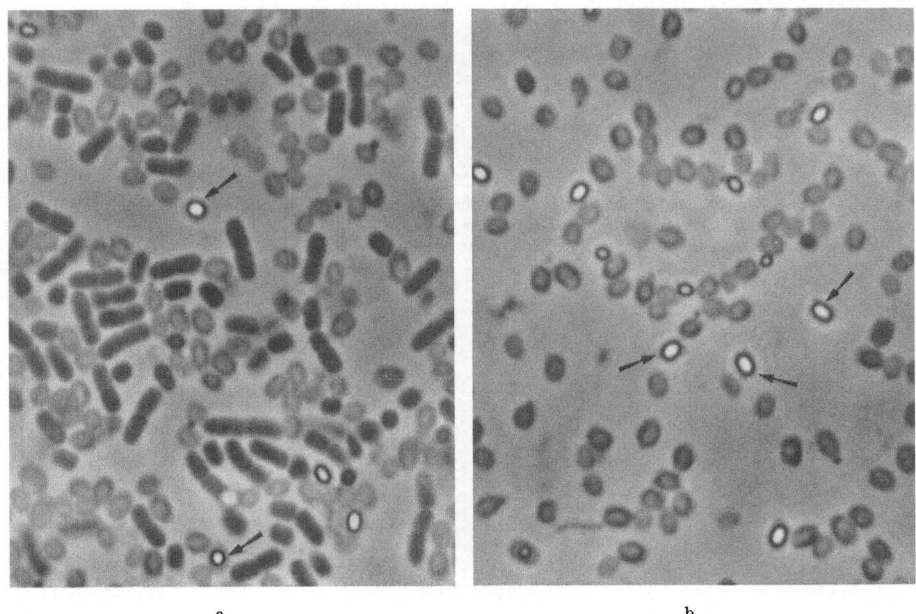

a   b

Abb. 6a u. b. Sporulierende Kultur von B. megaterium nach Zugabe von Sporenimmunserum. Viele inkomplett
entwickelte Sporen a vor Lysozym-Einwirkung: viele vegetative Zellen; b nach Lysozym-Einwirkung: keine
vegetative Zellen, schwache spezifische Exosporium-Reaktion (TOMCSIK und BAUMANN-GRACE 1959c)

Die spezifische Exosporium- und Sporenwand-Reaktionen der B. megaterium-
Sporen werden in den Abb. 6 und 7 im Phasenkontrastmikroskop, diejenigen der
B. cereus-Sporen in Abb. 8 im Elektronenmikroskop dargestellt.

Eigenartig ist in den Mikrophotographien in Abb. 6 die große Zahl der grauschwarzen, leer erscheinenden sporenförmigen Elemente, die, im Gegensatz zu
den vegetativen Zellen, durch Lysozym nicht aufgelöst werden. Die Konturen
dieser Elemente werden nach Zugabe von Sporenantiserum (nicht aber nach Zugabe des vegetativen Antiserums) schärfer ausgeprägt, bzw. sie scheinen breiter
zu sein (spezifische Sporenwand-Reaktion). Dieser Stamm von B. megaterium
bildet insofern eine Ausnahme, als die frisch gebildeten, anfänglich typisch lichtbrechenden Sporen in kurzer Zeit in die grauschwarzen ovoiden Elemente übergehen, die größer sind als die lichtbrechenden Sporen. Eine mäßige spezifische
Exosporium-Reaktion ist an einigen lichtbrechenden Sporen zu sehen.

In der Mikrophotographie 7 ist die spezifische Exosporium-Reaktion deutlich
zu erkennen. Nach Zugabe des korrespondierenden vegetativen Antiserums
bleibt das Exosporium unsichtbar. Das mit dem homologen Sporen-Antiserum dargestellte Exosporium des B. megaterium ist kapselähnlich wie im feuchten Tuschepräparat (Abb. 4).

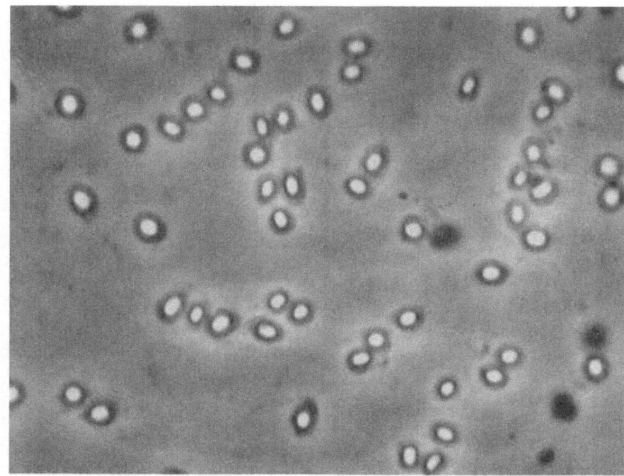

Abb. 7. B. megaterium-Sporen, typisch, lichtbrechend, nach Lysozym-
Einwirkung. Deutliche spezifische Exosporiumzugabe nach Anti-
Sporenserum-Zugabe (TOMCSIK und BAUMANN-GRACE 1959c)

Die in Abb. 8 dargestellten B. cereus-Sporen wurden vor der elektronenmikroskopischen Untersuchung im Mickle-Apparat mit „Ballotini" 1 Std lang geschüttelt. Sie sind leer geworden; das flügelförmige Exosporium blieb aber

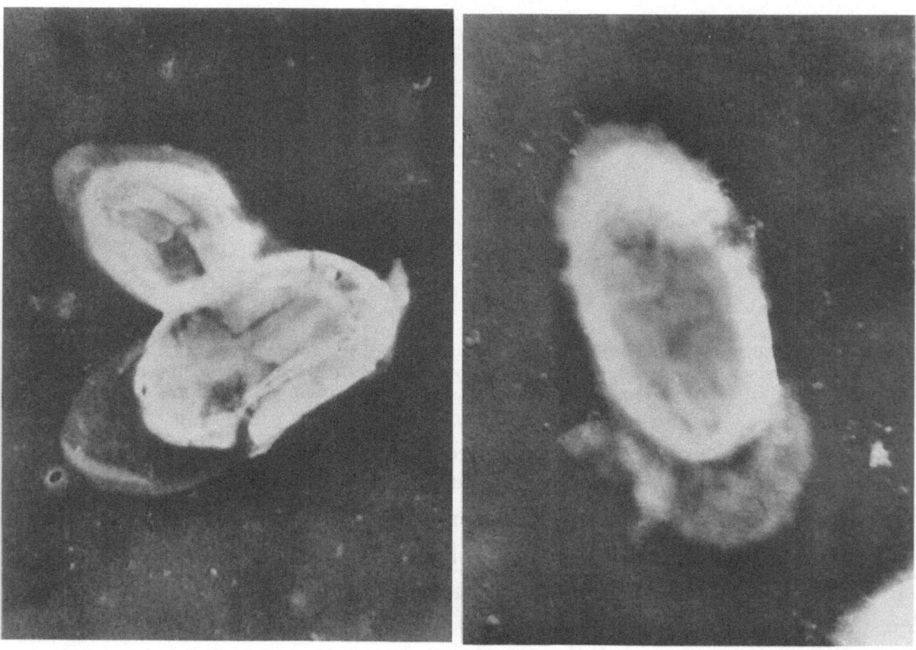

a   b

Abb. 8a u. b. Elektronenmikroskopische Aufnahmen (etwa 15000×) von teilweise leeren B. cereus-Sporen
(MICKLE) a mit vegetativem Immunserum; b mit Sporen-Immunserum

erhalten. Es ist ohne Serum homogen und durchsichtig; es bleibt unverändert
nach Zugabe des zugehörigen vegetativen Serums. Erst die Zugabe von dem
homologen Sporen-Antiserum ändert das elektronenmikroskopische Bild: das

Exosporium wird undurchsichtig, und seine Oberfläche ist mit groben Körnchen bedeckt. Die Sporenwand ist an und für sich breit; eine Zunahme ihrer Breite scheint nur nach Zusatz von homologem Sporen-Antiserum zu entstehen (Tomcsik, Bouille et Baumann-Grace 1959).

Zum Schluß dieses Abschnittes soll hervorgehoben werden, daß die spezifische Exosporium-Reaktion ganz deutlich und ausschließlich mit dem homologen Sporen-Antiserum erzeugt werden kann. Ein absoluter Beweis, daß, entgegen der allgemeinen Auffassung, das Exosporium nicht aus dem Sporangium stammt; es wird als spezielles Sporenmaterial während der Sporulation synthetisiert.

3. Präcipitation der Sporenextrakte

Wie bereits in IV, 1. besprochen, war Lamanna (1952) der Meinung, daß die Bakterienendosporen außer den eigenen auch solche Antigene besitzen, die identisch sind mit denjenigen der vegetativen Zelle. In Bestätigung der Resultate von Krauskopf und McCoy (1937) beobachteten Doak und Lamanna (1948) nach intensiver KOH-Vorbehandlung der Zellen (5% K—OH 6 Std) Kreuzreaktionen (Agglutination) zwischen den Sporen und den vegetativen Zellen. Schweins-berg (1952) schloß sich auf Grund seiner eigenen experimentellen Arbeit der Ansicht der letzterwähnten Autoren an. Er kritisierte die Arbeit von Mellon und Anderson (1919), da diese Autoren u. a. auch Antiforminbehandlungen der Zellen vornahmen, als sie ein spezifisches, in den vegetativen Zellen nicht vorkommendes Sporenantigen nachwiesen. Ich halte diese Kritik nicht für stichhaltig, da a) Mellon und Anderson auch ohne Antiforminbehandlung die Existenz eines spezifischen Sporenantigens nachwiesen, b) es ohne genaue vergleichende Untersuchungen unmöglich ist zu behaupten, ob eine Antiformin- oder eine KOH-Behandlung einen „tiefgreifenderen" Einfluß auf die Spore, d. h. auf die Sporen-Antigene ausübt. Wir konnten in einem immunochemischen Studium über vegetative Zellwand-Antigene die isolierten Zellwände von B. anthracis und von B. cereus mittels Antiformin derartig schonend in Lösung bringen, daß auch ihre serologische Typenspezifität erhalten blieb (Baumann-Grace, Kovács und Tomcsik 1959). Die serologische Spezifität der vegetativen B. megaterium-Zellwände bleibt auch nach Lysozymauflösung erhalten (Tomcsik und Guex-Holzer 1956).

Doak und Lamanna (1948) führten in ihrer Arbeit mit Recht an, daß die gemeinsamen Antigene der Spore und der vegetativen Zelle eine solche Topographie aufweisen können, daß sie erst nach einer tiefgreifenden (rigorous) Behandlung der Spore nachzuweisen sind. Sie haben für diesen Zweck auch Präcipitinreaktionen durchgeführt, wozu die Zellantigene mit Formamid in Lösung gebracht wurden. Lamanna (1942) extrahierte mit n/10 HCl bei 100° während 30 min die Sporen von B. subtilis, um die Taxonomie mancher zweifelhaften subtilis-Sämme auch mit einer Präcipitinreaktion beleuchten zu können. n/20 HCl war in diesen Versuchen zur Extraktion der Sporen-Antigene ungenügend; n HCl inaktivierte das Sporen-Antigen. Lamanna verglich seine Sporenextrakte, die eine positive Molisch-, Biuret- und Xanthoprotein-Reaktion gaben mit dem C-Antigen der Streptokokken; er nahm an, daß die Sporen-Antigene Mucoproteine sein könnten. Das Vorkommen des mit HCl extrahierten Sporen-Antigens in vegetativen Zellen wurde nicht überzeugend nachgewiesen.

Die Resultate der Sporenextrakt-Präcipitin-Reaktionen waren bisher mager. Ich gebe zu, daß dieser Abschnitt der Übersicht fast einem leeren Blatt entspricht. Deshalb erlaube ich mir, darauf hinzuweisen, in welcher Richtung Präcipitinreaktionen geplant werden könnten, um mit einer gewissen Wahrscheinlichkeit greifbare Resultate über die Immunochemie einiger spezieller Strukturelemente der Bakterienendospore zu geben.

POWELL und STRANGE (1953) haben bereits in ihrer ersten Arbeit über den Calciumdipicolinat-Peptid-Komplex des Sporenexsudates darauf hingewiesen, daß es interessant wäre, die Antigennatur und die serologische Spezifität dieses Komplexes bei mehreren Species des Genus-Bacillus vergleichend zu untersuchen. Die Technik solcher Untersuchungen wäre mit der Präcipitinreaktion einfach, sobald das Peptid isoliert ist.

BERGER und MARR (1957) wiesen bei Cereus-Sporen, TOMCSIK und BOUILLE (1959) bei Megaterium-Sporen nach, daß das Exosporium dieser Species durch Ultraschallbehandlung vollkommen in Lösung zu bringen ist, bevor die Sporenwand geschädigt wird. Die Abtrennung des Exosporiums von der Sporenwand ermöglicht serologische und chemische Untersuchungen zur Abklärung der Ähnlichkeit oder aber der Differenz dieser zwei charakteristischen Oberflächenschichten der Bakterienendospore. Das gelöste Exosporium konnte mittels Präcipitin-, die isolierte Sporenwand mittels Agglutinations-Reaktion untersucht werden. Die Präzipitinreaktion könnte auch auf die Sporenwand appliziert werden, vorausgesetzt, daß diese mit einem entsprechenden mechanischen oder chemischen Verfahren (Antiformin ?) vollständig oder partiell in Lösung gebracht werden kann.

V. Sporulation

Nach einer lakonischen Formulierung (zit. nach LAMANNA 1952): some bacteria „form spores because they form spores". Üblicherweise formuliert, hängt die Sporenproduktion der Bakterien erstens von genetischen, zweitens von Umweltfaktoren ab. Die genetischen Faktoren sind unbekannt. Die Familien „Bacillus" und „Clostridium" umfassen die meisten sporenbildenden Bakterien. In manchen Species wurden aber auch asporogene Varietäten gefunden. Eine künstliche Änderung der Asporogenität ist bisher nicht gelungen. Bei den vorhandenen genetischen Gegebenheiten eines Stammes ist es experimentell nur möglich, mit Variationen der Umwelt (Nährboden, Belüftung usw.) die Sporulation zu beeinflussen. Es wäre somit logisch, dieses Kapitel mit der Besprechung der zur Sporulation notwendigen Umweltbedingungen zu eröffnen; doch scheint es uns, um Wiederholungen zu vermeiden, zweckmäßiger, vorher die einzelnen morphologischen Etappen der Sporulation kurz zu besprechen, die am Anfang der Sporenforschung das Hauptinteresse mancher Mikrobiologen bildeten.

1. Morphologie

Manche Arbeiten über die Morphologie der Sporulation lieferten bereits im letzten Jahrhundert grundlegende Einzelbeobachtungen, doch kam die weitere Entwicklung eher stufenweise als sprunghaft zustande. Aus dem Anfang des Jahrhunderts sollen hier nur die Arbeiten von MÜHLSCHLEGEL (1900) und von

Nakanishi (1900, 1901) erwähnt und diejenigen von Preisz (1904) hervorgehoben werden. Die Sporulationsvorgänge wurden nach „Vitalfärbung" lichtmikroskopisch in der ganzen Geschichte der Sporenforschung am gründlichsten von Preisz untersucht. Er beschrieb in allen Einzelheiten zahlreiche Stufen der Evolution von Endosporen, wovon hier nur die drei Hauptetappen erwähnt werden sollen: a) die polar gelagerte fuchsinophile Sporenanlage oder das „Primordium", b) die nach dem Zentrum des Sporangiums wandernde, durch Kontraktion bereits kleiner gewordene Vorspore, c) die junge und die reife Spore. Fast 30 Jahre später erschien die bedeutungsvolle Arbeit von Bayne-Jones und Petrilli (1933) über die cytologischen Änderungen bei der Endosporenbildung des B. megaterium. Unter Zuhilfenahme von phasenkontrastmikroskopischen Untersuchungen stellten sie über die verschiedenen Stufen der Sporulation Filme her. Dadurch ist die von ihnen gegebene Beschreibung der einzelnen Etappen für nicht Eingeweihte leichter verständlich als diejenige von Preisz, besonders für heutige Mikrobiologen, wenn sie nicht rein morphologisch geschult sind. Bayne-Jones und Petrilli besprachen auch die alten Arbeiten über die Sporogenese. Drei cytologische Theorien wurden von ihnen angeführt: die Spore entsteht a) aus einem speziellen Körnchen, b) durch Fusion von mehreren Körnchen, die nuclearen Substanzen inbegriffen, c) durch Kondensation der „Zellsubstanz", vielleicht infolge Dehydration. Meine persönlichen Bemerkungen zu dieser Einteilung sind: solange wir über die Natur der unter a) und b) erwähnten Körnchen keine Ahnung haben, ist es uninteressant, was die Morphologen gesehen haben; ad c): es wäre sehr wichtig, mehr experimentelle Unterlagen über die angebliche Kondensation des Vorsporen-Cytoplasmas zu erhalten.

Weitere Analysen älterer Arbeiten über die Morphologie der Sporogenese sind hier überflüssig, weil diese ganz ausführlich, sowohl in der von Knaysi (1948) als auch in der zusammenfassenden Darstellung von Delaporte (1950) zu finden sind. Nach Knaysi (1948) beträgt das Volumen der reifen Spore 11 bis 14% von demjenigen des Sporangiums. Knaysi und Baker (1947) untersuchten die einzelnen Stufen der Sporulation sowohl im Lichtmikroskop wie im Elektronenmikroskop. Sie erhielten für elektronenmikroskopische Beobachtungen auch ohne dünne Schnitte durchsichtige Präparate von Sporen des B. mycoides, wenn diese aus stickstofffreiem Nährboden (gepufferte Glucoselösung) gewonnen wurden. In elektronenmikroskopischen Untersuchungen wurden, rein morphologisch, A- und B-Körperchen unterschieden; die ersteren entsprechen den Nucleoiden (am Anfang der Telophase), die letzteren sind an der Peripherie des Sporencytoplasmas, wahrscheinlich in der vermuteten Cytoplasmamembran gelagert. In Bestätigung der älteren Befunde wird in einer Zelle nur eine Vorspore gebildet. Die Nucleoide der Vorspore liegen an einem Pol des Cytoplasmas, ihre Umgebung wird allmählich optisch dichter; im fortgeschrittenen Stadium der Vorsporenbildung wird das Cytoplasma homogen und optisch deutlich viel dichter als dasjenige der Mutterzelle. Die manch neue Beobachtungen bringenden, an dünnen Sporenschnitten durchgeführten elektronenmikroskopischen Untersuchungen von Robinow, wurden bereits in den Abschnitten „Sporenkern" und „Sporencytoplasma" besprochen. Chapman (1956) hat in ähnlichen Studien im frühesten Stadium der Sporulation keine Körnchen gesehen. Diese Beobachtung spricht gegen die granuläre Theorie der Sporenbildung, die in der bereits besprochenen

Zusammenfassung von BAYNE-JONES und PETRILLI (1933) früher unter a) und b) erwähnt wurde. CHAPMAN führt die fortschreitende Verfeinerung des Sporencytoplasmas auf die Reduktion der Molekülgröße ihrer Substanzen zurück. Die Sporenwand wird erst nach der charakteristischen Entwicklung des Sporencytoplasmas gebildet. KNAYSI (1952) fand bei Untersuchungen der Sporulation eine gute Übereinstimmung zwischen den im üblichen Lichtmikroskop und den im Phasenkontrastmikroskop gemachten Beobachtungen. Die Entwicklung der Vorspore wird durch die Erscheinung eines terminal gelagerten, mittelgroßen Kernes eingeleitet. Seine Beobachtung bestätigte die von BISSET angenommene Sexualität der Endosporen nicht. KNAYSI unterschied innerhalb des Sporangiums einen fertilen und einen sterilen Teil. Die Vorspore bewegt sich, bevor sie ihre maximale Größe erreicht, gegen die Mitte des Sporangiums (s. PREISZ 1904); erst dann wird der „lichtbrechende Sporenmantel" gebildet. Nach KNAYSI (1957) soll die äußere Schicht der reifen Spore Vorsporenmaterial entsprechen. Ich sehe nicht ein, daß eine solche Schlußfolgerung auf Grund von morphologischen Beobachtungen allein berechtigt ist.

Aus den wenigen, über die Morphologie bzw. über die Cytologie der Sporulation zitierten Arbeiten ist bereits zu entnehmen, daß sie mehrheitlich konvergierend, zum Teil aber immer noch divergierend sind. Ein Beispiel, in welcher Weise die rein morphologischen Beobachtungen, mit biochemischen Befunden koordiniert, in der gleichen Phase der Sporulation gemacht werden können, ist in den Arbeiten von YOUNG und FITZ-JAMES (1959a, b, c) zu finden. Ein Teil ihrer Befunde wurde bereits im Abschnitt „Sporenkerne" besprochen. In diesem Abschnitt sollen vor allem ihre cytologischen Beobachtungen über Sporulation hervorgehoben werden. Nach YOUNG und FITZ-JAMES (1959a) wird nur ein Teil des Chromatinmaterials und $^1/_2$—$^1/_8$ des Stickstoffgehaltes der Mutterzelle in die Spore einkorporiert. Ob die Bildung der „Sporenanlage" oder aber die frühere Entstehung eines axialen Filamentes, durch Fusion der einzelnen Chromatin-Körpcherchen der vegetativen Zelle, als erster Schritt im Eintreten der Sporulation aufzufassen ist, sei dahingestellt. Das hereditäre und das übrige Sporenmaterial wird vom Sporangium durch ein Septum getrennt. Diese Arbeit von YOUNG und FITZ-JAMES wird mit klaren schematischen Abbildungen ergänzt, die die einzelnen Phasen der Sporulation, parallel mit dem Verhalten des Sporenkernes, illustrieren.

HANNAY (1956) entdeckte in B. thüringiensis diamantähnliche parasporale Kristalle, die aus Proteinen bestehen und eine charakteristische Toxicität für gewisse Insekten aufweisen. Nach HANNAY kommt diese toxische Substanz in rein vegetativen Zellen des B. thüringiensis nicht vor; sie wird erst parallel mit der Sporulation gebildet. YOUNG und FITZ-JAMES (1959b) beobachteten, daß nach der Bildung der Vorspore parasporale fuchsinophile Körnchen erscheinen, aus denen nach ihrer Volumenvergrößerung „bipyramidale" Kristalle entstehen. Die toxischen Kristalle werden nach Auflösung des Sporangiums gleichzeitig mit den Sporen freigesetzt.

Es ist nur selbstverständlich, daß in diesem Abschnitt vorwiegend morphologische Studien der Sporulation angeführt wurden; die zukünftige Entwicklung dieses Abschnittes erheischt aber die Schaffung von mehr biochemischen Grundlagen.

2. Umweltfaktoren

Dieser Abschnitt ist biologisch interessant, er ist voll von Kontroversen, die hie und da zu bitterer Polemik entarten; doch ist die Schlußfolgerung leicht und klar. Geschichtlich teilte ich die Forschung dieses Gebietes in drei Epochen ein:

a) 1880—1896: grundlegende Arbeiten von BUCHNER.

b) 1885—1950: teils Bestätigung, teils scharfe Widerlegung der Ansichten von BUCHNER.

c) Seit 1950: biochemische Rechtfertigung der Buchnerschen Theorie.

Es mag selbst für die Sporenfachleute auf den ersten Blick seltsam erscheinen, daß die Arbeiten von BUCHNER in dieser Übersicht derartig hervorgehoben werden; sein Name wurde ja im letzten Jahrzehnt kaum erwähnt. Bei Redigierung einer Übersicht müssen meiner Ansicht nach in dieser Beziehung eben andere Forderungen gestellt werden als bei der Abfassung eigener experimenteller Arbeiten.

BUCHNER (1880) kam auf Grund ausgedehnter Untersuchungen zur Schlußfolgerung, daß die physiologische Ursache der Sporenbildung in dem *eintretenden* Mangel an Ernährungsmaterial liegt. Wegen der alsbald einsetzenden Kritik an seiner Auffassung unterstrich er (1890) das Wort „eintretenden", und um sich verständlicher zu machen, zitiert er aus seiner bereits 1877 durchgeführten und beschriebenen Arbeit den folgenden Satz: „Die bestgenährten Milzbrandstäbchen liefern die reichlichsten Sporen, aber ein Aufbrauchen der verfügbaren Nahrungsstoffe muß immer dabei sein, um den Anstoß zur Sporenbildung zu liefern." Er erkannte in dieser Arbeit (1890): a) die beschleunigende Rolle der Schüttelkultur für die Sporenbildung, b) die Möglichkeit einer raschen Sporenproduktion nach der Überführung von vegetativen Zellen in dest. Wasser. Beide Faktoren wurden um 1950 wiederentdeckt. Die fortdauernde Polemik veranlaßte BUCHNER (1896), eine neue Zusammenfassung seiner Arbeiten zu publizieren, in der er bei der Besprechung der „direkten Ursache" der Sporenbildung philosophische Höhen erreichte. BEHRING (1889) teilte die Auffassung von BUCHNER und wies darauf hin, daß B. anthracis im Serum nie Sporen bildet (bereits von R. KOCH beobachtet), wenn es nicht 1:20 oder 1:40 verdünnt wird. BEHRING empfahl in dieser Arbeit (1889) Kartoffelextrakt-Agar zur reichlichen Sporenbildung. ROBINOW (1951) machte die gleiche Empfehlung. In der amerikanisch-englischen Literatur wird, betreffend Kartoffelnährboden, z. Z. nur die letzte Arbeit zitiert. Die Arbeit von OSBORNE (1890), die von Prof. LEHMANN (ein Gegner von BUCHNER) veranlaßt wurde, enthält Argumente gegen die Ansichten von BUCHNER, die heute gar nicht überzeugend wirken. SCHREIBER (1896) führt den Kartoffelnährboden, den auch er zur raschen Sporenbildung empfiehlt, auf ESMARCH zurück. Er bestätigte in seinen sehr sorgfältig durchgeführten, auch heute noch lehrreichen Untersuchungen die Richtigkeit der Buchnerschen Theorie. Nach ihm veranlaßt die plötzliche Hemmung des Wachstums nach vorausgegangener guter Ernährung, zu jeder Zeit, sofort, schnell und vollständig Sporenbildung. Es gelang ihm, bei B. anthracis nach fünf vegetativen Zellteilungen (nach der Auskeimung der vegetativen Zelle aus der Spore gerechnet) und bei B. subtilis sowie bei B. tumescens bereits nach drei Teilungen eine Sporenbildung zu veranlassen. Diese von SCHREIBER (1896) gemachten Beobachtungen lassen das

Grundprinzip erkennen, welches „modernen“ Methoden zur Sicherung einer schnellen und simultanen Sporulation zugrunde liegt (COLLIER 1956, HALVORSON 1957). COLLIER (1956) erreichte eine synchrone Sporenbildung nach wenigen vegetativen Teilungen, wenn er vegetative Zellen in sehr großer Inoculum-Menge in einen „Sporulationsnährboden“ überführte. FLÜGGE (1896) schloß sich mit den folgenden Worten der Buchnerschen Theorie an: „Die Entwicklung der Sporen geschieht stets unter Bedingungen, die ein weiteres vegetatives Wachstum der Zelle nicht gestatten; sie ist gewissermaßen die Reaktion auf eine Wachstumshemmung. Daher muß die fertige Spore auch erst in andere, günstigere Verhältnisse gelangen, um ein neues Wachstum zu beginnen, um auszukeimen.“ FISCHER (1903) schloß sich nicht restlos der Ansicht von BUCHNER an; PREISZ (1904) besprach die Buchnersche Theorie kaum. BRUNSTETTER und MAGOON (1932) räumten außer der Buchnerschen Theorie eine gewisse Rolle der ebenfalls alten Theorie ein, wonach die Anhäufung von toxischen Abbauprodukten das vegetative Wachstum hemmt und die Sporenbildung anregt. BAYNE-JONES und PETRILLI (1933) sind der Meinung, daß eine entsprechende Sauerstoffzufuhr zur Sporenbildung wichtiger ist als der Verbrauch gewisser Nährstoffe aus dem Nährmedium. Sie sind keinesfalls Anhänger der Buchnerschen Theorie, wie es u. a. aus ihrem folgenden Satz entnommen werden kann: „Da ungünstige Verhältnisse die Sporenbildung hemmen, scheint es unkorrekt zu sein, die Sporen als strukturelle Elemente zu betrachten, die deshalb gebildet wurden, um die Resistenz der Bakterien unter ungünstigen Verhältnissen zu sichern.“ Ich wünsche diesen Satz, weder betreffend experimenteller Begründung noch betreffend seiner Logik zu kommentieren. Im Gegensatz zu BRUNSTETTER und MAGOON sowie zu BAYNE-JONES und PETRILLI war KNAYSI (1945, 1948) der erste amerikanische Mikrobiologe, der über die Sporenbildung ähnliche Ansichten äußerte wie BUCHNER. Er konnte auch nach Überführung der vegetativen Zellen in dest. Wasser und nach Luftdurchleitung schnellere Sporenbildung erhalten, woraus er die Schlußfolgerung zog: "exposure of the cells to starvation hastens the formation of endospores". Wievielmal wurde BUCHNER widerlegt, wievielmal wurden seine Worte in gleichem Sinne, aber äußerlich geringfügig modifiziert gebraucht. KNAYSI (1948) formulierte eine Variation, die am meisten einschlug. Er konnte die Sporulation und die Rolle der Umweltfaktoren in vier Worten charakterisieren: „healthy cells facing starvation“. Dieser Satz kann wohl kaum mit den Äußerungen von BRUNSTETTER und MAGOON oder mit denjenigen von BAYNE-JONES und PETRILLI in Einklang gebracht werden. KNAYSI ist der Advokat von BUCHNER in den USA geworden. Er mußte aber dafür den Buckel hinhalten. FOSTER und HEILIGMAN (1949 b) kritisierten mit scharfen Worten „KNAYSIS Ansichten“ über die Sporenbildung.

Die Studien von FOSTER und seinen Mitarbeitern über die Sporenbildung können in Details auch kritisiert werden; sie lieferten aber manche interessanten neuen Informationen und belebten zweifellos die Forschung der Sporenbildung. Eine der wichtigsten Arbeiten dieser Schule wurde von HARDWICK und FOSTER (1952) publiziert. Sie untersuchten in allen Einzelheiten die „Austausch- (replacement)-Sporulation“, indem sie vegetative Zellen nach verschiedener Zahl von Generationen mit sterilem dest. Wasser dreimal gewaschen, in steriles dest. Wasser überführt und geschüttelt haben. „Die Austausch-Sporulation“ erfolgte

reichlich und unabhängig vom Alter der überführten vegetativen Zellen. 5%
Luftkonzentration von CO_2 hemmte die Sporenbildung. (Über die von diesen
Autoren studierten Sporulation-stimulierenden und -hemmenden Stoffe wird
später berichtet.) Sie sprachen als erste über Irreversibilität des Sporulations-
prozesses („commitment to sporulation"), eine Phase, in der weder stimulierende
noch hemmende Stoffe wirksam sind. Ihrer Ansicht nach erfolgt die Sporenbildung infolge einer „de novo-Synthese der Sporenproteine aus vorhandenen
(Enzym-)Proteinen, endogen". Wir halten den Ausdruck „de novo" für merkwürdig, da ja jede Synthese neu ist, doch stellen wir fest, daß dieser Ausdruck
auch in anderen Gebieten (z. B. Genetik) der amerikanischen Literatur z. Z.
häufig gebraucht wird. WYNNE (1952) erwähnte, daß die Sporenbildung nach
Überführung von vegetativen Zellen in dest. Wasser bereits von BUCHNER nachgewiesen wurde. WYNNE führte die Sporenbildung eher auf die Reduktion der
„Antisporulation"-Faktoren als auf den eintretenden Mangel an gewissen Nährstoffen zurück. POWELL und HUNTER (1953) wiesen darauf hin, daß in dest.
Wasser viele vegetative Zellen durch Lyse untergehen und dadurch zur Synthese
des Sporenmaterials neue Substrate liefern. Sie bezweifeln deshalb, daß die
Sporenbildung strikte „endogen" erfolgt. Ihre Kritik sowie die Gegenbemerkun-
gen von PERRY und FOSTER (1953) sollten in den Originalarbeiten verglichen
werden. FOSTER und PERRY (1954) betonten, daß „eine selektive Synthese
mindestens eines Teiles des Sporenmaterials aus gewissen präformierten Substanzen der vegetativen Zelle, wie es Proteine, Enzyme sind", geschieht. Die
Sporennucleoproteine werden aus kleinmolekularen Substanzen synthetisiert.
Mit S^{35} markiertem Methionin konnte das Maximum der Sporenmaterialsynthese
auf 5—8 Std nach Beginn der endotrophen Sporulation geschätzt werden.
Markiertes S^{35} wurde in Cystein, Methionin und in gewissen Proteinen des Sporenmaterials nachgewiesen. Die äthanollösliche Fraktion der Proteine nimmt mit
dem Fortschreiten der Sporulation ab.

STEDMAN (1956), beeinflußt durch die sehr interessanten neuen biochemischen
Befunde von FOSTER u. Mitarb., schreibt in seiner Übersicht folgendes: "the
misconception that bacteria sporulate in an unfavorable environment for
teleological reasons is still prevalent among microbiologists." Ist das ein
Todesurteil über die Buchnersche Theorie? Entspricht die letzte Theorie einer
unrichtigen Annahme (misconception)? BUCHNER sprach nie über „teleologische"
Hypothesen bei der Sporenbildung, er registrierte seine Beobachtungen; diese
wurden nie widerlegt. BUCHNERS Name ist zwar vorläufig aus der Literatur
verschwunden, seine grundlegende Theorie über Sporenbildung wurde aber
seit 1950 durch eine Reihe von biochemischen Arbeiten von GRELET vollauf
bestätigt.

In seiner ersten Arbeit beobachtete GRELET (1950), daß B. megaterium
in einem 4,5% Glucose enthaltenden synthetischen Nährboden (Kationen:
K, Mg, Mn, Fe_2, Ca, Zn; Anionen: PO_4, So_4, Cl, NO_3) bei p_H 5,8 und bei 30° C
gut wächst und in Schüttelkulturen langsam sporuliert. Die Sporenbildung
erfolgt bei der quantitativen Zusammensetzung des Nährbodens von GRELET
nach eintretendem Zn-Mangel (Terminologie BUCHNER), oder nach dem Ausdruck von GRELET: nach „limitation de la croissance par pénurie de Zn." Dann
folgten zwei Arbeiten von GRELET (1951, 1952) über den „Determinismus"

der Sporulation bei B. megaterium. In der ersten Arbeit wurde nachgewiesen, daß der erste Faktor, der für das Abstellen des vegetativen Wachstums unter Umständen verantwortlich sein kann, das Schütteln ist, und zwar wenn die Bakteriensuspension bereits zu dicht und die Sauerstoffzufuhr — trotz Fortsetzung des Schüttelns — relativ ungenügend ist. Durch Herabsetzung des Glucosegehaltes im Nährboden wird die Sporulation durch eintretenden Kohlenhydratmangel ausgelöst. In dieser Arbeit bestätigte GRELET manche Einzelbeobachtungen von FOSTER u. Mitarb. In der zweiten Arbeit konnte festgestellt werden, daß außer eintretendem Zn- und Glucose-Mangel ein solcher an Ferri-Salzen, an Nitrat, Sulfat oder Phosphat die Sporenbildung auslöst, während K, Na, Ca, Mn und Cl-Mangel keine derartige Wirkung aufwiesen.

Entsprechend den früheren Kenntnissen konnte GRELET (1955) B. cereus in dem für B. megaterium zusammengestellten, einfachen synthetischen Medium nicht zum Wachstum bringen. Dazu waren mehrere Aminosäuren notwendig. Die Variation der Menge der einzelnen Aminosäuren brachte interessante Beobachtungen, doch waren die Resultate betreffend Sporulation nicht ganz klar zu interpretieren. Die Aminosäuren können ja als Kohlenhydrat-(Energie) und als Stickstoffquellen dienen, daneben mögen sie auch als spezifische Bausteine in der Proteinsynthese notwendig sein. GRELET (1955) erkannte, daß die optimalen Sporulationsbedingungen des B. cereus sogar je nach dem Stamm variiert werden müssen. TOMCSIK et al. (1960) erreichten mit ihren B. cereus-Stämmen erst nach Verdünnung des ursprünglichen Greletschen Cereus-Nährbodens eine ausgezeichnete Sporenbildung. Ich halte die folgenden Sätze von GRELET (1955) zur Beurteilung der Umweltfaktoren auf die Sporulation für ganz wesentlich: «Il y a lieu de souligner que le bacille où se forme la spore est un bacille qui cesse de se diviser». «Tout arrêt de la croissance n'entraine pas la sporulation, mais toute sporulation implique l'arrêt de la croissance dans le bacille qui la subit, si non dans la culture elle-même». Entspricht diese Formulierung nicht derjenigen, die aus dem letzten Jahrhundert von BUCHNER stammt? GRELET hat ohne Zweifel den Verdienst, daß er manche Faktoren des ,,eintretenden Nährstoffmangels'' (BUCHNER) oder der ,,starvation'' (KNAYSI) chemisch erfaßte. GRELET ergänzte seine experimentelle Arbeit und faßte seine Resultate 1957 zusammen.

Seit BUCHNER ist im Prinzip bekannt, daß ein reicher Nährboden, der das vegetative Wachstum lange Zeit fördert, für die Sporenbildung ungeeignet ist. Wir erhielten jahrzehntelang ausgezeichnete Resultate bei unseren Studien über vegetative Zellen des Genus Bacillus, mit dem in verschiedenen organischen und anorganischen Substanzen sehr reichen Gladstone-Fildes (G.F.)-Nährboden (1940). POWELL (1951) beobachtete eine spät eintretende und sehr dürftige Sporenproduktion in Schüttelkulturen am flüssigen G.F.-Nährboden; sie mischte zur Sporenproduktion einen Teil dieses Nährbodens mit neun Teilen Kartoffelextrakt. Wir untersuchten den G.F.-Nährboden sowie seine Bestandteile (in der gleichen Konzentration wie sie sich im Nährboden befinden) parallel mit Kartoffelextrakt zur Sporulation des B. megaterium und des B. cereus. Die Kulturen wurden nach KAY und FILDES (1950) im 30° C-Wasserbad 24 Std intensiv geschüttelt. Die in Abb. 9 in Kolonnendarstellung zusammengefaßten Resultate (TOMCSIK, BAUMANN-GRACE 1958) über die Sporulation brauchen kein Kommentar.

Aus Hefe- bzw. aus Kartoffel-Extrakten können für die Sporenbildung zu praktischen Zwecken ebenso gute, einfache Nährböden bereitet werden. Caseinhydrolysat fördert das vegetative Wachstum während langer, Hefe- bzw. Kartoffelextrakt während kurzer Zeit. In den zwei letzterwähnten Extrakten tritt ein Mangel an vegetativen Nährstoffen nach genügendem Bakterienwachstum doch derartig kritisch auf, daß dadurch die Sporenbildung angeregt wird. Die Zugabe von Caseinhydrolysat ist in einem Verhältnis 1:10 zu solchen Nährböden überflüssig. Wir verwendeten zur Sporenbildung im Genus Bacillus des öfteren Kartoffelnährboden (BEHRING 1889, SCHREIBER 1896, ROBINOW 1951) allein; selbst das Wachstum des anspruchsvollen B. cereus war in diesem Nährboden hinreichend. Die Sporenbildung in gewissen „Sporulationsnährböden" mit Zusätzen von Aminosäuren kann durch Glucose aufgehoben werden. Doch würde es zu Mißverständnissen führen, solche Substanzen als „sporulationshemmende" und nicht als „vegetatives Wachstum fördernde" zu bezeichnen. Demgegenüber gibt es echte Stimulatoren und Inhibitoren bei der Sporenbildung, die erst in neueren mikrobiologisch-chemisch fundierten Arbeiten nachgewiesen werden konnten. BUCHNER (1890) ahnte bereits die Existenz solcher Substanzen; sie wurden aber mit Sicherheit erst in den fünfziger Jahren entdeckt.

Als Vorläufer dieser Untersuchungen betrachte ich eine Arbeit von BORDET und RENAUX

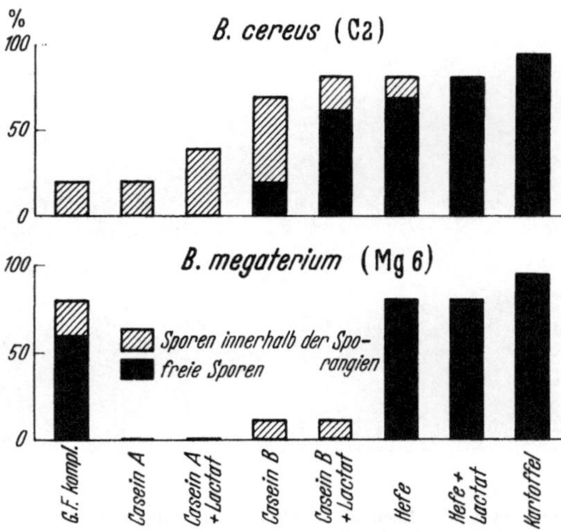

Abb. 9. Sporulation bei 37° C in 40 Std in geschüttelten Kulturen

(1930a), in der der Einfluß des Calciums auf die Sporulation der sporogenen und asporogenen Milzbrandstämme studiert wurde. Sie überimpften diese Stämme einerseits auf einen Agarnährboden, dem 1% $CaCl_2$, andererseits auf einen solchen, dem 1—2°/$_{00}$ Natriumoxalat zugegeben wurde. Die Calciumzugabe schien unter Umständen auf die Sporenbildung eine hemmende Wirkung auszuüben (vgl. GRELET 1952). LEIFSON (1931) studierte den Effekt der anorganischen Salze auf die Sporenbildung von Clostridium botulinum in einer 1%-Peptonlösung. Ammonium- und Phosphat-Anionen wirkten auf die Sporulation deutlich stimulierend, die Wirkung des Sulfates war weniger deutlich. Calcium war sporulationsfördernd, wenn Ammonium und Phosphat-Ionen vorhanden waren. FABIAN und BRYANT (1933) stellten einen stimulierenden Effekt von Kationen der monovalenten Chloride fest. Ich kann es nicht verstehen, mit welcher Berechtigung diese Autoren die Richtigkeit der früheren Sporulationstheorien bezweifelten. GRELET (1952) bestätigte und ergänzte die Kationenversuche von FABIAN und BRYANT.

CHARNEY et al. (1951) entdeckten, daß das bivalente Kation Mangan ein ganz wesentliches Spurenelement bei der Sporulation des Genus Bacillus ist. Der Effekt des Mangans läßt sich auf manganarmem Agarnährboden mit Hilfe von aufgelegten Filterblättchen durch Auftropfen einer Mn-Lösung nachweisen. Je nach der Konzentration der Lösung (ein bis mehrere Tropfen einer Mn-Lösung von 100 μg/ml) setzt die Sporulation in einem Umkreis von einigen Zentimetern in verschiedenem Grade ein. Dabei lag die optimale Dosis von Mn für die Sporenbildung zwischen 0,1—10 μg Mn pro ml Agarnährboden. Mangan fördert in B. subtilis-Kulturen auch die Glutamatassimilation und die Produktion einer Proteinase. CURRAN und EVANS (1954) bestätigten die Beobachtung von CHARNEY et al. Nach CURRAN und EVANS ist die Milch ein sehr schlechtes Medium zur Sporenbildung; ihr Mn-Gehalt ist sehr niedrig. Wenn der Milch pro ml 2 μg Mn zugegeben werden, entsteht eine sehr rasche Sporenbildung. Ferri-Ionen

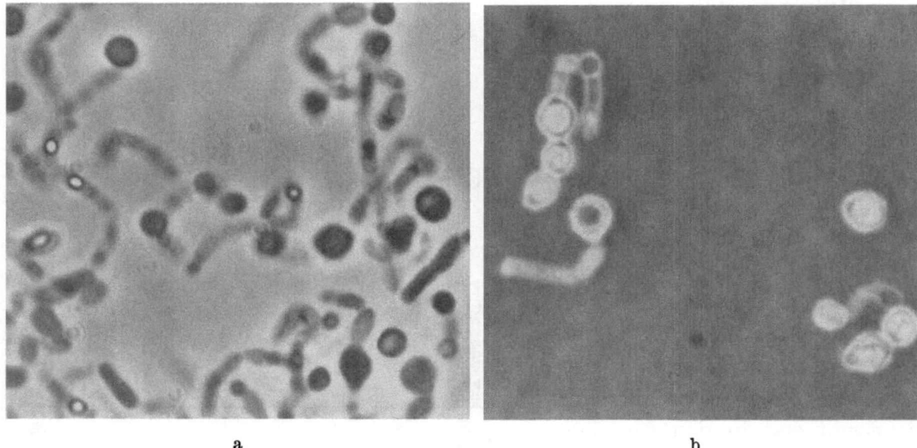

a   b

Abb. 10a u. b. „Bacillus M" 64 Std, Schüttelkultur bei 37° C in Sauton-Nährflüssigkeit. Sphärische Formen entstanden infolge Manganzugabe (10 μg/ml); a im Phasenkontrast; b im feuchten Tuschepräparat

sind nicht einmal in hundertfacher Konzentration derartig wirksam; sie fördern vielmehr das vegetative Wachstum. WEINBERG (1955) untersuchte den Manganeffekt für die Sporulation auch in Kombination mit Tetracyclinen. CURRAN (1956) analysierte die kurz angeführte Mangan-Literatur ausführlich. LEVINSON (1956) besprach in einer tiefgreifenden Arbeit die nicht-oxydativen Enzyme der Sporenextrakte auch bezüglich der biologischen Rolle des Mangans. Nach POWELL (1956) übt Mangan einen sporulationsfördernden Effekt bei B. cereus nur in der Anwesenheit, bei B. subtilis nur in der Abwesenheit von Glucose aus. Bei B. megaterium soll der sporulationsfördernde Effekt des Mangans von der Glucosekonzentration unabhängig sein. Wie verschieden der Effekt des Mangans bei verschiedenen Species, sogar bei einzelnen Stämmen sein kann, wird in Abb. 10 gezeigt (TOMCSIK und BAUMANN-GRACE 1958).

    Wir konnten in Kartoffelextrakt-Schüttelkulturen bei einer eigenartigen Varietät des B. megaterium („Bacillus M") — im Gegensatz zu Kartoffelextraktagarkulturen — keine Sporenbildung hervorrufen. Auch nach Manganzugabe blieb die Sporenbildung aus, dafür verwandelten sich die vegetativen Formen überraschenderweise in Kugeln, die in Abb. 10 dargestellt sind (TOMCSIK und BAUMANN-GRACE 1958).

Die „stimulierende" und „hemmende" Rolle verschiedener Substanzen bei der Sporulation wurde am ausgiebigsten durch Foster und seine Mitarbeiter untersucht. Foster und Heiligman (1949a) führten die sporulationsfördernde Wirkung des Hefe- und des Leber-Extraktes auf ihren Aschegehalt zurück. Sie hoben vor allem die Rolle des Calciums in der Sporulationsförderung hervor. Nach ihren Untersuchungen (1949b) fördert Glucose in Glutamat-Medium die Sporulation. Demgegenüber hemmen 1—4 mg DL-Alanin/ml die Sporenbildung vollständig in einem Medium, welches pro ml 8 mg Glutaminsäure und 2 mg Glucose enthält. L-Alanin und β-Alanin wirken auch, aber weniger deutlich. Die Alaninhemmung wird durch Zugabe von Hefe- und Leber-Extrakt rückgängig gemacht. Von 19 untersuchten Aminosäuren konnte die Alaninhemmung nur durch Leucin und Isoleucin bis zu einem gewissen Grade aufgehoben werden. „Sporulationsinhibitoren" lassen sich mit Aktivkohle absorbieren (Roberts und Baldwin 1954; Foster et al. 1956). Hardwick und Foster (1952) wiesen nach, daß die Aktivität der „Sporulationsinhibitoren" nach Zugabe ihrer korrespondierenden Antimetaboliten (Norleucin für Methionin; Cyclopentanglykokoll für Isoleucin; 2,6-Diaminopurin für Adenin, Purinribonucleosid und Nucleotid) komplett rückgängig gemacht werden kann. Fünf Stunden, nach der Überführung von vegetativen Zellen in dest. Wasser, sind aber keine solche kompetitiven Beeinflussungen zu erzielen; die eingesetzten Sporulationsvorgänge sind nach Ablauf einer gewissen Zeit irreversibel. Wynne (1952) interpretierte die Arbeiten von Foster u. Mitarb. in dem Sinne, daß damit eher die Rolle der „Antisporulationsfaktoren" als der eintretende Mangel an gewissen Nährstoffen bewiesen wird. Foster und Perry (1954) faßten die früheren Beobachtungen folgenderweise zusammen: „die Tatsache, daß Aminosäuren sowie Purin-Analoge die endotrophische Sporulation hemmen, und daß diese Hemmung durch Zugabe der korrespondierenden Analoge rückgängig gemacht werden kann, weist darauf hin, daß intracellulare freie Aminosäuren und Purine bei der Sporulation notwendig sind. Die sehr komplexen Faktoren der Sporulation führten zu verschiedenen Interpretationsmöglichkeiten hinsichtlich der Rolle der Umweltfaktoren.

Grelet (1952, 1955, 1957) warf die Frage auf, ob es berechtigt ist, bei der Sporulation über „Stimulatoren" und „Inhibitoren" zu reden. Wir zitieren aus seiner Arbeit nur folgendes: "The terms stimulation or inhibition are equivocal. F. i. the presence of glucose does not inhibit sporulation, but deficiency of glucose promotes it, while the presence of calcium does not stimulate sporulation, but is necessary for the formation of thermostable spores."

Wir sind wiederum zur Buchnerschen Theorie zurückgekommen. Nach eingetretenem Mangel an gewissen Nährstoffen wird die Sporulation ausgelöst, wenn auch noch die notwendigen Spurenelemente vorhanden sind. Die Sporulation wird durch Substanzen gehemmt, die das vegetative Wachstum fördern.

Zum Schluß dieses Abschnittes sollen noch Arbeiten erwähnt werden, die die Details der Sporulation zusätzlich beleuchten (Ordal 1956; Roth et al. 1955) oder aber diese bei thermophilen Bakterien abklären (Long und Williams 1960a, b). Brady et al. (1961) waren die ersten, die darauf hingewiesen haben, daß die Sporulation eines gewissen Bacteriums in Mischkulturen gefördert werden kann.

3. Chemische Grundlage

Manche chemischen Grundlagen der Sporulation konnten bereits in der vorangegangenen Besprechung der Arbeit von FOSTER et al., von GRELET usw. behandelt werden. Es seien in diesem Abschnitt nur wenige Ergänzungen angeführt.

Nach FOSTER und PERRY (1954) werden zur selektiven Synthese des Sporenmaterials bei der endotrophen Sporulation vorwiegend intracelluläre freie Aminosäuren und Purine verbraucht, die durch Abbau aus Enzymen und anderen Proteinen der vegetativen Zelle stammen. FOSTER und PERRY nahmen von dem Zeitpunkt an, wo Norleucin (ein Methionin-Analog) und 2,6-Diaminopurin (ein Adenin-Analog) auf die Sporulation keine Hemmung mehr ausüben, die Bildung der Vorspore an. In diesem Stadium sollen die Sporulationsvorgänge irreversibel sein, d. h. sie können durch Antimetaboliten nicht mehr aufgehalten werden („the cells are committed to sporulation"). Zur gleichen Schlußfolgerung kommt VINTER (1957) mit dem von ihm ausführlich studierten Antisporulationsfaktor „Cystin".

Dipicolinsäure-Synthese und nachher die Bildung von hitzeresistenten Enzymen mögen nach HALVORSON (1957) in das Vorsporen-Stadium fallen. Diejenigen „Antisporulationsfaktoren", die mittels Stärke- bzw. Aktivkohleabsorption zu entfernen sind, bestehen nach HARDWICK et al. (1951) größtenteils aus gesättigten Fettsäuren. Sie kommen im Caseinhydrolysat in hoher Konzentration vor, und sie stammen aus Resten von Milchfett. Die Antisporulationsfaktoren können aber durch andere Faktoren im Sinne eines Synergismus oder Antagonismus beeinflußt werden. Als Beispiel dafür ist die Milch, in der die schlechte Sporulation mindestens auf zwei Faktoren zurückzuführen ist: a) niedriger Gehalt an Mangan (siehe früher), b) hoher Gehalt an gesättigten Fettsäuren. HARDWICK und FOSTER (1953) konnten in den Extrakten der vegetativen Zellen des B. mycoides 17 verschiedene Enzymsysteme nachweisen. Es gelang ihnen nicht, in den entsprechenden Sporenextrakten mit der gleichen Methode irgendein einziges aktives Enzymsystem zu finden. Selbst die Atmungsfermente kommen in den Sporen in sehr niedriger Konzentration vor; sie sind in der ruhenden Spore größtenteils inaktiv. Der Sauerstoffverbrauch

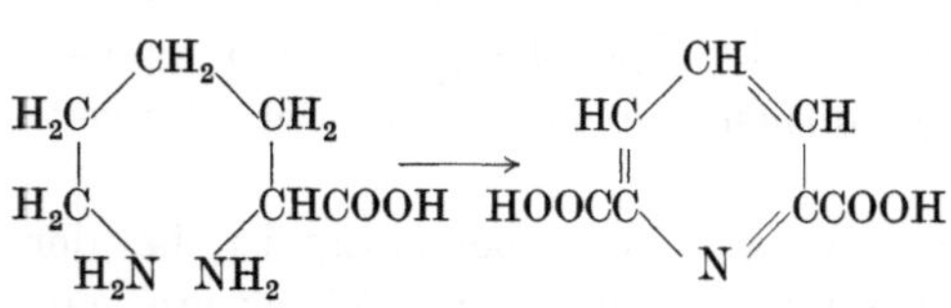

Abb. 11. Synthese der Dipicolinsäure nach PERRY und FOSTER (1955)

der B. anthracis- und B. subtilis-Sporen ist minimal. TINELLI (1955) beobachtete in sporulierenden Kulturen eine konstante Abnahme des Sauerstoffverbrauches, der bei der Vorsporenbildung durch eine kurzdauernde Erhöhung unterbrochen wurde.

PERRY und FOSTER (1955) führten die Dipicolinsäuresynthese bei der Sporulation von B. cereus var. mycoides auf einen Ringschluß und Desaminierung der 2,6-Diaminopimelinsäure zurück, wie es in Abb. 11 dargestellt wird.

POWELL und STRANGE (1956) konnten diese Annahme mit ihren Experimenten nicht bestätigen, doch schließen sie nicht aus, daß Dipicolinsäure aus irgendeinem „Prekursor" von Diaminopimelinsäure synthetisiert wird. Die letzterwähnte Säure kommt in den vegetativen Zellen in 1—2% vor. Keinesfalls besteht eine Korrelation zwischen dem Diaminopimelinsäuregehalt der Zellen und ihrer Sporulationsfähigkeit.

NAKATA und HALVORSON (1961) beobachteten bei einem Stamm von B. cereus am Ende der logarithmischen Wachstumsphase die Produktion einer großen Menge von Essigsäure. Nach Abschluß des vegetativen Wachstums begann die Sporulation, und die Essigsäure wurde verbraucht. NAKATA und HALVORSON nahmen an, daß im Übergangsstadium der Sporulation ein Essigsäure-oxydierendes Fermentsystem induziert wird, welches bei der Vollendung der Sporulation, speziell in der Anwesenheit von Glucose, eine wichtige Rolle einnimmt.

Das Verhalten der Nucleinsäuren während der Sporulation (YOUNG und FITZ-JAMES 1959a, b, c) wurde bereits früher besprochen.

4. Enzymatische Auflösung des Sporangiums

Abhängig von der Bakterienspecies, aber auch abhängig von den einzelnen Stämmen innerhalb der Species, wird während oder nach der Sporenbildung die Mutterzelle in der Regel aufgelöst. Die reifen Sporen werden freigesetzt. Eine parallel mit der Sporenbildung einsetzende Sporangiolyse könnte theoretisch bei der endotrophischen Sporulation auch dazu dienen, teilweise abgebautes vegetatives Material zur Synthese des speziellen Sporenmaterials zur Verfügung zu stellen.

Die früheren Kenntnisse über den Zerfall der Mutterzelle, über die Bildung der Sporen, wurden von BORDET und RENAUX (1930a) an zweitägigen, sporulierenden Agarkulturen des B. anthracis plastisch beschrieben: «Bientôt on ne trouve plus que de rares bâtonnets assez courts, isolés, parmi des spores innombrables. Corrélativement le gazon microbien s'amincit, devient pelliculaire, sa surface blanchit, devient plus lisse et plus humide; il est tout imprégné d'une poussière blanche, assez opaque, constituée par les spores, tandis que les formes végétatives se réduisent à des débris.»

CHURCH et al. (1954) empfahlen höhere Temperaturen zur Befreiung der Sporen von Sporangiumresten. Säurebehandlung bei p_H 2, gekoppelt mit 12maligem Waschen und mit Differentialzentrifugieren war gelegentlich erfolgreich. GREENBERG und HALVORSON (1955) konnten junge vegetative Zellen des B. cereus (varietas terminalis) mit der überstehenden Flüssigkeit einer gut sporulierten B. cereus-Kultur innerhalb 5 Std ziemlich gut auflösen. Die überstehende Flüssigkeit einer nichtsporulierten Kultur war vollkommen inaktiv. Das lytische Prinzip der sporulierenden Kulturen konnte bei 4° C durch 45—70% Sättigung mit $(NH_4)_2SO_4$ ausgefällt werden; es war nicht dialysierbar. Sein p_H Optimum betrug 5—5,5. Vergleichende Studien über sporulierende B. cereus- und B. polymyxa-Kulturen sprachen dafür, daß das lytische Prinzip gewissermaßen species-spezifisch ist. GREENBERG und HALVORSON regten sogar solche Untersuchungen an. POWELL und STRANGE (1956) fanden eine bestimmte, aber sehr geringe lytische Aktivität gegen vegetative Zellen des B. cereus sowohl in den Extrakten der sporulierenden B. cereus-Zellen wie in Cereus-Sporenextrakten. NORRIS (1957) konnte die Aktivität des lytischen Prinzips nach Zugabe von Thiomersalat (Natriummercurithiosalycilat) klarer demonstrieren.

TOMCSIK und BAUMANN-GRACE (1958) wiesen mit vegetativen Zellwand-Antikörpern nach, daß in einer gewissen Phase der Sporulation innerhalb des Sporangiums nur so viel lytisches Prinzip produziert wird, wie zur Auflösung der eigenen Sporangiumwand notwendig ist. Selbst die nacheinander folgenden Etappen der Sporangiolyse konnten mit dieser Technik im Phasenkontrastmikroskop beobachtet werden.

Ein Tropfen der sporulierenden Kultur wurde auf einen Objektträger plaziert, mit Deckglas abgedeckt und das unverdünnte vegetative Antiserum am Rand des Deckglases durch capilläre Aktion zugefügt. Das feuchte Präparat wurde sofort und in 10 min-Intervallen (in der Zwischenzeit wurde es in feuchter Kammer aufbewahrt) im Phasenkontrast untersucht.

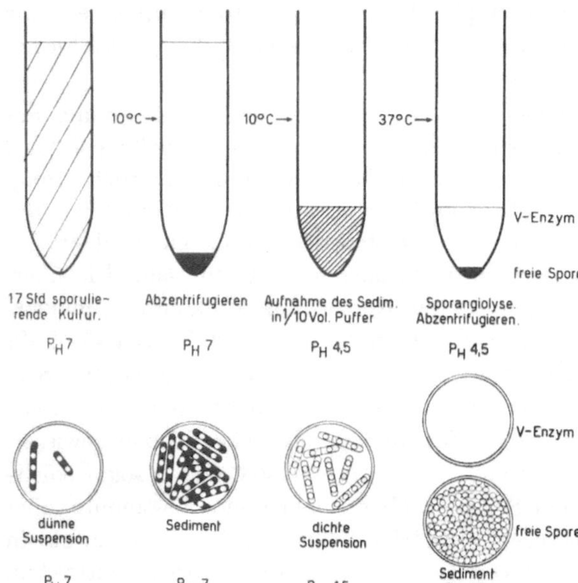

Abb. 12. Spezifische Sporangium-Reaktion. B. cereus, 19 St., Kultur in Kartoffelextrakt. → Sporangiumquellung 30 min nach Zugabe von typenspezifischem, vegetativen Immunserum

Abb. 13. Gewinnung der sporangiolytischen Enzyme

Die Auflösung der Sporangiumwand wurde durch das zugesetzte vegetative Antiserum in Schranken gehalten; dafür ist das — je nach dem verschiedenen Grad der Enzymproduktion — geringfügig bis mächtig gequollene Sporangium sichtbar geworden. Diese „spezifische Sporangiumquellungsreaktion" wird in Abb. 12 gezeigt (TOMCSIK und BAUMANN-GRACE 1958).

Zur Charakterisierung der Spezifität der Sporangiumquellungsreaktion muß betont werden, daß diese nur mit dem homologen, typenspezifischen vegetativen Antikörper ausgelöst werden kann; mit dem homologen Sporen-Antiserum kommt eine ähnliche Reaktion nicht einmal in Spuren zustande.

Die wichtigsten Arbeiten über lytische Enzyme der Sporen und Sporangien wurden von STRANGE und DARK (1957 a, b) publiziert. Sie wiesen (1957a) in den — nach der mechanischen Desintegration gewonnenen — wäßrigen Cereus- und Milzbrand-Sporen-Extrakten außer Diaminopicolinsäure, Glutaminsäure,

Alanin, Aminozucker und Glucose auch ein lytisches Prinzip nach. Das lytische Prinzip konnte gereinigt werden; es wirkte bei p_H 7—8 sowohl auf die Sporenwand als auch auf die vegetative Zellwand. Die ersterwähnte Wirksamkeit trägt bei der Auskeimung zur Freisetzung der Sporenwandpeptide wahrscheinlich bei. Die lytische Wirkung dieses mit S bezeichneten Enzyms ist auf die vegetative Zellwand des B. megaterium gering, auf diejenige des B. cereus größer. Das S-Enzym setzt aus den Zellwänden Hexosamin frei; die quantitative Bestimmung dieser Substanz dient als Indicator zur Bestimmung des Grades der Lyse. WORK (1960) studierte die Wirksamkeit des S-Enzyms auf andere Bakterien.

STRANGE und DARK (1957b) isolierten weiterhin aus sporulierenden Zellen ein V-Enzym, dessen maximale lytische Wirkung — im

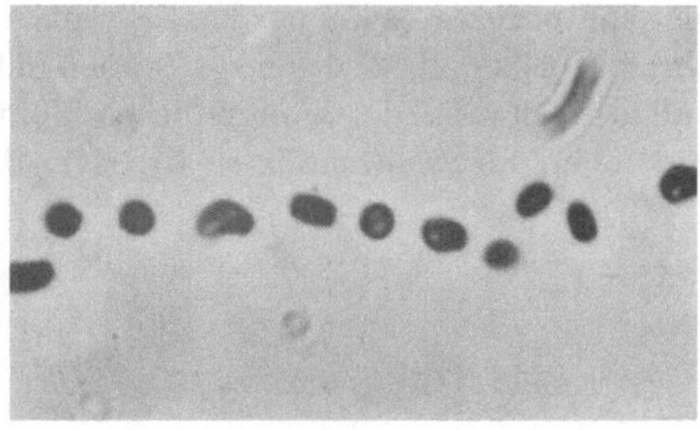

Abb. 14. Parietolytische Wirkung auf eine Kette von B. anthracis

Gegensatz zum S-Enzym — bei p_H 4,5 erfolgte. Es gelang ihnen, eine geistreiche Methode auszuarbeiten, mit der die lytische Aktivität des Enzyms auch ohne $(NH_4)_2SO_4$ Ausfällung wesentlich konzentriert werden konnte. Ich veranschauliche die einzelnen Etappen dieser Methode im Schema (Abb. 13).

Wie aus Abb. 13 ersichtlich, wurde die sporulierende Kultur abzentrifugiert und in wenig Wasser suspendiert. Das Enzym wurde bei p_H 4,5 aus einer sehr dichten Suspension freigesetzt und war dadurch ohne Ausfällung konzentriert.

Die lytische Wirkung des V-Enzyms mit derjenigen des Lysozyms wurde von RICHMOND (1959) insofern für ähnlich befunden, als beide vergleichbare Mengen an reduzierenden Substanzen und N-Acetyl-Aminozucker aus Micrococcus lysodeikticus freisetzten.

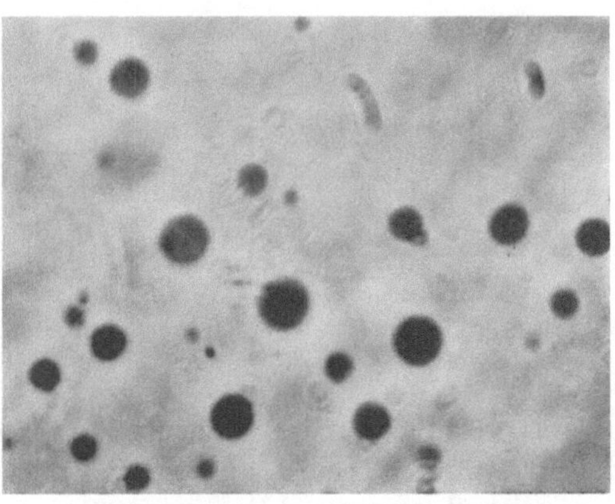

Abb. 15. Sphärische Transformation des vegetativen Cytoplasmas. Sporulierende B. cereus-Kultur nach Zugabe von sporangiolytischem Enzym

Die cytologische Wirkung des aus sporulierenden B. cereus-Kulturen hergestellten V-Enzyms wurde von TOMCSIK und BOUILLE (1961) ausführlich untersucht. Sie setzten bei der Lyse die von STRANGE und POWELL (1957b) empfohlene Temperatur von 56—58° C auf 45° C herunter, weil das Cytoplasma der vegetativen Zelle bereits bei 56° C eine Koagulation erleidet. Sie untersuchten sowohl junge vegetative Zellen als auch Sporangien mit dem V-Enzym. Das Sporangium konnte selbstverständlich mit größeren Verdünnungen des zugesetzten V-Enzyms aufgelöst werden, weil dessen lytische Wirkung noch durch das im Innern des Sporangiums produzierte V-Enzym unterstützt wurde. TOMCSIK und BOUILLE

unterschieden weiterhin „Parietolyse‟ und „Cytoplasmolyse‟. Die Parietolyse
war meistens primär und manifestierte sich entweder in der totalen oder ab und zu
in der partiellen Auflösung der Zellwand. Im letzten Falle erschien häufig eine
Körnelung im Cytoplasma, die als partielle Cytoplasmolyse gedeutet wurde.

In cytologischen Untersuchungen fanden wir keine Identität zwischen der
parietolytischen Wirkung des Lysozyms und des *V*-Enzyms. Das letztere hat
nie eine primäre Dehnung der Zellwand hervorgerufen, die nach TOMCSIK und
GUEX-HOLZER (1952) das erste Zeichen der selektiven Einwirkung des Lysozyms
auf die Zellwand der empfindlichen Bakterien ist und die Voraussetzung zur
Entstehung der zellwandfreien Lysozym-Protoplasten bildet.

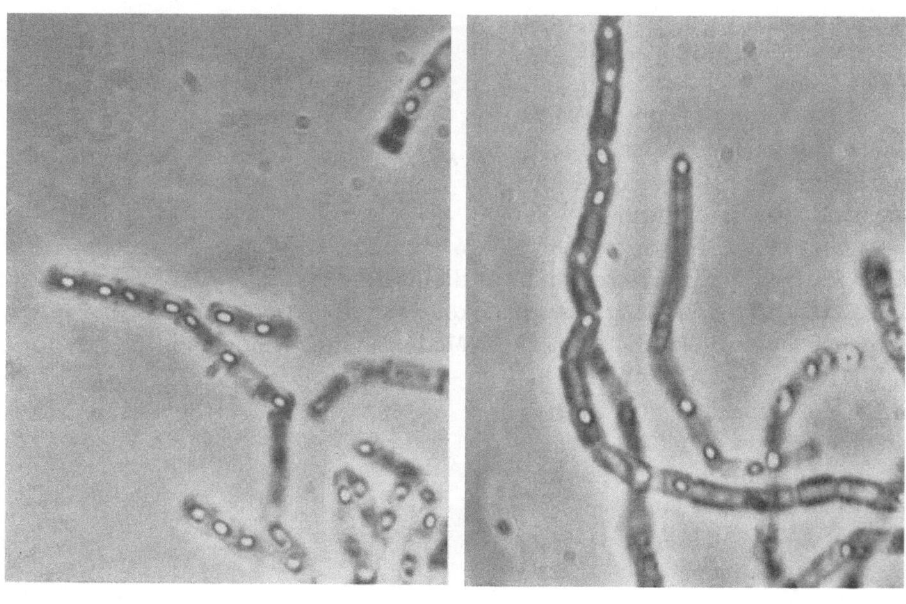

a   b

Abb. 16a u. b. „Bacillus M‟. 24 Std Kultur auf Kartoffelextrakt-Agar a mit homologem Polysaccharid-Immunserum; b mit Glutamyl-Polypeptid-Immunserum

Das erste Zeichen der *V*-Enzym-Wirkung auf den vegetativen Kettenverband
des B. anthracis besteht aus einer Zergliederung der Kette, wie aus Abb. 14
ersichtlich (TOMCSIK und BOUILLE 1961).

Die dicken Kreuzwände, die die einzelnen Bacillen innerhalb der Kette
voneinander trennen, werden gespalten, sogar aufgelöst bevor die Parietolyse an
der lateralen Zellwand erfolgt. Die getrennten vegetativen Zellen sind an ihren
Polen auffallend abgerundet, aber bei weitem nicht in derartig großem Maße wie
bei Lysozymeinwirkung. Die Parietolyse erstreckt sich alsbald an die laterale
Zellwand; diese bleibt aber noch sichtbar, während das Cytoplasma mehr oder
weniger vollständig entweicht.

Wir beobachteten des weiteren eine merkwürdige sphärische Transformation
des vegetativen Cytoplasmas in sporulierenden B. cereus-Kulturen nach Zugabe
von *V*-Enzym. Diese Reaktion erforderte die Anwesenheit gewisser Sera
(TOMCSIK und BOUILLE 1961).

Das in der Abb. 15 in Phasenkontrastmikrophotographie dargestellte Phänomen konnte mit ähnlichen Kulturen und bei der Verwendung der gleichen Sera alsolut regelmäßig wiederholt werden. Es bestand keine Korrelation mit dem Antikörpergehalt der Sera. Auf den ersten Blick konnte man annehmen, daß es sich um protoplastenähnliche Gebilde handelt. Diese Vermutung ist aber nicht stichhaltig, weil: a) die durch V-Enzym erzeugten sphärischen Gebilde, im Gegensatz zu den Lysozym-Protoplasten (WEIBULL 1953) in isotonischer Saccharose-Lösung aufgelöst wurden, b) von verschiedener Größe waren, c) eine ausgesprochene Tendenz zum Konfluieren aufwiesen. Unsere Beobachtungen zeigten sowohl an Bakterien als auch an Erythrocytenmembranen, daß, wenn die formbestimmenden Elemente einer Zelle oder einer gewissen Zellstruktur eliminiert werden, und wenn das Protoplasma in der Suspensionsflüssigkeit nicht gut löslich ist, sphärische Gebilde auftreten. Eine Erklärung dafür mag bei sehr kleinen Elementen die verhältnismäßig sehr hohe Oberflächenspannung geben.

HARDWICK und FOSTER (1952) wiesen darauf hin, daß es zwei Typen von Bakterien gibt, bezüglich der Auflösung des Sporangiums parallel mit der Sporenbildung. B. lacticola ist der Vertreter des

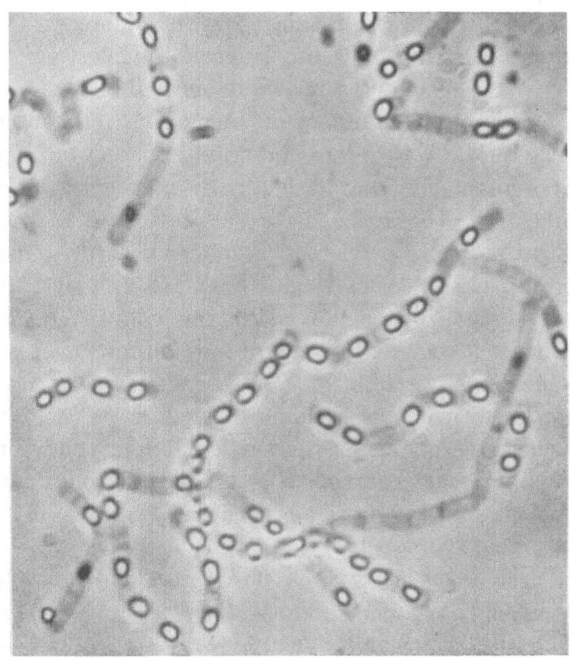

a

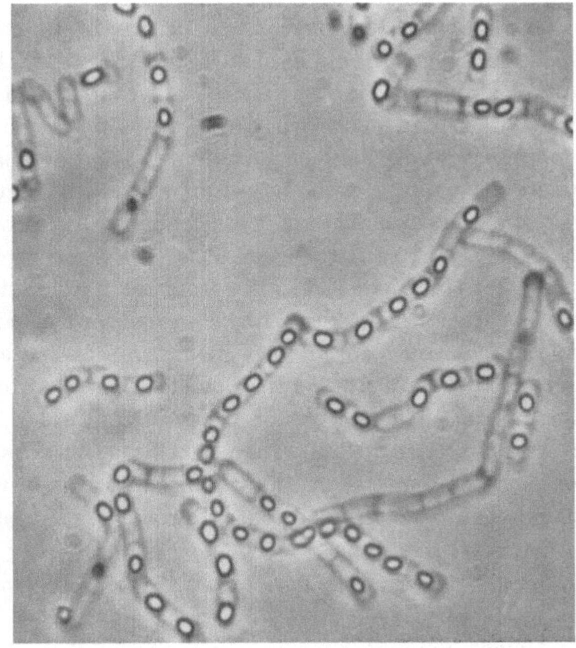

b

Abb. 17a u. b. „Bacillus M". 14tägige Kultur auf Kartoffelextrakt-Agar a ohne Serum. Kaum sichtbare Zellwand b mit homologem Polysaccharid-Immunserum. Deutlich sichtbare Zellwand

Typus, bei dem, nach Vollendung der Sporogenese, die Freisetzung der Sporen aus dem Sporangium sofort zustande kommt. Demgegenüber wird das Sporangium des B. mycoides nur langsam aufgelöst.

Wir beobachteten bei zahlreichen B. cereus-, B. mycoides-, B. anthracis- und B. megaterium-Stämmen eine normale Freisetzung der Sporen. Das Sporangium verschwand spätestens innerhalb einiger Stunden, nachdem lichtbrechende Sporen gebildet wurden. Eine in mancher Hinsicht unverständliche Ausnahme bildete die von uns isolierte Varietät des B. megaterium, die in unseren früheren Arbeiten als „Bacillus M" bezeichnet wurde und zur Entdeckung der Lysozymprotoplasten (TOMCSIK und GUEX-HOLZER 1952) führte. Dieser Stamm reagierte auf Manganzugabe durch Bildung von sphärischen Formen, er produzierte in Kartoffelextrakt-Schüttelkulturen in fünf Tagen keine Sporen; demgegenüber war seine Sporenproduktion auf Kartoffelextrakt-Agarnährboden bereits in 24 Std ausgezeichnet. Die Sporangien blieben aber selbst in 14tägigen Kulturen intakt. Keine Freisetzung der Sporen, keine Spur von Sporangiolyse; selbst die für diesen Bacillus eine charakteristische Topographie aufweisenden Kapselsubstanzen blieben unverändert, wie aus den Abb. 16 und 17 ersichtlich (TOMCSIK und BAUMANN-GRACE 1958).

Die Regel ist: Sporenbildung mit der parallelen Produktion von sporangiolytischen Enzymen. Die bei „Bacillus M" beobachtete Ausnahme zeigt aber, daß diese beiden scheinbar gekoppelten Vorgänge dissoziiert werden können.

VI. Sporenauskeimung

Die vegetative Bakterienzelle übertrifft unter Umständen bei weitem alle anderen Zellen in ihrer Fähigkeit und Intensität, Proteine, Enzyme und andere komplexe organische Substanzen zu synthetisieren. Die ruhende Bakterienspore bildet dazu den absoluten Gegensatz; ihre Atmung ist minimal, sie muß mit einem sehr empfindlich eingestellten Warburg-Apparat gemessen werden. In der amerikanisch-englischen Literatur wird dieser, auch jahrzehntelang dauernde Zustand als „dormant state" bezeichnet. PULVERTAFT und HAYNES (1951) geben in ihrer — später zu referierenden — Sporenarbeit die folgenden Beispiele für „dormant state" an: "it varies from the natural sleep of animals and the quiescence of the wintering tree to the cysts of worms and amoebae and the spores of bacilli". Sie machen eine Anspielung auf das Märchen von der Sleeping Beauty. Ich möchte die deutsche Märchenvariation Dornröschen und die amerikanische Variation Ripple van Winkle in Erinnerung rufen, die aus einem langen, langen Schlaf durch den Kuß des jungen Prinzen bzw. des holden Mädchens aufgeweckt wurden. Am Anfang der Fünfzigerjahre wurde in Einzelheiten abgeklärt, welche chemischen oder physikalischen Reizwirkungen nötig sind, dem schlummernden Leben der Spore innerhalb einiger Sekunden oder Minuten ein Ende zu setzen, wodurch die stürmische Periode der Auskeimung und des vegetativen Wachstums ausgelöst wird.

Meiner Meinung nach ist die deutsche Bezeichnung „Auskeimung" mit der englischen, französischen Bezeichnung „germination" nicht vollkommen äquivalent. Der letzte Ausdruck läßt gewisse Variationen zu, wie pregermination, germination (LEVINSON und SEVAG 1953), verschiedene Phasen der „germination"

(HACHISUKA et al. 1955b); „Auskeimung" bedeutet aber das Ausschlüpfen der vegetativen Zelle aus der wesentlich veränderten Spore. Ich verwende die von JENSEN (1950) eingeführte, ausgezeichnete Bezeichnung *vorvegetatives Stadium* zur Besprechung der Entwicklungsstadien, die die Spore vom Ruhezustand bis zur Sprengung (bzw. Auflösung) der Sporenwand durchläuft. JENSEN sprach über „Wandlung vom latenten zum manifesten Leben" und erwähnte, daß die Sporen, in ein entsprechendes Medium überführt, aus ihrem „Winterschlaf" erweckt und innerhalb 2 Std ihre Hüllen sprengen. In einer späteren Arbeit (1951) sagt er: „Das vorvegetative Stadium wäre also dasjenige, welches die Spore durchläuft, von dem Zeitpunkt an, in dem sie ihren Ruhezustand aufgibt bis zu demjenigen, in welchem sie die Sporenhülle sprengt und damit zum vegetativen Bacillus wird." Die Einteilung von JENSEN wurde durch die Resultate der späteren biochemischen Forschung gerechtfertigt; es gibt Faktoren, die nur das vorvegetative Stadium und andere, die präzisiert nur die Auskeimung fördern.

1. Vorvegetative Erscheinungen

Bereits ältere Autoren (u. a. FLÜGGE 1896, GRETHE 1897, NAKANISHI 1900) erkannten, daß die ersten vorvegetativen Erscheinungen mit Verlust der Lichtbrechung, der Thermoresistenz und leichter Färbbarkeit einhergehen. Nach FISCHOEDER (1909) behalten die in physiol. NaCl-Lösung suspendierten Sporen bei 80° C ihre Keimungsfähigkeit bei. Diese geht aber verloren, wenn die in Bouillon suspendierten Sporen (sofortiger Beginn der vorvegetativen Erscheinungen) ähnlicherweise erhitzt werden. Vorvegetative Erscheinungen sind leichter auszulösen als Auskeimung und vegetative Zellvermehrung. Die Entstehung des vorvegetativen Stadiums wird durch ungünstige p_H-Werte, Temperaturen, hohe Salz- und Zucker-Konzentration und durch Antibiotica kaum verhindert (SCHMIDT 1955). Sublimat hemmt nicht das Zustandekommen der vorvegetativen Erscheinungen, es tötet aber die Zellen (POWELL 1957). Die Erhitzung der Sporen auf 85° C während 8—10 min begünstigt die Entwicklung des vorvegetativen Stadiums. Die vorher erhitzten Sporen, die im ruhenden Stadium lagen, treten im gleichen Medium weitaus früher in das vorvegetative Stadium als die unerhitzten (EVANS und CURRAN 1943). 0,1% Glucose fördert, 0,5% NaCl (und mehr) hemmt die Hitzeaktivierung der Sporen (CURRAN und EVANS 1945). KNAYSI (1948) konnte vorvegetative Erscheinungen bei B. mycoides-Sporen in einer Glucose und Natriumacetat-Lösung hervorrufen, wobei Spuren von Calciumphosphat fördernd wirkten. Er empfiehlt zur Förderung der Auskeimung von Sporen, die *lange* Zeit im ruhenden Stadium lagen, Hefeextrakt, dessen Aktivität bereits von manchen Autoren erkannt wurde.

Der auskeimungsfördernde Wirkstoff des Hefeextraktes wurde von HILLS entdeckt. Seine Arbeiten bildeten die Grundlagen der weiteren Forschung bezüglich Auskeimung. In seiner ersten Arbeit (1949a) erkannte er die Schlüsselstellung von Adenosin bei der Sporenauskeimung von B. anthracis. Zur Entfaltung der vollen Wirksamkeit des Adenosins waren aber auch andere Substanzen notwendig. Adenosin war deutlich auskeimungsfördernd in sehr kleinen Mengen (0,25 mg/l), wenn die Sporen im Tyrosin enthaltenden Gelatinhydrolysat suspendiert wurden. Adenosin fördert bei B. anthracis nur die Auskeimung, nicht aber das Wachstum. In seiner zweiten Arbeit (1949b) kritisierte HILLS seine erste

Arbeit: das Verhältnis der Aminosäuren zueinander war in seiner ersten Arbeit ungünstig. Gelatinhydrolysat übte infolge seines Glykokoll-Gehaltes bei höheren Konzentrationen eine Hemmung auf die Auskeimung aus. Die besten Ergebnisse konnte er bei der vorvegetativen Auskeimung in einer Phosphorpufferlösung bei p_H 7,3 erhalten, die pro ml 500 μ L-Alanin, 500 μ M-L-Tyrosin und 2 μ Adenosin enthielt. Die fördernde Rolle des L-Alanins konnte durch Zugabe eines Bruchteiles von D-Alanin völlig aufgehoben werden; eine sehr interessante Beobachtung, da die Enanthioform-Hemmungen im Vergleich zu Aktivatoren üblicherweise mehrfache Moleküle erfordern. D-L-Alanin wirkte zur Einleitung der vorvegetativen Erscheinungen hemmend.

Bei B. cereus und B. megaterium war L-Alanin wichtiger als Adenosin und Tyrosin zur Einleitung der Auskeimung (HILLS 1950).

JENSEN (1950) gab eine sehr klare Beschreibung von den vorvegetativen Prozessen bei der Sporenkeimung; er betonte die sofortige Zunahme des O_2-Verbrauches. Bei der Analyse der Bouillon auf auskeimungsfördernde Substanzen fand er das Fleischwasser für wirksam, das Pepton für unwirksam. Er verwendete zur Beurteilung der vorvegetativen Erscheinungen außer der Fischoeder-Technik auch einen morphologischen Test. JENSEN (1951) untersuchte weiterhin zahlreiche Aminosäuren, Amine, Wuchsstoffe und Zuckerarten auf ihre auskeimungsfördernde Wirkung. Er bestätigte die Resultate von HILLS, wonach L-Alanin und Adenosin eine Schlüsselstellung in den vorvegetativen Prozessen der Auskeimung einnehmen. Sie sind spezifische Keimungsfaktoren. Er fand — im Gegensatz zu HILLS — auch Adenosintriphosphat aktiv, wenn es mit L-Alanin kombiniert wurde. Blausäure hemmt das vegetative Wachstum, sie beeinflußt aber das Zustandekommen der vorvegetativen Prozesse nicht, deshalb spielen HCN-empfindliche Fermentsysteme in der ersten Etappe der Sporenkeimung wahrscheinlich keine Rolle.

PULVERTAFT und HAYNES (1951) demonstrierten, wie die in das vorvegetative Stadium der Auskeimung eintretenden Sporen phasenoptisch leicht erkannt werden können; sie sind schwarze, ovoide und bedeutend größere Elemente als die ruhenden lichtbrechenden Sporen. Vor dem Eintreten in das vorvegetative Stadium waren diese nur in 1% zu beobachten. Eine Ausnahme ist in dieser Übersicht aus einer Mikrophotographie zu entnehmen (Abb. 6), die schwarzen Elemente sind bei diesem Stamm des B. megaterium überwiegend. PULVERTAFT und HAYNES halten die vor der Auskeimung vorkommenden schwarzen Elemente für ,,unvollständig entwickelte Sporen", die keine vegetativen Formen erzeugen können. Des weiteren bestätigten diese Autoren mit ihrer Technik auch die Beobachtungen von HILLS über Adenosin. Adenosin soll die Lichtbrechung der Sporen und die Permeabilität der Sporenwand fast augenblicklich ändern. J. F. POWELL (1957) beschrieb Unterschiede in den auskeimungsfördernden Faktoren je nach Species (POWELL und HUNTER 1955). Adenosin kann durch Inosin gut ersetzt werden. Bei B. subtilis-, B. polymyxa-, B. sphaericus-Sporen genügte L-Alanin, bei B. megaterium-Sporen Glucose zur Stimulierung. Ein früheres Erhitzen der Sporen erleichtert die Auskeimung und kann die Zahl der sonst notwendigen Auskeimungsstimulatoren herabsetzen.

POWELL und STRANGE (1953) wiesen nach, daß das Trockengewicht der Zelle während des vorvegetativen Stadiums der Auskeimung abnimmt und ein ,,Sporenexsudat" freigesetzt wird. Da dieses Exsudat wahrscheinlich aus der Sporenwand stammt, wurde es in II/2 bereits besprochen. Die 30% Abnahme des Trockengewichtes infolge Bildung von Sporenexsudat und die Vergrößerung der im vorvegetativen Stadium befindlichen Zelle können am leichtesten durch Wasseraufnahme erklärt werden. E. O. POWELL (1957) verlegt die Abgabe des Sporenexsudates auf einen späteren Zeitpunkt der vorvegetativen Prozesse, dem voran eine Änderung der Hitzeresistenz und das Verschwinden der charakteristischen Lichtbrechung gehen.

HACHISUKA et al. (1955a) untersuchten zahlreiche Aminosäuren in Phosphatpufferlösung in der Anwesenheit von Glucose auf ihren auskeimungsfördernden Effekt. L-Asparagin, D-L-Isoleucin, D-L-Valin und D-L-Serin förderten die Auskeimung der Subtilis-Sporen. L-Glutaminsäure und D-L-Alanin beeinflußten die Auskeimung der Subtilis-Sporen nicht; sie förderten aber ganz deutlich das vegetative Wachstum. Die auskeimungsfördernden Aminosäuren werden im vorvegetativen Stadium zur Zellmaterialsynthese nicht verwendet. Dieselben Autoren wiesen darauf hin, daß die im vorvegetativen Stadium der Auskeimung befindlichen Zellen phasenoptisch zwar dunkel werden, elektronenoptisch aber heller sind ("translucent area"), und ihr nephelometrisch gemessener Trübungsgrad abnimmt. In einer weiteren Arbeit (1955b) beschrieben HACHISUCHA et al. eine komplettere Auskeimung der Subtilis-Sporen, wenn Glucose durch karamelisierten Traubenzucker ersetzt wurde. Die Karamelisierung von Fructose, Maltose, Lactose und Saccharose konnte fast den gleichen Effekt auslösen wie karamelisierte Glucose.

FITZ-JAMES (1955) betrachtete L-Alanin und Adenosin als Induktoren für hydrolytische Reaktionen, die die ersten Zeichen des "Aufwachens" der "schlafenden" Spore sind. Die simultane Abnahme des proteingebundenen und die Zunahme des säurelöslichen Phosphors weisen darauf hin, daß in der vorvegetativen Phase Abbaureaktionen überwiegen. Die Synthese von Ribonucleinsäure — dann diejenige der Desoxyribonucleinsäure — Phosphorverbindungen erfolgen erst gegen Ende der vorvegetativen Phase. MAYALL und ROBINOW (1957) beobachteten während der vorvegetativen Phase, daß sich die äußere Sporenwand an der Oberfläche faltenförmig abhebt, die Struktur des Protoplasmas körnig wird und die Cortex — nach Verlust ihrer geordneten Schichtenstruktur — schwammartig aufquillt.

Außer organischen mögen auch anorganische Substanzen bei der Auslösung des vorvegetativen Stadiums eine Rolle einnehmen. LEVINSON und SEVAG (1953, 1954) wiesen darauf hin, daß sowohl rasches Eintreten der Auskeimungsprozesse sowie die Intensivierung der Atmung ein günstiges Ionenäquilibrium erheischen. Eine zu hohe Konzentration von Phosphaten kann durch Änderung der Chloridkonzentration balanciert werden usw. Mangan-Ionen nehmen nicht nur bei der Sporulation, sondern auch bei der Auskeimung eine Schlüsselstellung ein. Sie fördern die Auskeimung und die Respiration in einer Konzentration von $1,8 \times 10^{-5}$ Mol. Mangan-Ionen können auch die Hitzeaktivierung ersetzen; sie aktivieren wahrscheinlich Enzyme, wodurch der respiratorische Block der ruhenden Spore aufgehoben wird. Bezüglich Auskeimungsförderung existieren auch Stammesunterschiede. Nach POWELL (1951) fungierte bei ihrem B. megaterium-Stamm Glucose als Auskeimungsaktivator, während bei dem B. megaterium-Stamm von LEVINSON und SEVAG (1953) die Wirksamkeit der Glucose äußerst gering war; seine Verstärkung konnte mit Adenosin und Glutamat deutlich erhöht werden. LEVINSON und HYATT (1956) untersuchten die Rolle des p_Hs, HYATT und LEVINSON (1959) die Rolle der Phosphate und der Pyrophosphate und HYATT und LEVINSON (1960) die Rolle des KNO_3 in der Auslösung des vorvegetativen Stadiums bzw. in der Auskeimung.

Über die Auskeimung der anaeroben Sporen sind ausführliche Angaben in einer Arbeit von HITZMAN et al. (1957) zu finden. Von komplexen Zellextrakten wurde die Auskeimung durch „Thioton" (tierisches Gewebe mit Pepsin verdaut) und durch einen frischen Schweineleberextrakt ausgezeichnet gefördert. Optimale Auskeimung ergab auch ein Gemisch von D-L-Alanin, L-Arginin und D-L-Phenylalanin. Hemmende Wirkung wurde ausgeübt von: 10% NaCl, 8% Na_2HPO_4, 6% $NaNO_3$, 6% K_2SO_4. Manche Differenzen in der Literatur über die Wirksamkeit der Enanthioformen des Alanins wurden von WOLF und MAHMOUD (1957) erklärt. Die D-Alanin-Hemmung verschwindet nach längerer Inkubationszeit. WOLF und MAHMOUD nehmen an, daß das D-Alanin nach einer gewissen Zeit enzymatisch in L-Alanin racemisiert wird. WOLF und THORLEY (1957) beobachteten verschiedene p_H-Optima bei der Auskeimung, je nachdem ob Glucose oder L-Alanin als Aktivatoren verwendet wurden. FERNELIUS (1960) empfiehlt seine bereits besprochene „Phenolschock"-Methode, um den Prozentsatz derjenigen Sporen von B. anthracis zu bestimmen, die in einer 0,0125% L-Alanin-, 0,0125% L-Tyrosin- und 0,00625% Adenosin-Lösung nicht auskeimten. Die Wasseraufnahme in der vorvegetativen Phase wurde von BEERS (1956) ausführlich studiert und mit dem Wasserbedarf der vegetativen Zellen verglichen.

RODE und FOSTER (1960, 1961) beobachteten, daß n-Dodecylamin sowie manche anderen Alkylamine, die eine Kettenlänge von sieben oder mehr C-Atomen aufweisen, die verschiedenen Erscheinungen der vorvegetativen Auskeimung rasch herbeiführen. Sie unterscheiden diese „chemische Auskeimung" von der „physiologischen Auskeimung", deren Stimulatoren L-Alanin und Inosin sind. Ich halte die Bezeichnung „chemische Auskeimung" für unberechtigt. Ihre Hypothese "the almost instantaneous germination achievable with n-Dodecylamin, taken together with the acquisition of respiratory activity without an apparent lag period, implies that the core is essentially a vegetative cell capable of an independent existence, and that the initiation of germination need not involve enzyme activity or biosynthesis" wäre schwer mit anderen neuen chemischen Arbeiten über die vorvegetativen Erscheinungen der Auskeimung in Einklang zu bringen.

2. Biochemische Grundlage

Manche physikalisch-chemischen Grundlagen der ersten Phase der Sporenauskeimung wurden bereits im vorangegangenen Abschnitt über die vorvegetativen Erscheinungen besprochen. Die von HILLS initiierten chemischen Arbeiten über fördernde und hemmende Faktoren in der Genese des vorvegetativen Stadiums ließen die Vermutung aufkommen, daß die Bedingungen, die einerseits Sporulation, andererseits Auskeimung begünstigen, diametral entgegengesetzt seien. Viele Beobachtungen sprechen tatsächlich dafür, einige aber dagegen. Bei derartig komplexen, biologischen Vorgängen, in denen zahlreiche physikalische und chemische Faktoren, teils in gegenseitger Beeinflussung, teils in kettenartiger Reaktion eine Rolle spielen, kann weder eine absolute Regelmäßigkeit noch ein diametral entgegengesetztes Verhalten erwartet werden. Viele Details der Auskeimungsprozesse ließen sich chemisch deuten, die Genese der Änderungen ist aber von Enzymaktivierung, von der Synthese durch die lebende Zelle abhängig; deshalb sind diese beiden am häufigsten Gegenstand der laufenden, biochemischen Sporenforschung.

Das Sporenexsudat wird (nach POWELL und STRANGE 1953) in einer nicht genau bekannten Phase der vorvegetativen Periode freigesetzt. Welche Kette der enzymatischen Reaktionen ist notwendig, um die Permeabilität der Sporenwand und den hydrolytischen Abbau des Calciumdipicolinat enthaltenden Komplexes hervorzurufen? Der von STRANGE und POWELL (1954) isolierte Calciumdipicolinat enthaltende makromolekulare Peptidkomplex (siehe II, 2) kann wohl als spezifische Sporensubstanz aufgefaßt werden, da er ja während der „physiologischen" Auskeimung, von L-Alanin, Adenosin usw. stimuliert, freigesetzt wird. POWELL und STRANGE konnten das Sporenexsudat allein durch Hitzebehandlung oder durch eine Behandlung der Sporen im Mickle-Apparat gewinnen, doch sprachen sie nicht über „physikalische" oder „chemische" Auskeimung. STRANGE und DARK (1956) nahmen an, daß das Sporenexsudat durch die Wirkung von lysozymähnlichen Sporenenzymen aus der Sporenwand freigesetzt wird. Das entsprechende Enzymsystem muß dann in den früheren Auskeimungsprozessen aktiviert werden. Eine Bestätigung dieser Auffassung liegt bei POWELL und STRANGE (1956) vor. Der Hexosaminanteil des Sporenpeptids ist nach STRANGE (1956) Muraminsäure (3-0-α-Carboxyäthylglucosamin), eine Substanz, die in anderen Verbindungen auch in der vegetativen Bakterienzellwand vorkommt. Nach POWELL (1956) wird das Cytoplasma der ruhenden Spore von einem „highly condensed waterproofed"-System, durch Einbau von Calciumdipicolinat in den Peptidkomplex der Zellwand stabilisiert. Während der Auskeimung entsteht eine enzymatische Hydrierung und Depolymerisation dieses Komplexes, wodurch andere Sporenenzyme freigesetzt werden. In der Sporenwand des B. cereus sollen stabile Ribosidase-Enzymsysteme eingebaut sein, die durch Adenosin und Inosin in Purin, bzw. in freie Ribose umgewandelt werden.

Die Tatsache, daß Dipicolinsäure auch mittels mechanischer Einwirkungen leicht freigesetzt werden kann, spricht nach YONEDA und KONDO (1959 b) dafür, daß Calciumdipicolinat in der Zelle in freier oder höchstens in locker gebundener Form vorkommt. Die mechanische und chemische s.g. „induzierte Freisetzung" der Dipicolinsäure aus B. megaterium-Sporen wurde von RODE und FOSTER (1960 a, b) ausführlich studiert.

Die wichtigsten Arbeiten über Calciumdipicolinat enthaltende Sporenpeptide, die bei der „physiologischen Auskeimung" in großer Menge (30% der Sporentrockensubstanz) erscheinen, wurden deshalb am Anfang dieses Abschnittes besprochen, weil sie chemisch am leichtesten zu erfassen sind und am gründlichsten studiert wurden. Es wurde darauf hingewiesen, daß bereits am Anfang der Sporenpeptidforschung die vermutliche Rolle von Enzymen in der Freisetzung dieser und anderer Substanzen betont wurde. Welches ist aber das vermutliche Enzymsystem, das in der Auslösung der vorvegetativen Vorgänge zuerst in Erscheinung tritt? STEWART und HALVORSON (1953) wiesen nach, daß Alanin-

Racemase in den Sporen in höherer Konzentration vorkommt als in der vegetativen Bakterienzelle. Alaninracemase kann unter Umständen L-Alanin und D-Alanin umwandeln und dadurch die Auskeimung, die durch L-Alanin in Gang gesetzt worden ist, hemmen. CHURCH et al. (1954) beschrieben, daß, im Gegensatz zu den in den vegetativen Zellen nachgewiesenen etwa 17 Enzymen, in den Sporen nur drei vorkommen: hitzebeständige Racemase, Katalase und Diaphorase. Die durch L-Alanin hervorgerufene Sporenauskeimung scheint aber nicht durch Alaninracemase aktiviert zu werden; L-Alanin mag bei der Auskeimung einfach katalytisch wirken. HARREL und HALVORSON (1955) konnten mit COOH markiertem Alanin nachweisen, daß diese Substanz in die auskeimende Zelle nicht eingebaut wird.

Nach LAWRENCE und HALVORSON (1954) bildet die hitzeresistente Katalase einen integralen Bestandteil der Sporenstruktur, demgegenüber bedeutet der Nachweis von hitzelabiler Katalase in den Sporen eine Verunreinigung mit vegetativen Zellresten. Zu Sporenenzymstudien sollen die absorbierten vegetativen Enzyme vollständig entfernt werden, wozu etwa 12—15maliges Waschen mittels Zentrifugieren notwendig ist. Die wichtigsten Auskeimungs-Stimulatoren, Alanin und Glucose, werden in Pyruvate umgebaut; nach HALVORSON und CHURCH (1957a) sollen Produkte des Pyruvatstoffwechsels wesentlich für die Auskeimung der B. cereus Sporen sein. Im allgemeinen sind zur Sporenauskeimung eine Stickstoffquelle (Aminosäure), eine Kohlenstoffquelle (Glucose) und ein Nucleinsäure-Prekursor notwendig (HALVORSON und CHURCH 1957b). Species-Differenzen können bezüglich Auskeimungsfaktoren beträchtlich sein. Mindestens 20 verschiedene Aminosäuren fördern die Auskeimung der Subtilis-Sporen; nur L-Alanin und L-Tyrosin sind wirksam bei Cereus und bei Anthrax-Sporen. Zur Auskeimung des B. megaterium sind auch stickstofffreie Verbindungen wie Glucose, Maltose, Acetat genügend. L-Alanin und Adenosin nehmen zwar eine Schlüsselstellung bei der Auskeimung ein, doch kann L-Alanin gelegentlich durch Glucose, Adenosin durch Xanthin, Guanosin und Inosin ersetzt werden. Die zur Auskeimung notwendigen Enzyme sind in den ruhenden Sporen wahrscheinlich an große, Proteine und Peptide enthaltende strukturelle Elemente gebunden. Permeabilitätsänderungen könnten durch Pyrophosphatase, durch Mangan-aktivierte und durch andere lytische Fermente entstehen (HALVORSON und CHURCH 1957a).

Nach MURTY (1956) sind die inaktiven („dormant") Sporenenzyme größtenteils von oxydativer Natur. Racemase, Adenosindeaminase, Ribosidase, hitzeresistente Katalase und ein Glucose oxydierendes System (das er selbst erkannte), können auch in den intakten Sporen nachgewiesen werden. Der Nachweis von Pyrophosphatase, Glutamin- und Asparagin-Transaminase, hitzelabiler Katalase gelingt erst nach der Ruptur der Sporenwand. Nach LAWRENCE (1956) ist es schwierig, die aktiven und inaktiven („dormant") Sporenenzyme durch eine scharfe Linie zu trennen. Als inaktive („dormant") Enzyme bezeichnet er diejenigen, die in der ruhenden Spore ohne Aktivatoren nicht nachweisbar sind. Er analysiert ausführlich die Rolle der Alaninracemase, der hitzestabilen Katalase, der Adenosindesaminase und der Nucleosidribosidase bei der Sporenauskeimung. LEVINSON (1956) erkannte, daß ein durch mechanische Einwirkung auf Sporen hergestellter Extrakt die Auskeimung von intakten Sporen fördert. Er beschäftigte sich mit Mg-Pyrophosphatase, mit Glutamintransferase und beschrieb ein acetokinaseähnliches Ferment (xTF), welches die Sporenpeptid-Depolymerisation hervorrufen soll.

Zum Schluß soll ein treffender Satz von HALVORSON und CHURCH (1957b) zitiert werden: "germination is characterized by a burst of degradative reactions: cell wall lysis, liberation of Diaminopicolicacidphosphate, amino acids and enzymes, and a loss of heat resistance; outgrowth, however, is more characterized by synthetic reactions". In diesem Satz ist unter „germination" das vorvegetative Stadium der Sporenauskeimung und unter „outgrowth" die aktuelle Auskeimung zu verstehen. Vielleicht wäre es richtiger gewesen, bei den vorvegetativen Erscheinungen den Verlust der Hitzeresistenz an die erste Stelle zu setzen. Die Gegenüberstellung der Degradation und der Synthese im vorvegetativen Stadium und in der aktuellen Sporenauskeimung ist in der Darstellung von HALVORSON und CHURCH vollkommen gerechtfertigt. Es ist leichter, chemische Grundlagen über einen Abbau als über eine Synthese zu ermitteln. Deshalb ist es zu verstehen, daß im folgenden Abschnitt dieser Übersicht bei der aktuellen Sporenauskeimung weitaus weniger chemische Grundlagen zur Verfügung stehen.

3. Entstehung der neuen vegetativen Formen

LEVINSON und SEVAG (1953) unterschieden zwei Phasen der Auskeimung: a) „pregermination", b) „germination". Diese zwei Phasen entsprechen mehr oder weniger denjenigen, die nach JENSEN (1950, 1951) in dieser Übersicht unter den Bezeichnungen: a) vorvegetatives Stadium, b) aktuelle Auskeimung beschrieben wurden. Es wurden bereits einige Stimulatoren und Inhibitoren angeführt, die in den zwei Phasen der Auskeimung unterschiedlich wirken. Zur Ergänzung sei hier erwähnt, daß nach FOSTER und WYNNE (1948) ungesättigte Fettsäuren die Auskeimung hemmen, aber das vegetative Zellwachstum kaum beeinflussen. Nach HACHISUKA et al. (1955b) erlauben Monojodacetat, 2,4-Dinitrophenol und As-Salze die Entwicklung der ersten vegetativen Erscheinungen, sie hemmen aber die weitere Evolution des vorvegetativen Stadiums. Cyanide erlauben sogar das Auschlüpfen der vegetativen Zelle, sie unterbinden aber das weitere vegetative Wachstum. Aus diesen Angaben ist die Schlußfolgerung zu ziehen, daß mittels Inhibitoren keine scharfe Trennung der Phasen a) und b) möglich ist, da die Trennlinie, je nach der verwendeten Inhibitor-Substanz, Änderungen unterliegt. In konservierten und kühlgelagerten Lebensmitteln wird eher das vegetative Wachstum als die Sporenauskeimung gehemmt (MOL 1957).

In diesem Abschnitt soll die allerletzte Phase der Sporenauskeimung besprochen werden, die aus dem mikroskopisch sichtbaren Ausschlüpfen der vegetativen Zelle aus der Spore besteht. Nach DE BARY (1885) reißt die wachsende vegetative Zelle die „Sporenmembran" auf. Bei B. megaterium- und B. subtilis-Sporen geht „der Querriß entweder ganz durch, so daß jedem Ende der Zelle eine Membranhälfte als Kappe aufsitzt, oder die Hälften bleiben in einer Seite zusammenhängen, so daß die wachsende Zelle aus einem klaffenden Spalt hervortreten muß". „Früher oder später verquillt die aufgerissene (Sporen-)Membran und entschwindet der Beobachtung." DE BARY erwähnte bereits Species-Unterschiede: Bei B. megaterium kann die zerrissene bzw. „gehobene" Sporenmembran häufig gesehen werden, bei B. anthracis nie. Die beste, mit klaren Schemata

illustrierte Beschreibung der Sporenauskeimung im letzten Jahrhundert stammt
von GRETHE (1897). Wenn die Sporen in einen frischen Nährboden überführt
werden, ändert sich ihr färberisches Verhalten sehr schnell; sie werden größer,
ihre Lichtbrechung verschwindet, doch erfolgt die aktuelle Auskeimung erst in
45—90 min. Die aufgespaltenen Sporenmembranen sind gelegentlich auch nach
mehreren Teilungen der vegetativen Zelle sichtbar. GRETHE sah sie auch in langen
Fäden dem einen Endglied der Kette anhaften. Er beobachtete auch Sporenwand-
risse bei B. megaterium und B. subtilis, im Gegensatz zu B. anthracis, bei dem
die „Haut einfach verquillt". MÜHLSCHLEGEL (1900) beschrieb die polare und
äquatoriale „Auskeimung"; er konnte die „abgestreiften Sporenhäute" nach
3 Std nicht mehr auffinden. NAKANISHI (1901) bestätigte die früheren morphologischen Beobachtungen über Auskeimung. Er suchte lange, aber er konnte
niemals direkt beobachten, „wie die Zellen aus der Sporenhülle heraustreten".
Selten fand er ein „äquatoriales Hügelchen" an den auskeimenden Sporen des
B. subtilis. Die Tetanus-Keimlinge waren — im Gegensatz zu denjenigen im
Genus Bacillus — stets bedeutend „dünner" (d. h. weitaus weniger breit) als
die Spore.

LAMANNA (1940a, 1942) unterschied in den morphologischen Formen der
Auskeimung die folgenden Typen: a) äquatorial, ohne Spaltung der Sporenwand
(B. subtilis), b) äquatorial, mit Spaltung der Sporenwand (B. vulgatus), c) polar
(B. agri und gelegentlich B. subtilis), d) „kommaförmiges Wachstum" (B. mesen-
tericus), e) Absorption der Sporenwand (B. cereus, B. mycoides, B. megaterium).
Die Typen a) bis d) sollen in den kleinzelligen, der Typ e) in den großzelligen
Species des Genus Bacillus vorkommen. LAMANNA fand die morphologischen
Auskeimungstypen für die einzelnen Species derartig konstant, daß er diese
auch für taxonomische Zwecke empfahl. Es soll aber diesbezüglich bemerkt
werden, daß seine Bezeichnung „Absorption" für den Auskeimungstyp e) mit
Recht kritisiert werden kann. Die älteren Autoren sprachen diesbezüglich über
Verquellung der Sporenwand, die sie typischerweise nur bei B. anthracis und
nicht bei B. megaterium und bei B. cereus beobachteten. KNAYSI (1948) defi-
nierte die Absorption der Sporenwand bei der Auskeimung folgendermaßen: die
Spore quillt auf das dreifache oder auf das mehrfache ihres ursprünglichen
Volumens, die Sporenwand verschwindet nach der zweiten vegetativen Teilung,
aber ein dünner „kapselähnlicher Rest" kann auch später sichtbar bleiben. Er
beschreibt auch Absorption der Sporenwand bei B. megaterium, aber eine
terminale Auskeimung der B. cereus-Sporen, wobei das Sporangium „persistent"
sein kann. B. mycoides soll eine strikte äquatoriale Auskeimung aufweisen.
Ich halte die Definition von KNAYSI über Absorption der Sporenwand für unklar.
Ich verstehe seine Auffassung gar nicht, daß zur Klassifikation des Genus Bacillus
kein konstanteres Charakteristikum existiert als das der morphologischen Typi-
sierung bei der Auskeimung. Nach WINKLER (1956) hat bei Herausschlüpfen
der vegetativen Zelle „ein beschleunigter Zerfall der Sporenmembran zu der
wahrscheinlich irrigen Annahme geführt, daß bei manchen Keimarten die Sporenhülle nicht abgestoßen, sondern absorbiert wurde". BREED et al. (1957) wählten
als Grundlage für die morphologische Aufteilung des Genus Bacillus in „Bergey's
Manual" nicht die Auskeimungstypen, sondern die Größe und die Form der
Sporen sowie ihre Lagerung innerhalb des Sporangiums.

Grundlegende elektronenmikroskopische Studien über Sporenauskeimung wurden von KNAYSI und HILLIER (1949) durchgeführt. Die Elastizität der abgeworfenen Sporenwand verschwindet bei B. megaterium; deshalb wird sie, im Vergleich zu derjenigen der ruhenden Spore, viel breiter. Die frisch abgeworfene Sporenwand zeigt noch eine homogene Struktur; eine Desintegration erscheint aber alsbald. Zu Kugeln aufgespaltene Fäden werden sichtbar, die mit einem zementartigen Material zusammengekittet sind. Die Matrix zerfällt in etwa 1 Std. Ist das eine Absorption oder ein Zerfall? KNAYSI und HILLIER stellten sich diesmal zur letzten Bezeichnung; bei einer Absorption käme ja das aufgelöste Material durch die keimende Zelle zur Verwendung. Diese Beobachtungen lassen auch die Vermutung aufkommen, daß parallel gelagerte Fibrillen mit einer flachsähnlichen Struktur auch in der Wand der ruhenden Spore existieren und für die derben und zähen physikalischen Eigenschaften der Sporenwand verantwortlich sind (KNAYSI und HILLIER).

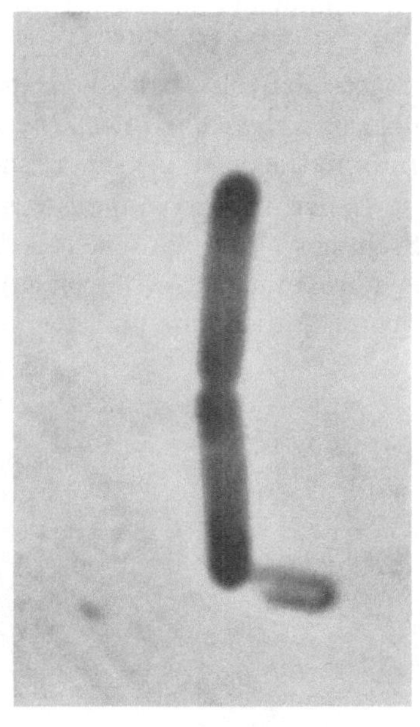

Abb. 18. Auskeimung von B. cereus mit anhaftender, leerer Sporenwand (Phasenkontrast ohne Immunserum)

MÜHLSCHLEGEL (1900) gelang es nicht, auskeimende Sporen „in statu nascendi" zu beobachten. Nach CAMPBELL (1956) besteht der ausschlüpfende Bacillus auf Grund von Chromatinstudien oft bereits aus zwei Zellen. Ein übliches Bild über die Auskeimung des B. cereus wird im Phasenkontrast in Abb. 18 gezeigt (TOMCSIK und BAUMANN-GRACE 1962).

PREISZ (1904) zitiert eine alte Arbeit von KROMPECHER, der beobachtete, daß Milzbrand-Sporen auf demselben Nährboden keimen, auf dem sie sich entwickelt hatten. Er führt das sekundäre Wachstum, das Erscheinen von jungen Bacillen in einer 16 Tage alten Kultur des B. anthracis auf eine Auskeimung der Sporen zurück, da die 8tägige Kultur nur Sporen enthielt. In Abb. 19 zeigen wir ein Kuriosum in unseren morphologischen

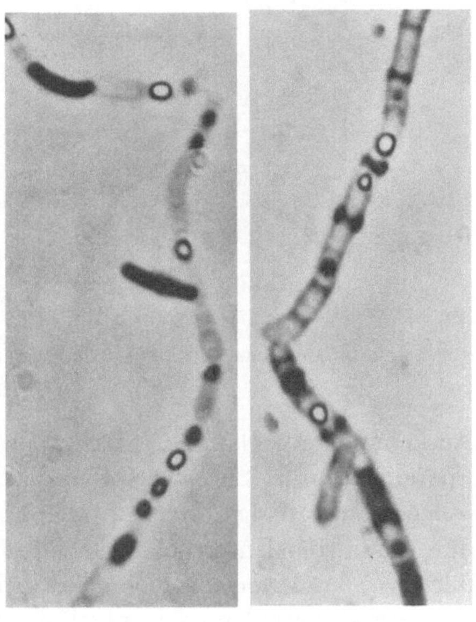

a   b

Abb. 19a u. b. „Bacillus M". Die auskeimende Spore durchbricht die Sperrmauer des Kettenverbandes ohne Serum; b mit homologem Polysaccharid-Immunserum

Beobachtungen über die Auskeimung. Eine Spore keimt innerhalb des noch vorhandenen Sporangiums aus, die ausgeschlüpfte junge vegetative Zelle durchbricht die Sporangiumwand (TOMCSIK und BAUMANN-GRACE 1962).

Immunocytologische Untersuchungen wurden früher bei der Auskeimung nicht durchgeführt. Unsere Studien (TOMCSIK und BAUMANN-GRACE 1962) zeigen, daß mit Hilfe von spezifischen Sporen- bzw. vegetativen Antikörpern über die verschiedenen Oberflächensubstanzen der auskeimenden Zelle neue Informationen zu gewinnen sind.

In der Abb. 20 wird das Frühstadium der Auskeimung unseres B. megaterium-Stammes Nr. 31 im feuchten Präparat phasenkontrastmikroskopisch dargestellt (Vergrößerung etwa 3000fach). Die entgegengesetzte, spezifische Wirkung des Sporen-Antiserums und des vegetativen Antiserums ist in diesem Stadium der

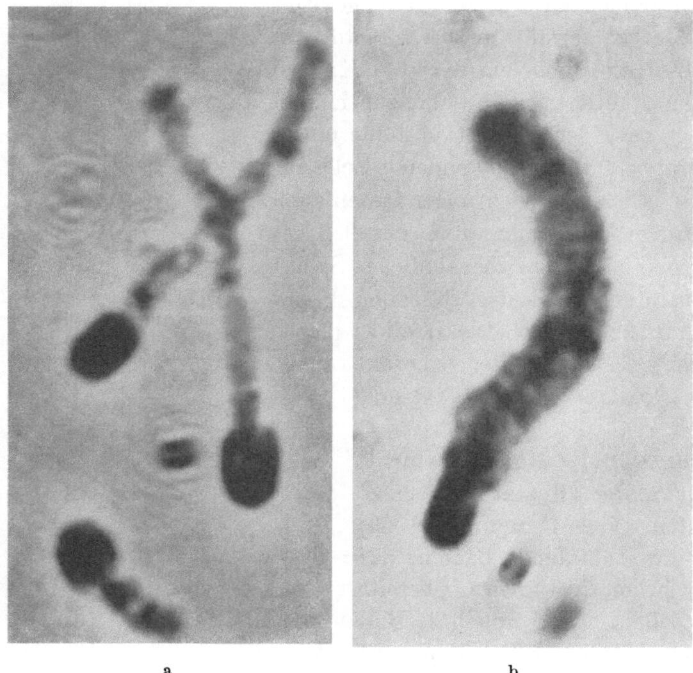

a   b

Abb. 20a u. b. Auskeimung der freien B. megaterium-Sporen a mit Sporen-Immunserum; b mit vegetativem Immunserum

Auskeimung verblüffend. Das Sporenantiserum stellt elektiv die gespaltene Sporenwand dar. Sie erscheint als dickwandiges, an einem Pol geöffnetes Gebilde, welches am Anfang des vegetativen Fadens fix klebt. Die mit ähnlicher Technik durchgeführten Untersuchungen mögen abklären, ob die Sporenwandreste auch mit signifikant verschiedener Geschwindigkeit verschwinden, d. h. bis zur Unsichtbarkeit zerfallen oder aufgelöst werden. Es ist aber ohne Zweifel, daß diese Beobachtung mindestens im vorliegenden Fall gegen eine „Absorption" der Sporenwand spricht.

Im gleichen Auskeimungsstadium entsteht ein diametral entgegengesetztes Bild, wenn vegetatives Antiserum zugegeben wird. Der aus mehreren Zellen bestehende Faden zeigt eine enorme Verdickung. Die Annahme einer Quellung wäre ein naheliegender Gedanke, doch handelt es sich hier nur um eine „spezifische Kapselreaktion", d. h. Sichtbarmachung der Kapsel mittels homologen

Antikörpern. Es ist erstaunlich, daß die ausschlüpfenden vegetativen Zellen bereits eine derartig mächtig entwickelte Kapsel aufweisen. Diese Tatsache spricht auch dafür, daß bei der aktuellen Auskeimung in den Zellen eine lebhafte Synthese vor sich geht.

KNAYSI und HILLER (1947) stellten in elektronenmikroskopischen Studien fest, daß die Geißeln erst in der zweiten oder in der dritten Generation erscheinen. Chromatinstudien in auskeimenden Zellen wurden häufiger durchgeführt. Es wäre aber interessant, auch über die Reihenfolge der Bildung von strukturellen Elementen bei der ausschlüpfenden neuen vegetativen Zelle mehr Informationen zu gewinnen.

Literatur

AMAHA, M., Z. J. ORDAL and A. TOUBA: Sporulation requirements of Bacillus coagulans var. thermoacidurans in complex media. J. Bact. **72**, 34 (1956).

ANAGNOSTOPOULOS, C., and JOHN SPIZIZEN: Requirements for transformation in Bacillus subtilis. Amer. J. Bact. **81**, 741 (1961).

ANGUS, T. A.: Separation of bacterial spores and parasporal bodies with a fluorocarbon. J. Insect. Path. (N.Y.) **1**, 97 (1959).

Bacterial Anatomy: The University Press, Cambridge: Sixth Symposium of the Society for General Microbiology at the Royal Institution, London, 1956.

BADIAN, J.: Eine cytologische Untersuchung über das Chromatin und den Entwicklungszyklus der Bakterien. Arch. mikr. Anat. **25**, 261 (1933).

BARY DE, A.: Vorlesungen über Bacterien. Leipzig: Wilhelm Engelmann 1885.

BAUMANN-GRACE, J. B., and J. TOMCSIK: The surface structure and serological typing of Bacillus megaterium. J. gen. Microbiol. **17**, 227 (1957a).

— — Lysozym-Empfindlichkeit der Species B. megaterium. Experientia (Basel) **13**, 148 (1957b).

BAYNE-JONES, S., and A. PETRILLI: Cytological changes during the formation of the endospore in Bacillus megaterium. J. Bact. **25**, 261 (1933).

BEERS, R. J.: Effect of moisture activity on germination. Spores (Symp.) edit. by H. O. HALVORSON, Univ. of Illin., p. 45, 1956.

BEHRING: Beiträge zur Ätiologie des Milzbrandes. Z. Hyg. Infekt.-Kr. **6**, 116 (1889).

BEKKER, J. H.: The antigenic properties of bacterial spores. Antonie van Leuwenhoek. J. micr. Serol. **10**, 67 (1944).

BERGER, A., et A. G. MARR: Structure of endospores of Bacillus cereus. Bact. Proc. **41** (1957a).

BERGER, J. A., and A. G. MARR: Disruption of spores. J. gen. Microbiol. **22**, 147 (1960).

BISSET, K. A.: Evolution in bacteria and the significance of the bacterial spore. Nature (Lond.) **166**, 431 (1950b).

— The sporulation of Clostridium tetani. J. gen. Microbiol. **4**, 1 (1950a).

— The interpretation of appearances in the cytological staining of bacteria. Exp. Cell Res. **3**, 681 (1952).

BISSET, K. A., and C. M. F. HALE: Observations upon the bacterial spore nucleus. J. Hyg. (Lond.) **49**, 201 (1951).

BITTER, H.: Kommt durch die Entwicklung von Bakterien im lebenden Körper eine Erschöpfung desselben an Bakterienstoffen zustande? Z. Hyg. Infekt.-Kr. **4**, 291 (1888).

BORDET, H., et E. RENAUX: L'influence du calcium sur l'évolution des cultures de charbon. Ann. Inst. Pasteur **45**, 1 (1930).

BORDET, P.: Influence du calcium sur les caractères des espèces microbiennes. Ann. Inst. Pasteur **45**, 24 (1930).

BRADLEY, D. E., and D. J. WILLIAMS: An electron microscope study of the spores of some species of the genus Bacillus using carbon replicas. J. gen. Microbiol. **17**, 75 (1957).

BRADY, R. J., E. C. S. CHAN, M. J. PELCZAR: Sporulation of Bacillus sphaericus grown in association with Erwinia Atroseptica. J. Bact. **81**, 725 (1961).

BREED, R. S., E. G. D. MUORAY and N. R. SMITH: Bacillus group, Bergey's Manual of determinative bacteriology. R Williams & Wilkins Company 1957.

BRUNSTETTER, B. C., and C. A. MAGOON: Studies on bacterial spores. III. A contribution to the physiology of spore production in Bacillus mycoides. J. Bact. 24, 85 (1932).

BUCHNER, H.: Über die experimentelle Erzeugung des Milzbrandcontagiums aus den Heupilzen. Nachtrag zu der Sitzung der math.-physik. Classe München 1880.

— Über die Ursache der Sporenbildung beim Milzbrandbacillus. Zbl. Bakt., I. Abt. Orig. 8, 1 (1890).

— Über die physiologischen Bedingungen der Sporenbildung beim Milzbrandbacillus. Zbl. Bakt., I. Abt. Orig. 20, 806 (1896).

BYRNE, A. F., T. H. BURTON and R. K. KOCH: Relation of dipicolinic acid content of anaerobic bacterial endospores to their heat resistance. J. Bact. 80, 139 (1960).

CAMPBELL, L. LEON: Bacterial spore germination — definitions and methods of study. Spores (Symp.). Edit. by H. O. HALVORSON, Amer. Inst. of Biol. Sciences, Washington D. C., p. 33, 1956.

CHAMBERLAND et ROUX: C.R. Acad. Sci. (Paris) 1090 (1883).

CHAPMAN, G. B.: Electron microscopy of ultra-thin sections of bacteria. II. Sporulation of Bacillus megaterium and Bacillus cereus. J. Bact. 71, 348 (1956).

— Electron microscopy of ultrathin sections of bacteria. III. Cell wall, cytoplasmic membrane and nuclear material. J. Bact. 78, 96 (1959).

—, and K. A. ZWORYKIN: Study of germinating Bacillus cereus spores employing television microscopy of living cells and electron microscopy of ultrathin sections. J. Bact. 74, 126 (1957).

CHARNEY, J., W. P. FISHER and C. P. HAGARTY: Manganese as an essential element for sporulation in the genus Bacillus. J. Bact. 62, 145 (1951).

CHURCH, B. D., H. HALVORSON and H. O. HALVORSON: Studies on spore germination: its independence from alanine racemase activity. J. Bact. 68, 393 (1954).

COLLIER, R. E.: An approach to synchronous growth for spore production in Clostridium roseum. Spores (Symp.). Edit. by H. O. HALVORSON, Amer. Inst. of Biol. Sciences, Washington D. C., p. 10, 1956.

CURRAN, H. R.: The killing of bacterial spores in fluids by agitation with small inert particles. J. Bact. 43, 125 (1942).

— Symposium on the biology of bacterial spores. V. Resistance in bacterial spores. Bact. Rev. 16, 111 (1952).

— The mineral requirements for sporulation. Spores (Symp.). Amer. Inst. of Biol. Sciences, Washington, D. C., p. 1, 1956.

— B. C. BRUNSTETTER and A. T. MYERS: Spectrochemical analysis of vegetative cells and spores of bacteria. J. Bact. 45, 485 (1943).

—, and F. R. EVANS: Heat activation inducing germination in the spores of thermotolerant and thermophilic aerobic bacteria. J. Bact. 49, 335 (1945).

— — The influence of iron or manganese upon the formation of spores by mesophilic aerobes in fluid organic media. J. Bact. 67, 489 (1954).

DAVIS jr., F. L., and O. B. WILLIAMS: Chromatographic analysis of the amino acid composition of bacterial spores. J. Bact. 64, 766 (1952).

DAWSON, J. M.: The nature of the bacterial surface, edit. by A. A. MILES and N. W. PIRIE. Oxford: Blackwell 1949.

DEFALLE, W.: Sur les anticorps des spores. Ann. Inst. Pasteur 16, 756 (1902).

DE LAMATER, E. D., and M. E. HUNTER: The nuclear cytology of sporulation in Bacillus megaterium. J. Bact. 63, 13 (1952).

DELAPORTE, B.: Observations on the cytology of bacteria. Advanc. Genet. 3, 1 (1950).

DOAK, B. W., and C. LAMANNA: On the antigenic structure of the bacterial spore. J. Bact. 55, 373 (1948).

DONDERO, N. C., and P. E. HOLBERT: The endospore of Bacillus polymyxa. J. Bact. 74, 43 (1957).

DOUGLAS, H. W.: Electrophoretic studies on spores and vegetative cells of certain strains of B. megaterium, B. subtilis and B. cereus. J. appl. Bact. 20, 390 (1957).

—, and D. J. SHAW: Electrophoretic studies on model particles. Part I Mobility, pH and ionic strength relations for droplets having protein, liquid or polysaccharide surfaces, and for certain complexes. Trans. Faraday Soc. 53, 512 (1956).

Evans, F. R., and H. R. Curran: The accelerating effect of sublethal heat on spore germination in mesophilic aerobic bacteria. J. Bact. 46, 513 (1943).

Fabian, F. W., and C. S. Bryant: The influence of cations on aerobic sporogenesis in a liquid medium. J. Bact. 26, 543 (1933).

Falcone, G., G. Salvatore and J. Covelli: Mechanism of induction of spore germination in Bacillus subtilis by L-alanine and hydrogen peroxyde. Biochem. biophys. Acta 36, 390 (1959).

Fernelius, A. L.: Comparison of two heat-shock methods and a phenol treatment method for determining germination rates of spores of Bacillus anthracis. J. Bact. 79, 755 (1960).

Fischer, A.: Vorlesungen über Bakterien, 2. Aufl. Jena: Gustav Fischer 1903.

Fischoeder, F.: Beiträge zur Kenntnis des Milzbrandes. Zbl. Bakt., I. Abt. Orig. 51, 320 (1909).

Fitz-James, P. C.: The structure of spores as revealed by mechanical disruption. J. Bact. 66, 312 (1953).

— The duplication of bacterial chromatin. Interpretations of some cytological and chemical studies of the germinating spores of Bacillus cereus and Bacillus megaterium. J. Bact. 68, 464 (1954).

— The phosphorus fractions of Bacillus cereus and Bacillus megaterium. II. A correlation of the chemical and the cytological changes occurring during spore germination. Canad. J. Microbiol. 1, 525 (1955).

— Morphology of spores of „Bacillus apiarius" Katznelson. J. Bact. 78, 765 (1959).

—, and I. E. Young: Comparison of species and varieties of the genus Bacillus. J. Bact. 78, 743 (1959).

Flewitt, T. H.: Nuclear changes in Bacillus anthracis and their relation to variants. J. gen. Microbiol. 2, 325 (1948).

Flügge, C.: Die Mikroorganismen, 3. Aufl. Leipzig: F. C. W. Vogel 1896.

Foster, J. W., W. A. Hardwick and B. Guirard: Antisporulation factors in complex organic media. I. Growth and sporulation studies on Bacillus larvae. J. Bact. 59, 463 (1950).

—, and F. Heiligman: Mineral deficiencies in complex organic media as limiting factors in the sporulation of aerobic bacilli. J. Bact. 57, 613 (1949a).

— — Biochemical factors influencing sporulation in a strain of B. cereus. J. Bact. 57, 639 (1949b).

—, and J. J. Perry: Intracellular events occurring during endotrophic sporulation in B. mycoides. J. Bact. 67, 295 (1954).

Franklin, J. G., and D. E. Bradley: A further study of the spores of species of the genus Bacillus in the electron microscope using carbon replicas and some preliminary observations on Clostridium welchii. J. appl. Bact. 20, 467 (1957).

Gillissen, G., u. H. G. Scholz: Ein Verfahren zur Abtötung der Sporen von Bacillus anthracis in Abwässern von Lederfabriken, dargestellt im Großversuch. Arch. Hyg. (Berl.) 145, 389 (1961).

Gladstone, G. P., and P. Fildes: A simple culture medium for general use without meat extract or peptone. Brit. J. exp. Path. 21, 161 (1940).

Gotschlich, E.: Allgemeine Morphologie und Biologie der pathogenen Mikroorganismen. In Handbuch der pathogenen Mikroorganismen, Bd. 1. S. 29. Jena: Gustav Fischer 1903.

Greenberg, R. A., and H. O. Halvorson: Studies on an autolytic substance produced by an aerobic sporeforming bacterium. J. Bact. 69, 45 (1955).

Grelet, N.: Culture d'une souche de Bacillus megaterium en milieu synthétique glucosé, sporulation par pénurie de zinc en présence de calcium. Ann. Inst. Pasteur 78, 423 (1950).

— Le déterminisme de la sporulation de Bacillus megaterium. I. L'effet de l'épuisement de l'aliment carboné en milieu synthétique. Ann. Inst. Pasteur 81, 430 (1951).

— Le déterminisme de la sporulation de Bacillus megaterium. II. L'effet de la pénurie des constituants minéraux du milieu synthétique. Ann. Inst. Pasteur 82, 66 (1952).

— Nutrition azotic et sporulation de Bacillus cereus var. mycoides. Ann. Inst. Pasteur 88, 60 (1955).

— Growth limitation and sporulation. J. appl. Bact. 20, 315 (1957).

Grethe, G.: Über die Keimung der Bakteriensporen. Fortschr. Med. 15, 43 (1897).

HACHISUKA, Y., N. ASANO, N. KATO, M. OKAJIMA, M. KITAORI and T. KUNO: Studies on spore germination. I. Effect of nitrogen sources on spore germination. J. Bact. **69**, 399 (1955a).
— N. KATO, N. ASANO and T. KUNO: Studies on spore germination. II. Effect of caramels from sugars and other carbon sources on spore germination. J. Bact. **69**, 407 (1955b).
HALVORSON, H.: Oxydative enzymes of bacterial spore extracts. Spores (Symp.). Edit. by H. O. HALVORSON. Amer. Inst. of Biol. Sciences, Washington D. C., p. 144, 1956.
—, and B. D. CHURCH: Intermediate metabolisme of aerobic spores. II. The relationship between oxidative metabolism and germination. J. appl. Bact. **20**, 359 (1957a).
— — Biochemistry of spores of aerobic bacilli with special reference to germination. Bact. Rev. **21**, 112 (1957b).
HALVORSON, H. O.: Rapid and simultaneous sporulation. J. appl. Bact. **20**, 305 (1957).
HANNAY, C. L.: Inclusions in bacteria. Bacterial Anatomy. 6th Symp. Soc. Gen. Microbiol., p. 318. Cambridge: Cambridge University Press 1956.
HARDWICK, W. A., and J. W. FOSTER: On the nature of sporogenesis in some aerobic bacteria. J. gen. Physiol. **35**, 907 (1952).
— — Enzymatic changes during sporogenesis in some aerobic bacteria. J. Bact. **65**, 355 (1953).
— B. GUIRARD and J. W. FOSTER: Antisporulation factors in complex organic media. II. Saturated fatty acids as antisporulation factors (A.S.F.). J. Bact. **61**, 145 (1951).
HARRELL, W. K., and H. HALVORSON: Studies on the role of L-alanine in the germination of spores of Bacillus terminalis. J. Bact. **69**, 275 (1955).
HENRY, B. S., and C. A. FRIEDMAN: The water content of bacterial spores. J. Bact. **33**, 323 (1937).
HILLS, G. M.: Chemical factors in the germination of spore-bearing aerobes. The effect of yeast extract on the germination of B. anthracis and its replacement by adenosine. Biochem. J. **45**, 353 (1949a).
— Chemical factors in the germination of spore-bearing aerobes. The effect of amino-acids in the germination of B. anthracis, including observations on the specificity of stereoisomers. Biochem. J. **45**, 363 (1949b).
— Chemical factors in the germination of spore-bearing aerobes: Observations on the influence of species, strain and conditions of growth. J. gen. Microbiol. 4, 38 (1950).
HITZMAN, D. O., H. O. HALVORSON and T. UKITA: Requirements for production and germination of spores of anaerobic bacteria. J. Bact. **74**, 1 (1957).
HODSON, P. H., and J. V. BECK: Origin of deoxyribonucleic acid of the bacterial endospore. J. Bact. **79**, 661 (1960).
HOLBERT, P. E.: An effective method of preparing sections of Bacillus polymyxa sporangia and spores for electron microscopy. J. biophys. biochem. Cytol. **7**, 373 (1960).
HOWIE, J. W., and J. CRUICKSHANK: Bacterial spores as antigens. Brit. J. exp. Path. **50**, 235 (1940).
HYATT, M. T., and H. S. LEVINSON: Sulfur requirement for postgerminative development of Bacillus megaterium spores. J. Bact. **74**, 87 (1957).
— — Utilization of phosphates in the postgerminative development of spores of Bacillus megaterium. J. Bact. **77**, 487 (1959).
JANSSEN, F. W.: Colorimetric assay for dipicolinic acid in bacterial spores. Science **127**, 26 (1958).
JENSEN, J.: Die „vorvegetativen Prozesse" bei der Sporenkeimung. Zbl. Bakt., I. Abt. Orig. **156**, 118 (1950).
— Die „vorvegetativen Prozesse" bei der Sporenkeimung. Zbl. Bakt., I. Abt. Orig. **157**, 226 (1951).
JUNGE, J. M., E. A. STEIN, H. NEURATH u. E. H. FISCHER: Die Aminosäurezusammensetzung der α-Amylase von Bacillus subtilis. J. biol. Chem. **234**, 556 (1959).
KAY, D., and P. FILDES: The calcium requirements of typhoid bacteriophage. Brit. J. exp. Path. **31**, 338 (1950).
KLEIN, L.: Botanische Bakterienstudien. Zbl. Bakt., I. Abt. Orig. **6**, 313, 345, 377 (1889).
KNAYSI, G.: A study of some environmental factors which control endospore formation by a strain of Bacillus mycoides. J. Bact. **49**, 473 (1945).
— On the process of sporulation in a strain of Bacillus cereus. J. Bact. **51**, 187 (1946).
— The endospore of bacteria. Bact. Rev. **12**, 19 (1948).

KNAYSI, G.: Symposium on the biology of bacterial spores. II. The cytology of sporulation. Bact. Rev. **16**, 93 (1952).
— The structure, composition and behaviour of the nucleus in Bacillus cereus. J. Bact. **69**, 117 (1955a).
— On the structure and nature of the endospore in strain C 3 of Bacillus cereus. J. Bact. **69**, 130 (1955b).
— Structure of the endospore and the cytological processes involved in its formation and germination, with remarks on of criteria of germination. J. appl. Bact. **20**, 425 (1957).
— Répartition de la matière minérale dans la spore de Bacillus cereus. Ann. Inst. Pasteur **100**, 828 (1961).
—, and R. F. BAKER: Demonstration, with the electron microscope, of a nucleus in B. mycoides grown in a nitrogen-free medium. J. Bact. **53**, 539 (1947).
— — and J. HILLIER: A study, with the high-voltage electron microscope, of the endospore and life cycle of B. mycoides. J. Bact. **53**, 525 (1947).
—, and J. HILLIER: Preliminary observations on the germination of the endospore in B. megaterium and the structure of the spore coat. J. Bact. **57**, 23 (1949).
KONDO, M., M. YONEDA, Y. NISHI and K. FUKAI: Studies on Poly-β-Hydroxybutyrate in bacterial spores. II. Localization of Poly-β-Hydroxybutyrate in relation to the morphological structure of mature spores of Bacillus cereus. Bikens J. **4**, 41 (1961).
KRASH, B. J.: Methionine sulfoxide and specific inhibition of sporulation in Bacillus subtilis. J. Bact. **66**, 374 (1953).
KRAUSKOPF, E. J., and E. McCOY: The serology of spores of Bacillus niger with special reference to the H antigen. J. infect. Dis. **61**, 251 (1937).
LAMANNA, C.: The taxonomy of the genus Bacillus. I. Modes of spore germination. J. Bact. **40**, 346 (1940a).
— The taxonomy of the genus Bacillus. II. Differentiation of small celled species by means of spore antigens. J. infect. Dis. **67**, 193 (1940b).
— The taxonomy of the genus Bacillus. III. Differentiation of the large celled species by means of spore antigens. J. infect. Dis. **67**, 205 (1940c).
— The status of Bacillus subtilis, including a note on the separation of precipitinogens from bacterial spores. J. Bact. **44**, 611 (1942).
— I. Biological role of spores. Symposium on the biology of bacterial spores. Bact. Rev. **16**, 89 (1952).
LAW, J. H., and R. A. SLEPECKY: Assay of poly-β-hydroxybutyric acid. J. Bact. **82**, 33 (1961).
LAWRENCE, N. L.: The cleavage of adenosine by spores of B. cereus. J. Bact. **70**, 577 (1955a).
— The relationship between the cleavage of purine ribosides by bacterial spores and the germination of the spores. J. Bact. **70**, 583 (1955b).
— Enzymes active in the intact spore. Spores (Symp.). Edit. by H. O. HALVORSON, Univ. of Illin. Amer. Inst. of Biol. Sciences, p. 94, 1956.
—, and H. O. HALVORSON: A heat resistant catalase from spores of B. terminalis. J. Bact. **68**, 334 (1954).
LEIFSON, E.: Bacterial Spores. J. Bact. **21**, 331 (1931).
LEMOIGNE, M.: Etudes sur l'autolyse microbienne. Origine de l'acide β-oxybutyrique formé par autolyse. Ann. Inst. Pasteur **41**, 148 (1927).
LEVINE, M.: Symposium on the biology of bacterial spores. VI. Spores as reagents for studies on chemical desinfection. Bact. Rev. **16**, 117 (1952).
LEVINSON, H. S.: Non-oxidative enzymes of spore extracts. Spores (Symp.). Edit. by H. O. HALVORSON, Univ. of Illin. Amer. Inst. of Biol. Sciences, p. 120, 1956.
—, and M. T. HYATT: Correlation of respiratory activity with phases of spore germination and growth in Bacillus megaterium as influenced by manganese and L-alanine. J. Bact. **72**, 176 (1956).
— — Some effects of heat and ionizing radiation on spores of Bacillus megaterium. J. Bact. **80**, 441 (1960).
—, and B. J. KRASK: Non-oxidative enzymes of spore extracts. Spores (Symp.). Edit. by H. O. HALVORSON, Univ. of Illin. Amer. Inst. of Biol. Sciences, p. 120, 135, 1956.
—, and M. G. SEVAG: Stimulation of germination and respiration of the spores of B. megaterium by manganese and monovalent anions. J. gen. Physiol. **36**, 617 (1953).

LEVINSON, H. S., and M. G. SEVAG: Manganese and proteolytic activity of spore extracts of B. megaterium in relation to germination. J. Bact. **67**, 615 (1954).

LEWIS, J. C., N. S. SNELL and H. K. BURR: Water permeability of bacterial spores and the concept of a contractile cortex. Science **132**, 544 (1960).

LEWIS, J. M.: The cytology of bacteria. Bact. Rev. **5**, 181 (1941).

LEWITH, S.: Über die Ursache der Widerstandsfähigkeit der Sporen gegen hohe Temperaturen. Naunyn-Schmiedeberg's Arch. exp. Path. Pharmak. **26**, 341 (1890).

LONG, S. K., and O. B. WILLIAMS: Factors affecting growth and spore formation of Bacillus stearothermophilus. J. Bact. **79**, 625 (1960a).

—, and O. B. WILLIAMS: Lipids of Bacillus stearothermophilus. J. Bact. **79**, 629 (1960b).

MACRAE, R. M., and J. F. WILKINSON: Poly-β-hydroxybutyrate metabolism in washed suspensions of Bacillus cereus and Bacillus megaterium. J. gen. Microbiol. **19**, 210 (1958).

MAGOON, C. A.: Studies upon bacterial spores. II. Increasing resistance to heat through selection. J. infect. Diss. **38**, 429 (1926).

MAYALL, B. H., and C. F. ROBINOW: Observations with the electron microscope on the organization of the cortex of resting and germinating spores of B. megaterium. J. appl. Bact. **20**, 333 (1957).

McINTOSH, J., and F. R. SELBIE: The measurement of the size of viruses by high speed centrifugation. Brit. J. exp. Path. **18**, 162 (1937).

MEFFERD, R. B., and O. WYSS: The mutability of Bacillus anthracis spores during germination. J. Bact. **61**, 357 (1951).

MEISEL, H., and D. RYMKIEWICZ: Über die serologischen Eigenschaften der durch Enzymbehandlung freipräparierten Bakteriensporen. Schweiz. Z. Path. **21**, 866 (1958).

MELLON, R. R., and L. M. ANDERSON: Immunologic disparities of spore and vegetative stages of B. subtilis. J. Immunol. **4**, 203 (1919).

MOL, J. H. H.: The temperature characteristics of spore germination and growth of Bacillus cereus. J. appl. Bact. **20**, 454 (1957).

MÜHLSCHLEGEL: Über die Bildung und den Bau der Bakteriensporen. Zbl. Bakt., II. Abt. **6**, 65, 97 (1900).

MURRELL, W. G., and W. J. SCOTT: Heat resistance of bacterial spores at various water activities. Nature (Lond.) **179**, 481 (1957).

— — The permeability of bacterial spores to water. 7th Internat. Congr. for Microbiol. Stockholm, p. 26, 1958.

MURTY, G. G. K.: Enzymes dormant in the intact spore. Spores (Symp.). Edit. by H. O. HALVORSON, Univ. of Illin. Amer. Inst. of Biol. Sciences, p. 105, 1956.

—, and H. O. HALVORSON: Effect of enzyme inhibitors on the germination and respiration of growth from Bacillus cereus var. terminalis spores. J. Bact. **73**, 230 (1957a).

— — Effect of duration of heating, L-alanine and spore concentration on the oxidation of glucose by spores of Bacillus cereus var. terminalis. J. Bact. **73**, 235 (1957b).

NAKANISHI, K.: Beiträge zur Kenntniss der Leukocyten und Bakteriensporen. Münch. med. Wschr. **47**, 680 (1900).

— Über den Bau der Bakterien. Zbl. Bakt., I. Abt. Orig. **30**, 97, 145, 193, 225 (1901).

NAKATA, H. M., and H. O. HALVORSON: Biochemical changes occurring during growth and sporulation of Bacillus cereus. J. Bact. **80**, 801 (1961).

NOBLE, A.: A rapid method for the macroscopic agglutination test. J. Bact. **14**, 287 (1927).

NORRIS, J. R.: A bacteriolytic principle associated with cultures of B. cereus. J. gen. Microbiol. **16**, 1 (1957).

ORDAL, J.: The effect of nutritional and environmental conditions of sporulation. Spores (Symp.). Edit. by H. O. HALVORSON, Univ. of Illin. Amer. Inst. of Biol. Sciences, p. 18, 1956.

OSBORNE, A.: Die Sporenbildung des Milzbrandbacillus auf Nährböden von verschiedenem Gehalt an Nährstoffen. Arch. Hyg. (Berl.) **11**, 51 (1890).

PERRY, J. J., and J. W. FOSTER: Non-involvement of lysis during sporulation of B. mycoides in distilled water. J. gen. Physiol. **37**, 401 (1953).

— — Studies on the biosynthesis of the dipicolinic acid in spores of Bacillus cereus var. mycoides. J. Bact. **69**, 337 (1955).

POWELL, E. O.: The appearance of bacterial spores under phase-contrast illumination. J. appl. Bact. **20**, 342 (1957).

POWELL, J. F.: The sporulation and germination of a strain of Bacillus megaterium. J. gen. Microbiol. **5**, 993 (1951).
— Isolation of dipicolinic acid (Pyridine-2 : 6-dicarboxylic acid) from spores of B. megaterium. Biochem. J. **54**, 210 (1953).
— Chemical changes occurring during spore germination. Spores (Symp.). Edit. by H. O. HALVORSON, Univ. of Illin. Amer. Inst. of Biol. Sciences, p. 72, 1956.
— Biochemical changes occurring during spore germination in Bacillus species. J. appl. Bact. **20**, 349 (1957).
—, and J. R. HUNTER: Sporulation in distilled water. J. gen. Physiol. **36**, 601 (1953).
— — The sporulation of B. sphaericus stimulated by association with other bacteria: an effect of carbon dioxide. J. gen. Microbiol. **13**, 54 (1955).
— — Spore germination in the genus Bacillus: the modification of germination requirements as a result of preheating. J. gen. Microbiol. **13**, 59 (1955).
—, and R. E. STRANGE: Biochemical changes occurring during the germination of bacterial spores. Biochem. J. **54**, 205 (1953).
— — Biochemical changes occurring during sporulation in Bacillus species. Biochem. J. **63**, 661 (1956).
PREISZ, H.: Studien über Morphologie und Biologie des Milzbrandbacillus (mit besonderer Berücksichtigung der Sporenbildung auch bei anderen Bazillen). Zbl. Bakt., I. Abt. Orig. **35**, 280, 416, 537, 657 (1904).
PREUNER, R., J. v. PRITTWITZ u. GAFFRON u. E. A. TRONNIER: Untersuchungen zur Feinstruktur ruhender Bazillensporen. Z. Hyg. Infekt.-Kr. **138**, 309 (1954).
PULVERTAFT, R. J. V., and J. A. HAYNES: Adenosine and spore germination; phase-contrast studies. J. gen. Microbiol. **5**, 657 (1951).
RICHMOND, M. H.: Formation of a lytic enzyme by a strain of Bacillus subtilis. Acta biochim. biophys. (Amst.) **33**, 78 (1959).
ROBERTS, J. L., and I. L. BALDWIN: Spore formation by Bacillus subtilis in peptone solutions altered by treatment with activated charcoal. J. Bact. **44**, 653 (1942).
ROBINOW, C. F.: Observation on the structure of Bacillus spores. J. gen. Microbiol. **5**, 439 (1951).
— Spore structure as revealed by thin sections. J. Bact. **66**, 300 (1953 a).
— Observations on the nucleus of resting and germinating spores of Bacillus megaterium. J. Bact. **65**, 378 (1953 b).
— The chromatin bodies of bacteria. Bact. Rev. **20**, 207 (1956 a).
— Cytological changes occurring during germination. Spores (Symp.). Edit. by H. O. HALVORSON, Univ. of Illin. Amer. Inst. of Biol. Sciences, p. 83, 1956 b.
— The chromatin bodies of bacteria. Bacterial Anatomy. 6th Symp. Soc. Gen. Microbiol. Cambridge: Cambridge University Press 1956 c.
RODE, L. J., and J. W. FOSTER: Mechanical germination of bacterial spores. Proc. nat. Acad. Sci. (Wash.) **46**, 118 (1960 a).
— — Induced release of dipicolinic acid from spores of Bacillus megaterium. J. Bact. **79**, 650 (1960 b).
— — Germination of bacterial spores with long chain alkyl amines. Nature (Lond.) **188**, 1132 (1960 c).
— — Germination of bacterial spores with alkyl primary amines. J. Bact. **81**, 768 (1961).
ROSS, F. A., and E. BILLING: The water and solid content of living bacterial spores and vegetative cells as indicated by refractive index measurement. J. gen. Microbiol. **16**, 418 (1957).
ROTH, N. G., D. H. LIVELY and H. M. HODGE: Influence of oxygen uptake and age of culture on sporulation of B. anthracis and B. globigii. J. Bact. **69**, 455 (1955).
ROUX, E.: Bactéridie charbonneuse asporogène. Ann. Inst. Pasteur **4**, 25 (1890).
SCHAEDE, R.: Zum Problem des Vorkommens von chromatischer Substanz bei Bakterien und Aktinomyceten. Arch. Mikrobiol. **10**, 473 (1939).
SCHMIDT, C. F.: The resistance of bacterial spores with reference to spore germination and its inhibition. Ann. Rev. Microbiol. **9**, 387 (1955).
— Activators and inhibitors of germination. Spores (Symp.). Edit. by H. O. HALVORSON, Univ. of Illin. Amer. Inst. of Biol. Sciences, p. 58, 1956.
SCHOTTELIUS: Beobachtung kernartiger Körper im Innern von Spaltpilzen. Zbl. Bakt. **4**, 705 (1888).

SCHREIBER, O.: Über die physiologischen Bedingungen der endogenen Sporenbildung bei
    Bacillus anthracis, subtilis und tumescens. Zbl. Bakt., I. Abt. Orig. 20, 353, 429 (1896).
SCHWEINSBERG, H.: Serologische Untersuchungen an einem Sporenbildner (Bac. sphaericus)
    zur Feststellung der Antigenstruktur der Endospore. Z. Immun.-Forsch. 109, 27 (1952).
SIEVERS, O., and B. ZETTERBERG: A preliminary investigation into the antigenic characters
    of sporeforming, aerobic bacteria. J. Bact. 40 (1940).
SLEPECKY, R., and J. W. FOSTER: Alteration in metal content of spores of Bacillus mega-
    terium and the effect on some spore properties. J. Bact. 78, 117 (1959).
—, and J. H. LAW: Synthesis and degradation of poly-β-hydroxybutyric acid in connection
    with sporulation of Bacillus megaterium. J. Bact. 82, 37 (1961).
SMITH, A. G., and P. D. ELLNER: Cytological observations on the sporulation process of
    Cl. perfringens. J. Bact. 73, 1 (1957).
STAMATIN, N.: Transduction phagique de la sporogenèse chez B. anthracis. Ann. Inst.
    Pasteur 96, 502 (1959).
STEDMAN, R. L.: Biochemical aspects of bacterial endospore formation and germination.
    Amer. J. Pharm. 128, Part I, 84; Part II, 114 (1956).
STEWART, B. T., and H. O. HALVORSON: Studies on the spores of aerobic bacteria. I. The
    occurrence of alanine racemase. J. Bact. 65, 160 (1953).
STILLE, B.: Zytologische Untersuchungen an Bakterien mit Hilfe der Feulgenschen Nucleal-
    Reaktion. Arch. Mikrobiol. 8, 125 (1937).
STRANGE, R. E., and F. A. DARK: The composition of the spore coats of B. megaterium,
    B. subtilis and B. cereus. Biochem. J. 62, 459 (1956).
— — A cell-wall lytic enzyme associated with spores of Bacillus species. J. gen. Microbiol.
    16, 236 (1957a).
— — Cell-Wall lytic enzymes at sporulation and spore germination in Bacillus species. J.
    gen. Microbiol. 17, 525 (1957b).
—, and J. F. POWELL: Hexosamine-containing peptides in spores of B. subtilis, B. megaterium
    and B. cereus. Biochem. J. 58, 80 (1954).
Symposium on the biology of bacterial spores. 10 Autoren. Bact. Rev. 16, 89 (1952).
Symposium. Spores. Edit. by H. O. HALVORSON, Univ. of Illin. Amer. Inst. of Biol. Sciences,
    1956.
TINELLI, R.: Etude de la biochimie de la sporulation chez B. megaterium. II. Modifications
    biochimique et échanges gazeux accompagnant la sporulation provoquée par carence de
    glucose. Ann. Inst. Pasteur 88, 364 (1955).
TOMCSIK, J.: Die Struktur der Bakteriengrenzflächen. In Ergebnisse der medizinischen
    Grundlagenforschung, Bd. 1, S. 1. Stuttgart: Georg Thieme 1956a.
— Bacterial capsules and their relation to the cell wall. Bact. anatomy 41 (1956b).
— Antibodies as indicators for bacterial surface structure. Ann. Rev. Microbiol. 10, 213
    (1956c).
— Feinstruktur der Bakteriengrenzflächen. Zbl. Bakt., I. Abt. Orig. 173, 361 (1958).
— Ein Versuch zur Analyse eigener experimenteller Arbeiten, S. 1—32. Basel: Benno
    Schwabe & Co. 1960.
—, u. J. B. BAUMANN-GRACE: Sporulation und spezifische Sporangium-Reaktion. Schweiz.
    Z. Path. 21, 914 (1958).
— — Fixation of certain heterogenous antigenic substances on bacterial cells and endospores.
    Experientia (Basel) 15, 305 (1959a).
— — Serologische Typen von Bacillus cereus und ihre Verwandtschaft mit Bacillus anthracis.
    Schweiz. Z. Path. 22, 14 (1959b).
— — Specific exosporium reaction of Bacillus megaterium. J. gen. Microbiol. 21, 666 (1959c).
— — (1962), im Druck.
—, et M. BOUILLE: Effet cytologique des traitements mécanique et ultrasonique sur quelques
    bactéries aérobies. Experientia (Basel) 15, 375 (1959).
— — Effect cytologique des enzymes produits au cours de la sporulation des Bacilles aérobies.
    Ann. Inst. Pasteur 100, 25 (1961).
— — et J. B. BAUMANN-GRACE: Réaction spécifique de l'exosporium chez Bacillus cereus
    et Bacillus anthracis. Schweiz. Z. Path. 22, 630 (1959).
—, u. S. GUEX-HOLZER: Änderung der Struktur der Bakterienzelle im Verlauf der Lysozym-
    Einwirkung. Schweiz. Z. Path. 15, 517 (1952).

TOMCSIK, J., and S. GUEX-HOLZER: A specific cell-wall reaction in Bacillus sp. J. gen. Microbiol. **10**, 317 (1954).
— — The isolation and chemical nature of capsular and cell-wall haptens in a Bacillus species. J. gen. Microbiol. **14**, 14 (1956).
VAS, K., and G. PROSZT: Observations on the heat destruction of spores of Bacillus cereus. J. appl. Bact. **20**, 431 (1957).
VINTER, V.: The effect of cystine upon spore formation by Bacillus megaterium. J. appl. Bact. **20**, 325 (1957).
WEIBULL, C.: Characterization of the protoplasmatic constituents of Bacillus megaterium. J. Bact. **66**, 696 (1953).
WEINBERG, E. D.: The effect of Mn^{++} and antimicrobial drugs on sporulation of B. subtilis in nutrient broth. J. Bact. **70**, 289 (1955).
WILLIAMS, O. B.: The heat resistance of bacterial spores. J. infect. Dis. **44**, 421 (1929).
—, and O. F. HARPER jr.: Studies on heat resistance. IV. Sporulation of Bacillus cereus in synthetic media and the heat resistance of the spores produced. J. Bact. **61**, 551 (1951).
WILLIAMSON, D. H., and J. F. WILKINSON: The isolation and estimation of the poly-β-hydroxybutyrate inslusions of Bacillus species. J. gen. Microbiol. **19**, 198 (1958).
WINKLER, A.: Die Bakterienzelle. Stuttgart: Gustav Fischer 1956.
WINTER, V.: Sporulation of bacilli. VII. The participation of cysteïne in spore formation by Bacillus megaterium. Folia microbiol. (Praha) **4**, 216 (1959).
WOLF, J., and S. A. Z. MAHMOUD: The effects of L- and D-Alanine on the germination of some Bacillus spores. J. appl. Bact. **20**, 373 (1957).
—, and C. M. THORLEY: The effects of various germination agents on the spores of some strains of B. subtilis. J. appl. Bact. **20**, 384 (1957).
WORK, E.: In: The action of a lytic enzyme from spores of a Bacillus on various species of bacteria. Ann. Inst. Pasteur **96**, 468 (1959).
WYNNE, E. S.: III. Some physiological aspects of bacterial spore formation and spore germination. Symposium on the biology of bacterial spores. Bact. Rev. **16**, 101 (1952).
—, and J. W. FOSTER: Physiological studies on spore germination with special reference to Clostridium botulinum. J. Bact. **55**, 61 (1948).
YONEDA, M., and M. KONDO: Studies on Poly-β-Hydroxybutyrate in bacterial spores. I. Existence of Poly-β-Hydroxybutyrate in mature spores of a strain of Bacillus cereus and its relation to the acid-fast stainability. Biken's J. **2**, 247 (1959a).
— — Distribution of dipicolinic acid (Pyridine-2,6-Dicarboxylic acid) in mature spores of a strain of Bacillus cereus. Biken's J. **2**, 365 (1959b).
YOUNG, I. E., and P. C. FITZ-JAMES: Chemical and morphological studies of bacterial spore formation. I. The formation of spores of Bacillus cereus. J. biophys. biochem. Cytol. **6**, 467 (1959a).
— — Chemical and morphological studies of bacterial spore formation. II. Spore and parasporal protein formation in Bacillus cereus var. alesti. J. biophys. biochem. Cytol. **6**, 483 (1959b).
— — Chemical and morphological studies of bacterial spore formation. III. The effects of 8-azaguanine on spore and parasporal protein formation in Bacillus cereus var. alesti. J. biophys. biochem. Cytol. **6**, 499 (1959c).
— — The pattern of synthesis of deoxyribonucleic acid in B. cereus growing synchronously out of spores. Nature (Lond.) **183**, 372 (1959d).

Die enzymatische Anpassung oder die induzierte Fermentsynthese bei Mikro-Organismen ohne Veränderung des Erbgutes

Teil II*

Von

Michael Leiner**

Mit 6 Abbildungen

Inhaltsverzeichnis

Einleitung

1957, als die Erforschung der Proteinsynthese im Experiment durch Teilsysteme der Zelle gerade im vollen Gange war, schrieb Melvin Cohn über die induzierte Fermentsynthese (IFS) folgende allgemeine Sätze:

a) Die IFS umfaßt die *de novo*-Bildung des Enzymprotein-Moleküls aus den Aminosäuren. Es liegt keine Anhäufung eines Protein-Vorläufers vor, weder in Gegenwart noch in Abwesenheit des Induktors.

b) Der ganze Weg zwischen Aminosäure und Enzym-Protein ist tatsächlich irreversibel.

c) Die Funktionen des Induktors und des Substrates sind getrennt.

d) Der Induktor wirkt katalytisch in dem Sinne, daß 1 Molekül des Induktors die Synthese von mehr als 1 Molekül Enzym bewirken kann.

e) Die Untersuchungen der induzierten Fermentsynthese mit intakten Zellen sind im wesentlichen abgeschlossen. Der nächste Schritt zum Studium der IFS

---

* I. Teil erschienen in „Ergebnisse der Mikrobiologie", Bd. 31, S. 35—129 (1958).
** Institut für Zellphysiologie, Finthen bei Mainz, Ober-Olmerstr. 10—12.

beruht im Gebrauch von subcellularen Systemen. Das heutige Ziel ist die Synthese von Proteinen in zellfreien Extrakten (s. auch bei DUERKSEN und HALVORSON 1959).

Was den Satz a) betrifft, so ist die Diskussion darüber keineswegs so abgeschlossen, wie es die Cohnsche Formulierung vermuten läßt. Der Satz b) wird mit Recht vielerseits bestritten. Dagegen sind die Sätze c) und d) von allen Autoren akzeptiert. Die Voraussage im Punkte e) ist seit 1955 auf dem besten Wege sich zu erfüllen, nachdem seit 1950 Bemühungen im Gange waren, die IFS isoliert von andern Stoffwechsel-Vorgängen der Zelle zu studieren. Die Monod-Schule, zu der M. COHN gehört, hat jedenfalls durch ihre Experimente und durch ihre theoretischen Auslegungen viele Anregungen gegeben zu den Versuchen, von denen im folgenden berichtet werden soll. Es ist dabei nicht immer möglich, chronologisch vorzugehen, doch hofft der Berichter, daß dadurch das Verdienst der einzelnen Forscher nicht geschmälert wird. Es soll vor allen Dingen der Entdecker hervorgehoben werden.

Seit der Niederschrift meines ersten Berichtes über die enzymatische Adaptation bei Mikro-Organismen ohne Veränderung des Erbgutes (LEINER 1958a), die im Frühjahr 1957 abgeschlossen war, sind über die induzierte Fermentsynthese viele neue Arbeiten mit überraschenden Ergebnissen erschienen. Sie ließen eine baldige Fortsetzung des Berichtes mit erweitertem Gesichtskreis als wünschenswert erscheinen. Außerdem bahnte sich seit 1955 eine Entwicklung in der Zellphysiologie an, welche die IFS auf eine neue Grundlage stellte. Damit wurde die IFS mit andern Zellvorgängen so innig verknüpft, daß man sie vielerseits jetzt nicht mehr für sich allein schildern kann, wenn man die Zusammenhänge nicht zerreißen will. Im richtigen Zusammenhang wird der Bericht auch erst voll verständlich und interessant, und daher werden hier jene Arbeiten über induzierte Fermentsynthese fortgelassen, welche sich besser in einen andern Zusammenhang einordnen lassen, in die Berichte über die Zellregulation oder die Biosynthese des Eiweißes und der Nucleinsäuren.

Folgende Abkürzungen werden gebraucht:

AD	= Arginin-decarboxylase	IE	= Inosit-Enzymsystem
ADP	= Adenosin-diphosphat	IFS	= induktive Fermentsynthese
ATP	= Adenosin-triphosphat	$M\beta G$	= Methyl-β-D-glucosid
BE	= Benzoat-Enzymsystem	MCPS	= 4-Chlor-2-methyl-phenoxyessig-säure
Case	= Cellulase		
2,4-D	= 2,4-Dichlorphenoxy-Essigsäure	ME	= Malicenzym
DHOde	= Dihydro-orotsäure-dehydrogenase	ONPG	= o-Nitrophenyl-β-D-galaktosid
		PABS	= p-Aminobenzoesäure
DMAÄ	= Dimethylamino-äthanol	Pase	= Penicillinase
DNase	= Desoxyribonuclease	PP	= Pyrophosphat
DNS	= Desoxyribonucleinsäure	PSase	= Phenolsulfatase
DPN	= oxydiertes Diphospho-pyridin-nucleotid	RNase	= Ribonuclease
		RNS	= Ribonucleinsäure
DPNH$_2$	= DPNH = reduziertes Diphospho-pyridin-nucleotid	TÄG	= Äthyl-β-thioglucosid
		TCE	= Trichloressigsäure
DR	= Desoxyribose	TMG	= Methyl-β-D-thioglucosid
FAD	= Flavin-adenin-dinucleotid	TP	= Tryptophan-pyrrolase
FMN	= Flavinmononucleotid	UDPG	= Uridindiphosphoglucose
G-1.-P	= Glucose-1-phosphat	UDPGal	= Uridindiphosphogalaktose
Gal-K	= Galaktokinase	UTP	= Uridintriphosphorsäure
Gal-1-P	= Galactose-1-phosphat		

I. Von der Entwicklung der Kenntnisse über die Bedeutung der RNS bei der enzymatischen Anpassung

Seit fast 20 Jahren haben CASPERSON (1941, 1947, 1950) und BRACHET (1944, 1947, 1951, 1954, 1955, 1957, 1958, 1960) an Hand von allerlei Beweismaterial die Meinung vertreten, daß bei der Protein-Synthese die Nucleinsäuren, besonders die RNS, wesentlich beteiligt seien. Darnach haben viele Fachleute immer mehr Material zusammengetragen, welches diese Ansicht bestärkte und schließlich zur völligen Gewißheit brachte. Es werden hier nur einige Autoren aufgezählt: REINER und SPIEGELMAN 1948, SWENSON 1950, SWENSON und GIESE 1950, ODA 1951, KELNER 1953, DOUNCE 1952, BARON, SPIEGELMAN und QUASTLER 1953, GROS und SPIEGELMAN 1954, COHEN und BARNER 1954, PARDEE 1954, SHER und MALETTE 1954, HALVORSON und JACKSON 1954 und 1956, MINAGAWA 1955, SPIEGELMAN, HALVORSON und BEN-ISHAI 1955, CHANTRENNE 1955 und 1958, HUNTER und BUTLER 1956, CREASER 1956, TORRIANI 1956, KRAMER 1956/57, KRAMER und STRAUB 1956/57, CHALOUPKA und BABICKY 1957, BEĆAREVIĆ (und CHANTRENNE) 1957, CHANTRENNE und DEVREUX 1959, SHIRAKI 1959, KUNKEE 1960, PROCTOR 1961.

CREASER (1956) ist der Meinung, daß jede Proteinsynthese von einer spezifischen RNS abhängt. Er vermutet, daß die einzelnen RNS-Arten variieren in ihrer funktionellen Stabilität. Die am wenigsten stabilen Komponenten seien jene, die für die Bildung induzierbarer Fermente verantwortlich seien.

Um die Abhängigkeit der Proteinsynthese von spezifischen RNS-Arten zu prüfen, benutzte man viele experimentelle Methoden: Einwirkung von UV-Licht und X-Strahlen, Purin- und Pyrimidin-Analoge, Aminosäure-Analoge, radioaktiv markierte Aminosäuren, Purine und Pyrimidine, Stoffwechsel-Hemmwirkungen, z. B. mittels Antibiotica. In diesem Bericht soll nur auf einiges davon eingegangen werden, z. B. auf die Frage, ob die RNS unmittelbarer als die DNS bei der Proteinsynthese beteiligt ist.

Die Adaptationsversuche von KRAMER (1956/57) und KRAMER und STRAUB (1956/57) brachten gerade in dieser letzten Frage einige Hinweise. Die Autoren studieren die Anpassung von *Bacillus cereus* an Penicillin. Sie wählen Ruhezellen, um genetische Faktoren auszuschließen, welche störend wirken könnten. Die *Cereus*-Zellen werden präinkubiert a) in einer Krebs-Salzpuffer-Lösung von p_H 7,0 mit 0,5% Caseinhydrolysat und 0,05% Glucose; b) in 0,9% NaCl-Lösung.

Beide Kulturen werden im Warburg-Manometer an Penicillin angepaßt. Nach einer Verzögerungszeit von 20 min beginnen die b-Zellen Penicillinase zu bilden (Abb. 1, Kurve 2), während dies die a-Zellen erst nach 80 min tun (Kurve 1). Die Syntheserate ist dann in beiden Zellgruppen gleich. Wenn zur Kultur a noch Adenin, Guanin, Cytosin und Uracil zugefügt werden, ist die Verzögerungszeit in beiden Kulturen gleich. Aus den Meßergebnissen schließen die Autoren folgendes: die in physiologischer Kochsalzlösung präinkubierten Zellen werden nicht zum Wachstum angeregt. Daher können die in den Zellen vorhandenen und während der Induktion synthetisierten freien Nucleinsäure-Basen, sowie Ribose und Phosphorsäure nur für die Synthese der spezifischen RNS für die Penicillinase-Bildung verwendet werden. Dagegen sind die Zellen nach Präinkubation mit Aminosäuren und Glucose zum allgemeinen Wachstum angeregt, so daß die vorhandenen Nucleinsäure-Bausteine in den ersten 80 min kaum für die Adaptation an Penicillin zur Verfügung stehen. Dieser Mangel an RNS-Bausteinen für die Induktion im reichen Medium wird beseitigt durch das Hinzufügen der Basen Adenin, Guanin, Cytosin und Uracil. In der Verzögerungs-(lag-) Periode erfolgt also wahrscheinlich zuerst die Synthese der für die Biosynthese der Penicillinase notwendigen RNS aus vorhandenen Bausteinen. Vielleicht werden zuerst aus der in der Zelle vorhandenen RNS Nucleinsäure-Bausteine in Freiheit gesetzt, welche dann zum Aufbau der spezifischen RNS verwendet werden. Die Bildung einer spezifischen DNS bei der Induktion ist anscheinend nicht notwendig. Denn wenn KRAMER und STRAUB in das Medium der *Cereus*-Zellen außer Adenin, Guanin, Cytosin und Uracil noch Thymin zufügen, wird die Latenzzeit wieder stark verlängert, vielleicht deswegen, weil nunmehr die Basen Adenin, Guanin und Cytosin hauptsächlich zum Aufbau der DNS verwendet und damit der Adaptation entzogen werden.

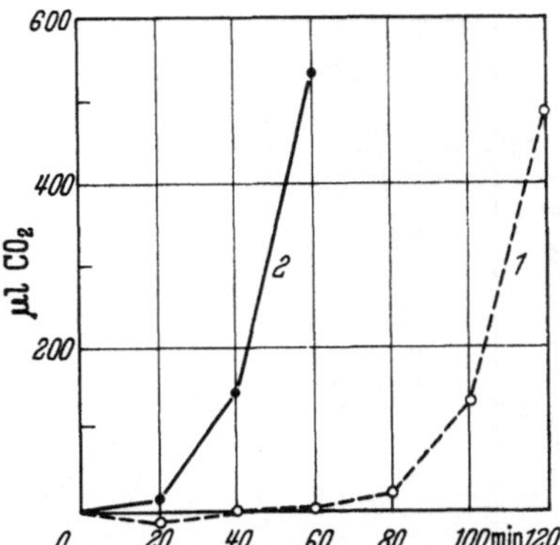

Abb. 1. Anpassung von *Bacillus cereus* an Penicillin. Wirkung der Präinkubation in Aminosäure-Mischung. Kurve 1: präinkubiert in einer Krebs-Salzpuffer-Lösung von pH 7,0 mit 0,5% Caseinhydrolysat und 0,05% Glucose (KAG) bei 37° C, 70 min. Kurve 2: präinkubiert in 0,9% NaCl-Lösung bei 37° C für 70 min. Induktions-Inkubation und Penicillinase-Synthese im Warburg-Gefäß. Reaktionsmischung: KAG + 17000 O.U./ml Penicillin bei 37° C. Gasphase: Luft + CO₂, Gesamtvolumen: 3 ml. (Nach KRAMER und STRAUB 1957)

Daß der wesentliche Faktor bei der induktiven Fermentsynthese (IFS) eine spezifische RNS ist, versuchen KRAMER und STRAUB auch durch Experimente mit Ribonuclease (RNase) zu beweisen. Wenn sie zu den intakten Zellen 20 min vor dem Induktionsversuch genügend RNase hinzufügen und diese auch nach Zugabe von Penicillin im Medium belassen, wird die Induktion vollständig verhindert. Da die Autoren annehmen, daß die RNase nicht in die *Cereus*-Zellen eindringen könne, vermuten sie, daß die spezifische RNS für die Penicillinase-Induktion in der Zellmembran entsteht und daß dort ihr Aufbau durch die RNase verhindert wird (?). Wenn die *Cereus*-Zellen nur während der Präinkubationszeit mit RNase behandelt werden und zu den Zellen erst nach gründlichem Waschen Penicillin gebracht wird, kommt es zu einer IFS mit stark verkürzter Latenzzeit. Die Verfasser glauben, daß die Vorbehandlung mit RNase niedrig-molekulare Nucleotide usw. freisetzt, die dann der Synthese spezifischer RNS sofort zur Verfügung stehen.

In ihrer Annahme, daß die Latenzperiode bedingt sei durch die Bildung einer spezifischen RNS und nicht durch die Synthese eines Enzymvorläufers, werden KRAMER und STRAUB auch durch folgenden Versuch bestärkt: Wenn sie zu einer mit RNase behandelten *Cereus*-Kultur den RNS-haltigen Extrakt aus *Cereus*-Zellen hinzusetzen, deren Penicillinase konstitutiv ist, dann entsteht Penicillinase ohne Präinduktion und ohne Induktion durch Penicillin. Ungeklärt bei dem Versuch bleibt, wie die hochmolekulare spezifische RNS in die adaptiven Zellen hineinkommen kann.

CSÁNYI, KRAMER und STRAUB (1960) gewinnen aus einem für Penicillinase konstitutiven Stamm von *B. cereus* die RNS auf zwei verschiedene Weisen („Chloroform-Methode",

„Phenol-Methode"). Diese RNS vermag bei einem adaptiven Stamm vorübergehend in Abwesenheit von Penicillin die Synthese von Penicillinase zu induzieren. Die mit der Phenol-Methode gewonnene RNS ist sehr viel wirksamer als die andere. Eine Verzögerungszeit wie bei der Induktion mit Penicillin tritt nicht auf. Die isolierte DNS ist unwirksam. Nach Zerspaltung der RNS durch RNase ist keine induzierende Wirkung mehr vorhanden. Durch Chloramphenicol wird die Penicillinase-Bildung vollständig unterbunden. Die wirksame RNS verliert ihre Wirksamkeit innerhalb von 24 Std, auch wenn sie bei —10° C gehalten wird.

Den Gedankengängen von KRAMER und STRAUB folgend, könnte man bei den Monodschen Induktions-Versuchen unter „conditions de gratuité" vermuten, daß beim kontinuierlichen Wachstum die Latenzzeit deswegen praktisch wegfalle, weil stets genügend freie Nuclein-säure-Bausteine zur Verfügung stünden. Dazu passen auch die Angaben von SPIEGELMAN, HALVORSON und BEN-ISHAI (1955). Diese Autoren experimentieren mit „nucleotiderschöpften" Zellen. Nach ihnen wird die Latenzzeit bei der β-Galactosidase-Synthese in *Coli*-Zellen verlängert, wenn die Zellen in der Phase des Beginns des logarithmischen Wachstums stehen, weil die Nucleinsäure-Bausteine weitgehend allgemein für das rasche Wachstum gebraucht werden. Die gleichen Autoren stellen auch fest, daß 5-Hydroxy-Uridin die Bildung von β-Galactosidase in *Coli*-Zellen hemmt, aber nicht das allgemeine Wachstum. Die Synthese aller Eiweiße hänge wahrscheinlich nicht im gleichen Maße von der Synthese neuer spezifischer RNS ab wie die induzierte Fermentsynthese. Die RNS-Moleküle für

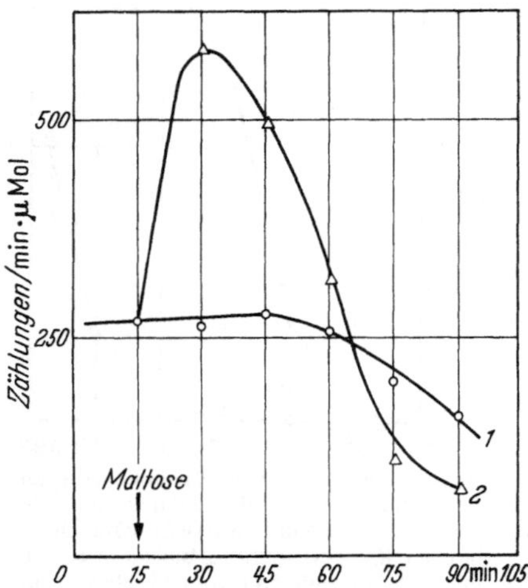

Abb. 2. Spezifische Aktivität der säurelöslichen Adenyl-Verbindungen während der Maltase-Induktion in ruhender Hefe, *Saccharomyces cerevisiae*. Spezifische Aktivität der markierten RNS zur Zeit Null: 12000 Impulse/min pro μMol. O Kontrolle (Kurve 1); △ induziert (Kurve 2). (Nach CHANTRENNE 1958)

die adaptiven Enzyme seien labiler als die vom konstitutiven Ferment. Die Fähigkeit von ruhender Hefe, α-Glucosidase zu bilden, hänge von dem Nucleotid-Vorrat ab.

Wie viele andere Autoren benützen CHANTRENNE und GOBERT (1958) die Purin-Analoge 8-Azaguanin beim Studium der induzierten Fermentsynthese. Sie können damit die Synthese der Penicillinase in *Cereus*-Zellen fast vollständig unterdrücken. Wenn 8-Azaguanin die Synthese induzierbarer Fermente stärker hemmt als diejenige konstitutiver Fermente, so beruht es vielleicht darauf, daß die spezifische RNS für die konstitutiven Fermente in genügender Menge jederzeit vorhanden ist. CHANTRENNE und GOBERT machen folgende Beobachtung: Mit ^{14}C markiertes Adenin, Guanin oder Uracil lassen sie von wachsender Hefe (*Saccharomyces cerevisiae*), und zwar von „petites colonies", in großer Menge aufnehmen, so daß die Zellen hochgradig radioaktive Nucleinsäuren bekommen. Nachdem die Zellen gewaschen und kurze Zeit in einem unmarkierten Medium als Ruhezellen gehalten worden sind, werden sie an Maltose angepaßt. Sofort steigt die Radioaktivität der niedermolekularen säurelöslichen Nucleotide stark an (Abb. 2), und zwar für 20 min. Dann fällt sie rapide ab, um nach etwa 50 min vom Beginn der

Induktion an die Höhe der Kontrolle zu erreichen und darnach weit unter die Höhe der Kontrolle zu sinken. Diese Zeit fällt zusammen mit der Latenzphase. Die Autoren erklären ihre Versuchsergebnisse folgendermaßen: Bei Beginn der Induktion spielen niedrig-molekulare Ribose-Nucleotide eine wesentliche Rolle. Anscheinend werden diese Nucleotide von der Zelle gewonnen durch die Zerspaltung einer bestimmten kleinen RNS-Fraktion. Der Anstieg der niedrigmolekularen Nucleotidmenge beträgt 50% und mehr des normalen Vorrats. Wenn gegen Ende der Latenzphase diese Anhäufung der säurelöslichen Nucleotide wieder verschwindet, so liegt dies offenbar daran, daß sie zum Aufbau einer spezifischen RNS gebraucht werden, mit deren Hilfe die Maltase synthetisiert wird. Bei voll adaptierten Zellen kann nach Zugabe von Maltose kein ähnlicher Anstieg der niedermolekularen Nucleotid-Fraktion beobachtet werden. Die Inkorporation der Nucleinsäure-Basen ist während der induzierten Fermentsynthese gesteigert, sie ist größer für Guanin und Cytosin als für Adenin und Uracil. Die ATP-Menge ändert sich während der enzymatischen Anpassung nicht.

Anscheinend ist es aber nicht so, daß nur durch Abbau einer bestimmten RNS-Fraktion das Material zu einer spezifischen RNS gewonnen wird, deren Synthese durch den Induktor angeregt wird. So prüft PARDEE (1954) bei verschiedenen *Coli*-Stämmen, welche Purine oder Pyrimidine zum Wachstum benötigen, ob sie die adaptiven Fermente β-Galactosidase und Glycerin-Oxydase nach dem Zusatz von Induktoren bilden können, wenn die erforderlichen Nucleinsäure-Basen nicht auch noch hinzugefügt werden. Eine Induktion tritt nie ein, übrigens auch dann nicht, wenn phosphatausgehungerten Zellen kein Phosphat geboten wird. Schon induzierte Zellen erhöhen die Rate der Fermentsynthese nicht, wenn dem Medium die Mangelbase entzogen wird. PARDEE nimmt daher ebenso wie die anderen angeführten Autoren an, daß bei der Induktion eine neue spezifische Nucleinsäure, und zwar eine RNS entstehen müsse. Wenn der Autor durch Senfgas, UV- oder X-Bestrahlung die DNS-Synthese unterdrückt, ohne die RNS-Synthese zu hemmen, ist eine Induktion doch möglich. Daraus schließt er, daß unmittelbarer als die DNS die RNS bei der induzierten Fermentsynthese beteiligt sein müsse. Zu diesem Schluß kommen auch viele andere Autoren, z. B. SHER und MALETTE (1954) und COHEN und BARNER (1954). TORRIANI (1956) stellt fest, daß die Induktion der Fermentsynthese um so stärker gehemmt wird, je früher in der Latenz-Periode die UV-Bestrahlung (260 mμ) einsetzt. Daraus geht doch hervor, daß die RNS schon bei Beginn der Induktion notwendig ist.

Die Autorin testet mit der UV-Bestrahlung die Anpassung von *Bacillus cereus* an Penicillin. Das bei der Induktion durch die entstehende Penicillinsäure aus dem Medium frei werdende Kohlendioxyd wird manometrisch gemessen. Bei der Berechnung wird die Formel gebraucht:

$$p = \frac{\varDelta z}{\varDelta x},$$

in der z die entstehende Penicillinase pro Volumeneinheit bedeutet, x die Bakterienmasse pro Volumeneinheit und p das Differentialmaß der Enzymsynthese. Vor den Versuchen mit UV-Bestrahlung wird die optimal induzierende Penicillinmenge festgestellt (etwa 10^{-6} Mol). Dann wird bestimmt, welche UV-Dosis bei der optimalen Induktion das Wachstum um 50% vermindert. Bei den Bestrahlungsversuchen wird diese Dosis benutzt. Es stellt sich heraus, daß die Induktion um so mehr gehemmt wird, je früher die UV-Bestrahlung einsetzt (Abb. 3). Wenn auch wegen der verschiedenen Bedingungen bei den einzelnen Versuchen die Kurven

der Abb. 3 nur bedingt vergleichbar sind, so läßt sich doch so viel ersehen, daß am Beginn
der Verzögerungs-Periode, die im ganzen 15 min dauert, das benutzte UV-Licht von 260 mμ
am empfindlichsten ist. In erster Linie muß die Autorin an die RNS denken, denn nach
HALVORSON und JACKSON (1956) läuft die Induktion noch deutlich weiter, wenn durch UV-
Bestrahlung die DNS-Synthese vollständig unterbunden ist.

BEĆAREVIĆ (1957) nimmt die UV-Bestrahlungsversuche von TORRIANI (1956)
und HALVORSON und JACKSON (1956) wieder auf. CHANTRENNE hat schon 1955
beobachtet, daß die induzierte Synthese von Katalase durch Aerobiose bei der
atmungsunfähigen Hefe-Mutante „petite colonie" (*S. cerevisiae*) begleitet
war von einem Anwachsen der Basen-Inkorporation in die RNS-Fraktion.
BEĆAREVIĆ (1957) züchtet diese Hefe in Aerobiose. Nach 2stündiger Inkubation „dans des conditions de gratuité"
wird die eine Hälfte der Kultur anaerob gehalten, während die andere aerob
weiterwachsen darf. Gleichzeitig wird zu beiden Teilkulturen ¹⁴C-Adenin zugefügt. Die Induktion der Katalase
und die Menge des inkorporierten Adenin werden während der 3stündigen
Inkubation pro Stunde bestimmt. Die Fortnahme des Sauerstoffs in der einen
Kultur hält die Enzymsynthese an und verlangsamt auch stark die Adenin-
Inkorporation in die Nucleinsäuren. Die unter Anaerobiose kultivierte Hefe wird
geerntet, in Wasser suspendiert und UV bestrahlt. Dann wird ¹⁴C-Adenin hinzugefügt und die Kultur wieder zweigeteilt. Im durchlüfteten Teil nehmen
die Adenin-Inkorporation und die Katalasebildung mit der Dauer der UV-
Bestrahlung stark ab. Aber die Inkorporation von Adenin ist weniger gehemmt als die Fermentsynthese.

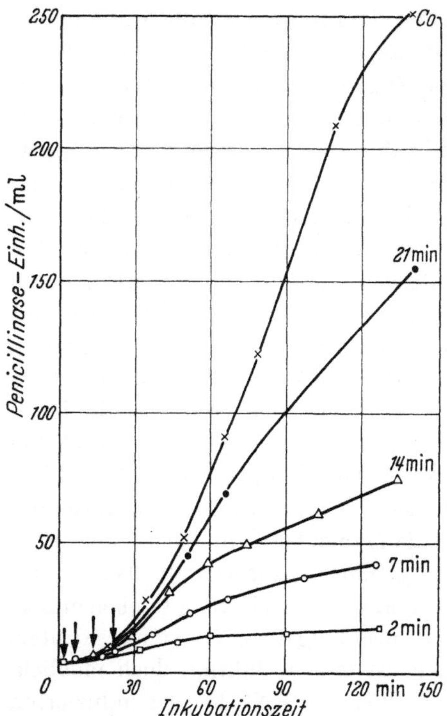

Abb. 3. Wirkung von UV-Bestrahlung während der
lag-Periode auf die Anpassung von *Bacillus cereus* an
Penicillin. Bestrahlung nach 2, 7, 14, 21 min nach
Beginn des Induktionsversuches. × nicht bestrahlte
Kontrollkultur (Co); □, ○, △, ● bestrahlte Kulturen.
Die Pfeile geben den Zeitpunkt der Bestrahlung an.
(Nach TORRIANI 1956)

Jedoch die zusätzliche Adenin-Inkorporation,
welche die Enzymsynthese begleitet, wird in den gleichen Proportionen reduziert
wie die Enzymsynthese. Dieser Teil der Inkorporation ist also sensibler gegen
UV-Licht als der andere. Es handelt sich anscheinend bei dieser zusätzlichen
RNS-Synthese um diejenige, welche mit der Enzymsynthese assoziiert ist.

In Fortsetzung seiner UV-Bestrahlungsversuche kommt BEĆAREVIĆ (1957) aber zu der
Auffassung, daß die direkte Schädigung der RNS durch das UV-Licht nicht so sehr in Betracht
kommt wie die Verarmung der Zellen an Folsäure unter der Wirkung der Bestrahlung. Nach
Zugabe dieser Säure in ein Medium mit Formiat und den Basen der Nucleinsäuren kommt
die Nucleinsäure-Synthese wieder rasch zustande. Anscheinend wird das Formiat zur Synthese
der Purine gebraucht. Daß bei der Synthese der Nucleinsäure-Bausteine Folsäure gebraucht
wird, wird von KUNKEE (1960) (s. u. S. 111 oben) ebenfalls hervorgehoben.

CHANTRENNE und DEVREUX (1959) schalten durch starke X-Bestrahlung (100000 oder 200000 r) die DNS in der benutzten Hefe aus und beobachten darnach eine starke induktive Katalase-Bildung. Das beweist, daß die für die Synthese der Katalase notwendige Information eingeschrieben ist in Strukturen, welche den hohen Dosen von X-Strahlen widerstehen. Das Objekt der Autoren war diploide ruhende Hefe (*S. cerevisiae*) „petites colonies“, deren DNS sie *in vivo* so schädigen, daß sie teilweise in kleine Moleküle zerspalten wird. Die Knospung wird durch die Bestrahlung fast ganz verhindert. Die Hefe-Mutante hat kein vollständiges Fermentsystem für die innere Atmung, aber sie bildet mit Glucose und ohne N-Quelle, wenn sie aerob gehalten ist, neben anderen Atmungsfermenten auch Katalase, selbst nach der intensiven X-Bestrahlung. Ja, die induzierte Katalasebildung wird durch die Bestrahlung sogar etwas stimuliert, wahrscheinlich deswegen, weil durch die Bestrahlung die Substrate der Katalase H_2O_2 und Peroxyde erzeugt werden. Durch Benutzung von 8-^{14}C-Adenin oder 2-^{14}C-Uracil erfahren die Autoren, daß bei der Induktion die (spezifische) RNS im gleichen Maße zunimmt wie die Katalase-Aktivität. Ein Teil des markierten Uracils wird in der Zelle in Thymin umgewandelt. (Aus der DNS bzw. ihren Bruchstücken wird radioaktives Thymin isoliert.) Die bestrahlten Zellen besitzen sehr viel weniger ^{14}C-Thymin als die unbestrahlten. Die Meßergebnisse von CHANTRENNE und DEVREUX sind einer der stärksten Beweise dafür, daß zur induktiven Fermentsynthese unmittelbar nicht die DNS, sondern die RNS notwendig ist.

PROCTOR (1961) beweist eindeutig die wesentliche Rolle der RNS bei der induktiven Fermentsynthese. Er zeigt, daß bei der Induktion der β-Galaktosidase-Synthese in Bakterienzellen eine eigene RNS entsteht. Zu Zellen, welche in Mineralsalz-Medium wachsen, wird ^{14}C-Guanin (^{14}C-Uracil oder ^{14}C-Adenin) gebracht. Nach 30 min wird zu einem Teil der Population destilliertes Wasser, zu einem andern Teil 0,01 Mol Melibiose als Induktor gefügt. 60 min später werden beide Kulturen gewaschen, in einer Druckzelle zerbrochen und die Trümmer abzentrifugiert. Das Überstehende wird durch Zentrifugieren in Ribosomen und Lösung fraktioniert. In der Kultur mit Melibiose findet sich in beiden Fraktionen Radioaktivität. Die Kultur mit dest. Wasser hat keine radioaktiven Ribosomen. Die Ribosomen der nicht induzierten Kultur lassen sich durch die Ultrazentrifuge in eine Hauptfraktion mit 85 S und zwei kleine Fraktionen mit 70 S und 50 S fraktionieren. Die Melibiose-Kultur hat hauptsächlich Ribosomen mit 70 S und 50 S. Die induzierte β-Galaktosidase ist mit der Fraktion 70 S assoziiert. Bei ihr kann die Fermentaktivität auf das sechsfache gesteigert werden, wenn Protaminsulfat oder RNase für 30 min einwirken.

II. Drei ungelöste Fragen

Im Verlaufe der Untersuchungen über die induzierte Fermentsynthese erwiesen sich besonders drei Fragenkomplexe als sehr schwierig zu beantworten, weil sie experimentell schwer zugänglich sind. Aber es wurde auf ihre Klärung viel Fleiß verwandt. Die Ansichten über diese Fragen divergierten beträchtlich, sei es, daß verschiedene Zellarten oder Fermente unterschiedliche Antworten zu geben schienen oder die Versuchsanordnungen verschieden waren, sei es, daß der theoretische Standpunkt von vornherein ein anderer war, oder die Versuchsergebnisse verschieden ausgelegt werden konnten. Es sind folgende Fragen:

1. Welche Rolle spielt der Induktor in der Zelle?

2. Gibt es einen hochmolekularen Ferment-Präkursor von Eiweißcharakter in der Zelle, aus dem durch eine geringfügige Veränderung das aktive Ferment entsteht?

3. Können die adaptiven Fermente, wenn sie nicht mehr gebraucht werden, in der Zelle abgebaut und die Bausteine weiter verwendet werden?

Wenn auch heute noch keine vollständige Klarheit über diese Fragen herrscht, so hat man ihnen gegenüber in manchem doch einen festeren Boden gewonnen. Vor allem ist die wilde Spekulation, die mit allzu geringem Beweismaterial Behauptungen aufstellte, eingestellt worden.

1. Welche Rolle spielt der Induktor in der Zelle?

Im Jahre 1958 haben sich Pollock und Mandelstam noch einmal theoretisch mit dem möglichen Mechanismus bei der Enzym-Induktion befaßt. Sie teilen die katalytischen Vorgänge in der Zelle in zwei Hauptgruppen, „Autokatalyse" und „komplementäre" Katalyse, wobei die Enzym-Induktion natürlich zu der letzteren gezählt wird. Dazu gehört ja auch die Bildung der Antikörper. Aber beide Vorgänge unterscheiden sich nach den Autoren scharf (s. auch bei Leiner 1958a, S. 114f.): Die Enzym-Induktion ist möglich, weil sie genetisch determiniert ist. Dasselbe Ferment kann in ein und derselben Zellart adaptiv oder konstitutiv auftreten. Die konstitutive Form wird als die entwickeltere angesehen. Sie wird als das Resultat eines einzigen Mutationsschrittes betrachtet. Anders ist es bei der Bildung von Antikörpern. Es kann unmöglich für alle möglichen Antigen-Antikörper-Beziehungen Erbträger im Zellkern oder im Cytoplasma geben. Die Immunisierung ist nicht vererbbar. Der entstehende Antikörper ist auch kein Ferment, welches das Substrat metabolisiert. Induktive Fermente sind meistens in einer kleinen Basalmenge in der betreffenden Zelle — d. h. auch in Abwesenheit des Induktors — vorhanden. Das ist bei Antikörpern in dieser Form nicht der Fall. Erst nach dem ersten Eindringen des Antigens kommt es zur Antikörper-Bildung. Vorher war keine Spur Antikörper vorhanden. Noch 1958 stellen sich Pollock und Mandelstam den Induktionsvorgang so vor: der Induktor (I) verbindet sich mit einem spezifischen Receptor (R) in der Zelle, und diese Kombination führt zu dem Organisator (O), der das Enzym synthetisiert, also:

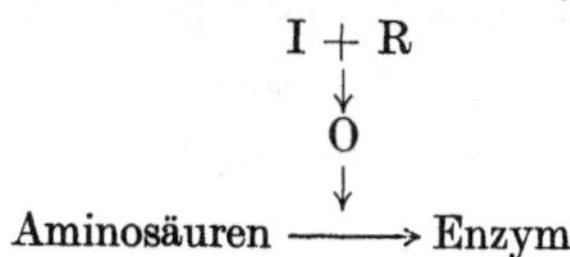

Aber wie kann der meist niedermolekulare Induktor (das Substrat) eine Organisation ins Leben rufen, die am laufenden Band einen hochmolekularen spezifischen Katalysator synthetisiert? Die beiden Autoren formulieren:

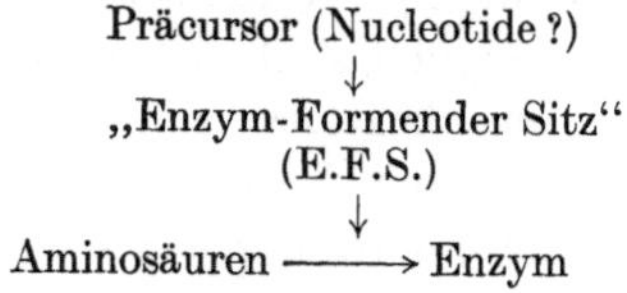

Die Autoren meinen, der Grad der Enzymproduktion könnte vielleicht von dem Induktor kontrolliert werden. Möglicherweise sitze an dem EFS ein endogener Inhibitor, der kompetitiv durch den Induktor verdrängt werden könnte. Das möge eine Befreiung der katalytischen Oberfläche von der Hemmung bedeuten, so daß man den Induktor als „Pseudokatalysator" bezeichnen könnte. Man sieht, daß Pollock und Mandelstam (1958) der Vorstellung von Vogel (1957) von einem „Repressor" nahekommen, der die Bildung des adaptiven Enzyms in Abwesenheit des Induktors unterdrückt (s. Näheres Leiner 1962, Bericht über die Zellregulation). Aber im allgemeinen kommen die Autoren nicht von der Vorstellung los, daß sich der in die Zelle gedrungene Induktor zunächst auf einer spezifischen Receptorstelle festsetze, wo dann der spezifische Organisator induziert oder mobilisiert werde. Nach Pollock (1953) sind in jeder Zelle von *Bacillus cereus* mindestens 100 Receptorstellen im Cytoplasma für die maximale Penicillinasebildung. Pollock und Mandelstam (1958) sprechen aber sogar von etwa 1000 derartiger Stellen pro Zelle. Vielleicht, so sagt man, sind die Organisatorstellen makromolekulare Strukturen, auf welchen der Induktor durch Vielpunkt-Adsorption gelagert sei. Kompetitive Hemmer der Induktion besetzen die wirksame Oberfläche und verhindern das Wirksamwerden der Induktoren. Auf der Organisatorstelle, so meint man, ist der Induktor bald sehr gut, bald weniger gut vor dem Metabolisieren geschützt, wovon die Beständigkeit der Induktion abhängt. In irgendeiner unbekannten Weise soll der Organisator von dem dafür zuständigen Gen im Zellkern beeinflußt werden. Man sieht, alle diese Ausführungen sind zu spekulativ, als daß sie endgültig befriedigen könnten. Sie eilen auch dem tatsächlich Erkundeten zu weit voraus. Es gibt keine experimentell erarbeiteten Tatsachen, die auf spezifische induzierbare Organisatoren hinweisen, es sei denn, man denke dabei an eine spezifische RNS. Bei nichtinduzierten Zellen könnten wenige solcher RNS-Moleküle auf Cytoplasma-Strukturen (etwa Mikrosomen) sitzen. Durch den Induktor werden sie angeregt, sich zu verdoppeln und aus ihrem inaktiven Zustand herauszutreten, um als Matrizen (templates) für das adaptive Enzym zu dienen. Aber wie sollte der Induktor veranlassen, daß sie ihre Matrizen-Tätigkeit aufnehmen? Und was hat das Gen dabei zu tun? Daher sind manche Autoren geneigt zu vermuten (s. bei Leiner 1958a, S. 107), daß sich der Induktor mit dem Gen zu einem mehr oder weniger beständigen Komplex verbindet. Dieser soll die Bildung einer spezifischen RNS für das adaptive Ferment veranlassen. Auch diese Vorstellung ist ohne jeden Beweis.

Auch in der allgemein gehaltenen Formulierung von Pollock (s. Leiner 1958a, S. 110f.) ist der Begriff „Organisator" in den leeren Raum gesetzt. Der Autor hält es für möglich, daß der Organisator ein Komplex aus mehreren Substanzen oder sogar ein spezifischer katalytischer Cyclus sei: das adaptive Ferment gehört zu einem Stoffwechsel-Cyclus, der in Abwesenheit des Substrates oder eines anderen Induktors oder gewisser anderer Stoffwechsel-Zwischenglieder verödet ist. Um lebensfähig zu bleiben, ist die Zelle nicht angewiesen auf jeden ihrer Stoffwechselcyclen. Manche können ohne eigentliche Zellschädigungen vorübergehend veröden. Treten dann Substanzen in die Zelle, welche diese Verödung aufheben können, dann kommt es durch das induzierte Ferment wieder zur Schließung des Cyclus und damit zu einem umfangreicheren Stoffwechsel. Wenn andererseits ein Induktor-Überangebot herrscht, dann wird durch die komplizierte Zellregulation die Funktion des Cyclus gebremst durch Drosselung der Synthese der dazugehörigen (adaptiven) Enzyme. Aber diese intracelluläre Regulierung ist für die einzelnen Zellarten verschieden. So kommt es zu dem bunten Bild der experimentell erworbenen Kenntnisse über diese Regulierungen, die sich nicht unter einen Hut bringen lassen.

Tanenbaum, Mage und Beiser (1959) finden eine gewisse Einheit in der Spezifität von Enzym- und Antikörper-Induktion durch dieselben determinanten Gruppen. Rinderserum-Albumin verbinden sie mit verschiedenen Haptenen, z. B. Protocatechus-, Vanillin-, Salicylsäure und β-Galactosiden. Dann werden diese Komplexe einerseits benutzt als Antigene für Kaninchen, andererseits als Substrate und Induktoren zur Synthese der betreffenden adaptiven Fermente in *Escherichia coli* und *Bacterium megaterium*. Nach den Autoren geht die Spezifität der Antikörper gegen verschiedene Hapten-Analoge parallel mit den Spezifitäten dieser Verbindungen als Induktoren und Inhibitoren bei der Fermentinduktion. Sie finden also eine große Ähnlichkeit im Wesen der beiden Anpassungen als gerichtete Proteinsynthesen. Aber abgesehen davon, daß der Vergleich mit vollständig verschiedenen Organismen gemacht ist, muß auf die oben aufgezeigten fundamentalen Unterschiede hingewiesen werden. Man kann auch nicht annehmen, daß bei der induzierten Fermentsynthese der Induktor sich zuerst als „Hapten" mit einem in der Zelle vorhandenen Eiweiß zu einem Antigen verbindet, daß also das adaptive Enzym eine Art Antikörper sei. Der genetische und Wirkungs-Unterschied zwischen Antigen und Induktor der Fermentsynthese läßt sich nicht bagatellisieren. Er ist unüberbrückbar.

Drei Aufsätze von Kunkee (1960) sind vielleicht geeignet, Hinweise für die Art der Wirkung des Induktors zu geben. Nach diesem Autor kann die Induktionswirkung auf die Synthese der β-Galactosidase in *E. coli* in den ersten 60 bis 120 min sehr gesteigert werden, wenn neben dem Induktor (Melibiose, Lactose, Methyl-β-D-Thiogalactosid) noch substituierte Pyrimidine zugesetzt werden, z. B. 5-Amino-2,4-bis-(furfuryl-amino)-Pyrimidin-Essigsäure oder 5-Amino-2,4-bis-(2-Thenylamino)-Pyrimidin-Essigsäure. Die Stimulierung betrifft nicht die Erhöhung der Permeabilität für den Induktor (etwa Induktion eines Permease-Systems), auch nicht die Aktivierung des Fermentes β-Galactosidase oder die Vermehrung der Cofaktor-Moleküle, ferner nicht die vermehrte Bildung der Proteine allgemein oder der Nucleinsäuren allgemein, aber auch nicht die Synthese des Fermentmoleküls. Der Zusatz intensiviert lediglich die Induktion selbst. Die Wirkung ist auch etwas anderes als die Stimulierung der Induktion durch erhöhten CO_2-Gehalt der Luft (5% CO_2). In uracilerfordernden Mutanten von *E. coli* kann durch Melibiose die Synthese der β-Galactosidase induziert werden, auch in Abwesenheit von Uracil und einer Energiequelle. Aber eine Stimulierung dieser Induktion tritt nicht ein nach Zusatz von 5-Amino-2,4-bis-(2-Thenyl-amino)-Pyrimidin-Essigsäure. Jedoch kann diese Verbindung die Synthese der β-Galactosidase in Anwesenheit von Glycerin und einer beschränkten Menge von Uracil verstärken. Bei Aminosäure-Mangelmutanten stimuliert das genannte Pyrimidin die Induktion sehr stark, wenn begrenzende Mengen von Aminosäuren vorhanden sind. Wird das Sulfat im Nährmedium sehr eingeschränkt, dann erhöht das Pyrimidin die Induktionswirkung ebenfalls. Aber bei thyminlosen Mutanten kann das Pyrimidin in Gegenwart und in Abwesenheit von Thymin wirksam sein. Nach diesen Meßergebnissen vermutet Kunkee, daß das substituierte Pyrimidin spezifisch die Bildung jener RNS anregt, welche für die Synthese der β-Galactosidase verantwortlich ist.

Da unwirksame 2,4-Diamino-Pyrimidine Antagonisten der Folsäure sind, und da die Folsäure bei der Synthese der Präkursoren der Nucleinsäure notwendig ist, kommt Kunkee auf den Gedanken, die wirksamen substituierten Pyrimidine könnten die Folsäure in ihrer Tätigkeit unterstützen. In der Tat haben die Pyrimidine, welche die Induktion der β-Galactosidase in *E. coli* fördern, eine große Ähnlichkeit mit dem Pterin-Anteil der Folsäure, wie folgende Schreibweise zeigt:

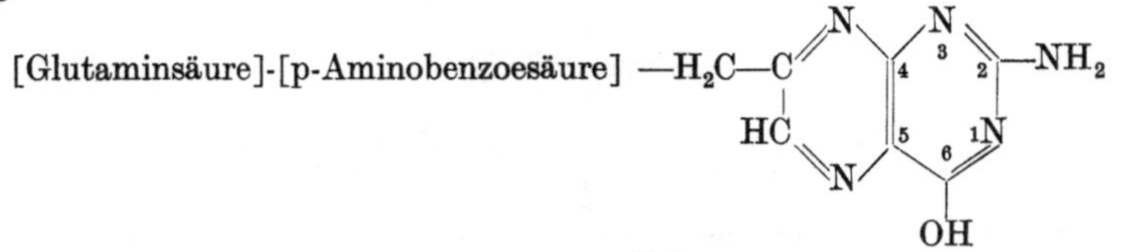

[Glutaminsäure]-[p-Aminobenzoesäure] —H$_2$C—C

Folsäure

R = Substituent

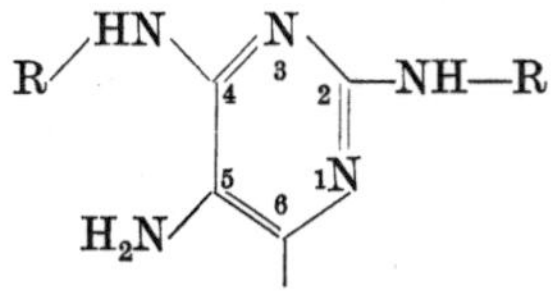

5-Amino-2,4-bis-(substituiert-Amino)-Pyrimidin

Zur Induktion der Fermentsynthese gehören sicher sehr viele Reaktionen, von denen anscheinend eine durch die substituierten Pyrimidine unterstützt wird. Wahrscheinlich wirkt der Induktor an einer ganz andern, wohl zentraleren Stelle.

Jacob und Wollman (1958), Pardee, Jacob und Monod (1959), Jacob und Monod und Pardee und Prestidge (1959) haben die *Repressor*-Theorie auf das induktive Ferment angewandt: Nicht die konstitutive Form eines Fermentes in einer bestimmten Zelle ist die entwickeltere, sondern die induktive. Diese hat ein Gen i$^+$ bekommen, das der konstitutiven Form fehlt (i$^-$). Das Gen i$^+$ erzeugt eine niedermolekulare Verbindung, welche die vorhandenen Matrizen (templates) für das induktive Ferment hindert, das Enzymmolekül zu bilden oder welche die Loslösung des Fermentmoleküls von seiner Matrize verhindert und damit das Ferment inaktiv läßt. Vielleicht wird das Fermentmolekül auch auf kompetitive Weise inaktiviert. Der Induktor hätte dann die Aufgabe, den Repressor zu verdrängen. Wie die Abb. 4 zeigt, hat der Genetiker auf dem Chromosom der *Coli*-Zelle auch die Stelle von i$^+$ gefunden, in der Lac-Region zwischen den „Cistronen" Y und Z.

Bei genetischen Versuchen soll sich nach den Autoren die Realität von i$^+$ erwiesen haben. Es ist unklar, ob i$^+$ ein hinzugekommenes neues Gen ist, oder ob sein Allel das funktionslose Gen i$^-$ ist. Wenn sich die Induzierbarkeit vieler Enzyme auf diese Weise erklären ließe, wäre die obige Frage im wesentlichen beantwortet. Aber so weit ist es noch nicht. Der Repressor ist noch nicht isoliert und identifiziert, und über sein Wirken herrscht noch eine völlige Unklarheit. Natürlich weiß man auch nichts über die Art, wie der Induktor die Repression beseitigen soll. Auch über die Natur von i$^-$, das recessiv sein soll, ist noch nichts bekannt. So ist also noch alles offen. Wegen der Bedeutung, die der genetischen Erklärungsweise der Induktion zukommt, sei noch etwas näher auf die Veröffentlichungen der Monod-Schule eingegangen.

Jacob und Monod (1959) führen etwa folgendes aus: Man kann Strukturgene und regulatorische Gene unterscheiden. Die ersteren bestimmen die Spezifität der Proteine, die letzteren erzeugen „Repressoren", welche die Synthese der Proteine unterdrücken. In der Regel unterdrückt der gleiche Repressor die Synthese einer Gruppe von zusammengehörigen Enzymen. Nicht für alle Eiweiße gibt es Repressoren. Der Repressor stempelt das Ferment zum adaptiven Ferment. Der Induktor hat die Aufgabe, den Repressor auszuschalten. i^+ kann durch Mutation i^- werden.

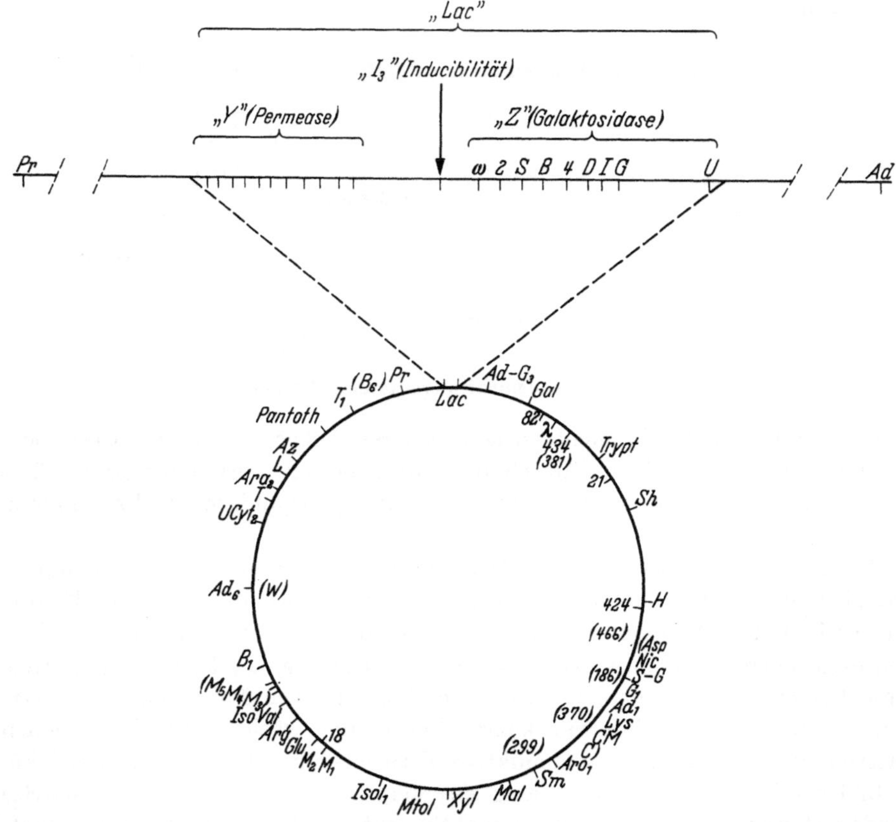

Abb. 4. Feinstruktur des „Lac"-Segmentes in *Escherichia coli*. Das „Lac"-Segment ist vergrößert gezeichnet, und seine Stellung ist angegeben in bezug auf die übrige Bindungsgruppe von *E. coli* K 12, für welche das kreisförmige Modell gewählt ist. (Nach Jacob und Wollman 1958)

Pardee, Jacob und Monod (1959) schreiben: Die induktive Fermentsynthese bei Mikro-Organismen kann auf der genetischen Ebene am besten erklärt werden. In der „Lac"-Region des Chromosoms der *Coli*-Zellen (s. Abb. 4) liegt das Gen i^+, das für die Induzierbarkeit der β-Galactosidase und der β-Galactosid-Permease verantwortlich ist. Die Mutation zu i^- bedeutet das Fehlen der Induzierbarkeit. Die beiden Fermente werden also durch die Mutation konstitutiv. Zwei Möglichkeiten werden erwogen, wobei die zweite die größere Wahrscheinlichkeit hat:

a) Die konstitutive und die adaptive Galactosidase haben beide an sich immer einen inneren Induktor, ein β-Galactosid. Das i^+-Gen kontrolliert die Synthese eines Fermentes, welches den inneren Induktor zerstört oder inaktiviert. Daher hat der i^+-Wildtyp Bedarf nach einem äußeren Induktor. Bei der i^--Mutanten ist das hemmende Gen inaktiviert, bzw. sein Produkt, das zerstörende Ferment. Dann kann sich der endogene Induktor anhäufen. Das Modell erklärt die Dominanz von i^+ über i^-.

b) Im Wildtyp wird die Aktivität des galactosidasebildenden Systems gehemmt durch einen spezifischen Repressor. Dieser steht unter der Kontrolle des i^+-Gens. Der Induktor ist der Antagonist des Repressors. Im konstitutiven Stamm i⁻ wird der Repressor nicht gebildet oder nicht in einer aktiven Form. Daher ist ein äußerer Induktor nicht notwendig.

Am aufschlußreichsten ist der Aufsatz von PARDEE und PRESTIDGE (1959). Es sei daraus an Hand der Abb. 5 von einem der Experimente berichtet. In diesem Versuch werden zwei *Coli*-Stämme „gekreuzt", der eine mit z⁺ (galactosidasepositiv) und i⁺ und der andere mit z⁻i⁻. Innerhalb weniger Minuten nach der Vermischung beginnt die Synthese der β-Galactosidase mit maximaler Geschwindigkeit in Abwesenheit eines extracellulären Induktors (Kurve A und B). Die Zygoten wirken also anfänglich als konstitutive Zellen, anscheinend weil i⁺ ein „langsames" Gen ist. Aber nach etwa 1 Std wird das Enzym nicht mehr gebildet (Kurve A), wenn nicht ein Induktor (Isopropylthio-β-D-Galactosid) zugesetzt wird (Kurve B). Das i⁺-Allel ist also dominant über i⁻. Die Dominanz wird erklärt durch die Bildung eines Unterdrückers der β-Galactosidase-Synthese unter der Kontrolle von i⁺. (Nach 38 min wird das weitere Eindringen von z⁺ gestoppt durch Schütteln und Zusatz von „Duponol" und Streptomycin.) Bei den Kurven C und D wird die Fermentsynthese verhindert durch 5-Methyl-Tryptophan im Augenblick der „Paarung". Diese Analoge hemmt aber nicht das allgemeine Wachstum der Zellen. Nur die Synthese der β-Galactosidase ist vollständig blockiert, auch nach Zugabe des Induktors. Aber wenn nach 75 min auch noch Tryptophan zugesetzt wird, kommt die Bildung der β-Galactosidase stark in Gang (Kurve D). In Kurve C (ohne Induktor-Zusatz) bleibt sie gering. Im ganzen lassen sich die Ergebnisse am besten mit der Annahme erklären, daß durch i⁺ ein Repressor der Fermentsynthese gebildet wird. Das Genprodukt ist kein Protein. Über die Schwierigkeiten der Annahme schweigen sich die Verfasser PARDEE, JACOB, MONOD und PRESTIDGE aus. Sie können auch keine näheren Angaben über den „Repressor" machen als die, daß er kein Protein ist.

BUTTIN, JACOB und MONOD (1960) benutzen die Galacto-Kinase (Gal-K) von *Coli*-Zellen, um das Wirken des angenommenen Repressors näher kennenzulernen. Sie benutzen *Coli*-Mutanten, bei denen die Galacto-Kinase entweder adaptiv oder konstitutiv ist, oder welche galactokinasenegativ sind (Gal⁻). Außerdem verwenden sie die Phage λ, z. T. mit dem Chromosomenabschnitt Gal⁺, also (λ Gal⁺) und lysogene *Coli*-Stämme mit der Prophage λ. Als Induktor wählen sie 6-Desoxy-Galactose (D-Fucose). Ihre Experimente führen zu folgenden Ergebnissen: 1. Die immune *Coli*-Zelle Gal⁻ ist lysogen in Anwesenheit der Prophage (λ Gal⁺). Diese *Coli*-Zelle Gal⁻ (λ Gal⁺) synthetisiert die induzierbare Gal-K wie der normale Stamm mit dem induzierbaren Ferment. 2. Nimmt man *Coli*-Zellen Gal⁻, welche durch den Partikel (λ Gal⁺) infizierbar sind, dann bildet sich Gal-K in Gegenwart des Induktors gleich nach Beginn der Infektion

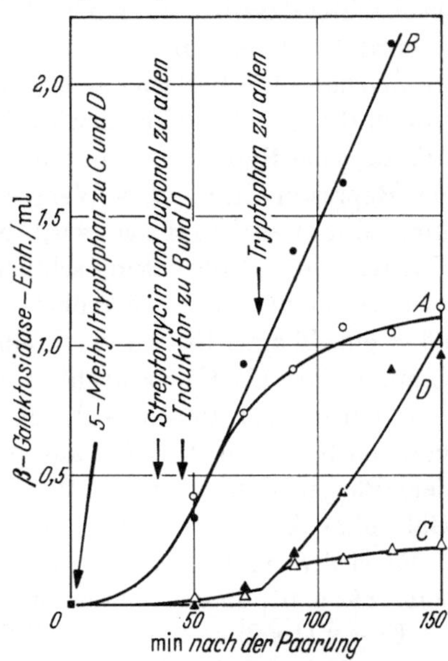

Abb. 5. Enzym-Repression in Gegenwart von 5-Methyltryptophan in *E. coli* bei der induzierten Synthese der β-Galactosidase. Exponentiell wachsende K 12-Stämme Hfr 4000 (z⁺i⁺Smˢ) und F⁻ 2320 (z⁻i⁻Smʳ) in glycerin-synthetischem Medium bei 37⁰ C wurden gemischt im Verhältnis 1:2 in Abwesenheit (A und B) oder in Anwesenheit (C und D) von 100 μg/ml DL-5-Methyltryptophan. Bei 35 min wurden 250 μg/ml Streptomycin zugesetzt, um zu verhindern, daß Stamm Hfr β-Galactosidase bildete. Bei 38 min wurden 30 μg/ml Duponol C (Na-Laurylsulfat) zugegeben, um weitere Paarung zu verhindern. Die Kulturen wurden kräftig geschüttelt, um die sich paarenden Bakterien zu trennen. Der Induktor, 5 · 10⁻⁴ Mol Isopropylthio-β-D-Galactosid, wurde zu den Kulturen B und D nach 45 min zugesetzt. Nach 75 min wurden zu allen Kulturen 100 μg/ml L-Tryptophan zugegeben. Von Zeit zu Zeit wurden Proben entnommen und auf den Gehalt an β-Galactosidase geprüft. Die Daten sind Mittelwerte aus drei Paarungsversuchen. (Nach PARDEE und PRESTIDGE 1959)

bis 60 min danach. Die Determinante Gal$^+$ kann sich also rasch in der Zelle durchsetzen. Aber das in die Zelle geratene Gal$^+$ macht diese auch konstitutiv in bezug auf Gal-K, die also auch in Abwesenheit des Induktors gebildet wird. Die Zelle verhält sich, als wäre sie nicht sensibel gegen den Repressor von Gal-K. 3. Man beobachtet dasselbe, wenn man die *lysogenen* Stämme Gal$^-$ (λ Gal$^+$) mit UV-Licht bestrahlt. Die UV-Bestrahlung vermag also die „adaptive" Zelle „konstitutiv" zu machen. Die lysogene Zelle läßt sich durch D-Fucose nur zögernd induzieren. Durch die UV-Bestrahlung wird die Immunität aufgehoben und damit auch die Wirkung des Repressors. Inwiefern verursacht die UV-Bestrahlung die Aufhebung der Repressorwirkung? 4. Wenn eine gesunde normale *Coli*-Zelle Gal$^+$ mit λ oder ihrer Mutanten λc infiziert wird, bewirkt dies eine Lyse ohne eine Synthese von Gal-K. Diese Beobachtung schließt die Möglichkeit aus, daß die Aufhebung der Repression in 2 und 3 herrührt von einem Galactosid, welches durch die Lyse oder ein Phagen-Enzym in Freiheit gesetzt wird. Wenn aber ein lysogener Stamm Gal$^+$ (λ) UV bestrahlt wird, so wird 50 min nach der Bestrahlung die Vermehrung der Phage begleitet von einer deutlichen konstitutiven Synthese von Gal-K. Es sieht also so aus, als sei eine enge Beziehung vorhanden zwischen dem Phagen-Genom und Gal$^+$ der Zelle. Wenn der induktive lysogene Stamm Gal$^+$ ohne λ UV-bestrahlt wird, findet keine Aufhebung der Repression statt. 5. Es wird vermutet, daß es auf die Stellung von λ zu Gal$^+$ im Bakterien-Chromosom ankommt, ob die Repression aufgehoben wird oder nicht.

ELSON (1959) u. a. haben in RNS-Proteiden Fermente entdeckt, die erst nach biochemischer Behandlung zum Vorschein kommen. Es gibt also tatsächlich in der Zelle Fermente, die versteckt und inaktiv aufgehoben werden. Es wäre denkbar, daß die Proteine, solange sie mit Nucleinsäuren verbunden sind, nicht die für ihre Wirkung notwendige spezifische Faltung haben und daher unwirksam sind. Oft beobachtet man, daß Fermente, welche aus der Zelle herausgelöst sind, 10—100mal wirksamer sind als in der Zelle (s. LEINER 1958b). Manche Autoren führen dies darauf zurück, daß die Fermentmoleküle in der Zelle oft adsorbiert seien an eine makromolekulare „Zwischenschicht" in einer mehr oder weniger ungefalteten Konfiguration von relativ niedriger Spezifität. Nun wäre es denkbar, daß der Induktor auf eine unbekannte Weise das Fermentmolekül aus seinem Versteck hervorlocken könnte, wonach es die spezifische und wirksame Faltung erhielte. Die frei gewordene Stelle könnte darauf zur Bildung eines anderen Fermentmoleküls benutzt werden. Nach unserer heutigen Auffassung muß sich ja ein Fermentmolekül, das sich spezifisch faltet, aus seiner Matrize lösen.

Nach dieser ebenfalls vagen Vermutung könnte eine Basalmenge von Molekülen adaptiver Fermente immer in der Zelle aufgehoben werden zusammen mit einer Basalmenge der dazugehörigen Matrize (template). Der „Repressor" wäre dann die Hinderung an der spezifischen Faltung. Spezifische chemische Verbindungen, die repressorisch wirken, brauchte man dann nicht anzunehmen. Konstitutive Enzyme würden an der spezifischen Faltung wenig oder gar nicht gehindert. Auf diese Weise würde man der Tatsache Rechnung tragen, daß es zwischen konstitutiven und adaptiven Enzymen gradweise Unterschiede und Übergänge gibt. Aber bei näherer Betrachtung stellen sich für die Faltungs-Entfaltungs-Hypothese große Schwierigkeiten ein, z. B. bei der Erklärung der Latenz-Phase. Die Beobachtungen, daß bei der induzierten Fermentsynthese eine vollständige Neubildung der spezifischen RNS und des Fermenteiweißes aus Nucleinsäure-Bausteinen und Aminosäuren stattfindet, überwiegen gegenüber den andern, die einen hochmolekularen Präkursor des Fermentes anzunehmen erlauben. Es steht fest, daß bei jeder Induktion zuerst eine spezifische RNS aufgebaut wird. Natürlich könnte man für diese Tatsache die Erklärung finden, daß der beschriebene Induktionsvorgang gleichzeitig die Anregung für die Zelle in sich schließt, noch mehr Matrize (template) herzustellen, entsprechend der Konzentration des in die Zelle gelangten Induktors. Aber es hat keinen Sinn, eine Vermutung, die auf so schwachen Füßen steht, noch weiter auszuspinnen.

Die Frage nach dem Wesen der Induktion bleibt nach wie vor noch vollständig ungelöst. Das eine ist klar: Die Induzierbarkeit eines Enzyms ist genetisch verankert, und zwar scheint diese Verankerung im Zellkern zu liegen. Darauf weisen z. B. die Versuche von MARMUR und HOTCHKISS (1955) hin. *Pneumococcus*-Zellen, die Mannit nicht umsetzen konnten, wurden nach Zusatz von DNS aus einem andern adaptiven *Pneumococcus*-Stamm fähig, Mannit zu benutzen. Man konnte zur Gewinnung der DNS angepaßte und unangepaßte Zellen verwenden. Beide übertrugen in quantitativ gleicher Weise die Fähigkeit der Induzierbarkeit. Nach den genetischen Vorstellungen der Monod-Schule müßten gleich zwei Gene übertragen worden sein, dasjenige zur Metabolisierung des Alkohols und das dazugehörige Repressor-Gen. Bei Benutzung der angepaßten Zellen für den DNS-Extrakt wären nach MONOD u. Mitarb. der Repressor und die Genstelle der Synthese des Repressors inaktiviert. Man könnte also erwarten, daß bei Benutzung dieser DNS die Latenz-Phase bei den Acceptorzellen wegfiele. Die Zellen sollten also sofort angepaßt sein, auch ohne Gegenwart von Mannit. Aber das ist nicht der Fall. Das beobachtete adaptive Ferment, welches DPN benötigt, dehydrogeniert Mannitolphosphat zu Fructose-6-Phosphat. Die Mannitol-Kinase wurde nicht untersucht (s. auch im nachstehenden Bericht über die Zellregulation bei VOGEL 1957, S. 192).

2. Gibt es in der Zelle einen Ferment-Präkursor[1] von Eiweiß-Charakter, aus dem durch den Induktor das aktive Ferment entsteht?

Immer dann, wenn durch Stoffwechselgifte, Stickstoffmangel, Mangel an Energiezufuhr, Aushungerung einer Mangelmutanten, durch Purin- und Pyrimidin-Analoge oder durch Aminosäure-Analoge das Wachstum der Zellen ganz oder weitgehend gehemmt ist, die Synthese eines adaptiven Fermentes aber nicht oder nur sehr wenig, ist man versucht zu schließen, daß in der Zelle ein vorgebildeter Ferment-Präkursor vorhanden sei, der durch geringfügige Veränderungen in aktives Ferment verwandelt werden könnte. Die Vermutung ist gerechtfertigt, wenn sie auch nicht zwingend ist, weil man ja nicht weiß, welche Reserven sich im Stoffwechselvorrat befinden. Auch gibt es genug induzierbare Fermente, die in solchen Fällen nicht synthetisiert werden können. Die Vermutung eines Enzym-Vorläufers wird aber auch unterstützt durch das Auftreten

---

[1] Unter „Präkursoren" von Eiweißen werden hier nicht die Aminosäuren verstanden. Das sind „Bausteine". „Vorläufer" sind Polypeptide und Eiweiße. Auch die Mononucleotide der Nucleinsäuren oder ihre Basen sollen hier nicht als „Präkursoren" bezeichnet werden, sondern als „Bausteine". Präkursoren sind Polynucleotide.

einer deutlichen Latenz-Periode. Da sowohl die Befürworter der Präkursor-Annahme wie die ablehnenden Autoren auf der Grundlage gewichtiger experimenteller Ergebnisse urteilen, ist man nach dem heutigen Stand der Kenntnisse versucht anzunehmen, daß es entweder adaptive Fermente mit und solche ohne vorgebildete Präkursoren gibt, oder daß sich die Zellarten verschieden verhalten oder daß es von den Versuchsbedingungen abhängt, ob Präkursoren entstehen oder nicht. Der größte Teil der zuständigen Autoren kann niemals Präkursoren von Polypeptid- oder Eiweiß-Charakter finden. Man kann nur feststellen, daß die bei Beginn der Induktion zugesetzten markierten Aminosäuren in das entstehende adaptive Fermentmolekül eingebaut werden. Das scheint eine Bildung aus Aminosäuren („de novo"-Bildung) anzuzeigen.

Die wichtigsten Vertreter der Präkursoren-Hypothese sind die japanischen Autoren NOMURA, HOSODA und NISHIMURA (1957), NOMURA und YOSHIKAWA (1959), NOMURA, HOSODA, YOSHIKAWA und NISHIMURA (1959), sowie YOSHIDA, TOBITA und KOYAMA (1960). Sie haben in den Zellen von *Bacillus subtilis* einen Faktor in der RNS-Fraktion gefunden (Faktor „RNS"), der eine inaktive Vorform der Exo-Enzyme α-Amylase und Protease in aktives Ferment umwandeln kann. Auch die Tatsache, daß die Amylasebildung nicht durch Aminosäure-Analoge und durch 2,4-Dinitrophenol verhindert wird, betrachten die Autoren als Beweis für das Vorhandensein eines vorgebildeten Fermentvorläufers. NOMURA, HOSODA und NISHIMURA finden, daß auch das Zell-Lysat von *B. subtilis*, hergestellt mit Lysozym, Amylase bilden kann, wenn ihm gekochter Extrakt von angepaßten *Subtilis*-Zellen zugesetzt wird. Sie glauben, daß in diesem Extrakt der Faktor „RNS" enthalten sei. Wenn sie zur Hemmung der RNase noch Polyvinylsulfat hinzufügen, wird etwa gleich viel Amylase gebildet wie in intakten Zellen. Die Haupt-Amylaseaktivität befindet sich in den Zelltrümmern aus den Zellwänden. Das subcellulare System behält 4 Std die Fähigkeit, Amylase zu bilden. Nach NOMURA, HOSODA, YOSHIKAWA und NISHIMURA werden von Suspensionen von *Subtilis*-Zellen nur 24% des zur Amylase-Bildung notwendigen Schwefels aus dem äußeren Medium genommen, wo er sich als ^{35}S-Methionin befindet. Auch diesen Befund verwenden die Autoren zur Unterstützung ihrer Präkursor-Annahme.

Nach NOMURA und YOSHIKAWA verläuft die Fermentsynthese folgendermaßen:

$$\text{Aminosäuren} \xrightarrow[\substack{\text{Hemmbarkeit} \\ \text{durch Aminosäure-Analoge}}]{\text{RNS}} \text{Präkursor} \xrightarrow[\substack{\text{keine Hemmbarkeit} \\ \text{durch Aminosäure-Analoge}}]{\text{„RNS"}} \text{Amylase}$$

Der Faktor „RNS" kann nur in solchen Zellen wirken, die vor dem Versuch an Stärke angepaßt waren und daher noch genügend Ferment-Vorläufer gespeichert haben. Die *Subtilis*-Amylase ist zwar nach den Autoren „konstitutiv", aber sie wird nur in der stationären Phase synthetisiert. Ihre Bildung erfordert gewisse spezielle Bedingungen. Die Autoren gehen so vor:

Nachdem die Zellen begonnen haben, Amylase zu synthetisieren, werden sie geerntet, in Phosphatpuffer suspendiert, und darauf wird das aus andern Zellen gewonnene Faktor-„RNS"-Präparat zugesetzt. Die Zellen fahren nun fort, Amylase zu bilden, während die Kontrolle ohne das Faktor-Präparat keine Amylase synthetisiert. Faktor-„RNS"-Präparate von *Subtilis*-Zellen, welche in der Amylase-Produktion sehr aktiv sind, haben den höchsten Wirkgrad, dagegen liefern Zellen mit schwacher Amylasebildung schwach wirksame Präparate.

Wenn für den Versuch *Subtilis*-Zellen genommen werden, die nicht „voradaptiert" worden sind oder die Amylase-Mangelzellen sind, ist das gewonnene Faktor-„RNS"-Präparat unwirksam. Die Art der Gewinnung des Präparates geht aus folgendem Schema hervor:

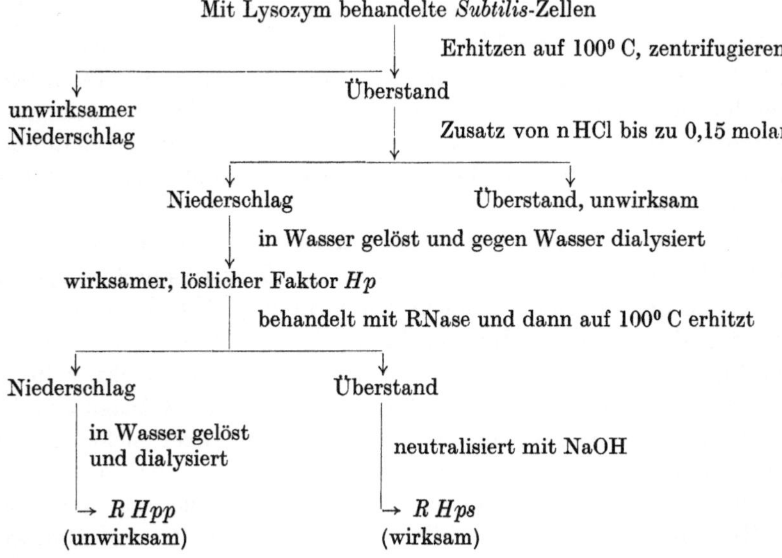

Die Wirksamkeit des Präparates kann weder durch Kochen noch durch Behandlung mit RNase und Protease zerstört werden. Die Zusammensetzung der durch den Reinigungsgang erhaltenen Fraktionen geht aus folgender Tabelle hervor:

Tabelle 1. *Zusammensetzung der drei Hauptfraktionen des obigen Schemas* Zahlen in mg/ml. Nach NOMURA und YOSHIKAWA (1959).

Fraktion	Nucleinsäuren und Nucleotide	Proteine (Folin-Reagens)	Polysaccharide	DNS
Hp	1,3	1,56	0,56	0,56
R Hpp	0,55	1,10	—	—
R Hps	0,71	0,28	0,01	0,01

Die RNase-resistente RNS-Fraktion R Hpp ist unwirksam. Die Wirksamkeit liegt in einer spezifischen RNS-Fraktion bzw. in den Hydrolyseprodukten von *R Hps*. Die Fraktion enthält nur wenig denaturiertes Eiweiß und nur Spuren von DNS. Zusätze von Eiweiß und Aminosäuren fördern unter den gewählten Bedingungen die Amylasebildung nicht. Auch Zusätze von Purinen und Pyrimidinen sowie von Mononucleotiden sind wirkungslos. Die Produkte aus saurer und alkalischer Hydrolyse sind ebenfalls unwirksam. Unwirksam oder sehr schwach wirksam sind aber auch RNS-Fraktionen aus anderen Bakterienarten und aus Hefezellen. Zusätze zur wirksamen Fraktion *R Hps* von kristalliner Protease vermindern die Aktivität nicht. Es sieht also so aus, als handle es sich tatsächlich um eine spezifische Wirksubstanz. Aber isoliert ist sie noch nicht, und das ist das Entscheidende. Die Autoren schreiben: Die „Matrizen- (template-) Hypothese" nimmt für die Synthese eines spezifischen Proteinmoleküls die Existenz eines einzigen spezifischen RNS-Moleküls an. Aber es gibt keinen einzigen überzeugenden Beweis für diese Annahme. Es wäre denkbar, daß eine

RNS-Art bei der Präkursor-Synthese beteiligt sei und eine zweite bei der Umwandlung in aktives Ferment(?).

Bei der geringen Reinheit der „RNS“-Präparate und in Hinsicht auf die unbekannte komplizierte Zusammensetzung des benutzten subcellularen Systems ist eine ziemliche Skepsis am Platze, wenn Nomura u. Mitarb. glauben, einen „Aktivator“ für die Amylasebildung aus einem Vorläufer des Fermentes gefunden zu haben. Dieser Aktivator müßte nach den Angaben der Autoren ziemlich niedermolekular sein. Nach der Beschreibung hat der unbekannte Stoff nichts zu tun mit den niedermolekularen Inkorporationsfaktoren von Gale und Folkes (1955—1960).

Vielleicht ist der Aufsatz von Tsuru, Yamamoto und Fukumoto (1958) über die Amylasebildung in Lysozym-Lysaten von *B. subtilis* in der Lage, andere Erklärungen für die Versuchsergebnisse von Nomura u. Mitarb. zu finden. Aber da nach ihnen die Amylasebildung in *Subtilis*-Zellen durch Zusatz von Aminosäure-Mischungen bedeutend gesteigert wird, in Lysaten aber nicht, halten sie es auch für möglich, daß ein Amylase-Präkursor existiert. 8-Azaguanin hemmt ziemlich stark die Amylasebildung in intakten Zellen, aber nicht in Lysaten. Das könnte damit erklärt werden, daß bei den Lysaten eine neue spezifische RNS für die Amylasebildung nicht notwendig sei. Aber das sind wenig beweiskräftige Hinweise. Die intakten Zellen atmen nach Zusatz von Glucose und Galactose sehr kräftig, das Lysat nicht. Pyruvat verstärkt die Atmung bei Zellen und Lysaten, Glycerophosphat und Glucose-6-Phosphat aber nur bei Lysaten. Die Amylasebildung wird durch Pyruvat und Citrat sehr gefördert, aber nicht durch Glucose und Galactose. Ob solche Förderstoffe bei der Wirksamkeit der *R Hps*-Präparate von Nomura und Yoshikawa eine Rolle spielen?

Zu einem überraschenden Ergebnis kamen Yoshikawa und Maruo 1960. Sie reinigen den Faktor *R Hps* weiter und finden schließlich den reinen „Aktivator“. Er ist frei von Nucleinsäuren, Proteinen und Polysacchariden. Er ist ninhydrinpositiv, stark basisch und verbindet sich mit anorganischem Phosphat und Flaviansäure. Bei der Papierchromatographie läuft er schnell in basischen Lösungsmitteln und langsam in sauren. Die Wirksamkeit wird durch Säuren und Laugen zerstört. Alle chemischen Beobachtungen sind charakteristisch für Alkalydiamine und Polyalkylamine. 1,3-Propandiamin, Putrescin, Cadaverin, Spermidin und Spermin wirken auch als Aktivatoren der Amylasebildung, aber ungleich schwächer als der isolierte Faktor. Diese Verbindungen haben auch andere R_f-Werte bei der Papierchromatographie. Bei Benutzung von ^{32}P als Markierung zeigt es sich, daß der Faktor die Inkorporation von Phosphat in die Nucleinsäuren und die Polyphosphate stark stimuliert, sogar stärker als die Enzymbildung. Die Autoren denken an einen Vergleich mit dem Inkorporationsfaktor von Gale und Folkes aus *Staphylococcus aureus*.

Auch Straub und Ullmann (1957) sind nach ihren Versuchen mit der Amylase in Taubenpankreas der Meinung, daß das Enzym *in vivo* in mindestens zwei Schritten gebildet wird, von denen der zweite eine partielle Synthese sei aus Vorläufer-Protein und Arginin + Threonin. Eine vollständige Aminosäure-Mischung sei für den zweiten Schritt nicht notwendig. Die Zunahme der Amylase-Aktivität werde aber gehemmt durch Chloramphenicol, p-Fluorphenylalanin und Ribonuclease.

EISENSTADT und KLEIN (1959) prüfen, ob die extracelluläre α-Amylase von *Pseudomonas saccharophila* ebenfalls aus einem vorgebildeten Präkursor entstehe. Sie verwenden zur Markierung $^{35}SO_4^{--}$ im Medium. Nicht präinduzierte, auf Lactat gewachsene Zellen und präinduzierte, in Stärke gewachsene Zellen bilden in Pufferlösungen bedeutende Amylasemengen, ohne den exogenen markierten Schwefel zu benutzen und obwohl in der Amylase 2 Mol Methionin auf 1 Mol Ferment kommen. Das sieht also nach einem Präkursor aus. Aber die gleichen nichtpräinduzierten und die präinduzierten *Pseudomonas*-Zellen bilden im vollständigen Medium unter Benutzung von exogenem Schwefel Amylase. Das

spricht also gegen einen Präkursor der Amylase in *Pseudomonas*. Entscheidend sind also diese Versuche ebenfalls nicht.

Nach Mitteilung von SHIRAKI (1959) hat NOMURA durch chromatographische Analyse festgestellt, daß der aktivierende Faktor der „RNS" in *Bacillus subtilis* ein Polysaccharid sei und nicht das Nucleotid selbst. Nach der Tabelle 1 ist aber der Anteil von Polysacchariden an dem wirksamen Präparat *RHps* verschwindend gering.

Aber sonst bestätigt SHIRAKI, daß Polynucleotide (I) aus induziertem *Mycobacterium avium* die Fermentinduktion stark aktivieren, während Polynucleotide (II) aus nichtinduzierten Mycobakterien wirkungslos sind. Die aktivierende Wirkung von I verschwindet auch nicht bei der Verdauung mit RNase. Aus Hefe isolierte Polynucleotide sind wirkungslos. SHIRAKI untersucht die durch Benzoesäure induzierte Synthese von Benzoesäure-Oxydase. Durch Inkorporation von ^{32}P wird festgestellt, daß die RNS in beiden Fällen quantitativ in gleicher

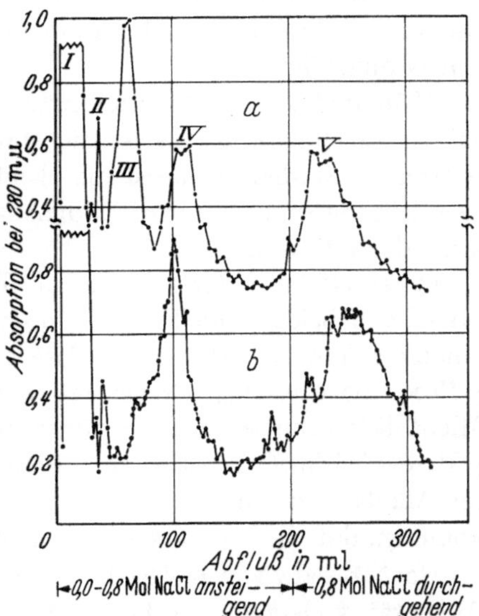

Abb. 6. Elutionsbild von Bakterienextrakt von *Bacillus subtilis*. Die Bakterienzellen wurden zerstört durch Schall-Oscillation in 0,02 M Trispuffer, PH 8,0 und 30 min zentrifugiert bei 10000 U/min in einer Servall-Zentrifuge. Eine kleine Menge des Überstehenden (etwa 100 mg Trockengewicht) wurde auf eine DEAE-Cellulosesäule gebracht und eluiert mit einem linearen Salzgefälle bei 13° C. (Nach YOSHIDA, TOBITA und KOYAMA 1960)

Weise zunimmt bei induzierten und nichtinduzierten Zellen, daß aber die aktivierenden Polynucleotide aus induzierten Zellen mehr Uracil und Guanin enthalten als die nichtaktivierenden aus nichtinduzierten Zellen. Jedoch ist die große Aktivierung der Induktion durch die von SHIRAKI isolierte „RNS" kein Hinweis auf das Vorhandensein eines Präkursors. Auch wird eine solche Vermutung sehr abgeschwächt durch die Tatsache, daß Mischungen von Purinen und Pyrimidinen ebenfalls die induktive Synthese der Benzoesäure-Oxydase stark fördern. Bei näherer kritischer Untersuchung von Literaturbeispielen, die in gewissen Bakterien einen Fermentvorläufer vermuten ließen, hat sich bis jetzt immer gezeigt, daß ein wirklicher Beweis nicht geführt werden konnte. Der beste Beweis wäre natürlich die Isolierung des Präkursors. YOSHIDA, TOBITA und KOYAMA (1960) glauben, bei der Fraktionierung mittels einer DEAE-Cellulosesäule diesen Präkursor gefunden zu haben. Sie prüfen einen *Subtilis*-Stamm während und nach der Anpassung an Stärke und finden im ersten Fall ein Eiweiß III, das nach der Anpassung vollständig verschwunden ist (Abb. 6 a und b). Eiweiß III zeigt sehr schwache Amylase-Aktivität (1,5—2%) und positive Reaktionen mit Kaninchen-anti-α-Amylase-Serum. Nach tryptischer Verdauung sind die Peptidflecken auf Chromatographiepapier ähnlich denen der α-Amylase. Das Protein III enthält aber mehr Glutaminsäure und weniger Arginin als die α-Amylase. Das erhaltene Präparat scheint ziemlich homogen zu sein.

Die durch viele Experimente unterbaute Ansicht, daß es keinen Präkursor für induzierbare Fermente gäbe, konnte bis jetzt noch nicht bewiesen werden. Als ein neueres Beispiel der vergeblichen Suche nach einem Präkursor sei hier die in der Literatur so bekannte adaptive Penicillinase-Synthese in *Bacillus cereus* angeführt.

1956 findet POLLOCK drei Arten von Penicillinase (Pase) in *Cereus*-Zellen. Die extracelluläre α-Pase ist die Hauptmenge. Die intracelluläre β-Pase kann extrahiert werden, während die ebenfalls intracelluläre γ-Pase nur teilweise bei der Zellzerstörung frei wird. POLLOCK (1956) vermutet, daß die β-Pase die Vorstufe der α-Pase sei.

CITRI (1958) untersucht näher die Unterschiede zwischen α- und γ-Pase. Man kann beide Penicillinasen durch Fraktionieren mit Ammoniumsulfat voneinander trennen. Das mit α-Pase gewonnene Antiserum inaktiviert nicht die γ-Pase, die etwa $^1/_{10}$ der gesamten Penicillinase ausmacht. Substratspezifität, Michaeliskonstante und Sedimentations-Geschwindigkeit sind gleich, aber γ-Pase wird im Gegensatz zur α-Pase durch Jod rasch inaktiviert. Auch hat sie im Alkalischen eine niedrigere Aktivität. Man kann also auf den Gedanken kommen, daß die γ-Pase der Präkursor der α-Pase sei.

Nach Zusatz von m/400 J$_2$ bleibt die α-Pase aktiv, während die γ-Pase ihre Aktivität vollständig verliert. Wenn man die α-Pase 10 min in m/30 NaOH stehen läßt und dann wieder neutralisiert, hat sie für kurze Zeit die Eigenschaften der γ-Pase angenommen: das Antiserum α inaktiviert sie nicht. Ihre Aktivität als Penicillinase ist geringer geworden und sie wird durch m/400 J$_2$ vollständig inaktiviert. Aber nach kurzer Zeit verwandelt sie sich wieder in die α-Form zurück. Eine solche Verwandlung der γ-Pase in α-Pase wird nie beobachtet. Aber eine längere Einwirkung von NaOH verwandelt die α-Pase irreversibel in die γ-Form.

Wenn man die α-Pase an nichtinduzierte *Cereus*-Zellen adsorbiert und später nach gründlichem Waschen mit 0,5% Gelatinelösung eluiert, ist sie voll aktiv in Gegenwart von J$_2$. Wenn man statt Gelatinelösung nur destilliertes Wasser nimmt, bleibt das Ferment adsorbiert. Es ist dann jodsensitiv. α-Pase wird auch leicht an die Oberflächen von Glaspulver adsorbiert. Dort hat sie ebenfalls die Eigenschaften von γ-Pase. Eluiert mit 0,5% Gelatinelösung, bekommt sie die α-Eigenschaften wieder zurück. Nach der Zwischenschicht-Hypothese (s. o. S. 114) ist das Ferment im adsorbierten Zustand in einer weitgehend ungefalteten Konfiguration, welche geringere Spezifität hat. Das könnte auch bei der adsorbierten α-Pase der Fall sein. Dann könnten die beiden Penicillinase-Arten lediglich Konfigurations-Unterschiede besitzen. Wenn dies der Fall wäre, so wäre jedes induktive Ferment, solange es noch ungefaltet auf seiner RNS-Matrize sitzt, der Präkursor des aktiven Fermentes. Nach seinen Versuchsergebnissen glaubt aber Citri, daß zwischen α- und γ-Pase auch noch andere Unterschiede bestehen und daß die γ-Pase nicht die Vorstufe der α-Form ist.

Pollock und Kramer (1958) versuchen die Präkursor-Frage bei der Penicillinase-Induktion in *Bacillus cereus* endgültig zu beantworten. Auch sie gehen zunächst von der Vermutung aus, daß die γ-Pase, welche höchstens einige Prozent der gesamten Penicillinase ausmacht, der Präkursor der α-Pase (und β-Pase) sein könnte. Zunächst halten sie es für möglich, daß es in den *Cereus*-Zellen einen unspezifischen Präkursor geben könnte, der durch Induktion in einen spezifischen (γ-Pase) übergeführt werden könnte, entsprechend dem folgenden Schema, welches die frühere Auffassung der Monod-Schule wiedergibt:

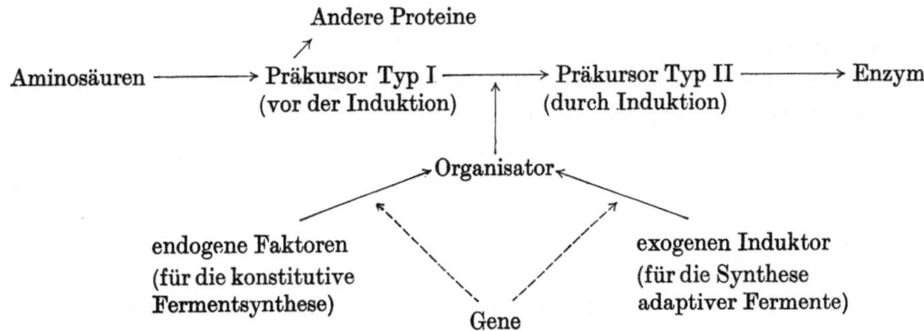

Es kann sich also eventuell um zwei Präkursoren handeln, Typ I und Typ II, die gesucht werden können. Pollock und Kramer machen zwei Hauptreihen von Versuchen, und zwar sowohl mit einem adaptiven wie mit einem konstitutiven Stamm von *B. cereus*.

a) Die Zellen wachsen in einem Medium mit ^{35}S-Methionin, bis sie mit dem markierten Schwefel gesättigt sind. Dann werden sie nach dem Waschen in ein Medium mit unmarkiertem Schwefel gebracht, und der adaptive Stamm wird mit Penicillin induziert. Aus der Menge des ^{35}S in der gebildeten Penicillinase soll beurteilt werden, ob die Möglichkeit der Synthese von Präkursoren gegeben ist.

b) Die Zellen wachsen zuerst in unmarkiertem Medium. Dann werden mit ^{14}C oder ^{35}S markierte Aminosäuren in das neue Medium gebracht. Die Inkorporationsgröße der radioaktiven Elemente in die entstehende Penicillinase wird gemessen und daraus beurteilt, wieweit zur Penicillinase-Synthese endogenes Material benutzt wird. Auch wird auf die Länge der Latenz-Periode geachtet, um beurteilen zu können, ob die Möglichkeit der Entstehung von Zwischengliedern der Präkursor-Typen I und II gegeben ist.

Die Schwierigkeiten der Messung liegen in den Verunreinigungen und in der Unkenntnis über die Größe des Protein-Abbaus und des Stoffwechselvorrates (metabolic pool). Daher sind die Meßergebnisse schwer zu deuten. Jedoch kommen Pollock und Kramer zu dem Schluß, daß beide Versuchsreihen keine sicheren Beweise liefern für irgendwelche Zwischenglieder zwischen freien Aminosäuren und der Exo-Penicillinase im induzierbaren Stamm. Die kleinen im konstitutiven Stamm gefundenen Mengen von „Intermediaten" sind wahrscheinlich zurückzuführen auf eine spätere Befreiung von Penicillinase-Spuren, die beim Waschen an der Zelloberfläche zurückgehalten waren und dann bei der

Übertragung in das neue Medium abgegeben wurden. Die Autoren sind der Meinung, daß die intracelluläre γ-Pase normalerweise wahrscheinlich nicht als Vorläufer des Exo-Fermentes funktioniert. Ferner sind sie der Meinung, daß die spezifische Verzögerung von 15 min bei der induzierten Penicillinase-Synthese nicht von der Bildung eines spezifischen Enzym-Vorläufers herrühren kann. Die in der ersten Versuchsreihe gefundenen 10% von endogenem ^{35}S in der Exo-Penicillinase sollen von dem Abbau von Proteinen in den Zellen während des Versuches herrühren.

Trotz der kritisch benutzten subtilen Meßmethoden können die Versuchsergebnisse von Pollock und Kramer (1958) nicht so recht befriedigen. Die Frage nach einem eventuellen Eiweiß-Präkursor ist ein Teil der Frage nach der Art der Eiweiß-Biosynthese und daher von großer Wichtigkeit. Es könnte sich z. B. um ganz kurzlebige Zwischenglieder handeln. Gros (1959) schreibt, gestützt auf Hogness, Cohn und Monod (1955) und auf Koch und Levy (1955), daß sich Peptide als Vorstufen der Proteine nicht nachweisen ließen (s. aber Koningsberger). Andererseits schreiben Steinberg, Vaugham und Anfinsen (1956), die Vorläufer bei der Proteinsynthese müßten größer als Aminosäuren sein, da sie keine gleichförmige Markierung von Ovalbumin, Insulin und Ribonuclease beobachteten.

3. Sind die induzierbaren Fermente bei den Mikro-Organismen statisch oder dynamisch?

Auf Grund sorgfältiger Experimente (s. Leiner 1958a, S. 42 u. 66f.) wurde in neuerer Zeit immer wieder behauptet, daß die adaptiven Fermente der Mikro-Organismen irreversibel gebildet seien. Nach dem Fortlassen des Induktors bilde die Zelle keine neuen Fermentmoleküle mehr, aber die einmal synthetisierten würden nicht abgebaut. Eine Verdünnung in den einzelnen Zellen finde nur in dem Maße statt, wie sich die Zellen vermehrten. Die Summe der Fermentmoleküle pro Population bleibe dieselbe. Am krassesten äußern sich Hogness, Cohn und Monod (1955). Die Proteine in den *Coli*-Zellen seien in einem *statischen* und nicht in einem *dynamischen* Zustand, und dies gelte wohl im wesentlichen für alle Bakterien und Hefen. Wenn es sich aber so verhielte, bestünde der paradoxe Zustand, daß die Zellen der Mikro-Organismen „statisch", die aller Vielzelligen „dynamisch" wären. Denn es ist trotz entgegengesetzter Meinung von Hogness, Cohn und Monod (1955) sicher, daß bei allen Vielzelligen ein stetiger Eiweißumsatz stattfindet (s. z. B. Maurer 1960). Jeder Biologe weiß, daß bei gewissen Gelegenheiten im Tierreich Eiweiße in sichtbarer Weise abgebaut und die Bausteine zum Aufbau anderer Eiweiße verwendet werden, z. B. beim Heranreifen der Ovarien bei gewissen Fischen vor der Laichzeit.

Eine Zeitlang glaubte man feststellen zu können, daß adaptive Fermente bei Mikro-Organismen bei Nichtgebrauch rasch restlos oder bis auf Spuren abgebaut werden könnten, besonders bei Ernährungsmangel (s. Leiner 1958a, S. 64f.). Im einzelnen ist diese Frage aber noch nicht geklärt. Jedoch kann es nach den wenigen einwandfreien Versuchen nicht zweifelhaft sein, daß sich die Mikro-Organismen genau so verhalten wie die Vielzeller. Borek, Ponticorvo und Rittenberg (1958) schreiben, daß der dynamische Zustand der Gewebe-Konstituenten in lebenden Organismen eine der wenigen allgemeinen Tatsachen in der Biologie sei. Es würde überraschen, wenn der dynamische Zustand in den Geweben der Metazoen nicht auch bei den Mikro-Organismen vorhanden sein sollte. Umwandlungen sind bei den Metazoen beobachtet worden sowohl bei Aminosäuren, Fettsäuren und Monosacchariden als auch bei den hochmolekularen Eiweißen, Kohlenhydraten und Fetten.

Es besteht natürlich ein tiefgreifender Unterschied zwischen den nichtwachsenden Bakterien- und Säugetierzellen einerseits und den logarithmisch wachsenden Bakterienzellen andererseits. Während des logarithmischen Wachstums ist die Rate der Proteinsynthese sehr viel größer als die des Abbaus, so daß sehr große Sorgfalt notwendig ist, die langsame Reaktion des Um- und Abbaus zu beobachten.

Borek u. Mitarb. benutzen für ihre Versuche einen Methionin-Mangelstamm von *Escherichia coli* und zur Markierung ^{18}O und Deuterium. Wenn ein Um- und Abbau während des Methionin-Mangels, also bei fehlendem Wachstum und fehlender Proteinsynthese, stattfindet, müssen Peptidbindungen gelöst und wieder geknüpft werden. In Anwesenheit von $H_2{}^{18}O$ muß bei der Auswechslung von Aminosäuren in die Carboxylgruppe ^{18}O eingeführt werden und das Isotop muß im umgebauten Eiweiß nachzuweisen sein. Freie Aminosäuren inkorporieren unter der Wirkung der Transaminase rasch Deuterium in die α-Position. Bei der Re-Inkorporation der Aminosäure in das Protein erscheint D des D-haltigen Wassers im Protein. Wenn die Rate der D-Inkorporation viel rascher als die Rate der Hydrolyse der Peptidbindung ist, dann ist das Auftreten von D im Protein ein Gradmesser für die Umwandlung des Proteins.

In Anwesenheit von 2,4-Dinitrophenol, das ja bekanntlich die oxydative Phosphorylierung entkoppelt, findet in einem Medium von 13% D und 1,4% ^{18}O kein nennenswerter Einbau von D und ^{18}O in das Eiweiß statt. Aber in seiner Abwesenheit wird sowohl ^{18}O als auch D in die Proteine inkorporiert. Aus den Berechnungen ergibt sich, daß mit einer Umwandlungsrate von etwa 6% zu rechnen ist. Wenn dies die Rate für den Abbau und die Resynthese des Eiweißes ist, dann handelt es sich um eine relativ sehr hohe Eiweiß-Umsatzrate (s. bei Maurer 1960). Wenn man sich sehr vorsichtig ausdrücken will, dann werden in ruhenden *Coli*-Zellen in einer verhältnismäßig hohen Rate Peptidbindungen geöffnet und wieder geschlossen. Natürlich ist das noch kein Nachweis dafür, daß adaptive Fermente in Abwesenheit des Substrates oder eines Induktors bevorzugt vor anderen Eiweißen abgebaut werden.

Mandelstam (1956) mißt die Menge der freien Aminosäuren im Stoffwechselvorrat (metabolic pool) von leucinerfordernden *Coli*-Zellen bei Beginn der Inkubation in einem Stickstoffmangel-Medium mit ^{14}C-Leucin und 2 Std danach. Die freien Aminosäuren vermehren sich in dieser Zeit um das Doppelte. Die Zellen zeigen also einen klaren Proteinabbau. Aus den Befunden kann man verstehen, warum eine ruhende Zelle in einem Mangelmedium doch eine induktive Fermentsynthese zeigen kann ohne Vermehrung aller andern Eiweiße. Rickenberg und Lester (1955) nennen dies „bevorzugte Eiweiß-Synthese". Das Ferment lebt also von dem Abbau anderer Eiweiße. Warum sollte es nicht einen entsprechenden Abbau eines ruhenden adaptiven Fermentes geben? Die Induzierbarkeit eines Fermentes in ruhenden Zellen in einem Mangel-Medium braucht also nicht von einem vorrätig gehaltenen Präkursor herzukommen.

Ganz entschieden wendet sich MANDELSTAM (1957) gegen die Auffassung der Monod-Schule, daß die Bakterien-Eiweiße, auch die induzierbaren Fermente, irreversibel gebildet seien. Zunächst zeigt er, daß bei einem leucinbedürftigen *Coli*-Stamm in Abwesenheit von Leucin und bei Stickstoffmangel durch Induktion mit Methyl-β-D-Thiogalactosid eine bevorzugte Synthese der β-Galactosidase angeregt werden kann. Aus der Menge des synthetisierten Fermentes berechnet er, daß dies nur bei einem Protein-Abbau von 5—10% pro Stunde möglich wäre, unter der Annahme, daß keine Präkursor-Moleküle anwesend sind. MANDELSTAM sieht diese bevorzugte Eiweiß-Synthese als Beweis dafür an, daß die Eiweiße von *Coli*-Zellen nicht auffallend stabil (statisch) sind. Nun hält er den gleichen *Coli*-Stamm in Abwesenheit von Leucin und Ammoniumsalzen in einem Medium mit einem Überschuß von ^{14}C-Glycin. Das später mit Trichloressigsäure gefällte Protein wird auf den Anteil an ^{14}C-Glycin untersucht. Die Rate der Ersetzung von Glycin ist 9% in 2 Std. Der Einbau von Glycin wird durch Chloramphenicol vollständig verhindert.

MANDELSTAM macht noch einen dritten Versuch mit dem gleichen *Coli*-Stamm. Die Mutante wird mit ^{14}C-Leucin inkubiert, bis alle Proteine fast vollständig markiert sind. Dann werden die Bakterien gewaschen und mit ^{14}C-Leucin inkubiert, aber ohne Stickstoffquelle, so daß die Zellen nicht wachsen können. Gemessen wird das ^{14}C-Leucin, das aus dem Protein befreit wird. Die dadurch gemessene Abbaurate ist 5% pro Stunde. Wenn man die Zellen des dritten Versuches durch Zugabe von Ammoniumsalzen wachsen läßt, beträgt die Abbaurate des Eiweißes in den ersten 60 min 4%. MANDELSTAM (1957) findet, daß durch den dynamischen Zustand des Bakterien-Eiweißes die Bakterien viel besser an Umgebungsveränderungen adaptierbar sind, als sie es sein würden, wenn ihre Proteine stabil (statisch) wären.

Mehrere Autoren finden einen hohen graduellen Unterschied des Protein-Austausches zwischen wachsenden und ruhenden Bakterien- und Hefezellen. URBÁ (1959) gibt z. B. bei *Bacillus cereus* 1% Austausch für wachsende und 7% für ruhende Zellen an. HALVORSON (1958) findet ähnliche Verhältnisse bei Hefen. Ferner wurde beobachtet (MANDELSTAM 1958), daß manchmal induzierte Fermente sogar stabiler sind als die Proteine allgemein in der Zelle, die wenig enzymatische Aktivität haben (?).

MANDELSTAM und HALVORSON (1960) prüfen den Grad des Protein-Austausches von nichtwachsenden *Coli*-Zellen, den Abbau und die Resynthese in der löslichen Fraktion und den RNP-Partikeln (Ribosomen) und vergleichen damit Abbau und Resynthese der *Nucleinsäuren* in diesen Fraktionen. Sie benutzen einen *Coli*-Stamm, der Leucin und Threonin benötigt. Bei den Abbau-Versuchen wird so vorgegangen: die Zellen dürfen zunächst im vollen Medium mit ^{14}C-Leucin wachsen. Dann werden sie nach dem Waschen in ein Minimal-Medium ohne Stickstoff und ohne Threonin, aber mit ^{12}C-Leucin für 4 Std gebracht. In dieser Zeit können sie also nicht wachsen. Der Umbau der Proteine wird an der Verminderung der radioaktiven Markierung gemessen. In beiden Fraktionen bleibt der Gesamt-Proteingehalt gleich, aber der Abfall an spezifischer Aktivität pro Stunde beträgt bei der löslichen Fraktion 6,2% und bei den Ribosomen 5,4%.

Für die Resynthese des Proteins wird folgende Versuchsanordnung gewählt: die Zellen werden in unmarkiertem Medium mit Leucin und Threonin gehalten, danach gewaschen und in Succinat-Medium ohne Threonin und Stickstoff, aber mit ^{14}C-Leucin für 4 Std inkubiert. Die Zunahme der spezifischen Aktivität in den Proteinen der beiden Fraktionen wird gemessen. Sie beträgt in 4 Std 16,4% bei der löslichen Fraktion und 21,5% bei den Mikrosomen, bezogen auf voll markiertes Protein. Das sind also pro Stunde 4,1 und 4,5%, größenordnungsmäßig die selben Zahlen wie beim Abbau.

In gleicher Weise werden Abbau und Resynthese der Nucleinsäuren beider Fraktionen gemessen, und zwar mit 8-^{14}C-Guanin als Markierer. Der Verlust an Radioaktivität beim Abbau beträgt bei der löslichen Fraktion in 4 Std nur 5%, bei der Ribosomen-Fraktion aber 24%. Das bedeutet also, daß bei der letzteren Fraktion der Nucleinsäure-Abbau und der Protein-Abbau die gleiche Größe haben. Bei der löslichen Fraktion ist allerdings der Nucleinsäure-Abbau nur $^1/_5$ des Protein-Abbaus. Bei den Resynthese-Versuchen ist das Verhältnis umgekehrt, 14,5% Markierungszunahme in der löslichen Fraktion und nur 6% in der Ribosomen-Fraktion.

Aus den Versuchen geht jedenfalls hervor, daß bei den *Coli*-Zellen beide Fraktionen, die Protein- und die Nucleinsäure-Fraktion, labil sind. Wie die Versuchsergebnisse im einzelnen zu deuten sind, interessiert hier erst in zweiter Linie. Jedenfalls verursacht die Aushungerung, daß ein genügender Vorrat von freien Aminosäuren im Stoffwechselvorrat zur Verfügung steht (s. auch MORTON, DICKERSON und ENGLAND 1960).

Es ist also erwiesen, daß es bei den Bakterien und Hefen einen dauernden Eiweißumsatz gibt und daß dieser keineswegs geringer ist als bei den Vielzelligen. Die Behauptungen mancher Autoren von einem statischen Zustand der Bakterien-Eiweiße sind also völlig irrig. Aber es ist noch nicht klargestellt, ob die induzierten Enzyme unter den Eiweißen eine Ausnahme machen. Ganz ungelöst bleibt einstweilen die Frage, ob untätige induzierte Enzyme *bevorzugt* abgebaut werden können, wie früher oft behauptet worden ist. Sollte man eine Parallele zwischen Einzellern und vielzelligen Tieren ziehen können, so könnte diese Frage wahrscheinlich bejaht werden. Aber man muß den experimentellen Beweis abwarten.

III. Neue Beispiele der induzierten Enzymsynthese[1]

1. Über den Kohlenhydrat-Stoffwechsel

Seit dem Aufkommen der Säugetiere auf der Erde spielen die Lactose und die Galactose eine besondere Rolle in der Welt der Organismen. Das Fermentsystem in den Säugetieren, das Glucose in Galactose und umgekehrt umwandelt, wird wohl konstitutiver Art sein. Aber die meisten Mikro-Organismen, die Galactose fermentieren können, müssen sich an diese Hexose anpassen. LELOIR, CAPUTTO et al. (1948—1951) gaben folgenden 2-Schritt-Mechanismus der Umwandlung an:

1. Galactose + ATP → Galactose-1-Phosphat + ADP (Galacto-Kinase).
2. Galactose-1-Phosphat → Glucose-1-Phosphat (Galacto-Waldenase).

---

[1] Es sind hier nur bedeutsame Abhandlungen aufgenommen, welche in dem folgenden Bericht (LEINER: Über die Zellregulation, S. 171f.) aus verschiedenen Gründen keinen Platz fanden.

LELOIR fand die enzymatische Inversion nicht, wenn er zu dialysierten Extrakten von an Galactose angepaßten Hefen (*Saccharomyces fragilis*) Galactose oder Galactose-1-Phosphat zusetzte. Die Inversion bedurfte als Cofaktor der Uridin-Diphospho-Glucose (UDPG). Die Galacto-Waldenase katalysierte nach LELOIR folgendes Gleichgewicht:

Uridin-Diphospho-Glucose (UDPG) $\rightleftharpoons$ Uridin-Diphospho-Galactose (UDPGal), wobei das Gleichgewicht bei $3 \rightleftharpoons 1$ ist.

KALCKAR, BRAGANCA und MUNCH-PETERSEN (1953) fanden zwei mögliche Reaktionen bei der Anpassung:

a) UDPG + Gal-1-Phosphat $\rightarrow$ UDPGal + G-1-Phosphat.

b) UTP + Gal-1-Phosphat $\rightarrow$ UDPGal + Pyrophosphat.

UDPGal sollte dann durch die Galacto-Waldenase mit dem immer in der Hefezelle vorhandenen UDPG in das eben erwähnte Gleichgewicht gebracht werden (s. auch SMITH, MUNCH-PETERSEN und MILLS 1953).

Nach MAXWELL, KALCKAR und BURTON (1956) wirkt UDPG katalytisch in der Reaktion:

UDPG + Gal-1-Phosphat $\rightarrow$ UDPGal + G-1-Phosphat.

Das dazugehörige Enzym nennen die Autoren GP-Uridyl-Transferase im Gegensatz zu PP-Uridyl-Transferase, welche die Reaktion katalysiert:

UDPG + PP $\rightleftharpoons$ UTP + G-1-Phosphat.

Die Autoren fanden in Mammadrüsen laktierender Ratten 2—3mal soviel Galacto-Waldenase wie bei nichtlaktierenden Drüsen, was als adaptiv anzusehen ist. KALCKAR und MAXWELL (1956) waren der Ansicht, daß die Galacto-Waldenase eigentlich UDPGal-4-Epimerase heißen müßte, da eine Walden-Umkehrung nicht vorliege.

Darnach sind also bei der Galactose-Anpassung der Hefe folgende Enzyme beteiligt:

1. Galacto-Kinase.

2. Gal-1-P-Transuridylase (Gal-1-P-Transferase).

3. UDPGal-4-Epimerase.

Tabelle 2. *Das Vorkommen der drei für die Umwandlung der Galactose in Glucose verantwortlichen Fermente nur in angepaßten Zellen von Saccharomyces fragilis*
Zum Vergleich ist das konstitutive Ferment UDPGal-Pyrophosphorylase hinzugenommen. Die unbenannten Zahlen sind die spezifischen Aktivitäten in Einheiten pro mg Protein. Nach DE ROBICHON-SZULMAJSTER (1958).

Geprüfte Fermente	Gewachsen auf Glucose (Proteingewicht ist 6,5 mg/ml Extrakt)	Gewachsen auf Galactose (Proteingewicht ist 7,6 mg/ml Extrakt)
1. Galacto-Kinase.	0	$2{,}6 \cdot 10^{-1}$
2. Gal-1-P-Transferase. . .	0,01	3,68
3. UDPGal-4-Epimerase .	0	$3{,}33 \cdot 10^{-2}$
UDPGal-Pyrophosphorylase	1,77	2,22

MILLS, SMITH und LOCHHEAD (1957) beobachteten, daß die UDPGal-4-Epimerase auch in nicht adaptierter Hefe *(Saccharomyces fragilis)* vorhanden sei. In der Tat wird nach CAPUTTO, LELOIR, CARDINI und PALADINI (1950) in *S. fragilis* auch in nicht adaptiertem Zustand UDPG gefunden, das ein Substrat der Epimerase ist. Aber offenbar kann es die Epimerase nicht induzieren. Denn DE ROBICHON-SZULMAJSTER (1958) weist nach, daß die Epimerase in *Saccharomyces fragilis* adaptiv ist (Tabelle 2). Die Galactose-Struktur muß also für die Induktion notwendig sein. Der Autor verweist aber auf KURAHASHI (1957), der gefunden hat, daß die Epimerase in *Coli*-Zellen konstitutiv ist. In die Tabelle 2 ist auch die konstitutive UDPGal-Pyrophosphorylase mit aufgenommen, welche die Reaktion katalysiert:

$$\text{UDPGal} + \text{PP} \rightleftharpoons \text{UTP} + \text{Gal-1-Phosphat.}$$

KALCKAR, KURAHASHI und JORDAN (1959) untersuchen den Galactoseweg: Galactokinase, Gal-1-P-Transferase und UDPGal-4-Epimerase an galactose-negativen Mutanten von *Escherichia coli* K 12 und den sog. *Coli*-M-Stämmen. Die Fermentkette nennen sie den Leloir-Weg im Gegensatz zu dem direkten Abbau der Galactose (s. DOUDOROFF, DE LEY, PALLERONI und WEIMBERG 1956). Es wird mit 13 Mutanten experimentiert, welche einen Ausfall an einem, an zwei oder an allen drei Fermenten haben, einen Einzel- oder einen multiplen Defekt. Bei den dreifachen Mangelmutanten der K 12-Stämme ist Galactose, welche in die *Coli*-Zellen eindringt, unfähig, eines der drei (konstitutiven) Fermente zu induzieren, aber fähig, die Synthese der adaptiven β-Galactosidase zu stimulieren. Der Aufsatz ist auch bedeutungsvoll wegen der Meßmethoden für die drei Fermente. Gemessen wird mit Enzymketten. So wird z. B. die Kinase folgendermaßen bestimmt:

a) $\text{Gal-1-P} + \text{UDPG} \rightleftharpoons \text{G-1-P} + \text{UDPGal.}$

b) $\text{G-1-P} \rightleftharpoons \text{G-6-P}$ (katalysiert durch Phospho-Gluco-Mutase).

c) $\text{G-6-P} + \text{TPN} \rightarrow$ 6-Phosphogluconat $+ \text{TPNH}$ (katalysiert durch G-6-P-Dehydrogenase).

Eine Anzahl von Mutanten ist galactosesensitiv (YARMOLINSKY, WIESMEYER, KALCKAR, JORDAN 1959). Den sensitiven Zellen fehlt Gal-1-P-Transferase. Es kommt zur Anhäufung von Gal-1-P. Die Sensitivität äußert sich im Wachstums-Stillstand oder in der Lysis. Zugabe von Glucose mit Galactose verhindert die schädliche Wirkung von Galactose. Die Induktion der Synthese der β-Galactosidase bei den galactosesensitiven Zellen wird durch Galactose nicht betroffen.

Über die Isolierung der Galactose-1-Phosphat-Uridyl-Transferase von *Escherichia coli* s. bei KURAHASHI und SUGIMURA (1960).

Es sei hier noch eine Mitteilung von DUTTON (1959) angeführt: Mittels Homogenaten und Zellfraktionen ist gefunden worden, daß der direkte Donator der Glucuronsäure auf das Aglucon Uridin-diphospho-glucuronsäure (UDP-Glucuronsäure) ist. Diese entsteht durch Oxydation von UDP-Glucose. Bei der Reaktion sind notwendig UTP (und ATP) und Glucose-1-Phosphat (und daher Glycogen oder eine ähnliche Quelle). Die Reaktionsfolge ist:

1. $\text{UTP} + \text{Glucose-1-Phosphat} \rightarrow \text{UDP-Glucose} + \text{Pyrophosphat.}$
2. $\text{UDP-Glucose} + \text{DPN} \rightarrow \text{UDP-Glucuronsäure} + \text{DPNH}_2.$
3. $\text{Aglucon} + \text{UDP-Glucuronsäure} \rightarrow \text{Aglucon-Glucuronid} + \text{UDP.}$

Es ist möglich, daß ein mikrosomales Enzym, die UDP-Transglucuronylase, das Glucuronyl auf alle Substrate überträgt. Die Reaktion 3 ist gefunden worden in der Leber der Säugetiere, des Menschen, der Vögel und Frösche und der Forelle. In der Katze ist die Reaktion 2 in Leber und Niere gefunden worden. Bei andern Säugetieren sind die Reaktionen 2 und 3 nur signifikant in Leber und Niere gegen Ende der Fetalzeit, sie verstärken sich nach der Geburt. Häufig sind die Glucuronide mit Bilirubin verbunden. Der Magen des fetalen Meerschweinchens bildet Glucuronide, teilweise an Bilirubin gebunden.

Schon viel Kopfzerbrechen hat die Lang-Zeit- („long term"-) Adaptation der Hefe *Saccharomyces chevalieri* an Galactose gemacht (s. LEINER 1958a, S. 110f.). Auch die neuen Versuche von CAMPBELL (1957) geben noch keine befriedigende Auskunft. Wahrscheinlich muß das Problem aus der Partikel-Hypothese SPIEGEL-MANs herausgehoben werden. Wenn man die Hefe in galactosehaltigen Medien inkubiert, paßt sich in der Regel ein sehr kleiner Teil der Zellen an Galactose sehr langsam an. Dieser Teil hat das Gen G. In Abwesenheit von Galactose kommt es bei den G-Zellen nach 5—10 Generationen zur Massenreversion zum galactose-negativen Phänotyp. Spiegelman machte γ-Partikel in den positiven Zellen für dieses merkwürdige Verhalten verantwortlich. In Abwesenheit von Galactose teilt sich γ nicht, so daß nach einer Anzahl von Generationen γ ganz aus einem Teil der Zellen verschwunden ist. Diese sind galactosenegativ, obwohl sie G haben. Auch 1957 geht Campbell von der hypothetischen Grundvoraussetzung von Spiegelman aus:

1. Die Reversion in phänotypisch galactosenegativen Zellen ist bedingt durch die Verdünnung mit dem Wachstum von autokatalytischen Partikeln, welche die Galactose-Fermente tragen.

2. Jede Zelle, die mindestens **ein** γ-Partikel zur Zeit des Aufplattens besitzt, läßt eine positive Kolonie entstehen.

3. Während des Wachstums in einem galactosefreien Medium vermehren sich die γ-Partikel nicht, sie werden aber auch nicht zerstört.

Als „Reversions-Generation" bezeichnen Campbell und Spiegelman (1956) die Zahl der Generationen, die eine galactosepositive Kultur in Abwesenheit von Galactose durchlaufen muß, bis 50% der Zellen negative Kolonien erzeugen. Diese Generationszahl bestimmt nun Campbell (1957) bei Kulturen, die ein oder einige Male der Aushungerung unterworfen werden. Es stellt sich heraus, daß bei diesen Kulturen die „Reversionsgeneration" herabgesetzt ist. Die Aushungerung kann erreicht werden durch starke Begrenzung der C-Quelle (Glucose) oder durch Stickstoffmangel (Tabelle 3).

Tabelle 3. *Die Wirkung von Stickstoffmangel auf die „Reversions-Generation" von Saccharomyces chevalieri*

Im Medium 7,5% Glucose. Nach Campbell (1957).

Anzahl der Stunden auf N-freiem Boden	Reversions-Generation
0	8,4
10	3,7
26,5	1,5
36,5	0,9

Die Versuche decken auf, daß die γ-Partikel-Hypothese in keiner Weise den Versuchsergebnissen gerecht werden kann, wenn man nicht zu ebenso unbewiesenen Zusatz-Hypothesen greifen will. Diese negativen Ergebnisse legen nahe, sich nach so vielen vergeblichen Anstrengungen analytisch mit den einzelnen bei der Galactose-Anpassung beteiligten Fermenten zu befassen. Anscheinend kommt man durch bloße Adaptations-Versuche nicht weiter.

Midgley, ein Hinshelwood-Schüler, führt (1960) den experimentellen und mathematischen Beweis, daß die *long-term*-Adaptation von *Bacterium lactis aerogenes* an D-Arabinose und das vermehrte Auftreten von Ribulose-Isomerase in adaptierten Zellen eine Adaptation ohne Veränderung des Erbgutes der Hauptzellmasse ist. Die Anpassung kann nicht erklärt werden durch Mutation und Selektion einzelner Zellen. Der Aufsatz reiht sich damit an die vielen Arbeiten über das Wesen der *long-term*-Adaptation seit 1948, die meist zu dem gleichen Ergebnis führten.

Bei der Untersuchung des metabolischen Weges von l-Arabinose in *Aerobacter aerogenes* stoßen Wolin, Simpson und Wood (1958) auf eine Epimerase, welche 1-Ribulose-5-Phosphat in d-Xylose-5-Phosphat umwandelt in folgender Reaktionskette:

$$
\begin{array}{cccc}
\mathrm{I} & \mathrm{II} & \mathrm{III} & \mathrm{IV}
\end{array}
$$

```
        I                    II                   III                   IV
    H—C=O               CH2OH                CH2OH                CH2OH
      |                   |                    |                    |
    H—C—OH               C=O                  C=O                  C=O
      |                   |         ATP        |                    |
  HO—C—H    ⇌   HO—C—H    ⇌    HO—C—H    ⇌    HO—C—H
      |                   |          *         |         **         |
  HO—C—H               HO—C—H               HO—C—H               HC—OH
      |                   |                    |      OH              |      OH
    CH2OH               CH2OH                CH2O—P=O             CH2O—P=O
                                                   OH                   OH
```

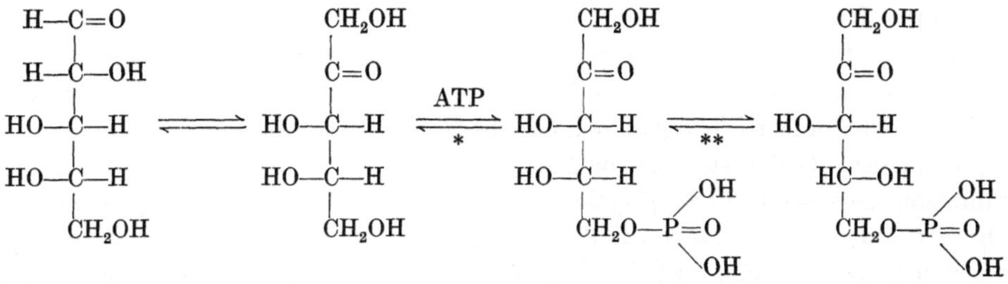

  * l-Ribulose-Kinase   ** l-Ribulose-5-Phosphat-4-Epimerase

$$
\begin{array}{cccc}
\mathrm{I} & \mathrm{II} & \mathrm{III} & \mathrm{IV}
\end{array}
$$

l-Arabinose ⇌ l-Ribulose ⇌ l-Ribulose-5-Phosphat ⇌ d-Xylose-5-Phosphat

Diese Epimerase benötigt aber anscheinend weder UDPG noch einen anderen Cofaktor. Das Ferment ist induzierbar. Ähnlich dieser Epimerase ist die d-Ribulose-5-Phosphat-3-Epimerase.

Immer wieder wird in der Literatur (s. LEINER 1958a, S. 113) von Fällen *dauernder* Anpassung von Zellen ohne Veränderung des Erbgutes berichtet. Die ganze Frage ist noch sehr umstritten. Hier soll eine Beobachtung von GALZY und SLONIMSKI (1957) wiedergegeben werden, die als eine Dauermodifikation gedeutet werden könnte. Ein Stamm von *Saccharomyces cerevisiae* wurde über 50 Zellgenerationen an Lactat als C-Quelle „gewöhnt". Darnach hatte er ein gesteigertes Wachstum und einen höheren O_2-Verbrauch als die Vergleichspopulation auf Glucose. Es sei die Kultur auf Glucose mit A und diejenige auf Lactat mit B bezeichnet. Die verhältnismäßigen Aktivitäten von sechs untersuchten Fermenten des Kohlenhydrat-Stoffwechsels in A und B sind in der Tabelle 4 wiedergegeben.

Tabelle 4. *Wachstum zweier Kulturen A und B von einem Hefestamm (S. cerevisiae) auf Glucose oder Lactat als C-Quelle*
Kultur A: 50 Zellgenerationen auf Glucose gewachsen. Kultur B: 50 Zellgenerationen auf Lactat gewachsen. Fermentmessungen bei logarithmisch wachsenden Kulturen, bezogen auf die Aktivitäten des auf Glucose gewachsenen Ausgangsstammes. Nach GALZY und SLONIMSKI (1957).

Fermente	Enzymatische Aktivitäten (Vergleichszahlen)			
	in Glucose-Medium		in Lactat-Medium	
	A	B	A	B
1. Glucose-6-P-Dehydrogenase . .	1	1	1	1
2. Isocitrat-Dehydrogenase . . .	1	1	2	2
3. Alkohol-Dehydrogenase	1	2	—	16
4. Fumarase	1	1	8	13
5. Bernsteinsäure-Dehydrogenase	1	1	2	7
6. Milchsäure-Dehydrogenase . .	1	1	2	14

Bei beiden Kulturen ist die Biosynthese der vier letzten Enzyme der Tabelle während des Wachstums auf Glucose gehemmt. Beide Stämme sind also gleich beim Wachstum auf Glucose. Aber bei Inkubation auf Lactat zeigt sich ein

klarer Unterschied. Die Aktivitäten der beiden ersten Enzyme unterscheiden sich
in beiden Kulturen zwar nicht, aber der Gehalt an Alkohol-Dehydrogenase,
Fumarase, Bernsteinsäure-Dehydrogenase und Milchsäure-Dehydrogenase ist
nach Anpassung an Lactat sehr erhöht. Nach den genetisch geschulten Autoren
ist dies nicht mutativ bedingt, sondern beruht auf „Gewöhnung".

HAUGAARD (1959) studiert die Lactat-Oxydation in intakten und mit Schall-
vibration zerstörten (9 kc Raytheon magneto-striction Oscillator) *Coli*-Zellen.
Die auf Glucose gewachsenen Zellen lernen die Oxydation von D-Lactat schnell,
die von L-Lactat bleibt niedrig. Im Verlaufe der Oscillator-Behandlung nimmt
die Fähigkeit, Pyruvat zu oxydieren, immer mehr ab, bis sie nach 30 min verschwunden ist. Die Fähigkeit, D,L-Lactat zu oxydieren, nimmt ebenfalls ab,
jedoch weniger. Nach 60 min Vibration, wenn fast alle Zellen zerstört sind, mißt
man nur noch 30—40% der Aktivität intakter Zellen. Zu den Messungen werden
entweder die zerrissenen Zellen benutzt, oder eine Fraktion kleinster Teilchen,
die erst bei 105000 × g als gelbe Pille sedimentieren. Die Aktivität wird bestimmt
als Menge des gebildeten Pyruvats.

SCHÄFLER und MINTZER (1959) teilen folgendes mit: Von 56 *Salmonella*-
Arten erwerben 43 die Eigenschaft, Lactose zu fermentieren, wenn sie vorher
7 Tage in einem Medium mit Cellobiose inkubiert waren. Von den übrigen
13 Stämmen können 12 ebenfalls Lactose fermentieren, wenn sie vorher 16 bzw.
20 Tage in Cellobiose gehalten worden sind. Werden die 56 Stämme vorher mit
Maltose oder Brühe inkubiert, so sind darnach nur 4—5 Stämme an Lactose
angepaßt. Von den 43 *Salmonella*-Arten, welche 7 Tage mit Cellobiose inkubiert
waren, brauchen nur 24 weniger als 20 Tage zur Lactose-Anpassung. Die Anpassung ist also in allen Fällen eine „long-term-Adaptation". Sie verläuft
schneller, wenn im Nährboden neben Lactose auch noch Cellobiose anwesend
ist. An Lactose passen sich auch die mit Salicin vorbehandelten Salmonellen an.

Andererseits können sich lactosepositive Varianten verschiedener *Salmonella*-
Stämme nach verlängerter Inkubation in Lactose auch an Cellobiose anpassen.
Cellobiosepositive Varianten werden leichter als der Wildstamm lactosepositiv.
Reiche Medien (s. SCHÄFLER, MINTZER und SCHÄFLER 1960) unterdrücken die
Anpassung an Lactose von cellobiosepositiven Salmonellen, anscheinend weil
andere Anpassungen rascher vor sich gehen und in den Zellen Diauxie-Be-
dingungen herrschen. Eine solche partielle oder totale Verhinderung geschieht
durch Succinat, Glutamat, Cellobiose in starker Konzentration und verschiedene
Nährlösungen. Bei Anwesenheit dieser Substanzen sind sogar lactosepositive
Varianten nicht fähig, Lactose zu fermentieren. Durch Training auf Lactose
und Selektion werden lactosepositive Varianten erhalten, die Lactose schneller
fermentieren und sich daher besser durchsetzen können gegen die genannten
Substanzen, welche die Anpassung an Lactose mehr oder weniger hemmen.

HORVÁTH, SZENTIRMAI, BAJUZ und PARRAGH (1960) schreiben von einer
induzierbaren Amylase in *Penicillium chrysogenum* folgendes: Mycelien des
Pilzes, die dauernd auf Stärke wachsen, bilden wenig Amylase. Wenn man aber
solche Mycelien wäscht, um die extracelluläre Amylase zu beseitigen, so kann die
Amylasebildung durch lösliche Stärke wieder stark induziert werden. Die Rate
der Synthese ist abhängig von der Stärkekonzentration bis etwa 0,1%. Wenn
man das einmal gewaschene Mycel nach 0—2 Std zum zweiten Mal wäscht,

aber dann für das weitere Wachstum die Stärke wegläßt, wird kaum Amylase gebildet. Aber steigende Mengen von Ferment werden synthetisiert, wenn die zweite Waschung nach 3, 4 oder 5 Std erfolgt, da nunmehr die Induktion stattgefunden hat. Wie bei der Bildung der Penicillinase durch *Bacillus cereus* ist das Substrat nur zur Induktion notwendig. Bringt man in die Kulturflüssigkeit außer Stärke noch Traubenzucker, so wird die Amylase-Induktion wie in vielen andern Fällen vollständig gehemmt. Die Hemmung nimmt zunehmend ab, wenn die Glucose erst 1, 2, 3 oder 4 Std später zugesetzt wird. Nach 5 Std hinzugefügt, hemmt der Traubenzucker überhaupt nicht mehr. Die bei der Fermentation der Stärke entstehende Glucose setzt natürlich die Amylase-Konzentration bei Mycelien, die dauernd bei Anwesenheit von Stärke wachsen, stark herab. Die Amylase-Synthese wird gehemmt durch Cyanid, Azid, 2,4-Dinitrophenol, Phenylhydrazin und Hydroxylamin, ferner durch Aminosäure-Ester.

Eine ganze Reihe von Bakterien bildet nach ZELIKSON und HESTRIN (1961) induktiv ein extracelluläres Levanpolyase-System, welches Levan, ein bakterielles Fructose-Polysaccharid (1-R- und 6-R-Fructose), hydrolysiert. Es entstehen dann zwei Reihen von Oligosacchariden. Die Autoren isolieren ein aerobes Bodenbacterium der Gattung *Arthrobacter*, das induktiv Levanpolyase bilden kann. Seine Eigenschaften werden beschrieben, ebenso die Herstellung eines Ferment-Rohpräparates. Als Test für die Aktivitätsmessungen dienen die Abnahme der Turbidität und die Zunahme der reduzierenden Kraft. Die Katalyse schreitet vorwärts bis zu 18,6% der Totalhydrolyse. Fructose entsteht nicht, nur Oligosaccharide mit 2 bis mindestens 12 Fructose-Bausteinen. Das Verhältnis 6-R-Fructose/1-R-Fructose ist am Ende der Hydrolyse etwa 1; p_H-Optimum etwa 5,8. Häufig sind dem Rohfermentpräparat andere Fructosidasen beigemengt, die auch Saccharose, Raffinose und Inulin hydrolysieren, und durch welche Levan bis zur Fructose abgebaut wird.

Wie Chloramphenicol, Streptomycin, Penicillin und Tetracyclin Antibiotica für die Bakterien sind, so sind Nystatin, Trichotecin u. a. anti*fungale* Antibiotica. HORVÁTH und SZENTIRMAI (1960) untersuchen die induzierbare Amylase-Bildung in *Penicillium chrysogenum* und ihre Beeinflußbarkeit durch Nystatin. Dieses hemmt die in der Latenzphase liegenden, der Proteinsynthese unmittelbar vorausgehenden Vorgänge. Wenn man 1 μg/ml Nystatin innerhalb der ersten 2 Std der Induktion durch lösliche Stärke unter den gegebenen Bedingungen zusetzt, hemmt das Antibioticum fast vollständig, nach 3 oder 4 Std nur noch teilweise und nach 5 Std überhaupt nicht mehr. Die Atmung wird durch Nystatin weniger gehemmt als die Amylase-Bildung.

MANDELS und REESE (1959) finden in Verunreinigungen von Glucose, welche durch Säure-Hydrolyse aus Getreidestärke gewonnen wurde, einen Induktor für die Cellulase-Synthese in *Trichoderma viride*. Die Induktion ist stärker als durch Cellobiose. Papierchromatographie zeigt, daß es sich um ein oder um einige Disaccharide handeln muß. Sophorose (2-O-β-D-Glucopyranosyl-D-Glucose) hat die genannte induzierende Kraft, und es ist möglich, daß dieses Disaccharid die wirksame Verunreinigung ist. MANDELS und REESE (1960) führen folgendes aus:

Die Cellulase ist bei vielen Pilzen ein induzierbares, in der Hauptsache intracelluläres Ferment z. B. bei *Streptomyces, Penicillium, Aspergillus, Trichoderma viride (T. viride)* und

einer Basidiomycete QM 806 (QM 806). Cellulose ist der beste Induktor. Die Enzymbildung
erfolgt nach einer Latenzzeit von 1—2 Tagen. Bei manchen Pilzen (*T. viride*, QM 806) ist
auch Lactose ein guter Induktor. Cellobiose induziert schwach, Cellobiose-octa-Acetat sehr
viel stärker. Das kommt, wie die nähere Untersuchung zeigt, von der langsameren Fermentierung. Alle Induktoren haben eine β-1,4-glucosidische Bindung. Aber nicht alle Kohlenhydrate mit dieser Bindung sind Induktoren. Glucose, welche schnell fermentiert wird,
induziert nicht. Eine unbekannte Verunreinigung in der Glucose induziert die Cellulase in
T. viride außerordentlich stark, viel stärker als alle ausprobierten Cellulosearten. Aber diese
Verunreinigung ist ohne Wirkung bei QM 806. Cellobiose-Zusatz zu einer Kultur von *T. viride*
und QM 806 im Cellulose-Medium hemmt die Cellulase-Aktivität vorübergehend für einige
Tage vollständig. Der Grund ist offenbar die schnelle Fermentierung der Cellobiose. Sobald
diese beendigt ist, steigt die Cellulase-Bildung wieder an. Wenn man das schnelle Wachstum
und den schnellen Zuckerverbrauch von QM 806 und *T. viride* verhindert, induziert auch
Cellobiose stärker die Cellulase-Synthese. Die isolierte Cellulase wird durch Cellobiose nicht
gehemmt. Man kann das schnelle Wachstum der Pilze bremsen durch Fortlassung von
Metallionen aus dem Medium: Mg^{++}, Ca^{++} und Spurenelemente (Fe, Zn, Co, Mn). Dann steigt
die Bildung der Cellulase von 3 E pro ml bis auf 22 E in Gegenwart von Cellobiose. Läßt man
Ca^{++} und Mg^{++} gleichzeitig fort, dann werden Wachstum und Cellulase-Synthese ganz unterbunden. Unter den Spurenelementen spielt Kobalt die wesentlichste Rolle. Eine bestimmte
Co-Konzentration (10,0 μg-%) stimuliert die Cellulase-Synthese stark, größere oder kleinere
Mengen wirken schwach oder gar nicht. Bei Benutzung von Cellobiose-octa-Acetat erreicht
man die beste Cellulase-Induktion, wenn man dem Medium noch aktive Esterase zusetzt.
Nach Zusatz von Cellobiose entstehen einige z. T. unbekannte Zucker, die durch Chromatographie getrennt werden. Eine Fraktion mit einem R_f-Wert von 0,40 induziert die Cellulase-
Synthese stärker als die übrigen Fraktionen bei *T. viride*, QM 806 und zwei andern Pilzarten.
Cellotriose und Cellohexaose haben meist eine geringe Induktionskraft. Wenn man die Cellobiose (0,5%) nicht auf einmal, sondern in kleinen Portionen in Abständen von 3 Tagen zufügt,
ist die Induktionswirkung größer. Auch der pH spielt eine Rolle, desgleichen die Temperatur.
24° C ist am günstigsten, Temperaturen über 29° C sind sehr ungünstig für die Induktion
durch Cellobiose. Im allgemeinen zeigt es sich, daß jene Induktoren die besten sind, welche
langsam fermentiert werden. Spärliches Wachstum begünstigt die Cellulase-Bildung. Wie
in vielen anderen Fällen, spielt also der Mangel bei der Cellulase-Induktion der geprüften
Pilze eine wesentliche Rolle.

DEFAYE, SLONIMSKI, PERODIN und LEDERER (1960) berichten von einer eigenartigen
Förderung der induzierten Enzymbildung. Früher hatten die Autoren mitgeteilt, daß sie
durch Säure-Behandlung von Stärke oder Glucose eine chromatographisch nicht wandernde
„Fraktion A" gewinnen konnten, welche die induzierbare Bildung der Atmungsenzyme der
Hefe unterstützten. Die „saure Hydrolyse" der Fraktion A führte zu einer Substanz vom
R_f-Wert 0,23, welche als 2,5-Anhydro-L-Idose identifiziert wurde. Leichte Veränderungen
dieses Kohlenhydrates, z. B. Reduktion zu 2,5-Anhydro-L-Iditol, machten es inaktiv. In der
vorliegenden Mitteilung werden viele Zucker auf ihre Aktivität bei der Bildung der Atmungs-
fermente der Hefe untersucht. Sie sind alle wirkungslos. Aber nach Säurebehandlung werden
wirksame Fraktionen gefunden, welche chromatographisch wie die Fraktion A nicht oder
schlecht wandern. Sie haben die Natur von „Oligosacchariden". Es werden behandelt:
D-Mannose, D-Galactose, D-Ribose, D- und L-Arabinose, D-Xylose, D-Erythrose und D- und
DL-Glyceraldehyd. Die aus D-Erythrose gewonnene Substanz stimuliert stärker als die aus
D-Glucose erhaltene. Die meisten andern erhaltenen Produkte stimulieren geringer. Offenbar
handelt es sich um eine ganze Familie von stimulierenden Kohlenhydrat-Verbindungen.

Über die starke Begünstigung der Glucose als C- und Energiequelle beim Metabolismus
von *Pseudomonas aeruginosa* berichten EAGON und WILLIAMS (1960). Zellen von *Ps. aeru-
ginosa*, gewachsen auf Glucose, oxydieren kaum Fructose und Mannose, wohl aber stark
Glucose. Ebenso hoch ist die Oxydation von Glucose bei Zellen, die auf Fructose gewachsen
sind und die auch Fructose, aber nicht Mannose oxydieren. Nur die auf Mannose gewachsenen
Zellen oxydieren auch Mannose, wenn auch schlechter als Glucose und Fructose. Die Glucose-
Nutzung ist also konstitutiv, die der Fructose und Mannose adaptiv. Extrakte von auf
Glucose gewachsenen Zellen enthalten Gluco-Kinase und Fructo-Kinase, aber keine Manno-
Kinase. Wegen der Permeabilitäts-Schranke (?) kann von Zellen, die auf Glucose gewachsen

sind, Fructose nicht genutzt werden. Die Adaptation an Fructose induziert einen Transport-Mechanismus für Fructose, ferner die Manno-Isomerase, welche Fructose und Mannose ineinander verwandelt. Die Anpassung an Mannose induziert den Transport-Mechanismus für Mannose, und Fructose, die Manno-Kinase und die Phosphomanno-Isomerase, welche die 6-Phosphate von Mannose und Fructose ineinander verwandelt. Außerdem wird noch die Manno-Isomerase induziert.

DE GOURNAY-MARGERIE (1960) untersucht die Induktion der Aldolase in Wurzeln von *Triticum sativum, var. Capelle.* Die Wurzeln werden nach 3 Tagen vom Keim abgetrennt und im flüssigen Mineralmedium kultiviert. Nach 4 Std erfolgt ein Glucosezusatz von 10^{-1} oder 10^{-3} Mol. In Zeitabständen werden die Proben entnommen und die katalytische Aktivität ihrer Acetontrockenpulver bestimmt. Die Induktion der Aldolase ist von der Glucosekonzentration abhängig. Bei 10^{-1} Mol Glucose im Kulturmedium steigt die Aldolase-Aktivität in Abhängigkeit von der Zeit, bei 10^{-3} Mol erfolgt eine geringe Aktivitätsabnahme. Gleichsinnig zur Aldolase-Aktivität verläuft auch die Proteinsynthese.

DUERKSEN und HALVORSON (1958) bemühen sich, die induzierte β-Glucosidase der Hefe *Saccharomyces cerevisiae* eingehender kennenzulernen. Die Zellen werden in einem synthetischen Medium mit Succinat als C-Quelle und Methyl-β-D-Glucosid als Induktor inkubiert. Von dem gereinigten Ferment wird ein Molekulargewicht von 300000 festgestellt. Alkyl- und Aryl-β-D-Glucoside sind die Substrate und Induktoren. Die Aryl-Glucoside sind bessere Substrate und haben eine größere Affinität zum Ferment. Bei der Alkyl-Serie wächst mit steigender Kettenlänge der Aglycon-Gruppe die Affinität zum Ferment und die Hydrolyse-Geschwindigkeit. β-Thioglucoside sind zwar Komplexbildner mit dem Enzym, aber keine Substrate. α-Glucoside sind weder Substrate des Fermentes noch komplexbildende Substanzen, ausgenommen Phenyl-α-D-Glucosid. Das Ferment ist absolut spezifisch in bezug auf die C-Atome 1, 3 und 4. Die Sulfhydryl-Hemmung durch p-Chloromercuribenzoat und Jodacetat kann durch Cystein teilweise aufgehoben werden. Anscheinend ist eine oder sind einige SH-Gruppen in die katalytische Funktion mit eingeschlossen. Das p_H-Optimum liegt zwischen 6 und 7. Das Ferment wird sehr stark durch Ag^+ gehemmt, dann folgen Hg^{++}, Cu^{++} und Fe^{+++}. Pb^{++}, Zn^{++} und Co^{++} hemmen schwach, und Mn^{++}, Ca^{++} und Mg^{++} hemmen kaum.

Ein zweiter grundlegender Aufsatz von DUERKSEN und HALVORSON (1959) über das gleiche Thema bestätigt die Untersuchungsergebnisse an der β-Galactosidase von *E. coli* und *Bacterium megaterium,* sowie an der Penicillinase von *Bacillus cereus* und der α-Glucosidase von *Saccharomyces cerevisiae.* Die Arbeit benutzt die Methode (conditions of gratuity) und die Gedankengänge von MONOD u. Mitarb.: 1. Die induzierte β-Glucosidase-Synthese ist eine Neubildung des Enzym-Protein-Moleküls aus den Aminosäuren. 2. Die induzierte Synthese ist irreversibel. Das Fehlen eines merklichen Proteinaustausches bei exponentiell wachsender Hefe kann nachgewiesen werden. 3. Der Vorgang der Enzymbildung ist unabhängig von der Enzymwirkung. 4. Der Induktor wirkt katalytisch, d. h. ein Induktormolekül verursacht die Synthese von mehr als einem Fermentmolekül. Wenn sättigende Konzentrationen der Induktoren zugesetzt werden, die nicht fermentiert werden, so wird bei der gewählten Methodik die Synthese der β-Glucosidase sofort begonnen mit einer konstanten Differentialrate, welche proportional ist zur gesamten Proteinsynthese. Solche Induktoren sind Methyl-

β-D-Thioglucosid (TMG) und Äthyl-β-D-Thioglucosid (TÄG). Der beste (metabolisierbare) Induktor ist Methyl-β-D-Glucosid (MβG). Dagegen sind die natürlich vorkommenden β-Glucoside Cellobiose, Salicin, Arbutin, Amygdalin und Aesculin außerordentlich schwache Induktoren. Die wirksamen Alkyl-β-D-Glucoside haben nur 6—8% der Wirksamkeit von MβG. Auch einige Aryl-β-D-Glucoside haben eine schwach induzierende Kraft. Am besten von ihnen induziert Benzyl-β-D-Glucosid. Eine Anzahl von Thiol-Derivaten hemmt die basale Synthese der β-Glucosidase, woraus man vermuten kann, daß auch die Induktion gehemmt wird. Ausprobiert ist dies mit Phenyl-β-D-Thioglucosid. Es handelt sich um eine kompetitive Hemmung der Induktion der β-Glucosidase. Die Induktionsrate hängt ab von der Induktor-Konzentration und der Art des Induktors. Die Differentialrate der Induktion mit zunehmender Induktor-Konzentration folgt einer Adsorptions-Isotherme. Hohe Konzentrationen von TMG und TÄG reduzieren die Differentialrate der Synthese, vermindern aber auch die Rate des exponentiellen Wachstums. MβG beeinflußt die Wachstumsrate aber nicht merklich. Die Affinitätskonstanten sind ein Maß für die Anhäufung des Induktors in der Zelle. Diese Affinität kann sich beziehen auf ein konzentrierendes System in der Zelle (Permease) und auf das enzymbildende System oder nur auf letzteres. Nach den Autoren besteht das enzymbildende System schon vor der Zugabe des Induktors, was der neuerdings ausgesprochenen Annahme von MONOD u. Mitarb. entspricht. Der Induktor hat darnach die Aufgabe einer Befreiung von der Repression. Es besteht keine Parallelität zwischen Affinität, induktiver Kraft und Substratwert. Große graduelle Unterschiede finden sich zwischen dem Ferment in intakten Zellen, in Extrakten, die aus tiefgefrorenen Zellen gewonnen sind, und der gereinigten β-Glucosidase.

Wie bekannt (s. LEINER 1958a, S. 53), wird bei der induzierten Fermentsynthese exogener Stickstoff in manchen Fällen benötigt, in anderen Fällen nicht. WEINBAUM und MALLETTE (1959) zeigen an dem Beispiel der Adaptation von *Coli*-Zellen an Lactose und D-Xylose, daß es auf die Vorbehandlung der Zellen ankommt. Wenn die *Coli*-Zellen vorher in einem vollständigen Medium inkubiert waren, haben sie einen großen Vorrat von Aminosäuren und Peptiden, so daß sie sich auch nach der Übertragung in ein stickstofffreies Medium gut anpassen können. Die Autoren vermuten sogar, daß Präkursoren für die adaptiven Fermente in Anwesenheit von Stickstoff und in Abwesenheit des Substrates gebildet und bereitgehalten werden (s. o. S. 115).

PHILLIPS (1959) berichtet von einer auffallend unspezifischen Hefe-Maltase. Das hoch gereinigte Ferment hydrolysierte 19 Glucoside, darunter Maltose, Saccharose, Isomaltose, Maltotriose, Methyl-α-Glucosid, Turanose, Trehalose und Cellobiose.

In *Pseudomonas ovalis*, gewachsen auf Glycollat, wird nach GOTTO und KORNBERG (1961a und b) durch die adaptive Glyoxylat-Carboligase Glyoxylat zu Tartronsäure-Semialdehyd kondensiert unter Austritt von CO_2:

$$2\,CHO\!-\!CO_2H \xrightarrow[\text{Thiamin-Pyrophosphat}]{Mg^{2+},} CO_2 + CHO\!-\!CHOH\!-\!COOH$$

Das gebildete Semialdehyd wird durch das adaptive Ferment Tartronsäure-Semialdehyd-Reduktase in Glycerinsäure umgewandelt, gemäß der Gleichung:

$$CHO\!-\!CHOH\!-\!COOH + DPNH + H^+ \rightleftharpoons CH_2OH\!-\!CHOH\!-\!COOH + DPN^+$$

Die Reduktase ist sehr spezifisch und reduziert fast nur Tartronsäure-Semialdehyd. Sie oxydiert Glycerinsäure und Hydroxypyruvat. Der Ultraschall-Extrakt wird durch fünf Schritte um das 200fache gereinigt (Fällungen mit Protaminsulfat und Ammoniumsulfat, Adsorption an C_γ-Gel, Fraktionierung in der DEAE-Zellulosesäule, Kristallisation nach Zusatz von Ammoniumsulfat). Das Ferment hat sein p_H-Optimum zwischen 6,2 und 8,7, aber bei p_H 5 hat es noch 60% der Maximalgeschwindigkeit. Das kristallisierte Enzym oxydiert $160\,\mu$Mol DPNH/min/mg Protein bei 23° C und p_H 8,5. Bei einem Molekulargewicht von 91000 gibt dies eine Umwandlungszahl von 14600 Mol DPNH, oxydiert pro min pro Mol Ferment. Die Oxydation von Glycerat zu Tartronsäure-Semialdehyd durch das Ferment wird nachgewiesen durch ihre Kopplung an die Reduktion von Pyruvat zu Laktat in Gegenwart von DPN und kristallisierter Milchsäure-Dehydrogenase oder durch Reduktion von 2,6-Dichlorphenol-Indophenol in Gegenwart von DPN und DPNH-Dehydrogenase und natürlich D-Glycerat. In Gegenwart von Tartronsäure-Semialdehyd wird die katalytische Aktivität gemessen durch die Oxydation von DPNH. Das Ferment ist verhältnismäßig stabil. Seine Suspension in Ammoniumsulfat bei p_H 7,5 und 2° C verliert in 1 Monat weniger als 10% der Aktivität.

Die β-Galactosidase der *Coli*-Zellen, welche β-Galactoside hydrolytisch spaltet, steht seit vielen Jahren im Mittelpunkt der Untersuchungen über die enzymatische Adaptation von Mikro-Organismen. Dadurch ist sie eines der am besten untersuchten Enzyme geworden. In den letzten Jahren wurden die Kenntnisse über das Ferment noch sehr erweitert durch die Arbeiten von WALLENFELS et al. Der Aufsatz von WALLENFELS, MALHOTRA und DABICH (1960) beschäftigt sich mit den Wirkstellen des Fermentmoleküls, das ein Molekulargewicht von 750000 hat. Aus den Messungen der Abhängigkeit der Aktivität vom p_H, den Alkali-Ionen, der Art des Substrates und der Temperatur wird geschlossen, daß das Ferment zwei Gruppen (A und B) von aktiven Stellen hat. Die Durchschnitts-pK-Werte liegen ohne Aktivator mit o-Nitrophenyl-β-D-Galactosid (ONPG) als Substrat bei 6,67 und 9,0, nach Zusatz von 0,05 Mol NaCl bei 5,8 und 7,8. Die Untersuchungen führen weit weg von dem klassischen Bild eines Fermentes mit prosthetischer Gruppe und Apo-Ferment. Mit ONPG als Substrat bei Zimmertemperatur hat das Fermentmolekül vielleicht bis 75 Wirkstellen von identischer Struktur. Bei anderen Substraten und tieferen Temperaturen kann sich diese Zahl beträchtlich erniedrigen. Ob diese Stellen für die verschiedenen Substrate und Reaktionsbedingungen gleich oder verschieden sind, muß erst festgestellt werden. Aus ihren Messungen und in Anlehnung an EDSALL (1943) vermuten die Autoren, daß zum aktiven Zentrum A ein Imidazol-(Histidin-)Rest gehört und zur Gruppe B ein Cystein-Rest. Sie glauben, daß in der enzymatisch aktiven Form der Imidazolrest in nichtprotonierter Form vorliegen müsse, der Cysteinrest aber mit SH und nicht als S⁻ erforderlich sei:

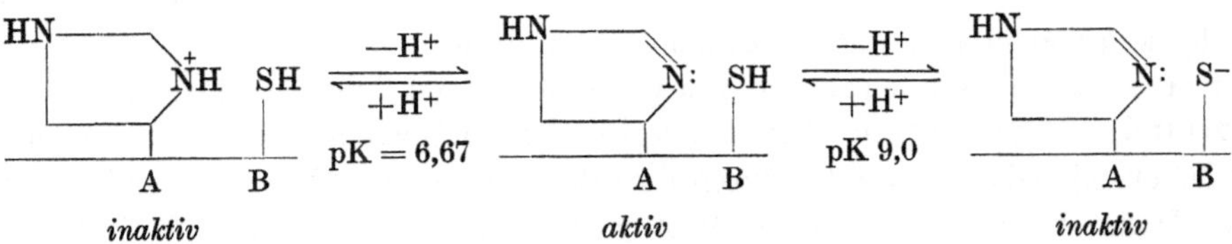

Bei der Untersuchung des Einflusses von p_H, Na^+, K^+ und NH_4^+ bestimmen die Autoren die Enzym-Substrat-Affinität, die Michaelis-Konstanten, die maximale Anfangsgeschwindigkeit und die Dissoziationskonstanten bei verschiedenen Substraten und verschiedenen Temperaturen. Na^+ ist meist der beste Aktivator. Die Aktivatorwirkung steigt mit der Temperatur, aber sinkendem p_H und fallender Substratkonzentration. Bei Lactose und p-Nitrophenyl-β-D-Galactosid als Substraten aktiviert K^+ am stärksten. Manchmal treten in der p_H-Kurve zwei Maxima auf.

Cohn (1957) teilt mit, daß die β-Galactosidasen von *E. coli*, *Saccharomyces*, *Lactobacillus* und *Clostridium* aktiviert werden durch Mg^{++}, Mn^{++} und Fe^{++}. Nach Zusatz von Versen oder anderen Komplexbildnern geht die Aktivität zurück, durch Hinzufügen von Mg^{++} steigt sie dann wieder stark an.

Über die Wirkung von anorganischen Kationen auf die Aktivität von β-Galactosidase in *E. coli* teilen Reithel und Kim (1960) folgendes mit:

Mg^{++}, Na^+ und K^+ sind Aktivatoren der β-Galactosidase von *E. coli* ML 308. Mg^{++} allein steigert die Aktivität des Fermentes, wenn o-Nitrophenyl-β-D-Galactosid (ONPG) als Substrat gewählt wird. $Mg^{++} + Na^+$ haben noch eine höhere Aktivatorwirkung. Gleichzeitig wird das Aktivitätsoptimum durch diesen Ionenzusatz von p_H 7,4 auf p_H 6,8 verschoben. Na^+ allein wirkt weniger stark aktivierend als mit Mg^{++} zusammen. In gleicher Weise aktivieren $Mn^{++} + Na^+$. Mit zunehmender Konzentration von Äthylendiamintetraessigsäure in Anwesenheit von Mg^{++} wird die katalytische Wirksamkeit stärker gehemmt. K^+ aktiviert wenig, wenn ONPG das Substrat ist. Nimmt man Lactose oder Methyl-β-D-Galactosid als Substrat, so hat der Zusatz von Mg^{++} keine Wirkung auf die Fermentaktivität. Unter bestimmten Bedingungen aktiviert K^+ etwas stärker als Na^+.

Hofsten (1961) teilt die überraschende Tatsache mit, daß Fluoro-β-D-Galactosid

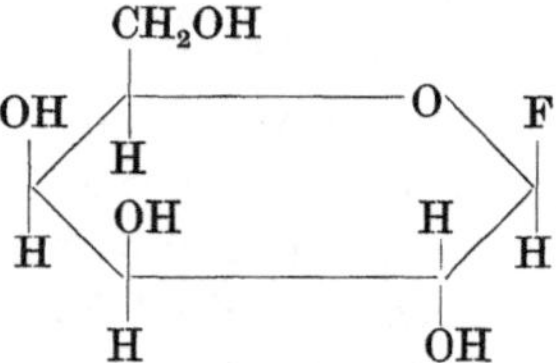

ein Substrat der β-Galactosidase und ein Induktor für die Fermentsynthese bei einem adaptiven *Coli*-Stamm ist. Da das Substrat in Lösung bei sinkendem p_H sehr unbeständig ist und der entstehende Fluorwasserstoff schädlich wirkt, muß bei dem Induktionsexperiment dafür gesorgt werden, daß immer ein p_H von 7 aufrechterhalten wird. Die Induktion durch $5 \cdot 10^{-3}$ Mol Galactosid ist etwa halb so groß wie durch $5 \cdot 10^{-3}$ Mol Methyl-β-D-Thiogalactosid. Die bei der Katalyse entstehende Galactose ist bei dem benutzten *Coli*-Stamm kein Induktor. Bei einem konstitutiven *Coli*-Stamm stimuliert Fluoro-β-D-Galactosid nicht die Fermentsynthese, es hemmt sogar das Wachstum. Fluoro-α-D-Galactosid wird durch die α-Galactosidase der *Coli*-Zellen hydrolysiert.

Reiner (1960a) studiert die Synthese der adaptiven β-Galactosidase in *E. coli* an zellfreien Homogenaten. Die Präparate werden gewonnen durch Zerstörung der Zellen mit Glasperlen oder durch ihre Behandlung mit Penicillin für kürzere Zeit. Dadurch werden rundliche „Protoplasten" erhalten, die mit 1% NaCl im

Kalten homogenisiert werden. Die Lysate haben eine hohe synthetisierende Aktivität. Bei ihrer Herstellung darf man das Penicillin nicht zu lange einwirken lassen. Die Fähigkeit zur induzierten Enzymbildung ist gebunden an einen leicht zentrifugierbaren Lysatanteil, der die Eigenschaften eines Zellstroma hat. Um eine Induktion zu erreichen, muß man eine Aminosäure-Mischung zusetzen. p-Fluoro-Phenylalanin setzt die induktive Kraft herab. Die Induktionswirkung nimmt zu, wenn ein ATP-bildendes System (Phosphoglycerinsäure und ATP) beigegeben ist. Auch eine Mischung von Purinen und Pyrimidinen verstärkt die Induktionskraft, aber deren Nucleoside und Nucleotide schwächen sie. Die Lysate sind verhältnismäßig stabil, aber ihre Aktivität nimmt doch allmählich ab, selbst in der Kälte. Behandlung mit einfach destilliertem Wasser vernichtet jede Aktivität (Schwermetall-Wirkung?), auch das Lyophilisieren und das Trocknen mit Aceton vertragen die Präparate nicht. Der Gehalt an Protein und Nucleinsäuren der Präparate erhöht sich während der Inkubationszeit um das Mehrfache. Nach dem Autor geht die Fähigkeit der induktiven Enzymsynthese parallel mit dem Gehalt an DNS, aber nicht mit dem Gehalt an RNS und Protein. Das ist gewiß eine bemerkenswerte Feststellung. Als Induktoren werden Melibiose und Lactose genommen. Die letztere induziert besser. Intakte und zerstörte Bakteriophagen setzen die Induktionskraft stark herab, aber die DNS der Phagen hemmt nicht, sondern stimuliert sogar etwas. Das basische Protein der Phagen hemmt, aber diese Hemmung kann durch Phagen-DNS wieder behoben werden. Toluolbehandlung der Präparate erhöht die Enzym-Aktivität um das Drei- bis Vierfache, obwohl ja hier die Struktur intakter Zellen nicht zu zerstören ist.

Es gibt nach SHEININ und CROCKER (1961) Inductoren, welche die beiden Fermente α-Galaktosidase und β-Galaktosidase gleichzeitig induzieren: Galaktose, α-Methylgalaktosid, β-Methylgalaktosid, Propyl-β-D-Galaktosid, Melibiose und Raffinose. Nur die β-Galaktosidase induzieren Lactose und o-Nitrophenyl-β-D-Galaktosid (β-ONPG), während α-ONPG und Phenyl-α-D-Galactosid nur die α-Galactosidase induzieren. Der Grad der Induktion bei Verwendung der einzelnen Induktoren ist außerordentlich verschieden und bewegt sich auch in verschiedenen Größenordnungen. Immer überwiegt quantitativ bei weitem die Synthese der β-Galactosidase, wenn beide Enzyme gleichzeitig induziert werden. Auch die Mengen der Induktoren zur optimalen Induktion sind sehr verschieden. Bei α-ONPG und β-ONPG geht bei höheren Konzentrationen des Induktors die Enzymsynthese wieder erheblich zurück. Die Synthese der α-Galactosidase durch Raffinose als Induktor wird gehemmt durch Zugabe von Lactose, ist aber α-ONPG der Induktor dieses Enzyms, dann hemmt Raffinose. Hemmer der Induktion der β-Galactosidase durch Lactose und Melibiose ist Raffinose. Aus allen Messungen geht hervor, daß der im äußeren Medium zugesetzte Induktor und nicht die daraus in der Zelle entstehenden hydrolytischen Spaltprodukte stimulierend wirken.

JEUNIAUX (1958) untersucht die Chitinasen aus *Streptomyces*-Stämmen. Sie sind auch in Abwesenheit von Chitin in Spuren anwesend, daher werden sie als „konstitutiv" angesehen. In Anwesenheit von Chitin werden sie aber in großen Mengen nach einer Verzögerungszeit von 30—60 min synthetisiert. Darnach sollte man sie vielleicht doch besser als „adaptiv" bezeichnen. Die Reinigung der Exo-Chitinase aus vier chitinolytischen Stämmen ist verhältnismäßig einfach:

Die ins äußere Milieu abgeschiedene Chitinase ist schon ziemlich rein, da nur wenig anderes Eiweiß ausgeschieden wird. Das Ferment haftet fest an seinem Substrat, dem suspendierten Chitinpulver, von dem es aber leicht abgetrennt werden kann. Zur Bestimmung der Fermentaktivität wird der Trübungsverlust der Suspension gemessen. Die untersuchte Chitinase greift nur hochpolymeres Chitin an. Die entstehenden kurzkettigen Abbauprodukte werden von einer „Exo-β-Oligase" bis zum Acetyl-Glucosamin abgebaut. Dieses zweite Ferment greift das hochpolymere Chitin nicht an. In Gegenwart von Glucose und Asparagin wird auch in Anwesenheit des Substrates wenig Chitinase gebildet. Die vier geprüften *Streptomyces*-Stämme scheiden sehr verschieden große Mengen Chitinase ab.

LAKSHMINARAYANAN (1957) berichtet von einer Pektin-Methyl-Esterase (PME) in dem Pilz *Fusarium vasinfectum*. Der Pilz ruft bei der Tomate und der Baumwolle eine Krankheit hervor, die durch Welkwerden und vasculäre Bräunung charakterisiert ist. Die Krankheitserscheinungen werden durch die PME verursacht. Auf pektinhaltigem Medium hat *Fusarium* ein stärkeres Wachstum und eine größere PME-Aktivität als auf Medien ohne Pektin. Daher könnte man das Ferment als adaptiv bezeichnen.

Mit der adaptiven Pektinase in den Sporen von *Puccinia graminis* beschäftigen sich VAN SUMERE, VAN SUMERE-DE-PRETER und LEDINGHAM (1957). Sie finden das Ferment neben drei anderen Zellwand-Spaltungs-Fermenten, zwei Enzymen, welche die native Cellulose angreifen und einer Hemicellulase. Alle vier Fermente werden zusammen in Rohextrakten studiert. Hemmende Schwermetall-Ionen sind: Ag^+, Cu^{++}, Zn^{++}, Pb^{++} und Hg^{++}.

Penicillin beeinflußt bekanntlich bei den Bakterien oft weitgehend die äußere Form. Es fragt sich nun, ob und wieweit es auch das Stoffwechselgeschehen ändert. SHEININ und McQUILLEN (1959) untersuchen die Induktion von α- und β-Galactosidase in *Coli*-Zellen in Gegenwart und Abwesenheit von Penicillin. Dieses erzeugt kugelige Zellformen, aber die Induktion wird durch Penicillin nicht beeinflußt. Natürlich hemmt Chloramphenicol die Synthese beider Fermente.

SIMPSON (1959) berichtet von den adaptiven Pentosanasen in *Aspergillus niger* und *Trichoderma viride*. D-Xylose, Xylan, Pentosanmehl, Weizenkleie und Weizenstroh induzieren bei *A. niger* stark, bei *T. viride* schwach oder überhaupt nicht, während es bei L-Arabinose gerade umgekehrt ist. Die Pentosanase-Synthese beider Pilzarten wird gefördert durch Hefe- und Malzextrakt und durch Ammoniumlactat. Andere Zusätze, z. B. Ammoniumacetat und Casein-Hydrolysat, wirken nur günstig bei *A. niger*.

Aus vorbehandeltem *Lactobacillus plantarum* wird von PRICER und HORECKER (1960) durch Schütteln mit Glasperlen ein Extrakt gewonnen, der Desoxyribose-Aldolase enthält. Da das Ferment induzierbar ist, wurde dem Inkubationsmedium vor der Extraktgewinnung neben 0,5% Fructose 0,035% Desoxyribose zugefügt. Zur weiteren Stimulierung der Induktion waren 0,001% $MnCl_2 \cdot 4 H_2O$ zugesetzt. Durch Behandlung des Extraktes mit Protaminsulfat wird im Überstand eine 20fache Reinigung des Fermentes erzielt, welche durch Azetonfällung und pH-Präzipitierung auf das 90fache steigt. Das Präparat wird auf 95% Reinheit geschätzt. Es ist frei von störenden Fermenten wie Triose-Phosphat-Isomerase, ist stabil bei —16° C und hat seine optimale Aktivität bei p_H 6,3. Das Enzym katalysiert die reversible Reaktion:

2-Desoxyribose-5-Phosphat $\rightleftharpoons$ Acetaldehyd $+$ D-Glyceraldehyd-3-Phosphat.

Die Aktivität des Fermentes zu den drei Substraten ist ähnlich (K_s ist in der Größenordnung 10^{-3} Mol). Zu Acetaldehyd ist das Enzym hoch spezifisch, dagegen kann D-Glyceraldehyd-Phosphat ersetzt werden durch L-Glyceraldehyd-3-Phosphat, D-Erythrose-4-Phosphat, D-Erythrose und D-Threose. Mit L-Glyceraldehyd-Phosphat entsteht Desoxyxylose.

In der Zusammenfassung eines russischen Aufsatzes von KARASEVICH (1959) steht folgendes: Die nicht angepaßte Hefe *Candida tropicalis* paßt sich nur sehr langsam an Arabinose an. Es handelt sich nach dem Verfasser um eine „typische enzymatische Anpassung, die aber nicht mit einer Bildung der Fermente aus Aminosäuren verbunden ist" (!). Näheres ist aus der Zusammenfassung nicht zu ersehen.

Nach JONSON, LALAND und STRAND (1959) können sich *Coli*-Zellen an Desoxy-Ribose (DR) anpassen. Aber die Adaptation (bei 37° C) wird erst deutlich nach einer Inkubation von 48 Std. Sie ist also eine „long-term-adaptation". Die Anpassung von DR-5-Phosphat wird aber schon nach 10 Std Bebrütung deutlich. Die an DR angepaßten Zellen behalten diese Anpassung mindestens 4 Wochen, wenn sie bei 4° C aufgehoben werden. Sie sind nicht angepaßt an D-Ribose. Anpassung an DR schließt nicht eine Anpassung an Desoxy-Nucleoside und -Nucleotide ein. An Desoxyadenosin können sich die Zellen schnell anpassen.

RAMSEY und WILSON (1957) referieren über eine simultane Induktion zweier adaptiver Fermente. Wenn man bei *Staphylococcus aureus* die Synthese der β-Galactosidase und der Nitrat-Reduktase gleichzeitig anregt (durch Galactose und Kaliumnitrat), ist die Syntheserate jedes Fermentes höher, als wenn jedes Ferment für sich allein induziert wird. Das ist also das Gegenteil der oft beobachteten Diauxie-Wirkung zweier Substrate für zwei verschiedene Fermente (s. LEINER 1958a, S. 73f.).

KORNBERG, GOTTO und LUND (1958) finden eine Enzym-Induktion durch eine Verbindung, die mit dem Substrat keine Ähnlichkeit hat, und eine Synthesehemmung durch das Produkt der Katalyse. In *Pseudomonas ovalis* bildet sich, wenn als einzige Kohlenstoff-Quelle Acetat im Nährmedium ist, in großer Menge bei zunächst geringem Wachstum Iso-Citratase, welche Isocitrat in Succinat und Glyoxylat zerlegt. Wenn man solche Zellen auf Acetat weiterwachsen läßt, so wächst der maximale Isocitratase-Gehalt parallel zum Zellwachstum. Bringt man aber derart vorbehandelte Zellen in ein Medium mit Succinat als einziger C-Quelle, so bildet sich keine neue Isocitratase, sondern die vorhandene Enzym-Menge verdünnt sich in dem Maße der Zellvermehrung. Wenn zu nicht mit Acetat vorbehandelten Zellen gleichzeitig 20 mMol Succinat und 50 mMol Acetat gegeben werden, so werden zwar beide C-Quellen gleichzeitig, also ohne Diauxie, in Nutzung genommen, aber eine Vermehrung von Isocitratase tritt erst auf, wenn das Succinat verbraucht ist. Bremst das Succinat als Katalyseprodukt die Fermentsynthese? Stimuliert ein Essigsäure-Überschuß die Bildung von Citronensäure?

NYGAARD (1960) untersucht die Synthese der adaptiven Milchsäure-Dehydrogenase während der Atmungs-Anpassung der Hefe *Saccharomyces cerevisiae*. In anaerober Hefe ist die Milchsäure-Dehydrogenase spezifisch für D-Milchsäure. Cytochrom c wird in anaerober Hefe nicht reduziert in Gegenwart von D- und L-Milchsäure. Nach der Durchlüftung treten die D- und L-Cytochrom c-Reduktasen auf. Die Summe der beiden Enzyme am Schlusse der Adaptation ist aber nicht so hoch wie bei der aerob gezüchteten Hefe.

Nach NATHAN (1961) könnte es manchmal doch zur Bildung eines Fermentpräkursors kommen:

Das Malic-Enzym (ME) in *Lactobacillus plantarum* ist adaptiv. Wenn Vitamin-Mangelzellen (erfordernd Biotin, Nicotinsäure, Thiamin oder Pyridoxin) ohne Vitaminzusatz inkubiert werden, so kann DL-Malat das ME nur sehr schwach induzieren. Zur optimalen Induktion sind die Vitaminzusätze zum Medium erforderlich. Riboflavin-Mangelzellen synthetisieren ohne und mit Riboflavinzusatz das ME schlecht. Aber Mangelzellen, welche p-Aminobenzoesäure (PABS) benötigen, synthetisieren ohne PABS im Medium sehr viel größere Mengen von ME als normale Zellen. Die Verfasserin vermutet, daß diese Mangelzellen in Abwesenheit des Induktors einen inaktiven ME-Präkursor synthetisieren, der nach Zusatz von Malat zum aktiven Ferment ergänzt wird. Setzt man zu den normalen Zellen Chloramphenicol, so wird die Synthese von ME stark gehemmt. Dieselbe Menge Chloramphenicol hemmt bei PABS-Mangelzellen die ME-Bildung viel schwächer. Hemmt man mit Chlorpromazin, dann ist die Hemmung bei den PABS-Mangelzellen größer als bei den normalen. Adenin-Mangelzellen verhalten sich ähnlich wie die PABS-Mangelzellen. Die ME-Synthese erfolgt in jedem Fall ohne Zellvermehrung.

Von BALL, HUMPHREYS und SHIVE (1958) und von IFLAND, BALL, DUNN und SHIVE (1958) ist eingehend die Induktion des Malic-Enzyms in *Lactobacillus arabinosus* studiert worden. Phenylalanin, Phenylbrenztraubensäure, Glycyl-Phenylalanin, Phenylalanyl-Glycin, ferner Valin, Glycylvalin und α-Keto-Isovalerat sind Induktoren. Es überrascht die Mannigfaltigkeit der Induktoren und die Tatsache, daß keine der Verbindungen ein Substrat des Fermentes ist. Eine Reihe von Antagonisten dieser Verbindungen sind Hemmer der Induktion. Dem Induktor Phenylalanin steht als starker Hemmer β-2-Thienylalanin gegenüber, der Phenylbrenztraubensäure die Thienylbrenztraubensäure. Die Induktion durch Glycylphenylalanin wird gehemmt durch Glycyl-β-2-Thienylalanin. Isoleucin hemmt die Stimulierung durch Valin, Glycyl-Isoleucin inhibiert die Induktion durch Glycyl-Valin und α-Keto-β-Methylvalerat hemmt die Stimulierung durch α-Keto-Isovalerat. Die zueinander gehörenden Induktor-Inhibitor-Paare sind nur in dieser Paarung ausgesprochene Antagonisten. Die Hemmung scheint kompetitiv zu sein. Die Autoren vermuten, daß die Nutzung der Aminosäuren, Ketosäuren und Peptide bei der Induktion auf getrenntem Wege vor sich geht.

Man hat bei diesem und manchen anderen Beispielen der induzierten Fermentsynthese den Eindruck, daß der Nicht-Substrat-Induktor der Zelle oft nur eine allgemeine Anregung zur Fermentsynthese gibt, und daß diese Anregung an verschiedenen Stellen einsetzen kann. Man kann sich schlecht vorstellen, daß alle die genannten Induktoren ein und denselben „Repressor" ausschalten, der die Synthese des induzierten Enzyms unterdrückt (s. LEINER 1962, nachfolgenden Bericht über Zellregulation, S. 192).

HESTRIN und LINDEGREN (1951) (zit. LEINER 1958a, S. 78) beschrieben einen Wettstreit zweier nicht alleler Gene in *Saccharomyces*. Es handelt sich um das Gen MG, welches für die Fermentation von α-Methylglucosid zuständig ist, und um das Gen MA für die Fermentation von Maltose. Wenn beide Gene in einer Zelle anwesend seien, so könnte Maltose die Bildung von Maltase *und* von α-Methylglucosidase induzieren.

Dieser merkwürdige Befund ist nun von HAWTHORNE (1958) näher untersucht worden, und zwar an den betreffenden Hefestämmen aus dem Laboratorium LINDEGREN. Es wird festgestellt, daß bei diesen Hefen mindestens fünf verschiedene Gene bei der Fermentation von α-Methylglucosid beteiligt sein können. In der Regel müssen zwei wechselwirkende Gene vorhanden sein. Es handelt sich um die Gene MG_1, MG_2, MG_3, MG_4 und MA_1 (WINGE und ROBERTS hatten früher schon vier polymere Gene nachgewiesen für die Maltose-Fermentation). Aus dem Verhältnis der Verteilung 2:2, 1:3 und 0:4 in den vier Sporen der Asci von *Saccharomyces*-Hybriden können drei Gene erschlossen werden (MG_1, MG_2, MG_3). Ebenfalls kann die Fermentation von α-Methylglucosid bewirkt werden durch Zellen, welche die Gen-Kombination besitzen: MG_4—MA_1. Der Genotyp mg_1, mg_2, mg_3, MG_4 und ma_1 ist Nicht-Fermentierer, der Genotyp mg_1, mg_2, mg_3, MG_4 und MA_1 ist unfähig α-Methylglucosid zu fermentieren, wenn es sich um „petites colonies" handelt. Eine irreguläre Segregation in einem Ascus wird auf die Mutation von MG_2 zurückgeführt.

LAMBORG und KAPLAN (1960) berichten von einem induzierbaren Enzym, das neben einem konstitutiven mit der gleichen Funktion in der gleichen Zelle stimuliert wird. Genetisch sind die Verhältnisse noch völlig ungeklärt. Eine Variante von *Aerobacter aerogenes*, gewachsen auf Glucose oder Glycerin, besitzt ein Ferment, welches in Gegenwart von DPN, das zugesetzt werden muß, Glycerin zu Dioxyaceton und 1,2-Propandiol zu Acetol (CH_3—CO—CH_2OH) oxydiert (Enzym B). Statt DPN kann als Cofaktor auch das 3-Acetyl-Pyridin-Analoge genommen werden. Desamino-DPN kann den Bedarf an DPN nicht ersetzen. Das Ferment ist konstitutiv. In den gleichen Zellen kann aber noch ein Enzym A durch Glycerin induziert werden, das dann mit den gleichen Substraten die gleichen Oxydationsprodukte ergibt. Es entsteht nicht oder nicht gut in Zellen, welche auf Glucose gewachsen sind. Das 3-Acetyl-Pyridin-Analoge zu DPN kann für DPN nicht eingesetzt werden. Dafür wirkt als sehr guter Cofaktor Desamino-DPN. Ferment A ist viel weniger stabil als Ferment B. Beide sind durch fünf Reinigungsschritte aus den Bakterien abgetrennt worden. Die Reinigung ist bei der Prüfung mit 1,2-Propandiol etwa 70—90fach. Beide Enzyme unterscheiden sich in ihrem p_H-Optimum. Immunologisch sind sie nicht miteinander verwandt. Nur das Ferment A bildet im Kaninchenserum einen Antikörper. Gegen Ferment B immunisiert sich das Kaninchenserum merkwürdigerweise überhaupt nicht.

In einer zweiten Abhandlung bringen die gleichen Verfasser noch einige weitere Einzelheiten über das induzierbare Ferment. Es kann nur durch Glycerin, nicht durch seine andern Substrate induziert werden und dies auch nur in Gegenwart einer Stickstoff- und einer Energiequelle. Die Induktion beginnt mit einer Verzögerungs-Periode von 15 min. Eine Induktion findet nur statt bei einer hohen Glycerin-Konzentration im Medium. Die halb-maximale Enzymaktivität wird durch $0,8 \cdot 10^{-2}$ Mol Glycerin induziert. Die Synthese des konstitutiven Fermentes kann durch die ausprobierten Inhibitoren nicht gehemmt werden. Thioguanin und 6-Mercaptopurin hemmen die Induktion von Ferment A schwach, dagegen wird sie vollständig gehemmt durch folgende Verbindungen: Azaserin (eine Antipurin-Verbindung), Chloramphenicol, Natriumazid, Dinitrophenol und KCN. Die Azaserin-Hemmung kann durch Phenylalanin, Tyrosin und Tryptophan mehr oder weniger aufgehoben werden, nicht durch Histidin und Purin- und Pyrimidin-Verbindungen. Auf Glucose gewachsene Zellen werden sehr viel schlechter induziert als Zellen, die auf Lactat gewachsen sind.

Friis und Ottolenghi (1959) zeigen, daß die fermentative Anpassung eine Angelegenheit sein kann, die nicht nur die Anwesenheit des adaptiven Fermentes betrifft.

Wenn Zellen von *Saccharomyces calsbergensis* tiefgefroren und wieder aufgetaut werden, zeigen sowohl adaptierte wie nichtadaptierte Zellen Melibiase-Aktivität, aber bei normalen Zellen wird Melibiose nur von adaptierten Zellen fermentiert. Während der Anpassung wird die Melibiase erst im Zellinnern vermehrt, wie man nach Verdauung der Zellmembran durch den Magensaft der Weinbergschnecke feststellen kann. Nach weiterer Anpassung erscheint die Melibiase auch in der Zellmembran, und schließlich tritt sie sogar in das äußere Medium über. Die Adaptation macht also die Melibiase zum extracellulären Enzym. Das gleiche Phänomen finden Friis und Ottolenghi (1959) bei der Hefeanpassung an Rohrzucker. Ein Hefestamm 303—3 aus der Carlsberg-Kollektion wird auf seine Anpassung an Rohrzucker geprüft. Invertase ist zwar auch vorhanden bei nichtadaptierten Zellen, aber sie ist dort nur lokalisiert im Zellinnern und daher kaum aktiv, da Saccharose nur sehr schwer durch die Zellwand dringt. Auf Glucose gewachsene Zellen haben nur diese intracelluläre Invertase. Läßt man aber die Zellen auf Saccharose als einziger Kohlenstoff-Quelle wachsen, dann erscheint in der Zellwand Invertase, welche Saccharose leicht spalten kann, da keine Permeabilitätsschranke mehr besteht. Diese Invertase wird „extracellulär" genannt, obwohl sie nicht in das Medium übertritt. Zwischen Invertase und Medium bleibt immer noch eine Trennschicht, die aber von Rohrzucker leicht durchwandert werden kann. Die Adaptation besteht also darin, daß die Invertase, welche als „konstitutiv" bezeichnet werden kann, in der Cellulose-Zellmembran erscheint. Wenn man diese Zellwand durch den Magensaft der Weinbergschnecke verdauen läßt, verschwinden mindestens 75% der Invertase aus den entstehenden Hefe-Protoplasten. Bei nichtadaptierten Zellen hat sich der Invertase-Gehalt nach der Membranverdauung nicht verändert. Es mag noch erwähnt werden, daß die Adaptation gehemmt wird durch größere Mengen von Glucose und Fructose, den Produkten der Katalyse.

Es sei noch eine Literaturstelle über die konstitutive β-Galactosidase in *E. coli* angeführt (v. Hofsten 1961). Die Hemmbarkeit der konstitutiven β-Galactosidase in *E. coli*, Stamm ML 308 durch ihr Substrat Lactose und durch Galactose, wie sie von der Monod-Schule gefunden wurde, ist näher untersucht worden und verglichen mit der Beeinflussung der Wachstumsrate. Wenn als einzige Kohlenstoffquelle Succinat, Fumarat, Acetat, Glycerin oder Maltose genommen wird, ist die β-Galactosidase-Aktivität der Zellen viel höher, als wenn im Nährmedium Lactose, Galactose oder Glucose als einzige Kohlenstoffquelle vorhanden ist. Befindet sich im Nährmedium allein Succinat, so ist die Wachstumsrate kleiner, als wenn noch Difco-Bacto-Pepton zugefügt wird, aber dieser Zusatz hemmt vorübergehend die Bildung der β-Galactosidase. Dauernd vermindert ein Zusatz von Glucose zum Medium die Syntheserate des konstitutiven Fermentes. Mit Succinat allein im äußeren Milieu ist die Syntheserate immer höher, als wenn das Nährmedium auch noch Galactose oder Lactose enthält. Andere Zusätze zum Succinat-Nährboden, wie Maltose, Glycerin oder Aminosäuren, setzen die Syntheserate nur vorübergehend herab. Man sieht, daß die Syntheserate auch von konstitutiven Fermenten durch äußere Einflüsse verändert werden kann.

Von selektiver Induktion und Hemmung der Fermentsynthese bei Säugetieren berichten WEBER, BANERJEE und BRONSTEIN (1961). Wenn man Ratten mehrere Tage hungern läßt, geht in der Leber der Gehalt an den Enzymen zurück, welche das Kohlenhydrat metabolisieren. Füttert man die Tiere wieder, dann wird dadurch die Synthese dieser Fermente über das normale Maß induziert. Auch bei adrenalektomierten Ratten sinkt der Gehalt der Leber an den genannten Fermenten. Injiziert man aber in die operierten Tiere Cortison, dann steigt der Enzymgehalt in der Leber wieder an, auch über das normale Maß. Aber die Stimulierung ist durch die zwei Induktionsarten verschieden. Durch die Fütterungsinduktion wird unter den sieben untersuchten Fermenten vor allem und überragend die Synthese der Glucose-6-Phosphat-Dehydrogenase gesteigert, durch die Cortison-Induktion die Synthese der Glucose-6-Phosphatase. Wenn man bei den Induktionsversuchen auch noch Äthionin spritzt, hemmt dieses die Induktion teilweise oder ganz, allerdings nur sehr wenig die Synthese von Glucose-6-Phosphat-Dehydrogenase. Die Benutzung von Cortison als „Induktor" erfolgt in Anlehnung an die Beobachtung von KNOX und AUERBACH (1955) beim Studium der Tryptophan-Pyrrolase in der Säugetierleber.

2. Über den Eiweißstoffwechsel

1951 haben KNOX und MEHLER gefunden, daß bei Ratten und Kaninchen in der Leber nach Verabreichung von L-Tryptophan ein Fermentsystem vermehrt wird, welches Tryptophan in Kynurenin verwandelt. Durch gekoppelte Oxydation mit Hilfe des Tryptophan-Peroxydase-Oxydase-Systems entsteht Formyl-Kynurenin, aus dem durch Formylase Kynurenin freigesetzt wird. Das Tryptophan-Peroxydase-System wird auch Tryptophan-Pyrrolase (TP) genannt. Nach den Autoren haben auch induzierende Wirkung: Histidin, Histamin und andere pharmakologisch aktive Amine, ferner Epinephrin. 1955 beobachteten KNOX und AUERBACH, daß adrenalektomierte Ratten in der Leber eine gesteigerte TP-Aktivität aufweisen 5—7 Std nach der intraperitonealen Injektion von Tryptophan, aber nicht nach Darreichung von Histidin, Histamin und Epinephrin. Wenn man den operierten Tieren statt Tryptophan Cortison gibt, wird die TP-Synthese ebenfalls angeregt. Die Wirkung kann durch Histidin verstärkt werden, das für sich keine Wirkung hat. Bei unbehandelten Tieren hat Cortison den gleichen Effekt. Die Autoren vermuten, daß die stimulierende Wirkung von Histidin und anderen Verbindungen auf einer Anregung zur Sekretion von Cortison beruht. Dessen stimulierende Wirkung auf die TP-Synthese könnte also nach den Autoren eine indirekte sein. Sie scheint sich jedenfalls von der Tryptophan-Induktion wesentlich zu unterscheiden. Das TP-System wird *in vitro* von Cortison weder induziert noch aktiviert. Cortison hat auch keine stabilisierende Eigenschaft. Das zeigen Dubnoff und Dimick (1959) (Tabelle 5).

Tabelle 5. *Die Stabilität der Tryptophan-Pyrrolase (TP) in Rattenleber-Homogenat bei $+2^0$ C. Nach* Dubnoff *und* Dimick *(1959)*

Die Ratten wurden 4 Std nach Injektion oder Fütterung anaesthetisiert, die Leber wurde entfernt, eisgekühlt, homogenisiert und mit Wasser verdünnt. Die Homogenate wurden aufgehoben bei $+2^0$ C mit oder ohne $0,3 \cdot 10^{-3}$ Mol DL-Tryptophan. Die Enzymaktivität wurde bestimmt durch Inkubation mit $2,5 \cdot 10^{-3}$ Mol Tryptophan für 1 Std bei 38^0 C. Die Zahlen der Tabelle sind μMol entstandenes Kynurenin in 1 Std/g Feuchtgewicht. Die Kontrollwerte der Nullzeit wurden subtrahiert.

| | | Aktivität | |
| | Zeit in Stunden | Homogenat bei 2^0 C stehengelassen | |
Induktionsart		ohne Tryptophan	mit Tryptophan
2 g Tryptophan durch Magenröhre gefüttert	0	41,8	
	18	10,0	40,5
2,5 mg Cortison interperitoneal injiziert	0	38,2	
	18	4,8	22,5

Die mit Tryptophan induzierte TP ist gegen Inaktivierung besser geschützt als die durch Cortison stimulierte, besonders wenn sie mit Tryptophanzusatz aufgehoben wird. Wenn beide TP chemisch gleich sind, ist dieser Befund schwer zu verstehen. Die Autoren geben nicht an, wieweit ihre Lösungen frei sind von Schwermetall-Ionen. Daß diese bei der raschen Inaktivierung von Fermenten eine Rolle spielen können, ist von Leiner und Beck (1959) an dem Ferment Kohlensäure-Dehydratase ausführlich demonstriert worden. Natürlich vermag die mit Schwermetall-Ionen Komplexe bildende Aminosäure Tryptophan die hemmenden Schwermetall-Ionen von dem TP-System fernzuhalten. Aber Dubnoff und Dimick (1959) sind der Meinung, daß die geringe TP-Stabilität andere Ursachen habe. Das Enzymeiweiß TP werde in der Leber beständig synthetisiert und abgebaut, wenn aber das celluläre Niveau von Tryptophan steige, werde mehr von dem neu synthetisierten Enzym stabilisiert. Das Substrat sei nicht wesentlich als Induktor der TP-Synthese, sondern nur als Stabilisator. Das TP-System sei nicht induzierbar. Jedoch können die Autoren von ihren Messungen mit den Homogenaten nicht schließen auf die Verhältnisse *in vivo*.

Clouet und Gordon (1959) teilen die Meinung von Dubnoff und Dimick nicht. Sie prüfen die Induktion mit Homogenat-Fraktionen, und zwar von Lebergewebe angepaßter und nichtangepaßter Tiere. Bei Leber-Homogenaten von angepaßten Tieren befindet sich die ganze Fermentaktivität in der Mikrosomenfraktion, ergänzt durch das Überstehende (p_H 5-Fraktion). Durch Zusatz der Mitochondrien-Fraktion wird die Aktivität gesteigert. Die Prüfung von Leber-Homogenaten nichtangepaßter Tiere ergibt, daß die TP-Aktivität mit anwachsender Tryptophan-Konzentration wächst, wenn Mikrosomen-, p_H 5- und Mitochondrien-Fraktion zusammen verwendet werden. Eine Verzögerungs-Periode wird gefunden. Als Lösungsmittel verwenden die Autoren Phosphatpuffer p_H 7 mit Glucose, ATP und $MgCl_2$. Es ist nicht wesentlich, außerdem eine Aminosäure-Mischung hinzuzufügen.

Zu wieder anderen Ergebnissen kommen GORDON und RYDZIEL (1959). Nach ihnen hängt vielleicht die beobachtete Adaptation *in vitro* nach Zusatz von Tryptophan mit der Permeabilität der Mitochondrien-Membran zusammen. Es soll aber hier nicht näher auf diese Darlegungen eingegangen werden.

So bleibt also die Frage der Induzierbarkeit des TP-Systems in der Säugetier-Leber trotz vielseitiger Untersuchungen noch offen. Da in dem vielzelligen Körper viele Faktoren zusammenwirken können, die es bei einzelligen Organismen nicht gibt, ist die induktive Fermentsynthese leichter bei diesen letzteren zu studieren.

SANDLER, SPECTOR, RUTHVEN und DAVISON (1960) berichten von einer weiteren Fermentinduktion im vielzelligen Körper (Ratte). Sie schreiben: Von BLASCHKO und HOPE (1955) war vermutet worden, daß es einen Desaminierungsweg von 5-Hydroxytryptophan zu 5-Hydroxyindolyl-Brenztraubensäure gäbe mit folgender Oxydation zu 5-Hydroxyindolyl-Essigsäure. Von KNOX u. Mitarb. (1958) war eine Tryptophan-Desaminierung in Rattenleber-Präparaten gezeigt worden mit Hilfe einer UV-Absorptionsmessung. SANDLER u. Mitarb. benutzen die gleiche Methode bei ihren Versuchen mit Rattenleber-Enzympräparaten. Sie erhalten ein ähnliches Absorptionsspektrum mit L-Tryptophan und DL-5-Hydroxytryptophan und eine ähnliche adaptive Zunahme der Fermentaktivität. Ihre Reaktionsmischung besteht aus dem Leberpräparat, L-Tryptophan bzw. 5-Hydroxy-Tryptophan, α-Oxoglutarat als Acceptor und Pyridoxalphosphat als Cofaktor. Auch machen die Autoren Injektionsversuche mit L-Tryptophan und 5-Hydroxytryptophan. Dabei stellen sie 5 Std später nach dem Töten der Ratten eine Zunahme der Enzymaktivität in beiden Fällen fest. Man kann vermuten, daß es sich um die gleiche Transaminase handelt.

Ein Bericht von HAKIM (1958) über die ,,Anpassung" von *Coli*-Zellen an Tryptophan muß zunächst kommentarlos hingenommen werden. *Coli*-Zellen, die auf Nährböden mit Streptomycin oder Chloramphenicol gewachsen sind, können sich viel schlechter an Tryptophan ,,anpassen" als solche, die auf Böden ohne diese Antibiotica oder mit Penicillin inkubiert waren. Die Adaptation dieser letzteren Kulturen an Tryptophan kann durch Zugabe von DNase stark beschleunigt werden. Die Hemmwirkung von Streptomycin und Chloramphenicol auf die Tryptophanase-Synthese wird durch die DNase fast ganz aufgehoben, nicht aber durch saure und alkalische Phosphatase.

TRISTRAM (1960) schreibt: Das L-Histidin abbauende Fermentsystem des Bodenbacteriums *Paracolobactrum aerogenoides* ist adaptiv. Die induktive Fermentsynthese folgt einer sigmoiden Zeitkurve. Beim Abbau entstehen Urocanat, Glutamat, Ammoniak und CO_2. Zum Nachweis der induktiven Fermentsynthese dienen also der O_2-Verbrauch, das entstehende CO_2, von Urocanat und Glutamat. Neben L-Histidin induzieren Urocaninsäure, die Peptide L-Histidyl-L-Histidin und β-Alanyl-L-Histidin, aber auch D-Histidin. Anscheinend wird D-Histidin in der Zelle in die L-isomere Form übergeführt. Über den Modus dieser Umwandlung wird diskutiert. Möglicherweise führt der Weg über β-Imidazol-Pyruvat. D-Histidin ist allerdings ein sehr viel schwächerer Induktor als L-Histidin. Die Induktions-Zeitkurve ist bei D-Histidin eine Gerade. Histamin und Imidazol sind keine Induktoren, auch nicht β-(Pyrazolyl-3)-Alanin. Chloramphenicol unterbindet und stoppt die Induktion, aber nicht die Fermentaktivität. Nach dem Verbrauch des Induktors L-Histidin geht die Fermentaktivität rasch zurück. Anscheinend spielen bei der induktiven Fermentsynthese Permeasen keine Rolle. Da beim Histidin-Abbau Stickstoff genügend zur Verfügung steht, kann durch Stickstoffaushungerung die Induktion nicht unterdrückt, sondern nur verlangsamt werden. Mit Natriumsuccinat im Medium ist die Rate der Fermentsynthese größer, als wenn statt Succinat Amoniumchlorid gewählt wird.

Die Messungen von Melnykovych und Snell (1958) zeigen, daß die Induktion der Synthese von Arginin-Decarboxylase (AD) in *Escherichia coli* ein ausgezeichnetes Beispiel dafür ist, daß es bei der induzierten Fermentsynthese oft mehr auf andere Dinge als die Anwesenheit des Substrates ankommt. Bei solchen Beispielen hat die „Repressor"-Hypothese von Monod u. Mitarb. einen schweren Stand.

In einem chemisch definierten Medium mit Arginin-Zusatz bildet sich die AD nur deutlich nach Zugabe von Casein-Hydrolysat. Der Zusatz von Difco-Hefeextrakt zu stationären, schwach wachsenden Kulturen in partieller Anaerobiose regt die Synthese der AD weniger an als Zugabe von Casein-Hydrolysat. Dieses steigert die AD-Synthese auf das 30fache, während das Wachstum nur verdoppelt wird. Fügt man zu dem Basalmedium außer Arginin noch Tyrosin, Methionin und Asparagin in sehr kleinen Mengen, dann wird in den gleichen Kulturen viel AD synthetisiert, ohne daß ein wesentliches Wachstum auftritt. Der 10mal so große Zusatz einer Mischung von 19 Aminosäuren hat, verglichen mit dem Wachstum, einen viel geringeren Effekt. In Ruhezellen hat eine Mischung von Methionin, Asparagin und Tyrosin keine Wirkung. Fe^{+++} begünstigt die Biosynthese der AD stark. Im Basalmedium ohne Fe^{+++} und Arginin ist die AD-Aktivität sehr gering. Zusatz von Fe^{+++} erhöht sie um das Dreifache, stärker als der Arginin-Zusatz. Zusätze von Tyrosin, Methionin und Asparagin zu wachsenden *Coli*-Zellen stimulieren die AD-Synthese auch ohne Arginin und Fe^{+++} stark, mit Fe^{+++} wird diese Stimulierung 2—3mal so groß. Der höchste Wert wird allerdings erreicht, wenn auch noch große Mengen Arginin zugefügt werden. Die maximale Bildung von AD benötigt größere Ferri-Mengen als das maximale Wachstum. Aerob gehaltene Schüttelkulturen haben im Basalmedium keine AD-Aktivität. Diese ist auch sehr gering nach Zusatz der obengenannten Aminosäure-Mischungen. Aber sie wächst auf das 100fache, wenn außerdem noch Ferri-Ionen in geeigneter Menge zugefügt werden. Neben dem Eisen(3)-Zusatz stimuliert die Anwesenheit von PO_4^{---}. Die Hemmung durch das Antibioticum Tetracyclin wird durch eine geeignete Ferri-Konzentration wieder aufgehoben. Cu^{++}, Zn^{++}, Co^{++}, Mn^{++}, Ni^{++}, Mg^{++} und Al^{+++} können Fe^{+++} nicht ersetzen.

Melnykovych und Johannsson (1959) untersuchen den Einfluß von Chlortetracyclin auf die Stabilität von Arginin-Decarboxylase in *Coli*-Zellen. Die induktive AD in ruhenden *Coli*-Zellen und in rekonstituierten Aceton-Trockenzellen ist anaerob und aerob sehr unbeständig, besonders bei dem gewählten niedrigen p_H von 4,1. Kleine Mengen von Chlortetracyclin-HCl verlangsamen etwas die rasche Inaktivierung. Pyridoxalphosphat wirkt im gleichen Sinne. Beide Schutzstoffe wirken additiv. Es wird vermutet, daß der Coenzym-Apoenzym-Komplex unbeständig ist, und daß das Holoferment durch das Antibioticum und den Cofaktor etwas geschützt wird. (Außerdem mag Chlortetracyclin als Komplexbildner vor der Inaktivierung durch Schwermetall-Ionen schützen.)

HAUGHTON und KING (1958) untersuchen adaptive Fermente in *Proteus vulgaris*, die folgende Aminosäuren decarboxylieren: L-Leucin, L-Valin, L-Isoleucin und α-Aminobuttersäure. Die Geschwindigkeit der Enzymsynthese ist während des logarithmischen Wachstums am größten, und die Zunahme der Enzymaktivität ist dem Wachstum proportional. D,L-Alanin induziert, ohne Substrat zu sein.

1961 untersuchen HAUGHTON und KING die Leucin-Decarboxylase von *Proteus vulgaris* eingehender. Sie ist ein induzierbares Ferment. Ihre Synthese wird aber nicht nur von Leucin stimuliert, sondern auch von Valin, Norvalin, Isoleucin, α-Amino-n-butyrat und Alanin. Dies letztere ist kein Substrat. Jene Aminosäuren, welche Induktoren wie Substrate sind, haben nach den Autoren eine größere Affinität zu den Organisatorstellen für die Synthese als für das Ferment selbst. Die Autoren vermuten, daß sich der Induktor bei der Synthesestimulierung mit den inaktiven Decarboxylase-Molekülen in gebundener Form vereinigt. Starke Hemmer der Decarboxylierung sind Isovalerat, Isobutylamin und n-Acetyl-L-Leucin. Sie können auch nicht induzieren. Die Syntheserate wird stark beeinflußt durch manche Zusätze zum Nährmedium neben Leucin. So hemmt DL-Phenylalanin die Decarboxylasesynthese und Isovalerat erhöht sie. Manche Verbindungen erhöhen in Gegenwart von Leucin die Syntheserate stärker, wenn nur 1 mMol Leucin im Medium ist statt 10 mMol, z. B. n-Acetyl-L-Leucin. Zur Induktion ist außer dem Induktor noch eine Quelle für Kohlenstoff und Energie notwendig. Es sind auch bisher ergebnislose Versuche unternommen worden zu erfahren, ob bei den Induktionsvorgängen „Permeasen" eine Rolle spielen.

WAINWRIGHT (1959) berichtet über das Anwachsen der Aktivität der Tryptophan-Synthetase und ihre Hemmung in zellfreien Extrakten in *Neurospora crassa*. Es werden die Conidien benutzt, die durch Zermahlen homogenisiert werden. Zu langes Zermahlen macht das Homogenat unwirksam. Es wird (ohne Mitochondrien) in ultrazentrifugierbare Partikel und den Überstand getrennt. In einem bestimmten Verhältnis beider Fraktionen wird die Synthese der Tryptophan-Synthetase in dem zellfreien Extrakt weiter fortgeführt. Das Ferment kann auch daraus in gereinigter Form gewonnen werden. Als Cofaktor bedarf es Pyridoxalphosphat. Unwirksam als Cofaktor sind: Pyridoxal-, Pyridoxamin- und Pyridoxin-Hydrochlorid. Man probiert die für die katalytische Wirkung günstigste Menge Pyridoxalphosphat aus. In dem Präparat ist ein Hemmstoff des Fermentes vorhanden, der abgetrennt werden kann. Für die Ferment-Synthese sind Ca^{++} und Mg^{++} notwendig, außerdem 15 Aminosäuren, eine Energiequelle (Hexose-Diphosphat) und zur Unterdrückung der RNase Polyvinyl-Acetat. Auch DPN muß zugesetzt werden. Eine gewisse Menge Tryptophan verstärkt die Ferment-Synthese. Zusätze von Arginin und Serin hemmen. Durch RNase und DNase wird die Synthese vollständig gehemmt. Mit dem Anwachsen der Synthese des Fermentes vermehrt sich allgemein der Proteingehalt des Extraktes. Viele bekannte Stoffwechsel-Hemmstoffe und Antibiotica hemmen die Synthese des Enzyms: Natriumazid, 2,4-Dinitrophenol, Äthionin, Fluorophenylalanin, Thienylalanin, Chloromycetin, Penicillin, Streptomycin, Dihydrostreptomycin, Tetracyclin, Erythrocin, Polymycin, Neomycin und Bacitracin.

Hoshino (1959) beschäftigt sich mit dem unterschiedlichen Gehalt von *Aspergillus awamori* an Proteinasen. Die „potentielle Aktivität des Proteinase-Bildungssystems" sinkt mit fortschreitendem Wachstum des Mycels. Diese Tatsache wird verglichen mit dem Gehalt des Mycels an Gesamt-N, Eiweiß-N, Nicht-Eiweiß-N und mit dem „Entwicklungsvermögen" des Pilzes. Nicht immer ist der Aminosäure-Gehalt des Mycels ein dominanter Faktor für die Proteinase-Bildung.

Reiner (1960) berichtet über die Synthese von Makromolekülen in zellfreien Lysaten von *Coli*-Protoplasten, die durch Penicillin-Einwirkung erhalten wurden (s. o. S. 136 Reiner). Unter den gewählten Versuchsbedingungen werden Protein, RNS und DNS synthetisiert. In den Nucleinsäuren der aktiven Präparate erscheint in großer Menge markierter Phosphor, der als anorganisches Phosphat zugesetzt war. Die Fähigkeit, adaptive Fermente zu bilden, wird in den Lysaten zerstört durch DNase, RNase und Trypsin. Sie kann dann nicht wiederhergestellt werden durch Zugabe von DNS und RNS aus aktiven Zellen. Zusätze von Nucleinsäure aus lactoseadaptierten Zellen erhöhen nicht die induktive Kraft adaptiver Lysate, sondern setzen sie sogar herab. Lysate, die adaptive Fermente synthetisieren können, vermögen auch allgemein Protein und Nucleinsäuren zu bilden. Solche Lysate besitzen auch das aminosäureaktivierende Fermentsystem. Durch eine große Anzahl von Inhibitoren der Nucleinsäure-Synthese kann die Bildung adaptiver Fermente in den Lysaten gehemmt werden. Hemmend wirken auch Chloramphenicol und Penicillin. Dieses letztere soll seinen Hauptangriffspunkt bei den Nucleinsäuren haben.

3. Über verschiedene adaptive Vorgänge im Zellstoffwechsel, die weder die Kohlenhydrate noch die Eiweiße direkt betreffen

Nach Geronimus und Cohen (1958) ist die Penicillinase (Pase) von *Staphylococcus aureus* ebenso adaptiv wie die von *Bacillus cereus*. Aber nach Bondi, Phalle, Kornblum und Morat (1954) ist das gleiche Ferment bei *Micrococcus pyogenes* konstitutiv. Kaminski, Bondi, Phalle und Morat (1959) untersuchen die Bedingungen, welche die Synthese der konstitutiven Pase fördern oder hemmen. Dabei zeigt es sich wie bei vielen andern konstitutiven Enzymen, daß je nach den äußeren und inneren Bedingungen die Syntheserate sehr verschieden groß ist. Allgemeine Regeln lassen sich aber nicht ableiten. Es herrscht eine große individuelle Verschiedenheit, je nach der Zell- und der Fermentart. Folgende essentielle Aminosäuren fördern die Pase-Synthese: Glutaminsäure, Leucin, Valin und Cystin, dazu kommt das nichtessentielle Tyrosin. Es hemmen, z. T. über 50%: Glycin, Arginin, Methionin, Threonin, Serin und Isoleucin. D-Isoleucin hat keine Wirkung. Von den geprüften Kohlenhydraten erhöht Maltose den Pase-Gehalt, während Mannose, Sucrose, Galactose und besonders Stärke hemmen. Merkwürdigerweise wird die Pase-Synthese auch um etwa 50% gehemmt durch Adenin, Guanin und Xanthin, während Cytosin und Uracil ohne Wirkung sind.

Seit den Untersuchungen von Pollock (1946) und Wainwright und Pollock (1949) über das adaptive Nitratase-System in *E. coli* wurde diese Nitratase oft angeführt (zit. Leiner 1958a, S. 64). Die genannten Autoren haben gezeigt, daß für die Nitratase-Induktion Nitrat nicht notwendig, und daß ein wesentlicher Faktor bei der Induktion die Aminosäure-Konzentration ist. Auch war dieses induzierbare Enzym ein Beispiel dafür, daß nach Wegnahme des Induktors die Fermentkonzentration parallel zum Wachstum abnahm, d. h. daß die gleiche Fermentmenge im ganzen erhalten blieb und sich im Verlaufe des Wachstums auf immer mehr Zellen verteilte. Vieles blieb bei dieser Schilderung ungeklärt. Aber die Untersuchungen von FARKAS-HIMSLEY und ARTMAN (1957) fügen zu den alten Fragezeichen noch neue hinzu. Die Autoren verwenden den bekannten *Coli*-Stamm B/r. Sie finden, daß sich 1—5 Std alte Zellen („junge Zellen") anders verhalten als andere, die über 18 Std alt sind („alte Zellen"). Zwei Nährmedien werden benutzt:

a) Ein chemisch definiertes Medium mit Na_2HPO_4, KH_2PO_4, Citrat, NH_4Cl und 0,1% Glucose.

b) Ein Pepton (difco)-Medium mit Pepton, Na_2HPO_4, Bovril und NaCl.

Junge Zellen, welche der Stickstoff-Aushungerung unterworfen worden waren, bilden im Medium a) mit und ohne Nitratzusatz etwa gleich viel Nitratase, also auch ohne Aminosäure-Zusatz. Aber alte, nicht proliferierende Zellen synthetisieren im Medium a) nur Nitratase in Gegenwart von Nitrat. Auch die zellfreien Extrakte haben nur dann Nitratase-Aktivität, wenn die Zellen mit Nitrat inkubiert worden waren. Etwas anders fällt jedoch der Versuch aus, wenn das Medium b) gewählt wird. Nun findet sich zwar die Nitratase-Aktivität bei intakten Zellen auch nur dann, wenn sie mit Nitrat inkubiert wurden, aber die *Extrakte* aus Zellen, die ohne Nitrat inkubiert sind, reduzieren ebenfalls Nitrat. Zur Erklärung dieses Befundes denken die Autoren an Permeabilitäts- und Stabilisierungs-Unterschiede. (An unterschiedliche Einwirkung von Schwermetall-Ionen wird nicht gedacht.)

Das Versuchsbeispiel zeigt, wie schwierig Experimente zu vergleichen sind, die unter verschiedenen Bedingungen angestellt sind. Viele widersprechende Versuchsergebnisse in der Literatur der enzymatischen Adaptation sind damit zu erklären.

Von PICHINOTY und D'ORNANO (1961) wird der Einfluß des Nährbodens und des Sauerstoffs auf die Synthese der induktiven Nitrat-Reduktase von *Aerobacter aerogenes* untersucht. Als Stickstoffquellen dienen NH_4^+, NO_2^- und NO_3^-. Die Versuche werden unter aeroben und anaeroben Bedingungen durchgeführt. Auf synthetischem Nährboden zeigen die aerob gehaltenen Zellen keine Aktivität. Die Autoren erklären diese Tatsache mit der Existenz einer Durchlässigkeitsbarriere. Unter gleichen Bedingungen anaerob gehaltene Zellen bilden Nitrat-Reduktase bei Zusatz von Nitrit und Nitrat. Das Ammonium-Ion induziert entweder gar nicht oder wenig. Der Sauerstoff hat eine hemmende Wirkung nur auf die *Synthese* des Fermentes, dieses selbst wird durch Sauerstoff nicht gehemmt. Bei Verwendung komplexer Medien besteht kein großer Unterschied zwischen anaerober und aerober Inkubation. In jedem Fall ist der induzierbare Charakter der Nitrat-Reduktase offensichtlich.

EDDY (1958) untersucht den Einfluß des Katalyse-Produktes der Nitratase auf die Nitratase-Adaptation. Das entstehende Nitrit hemmt die weitere Anpassung. Zugesetztes Nitrit hat die gleiche Wirkung. Das ist nun zwar eine häufig beobachtete Erscheinung, aber EDDY vermutet, daß es sich in diesem

Falle um eine hemmende Wirkung des nichtionisierten Teils der salpetrigen Säure auf die Proteinsynthese allgemein handelt. Die Hemmung wird vermindert durch Erhöhung der Aminosäure-Konzentration. In schwach sauren Medien tritt eine Nitratase-Synthese nur auf in Gegenwart von Aminosäuren.

Das Ferment Dihydro-Orotsäure-Dehydrogenase (DHOde) in *Zymobacterium oroticum* ist nach FRIEDMANN und VENNESLAND (1960) adaptiv. Seine Synthese wird durch Orotsäure im Medium angeregt. Es kann kristallisiert gewonnen werden. Als Cofermente enthält das Enzym Flavinmononucleotid (FMN) und Flavin-Adenin-Dinucleotid (FAD) im Verhältnis 1:1. Aus dem Flavingehalt kann ein Mindestmolekulargewicht des Fermentes von 62000 errechnet werden. Außerdem enthält das Ferment Eisen, anscheinend 1 Atom Eisen pro gebundenem Flavin. Also jedes Fermentmolekül hat mindestens 1 FMN, 1 FAD und 2 Atome Eisen. Höhere Salzkonzentrationen (Phosphat, Chlorid) hemmen die Fermentaktivität. Im Gegensatz zu 5-Fluoro-Orotsäure hemmt 5-Methyl-Orotsäure. DPNH und Hydrosulfit reduzieren das Ferment stärker als Dihydro-Orotat. Dieses reduziert nur teilweise. Cystein ist ein starker Aktivator des Fermentes, aber die Bleichung (Reduktion) des Enzyms durch DPNH erfordert nicht Cystein. Das Maximum der Fermentaktivität liegt in einem engen Bereich bei p_H 6,5. Die Kristalle haben die Lösungseigenschaften eines Globulins.

KONDO, FRIEDMANN und VENNESLAND (1960) schreiben, daß die Bakterien sowohl auf Glucose als auch auf Orotsäure als einziger C-Quelle wachsen, wenn in beiden Fällen noch Riboflavin zugesetzt wird. Aber während die auf Glucose gewachsenen Zellen nur 12 Fermenteinheiten DHOde pro mg Protein haben, besitzen die auf Orotsäure gehaltenen Zellen 344 Fermenteinheiten. Die letzteren Zellen besitzen auch etwa dreimal soviel als die ersteren proteingebundenes Riboflavin. Aber das Verhältnis FMN zu FAD ist nicht 1, sondern viel kleiner. Daraus vermuten die Autoren, daß FAD noch an ein anderes (unbekanntes) Protein gebunden wird. DHOde kann also durch Zusatz des Katalyseproduktes Orotsäure zum äußeren Milieu in erhöhtem Maße synthetisiert werden, es kann daher als adaptiv bezeichnet werden.

Häufig ist die induzierte Synthese von Katalase bei Einzelligen studiert worden. CLAYTON (1960a) untersucht diese Induktion bei *Rhodopseudomonas spheroides*, einer fakultativ photoheterotrophen Zelle. Anaerob hat sie nur ganz kleine Katalasemengen, etwa 0,002% der Trockenzellmasse. Unter aeroben Bedingungen steigt diese Menge bis auf 0,3%. Durch Inkorporation von mit ^{14}C markiertem $NaHCO_3$ oder Acetat kann nachgewiesen werden, daß bei dieser induzierten Enzymsynthese Katalase aus den Aminosäure-Bausteinen („*de novo*") gebildet wird. O_2 und H_2O_2 rufen in *Rhodopseudomonas* die Synthese der Katalase hervor (CLAYTON 1960c). Die Wirkung von H_2O_2 ist sehr viel stärker als die von Sauerstoff. Der Unterschied ist besonders groß bei jungen Kulturen. Reife Kulturen synthetisieren unter gleichen Bedingungen sehr viel mehr Katalase als junge. Bei der photoheterotrophen Zelle spielt bei optimaler H_2O_2-Zuführung das Licht keine Rolle bei der Induktion. Aber unter nichtoptimalen Bedingungen wird die Synthese der Katalase durch starkes Licht sehr gefördert. Die näheren Umstände lassen den Schluß zu, daß durch das Licht bei Luftzufuhr die H_2O_2-Bildung beschleunigt wird (Photo-Oxydation) und daß H_2O_2 der eigentliche Induktor ist. Das gebildete H_2O_2 wird aber auch durch die anwesende Peroxydase-Aktivität zerlegt (Bildung von atomarem Sauerstoff). Aber diese Aktivität ist nicht induzierbar, sie ist bei nichtinduzierten und präinduzierten Zellen gleich. Sie kann also rechnerisch ausgeschaltet werden. Die Katalase-Aktivität kann durch NaN_3 gehemmt werden. Dadurch wird aber H_2O_2 angereichert, so daß die Katalase-Synthese erhöht induziert werden kann. Azid ist also kein Induktor für die Katalase-Synthese, es wirkt nur indirekt stimulierend. Organische Peroxyde sind für die Induktion der Katalase-Synthese fast oder ganz unwirksam. CLAYTON (1960d) ist der Meinung, daß bei der induzierten Katalase-Synthese durch H_2O_2 dieses einen inneren Induktor I_i erzeugt und das I_i der eigentliche Promotor der Katalasebildung sei. Die Natur des I_i bleibt unbekannt, vielleicht sei es der Antagonist des Repressors. Den Gedankengängen liegen folgende Experimente zugrunde: Bei 0^0 C und in der Dunkelheit wird keine Katalase gebildet. Wenn nach 3, 5 oder 24 Std starkes Licht und 25^0 C eingeschaltet werden, wird plötzlich ohne jede Latenz-Zeit ausbruch-(burst-)artig Katalase synthetisiert. Das Ergebnis wird folgendermaßen erklärt: I_i wird auch bei 0^0 C und Dunkelheit gebildet. Es kann sich bei der langen Dauer anreichern. Aber seine Wirkung auf die Katalase-Synthese erfordert Energie. Diese wird durch die Belichtung geliefert. Wenn schon bei Beginn des Versuches starkes Licht bei 25^0 C einwirkt, erfolgt die Katalase-Synthese erst nach einer Latenz-Periode von etwa 10 min, das ist die notwendige Zeit zur Bildung von I_i. Bei 0^0 C wirken schwache und starke Belichtung gleich gut, aber bei 25^0 C wirkt starkes Licht sehr viel besser. Offenbar wird I_i bei 0^0 C ohne und mit Belichtung vermindert gebildet, in der Dunkelheit über eine lange Zeit kann es sich stark anreichern, aber bei Belichtung wird es rasch zerstört, viel eher als die maximale Menge von Katalase gebildet wird. — (Die Einführung von I_i in das Studium der Fermentinduktion bietet jedoch so wenig Vorteile wie die frühere Einführung des Organisator-Begriffes.)

Nach SELS (1958) treten Cytochrom c und Cytochrom c-Peroxydase in der Mutante „petite colonie" von *Saccharomyces cerevisiae* bei der Durchlüftung nicht synchron auf. Gleich nach Beginn der Aeration ist Cytochrom c nachzuweisen, während das andere Ferment erst 1 Std später erscheint. X-Bestrahlung beschleunigt die Biosynthese der Peroxydase. Cytochrom c-Zusatz unter anaeroben Bedingungen induziert die Bildung von Cytochrom c-Peroxydase nicht. Es gehört also auch noch Sauerstoff zur Induktion. Der Verfasser vermutet, daß auch bei der vollständigen Atmungskette in der normalen Hefezelle eine sukzessive Biosynthese der Hämoprotein-Fermente erfolge.

Nach BATT (1961) wird in *Nocardia corallina*, Stamm S, eine Uracil-Tymin-Oxydase gefunden, welche diese Pyrimidine zu Barbitursäure bzw. zu Methylbarbitursäure oxydiert. Diese Oxydase ist nicht sehr spezifisch, denn sie fermentiert auch 2-Thiouracil und 2-Thiothymin zu den entsprechenden Barbitursäuren. Die Synthese des adaptiven Fermentes kann auch induziert werden durch seine Katalyseprodukte, die Barbitursäuren. Ein Induktor, aber kein Substrat ist 6-Methyluracil. Die Anwesenheit von Glucose hemmt die Enzymsynthese fast vollständig. Inhibitoren sind auch Chloramphenicol und Natriumacid.

HARADA (1957 und 1959) berichtet von der adaptiven Phenolsulfatase (PSase) in *Aerobacter aerogenes*, daß sie nicht durch die Substrate (Phenylsulfat, p-Nitro-

phenylsulfat), sondern spezifisch durch Tyramin induziert wird. Hydroxy-
tyramin induziert schlecht und Nor-Adrenalin ganz schwach. Viele andere ähnliche Verbindungen, z. B. Hordenin, Sympatol und Ephedrin sind vollständig
unwirksam. Nur hohe Tyramin-Konzentrationen induzieren. Bei $1{,}5 \cdot 10^{-2}$ Mol
Tyramin ist die maximale PSase-Konzentration nach 6 Std erreicht. In einem
rein anorganischen Medium mit NH_4Cl induziert Tyramin schlecht, etwas besser,
wenn noch Glucose hinzugefügt wird. Am besten ist die Induktion in Anwesenheit
von 0,04% Casaminosäuren. Die Zeitkurven der Induktion sind sigmoid. Unter
den gewählten Bedingungen dauert die Verzögerungs-Periode etwa 1 Std.
Inhibitoren sind: Natriumazid, 2,4-Dinitrophenol, Natriumarsenat und Kalium-
cyanid. Tyramin wird in Gegenwart der Förderer von den Zellen rasch dissimi-
liert, wie die spektrographische Untersuchung erweist. Welches der Dissimi-
lationsprodukte induziert, ist noch nicht bekannt.

DURHAM (1957) beobachtet, daß *Pseudomonas fluorescens* mit Hilfe von
adaptiven Fermenten p-Aminobenzoesäure, p-Hydroxybenzoesäure und Anthranilsäure metabolisieren kann. In Abwesenheit anderer Energiequellen ist die lag-
Periode 90 min. Durch Zusatz von $5 \cdot 10^{-5}$ Mol Glucose wird sie auf 60 min und
durch Zusatz von 10^{-3} Mol Glucose auf wenige Minuten verkürzt. Der Autor
vermutet, daß die Glucose besondere Stoffwechselprodukte für die Proteinsynthese liefert.

ERDÖS und TOMCSÁNYI (1957), ERDÖS, TOMCSÁNYI und CZANIK (1958) und
TOMCSÁNYI, MEDVECZKY und ERDÖS (1958) studieren das adaptive Benzoesäure-Oxydase-System in ruhendem *Mycobacterium Friburgensis*. Der Substrat-
Induktor ist Benzoesäure. Streptomycin, im ersten Teil der Latenz-Periode
hinzugesetzt, verhindert die Induktion, im zweiten Teil hat es keine Hemmwirkung mehr. Das Oxydase-System verwandelt Benzoesäure in Katechin. Das
Auftreten kleinster Katechin-Mengen $(0{,}1\,\mu g)$ kann getestet werden mit Hilfe
der Kartoffel-Polyphenol-Oxydase, die bei Anwesenheit von Katechin Benzidin
zu einer purpur gefärbten Verbindung oxydiert. Die Geschwindigkeit des Auf-
tretens und die Intensität der Farbe sind das Maß der quantitativen Bestimmung.
Benzaldehyd und Benzalazin induzieren schwach. Vielleicht werden in der Zelle
daraus Spuren von Benzoesäure gebildet. o-Nitrobenzaldehyd und o-Oxybenz-
aldehyd hemmen die Synthese und die Aktivität des Fermentsystems. Die m-
Derivate hemmen viel weniger und die p-Verbindungen kaum. Nach Zusatz von
Natriumbenzoat wird das Benzoesäure-Oxydase-System sofort, also ohne Latenz-
zeit, synthetisiert. TOMCSÁNYI und VANDRA (1959) stellen fest, daß sich die
Mycobacterium-Zelle nicht mehr an Benzoesäure anpassen kann, wenn *Phagus
Friburgensis* zugesetzt wird. Der Gehalt an RNS bleibt konstant. Die DNS
nimmt erst stark zu, um nach 2 Std rasch auf den Anfangswert zurückzufallen.
Wäscht man aber nach dem Phagen-Zusatz die Zellen mit Phosphatpuffer p_H 7,0
und inkubiert sie in diesem Puffer, so kann in den Ruhezellen nach der Phagen-
Infektion Benzoesäure-Oxydase induziert werden. Auch SHIRAKI (1959) studiert
das induzierbare Benzoesäure-Oxydase-System von Mycobakterien. Er wählt
Mycobacterium avium. Mandelsäure ist eigentlich kein Induktor der Synthese,
aber der O_2-Verbrauch der Zellen nimmt rascher zu (die Latenz-Zeit wird verkürzt),
wenn zu Benzoesäure im Medium auch noch Mandelsäure zugefügt wird. Man
kann folgende Stoffwechselkette vermuten:

Mandelsäure → → →

→ → Adipinsäure

Jedoch ist die Decarboxylierung der Mandelsäure ein konstitutiver Vorgang. Das geht z. B. daraus hervor, daß die Metabolisierung von ^{14}C-Mandelsäure (^{14}COOH) nicht durch Streptomycin gehemmt werden kann wie die Oxydierung der Benzoesäure.

Die Oxydation von Myo-Inosit und Benzoat durch den *Mycobacterium*-Stamm BCG ATCC 8420 wird nach OTTEY und BERNHEIM (1956) durch adaptive Enzymsysteme katalysiert. Das Inosit-Enzymsystem (IE) wird langsamer als das Benzoat-Enzymsystem (BE) aufgebaut. Dieser Unterschied ist besonders bei alten Zellen ausgeprägt. Die Beschleunigung der Synthese durch NH_4 ist beim IE größer als beim BE. Hemmstoffe, z. B. Azid, hemmen die Synthese und Aktivität des IE, während die α- und β-Isomeren unwirksam sind. Dagegen hemmen alle drei Isomere das BE bzw. seine Synthese nicht. Myo-Inosit, epi-Inosit, L-Inosit, Scyllit, L-Viburnit, Scillo-myo-Inosose und epi-meso-Inosose induzieren jeweils die Bildung eines Enzymsystems (wahrscheinlich in jedem Fall das gleiche, nämlich das IE), das alle diese Verbindungen oxydiert. D-Quercit ist nicht, L-Inosit nur wenig als Induktor wirksam, sie werden aber durch das mit einer der anderen Verbindungen induzierte Enzymsystem schnell oxydiert. Verbindungen mit substituierten Hydroxygruppen (z. B. Quebrachit) werden nicht oxydiert und sind als Induktor unwirksam. Das BE oxydiert dagegen nur Benzoesäure, obwohl es durch verschiedene o-substituierte Benzoesäuren induziert wird. IE und BE haben möglicherweise gemeinsame Vorstufen, da die Bildung von IE gehemmt ist, wenn vorher der Aufbau von BE durch o-Fluorbenzoat induziert worden ist, also die Vorstufen verbraucht hat. Die Oxydation von myo-Inosit und scillo-myo-Inosose führt zur Ringspaltung unter CO_2-Entwicklung und wird durch Arsenit und Monojodacetat auf verschiedenen Stufen abgestoppt. Ein Zellextrakt reduziert Neotetrazolium mit Inosit und DPN, dagegen nicht mit Inosose und DPN.

HARADA und SPENCER (1961) untersuchen die Arylsulfatase von Pilzen: Von 27 Pilzstämmen einschließlich Hefen können 25 Stämme p-Nitrophenylsulfat in Schwefelsäure und p-Nitrophenol spalten, wenn das Arylsulfat die einzige Schwefelquelle im Medium ist. Die Arylsulfatase-Aktivität vermindert sich deutlich, wenn statt p-Nitrophenylsulfat Cystein oder Kaliumsulfat als Schwefelquelle benutzt werden. Dagegen unterdrücken Cholinsulfat und Taurin nicht die Arylsulfatase-Aktivität, sondern stimulieren sie. Die gleichen Experimente werden mit Aceton-Trockenpulver ausgeführt. Wieder wird die Arylsulfatase-Aktivität erhöht, wenn Taurin oder Cholinsulfat oder p-Nitrophenylsulfat als einzige Schwefelquellen im Medium sind. Cystein, Methionin, Kaliumsulfat und Kaliumsulfit setzen die Fermentaktivität herab. Die meisten Hefe-stämme produzieren Arylsulfatase-Aktivität, wenn sie in einem chemisch definierten Medium mit Taurin als einziger S-Quelle wachsen, während eine große Zahl von Stämmen diese Fermentaktivität in einem Glucose-Pepton-Hefeextrakt-Medium nicht entwickeln. Arylsulfat, Cholinsulfat und Taurin sind keine direkten Zwischenglieder bei der Methionin-Synthese. Wahrscheinlich ist dies der Grund, warum sie die Sulfatase-Produktion fördern.

Nach Steenson und Walker (1958) kann das Bodenbacterium *Flavobacterium peregrinum* an die Oxydation von 2,4-Dichlorphenoxy-Essigsäure (2,4-D) angepaßt werden. Als guter Induktor wirkt auch 4-Chlor-2-Methyl-Phenoxy-essigsäure (MCPS), obwohl es kaum von dem *Bacterium* angegriffen wird. 2-Chlor-4-Methyl-Phenoxyessigsäure induziert schwach. Ein zweites Bodenbacterium, ein *Achromobacter*-Stamm, kann ebenfalls, sogar in Anwesenheit von Glucose, an 2,4-D und MCPS angepaßt werden. Dann ist es auch gleichzeitig adaptiert an 2,4-Dichlorphenol. Dies ist ein Induktor für die Anpassung an MCPS und 5-Chlor-2-Kresol. Das letztere induziert die Anpassung an 2,4-D und MCPS.

Auch Jensen (1957) berichtet von einer seltenen Stoffwechsel-Tätigkeit mit Hilfe eines adaptiven Enzyms. Die Träger dieses Fermentes sind die Pilze *Trichoderma viride, Penicillium roqueforti* und *Clonostachys sp.* Gibt man in das Nährmedium dieser Pilze Monochloracetat, Dichloracetat oder Monochlor-propionat, so können im Kulturmedium Chlorionen nachgewiesen werden. Kein Chlor entsteht nach Zugabe von Trichloracetat, α-Dichlorpropionat oder 2,4-Di-chlor-Phenoxyacetat.

Seltsam ist auch die Tätigkeit des Knallgas-Bacteriums *Hydrogenomonas facilis.* Nach Linday und Syrett (1958) entwickelt diese Zellart in einem Gasgemisch von 95% H_2 und 5% Luft eine adaptive Hydrogenase-Aktivität. In einer reinen H_2-Atmosphäre oder einer Stickstoff-Atmosphäre mit Luft fehlt eine solche Induktion. Mit 90% H_2 und 10% O_2 ist die Induktion schwach. 2,4-Dinitrophenol, Chloramphenicol, aber auch Lactat und Acetat hemmen in Abwesenheit von Ammoniumsulfat die Synthese der Hydrogenase.

Einen andern eigenartigen Stoffwechselzug hat der auf Cucurbitaceen lebende Pilz *Colletrichum oligochaetum*. Er kann nach Touzé (1957) Arginin als Stick-stoffquelle nicht verwerten, aber das daraus freigemachte Guanidin. Durch die adaptive Guanidinase wird Guanidin in Harnstoff und Ammoniak hydrolysiert. Der Guanidinase-Gehalt junger Mycelien wächst bis zum vierten Tag und nimmt dann wieder ab. Aktivatoren des Fermentes sind Mn^{++}, Fe^{++} und Ni^{++}, Hemmer sind Cu^{++}, Hg^{++}, Zn^{++} und stärkere Konzentrationen von Ni^{++}.

Nach Buffa, Righi und Velluti (1959) läßt sich *Pseudomonas pyocyanea* innerhalb mehrerer Stunden an Cholin anpassen. Es wird die Synthese der Cholin-Oxydase induziert. Dimethylamino-Äthanol (DMAÄ) verzögert diese Anpassung. Es kommt zu einer mehrtägigen Verzögerung, z. B. von 8—9 Tagen mit $2 \cdot 10^{-2}$ Mol Cholin und $3 \cdot 10^{-1}$ Mol DMAÄ. Durch langsames „Gewöhnen" an hohe DMAÄ-Konzentrationen bis zu einem Verhältnis von Cholin:DMAÄ = 1:15, aber auch durch plötzliche Versetzung in hohe Konzentrationen von DMAÄ und Ausdehnung der Inkubation auf 10—12 Tage, wird die Verzögerungs-zeit der Cholin-Nutzung verkürzt und die Synthese der Cholin-Oxydase gesteigert bis zu dem Maß von Zellkulturen ohne DMAÄ. Die Anpassung ist nicht mutativ.

Es liegt auch kein Beweis dafür vor, daß die Adaptation an den Inhibitor enzymatisch ist. Mit fortschreitendem Alter der cholinadaptierten Zellen nimmt die Oxydase-Tätigkeit ab, weniger bei Zellen, die auch an DMAÄ angepaßt sind. Der O_2-Verbrauch der an Cholin und DMAÄ angepaßten Zellen ist größer als der ohne Inhibitor-Anpassung. In einem Medium mit Glucose, NH_4Cl und Caseinhydrolysat + DMAÄ wird ohne Cholin die Cholin-Oxydase induziert.

Nach TORRIANI (1960) entfaltet die saure Phosphatase in *E. coli* (pH-Optimum 4—5) eine ziemlich hohe Spezifität für die Hexose-Phosphate, während die alkalische Phosphatase (pH-Optimum 8,5—9,5) alle getesteten Phosphomonoester hydrolysiert. Die alkalische Phosphatase wird nur bei Mangel von Phosphorsäure in meßbarer Menge gebildet (s. auch bei HORIUCHI, HORIUCHI und MIZUNO 1959/60 im Bericht über die Zellregulation, LEINER 1962, S. 195f.).

Cox und MACLEOD (1961) berichten: In manchen Epithelzell-Linien von Gewebekulturen ist die alkalische Phosphatase „konstitutiv", in andern „adaptiv". In den letzteren Zell-Linien ist das Ferment nur in Spuren vorhanden, wie die saure Phosphatase in allen Zell-Linien. Nach Zugabe von Prednisolon ($\varDelta$-Hydrocortison) wird der Gehalt an alkalischer Phosphatase in beiden Fällen sehr erhöht. Außerdem setzt das Hormon die Geschwindigkeit der Zellteilung herab und erhöht den Eiweißgehalt der Zellen. Prednisolon beeinflußt die Synthese der sauren Phosphatase nicht oder kaum. Der Gehalt an alkalischer Phosphatase in Mammalien-Zellen ist nicht, wie der von Bakterienzellen, abhängig vom Phosphatgehalt des Mediums. Unter den Bedingungen der De-Adaptation verdünnt sich die alkalische Phosphatase im Maße der Zellvermehrung.

JINKS (1959) berichtet über die Selektion der Anpassungsfähigkeit von *Aspergillus glaucus* an Sublimat und verschiedene Zucker. Der Pilz läßt sich anpassen an Sublimat zwischen 0,5 und 20 μg, ferner an die Zucker Galactose, Lactose, Xylose und Arabinose. Besonders interessant ist die Anpassung an das Gift. Wenn man asexuelle Sporen oder Hyphenspitzen des gleichen Homokaryon-Klons oder verschiedener Klone auf das Sublimat-Medium gibt, stellt man meist eine verschieden große Anpassungsfähigkeit fest: es zeigen sich große Unterschiede in dem prozentualen Überleben und starke Verschiedenheiten in der Dauer der Latenz-Periode. Nach der genetischen Analyse sind diese Unterschiede bei Benutzung verschiedener Klone nuclearen Ursprungs, bei Prüfung verschiedener Kolonien aus dem gleichen Klon klar cytoplasmatischer Natur. Eine experimentelle Selektion für die cytoplasmatischen Unterschiede ändert signifikant die Adaptationsfähigkeit asexueller Sporen einzelner Kolonien. Die Veränderungen in der Anpassungsfähigkeit an Sublimat sind vollkommen unabhängig von den ebenfalls cytoplasmatischen Veränderungen bei der Anpassung an neue Zucker. Nur bei dieser letzteren Anpassung bestehen Korrelationen mit der Wachstumsrate. Die beiden veränderlichen cytoplasmatischen Systeme sind ganz verschiedener Natur.

Achromobacter, isoliert aus dem Boden und kultiviert nach der Methode des kontinuierlichen Wachstums, kann nach MIZUSHIMA und ARIMA (1960) an 10^{-3} Mol KCN angepaßt werden. Nach einer Verzögerungs-Periode von etwa 4 Std wachsen die Zellen ebenso schnell wie die in cyanidfreiem Medium inkubierten Kontrollzellen. In Gegenwart von KCN veratmen die ruhenden adaptierten Zellen etwa 25% Sauerstoff weniger als die Kontrollzellen, während die nichtadaptierten Zellen kaum Sauerstoff verbrauchen. Der Sitz des Oxydase-Systems für Succinat und DPNH findet sich in Körnchen des zellfreien Extraktes aus *Achromobacter*. Diese Oxydase-Aktivität im Extrakt aus nichtadaptierten Zellen wird viel stärker durch 10^{-3} Mol KCN gehemmt als die Aktivität im Extrakt aus adaptierten Zellen. H_2O_2 wird bei der Cyanid-Atmung angepaßter Zellen nicht gefunden, aber nach der spektrophotometrischen Analyse des Cytochrom-Systems sind in angepaßten Zellen die Cytochrome a_2 (und a_1) vermehrt. (*Achromobacter* besitzt Cytochrom a_1, a_2 und b. Nicht vorhanden sind Cytochrom c, a und a_3.) Die Autoren glauben, daß die Cyanid-Anpassung auf der Vermehrung der Cytochrome beruhe.

Auch die ruhenden *Achromobacter*-Zellen passen sich nach MIZUSHIMA und ARIMA (1960) an KCN an, deutlich allerdings nur dann, wenn Glucose und Casaminosäure im Medium vorhanden sind. Succinat kann Glucose nicht ersetzen. Nicht an KCN angepaßte Zellen werden in der Atmung durch Cyanid vollständig gehemmt. Am günstigsten ist die Anpassung in Anwesenheit von $1—2 \cdot 10^{-3}$ Mol KCN. Größere oder kleinere Mengen Cyanid ergeben eine sehr viel geringere Anpassung. Auch bei der Anpassung ruhender Zellen wird spektrophotometrisch ein Anwachsen von Cytochrom a_2 festgestellt. Bei der Anpassung mögen noch andere Fermente beteiligt sein. Charakteristisch ist jedenfalls die zur Anpassung notwendige Gegenwart der Aminosäuren. Unter den gegebenen Bedingungen findet man bei der Anpassung in den ersten 2 Std kein Zellwachstum. Erst in der 3. Std ist eine leichte Zunahme der Turbidität, des Trockengewichtes und des Stickstoffgehaltes festzustellen. Merkwürdig ist die Wirkung von 10^{-4} bis 10^{-3} Mol Streptomycin und von 10^{-5} Mol Chloramphenicol auf die Cyanid-Anpassung. Streptomycin hemmt in der angegebenen Konzentration das Wachstum, aber nicht die Anpassung. Chloramphenicol in der benutzten Menge hemmt nur sehr gering das Wachstum, aber vollständig die Anpassung. Etwa ebenso gering wird das Wachstum von *Achromobacter*-Zellen im Bouillonmedium durch 10^{-3} Mol KCN gehemmt. Gibt man aber gleichzeitig 10^{-3} Mol Cyanid und 10^{-5} Mol Chloramphenicol ins Medium, dann wird das Wachstum über viele Stunden vollständig gestoppt. (Vielleicht ist Chloramphenicol ein Hilfsmittel zum Studium der näheren Zusammenhänge der Anpassung an Cyanid.)

In einem dritten Aufsatz von MIZUSHIMA und ARIMA wird von Versuchen mit Partikel-Präparaten und löslichen Cytochrom-Präparaten aus *Achromobacter* berichtet, in denen die Cytochrome a_2 und b_2 enthalten sind. Nach Zugaben von 10^{-3} Mol Cyanid werden Reduktion und Oxydation von Cytochrom a_2 weitgehend gehemmt, während Cytochrom b_1 dadurch wenig beeinflußt wird: Die Reduktion wird gar nicht gehemmt und die Oxydation durch O_2 etwas. Darnach könnte die Anpassung an Cyanid in einer Kompensation der Cytochrom a_2-Hemmung durch eine Erhöhung der Cytochrom a_2-Konzentration bestehen. Der Elektronen-transport zwischen DPNH oder Succinat und Sauerstoff bei Achromobacter nimmt nach den Autoren folgenden Weg:

$$\begin{array}{l} \text{DPNH-Dehydrogenase} \searrow \\ \qquad\qquad\qquad\quad \text{Cytochrom } b_1 \rightarrow \text{Cytochrom } a_2 \rightarrow \text{Sauerstoff} \\ \text{Succinat-Dehydrogenase} \nearrow \end{array}$$

1960 berichten MIZUSHIMA, OKA und ARIMA folgendes: Ein *Achromobacter*-Stamm wird mit zwei verschiedenen Graden der Durchlüftung kultiviert: 1. Durchfluß von 7 Liter Luft/min durch 4 Liter Medium (aerobe Kultur) und 2. Durchfluß von 0,2 Liter Luft/min durch ebenfalls 4 Liter Medium („anaerobe" Kultur). Es wird dann von beiden Kulturen die succinatoxydierende Aktivität und die relative Menge von Cytochrom b_1 und a_2 gemessen, mit und ohne Zusatz von Cyanid. Ohne KCN ist die Atmungsaktivität in beiden Kulturen etwa gleich hoch, aber nach Zusatz von 10^{-3} Mol KCN ist die Atmungshemmung der „anaerob" gehaltenen Zellen viel geringer als die Hemmung der „aeroben". Bei den ersteren Zellen ist die Menge an Cytochrom a_2 (und b_1) stark erhöht. Wenn anaerobe Zellen in Aerobiose übergeführt werden, verschwindet mit der Länge der aeroben Inkubation dieser hohe Gehalt an Cytochrom a_2 immer mehr und Cyanid hemmt zunehmend stärker. Es besteht also ein fester Zusammenhang zwischen der Cyanid-Resistenz und der Konzentration von Cytochrom a_2 in der *Achromobacter*-Zelle.

Escherichia coli kann nach TAUSSIG (1960) geringe Mengen KCNO abbauen. Dabei entstehen Ammoniak und CO_2. Das Medium wird also basischer und nimmt CO_2 auf. Diese Aufnahme, manometrisch gemessen, ist der Test für die Anwesenheit des zuständigen Fermentes „Cyanase". Dieses Ferment ist induktiv. Es entsteht schon in der Latenz-Phase vor dem logarithmischen Wachstum. Unter den gegebenen Versuchsbedingungen induzieren 0,1—1,0 mMol KCNO maximal, 10 und 20 mMol hemmen stark bzw. ganz. Zur Reinigung des Fermentes wird der Rohextrakt an DEAE-Cellulosesäulen adsorbiert und dann mit steigender Konzentration von NaCl eluiert. Bei 0,2—0,3 Mol NaCl wird praktisch alles aktive Eiweiß eluiert. Gehemmt wird die induktive Synthese des Fermentes von Chloramphenicol, Mitomycin und KCN, auch KCNS. Letzteres ist also kein Induktor, dagegen induziert schwach Carbamylphosphat, das ja stets von Spuren von KCNO begleitet ist. Bei —20° C bleibt das Ferment wochenlang aktiv.

Nach TANAKA, EGAMI, MAEKAWA und HAYASHI (1958) kann die Synthese von Streptolysin in Streptokokken induziert werden durch eine gegen RNase resistente RNS-Fraktion aus käuflicher Hefe-RNS. Diese Fraktion wird mit einer Ecteola-Cellulosesäule weiter fraktioniert. Es zeigt sich, daß die Fraktionen mit dem größten Molekulargewicht am wirksamsten sind. Die einzelnen Komponenten werden mit n HCl hydrolysiert. Sie haben immer auffallend viel Guanylsäure: dreimal soviel wie Adenylsäure, sechsmal soviel wie Uridylsäure und neunmal soviel wie Cytidylsäure. Der Mechanismus der Induktion ist noch unbekannt. Es ist das erste Beispiel einer Fermentinduktion durch eine RNS-Fraktion.

Eine sehr komplizierte Induktion beschreiben ADA und FRENCH (1959) und FRENCH und ADA (1959). Die extracelluläre Neuraminidase, auch Sialidase genannt, wird von *Vibrio cholerae* nur in Spuren auf einem geeigneten Basalmedium gebildet. Setzt man aber zu diesem Medium noch Sialyl-Lactose oder Sialyl-N-Acetyl-Galactosamin, zwei Substrate der Neuraminidase, dann erhöht sich die Synthese der Neuraminidase bis zum 100fachen, während das Wachstum der Bakterien gleichbleibt. Die beiden Substrate sind Oligosaccharide, welche ketogebundene N-Acetyl-Neuraminsäure haben. Auch N-Acetyl-Neuraminsäure selbst ist ein Substrat. Die Säure wirkt aber schwächer als Sialyl-Lactose. Die Induktionswirkung steigt mit zunehmender Substrat-Konzentration. Lactose, Galactose und N-Acetyl-Galactosamin sind keine Induktoren. Die Neuraminidase verhindern die Erythrocyten-Agglutination durch das Influenza-Virus („receptor-destroying enzyme", bezeichnet mit RDE). N-Acetyl-Neuraminsäure wird durch das Ferment metabolisiert. Es ist ein Kondensationsprodukt aus Brenztraubensäure und N-Acetyl-Hexosamin. Das letztere hat sich als N-Acetyl-Mannosamin erwiesen. Merkwürdigerweise wird die Synthese der Neuraminidase durch diese Verbindung auch stimuliert. Pyruvat-Zusatz ist dabei nicht notwendig, wenn er auch die Induktion etwas vertärkt. N-Acetyl-Glucosamin und N-Acetyl-Galactosamin haben keine induzierende Wirkung. Sie werden nach dem Zusatz zum Medium schnell abgebaut, während N-Acetyl-Mannosamin innerhalb von 12 Std nicht angegriffen wird. Die induzierende Wirkung von N-Acetyl-Mannosamin beginnt langsamer als von N-Acetyl-Neuraminsäure, geht aber nach 10 Std über diese hinaus. D-Mannosamin-HCl hemmt stark das Bakterienwachstum und auch die Synthese der Neuraminidase. Glucosamin hat diese Wirkung nicht, es stimuliert aber auch nicht.

Häufig wird untersucht, in welcher Wachstumsphase der Mikro-Organismen die induzierte Fermentsynthese am raschesten und optimalsten vor sich geht (s. bei LEINER 1958a, S. 46f.). Meist wird gefunden, daß die stationäre Phase am günstigsten ist. MARUYAMA und MITUI (1958) bestätigen diese alte Erfahrung. Die induzierte Synthese von Brenzkatechinase in *Pseudomonas*-Zellen verläuft am langsamsten bei Beginn der logarithmischen Wachstumsphase, und sie ist am raschesten bei Zellen in der stationären Phase. Aber durch Zugabe von Caseinhydrolysat, Glutamat und α-Keto-Glutarsäure und durch starke Durchlüftung kann die Adaptations-Geschwindigkeit bei jungen Zellen gesteigert und die Latenz-Periode verkürzt werden. Gewiß haben alte ruhende Zellen größere Vorräte an Aminosäuren. Bei jungen im logarithmischen Wachstum begriffenen Zellen sind manche freie Aminosäuren wie Valin nur in Spuren vorhanden. Aber dies ist offenbar nur eine Komponente, welche den Unterschied in der Anpassungsfähigkeit ausmacht.

Seit langem wird diskutiert, ob die Adaptation von Mikro-Organismen an Antimetaboliten, z. B. an Antibiotica, ein adaptiver oder mutativer Vorgang sei, oder ob beide Anpassungsvorgänge möglich seien. Von MARKOV, SAEV und GOLOVINSKY (1960) wird gefunden, daß schwache Konzentrationen (10^{-4}—10^{-9} Mol je Liter) von Penicillin und von seinen Derivaten bei penicillinresistenten (nicht abhängigen) *Staphylococcus aureus*-Stämmen die Atmung und die Aufnahme von ^{14}C aus Bicarbonat im Medium steigern können. Die Atmungssteigerung durch Penicillin setzt nicht sofort ein, wie bei Zugabe von Thiamin oder Biotin, sondern erst nach etwa 5 min. Die Autoren vermuten, daß die resistenten Zellen die Antimetaboliten erst umwandeln in indifferente Stoffwechselprodukte. Durch „Anpassung" (nicht mutativ?) könnten dann diese Produkte in Metaboliten umgesetzt werden, Produkte, die vielleicht Ähnlichkeit hätten mit Biotin oder Thiamin, welche ja auch beide S-haltig sind wie Penicillin.

Subbakteriostatische Mengen von Streptomycin und Chloramphenicol hemmen nach BAGDASARIAN (1960) zwar nicht das Wachstum von *Bacillus cereus*, jedoch die durch Penicillin induzierbare Synthese der extracellulären Penicillinase. Diese Hemmung ist durch 12 μg/ml Chloramphenicol vollständig. 20 μg Streptomycin hemmen nach 8 Std Inkubation $^6/_7$ der normalen Synthese, nach 24 Std aber nur noch $^1/_2$.

McFall (1961) berichtet: *Coli*-Zellen, welche ^{32}P aufgenommen haben, verlieren langsam ihre Lebensfähigkeit, weil durch den Zerfall von ^{32}P die Zellen geschädigt werden, in erster Linie die gegen ^{32}P sensible DNS in der Zelle. Wenn nur noch 0,1% lebensfähige Zellen vorhanden sind, ist die Fähigkeit zur Phosphatasebildung nur auf 25% des ursprünglichen Wertes gesunken, auch in Gegenwart einer Energiequelle wie Glycerin. Die Fähigkeit der geschädigten *Coli*-Zellen, das induzierbare Ferment β-Galactosidase zu bilden, ist bei der gleichen Zellschädigung ebenfalls nur auf 25% gesunken. Aber in Gegenwart einer Energiequelle (Glycerin) wird keine β-Galactosidase synthetisiert im Unterschied zur Phosphatase. Man sieht eine gewisse Unabhängigkeit der Proteinsynthese in der Zelle von der DNS.

Literatur

Ada, G. L., and E. L. French: Purification of the receptor destroying enzyme of *V. cholerae*. Aust. J. Sci. **13**, 82 (1950).

— — Stimulation of the production of the receptor destroying enzyme (RDE) of *V. cholerae* by neuraminic acid derivatives. Aust. J. Sci. **19**, 227 (1957).

— — Stimulation of the production of neuraminidase in *Vibrio cholerae* cultures by N-acetylmannosamin. J. gen. Microbiol. **21**, 561 (1959).

Alvarado, F.: Substrate specifity of *Saccharomyces fragilis* galactokinase. Biochim. biophys. Acta **41**, 233 (1960).

Anderson, E. P., E. S. Maxwell and R. M. Burton: Enzymatic syntheses of ^{14}C-labeled uridine diphosphoglucose, galactose-1-phosphate and uridine diphosphogalactose. J. Amer. chem. Soc. **81**, 6514 (1959).

Bagdasarian, G.: L'influence de la streptomycine sur la production de la pénicillinase induite chez B. cereus. Ann. Inst. Pasteur **99**, 150 (1960).

Ball, E., J. Humphreys and W. Shive: Some antagonisms between naturally occurring amino acids, peptides and keto acids in adaptive enzyme synthesis and growth. Arch. Biochem. **73**, 410 (1958).

Bardarov, S.: Untersuchungen über die Biosynthese der Penicillinase. Arch. Mikrobiol. **29**, 143 (1958).

Baron, L. S., S. Spiegelman and H. J. Quastler: Enzyme formation in non-viable cells. J. gen. Physiol. **36**, 631 (1953).

Bazt, R.: Induction of enzyme for pyrimidine catabolism in *Nocardia corallina*. J. Bact. **81**, 59 (1961).

Bećarević, A.: Effects des rayons ultraviolets sur la formation induite de la catalase et sur le métabolism des acides ribonucléiques chez la levure. Biochim. biophys. Acta **25**, 161 (1957).

— Inhibition par irradiation ultraviolette de l'adaptation enzymatique et de la synthèse de l'acide ribonucléique, et leur restauration par voie chimique chez la levure. Biochim. biophys. Acta **25**, 646 (1957).

Ben-Ishai, R.: Dependence of protein synthesis on ribonucleic acid synthesis. II. Nonparticipation of preformed ribonucleic acid in protein synthesis. Biochim. biophys. Acta **26**, 477 (1957).

—, and B. E. Volcani: Dependence of protein synthesis on ribonucleic acid formation in a thymine-requiring mutant of *Escherichia coli*. Biochim. biophys. Acta **21**, 265 (1956).

Bondi, A., M. de St. Phalle, J. Kornblum and A. G. Moat: Factors influencing the synthesis of penicillinase by *Micrococcus pyogenes*. Arch. Biochem. **53**, 348 (1954).

Borek, E., L. Ponticorvo and D. Rittenberg: Protein turnover in micro-organisms. Proc. nat. Acad. Sci. (Wash.) **44**, 369 (1958).

Brachet, J.: The metabolism of nucleic acids during embryonic development. Cold Spr. Harb. Symp. quant. Biol. **12**, 18 (1947).

— Effects of ribonuclease on the metabolism of living root-tip cells. Nature (Lond.) **174**, 876 (1954).

BRACHET, J.: Recherches sur les interactions biochimiques entre le noyau et le cytoplasme chez les organismes unicellulaires. I. *Amoeba proteus*. Biochim. biophys. Acta **18**, 247 (1955).
— The biological role of the pentose nucleic acids. In: The Nucleic Acids, vol. II, p. 475. New York: Academic Press 1955.
— Biochemical cytology. New York: Academic Press 1957.
— The effects of various metabolites and anti-metabolites on the regeneration of fragments of *Acetabularia mediterranea*. Exp. Cell Res. **14**, 650 (1958).
— New observations on biochemical interactions between nucleus and cytoplasm in *Amoeba* and *Acetabularia*. Exp. Cell Res. Suppl. **6**, 78 (1958).
— Ribonucleic acids and the synthesis of cellular proteins. Nature (Lond.) **186**, 194 (1960).
—, and H. CHANTRENNE: Protein synthesis in nucleated and non nucleated halves of *Acetabularia* studied with carbon-14 dioxyd. Nature (Lond.) **168**, 950 (1951).
— — et F. VANDERHAEGHE: Recherches sur les interactions biochimiques entre le noyau et le cytoplasme chez les organismes unicellulaires. II. *Acetabularia mediterranea*. Biochim. biophys. Acta **18**, 544 (1955).
—, et R. JEENER: Recherches sur des particules cytoplasmiques de dimensions macromoléculaires riches en acide pentosenucléique. I. Propriétés générales, relations avec les hydrolases, les hormones, les protéines de structure. Enzymologia **11**, 196 (1944).
BUFFA, P., L. RIGHI e G. VELLUTI: Adattamento alla colina della *Pseudomonas pyocyanea*. Giorn. Microbiol. **6**, 28 (1959).
BURNET, SIR MACFARLANE: Enzym, Antigen and Virus. London: Cambridge University Press 1956.
BUTTIN, G., F. JACOB et J. MONOD: Synthèse constitutive de galactokinase consécutive au développement des bactériophages chez *E. coli* K 12. C.R. Acad. Sci. (Paris) **250**, 2471 (1960).
CAMPBELL, A.: Effect of starvation for glucose during reversion of a long term adapting yeast. J. Bact. **74**, 553 (1957).
CAMPBELL, A. M., and S. SPIEGELMAN: The growth kinetics of elements necessary for galactozymase formation in „long term adapting" yeasts. C.R. Carlsberg Labor., Ser. Physiol. **26**, 13 (1956).
CAPUTTO, R., L. F. LELOIR, C. E. CARDINI and A. C. PALADINI: Isolation of the coenzyme of the galactose phosphate - glucose phosphate transformation. J. biol. Chem. **184**, 333 (1950).
CARDINI, C. E., and L. F. LELOIR: Enzymic phosphorylation of galactosamin and galactose. Arch. Biochem. **45**, 55 (1953).
CASPERSSON, T.: Studien über den Eiweißumsatz der Zelle. Naturwissenschaften **29**, 33 (1941).
— The relations between nucleic acid and protein synthesis. In: Nucleic acid. Symp. Soc. exp. Biol. **1**, 127 (1947).
— Cell growth and cell function. New York: Norton 1950.
—, and K. BRANDT: Nucleotidumsatz und Wachstum bei Preßhefe. Protoplasma **35**, 507 (1941).
CHALOUPKA, J., and A. BABICKY: Ribonucleic acid, polyphosphate complex and its separation. Csl. Microbiol. **2**, 371 (1957).
CHANTRENNE, H.: Effets d'un inhibiteur de la catalase sur la formation induite de cet enzyme chez la levure. Biochim. biophys. Acta **16**, 410 (1955).
— Peroxydases induites par l'oxygène chez la levure. Biochim. biophys. Acta **18**, 58 (1955).
— Contribution à la discussion du rapport de S. SPIEGELMAN intitulé „The present status of the induced syntheses of enzymes". Proc. 3rd Internat. Congr. Biochem. Brussel 1955/1956. New York: Academic Press 1956.
— Metabolic changes in nucleic acids during the induction of enzymes by oxygen in resting yeast. Arch. Biochem. **65**, 414 (1956).
— (u. GOBERT): Nucleic acid metabolism and induced enzyme formation. Rec. Trav. chim. Pays-Bas **77**, 586 (1958).
— Remarques sur l'inhibition de la synthèse des protéines par l'azaguanine. 4. Internat. Kongr. Biochem., Wien 1958, Sympos. VIII, S. 197, 1960.

CHANTRENNE, H., et C. COURTOIS: Formation de catalase induite par l'oxygène chez la levure. Biochim. biophys. Acta 14, 397 (1954).

—, and S. DEVREUX: Dissociation of the synthesis of nucleic acids from the synthesis of protein by a purine analogue. Exp. Cell Res. Suppl. 6, 152 (1958).

— — Formation induite de catalase et métabolisme des acides nucléiques chez la levure. Effet des rayons X. Biochim. biophys. Acta 31, 134 (1959).

CITRI, N.: Two antigenically different states of active penicillinase. Biochim. biophys. Acta 27, 277 (1958).

CLAYTON, R. K.: Protein synthesis in the induced formation of catalase in *Rhodopseudomonas spheroides*. J. biol. Chem. 235, 405 (1960a).

— The induced synthesis of catalase in *Rhodopseudomonas spheroides*. Biochim. biophys. Acta 37, 503 (1960b).

— Physiology of induced catalase synthesis in *Rhodopseudomonas spheroides*. J. cell. comp. Physiol. 55, 1 (1960c).

— An intermediate stage in the H_2O_2-induced synthesis of catalase in *Rhodopseudomonas spheroides*. J. cell. comp. Physiol. 55, 9 (1960d).

CLOUET, D. H., and M. W. GORDON: The effect of tryptophan on the tryptophan peroxidase activity of cell-free systems from rat liver. Arch. Biochem. 84, 22 (1959).

COHEN, N., et H. V. RICKENBERG: Etude directe de la fixation d'un inducteur de la β-galactosidase par les cellules d'*Escherichia coli*. C. R. Acad. Sci. (Paris) 240, 466 (1955).

COHEN, P. P., and S. GRISOLIA: The role of carbamyl-L-glutamic acid in the enzymatic synthesis of citrulline from ornithine. J. biol. Chem. 182, 747 (1950).

COHEN, S. S., and H. D. BARNER: Enzymatic adaptation by a thymine-requiring mutant of *E. coli*. Fed. Proc. 13, 193 (1954a).

— — Studies on unbalanced growth in *Escherichia coli*. Proc. nat. Acad. Sci. (Wash.) 40, 885 (1954b).

COHN, M.: Contributions of studies on the β-galactosidase of *Escherichia coli* to our understanding of enzyme synthesis. Bact. Rev. 21, 140 (1957).

—, and K. HORIBATA: Analysis of the differentiation and of the heterogenitiy within a population of *Escherichia coli* undergoing induced β-galactosidase synthesis. J. Bact. 78, 613 (1959).

COX, R. P., and COLIN M. MACLEOD: Hormonal induction of alkaline phosphatase in human cells in tissue culture. Nature (Lond.) 190, 85 (1961).

CREASER, E. H.: The induced (adaptive) biosynthesis of β-galactosidase in *Staphylococcus aureus*. J. gen. Microbiol. 12, 289 (1955).

— The assimilation of amino acids by bacteria. 22. The effect of 8-aza-guanine upon enzyme formation in *Staphylococcus aureus*. Biochem. J. 64, 539 (1956).

CSÁNYI, V., M. KRAMER and F. B. STRAUB: Purification of the ribonucleic acid inducing penicillinase formation in Bacillus cereus cells. Acta physiol. Acad. Sci. hung. 18, 171 (1960).

DAVIES, R., and E. F. GALE: Adaptation in micro-organisms. London: Cambridge University Press 1953.

DEAN, A. C. R.: The adaptation of bacterial cultures during the lag phase in media containing new substrates or antibacterial agents. Proc. roy. Soc. B 147, 247 (1957).

DEFAYE, J., P. P. SLONIMSKI, G. PERODIN et E. LEDERER: Sur la nature chimique des substances qui stimulent la formation des enzymes respiratoires chez la levure. Préparation de nouveau composés actifs et spécifité d'action. C. R. Acad. Sci. (Paris) 251, 817 (1960).

DE LEY, J., and M. DOUDOROFF: The metabolism of D-galactose in *Pseudomonas saccharophila*. J. biol. Chem. 227, 745 (1957).

DOUDOROFF, M., J. DELEY, N. J. PALLERONI and R. WEIMBERG: New pathways in oxydation of D-galactose and of D-arabinose. Fed. Proc. 15, 244 (1956).

DOUNCE, A. L.: Duplication mechanism for peptide chain and nucleic acid synthesis. Enzymologia 15, 251 (1952).

DUBNOFF, J. W.: The reversible activation of adaptive enzymes in the absence of substrate by a vitamin B_{12} system. Sympos. on Amino acid metabolism. MC. ELROY and GLASS edit., p. 198. Baltimore: Johns Hopkins Press 1955.

DUBNOFF, J., and M. DIMICK: The stability of the adaptive enzyme, tryptophan peroxidase. Biochim. biophys. Acta **31**, 541 (1959).

DUERKSEN, J. D., and H. HALVORSON: Purification and properties of an inducible β-glucosidase of yeast. J. biol. Chem. **233**, 1113 (1958).

— — The specifity of induction of β-glucosidase in *Saccharomyces cerevisiae*. Biochim. biophys. Acta **36**, 47 (1959).

DURHAM, N. N.: Stimulation of the induced biosynthesis of bacterial enzymes by glucose. Biochim. biophys. Acta **26**, 662 (1957).

EAGON, R. G., and A. K. WILLIAMS: Enzymatic patterns of adaptation to fructose, glucose and mannose exhibited by *Pseudomonas aeruginosa*. J. Bact. **79**, 90 (1960).

EDDY, B. P.: The effect of nitrite on nitratase adaptation in *E. coli*. Leeuwenhoek J. Microbiol. and Serol. **24**, 81 (1958).

EISENSTADT, J. M., and H. P. KLEIN: Sulfur incorporation into the α-Amylase of *Pseudomonas saccharophila*. J. Bact. **77**, 661 (1959).

— — Selective formation of α-amylase by non-growing cells of *Pseudomonas saccharophila*. Biochim. biophys. Acta **44**, 206 (1960).

ELSON, D.: Preparation and properties of a ribonucleoprotein isolated from *Escherichia coli*. Biochim. biophys. Acta **36**, 362 (1959).

— Latent enzymic activity of a ribonucleoprotein isolated from *Escherichia coli*. Biochim. biophys. Acta **36**, 372 (1959).

EPHRUSSI, B., et P. P. SLONIMSKI: La synthèse adaptive des cytochromes chez la levure de Boulangerie. Biochim. biophys. Acta **6**, 256 (1950).

ERDÖS, T., u. A. TOMCSÁNYI: Induzierte Benzoesäureoxydase-Synthese. Acta physiol. Acad. Sci. hung. **11**, Suppl., 29 (1957).

— — and P. CZANIK: Demonstration of benzoic acid oxidase by assaying the catechol formed. Acta physiol. Acad. Sci. hung. **14**, 207 (1958).

FARKAS-HIMSLEY, H., and M. ARTMAN: Studies on nitrate reduction by *E. coli*. J. Bact. **74**, 690 (1957).

FEO, F., CHR. QUIRIN, M. JACOB et P. MANDEL: Action mutagène de quelques composés puriques et pyrimidiques. C.R. Acad. Sci. (Paris) **251**, 2608 (1960).

FRENCH, E. L., and G. L. ADA: Stimulation of the production of neuraminidase in *Vibrio cholerae* cultures by N-acetylneuraminic acid and sialyllactose. J. gen. Microbiol. **21**, 550 (1959).

FRIEDMANN, H. C., and B. VENNESLAND: Crystalline dihydroorotic dehydrogenase. J. biol. Chem. **235**, 1526 (1960).

FRIIS, J., and P. OTTOLENGHI: Localization of invertase in a strain of yeast. C.R. Lab. Carlsberg **31**, 252 (1959).

FUKASAWA, T., and H. NIKAIDO: Galactose-sensitive mutants of *salmonella*. Nature (Lond.) **184**, 1168 (1959).

GALZY, P., et P. P. SLONIMSKI: Evolution de la constitution enzymatique de la levure cultivée sur acide lactique ou sur glucose comme seule source de carbon. C.R. Acad. Sci. (Paris) **245**, 2556 (1957).

GERONIMUS, L. H., and S. COHEN: Induction of staphylococcal penicillinase. J. Bact. **73**, 28 (1957).

— — Further evidence for inducibility of staphylococcal penicillinase. J. Bact. **76**, 117 (1958).

GORDON, M. W., and I. J. RYDZIEL: The role of mitochondria in in vitro tryptophan peroxidase increments. Arch. Biochem. **84**, 32 (1959).

GOTTO, A. M., and H. L. KORNBERG: Crystalline tartronic semialdehyd reductase from *pseudomonas ovalis* Chester. Biochim. biophys. Acta **48**, 604 (1961).

— — The metabolism of C_2 compounds in mocroorganisms. VII. Preparation and properties of crystalline tartronic semialdehyde reductase. Biochem. J. **81**, 273 (1961).

DE GOURNAY-MARGERIE, C.: Effet du glucose sur la synthèse de l'aldolase dans les racines de blé. C.R. Acad. Sci. (Paris) **251**, 3103 (1960).

GROS, F.: Untersuchungen über die Rolle der Acceptor-RNS für Aminosäuren bei der Proteinsynthese von *Escherichia coli*. 10. Mosbacher Colloquium: Dynamik des Eiweißes, S. 82. Berlin-Göttingen-Heidelberg: Springer 1960.

GROSS, S. R., R. D. GAFFORD and E. L. TATUM: The metabolism of protocatechuic acid by *Neurospora*. J. biol. Chem. **219**, 781 (1956).
—, and E. L. TATUM: Structural specifity of inducers of protocatechuic acid oxidase synthesis in *Neurospora*. Science **122**, 1141P (1955).
HAKIM, A. A.: Tryptophan-tryptophanase adaptation. II. Action of penicillin, streptomycin, tetracycline and chloramphenicol on certain enzyme systems influencing enzym adaptation. Enzymologia **19**, 130 (1958).
HALVORSON, H.: Intracellular protein and nucleic acid turnover in resting yeast cells. Biochim. biophys. Acta **27**, 255 (1958).
— Studies on protein and nucleic acid turnover in growing cultures of yeast. Biochim. biophys. Acta **27**, 267 (1958).
—, and L. JACKSON: The effect of ultraviolet light on the induced synthesis of maltase in yeast. Bact. Proc. **1954**, 117.
— — The relation of ribose nucleic acid to the early stages of induced enzyme synthesis in yeast. J. gen. Microbiol. **14**, 26 (1956).
HANSEN, R. G., and R. A. FREEDLAND: Lactose metabolism. IV. The function of uridine triphosphate in the interconversion of galactose-1-phosphate and glucose-1-phosphate. J. biol. Chem. **216**, 303 (1955).
HARADA, T.: Phenolsulphatase synthesis with tyramine as an inducer by *Aerobacter aerogenes*. Bull. agric. chem. Soc. Jap. **21**, 267 (1957).
— Effect of carbon and nitrogen sources on the utilization of tyramine and phenolsulphatase biosynthesis by cell suspensions of *Aerobacter aerogenes*. Bull. agric. chem. Soc. Jap. **23**, 222 (1959).
—, and B. SPENCER: Diauxie in the induction of arylsulphate synthesis in fungi. Biochem. J. **78**, 6 (1961).
HASH, J. H., and K. W. KING: On the nature of the β-glucosidases of *Myrothecium verrucaria*. J. biol. Chem. **232**, 381 (1958).
— — Some properties of an aryl-β-glucosidase from culture filtrates of *Myrothecium verrucaria*. J. biol. Chem. **232**, 395 (1958).
HAUGAARD, N.: D- and L-lactic acid oxidases of *Escherichia coli*. Biochim. biophys. Acta **31**, 66 (1959).
HAUGHTON, B. G., and H. K. KING: The induced formation of an amino acid decarboxylase. Biochem. J. **69**, 48 (1958).
— — Induced formation of leucine decarboxylase in *Proteus vulgaris*. Biochem. J. **80**, 268 (1961).
HAWTHORNE, D. C.: The genetics of a-methyl-glucoside fermentation in *Saccharomyces*. Heredity **12**, 273 (1958).
HENIS, Y.: The adaptive formation of levansucrase by a species of Corynebacterium. J. gen. Microbiol. **15**, 462 (1956).
HOAGLAND, M. B., and L. T. COMLY: Interaction of soluble ribonucleic acid and microsomes. Proc. nat. Acad. Sci. (Wash.) **46**, 1554 (1960).
HOFSTEN, BENGT V.: Fluoro-D-galactosides as substrates and inducers of the β-galactosidase of *Escherichia coli*. Biochim. biophys. Acta **48**, 159 (1961).
— Studies on the constitutive synthesis of ß-galactosidase in a strain of *Escherichia coli*. Physiol. Plantarum (Cbh.) **14**, 533 (1961).
HOGNESS, D., M. COHN and J. MONOD: Studies on the induced synthesis of β-galactosidase in *Escherichia coli*: the kinetics and mechanism of sulfur incorporation. Biochim. biophys. Acta **16**, 99 (1955).
HORECKER, B. L., J. THOMAS and J. MONOD: Galactose transport in *E. coli*. J. biol. Chem. **235**, 1580 (1960).
HORIUCHI, T., S. HORIUCHI and D. MIZUNO: A possible negative feedback phenomenon controlling formation of alkaline phosphomonoesterase in *Escherichia coli*. Nature (Lond.) **183**, 1529 (1959).
HORVATH, I., A. SZENTIRMAI, S. BAJUZ and E. PARRAGH: Production of inductive amylase by *Penicillium chrysogenum*. Acta microbiol. Acad. Sci. hung. **7**, 19 (1960).
—, and A. SZENTIRMAI: The mode of inhibition of induced amylase synthesis by nystatin. Antibiot. and Chemother. **10**, 303 (1960).

HUNTER, G. D., and J. A. V. BUTLER: Stimulation by ribonucleic acid of induced β-galactosidase formation in *Bacillus megaterium*. Biochim. biophys. Acta **20**, 405 (1956).

IFLAND, P. W., E. BALL, F. W. DUNN and W. SHIVE: Peptide and keto acid utilization in replacing phenylalanine in adaptive enzyme synthesis. J. biol. Chem. **230**, 897 (1958).

—, and W. SHIVE: The inhibition of aspartic acid utilization in the synthesis of the adaptive „malic enzyme" in *Lactobacillus arabinosus*. J. biol. Chem. **223**, 949 (1956).

JACOB, F., et J. MONOD: Gènes de structure et gènes de régulation dans la biosynthèse des protéines. C. R. Acad. Sci. (Paris) **249**, 1282 (1959).

—, and E. L. WOLLMAN: Genetic and physical determinations of chromosomal segments in *Escherichia coli*. Soc. Exp. Biol., Sympos. London, p. 75, 1958.

JENSEN, H. L.: Decomposition of chloro-organic acids by fungi. Nature (Lond.) **180**, 1416 (1957).

JEUNIAUX, CH.: Recherches sur les chitinases. I. Dosage néphélométrique et production de chitinase par des streptomycètes. Arch. int. Physiol. **66**, 408 (1958).

JINKS, J. L.: Selection for adaptability to new environments in *Aspergillus glaucus*. J. gen. Microbiol. **20**, 223 (1959).

JONSON, J., S. LALAND and A. STRAND: Adaptation of *E. coli* to 2-deoxy-D-ribose. Acta path. microbiol. scand. **47**, 75 (1959).

KALCKAR, H. M., B. BRAGANCA and A. MUNCH-PETERSEN: Uridyl transferases and the formation of uridine diphosphogalactose. Nature (Lond.) **172**, 1038 (1953).

— K. KURAHASHI and E. JORDAN: Hereditary defects in galactose metabolism in *Escherichia coli* mutants. I. Determination of enzyme activities. Proc. nat. Acad. Sci. (Wash.) **45**, 1776 (1959).

—, and E. S. MAXWELL: Some considerations concerning the nature of the enzymic galactose-glucose conversion. Biochim. biophys. Acta **22**, 588 (1956).

— H. ROBICHON-SZULMAJSTER and K. KURAHASHI: Galactose metabolism in mutants of man and microorganisms. Proc. Internat. Sympos. Enzyme Chem., p. 52, 1958. Edited by Katashi Ichihara. Maruzen, Ltd., Tokyo.

KAMINSKI, Z. C., A. BONDI, M. DE ST. PHALLE and A. G. MORAT: The effect of nutritional factors on the synthesis of staphylococcal penicillinase. Arch. Biochem. **80**, 283 (1959).

KAPLAN, J. G., and WOON KI PAIK: The action of ultraviolet radiation on yeast catalase. J. gen. Physiol. **40**, 147 (1957).

KARASEVICH, YU. N.: Yeast adaptation to pentose. II. Pentose oxidation by original and adapted *Candida* cultures. Mikrobiologija **28**, 34 russisch mit engl. Summ. (1959).

KELNER, A.: Growth, respiration and nucleic acid synthesis in ultraviolet irradiated and in photoreactivated *E. coli*. J. Bact. **65**, 252 (1953).

KNOX, W. E.: Two mechanisms which increase in vivo the liver tryptophan peroxidase activity: Specific enzyme synthesis and stimulation of the pituitary-adrenal system. Brit. J. exp. Path. **32**, 462 (1951).

—, and V. H. AUERBACH: The hormonal control of tryptophan peroxidase in the rat. J. biol. Chem. **214**, 307 (1955).

—, and A. H. MEHLER: The adaptive increase of the tryptophan peroxidase-oxidase system of liver. Science **113**, 237 (1951).

KOCH, A. L., and H. R. LEVY: Protein turnover in growing cultures of *Escherichia coli*. J. biol. Chem. **217**, 947 (1955).

KOGUT, M., M. R. POLLOCK and E. J. TRIDGELL: Purification of penicillin-induced penicillinase of *Bacillus cereus* HRRL 569: a comparison of its properties with those of a similarly purified penicillinase produced spontaneously by a constitutive mutant strain. Biochem. J. **62**, 391 (1956).

KOHN, P., and B. L. DMUCHOWSKI: On the biological conversion of galactose to glucose. Biochim. biophys. Acta **45**, 576 (1960).

KONDO, H., H. C. FRIEDMANN and B. VENNESLAND: Flavin changes accompanying adaptation of Zymobacterium oroticum to orotate. J. biol. Chem. **235**, 1533 (1960).

KONINGSBERGER, V. V.: Biosynthese der Proteine und ihr enzymatischer Aspekt. 10. Mosbacher Colloquium: Dynamik des Eiweißes, S. 50. Berlin-Göttingen-Heidelberg: Springer 1960.

KORNBERG, H. L., A. M. GOTTO and P. LUND: Effect of growth substrates on isocitratase formation by *Pseudomonas ovalis* CHESTER. Nature (Lond.) **182**, 1430 (1958).

KRAMER, M.: Induced penicillinase formation in resting bacterial cells. I. The characteristic difference of the formation of penicillinase in presence and in absence of free penicillin, in cells of *B. cereus* NRRL-B-569. Acta physiol. Acad. Sci. hung. **11**, 125 (1957).

—, and F. B. STRAUB: Role of specific nucleic acid in induced enzyme synthesis. Biochim. biophys. Acta **21**, 401 (1956).

— — Induced penicillinase formation in resting bacterial cells. II. On the nature of the latency period of penicillinase formation of *B. cereus* NRRL-B-569. Acta physiol. Acad. Sci. hung. **11**, 133 (1957).

— — Induced penicillinase formation in resting bacterial cells. III. Induction of penicillinase formation by extracts of *B. cereus* NRRL-B-569/H cells without penicillin. Acta physiol. Acad. Sci. hung. **11**, 139 (1957).

— — Über die Zusammenhänge zwischen induktiver Enzymproduktion und Nukleinsäuresynthese. Acta physiol. Acad. Sci. hung. **11**, Suppl. 29 (1957).

— — A study of the phases in inductive enzyme formation. Acta biol. Acad. Sci. hung. Suppl. **1**, 23 (1957).

KUBY, S. A., and H. A. LARDY: Purification and kinetics of β-D-galactosidase from *Escherichia coli* strain K-12. J. Amer. chem. Soc. **75**, 890 (1953).

KUNKEE, R. E.: Stimulation of enzyme induction by 5-amino-2,4-bis(substituted-amino) pyrimidines. J. Bact. **79**, 43 (1960).

— Enzyme induction in nutritional mutants in presence of 5-amino-2,4-bis(substituted-amino) pyrimidines. J. Bact. **79**, 51 (1960).

— Sparing effect on the folic acid requirement of *Streptococcus lactis* by 5-amino-2,4-bis-(substituted-amino) pyrimidines. J. Bact. **79**, 55 (1960).

KURAHASHI, K.: Enzyme formation in galactose-negative mutants of *E. coli*. Science **125**, 114 (1957).

—, and A. SUGIMURA: Purification and properties of galactose-1-phosphat uridyl transferase from *Escherichia coli*. J. biol. Chem. **235**, 940 (1960).

—, and A. J. WAHBA: Interference with growth of certain *Escherichia coli* mutants by galactose. Biochim. biophys. Acta **30**, 298 (1958).

LAKSHMINARAYANAN, K.: Adaptive nature of pectin methyl esterase formation by *Fusarium vasinfectum* Atk. Physiol. Plantarum (Cph.) **10**, 877 (1957).

LAMBORG, M., and N. O. KAPLAN: Adaptive formation of a vic glycol dehydrogenase in *Aerobacter aerogenes*. Biochim. biophys. Acta **38**, 284 (1960).

LANDMAN, O. E.: Properties and induction of β-galactosidase in *Bacillus megaterium*. Biochim. biophys. Acta **23**, 558 (1957).

LEDERBERG, E. M.: Genetic and functional aspects of galactose metabolism in *Escherichia coli K—12*. Symp. Soc. gen. Microbiol. **10**, 115 (1960).

LEINER, M.: Die enzymatische Anpassung bei Mikro-Organismen ohne Veränderung des Erbgutes. Ergebn. Mikrobiol. Immun.-Forsch. exp. Ther. **31**, 35 (1958a).

— Variable katalytische Aktivität des Fermentes Kohlensäure-Anhydratase (KA) durch Umgebungseinflüsse. Z. Naturforsch. **13b**, 242 (1958b).

—, u. H. BECK: Von der Hemmbarkeit der katalytischen Aktivität der Kohlensäure-Anhydratase (KA) I. Acta biol. med. germanica **2**, 632 (1959).

LELOIR, L. F.: The enzymatic transformation of uridine diphosphate glucose into a galactose derivate. Arch. Biochem. **33**, 186 (1951).

— In W. D. McELROY and B. GLASS, Phosphorus Metabolism, vol. I, p. 67. Baltimore: Johns Hopkins Press 1951.

LINDAY, M., and J. P. J. SYRETT: The induced synthesis of hydrogenase by *Hydrogenomonas facilis*. J. gen. Microbiol. **19**, 223 (1958).

MANDELS, M., and E. T. REESE: Induction of cellulase in *Trichoderma viride* as influenced by carbon sources and metals. J. Bact. **73**, 269 (1957).

— — Biologically active impurities in reagent glucose. Biochem. Biophys. Res. Commun. **1**, 338 (1959).

— — Induction of cellulase in fungi by cellobiose. J. Bact. **79**, 816 (1960).

MANDELSTAM, J.: Induced biosynthesis of lysine decarboxylase in *Bacterium cadaveris*. J. gen. Microbiol. **11**, 426 (1954).

— Turnover of protein in *Escherichia coli*. Biochem. J. **64**, 55 (1956).

MANDELSTAM, J.: Turnover of protein in starved bacteria and its relationship to the induced synthesis of enzyme. Nature (Lond.) **179**, 1179 (1957).
— Turnover of protein in growing and non-growing populations of *Escherichia coli*. Biochem. J. **69**, 110 (1958).
—, and H. HALVORSON: Turnover of protein and nucleic acid in soluble and ribosoma fractions of non-growing *Escherichia coli*. Biochim. biophys. Acta **40**, 43 (1960).
MARKOV, K. I., G. K. SAEV and E. V. GOLOVINSKY: Adaptive chain in the conversion of antimetabolites into metabolites. Nature (Lond.) **187**, 1041 (1960).
MARMUR, J., and R. D. HOTCHKISS: Mannitol metabolism, a transferable property of *pneumococcus*. J. biol. Chem. **214**, 383 (1955).
MARUYAMA, Y., and H. MITUI: The influence of growth phase on enzymatic adaptation of bacteria. J. Biochem. (Tokyo) **45**, 169 (1958).
MAURER, W.: Die Größe des Umsatzes von Organ- und Plasmaeiweiß. 10. Mosbacher Colloquium: Dynamik des Eiweißes, S. 1. Berlin-Göttingen-Heidelberg: Springer 1960.
MAXWELL, E. S., H. M. KALCKAR and R. M. BURTON: Galacto-waldenase and the enzymic incorporation of galactose 1-phosphate in mammalian tissues. Biochim. biophys. Acta **18**, 444 (1955).
— — — Galacto-waldenase and the enzymic incorporation of galactose-1-phosphate in mammalian tissues. 3rd Internat. Congr. Biochem. Brussels 1955, Proc. p. 168. New York: Academic Press 1956.
McFALL, E.: Effects of ^{32}P decay on enzyme synthesis. J. molecul. Biol. **3**, 219 (1961).
MELNYKOVYCH, G., and K. R. JOHANSSON: Effects of chlortetracycline on the stability of arginine decarboxylase in *Escherichia coli*. J. Bact. **77**, 638 (1959).
—, and E. E. SNELL: Nutritional requirements for the formation of arginine decarboxylase in *Escherichia coli*. J. Bact. **76**, 518 (1958).
MIDGLEY, J. E. M.: Variations in ribulose isomerase activity and the rate of pentose disappearance during adaptation of Bact. lactis aerogenes to D-arabinose. Proc. roy. Soc. B **153**, 250 (1960).
MILLS, G. T., E. B. SMITH and A. C. LOCHHEAD: The presence of uridine pyrophosphogalactose and uridine pyrophosphogalactose-4-epimerase in non-galactose adapted yeasts. Biochim. biophys. Acta **25**, 521 (1957).
MINAGAWA, T.: Adaptation of yeast to copper. XI. Conditions for the action of a specific ribonucleate in increasing the copper resistance of yeast. Biochim. biophys. Acta **16**, 539 (1955).
MIZUSHIMA, S., and K. ARIMA: Mechanism of cyanide resistance in *Achromobacter*. I. Adaptive formation of cyanide resistant respiratory system in growing cells. J. Biochem. (Tokyo) **47**, 351 (1960).
— — Mechanism of cyanide resistance in *Achromobacter*. II. Adaptive formation of cyanide resistant respiratory system in resting cells. J. Biochem. (Tokyo) **47**, 600 (1960).
— — Mechanism of cyanide resistance in *Achromobacter*. III. Nature of terminal electron transport system and its sensitivity to cyanide. J. biochem. (Tokyo) **47**, 837 (1960).
— T. OKA and K. ARIMA: Mecanism of cyanide resistance in Achromobacter. IV. Cyanide resistant respiration of anaerobically cultivated cells. J. Biochem. (Tokyo) **48**, 205 (1960).
MORTON, A. G., A. G. F. DICKERSON and D. J. F. ENGLAND: Changes in enzyme activity of fungi during nitrogen starvation. J. exp. Bot. **11**, 116 (1960).
NATHAN, H. A.: Effect of nutritional deficiencies on the synthesis of the inducible malic enzyme of *Lactobacillus plantarum*. Arch. Mikrobiol. **38**, 107 (1961).
NOMURA, M.: Studies on amylase formation by *Bacillus subtilis*. II. Nature of the active factor necessary for the formation of amylase in the lysozyme lysed-cell preparation. J. Biochem. (Tokyo) **44**, 87 (1957).
— J. HOSODA, B. MARUO and S. AKABORI: Studies on amylase formation by *Bacillus subtilis*. II. Effect of amino acid analogues on amylase formation by *Bacillus subtilis*; an apparent competition between amylase formation and normal cellular protein synthesis. J. Biochem. (Tokyo) **43**, 841 (1956).
— — and S. NISHIMURA: Enzyme formation in lysozyme lysate of *Bacillus subtilis*. J. Biochem. (Tokyo) **44**, 863 (1957).

NOMURA, M., J. HOSODA, and H. YOSHIKAWA: Studies on amylase formation by *Bacillus subtilis*. VI. The mechanism of amylase excretion and cellular structure of *B. subtilis*. J. Biochem. (Tokyo) **45**, 737 (1958).

— — — and S. NISHIMURA: Internat. Symposium on Enzyme Chemistry 304 (Japan) 1957.

—, and H. YOSHIKAWA: Stimulation of amylase formation by a ribonucleic acid preparation from *Bacillus subtilis*. Biochim. biophys. Acta **31**, 125 (1959).

NOVICK, A., and M. WEINER: Enzyme induction an all-or-none phenomenon. Proc. nat. Acad. Sci. (Wash.) **43**, 553 (1957).

— — The kinetics of a β-galactosidase induction. In: A Symposium on molecular biology, ch. 6. Edited by R. E. ZIRKLE. Chicago: University Press 1959.

NYGAARD, A. P.: Lactic dehydrogenase of yeast. II. Different forms of the enzyme. Biochim. biophys. Acta **35**, 212 (1959).

— The formation of D- and L-lactic cytochrom c reductase during respiratory adaptation in *Saccharomyces cerevisiae*. Arch. Biochem. **86**, 317 (1960).

ODA, Y.: Studies on mechanism of enzymatic adaptation. IV. Med. J. Osaka Univ. **2**, 587 (1951).

OTTEY, L., and F. BERNHEIM: A comparison of the factors which affect the formation of adaptive enzymes for benzoic acid and inositol in a mycobacterium. Enzymologia **17**, 279 (1956).

PALADINI, A. C., and L. F. LELOIR: Studies on uridine-diphosphate-glucose. Biochem. J. **51**, 426 (1952).

PARDEE, A. B.: Nucleic acid precursors and protein synthesis. Proc. nat. Acad. Sci. (Wash.) **40**, 263 (1954).

— F. JACOB et J. MONOD: Sur l'expression et le rôle des allèles „inductible" et „constitutif" dans la synthèse de la β-galactosidase chez des zygotes d'*Escherichia coli*. C.R. Acad. Sci. (Paris) **246**, 3125 (1958).

— — — The genetic control and cytoplasmic expression of „inducibility" in the synthesis of β-galactosidase by *E. coli*. J. molecul. Biol. **1**, 165 (1959).

—, and L. S. PRESTIDGE: On the nature of the repressor of β-galactosidase synthesis in *Escherichia coli*. Biochim. biophys. Acta **36**, 545 (1959).

PHILLIPS, A. W.: The purification of a yeast maltase. Arch. Biochem. **80**, 346 (1959).

PICHINOTY, F., et L. D'ORNANO: Influence des conditions de culture sur la formation de la nitrate-réductase d'*Aerobacter aerogenes*. Biochim. biophys. Acta **48**, 218 (1961).

POLLOCK, M. R.: An immunological study of the constitutive and the penicillin induced penicillinases of *Bacillus cereus*, based on specific enzyme neutralization by antibody. J. gen. Microbiol. **14**, 90 (1956).

— The cell-bound penicillinase of *Bacillus cereus*. J. gen. Microbiol. **15**, 154 (1956).

—, and M. KRAMER: Intermediates in the biosynthesis of bacterial penicillinase. Biochem. J. **70**, 665 (1958).

—, and J. MANDELSTAM: Possible mechanisms by which information is conveyed to the cell in enzyme induction. Symp. Soc. exp. Biol. **12**, 195 (1958).

— A.-M. TORRIANI and E. J. TRIDGELL: Crystalline bacterial penicillinase. Biochem. J. **62**, 387 (1956).

PRICER jr., W. E., and B. L. HORECKER: Desoxyribose aldolase from *Lactobacillus plantarum*. J. biol. Chem. **235**, 1292 (1960).

PROCTOR, M. H.: Nucleic acid turnover and alterations in ribosomes during enzyme induction in resting bacteria. Biochem. J. **80**, 27 P (1961).

RAMSEY, H. H., and T. E. WILSON: Simultaneous synthesis of two inducible enzymes in *Staphylococcus aureus*. Nature (Lond.) **180**, 761 (1957).

REINER, J. M.: Induced enzyme synthesis in cell-free preparations of *Escherichia coli*. J. Bact. **79**, 157 (1960 a).

— Macromolecular synthesis in cell-free preparations from *Escherichia coli*. J. Bact. **79**, 166 (1960 b).

—, and F. GOODMAN: The role of polynucleotides in induced enzyme formation I. Arch. Biochem. **57**, 475 (1955).

—, and S. SPIEGELMAN: The partial purification and some properties of an adaptation-stimulating principle from yeast. Fed. Proc. **7**, 98 (1948).

REITHEL, F. J., and J. CH. KIM: Studies on the β-galactoside isolated from *Escherichia coli* ML 308. I. The effect of some ions on enzymic activity. Arch. Biochem. **90**, 271 (1960).

RICKENBERG, H. V., and G. LESTER: The preferential synthesis of β-galactosidase in *Escherichia coli*. J. gen. Microbiol. **13**, 279 (1955).

ROBERTSON, J. J., and H. O. HALVORSON: The components of maltozymase in yeast and their behavior during deadaptation. J. Bact. **73**, 186 (1957).

ROBICHON-SZULMAJSTER, H. DE: Induction of enzymes of the galactose pathway in mutants of *Saccharomyces cerevisiae*. Science **127**, 28 (1958a).

— Uridin-diphosphogalactose-4-epimerase, an adaptive enzym in *Saccharomyces fragilis*. Biochim. biophys. Acta **29**, 270 (1958b).

SANDLER, M., R. G. SPECTOR, C. R. J. RUTHVEN and A. N. DAVISON: The occurence and adaptive increase of 5-hydroxy-tryptophan-α-oxoglutarate transaminase in rat liver. Biochem. J. **74**, 42P (1960).

SCHÄFLER, S., and L. MINTZER: Acquisition of lactose-fermenting properties by *Salmonellae*. I. Interrelationship between the fermentation of cellobiose and lactose. J. Bact. **78**, 159 (1959).

— — and C. SCHÄFLER: Acquisition of lactose-fermenting properties by *Salmonellae*. II. Role of the medium. J. Bact. **79**, 203 (1960).

SELS, A. A.: Recherches sur la nature de l'initiateur d'une chaine d'induction hémoprotéique pendant l'aeration chez *Saccharomyces cerevisiae:* mutant „petite colonie". C.R. Soc. Biol. (Paris) **152**, 1204 (1958).

SHEININ, R., and B. F. CROCKER: The induced concurrent formation of α-galactosidase and β-galactosidase in *Escherichia coli* B. Canad. J. Biochem. **39**, 63 (1961).

— and K. MCQUILLEN: Effect of penicillin on induced enzyme formation in normal cells and spherical forms of *E. coli*. Biochim. biophys. Acta **31**, 72 (1959).

SHER, I. H., and M. F. MALLETTE: Purification and study of L-lysine decarboxylase from *Escherichia coli* B. Arch. Biochem. **53**, 354 (1954).

— — Purification and study of L-arginine decarboxylase from *Escherichia coli* B. Arch. Biochem. **53**, 370 (1954).

SHIRAKI, S.: Studies on the adaptive enzyme system of *Mycobacterium avium*. Nagoya J. med. Sci. **22**, 315 (1959).

SIMPSON, F. J.: Microbial pentosanases. III. Some factors affecting the production of pentosanases by *Aspergillus niger* and *Trichoderma viride*. Canad. J. Microbiol. **5**, 99 (1959).

SMIRNOVA, L. S.: The adaptive character of amylase in *Aspergillus orycae*. Mikrobiologija **26**, 45, russisch, mit engl. Zus.fass. (1957).

SMITH, E. B., A. MUNCH-PETERSEN and G. T. MILLS: Pyrophosphorolyse of uridine diphosphoglucose and „UDPX" by rat liver nuclear fraction. Nature (Lond.) **172**, 1038 (1953).

SOFFER, R. L.: Enzymatic expression of genetic units of function concerned with galactose metabolism in *Escherichia coli*. J. Bact. **82**, 471 (1961).

SPIEGELMAN, S.: The present status of induced synthesis of enzymes. Proc. 3rd Internat. Congr. Biochem. Brussels 1955, p. 185. New York: Academic Press 1956.

— H. O. HALVORSON and R. BEN-ISHAI: Free amino acids and the enzyme-forming mechanism. Symposium on amino acid metabolism. MCELROY and GLASS, edit., p. 124. Baltimore: Johns Hopkins Press 1955.

SPYRIDES, G. J., and H. M. KALCKAR: Accumulation of uridine diphosphogalactose in a bacterial mutant defective in epimerase. Biochem. biophys. Res. Commun. **3**, 306 (1960).

STEENSON, T. I., and N. WALKER: Adaptive patterns in the bacterial oxydation of 2:4-dichloro- and 4-chloro-2-methyl-phenoxyacetic acid. J. gen. Microbiol. **18**, 692 (1958).

STEINBERG, D., M. VAUGHAN and C. B. ANFINSEN: Kinetic aspects of assembly and degradation of proteins. Science **124**, 389 (1956).

STRAUB, F. B., and A. ULLMANN: On the mechanism of amylase synthesis. Biochim. biophys. Acta **23**, 665 (1957).

STROMINGER, J. L., H. M. KALCKAR, J. AXELROD and E. S. MAXWELL: Enzymatic oxidation of uridine diphosphate glucose to uridine diphosphate glucuronic acid. J. Amer. chem. Soc. **76**, 6411 (1954).

STROMINGER, J. L., E. S. MAXWELL, J. AXELROD and H. M. KALCKAR: Enzymatic formation of uridine diphosphoglucuronic acid. J. biol. Chem. **224**, 79 (1957).

SUMERE, C. F. VAN, C. VAN SUMERE-DE-PRETER and G. A. LEDINGHAM: Cell-wall-splitting enzymes of *Puccinia graminis* var. *tritici*. Canad. J. Microbiol. **3**, 761 (1957).

SWENSON, P. A.: The action spectrum of the inhibition of galactozymase produced by ultraviolet light. Proc. nat. Acad. Sci. (Wash.) **36**, 699 (1950).

—, and A. C. GIESE: Photoreactivation of galactozymase formation in yeast. J. cell. comp. Physiol. **36**, 369 (1950).

TANAKA, K., F. EGAMI, T. HAYASHI, J. E. WINTER, A. W. BERNHEIMER, S. MII, P. J. ORTIZ and S. OCHOA: Induction of streptolysin formation by biosynthetic polyribonucleotides. Biochim. biophys. Acta **25**, 663 (1957).

— — S. MAEKAWA et T. HAYASHI: Formation induite de la streptolysine S par la fraction résistante à la ribonucléase de l'acide ribonucléique. C.R. Soc. Biol. (Paris) **151**, 1796 (1958).

TANENBAUM, S. W., M. MAGE and S. M. BEISER: Unity in the specifity of enzyme and antibody induction by the same determinant groups. Proc. nat. Acad. Sci. (Wash.) **45**, 922 (1959).

TAUSSIG, A.: The synthesis of the induced enzyme „Cyanase" in *E. coli*. Biochim. biophys. Acta **44**, 510 (1960).

TOMCSÁNYI, A., E. MEDVECZKY and T. ERDÖS: Effect of benzaldehyde derivatives on benzoic acid oxidase. Acta physiol. Acad. Sci. hung. 14, 213 (1958).

—, and E. VANDRA: Inductive enzyme synthesis in phage-infected *mycobacterium*. Acta physiol. Acad. Sci. hung. **16**, 229 (1959).

TORRIANI, A.-M.: Effets de l'irradiation ultraviolette sur la biosynthèse induite de la pénicillinase de *Bacillus cereus*. Biochim. biophys. Acta **19**, 224 (1956).

— Influence of inorganic phosphate in the formation of phosphatases by *Escherichia coli*. Biochim. biophys. Acta **38**, 460 (1960).

TOUZÉ, A.: Recherches sur le métabolisme de *Colletotrichum oligochaetum* CAV. et de *Colletotrichum lindemuthianum* (SACC. et MAGN.) BRI. et CAV. II. Synthèse d'un enzyme d'adaptation: la guanidinase. C.R. Acad. Sci. (Paris) **245**, 2077 (1957).

TSURU, D., T. YAMAMOTO and J. FUKUMOTO: Amylase formation by lysozyme lysate of *Bacterium subtilis*. Bull. agric. chem. Soc. Jap. **22**, 168 (1958).

URBÁ, R. C.: Protein breakdown in *Bacillus cereus*. Biochem. J. **71**, 513 (1959).

VOGEL, H. J.: Repressed and induced enzyme formation: a unified hypothesis. Proc. nat. Acad. Sci. (Wash.) **43**, 491 (1957).

— Repression and induction as control mechanisms of enzyme biogenesis: The „adaptive" formation of acetylornithinase. Sympos. Chemical Basis of Heredity. MCELROY and GLASS, edit., p. 276. Baltimore: John Hopkins University Press 1957.

WAINWRIGHT, S. D.: On the development of increased tryptophan synthetase enzyme activity by cell-free extracts of *Neurospora crassa*. Canad. J. Biochem. **37**, 1417 (1959).

—, and M. R. POLLOCK: Enzyme adaptation in bacteria: fate of nitratase in nitrate-adapted cells grown in the absence of substrate. Brit. J. exp. Path. **30**, 190 (1949).

WALLENFELS, K., O. P. MALHOTRA u. D. DABICH: Untersuchungen über milchzuckerspaltende Enzyme. VIII. Der Einfluß des Kationen-Milieus auf die Aktivität der β-Galaktosidase von *E. coli* ML 309. Biochem. Z. **333**, 377 (1960).

—, u. M. L. ZARNITZ: Kristallisation der β-Galaktosidase aus *Escherichia coli*. Angew. Chem. **69**, 482P (1957).

WEBER, G., G. BANERJEE and S. B. BRONSTEIN: Selective induction and prevention of enzyme synthesis in mammalian liver. Biochem. biophys. Res. Commun. **4**, 332 (1961).

WEINBAUM, G., and M. F. MALLETTE: Enzyme biosynthesis in *Escherichia coli*. J. gen. Physiol. **42**, 1207 (1959).

WIELAND, TH., G. GRISS u. B. HACCIUS: Untersuchungen zur mikrobiellen Benzoloxydation. I. Nachweis und Chemismus des Benzolabbaus. Arch. Mikrobiol. **28**, 383 (1958).

WIESMEYER, H., and M. COHN: The characterization of the pathway of maltose utilization by *Escherichia coli*. I. Purification and physical chemical properties of the enzyme amylomaltase. Biochim. biophys. Acta **39**, 417 (1960a).

WIESMYER, H., and M. COHN: The characterization of the pathway of maltose utilization by *Escherichia coli*. II. General properties and mechanism of action of amylomaltase. Biochim. biophys. Acta **39**, 427 (1960b).
— — The characterization of the pathway of maltose utilization by *Escherichia coli*. III. A description of the concentrating mechanism. Biochim. biophys. Acta **39**, 440 (1960).
WOLIN, M. J., F. J. SIMPSON and W. A. WOOD: Degradation of L-arabinose by *Aerobacter aerogenes*. III. Identification and properties of L-ribulose-5-phosphat-4-epimerase. J. biol. Chem. **232**, 559 (1958).
WOLLMAN, E. L., et F. JACOB: La sexualité des bactéries. Monographies de l'institut Pasteur. Paris: Masson & Cie. 1959.
YARMOLINSKY, M. B., H. WIESMEYER, H. M. KALCKAR and E. JORDAN: Hereditary defects in galactose metabolism in *Escherichia coli* mutants. II. Galactose induced sensitivity. Proc. nat. Acad. Sci. (Wash.) **45**, 1786 (1959).
YOSHIDA, A., and T. TOBITA: Studies on the mechanism of protein synthesis. Non-uniform incorporation of [14C]-Leucine into α-Amylase and the presence of α-Amylase precursor. Biochim. biophys. Acta **37**, 513 (1960).
— — and J. KOYAMA: Biological and chimical properties of α-Amylase precursor. Biochim. biophys. Acta **44**, 388 (1960).
YOSHIKAWA, H., and B. MARUO: Stimulation of amylase formation by an amine from *Bacillus subtilis*. Biochim. biophys. Acta **45**, 270 (1960).
ZARNITZ, M. L.: Kristallisation und Eigenschaften der β-galaktosidase aus *E. coli* ML 309, Med. Diss., Freiburg 1958.
ZELIKSON, R., and S. HESTRIN: Limited hydrolyses of levan by a levanpolyase system. Biochem. J. **79**, 71 (1961).

Über die Stoffwechselregulation in der Zelle

Von

MICHAEL LEINER*

Mit 10 Abbildungen

Inhaltsverzeichnis

Einleitung

Für den Biochemiker hat die lebendige Zelle drei einzigartige Eigenschaften, die als ein Hauptcharakteristikum des Lebens angesehen werden müssen[1]:

1. Eine Vielfalt von makro- und mikromolekularen chemischen Verbindungen hat sich in der Zelle zu einer zusammenwirkenden Einheit verbunden.

2. Das Leben in der Zelle wird nur aufrechterhalten durch das stetige Reagieren dieser Stoffe miteinander, durch Auf- und Abbau und durch Beziehungen dieses Stoffwechsels mit der Außenwelt. Der Aufbau, der den Abbau oft überwiegt, kann sich nur durch ständige Stoffzufuhr von außen vollziehen.

3. Dieses dynamische Stoffwechselgeschehen der Zelle, bei dem sich die einzelnen Stoffgruppen immer wieder gegenseitig ergänzen, hat eine große Möglichkeit der Variabilität. Diese wird regiert durch einen wunderbaren, sinnvollen, aber komplizierten Regulations-Mechanismus, auf dessen Wirksamkeit das Leben wesentlich beruht.

Mit dieser Regulation beschäftigt man sich neuerdings immer mehr. Es braucht nur hingewiesen zu werden auf das Ciba Foundation Symposium „Regulation of cell metabolismus", London (1959). Wenn die vorhandenen Kenntnisse auch noch sehr unvollständig sind, so treten doch einige Seiten der Regulation beim vergleichenden Studium des einschlägigen Schrifttums ziemlich klar hervor. Bei der Darstellung wird man aber noch häufig zu teleologischen Beschreibungen gedrängt.

---

* Institut für Zellphysiologie, Finthen bei Mainz, Ober-Olmer Str. 10—12.

[1] Von anderen wesentlichen Zügen des Lebens, wie Fortpflanzungsfähigkeit, Vererbung, Struktur und Reizbarkeit, braucht in diesem Zusammenhang nicht gesprochen zu werden.

a) Eine wichtige Seite der Regulierung ist das Kommen und Gehen der induzierbaren Fermente, die wechselvolle Konzentration der konstitutiven Enzyme, die Aktivierung und Hemmung beider Fermentarten. Oft fällt es schwer, bei diesem Auf und Nieder der Fermenttätigkeit konstitutive und adaptive Fermente zu unterscheiden. Man darf nach dem heutigen Stand der Kenntnisse auf diese Unterscheidung kein großes Gewicht mehr legen. Die Induzibilität ist eine der Charakterzüge der Regulation.

b) Die mannigfaltigen Beziehungen zur Außenwelt werden durch die veränderliche Durchlässigkeit der Zellmembran nach innen und außen reguliert. Diese noch viel diskutierte und experimentell noch nicht voll erforschte variable Permeabilität geht in ihrer Kompliziertheit und Selektivität weit über das hinaus, was wir physikalische Permeabilität nennen. Die lebendige Zellmembran stellt dabei die tote weit in den Schatten. Für die Träger dieser sinnvollen biologischen Penetration gebraucht man ebenfalls die Begriffe von konstitutiven und adaptiven Katalysatoren.

c) Zur Ein- und Ausschaltung einzelner Fermente oder ganzer Fermentketten während des Stoffwechselgeschehens bedient sich die Zelle zweier charakteristischer Mechanismen: Beim Ablauf der Katalyse einer Fermentkette kann ein späteres Katalyse-Produkt auf frühere Glieder der Kette aktivierend oder hemmend wirken. Man redet dann von positiver bzw. negativer *Rückkoppelung*. Von dieser Rückkoppelung wird die sog. *Repression* nicht immer scharf unterschieden. Irgendein Stoffwechselglied im Überschuß, etwa Glucose, beherrscht den ganzen Stoffwechsel derart, daß die Synthese einer Reihe von konstitutiven und adaptiven Fermenten ganz unterdrückt wird. Häufig tritt als Repressor auch ein Endglied einer Fermentkette auf. Dieses unterdrückt dann die Synthese aller vorauswirkenden Enzyme der Kette.

d) Eine merkwürdige Regulierung kann einstweilen nur teleologisch beschrieben werden. Das „Motiv" der Ein- oder Ausschaltung einer Fermentsynthese ist oft klar und deutlich die Verarmung der Zelle an irgendwelchen Intermediaten oder der Überfluß daran in der Zelle. Diese Tatsache bezieht sich sowohl auf konstitutive wie auf adaptive Fermente. Ursächlich ist dieses Phänomen noch ganz ungeklärt. Diese Regulierungskomponente ist stets mit der Repression bzw. ihrer Aufhebung verbunden.

Über die Regulationsfähigkeiten einer Zellart und ihre Grenzen erfährt man manches Wissenswerte, wenn man sich gewisser Analogen von Aminosäuren sowie von Purinen und Pyrimidinen bedient. Ferner hat sich gezeigt, daß die Einwirkung von antibiotisch wirkenden Verbindungen und von Metallionen manche Seiten der Zellregulation beleuchtet. Von den Zellregulationen nach Strahlenschädigungen soll hier nicht gesprochen werden.

Im großen und ganzen dreht es sich bei den Stoffwechsel-Regulationen in der Zelle um das gegenseitige Mengenverhältnis der einzelnen Stoffwechsel-Teilnehmer und um die optimale Speicherung energiereicher Stoffe. Spezielle Regulierungen betreffen die Wechselbeziehungen zwischen Zellkern und Cytoplasma und innerhalb des Cytoplasmas die Wechselbeziehungen zwischen den einzelnen Strukturen.

Der Bericht bemüht sich, den eigentlichen Entdecker einer Tatsache hervorzuheben. Aber auch auf jene Arbeiten wird großer Wert gelegt, welche die Entdeckung in methodischer und gedanklicher Hinsicht wesentlich vervollständigt haben. Arbeiten, welche für die zu besprechenden Gesichtspunkte besonders charakteristisch und geeignet sind, werden ausführlicher referiert.

Über das Verhalten der Zellen gegenüber den Antibiotica wird aus Raummangel nicht gesprochen, doch wird die wichtigste Literatur darüber angeführt. Dasselbe gilt für die Stellung der Metallionen innerhalb der Zellregulation.

Folgende Abkürzungen werden gebraucht:

AcA	= Acetylaldehyd	GMP	= Guanylsäure
ACTase	= Asparaginsäure-Carbamyl-Transferase	GTP	= Guanosintriphosphat
		IMP	= Inosylsäure
ADP	= Adenosin-Diphosphat	InGP	= Indolglycerin-Phosphat
AMP	= Adenosin-Monophosphat, Adenylsäure	IPTG	= Isopropyl-β-D-Thiogalactosid
		6-MP	= 6-Mercaptopurin
AOase	= Acetyl-Ornithinase	MTG	= Methyl-β-D-Thiogalactosid
Asp	= Asparaginsäure	ONPG	= o-Nitrophenyl-β-D-Galactosid
ATP	= Adenosin-Triphosphat	OTCA	= Ornithin-Transcarbamylase
BTS	= Brenztraubensäure	OS	= Orotsäure
CAA	= Carbamyl-Asparaginsäure	P	= Phosphat (anorganisches)
CAP	= Carbamylphosphat	PCA	= Protocatechussäure
CODM	= Carboxy-Dismutase	PP	= Pyrophosphat
DAP	= Dihydroxy-Acetonphosphat	PTG	= Phenyl-β-D-Thiogalactosid
DHO	= Dihydro-Orotsäure	RNP	= Ribonucleoproteid
DHOase	= Dihydro-Orotase	RNS	= Ribonucleinsäure
DHOdeh	= Dihydro-Orotsäure-Dehydrogenase	RNase	= Ribonuclease
		TCE	= Trichloressigsäure
DHS	= 5-Dehydro-Shikimisäure	TP	= Triose-Phosphat
DNase	= Desoxyribonuclease	Trispuffer	= tris (Hydroxymethyl)-amino-methan und 2-Amino-2-hydr-oxy-methylpropan-1,3-diol(tris)
DNP	= Desoxyribonucleoproteid		
DNS	= Desoxyribonucleinsäure		
DPGS	= 1,3-Phosphoglycerinsäure	TSase	= Tryptophan-Synthetase
DPN	= oxydiertes Diphospho-Pyridin-Nucleotid	UMP	= Uridyl-monophosphorsäure (URP)
DPNH$_2$	= DPNH = reduziertes Diphospho-Pyridin-Nucleotid	UDP	= Uridyl-diphosphorsäure
		UTP	= Uridyl-triphosphorsäure
FDP	= Fructose-diphosphat	XMP	= Xanthosin-5-Phosphat

I. Regulation der Ein- und Auswanderung von Stoffwechselkomponenten durch die Zellmembran

BRITTEN, ROBERTS und FRENCH (1955) beobachteten folgendes: Wenn man *Coli*-Zellen, die in einem aminosäurenfreien Medium gehalten worden sind, mit kalter 5%iger Trichloressigsäure (TCE) behandelt, werden freie Aminosäuren extrahiert. Stets findet man im Extrakt Glutaminsäure, Alanin, Valin und Spuren vieler anderer Aminosäuren, nie Prolin und Methionin. Anscheinend werden diese beiden Aminosäuren sofort nach der Synthese inkorporiert. Fügt man sie allerdings zum Nährmedium, dann erscheinen sie ebenfalls im TCE-Extrakt. Prolin und Methionin eignen sich also für Permeabilitätsversuche besonders gut. An sich ist die Zellwand der Bakterien, hier der *Coli*-Zellen, für Aminosäuren schlecht permeabel, wenn man an die physikalische Diffusion denkt. Aber wie die Abb. 1, Kurve 1 zeigt, nehmen wachsende *Coli*-Zellen ^{14}C-Prolin rasch auf. Schon nach 2 min Inkubation ist das Aufnahme-Maximum erreicht.

Nach etwa 5 min ist der Vorrat im Nährmedium ziemlich erschöpft. Dann ist in den Zellen 500—1000mal soviel Prolin wie im äußeren Milieu. Die Prolin-Aufnahme ist also in der Hauptsache kein physikalischer Vorgang, d. h. keine bloße Diffusion. Schon nach weniger als 10 sec Inkubation beginnt die Inkorporation des Prolins in das TCE-Präcipitat (Protein) (Abb. 1, Kurve 2), und zwar 5 min lang mit konstanter Rate, das ist bis zur Erschöpfung des Prolins im Nährmedium. Dementsprechend nimmt die Menge des löslichen Prolins in der Zelle ab (Kurve 3). In Ermangelung näherer Kenntnisse bezeichnen die Autoren dieses letztere Prolin als „adsorbiert". Nach 5 min ist es in der Zelle ziemlich verschwunden. War es während dieser Zeit untätig im „metabolic pool" (Stoffwechselvorrat)? Aber durch Diffusion ist das „adsorbierte" Prolin nicht aus der Zelle zu entfernen. Jedoch ist es den Autoren auch nicht gelungen, dieses Prolin zusammen mit seinem Träger zu finden. Sie stellen fest, daß die „Adsorption"

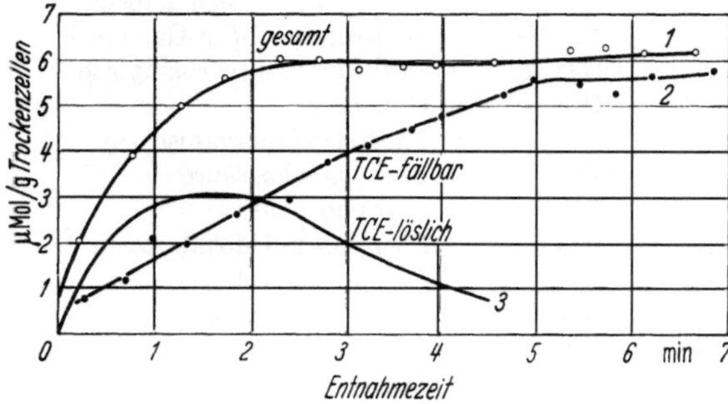

Abb. 1. Inkorporation von ¹⁴C-Prolin durch eine Suspension von wachsenden *Coli*-Zellen. Temperatur 24° C und Generationszeit etwa 2¹/₄ Std. Die Suspension enthält Glucose, Ammonium, Mineralsalze, 1(—)¹⁴C-Prolin 1,2 · 10⁻⁶ Mol und 0,2 mg (Trockengewicht) an Zellen pro ml. Nach Britten, Roberts und French (1955)

sehr spezifisch ist. Wenn man nämlich außer Prolin noch viele andere Aminosäuren ins Nährmedium gibt, und zwar von jeder Aminosäure 100mal soviel wie vom Prolin, ändert sich das Kurvenbild nur unwesentlich. Prolin wird ein wenig langsamer inkorporiert. Erst wenn man statt $1{,}2 \cdot 10^{-6}$ Mol Prolin 10^{-4} Mol hinzufügt, wird das Prolin nicht mehr im Verhältnis zur Außenkonzentration aufgenommen, die „Adsorption" reduziert sich in

Gegenwart anderer Aminosäuren. Es scheint also für Prolin und für andere Aminosäuren hoch spezifische und weniger oder nicht spezifische Orte in der Zelle zu geben. Nach den Autoren deuten alle gefundenen Tatsachen darauf hin, daß der „Adsorptions"-Zustand des Prolins ein notwendiger und spezifischer Durchgang ist. Das Prolin wird nicht sofort, wenn es im Cytoplasma ankommt, an den Stellen der Proteinsynthese inkorporiert. Heute weiß man ja, welchen Weg die Aminosäuren in der Zelle nehmen und kennt auch den spezifischen und den unspezifischen Stoffwechselvorrat. Britten et al. (1955) schildern sozusagen von außen, was man heute in den tatsächlichen biochemischen Vorgängen im Zellinnern kennt.

Der „Adsorptionsvorgang" erfordert Energie. Denn in Abwesenheit von Glucose als Energiespender wird nur ein Bruchteil der ¹⁴C-Prolin-Menge aufgenommen. Die Prolin-Aufnahme in die Zelle kann fortschreiten, wenn die Proteinsynthese blockiert ist, sei es durch Weglassen von Methionin im Medium bei Methionin-Mangelzellen, sei es durch Stickstoffmangel oder durch Zusatz von Chloramphenicol. In diesen Fällen ist der „adsorbierte" Zustand von langer Dauer. Natürlich kann man eine Verminderung der ¹⁴C-Prolin-„Adsorption" auch erreichen durch Zugabe von ¹²C-Prolin.

Kühlt man wachsende *Coli*-Zellen, die vorher nichtmarkiertes Prolin aufgenommen haben, auf 0° C ab, so inkorporieren sie kein Prolin mehr. Wenn man aber nunmehr zu dieser 0°-Kultur ^{14}C-Prolin zufügt, so wechseln sich die Prolin-Moleküle innen und außen aus (Abb. 2, Kurve 1). Immer mehr markiertes Prolin erscheint in der Zelle in der TCE-löslichen Fraktion bis zu einem Maximum nach 30 min, ohne daß eine merkliche Proteinsynthese stattfindet (Kurve 2). Daß ein Prolin-Austausch vor sich geht, kann man auch feststellen, wenn man nach 28 min Inkubation noch unmarkiertes Prolin zugibt (Pfeil bei Kurve 1). Sofort fällt der Anteil von ^{14}C-Prolin, und es stellt sich ein neues Gleichgewicht ein. Dieses wird nicht verschoben nach Zugabe anderer Aminosäuren in 100facher Konzentration. Nebenbei zeigt dieser Austausch-Versuch, wie locker das lösliche Prolin im „adsorbierten" Zustande in der Zelle sitzt. Dies läßt sich übrigens auch durch andere milde Behandlungsweisen feststellen, z. B. durch kleine p_H-Verschiebungen.

Ähnlich wie Prolin verhält sich auch Methionin. Jedoch auch bei allen andern geprüften Aminosäuren konnten die Autoren, wenn auch nicht so markant, die „Adsorptions"-Bindung in den Zellen feststellen.

Ebenfalls 1955 machten COHEN und RICKENBERG mit *Coli*-Zellen sehr ähnliche Versuche wie BRITTEN et al. Sie benutzten einen synthetischen Boden mit Succinat als C-Quelle und radioaktivem L-Valin als aufzunehmende Aminosäure. Schon nach 1 min Inkubation war die Valin-Konzentration in der Zelle 1700mal so groß wie im Nährmedium. Die „Fixierung" war ziemlich spezifisch. Struktur-

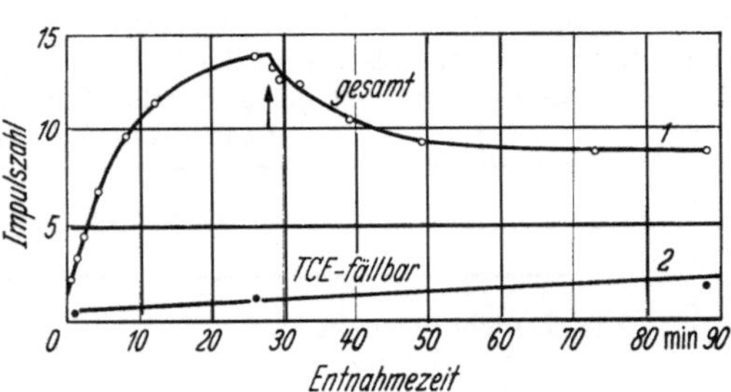

Abb. 2. Austausch zwischen adsorbiertem ^{14}C-Prolin und exogenem ^{12}C-Prolin bei 0° C. Bei 28 min wird ^{12}C-Prolin zugesetzt (Pfeil). Kurve 1: Gesamt-Inkorporation, Kurve 2: Inkorporation in die durch TCE fällbare Fraktion. Nach BRITTEN, ROBERTS und FRENCH (1955)

verwandte Aminosäuren wie L-Leucin und L-Isoleucin konnten L-Valin kompetitiv ersetzen, D-Valin konnte das jedoch nicht. Die reversible spezifische „Fixierung" vollzog sich sehr viel rascher als die Inkorporation von L-Valin in die Proteine. Diese Inkorporation war nach 1 min noch sehr gering. Jede Bedingung, welche die spezifische „Fixierung" von L-Valin verminderte, setzte in gleichem Maße die Inkorporation herab oder unterdrückte sie ganz. Aber in Gegenwart von Chloramphenicol wurde die spezifische „Fixation" nicht beeinträchtigt, obwohl die Inkorporation ganz unterdrückt war. Die „Fixation" erforderte eine Energie-quelle. In Abwesenheit von Succinat oder in Gegenwart von Natriumazid bzw. 2,4-Dinitrophenol war die „Fixation" stark herabgesetzt. Sie schien ein unentbehrliches Zwischenstadium vor der Inkorporation zu sein.

Die beiden Aufsätze, die sich gegenseitig ergänzen, sind zur gleichen Zeit geschrieben, in welcher HOAGLAND seine erste Mitteilung über die aktivierten Aminosäuren und deren intermediäre Inkorporation in die p_H 5-Fraktion machte. Bei geschichtlicher Betrachtung kann man sie nicht übergehen, wenn sie auch nicht in das Wesen der „Adsorption" bzw. „Fixation" vorgestoßen sind.

Die beobachteten raschen Anhäufungen der Aminosäuren in den wachsenden *Coli*-Zellen haben zwar zunächst keine Beziehungen zu der induzierten Ferment-synthese. Aber 1956 fanden RICKENBERG, COHEN, BUTTIN und MONOD ein ganz ähnliches Phänomen beim Studium der Anpassung von *Coli*-Zellen an β-Galactoside. Das Substrat bzw. der Induktor für die Synthese der β-Galactosidase wurde von angepaßten Zellen sehr viel rascher aufgenommen als von unangepaßten.

Als Induktor benützen die Autoren ^{35}S-Methyl-β-D-Thiogalactosid (MTG), das durch die Bakterien nicht metabolisiert wird. Die Ergebnisse ihrer Messungen sind in Tabelle 1 zusammengefaßt.

In Abwesenheit einer metabolisierbaren Kohlenstoffquelle ist die MTG-Aufnahme gering, besonders bei Zellen, die vorher Mangel an einem C-Nährstoff hatten. Man sieht aus Tabelle 1, daß die Stoffwechsel-Hemmstoffe Natriumazid und 2,4-Dinitrophenol und der Inhibitor der Synthese der β-Galactosidase sowie der katalytischen Aktivität des Fermentes, Phenyl-β-D-Thio*galactosid* (PTG),

Tabelle 1. *Das außerordentlich verschieden starke Eindringen des mit* [35]*S markierten Induktors der β-Galactosidase-Synthese Methyl-β-D-Thiogalactosid (MTG) in Coli-Zellen, die unangepaßt bzw. angepaßt sind*
Synthetisches Medium mit Succinat oder Maltose als C-Quelle. $5 \cdot 10^{-4}$ Mol ^{35}S-MTG. Von den gezählten Impulsen wird der kleine Betrag der physikalischen Diffusion abgezogen. Die Zahlen werden auf die Trockengewichts-Einheiten bezogen. Nach RICKENBERG, COHEN, BUTTIN und MONOD (1956).

Zellart und Zusätze	Impulse/min für 100 μg Bakterien	Werte in %
I. nichtangepaßt		
ohne Zusatz	2	0
$+ 2 \cdot 10^{-2}$ Mol NaN$_3$	0	0
II. angepaßt		
ohne Zusatz.	407	100
$+ 2 \cdot 10^{-2}$ Mol NaN$_3$	20	5
$+ 10^{-3}$ Mol 2,4-Dinitrophenol	24	6
$+ 10^{-3}$ Mol Phenyl-β-D-Thio*galactosid* (PTG)	41	10
$+ 10^{-3}$ Mol Phenyl-β-D-Thio*glucosid*	400	96

die Akkumulation des Induktors in den angepaßten Zellen verhindert. Phenyl-β-D-Thio*glucosid* ist kein Hemmstoff und auch kein Induktor, es beeinflußt die Akkumulation von MTG in der Zelle nicht. Das Verhältnis MTG-Konzentration außen zu innen in angepaßten Zellen ist 1:60—100. Es handelt sich also nicht um ein physikalisches Gleichgewicht. Im übrigen sind die Zellmembranen der *Coli*-Zellen auf dem bloßen Diffusionswege für Galactoside und andere Kohlenhydrate schlecht durchlässig. Da die Akkumulation bei nichtangepaßten Zellen ausbleibt, könnte man daran denken, daß der Unterschied herrührt von der An- und Abwesenheit der β-Galactosidase. Das wäre dann ein ähnliches Phänomen wie die außerordentlich starke Beschleunigung der Ionenaufnahme in die Wirbeltier-Erythrocyten durch die Anwesenheit der Kohlensäure-Dehydratase in diesen Zellen (s. JACOBS und STEWART 1942).

Aber RICKENBERG, COHEN, BUTTIN und MONOD sind der Meinung, daß katalytisch aktive sterisch spezifische und funktionell spezialisierte Systeme, unterschieden von den eigentlichen Stoffwechselenzymen, das Eindringen der Substrate in die Mikrobenzelle bewirken. Bei der Anpassung der *Coli*-Zellen an β-Galactoside handle es sich um ein seltsames Zusammenspiel *zweier* induzierbarer Fermente: eine β-Galactosid-Permease in der Zelle sorge dafür, daß die β-Galactoside beschleunigt in die Zelle gelangen, die von der β-Galactosidase im Innern der Zelle hydrolysiert werden. Beide Fermente haben nach den Autoren dasselbe Substrat, aber nur das eine greift das Substrat wirklich an, das andere läßt es intakt, zieht es aber in die Zelle hinein. Man denkt dabei natürlich sofort an die Tätigkeit der p_H 5-Enzyme bei der Übertragung der Aminosäuren. Das „Hereinziehen" geschieht sehr viel besser in angepaßten Zellen, die unangepaßten besitzen die Permease nur in Spuren. Die Permease ist also induzierbar. Nach RICKENBERG u. Mitarb. weist die β-Galactosid-Permease in *Coli*-Zellen alle Kriterien der Fermentnatur auf: es gibt nach den Autoren Beweise für die Protein-Natur der noch nicht isolierten Permease. Der Stoff zeigt spezifische Affinität, spezifische Induzierbarkeit, und die Zelle hat dafür spezifische Mutationen. Er ist also auch genetisch festgelegt.

In einem Übersichtsreferat 1957 tritt MELVIN COHN sehr für den Gedanken eines fermentativen Permase-Systems ein: bei niedrigen Konzentrationen des Induktors reagieren die nichtinduzierten *Coli*-Zellen heterogen. Mit der Zeit wächst die Zahl der induzierten Zellen, die Induktionskurve ist exponential und keine Gerade. Eine ähnliche Heterogenität erscheint bei der Deadaptation nach 4—6 Generationen. Nach COHN liegt die Ursache dieser die kinetischen Studien erschwerenden Umstände in dem induzierbaren Permease-System Y, dessen Wirken in der Zelle durch das folgende Schema veranschaulicht wird.

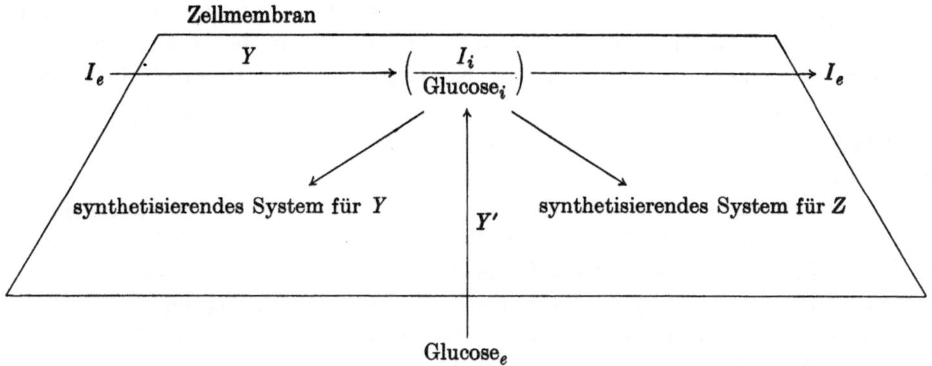

Der dem Nährmedium zugesetzte Induktor I_e geht durch das Permease-System Y, um innerer Induktor I_i zu werden. Dieser ist verantwortlich sowohl für die Induktion von Y als auch für die Induktion der β-Galactosidase Z. Eine Zelle mit hohem Y-Niveau kann I_e viel wirksamer ergreifen als eine, der das Y-System fehlt. Die Konzentration von I_i hängt von der I_e-Konzentration und der Größe von Y ab. Je niedriger die I_e-Konzentration ist, um so vorteilhafter für die Induktion ist ein hohes Niveau von Y. Es sei Glucose die C-Quelle. Glucose tritt in die Zelle durch ein deutlich unterschiedenes konstitutives Transportsystem Y', um Inhibitor (Glucose$_i$) zu werden. Der Quotient $I_i/\text{Glucose}_i$ bestimmt den Grad der Induktion von Z und Y. Nichtinduzierte Zellen, welche höchstens Spuren von Y haben, besitzen einen kleinen Quotienten $I_i/\text{Glucose}_i$ und sind daher gehemmt in bezug auf Z und Y. Induzierte Zellen mit hohem Y-Wert haben auch einen hohen Quotienten $I_i/\text{Glucose}_i$, folglich wird die Glucosehemmung reduziert. Das Ergebnis ist die Aufrechterhaltung eines stetigen Zustandes der Induktion, also die gleiche Syntheserate, auf welche die Monodsche Schule aus theoretischen Gründen einen großen Wert legt. Nach Cohn ist das Y-System verantwortlich für die „irreführende Kinetik" bei niederer I_e-Konzentration. Es entsteht ein Zellzustand der „non gratuity" (Unfreiheit).

Rickenberg, Cohen, Buttin und Monod finden, daß bei angepaßten Zellen schon nach 5 min Inkubation in $5 \cdot 10^{-4}$ Mol Methyl-β-D-Thiogalactosid (MTG) bei 34^0 C der Endzustand der Akkumulation erreicht ist. Wenn sie dann die Stoffwechsel-Hemmstoffe Natriumazid oder 2,4-Dinitrophenol zufügen, ist 5 min später das angehäufte MTG aus der Zelle wieder verschwunden. Dieser Umstand beweist, daß die Induktoranhäufung in der Zelle nur vor sich geht und aufrechterhalten wird mit Hilfe eines normalen Stoffwechsel-Geschehens. Die MTG-Akkumulation ist also ein typisch lebendiger Vorgang. Bei 0^0 C verläuft das Eindringen von MTG in die Zelle natürlich viel langsamer. Statt 5 min dauert es 50 min, bis der Höchststand erreicht ist. Wenn man dann nach etwa 140 min einen Hemmstoff, z. B. Phenyl-β-D-Thiogalactosid (PTG), zusetzt, wird die Anhäufung sofort abgebaut. Es stellt sich ein sehr viel niedrigeres Gleichgewicht ein.

Wenn man zu den angepaßten *Coli*-Zellen $2 \cdot 10^{-4}$ Mol MTG und außerdem noch $2 \cdot 10^{-3}$ Mol Mannose, Saccharose oder Cellobiose gibt, ändert sich die Akkumulation von MTG in den Zellen nicht. Fügt man aber statt dieser Zucker ein Substrat der β-Galactosidase oder einen andern Induktor der Fermentsynthese zu, z. B. $2 \cdot 10^{-3}$ Mol Melibiose oder $2 \cdot 10^{-3}$ Mol Lactose, dann beträgt in kurzer Zeit die MTG-Anhäufung nur noch 3—5% der maximalen, da die Konkurrenten den Platz eingenommen haben. Ohne Konkurrenten und Hemmstoffe wächst die Anhäufung von MTG in der nichtangepaßten Zelle unter den gewählten Versuchsbedingungen linear mit dem Wachstum der Bakterien während mehrerer Zellgenerationen.

Die Induktion des Permease-Systems wird blockiert durch Chloramphenicol und gewisse Aminosäure-Analogen, z. B. Thienylalanin. Alcyl-Thiogalactoside sind gute Induktoren, Aryl-Thiogalactoside schwache oder sie sind wirkungslos. Durch Glucose (10^{-3} Mol) wird die Permease-Induktion vollständig gehemmt. Für die einzelnen Substrate und Induktoren existieren verschiedene Sättigungsmengen. Diese Tatsache und die Möglichkeit der Verdrängung des Induktors in der Zelle durch metabolische Inhibitoren führen Rickenberg et al. zu der Überzeugung, daß bei der Induktion der β-Galactosidase ein „akzeptorisches" Protein Y eine katalytische Rolle spiele mit folgendem Reaktionsverlauf:

$$G_{ex} + Y \underset{k_2}{\overset{k_1}{\rightleftharpoons}} GY \xrightarrow{k_3} Y + G_{in} \xrightarrow{k_4} G_{ex}$$

Eintritt   Austritt
(katalytisch   (?)
beschleunigt)

G_{ex} ist das zugesetzte induzierende Galactosid, Y = die Galactosid-Permease, GY = der Permease-Galactosid-Komplex, G_{in} = das in die Zelle gelangte Galactosid und k_1 bis k_4 sind die Geschwindigkeits-Konstanten. Wahrscheinlich ist das Protein Y in irgendeiner Form mit der Zellmembran assoziiert oder mit der osmotischen Barriere, welche funktionell das Äußere von dem Inneren der Zelle trennt. Das Modell erklärt, warum die Anhäufungszahlen für verschiedene Galactoside ungleich sind. Für die verschiedenen Substanzen sind die Geschwindigkeitskonstanten k_3 und k_4 verschieden. Es ist nach den Autoren wahrscheinlich, daß die Geschwindigkeit der Austritts-Reaktion die passive Permeabilität der osmotischen Zellbarriere anzeigt. Aber dies ist höchst unwahrscheinlich, denn wie die oben mitgeteilten Messungen zeigen, geht der Austritt der Induktoren ebenfalls sehr schnell vor sich. Nach KEPES (1960) ist der Austritt des Induktors aus der Zelle zwar passiv (also nicht katalytisch), aber er kann als eine „Träger-Diffusion" verstanden werden (?). Der Berichter sieht aber nicht ein, warum bei dem Austritt des Induktors das Permease-System nicht auch beteiligt sein sollte.

Nach den Autoren könnte die maximal mögliche durch die Permease in die Zelle gebrachte Induktormenge abhängen von der Zahl der Organisatorstellen in der Zelle. Aber da in vollständig induzierten Bakterien die Sättigung mit MTG bei mehr als 5% des Bakterien-Trockengewichtes liegt, was eine Riesenzahl von Organisatorstellen bedeuten müßte, kann an eine derartige Lokalisierung der MTG-Moleküle wohl nicht gedacht werden. Jedoch halten es die Autoren für möglich, daß die Zahl der intracellulären MTG-Moleküle im Gleichgewicht *proportional* der Zahl der spezifischen Acceptoren sei.

Permease und Galactosidase sind also nach den Autoren getrennte Fermente mit getrennten Genen im Zellkern. Wird das Permease-Gen mit y^+ und das Galactosidase-Gen mit z^+ bezeichnet und ihr Fehlen mit y^- und z^-, so lassen sich vier Sorten von Mutanten denken: y^+z^+, y^-z^+, y^+z^- und y^-z^-. Sie sind nach den Autoren in der Tat gefunden worden. Außerdem können die Fermente induzierbar (Gen i^+) oder konstitutiv (Gen i^-) sein (s. auch JACOB und WOLLMAN 1958, JACOB und MONOD 1959, PARDEE, JACOB und MONOD 1959 und PARDEE und PRESTIDGE 1959). Bei der genetischen Analyse von 13 *Coli*-Stämmen finden die Autoren ein Gen Lac_1 für die Permease und zwei Loci, nämlich Lac_2 und Lac_4 für die Galactosidase, außerdem ein Lac^{-7}, welches die Permease „annulliert" und die Galactosidase-Synthese reduziert. Das Gen Lac_i ist für die konstitutive Mutante. Die Gene Lac_i, Lac_1 und Lac_4 sind eng verbunden. Die Lage der Gene y, z und i in der Lac-Region des Chromosoms geben JACOB und WOLLMAN (1958) genau an (s. Abb. 4 in LEINER 1962, Bericht über die enzymatische Adaptation, Teil II, diese Zeitschrift, vorausgehender Aufsatz, S. 112).

Alle Stämme, welche keine Permease synthetisieren können, werden „kryptisch" genannt. Das sind also alle die Stämme, denen das Gen Lac_1 fehlt. Das Existieren dieser Mutante halten die Autoren für den stärksten Beweis zugunsten des Vorhandenseins einer β-Galactosid-Permease in normalen Zellen. Ferner gibt es „negativ absolute" Stämme, die in Gegenwart von MTG normale Mengen Galactosid-Permease, aber keine auffindbaren Spuren von Galactosidase haben (Tabelle 2). Bei den Mutanten ohne Permease ist die β-Galactosidase *in vivo* ziemlich inaktiv, da die Zellmembran in diesem Falle für die Galactoside nur geringfügig permeabel ist.

Über das in der Tabelle 2 auch noch eingesetzte Gen i^+ ist in dem Bericht über die enzymatische Adaptation, Teil II, S. 111 f. das Nötige gesagt. RICKENBERG et al. führen Beispiele aus der Literatur an, aus denen ebenfalls hervorgeht, daß die rasche und selektive Permeation durch die Zellwand nur durch die Annahme von spezifischen Konstituenten von Eiweiß-Natur erklärt werden kann. Schon vor etwa 10 Jahren haben Monod u. Mitarb. die Vermutung ausgesprochen, daß bei der Diauxie der B-Zucker deswegen nicht vor dem A-Zucker fermentiert werden könne, weil er erst später, wenn der A-Zucker verbraucht ist, in die Zelle hereingelassen werde. Auch Hamilton und Dawes (1959), die von einer Diauxie bei *Pseudomonas aeruginosa* berichten, sind der Meinung, daß die Diauxie am besten mit der Existenz eines Permease-Systems erklärt werden könnte. Es gibt allerdings auch gewichtige Beobachtungen gegen diese Auffassung. Neidhardt und Magasanik (1956) untersuchten die Synthese-Hemmung der adaptiven Enzyme Myo-Inositol-Dehydrogenase, Glycerin-Dehydrogenase und Histidase in *Aerobacter aerogenes* durch Glucose. Sie kamen dabei zu folgendem Ergebnis: Die Anwesenheit der Glucose stört nicht den Eintritt von L-Histidin oder Galactose in die *Aerogenes*-Zellen. Diese wurden über Nacht in einem Minimal-Medium mit

Tabelle 2. *Hydrolyse von o-Nitrophenyl-β-D-Galactosid (ONPG) durch normale Coli-Zellen und solche ohne Galactosid-Permease oder β-Galactosidase. Eine genetische Analyse*

Wachstum in einem Nährmedium mit $2^0/_{00}$ Maltose in Anwesenheit (adaptive Stämme) oder in Abwesenheit (konstitutive Stämme) von 10^{-3} Mol Methyl-β-D-Thiogalactosid (MTG). Das Zeichen $+$ bedeutet eine Aktivität von 20% oder mehr der Aktivität normaler *Coli*-Zellen. „Spur" ist eine Aktivität von 1—5%, 0 eine solche unter 1%. Nach Rickenberg, Cohen, Buttin und Monod (1959).

Zelltyp in bezug auf den Galactosid-Stoffwechsel	Gene	Galactosid-Permease		β-Galactosidase	
		induziert	nicht-induziert	induziert	nicht-induziert
Normaltyp	$y^+z^+i^+$	$+$	0	$+$	0
negativ kryptisch . .	$y^-z^+i^+$	Spur	0	$+$	0
negativ absolut . .	$y^+z^-i^+$	$+$	0	0	0
konstitutiv normal .	$y^+z^+i^-$	$+$	$+$	$+$	$+$
konstitutiv kryptisch	$y^-z^+i^-$	0	0	$+$	$+$
negativ absolut . .	$y^+z^-i^-$	$+$	$+$	0	0
negativ absolut . .	y^-z^- ?	0	0	0	0

0,2% Histidin als einziger Quelle für Kohlenstoff und Energie inkubiert. Dann wurden sie in ein Medium mit 0,1% Histidin und 0,1% Glucose übertragen. Obwohl die Zellen weiterhin viel Histidin aufnahmen und stark wuchsen, wurde keine Histidase mehr gebildet. Die Synthese wurde durch die anwesende Glucose verhindert. Die beobachtete Synthese-Hemmung konnte also nicht erklärt werden durch die Verhinderung des Eindringens der Hexosen, (Triosen, Cyclosen) und Aminosäuren in die Zelle. Beim Wachstum in Gegenwart von Glucose sind sogar die Basalmengen der untersuchten adaptiven Fermente nicht mehr nachweisbar. Die mangelnde Zellwand-Permeabilität kann daran nicht schuld sein.

Herzenberg (1959) untersucht einen kryptischen *Coli*-Stamm, in dessen Zellen die Induktoren und kompetitiven Inhibitoren der β-Galactosidase 100- bis 1000mal so langsam eindringen wie in normale *Coli*-Zellen. Wenn die Hydrolyserate von o-Nitrophenyl-β-D-Galactosid (ONPG) als Induktor und Substrat in Abhängigkeit von der ONPG-Konzentration sowohl bei normalen als auch bei kryptischen Zellen mit der Monodschen Meßmethode unter „gratuitous conditions" (freiheitlichen Bedingungen) (s. Leiner 1958a, S. 50f.) untersucht wird, zeigt sich ein großer Unterschied zwischen beiden Zellarten (Abb. 3). Die Aktivitätskurve in Abhängigkeit von der äußeren ONPG-Konzentration im kryptischen

Stamm ist eine Gerade, d. h. ONPG dringt in die Zelle in vollständiger Abhängigkeit von der Außenkonzentration. Die Kurve 1 hat bei $2 \cdot 10^{-2}$ Mol ONPG noch lange nicht das Maximum erreicht. Bei den normalen Zellen wird das Eindringen des Substrats durch das Permease-System außerordentlich gefördert, es gibt sozusagen gleich bei Beginn der Inkubation einen großen und schnellen ONPG-Schub in die Zelle, so daß die hyperbolische Kurve 2 schon bei einer ONPG-Konzentration im Medium von $5 \cdot 10^{-3}$ Mol ihren Kulminationspunkt erreicht hat. BUTTIN und MONOD hatten 1956 gefunden, daß die β-Thiogalactoside mit kurzkettigen Alkylderivaten zwar keine Substrate, aber gute Induktoren bei der Anpassung der *Coli*-Zellen an β-Galactoside sind. Diese Beobachtung benutzt HERZENBERG für seine Untersuchungen, indem er als nichtmetabolisierenden

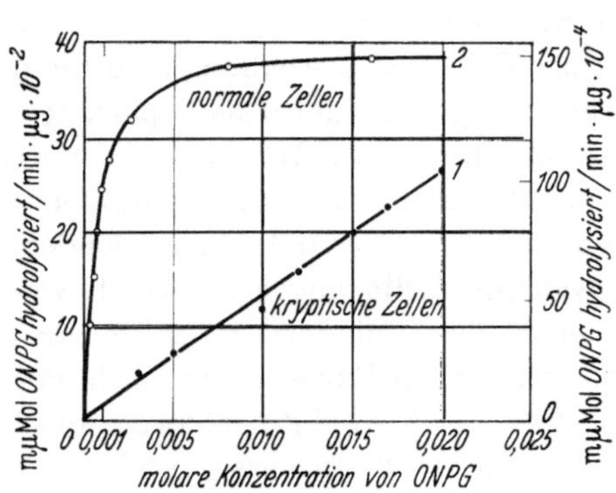

Abb. 3. Beziehung der Rate der in vivo-ONPG (o-Nitrophenyl-β-D-Galactosid)-Hydrolyse zur Substrat-Konzentration in normalen (Kurve 2) und kryptischen Zellen (Kurve 1) von *Escherichia coli*. Nach HERZENBERG (1959)

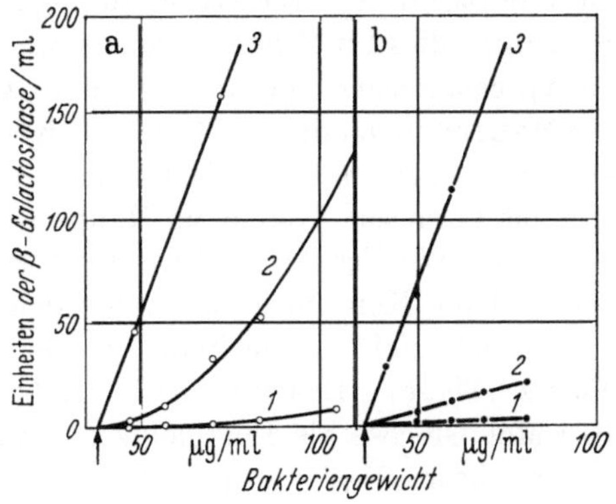

Abb. 4. Kinetik der Induktion der β-Galactosidase durch IPTG (Isopropyl-β-D-Thiogalactosid) in normalen (a) und kryptischen (b) *Coli*-Zellen. Bei Pfeil Zugabe des Induktors. Nähere Erklärung im Text. Nach HERZENBERG (1959)

Induktor Isopropyl-β-D-Thiogalactosid (IPTG) nimmt. Bei niedrigen IPTG-Konzentrationen (10^{-5} Mol und $2 \cdot 10^{-5}$ Mol) geht der Anpassung des normalen Stammes an β-Galactoside eine Latenz-Periode voraus (Abb. 4a, Kurve 1 und 2). Die Synthese der β-Galactosidase ist „exponential", während bei höheren (maximalen) Konzentrationen ($4 \cdot 10^{-4}$ Mol) die Syntheserate vom Beginn der Induktion an vollständig parallel geht mit der Massenzunahme. Die Syntheserate, bezogen auf das Bakterienwachstum, ist also konstant, wie dies unter den Monodschen Bedingungen „of gratuity" meist der Fall ist. Es fehlt also auch eine Verzögerungsphase. Nach HERZENBERG ist der exponentielle Charakter der Kurven 1 und 2 von Abb. 4a bedingt durch die Funktionsweise des Permease-Systems und ist kein Charakteristikum der Induktion der β-Galactosidase. Bei den Messungen mit dem kryptischen Stamm (Abb. 4b) fehlt der exponentielle Induktionsverlauf auch bei niedrigen Induktor-Konzentrationen. Die Induktionsrate ist auch konstant, wenn sehr kleine Induktormengen genommen werden.

Die Galactosid-Permease kann völlig gehemmt werden durch β-D-Thiogalactosyl-β-D-Galactosid (TDG), es beeinflußt aber nicht die Synthese der β-Galactosidase. Durch die Hemmung der Permease wird das Eindringen des Substrates ONPG in die normalen Zellen auf die Größe des kryptischen Stammes reduziert. Nach dieser Permease-Hemmung sind alle Induktionskurven, bezogen auf die

Bakterienmasse, von Anfang an gerade Linien und die Latenz-Phase fällt weg. Unter vergleichbaren Verhältnissen fallen die Kurven des normalen Stammes nach dieser Hemmung mit denen des kryptischen Stammes zusammen.

1959 beschäftigten sich COHN und HORIBATA noch einmal mit der Vermutung, daß die Heterogenität von *Coli*-Populationen bei der Anpassung an β-Galactoside herkommen könnte von der Art der Wirksamkeit des Permease-Systems. Sie führen etwa folgendes aus: Homogen verhalten sich nach BENZER die *Coli*-Zellen nur, wenn unter freiheitlichen Bedingungen (conditions of gratuity) und mit einer sättigenden Induktor-Konzentration gemessen wird. Außerdem darf der Induktor, etwa Lactose, nicht die einzige oder wesentliche Kohlenstoff- und Energiequelle sein. Bei nichtsättigenden Induktorkonzentrationen nimmt die Differentialrate der Induktion anfänglich exponentiell zu. COHN und HORIBATA bestätigen dies für Zellen, welche sowohl β-galactosid-permease-positiv (Y^+) wie auch β-galactosidase-positiv (Z^+) sind. Aber bei Y^-Z^+-Zellen erhalten die Autoren wie HERZENBERG mit jeder Induktor-Konzentration gerade Linien als Anpassungs-kurven, bezogen auf das Wachstum. Daraus schließen sie wie HERZENBERG u. a., daß das Permease-System ein Hauptgrund der Heterogenität der Ausgangspopu-lation sei. Wo dies Ferment nicht vorhanden sei, komme der Induktor, besonders bei niederer Konzentration, unter den gewählten Bedingungen innerhalb von 30—60 min nicht in die Zelle. Solche Zellen bleiben uninduziert („Alles-oder-Nichts"-These). Das weisen die Autoren durch Klon-Experimente nach mit 10^{-3} Mol Glucose als Energiequelle und $5 \cdot 10^{-4}$ Mol Methyl-β-D-Thiogalactosid als Induktor. Nach COHN und HORIBATA sind nur 1—2 Permease-„Einheiten" in der Zelle notwendig, um die Induktionsfähigkeit zu erhalten. Die Ergebnisse ihrer Experimente mit *Coli*-Zellen vergleichen sie mit der langsamen Anpassung von *Saccharomyces chevalieri* an Galactose (WINGE und ROBERTS 1948, SPIEGEL-MAN et al. 1950, 1951 und 1953, CAMPBELL und SPIEGELMAN 1956). Die letzteren Autoren haben die Anpassung, die erst nach mehreren Tagen eintritt, auf γ-Par-tikel im Cytoplasma zurückgeführt. Alle Zellen ohne diese Partikel sollen galac-tosenegativ bleiben. Aber die positiven Zellen, in Abwesenheit von Galactose weitergezüchtet, sollen nach 5—10 Generationen in einer Massenreversion zum negativen Phänotyp zurückkehren. CAMPBELL und SPIEGELMAN erklären diese Reversion mit inaktiv gewordenen Matrizen (templates). Diese Ansicht lehnen COHN und HORIBATA ab. Nach ihnen müssen bei der genannten langsamen An-passung ähnliche Verhältnisse herrschen wie bei der Anpassung von *Coli*-Zellen an β-Galactoside.

LASER und THORNLEY (1958) glauben ebenfalls ein neues Beispiel gefunden zu haben, das auf die Existenz eines Permease-Systems in der Zellwand von Mikro-Organismen hinweist. Sie haben beobachtet, daß *Coli*-Zellen, welche in einem flüssigen Medium mit anorganischen Salzen, NH_4Cl als Stickstoffquelle und Glucose als C-Quelle inkubiert waren, Maltose nicht nutzen können, wenn diese zu den gewaschenen Zellen statt Glucose zugesetzt wird. Auch die Atmung geht im Maltose-Medium kaum über die endogene Atmung von Ruhezellen hinaus. Wenn aber die *Coli*-Zellen mit 4—8 kr X-bestrahlt werden, können sie Maltose ausnutzen. Sowohl die unbestrahlten wie die bestrahlten Zellen besitzen Maltase, wie Versuche mit ultraschallzerstörten Zellen beweisen. Daraus ist zu vermuten, daß die zugesetzte Maltose nicht in die Zelle gelangt, weil die betreffende „Permease" nicht induziert werden kann. Durch X-Bestrahlung wird diese Synthese angeregt, sei es durch die Zerstörung eines Repressors, sei es durch Stoffe, welche die durch die Bestrahlung getöteten Zellen in die Kulturflüssigkeit abgeben. Zusatz von Chloramphenicol hindert die Maltose-Fermentierung durch bestrahlte Zellen. Diese Tatsachen sehen die Autoren als Beweis dafür an, daß eine Eiweiß-Synthese für die Anpassung an Maltose notwendig ist, obwohl Maltase anwesend ist. Es könnte sich um die Synthese einer Permease handeln.

Die Entdeckungen von BRITTEN, ROBERTS und FRENCH (1955), COHEN und RICKENBERG (1955), RICKENBERG, COHEN, BUTTIN und MONOD (1956), JACOB und WOLLMAN (1958), HERZENBERG (1959), JACOB und MONOD (1959), PARDEE, JACOB und MONOD (1959), PARDEE und PRESTIDGE (1959) über die Penetration von Substraten und Induktoren adaptiver Fermente in ruhende und wachsende, angepaßte und nichtangepaßte Zellen sind zweifellos von großer Bedeutung, auch für die Zellen der vielzelligen Organismen. Ob aber die Interpretationen der Monod-Schule in allem oder im wesentlichen richtig sind, muß noch offen bleiben. LUBIN, KESSEL, BUDREAU und GROSS (1960) beschäftigen sich auch mit der Frage der Permeabilität von Aminosäuren durch die Zellmembran von Bakterien. Auffallend ist das normale rasche Eindringen der Aminosäuren in die lebende Zelle (Transport-plus-Zellen, Tr^+) und der Ausfall dieser Membraneigenschaft bei gewissen Mutanten (Tr^-). Die Autoren möchten sich aber mit dem hypothetischen Begriff „Permease" nicht festlegen. Sie finden *Coli*-Mutanten, welche für den Histidin- oder Glycin- oder Prolin-Transport Mangelmutanten sind (Tr^-_{his}, Tr^-_{Gly} und Tr^-_{Pro}). Daneben finden sie Auxotrophe, die Histidin oder Glycin oder Prolin nicht bilden können (His^-, Gly^- und Pro^-). Sie untersuchen nun Mangelmutanten, die entweder Tr^- oder Tr^+ sind (also: $His^-Tr^+_{his}$ und $His^-Tr^-_{his}$ usw.). Zwischen beiden Auxotrophen zeigt sich im Wachstum und in der Aufnahme der erforderlichen Aminosäure kein signifikanter Unterschied, wenn die erforderlichen Aminosäuren in genügender Menge im Medium sind ($250—100\,\mu g/ml$). Der Unterschied erscheint aber kraß, wenn nur $10\,\mu g/ml$ oder gar nur $1\,\mu g/ml$ Aminosäuren zugefügt werden, weil dann die physikalische Diffusion zu klein ist, um den Mangel ausgleichen zu können.

Seit 1952 legt MONOD großen Wert auf seine Feststellung, daß bei seiner Versuchsanordnung („conditions of gratuity" = „Wachstum mit einigen Freiheitsgraden") die induzierte Fermentsynthese sofort einsetze und sofort einen konstanten Bruchteil der Zunahme der Bakterienmasse ausmache. Diese Feststellung findet er auch beim Studium des Galactosid-Permease-Systems in *Coli*-Zellen bestätigt. An die eine Feststellung knüpft er die andere, daß es eigentlich eine Induktion ohne Wachstum nicht gäbe. Aber es ist oft bewiesen worden, daß es eine bevorzugte Synthese des induzierten Fermentes gibt, ohne daß ein Wachstum festzustellen ist (s. z. B. QUAYLE und KEECH 1959). Die Annahme einer Permease von Fermentnatur soll nun erklären, warum bei verschiedenen Versuchsanordnungen die Zeitkurve der Induktion etwa exponentiell verläuft. Gegen die Annahme eines ganzen Spektrums von Permease-Fermenten in der Zellwand lassen sich manche Tatsachen anführen. Es sei hier nur auf *eine* Tatsache hingewiesen: Verschiedene in die Zelle eingedrungene niedrig molekulare Verbindungen werden dort rasch in Verbindungen übergeführt, die durch die Zellmembran nicht mehr permeieren können. So sind nach SACKS (1948) u. a. viele

Membranen für phosphorylierte Verbindungen nicht durchdringbar. Die in die Zelle gelangte Glucose z. B. wird dort meist innerhalb einiger Sekunden in Glucose-6-Phosphat verwandelt. Diese kann nicht mehr zurückwandern. Deshalb kann sich also in der Zelle Glucose stark anhäufen. Auch die phosphorylierten Abbauprodukte von Glucose-6-Phosphat bleiben in der Zelle eingesperrt. Erst Acetaldehyd und Äthanol können aus der Zelle entweichen.

Die Regulierung des Stoffwechsels geschieht manchmal auch im Zellinnern durch Permeabilitäts-Unterschiede bei den intracellulären Membranen. Es ist deswegen nicht immer nötig, im Zellinnern regulierende Permeasen anzunehmen. Bei Zellen, die neben der Atmung eine hohe Gärung haben (Hefe- und Tumorzellen), wird die Geschwindigkeit der Glucose-Nutzung durch die Anwesenheit von Sauerstoff verringert (Pasteur-Effekt). Bei der Kohlenhydrat-Nutzung werden Glucose-6-Phosphat, Fructose-Diphosphat und 1,3-Diphosphoglycerinsäure gebildet. Die Phosphorylierung geschieht über ATP. Das im Cytoplasma entstehende ADP wird in den Mitochondrien mit Hilfe der Atmungsenergie wieder in ATP verwandelt. Die Einwanderung von ADP geschieht rasch, aber ATP kann schwer durch die Mitochondrienmembran ins Cytoplasma zurückwandern. Es häuft sich also in den Mitochondrien an. Das bedeutet, daß im Cytoplasma die Konzentrationen von Orthophosphat, ADP und ATP absinken. Die Folge ist ein *langsamerer* Verbrauch von Glucose und ein Zurückgehen des O_2-Verbrauchs, da die O_2-Aufnahme an die Möglichkeit, ADP zu phosphorylieren, gebunden ist (Lynen und Königsberger 1951). Man kann die Mitochondrien-Membran durch verschiedene Stoffe für ATP durchlässiger machen. Dann wird die ATP-Diffusion ins Cytoplasma beschleunigt, gleichzeitig macht dieser Zusatz den O_2-Verbrauch unabhängig von der ADP-Phosphorylierung.

Manche Berichte lassen aber vermuten, daß es auch im Zellinnern einen aktiven Transport geben kann.

Nach Allfrey u. Mitarb. (s. Allfrey 1961) können isolierte Zellkerne Aminosäuren inkorporieren und Proteine synthetisieren. Die Inkorporation ist abhängig von der Anwesenheit von Na$^+$. Unter den gewählten Versuchsbedingungen wirken 0,04 Mol NaCl optimal. Es läßt sich zeigen, daß Na$^+$ den Transport der Aminosäuren durch die Kernmembran in das Kerninnere stimuliert. Diese Stimulierung ist abhängig vom p_H und der Temperatur. Das p_H-Optimum ist der Neutralpunkt, und das Temperaturoptimum liegt bei 38—40° C. Q_{10} der Reaktion ist 2. Der Transport ist ATP-abhängig. Das Eindringen von D-Aminosäuren in den Kern wird durch Na$^+$ nicht unterstützt. Aus diesen Beobachtungen schließt Allfrey, daß der Aminosäure-Transport in den Kern enzymatischer Natur ist. Es könnte sich also um mit Na$^+$ aktivierbare „Permeasen" handeln.

Holmes, Sheinin und Crocker berichten von einem Transportsystem durch die Zellmembran, das anscheinend mit dem Permease-System nicht identisch ist.

Bei mit Toluol behandelten *Coli*-Zellen ist die Aktivität der β-Galactosidase sehr viel höher als bei intakten Zellen. Durch die Toluol-Behandlung wird das enzymartige Transportsystem in der Zellmembran entfernt oder unwirksam gemacht, welches das Eindringen von β-Galactosiden durch die Zellmembran hemmend reguliert. In intakten Zellen ist neben dem Transportsystem die physikalische Diffusion verantwortlich für das Eindringen der β-Galactoside. Das entdeckte Transportsystem ist nicht identisch mit der Permease der Monod-

Schule! Dies letztere Ferment wird durch 2,4-Dinitrophenol und Azid gehemmt und ist begleitet von einem O_2-Verbrauch, auch ist es unbeeinflußt durch die Anwesenheit von Glucose. Aber das von HOLMES u. Mitarb. gefundene Galactosid-Transportsystem wird durch Glucose und mehrere andere Zucker stark gehemmt, es ist auch nicht energieabhängig. So ist die Beziehung zwischen Permease und dem von HOLMES et al. untersuchten Transportsystem noch völlig ungeklärt.

II. Repression durch Überfluß und ihre Aufhebung durch Mangel an einem Metaboliten

Zum Studium der Stoffwechselregulierung wählen YATES und PARDEE (1957), wie sie sich ausdrücken, „Schlüsselfermente", von denen sie glauben, daß sie mehr als andere den Einsatz der einzelnen Zellfunktionen zu leiten haben. Dazu zählen sie in erster Linie die Fermente für die Synthese der Aminosäuren und der Bausteine der Nucleinsäuren. Solche Fermente sind natürlich konstitutiv, denn sie müssen in allen Lebenslagen der Zelle in basaler Menge vorhanden sein. Aber ihre Menge kann stark wechseln je nach den Zellbedürfnissen. Zu solchen Schlüsselfermenten rechnen die Autoren die drei Fermente, welche die Orotsäure aufbauen. Diese Säure wird ja bekanntlich als Ausgangsform angesehen, aus der viele Zellen die drei Pyrimidine der Nucleinsäuren bilden. Als Ausgangsverbindung nimmt die untersuchte *Coli*-Zelle Asparaginsäure (Asp) und Carbamylphosphat (CAP). Durch das Ferment Asparaginsäure-Carbamyl-Transferase (ACTase) entsteht Carbamyl-Asparaginsäure (CAA) (REICHARD und HANSHOFF 1956). Aus dieser Verbindung macht ein zweites Ferment Dihydro-Orotsäure (DHO). Es wird Dihydro-Orotase (DHOase) genannt. Das dritte Ferment, die Dihydro-Orotsäure-Dehydrogenase (DHOdeh), verwandelt die Dihydro-Orotsäure in Orotsäure (OS).

Die drei Fermente sind normalerweise immer in *Escherichia coli* vorhanden, auch in einem Medium, das nur anorganische Salze und Glycerin enthält. Aber die Mengen lassen sich experimentell stark variieren. Nach Zugabe von Uracil ins Nährmedium gehen die Konzentrationen der drei Enzyme in Ruhezellen stark zurück, in wachsenden weniger stark. Die Abnahme der Fermentmengen nach Hinzufügung von CAA, DHO oder OS ist weniger groß oder ganz gering. Uracil ist das Endglied der Fermentkette.

Zu ihren Versuchen benutzen YATES und PARDEE außer dem normalen Vergleichsstamm von *Escherichia coli* (a) noch vier pyrimidinerfordernde Mutanten (b bis e).

b) Der Mutanten fehlt die Fähigkeit in ausreichender Menge Carbamylphosphat zu bilden. Sie benötigt zu ihrem Wachstum Citrullin oder Arginin + Uracil, CAA oder DHO oder Orotsäure.

c) Der Mutanten fehlt die DHOdeh.

d) Der Mutanten fehlt die DHOase.

e) Dieser Stamm ist irgendwo blockiert in der Umwandlung von Orotsäure zu Uridin-5-Phosphat.

Die Unterschiede in den Fermentmengen ohne und mit Uracil-Zusatz zum Nährmedium geht aus Tabelle 3 hervor.

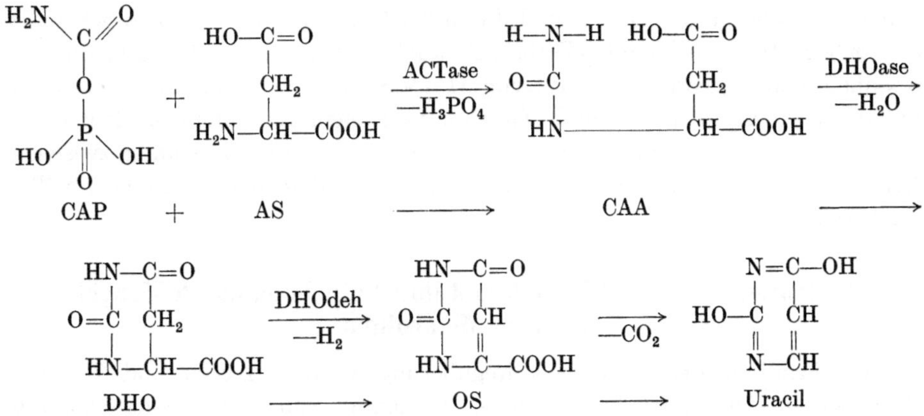

$$\text{CAP} \;+\; \text{AS} \xrightarrow[-\text{H}_3\text{PO}_4]{\text{ACTase}} \text{CAA} \xrightarrow[-\text{H}_2\text{O}]{\text{DHOase}}$$

$$\text{DHO} \xrightarrow[-\text{H}_2]{\text{DHOdeh}} \text{OS} \xrightarrow{-\text{CO}_2} \text{Uracil}$$

Beim Stamm b, der in Tabelle 3 nicht mit aufgenommen ist, erhöht sich der Gehalt der drei Enzyme nach Inkubation in reichem Medium, aber noch sehr viel mehr nach Zusatz von DHO und Arginin (Tabelle 4).

Also auch hier hemmt die Anwesenheit von Uracil die Synthese der drei Fermente, obwohl es sich um einen *Coli*-Stamm handelt, der ohne ein Zwischenglied der Kette überhaupt kein Uracil bilden kann. Durch DHO (+ Arginin) wird die ACTase am stärksten stimuliert, die DHOase relativ am wenigsten.

Die überragende Stellung von Uracil als Angelpunkt der Regulation geht auch aus den Tabellen 5 und 6 hervor. Hier ist die *Coli*-Mutante c gewählt, der die DHOdeh fehlt. Das Stoffwechselglied, welches durch die Tätigkeit dieses Enzyms entsteht, ist Orotsäure. Dieses hemmt die Synthese der ACTase und der DHOase viel weniger als Uracil, das übernächste Kettenglied. Zum Vergleich und zur Charakteristik des Regulationsmechanismus ist die Synthese der β-Galactosidase in Tabelle 5 mitgemessen. Man sieht, daß sie und die allgemeine Proteinsynthese durch den Uracil-Zusatz gefördert werden. Daß aber auch OS hemmt, wenn auch viel weniger als Uracil, zeigt Tabelle 6.

Tabelle 3

Die *Coli*-Zellen sind in Salz-Glycerin-Medium gewachsen, ergänzt mit Uracil bei den Mutanten. Sie werden zentrifugiert und resuspendiert in frisches Medium mit oder ohne Uracil. Zur Enzym- und Protein-Bestimmung werden nach 110 min kleine Mengen entnommen. Die Enzym-Aktivität wird ausgedrückt als Mikro-Mol pro Milligramm Protein in 1 Std. Nach YATES und PARDEE (1957).

Bakterienstamm	Uracil	Spezifische Aktivität		
		ACTase	DHOase	DHOdeh
a[1]	—	0,47	0,69	0,49
c	+	0,40	1,00	0,00
d	+	0,34	0,00	0,35
e	+	0,37	0,07	0,34
c	—	86,50	8,70	0,00
d	—	88,00	0,00	3,40
e	—	48,60	3,00	1,31

[1] (Wildstamm).

Der eigentliche Unterdrücker der Enzymkette ist also entweder Uracil selbst oder ein ihm nahestehendes späteres Stoffwechselglied der Kette. 6-Aza-Uracil kann das Uracil bei der rückschreitenden Repression nicht vertreten (Tabelle 7).

Es fördert sogar in kleinen Mengen die ACTase-Synthese stark, in größeren Mengen allerdings weniger oder es hemmt etwas, während die Synthese der β-Galactosidase immer etwas gehemmt wird. Es bestehen natürlich große Unterschiede zwischen den geprüften Stämmen a und c, aber die Messungen sind auch nicht direkt vergleichbar, weil beim Stamm c noch Orotsäure zugesetzt wird, das ja auch ein wenig hemmt, und weil die Inkubationszeiten verschieden sind (s. auch MAGASANIK 1958/1959, PARDEE 1959, MONOD 1960).

Nebenbei sei erwähnt, daß es noch nicht geklärt ist, ob der Hauptweg der Synthese der Pyrimidin-Basen im Tier- und Pflanzenreich immer über Carbamyl-Asparaginsäure und Orotsäure verläuft. MOKRASCH und GRISOLIA (1959) finden, daß bei Fraktionen von Leber-Homogenaten hauptsächlich oder ausschließlich der Weg über Carbamyl-β-Alanin und nach

Tabelle 4

Die *Coli*-Mangelmutante b ist gewachsen in Salz-Glycerin-Medium mit Zusatz von Arginin und Uracil. Die Kultur wird zentrifugiert, gewaschen, resuspendiert in Medien, wie in der Tabelle 3 angegeben, aerob inkubiert für 110 min. Bedeutung der Zahlen wie in Tabelle 3. Nach YATES und PARDEE (1957).

Zusätze zum Minimal-Medium	Spezifische Aktivität		
	ACTase	DHOase	DHOdeh
Arginin + Uracil	0,31	0,15	0,37
1% Brühe + 0,1% Hefe-Extrakt	4,70	0,29	0,71
Arginin + DHO	150,00	1,07	3,60
1% Brühe, 0,1% Hefe-Extrakt + DHO .	3,30	0,15	0,60

dem Ringschluß über 4,5-Dihydro-Uracil verläuft. Beide Verbindungen können sich mit Ribose und die Riboside mit Phosphorsäure verbinden. Durch ^{14}C-Markierung stellen sie fest, daß die nächsten Nucleinsäure-„Vorläufer" Carbamyl-β-Alanin-Ribosid, Dihydro-Uracil-Ribosid und Uridylsäure sind. In andern Fällen ist es ziemlich sicher, daß der Syntheseweg von Uracil über Orotsäure führt. Nach SCHNEIDER und POTTER (1958) wird unter ge-

Tabelle 5. *Vergleich der Wirkung von Orotsäure und Orotsäure + Uracil auf die Synthese der ACTase und der β-Galactosidase und auf das Wachstum*

Coli-Mutante c, welcher die DHOdeh fehlt. Bedeutung der Zahlen wie in Tabelle 3. Für die β-Galactosidase: 1 mg/ml Lactose, Aktivitätsbestimmung durch colorimetrische Messung. Nach YATES und PARDEE (1957).

Zusätze zum Minimalboden mit 1 mg/ml Lactose	Spezifische Aktivität		Protein-zunahme in %
	ACTase	β-Galac-tosidase	
OS	71	190	72
OS + Uracil . . .	0,2	286	105,2

Tabelle 6. *Vergleich der Wirkung von Orotsäure und Uracil auf die Synthese der ACTase und der DHOase und auf das Wachstum*

Coli-Mutante c. Bedingungen wie in Tabelle 3. Nach YATES und PARDEE (1957).

Zusätze zum Minimalboden	Spezifische Aktivität		Protein-zunahme in %
	ACTase	DHOase	
Uracil . .	0,4	1,0	255
OS . . .	11,5	1,9	242
kein Zusatz	86,0	8,6	21

wissen Bedingungen ^{14}C-Orotsäure in die RNS inkorporiert. Auch CANELLAKIS (1955) berichtet, daß 2-^{14}C-Orotsäure in einem Acetonpulver von Taubenleber und einem Hefe-Extrakt enzymatisch umgewandelt wird in 2-^{14}C-markierte: Uracil, Uridin und Uridinsäure. Diese Verbindungen werden je nach der Konzentration verschieden stark in die RNS inkorporiert. Der übrige Teil wird oxydiert.

GORINI und MAAS (1957) studieren die Faktoren, welche die Synthese des „konstitutiven" Fermentes Ornithin-Trans-Carbamylase (OTCA) in *Coli*-Zellen regulieren. Das Ferment katalysiert die Umwandlung von Ornithin in Citrullin, es ist also das vorletzte Fermentglied bei der Arginin-Synthese. Wenn man *Coli*-Zellen mit 20 μg/ml Arginin in Flaschenkulturen hält, wird die OTCA-

Synthese unterdrückt (Abb. 5 A, Kurve 1). Bei fortgesetztem Wachstum unter diesen Bedingungen haben die Zellen schließlich nur $^1/_{100}$ der anfänglichen OTCA-Menge. Wenn man solche Zellen wäscht und in ein Medium ohne Arginin überträgt, bilden sie OTCA in einem anfänglichen plötzlichen Ausbruch („burst") (Abb. 5 A, Kurve 2). Aber schon nach der ersten Zellteilung fällt die OTCA-Konzentration wieder scharf ab auf einen sehr niedrigen konstanten Betrag. Zum Vergleich ist in der Abb. 5 A die theoretische Kurve (Kurve 3) miteingezeichnet. Sie ist nach den Erfahrungen mit der β-Galactosidase von *Escherichia coli* nach Zusatz eines Induktors zu einer logarithmisch wachsenden Kultur bei einer konstanten Syntheserate („gratuity" — Bedingungen) des adaptiven Fermentes berechnet nach:

$$\% \ E_{max} = 100 \ (1 - e^{-at})$$

(E_{max} = maximal mögliche Fermentmenge pro Zelle und a = Geschwindigkeitskonstante).

Tabelle 7. *Vergleich der Wirkung von Uracil und 6-Aza-Uracil*

Versuchsbedingungen und Bedeutung der Zahlen wie in Tabelle 3. Zum Vergleich ist die Aktivität der β-Galactosidase mitbestimmt (colorimetrische Messung). Als Induktor: 1 mg/ml Lactose. Inkubationszeit für den Normalstamm a 30 min, für die Mutante c 115 min. Nach Yates und Pardee (1957).

Bezeichnung des *Coli*-Stammes	Zusätze (γ/ml) (Pyrimidin-Supplemente)	Spezifische Aktivität	
		ACTase	β-Galactosidase
Stamm a (Wildstamm)	kein Zusatz	1,35	288
	20 Uracil	1,45	276
	20 Aza-Uracil	30,00	248
	40 Aza-Uracil	19,60	200
Mutante c	kein Zusatz	138	5
	20 OS	67	15
	20 OS + 20 Aza-Uracil	106	8
	20 OS +100 Aza-Uracil	37	5

Der Mangel an einem Stoffwechsel-Endglied (Arginin) löst also die Bildung des Fermentes aus. Der plötzliche „Ausbruch" deutet darauf hin, daß die Regulation Zeit braucht und von Faktoren abhängt, die nicht am Ort der Fermentsynthese sind. Das anfängliche Zuviel an Fermentsynthese wird nach den Autoren durch eine „Rückkoppelung" (Dixon 1949, Krebs 1956) („feedback-mechanism") in das für den ganzen Stoffwechsel optimale Maß einreguliert. Nach unserer obigen Definition und den Ausführungen weiter unten handelt es sich hier aber im wesentlichen nicht um eine Rückkoppelung, sondern um eine „Repression" (Unterdrückung der Fermentsynthese) durch das Endglied einer StoffwechselKette, bzw. um eine Aufhebung der Repression nach Entfernung des Arginins.

Über das Wesen dieser Regulierung versuchen die Autoren Einblick zu gewinnen durch Experimente mit zwei auxotrophen *Coli*-Mutanten. Die eine Mutante benötigt Histidin, die andere Arginin (sie hat eine Sperre zwischen Acetylornithin und Ornithin, s. unten S. 192) und Histidin. Wenn die Doppelmutante mit 6 μg/ml Arginin und 1 μg/ml Histidin inkubiert wird, synthetisiert die Zelle kein OTCA (Abb. 5 B, Kurve 1 A). Ist aber das Verhältnis Arginin:Histidin = 1:2 (5 μg Arginin und 10 μg Histidin), dann wird mit konstanter Rate OTCA gebildet (Abb. 5 B, Kurve 1 B, daneben die theoretische Kurve dafür). Es wird bei den gewählten Versuchsbedingungen eine maximale Fermentmenge erreicht, die 25mal so hoch ist wie die beim stetigen Wachstum des Wildtyps. In der mutanten Zelle ist das Regulationsgleichgewicht ein anderes als in der Wildtyp-Zelle. Wenn man also im Verhältnis zum starken Wachstum nur geringe

Argininmengen hinzusetzt, wird die OTCA-Synthese stark angeregt. Natürlich sieht man bei diesem konstant großen Wachstum keinen Ausbruch („burst"). Ein solcher tritt aber auf beim Experiment mit der histidinerfordernden auxotrophen Mutante. Das Wachstum wird durch Zusatz von wenig Histidin begrenzt, es entsteht also nur wenig endogenes Arginin. Dadurch kommt es zu einer plötzlichen OTCA-Synthese, die über das Ziel hinausschließt (Abb. 5 B, Kurve 2, die dazugehörige theoretische Kurve ist ebenfalls eingezeichnet). Dieser Synthese-„burst" ist nicht so auffallend wie in Abb. 5 A.

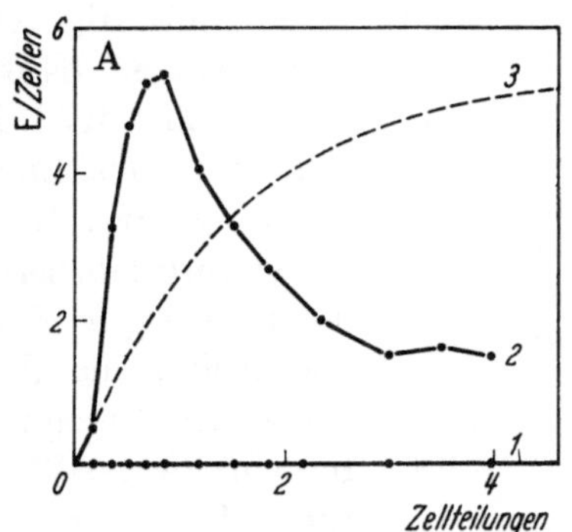
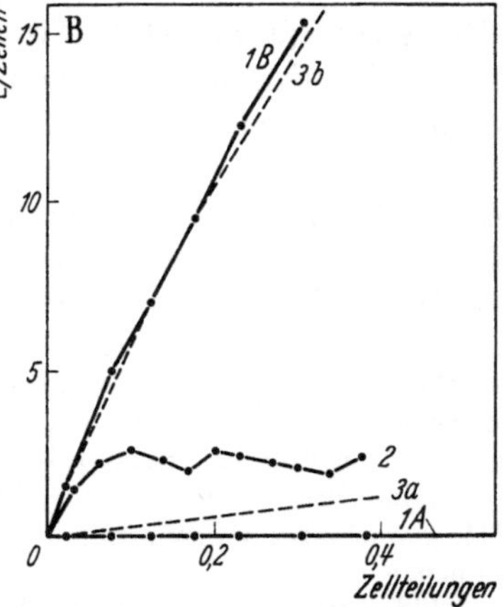

Abb. 5 A u. B. A. Enzymsynthese (OTCA) in Flaschenkulturen von *Escherichia coli*, Wildtyp. — Gewaschene Zellen aus exponentiell wachsenden Kulturen mit Arginin-Zusatz werden inoculiert in Minimalmedium + 0,5% Lactat. Inkubation bei 37° C mit Schütteln. Die Enzymaktivität wird bestimmt mit toluolisierten Zellen. Eine Enzymeinheit ist die Enzymmenge, welche 1 μMol Citrullin/Std synthetisiert. Untere Grenze der Methode: 0,01 Enzym-Einheiten. E/Zelle = Enzym-Einheiten pro mg Bakterien-Trockengewicht. Zellteilungszeit im Durchschnitt 60 min. Kurve 1: mit 0,02% Arginin; Kurve 2: kein Arginin; Kurve 3: theoretische Kurve für E_{max} = 5,3. B. Enzymsynthese im Chemostaten. — Minimalmedium. Die Histidin-Arginin-Mangelmutante wächst mit: (Kurve 1A) Histidin 1 μg/ml + 6 μg/ml Arginin. Kurve 1B: 10 μg/ml Histidin + 5 μg/ml Arginin. Kurve 2: Histidin-Mangelmutante, gewachsen mit 1 μg/ml Histidin. Die Wachstumshöhe mit begrenzendem Histidin (1 μg/ml) ist die gleiche wie mit begrenzendem Arginin (5 μg/ml). Inocula: gewaschene Zellen aus exponentiell wachsenden Kulturen mit Arginin im Überschuß. Zellteilungszeit im Durchschnitt: 460 min. Theoretische Kurven (3a und 3b) (durchbrochene Linien) berechnet aus den konstanten E/Zellwerten, erreicht für beide Kurven (1 B und 2) nach vier Zellteilungen. Nach GORINI und MAAS (1957)

Wahrscheinlich treten auch bei dem oben mitgeteilten Beispiel von YATES und PARDEE „bursts" auf, die über das optimale Maß hinausgehen. Die Autoren haben darauf nicht geachtet.

MAAS und GORINI (1957) berichten, daß die Synthese von OTCA bei *Coli*-Zellen, welche vorher im Arginin-Medium waren, nach Entfernung des Arginins sehr viel größer ist als bei einer Kultur, die vorher dem Arginin nicht ausgesetzt worden ist. Die anfängliche Syntheserate ist fünfmal so groß. Die Enzym-Wiederherstellung erfordert die Gegenwart aller Aminosäuren. Daraus geht hervor, daß es sich um eine Fermentsynthese und nicht um eine Aktivierung handelt. Nur Arginin unterdrückt, Ornithin und Citrullin sind keine „Repressoren".

1960 setzt GORINI die Versuche mit der Ornithin-Transcarbamylase von *Coli*-Zellen mit *Coli*-Mutanten, verschiedenen Argininmengen und Zusätzen von Ornithin fort. Vor allem interessieren ihn dabei die Ansichten der Monod-Schule (s. LEINER 1962, Die enzymatische Anpassung usw., Teil II, S. 111) über den Unterschied zwischen induzierbaren und konstitutiven Fermenten und die Vermutung von VOGEL (1957), daß Repressoren und Induktoren Antagonisten seien (s. unten S. 192).

In der Stoffwechselkette:

Glutaminsäure ⟶ Ornithin ⟶ Citrullin ⟶ Arginin
         Schritt I   Schritt II   Schritt III

greift die OTCA beim Schritt II ein. GORINI benutzt Mutanten, die im Schritt I oder III oder in beiden blockiert sind. Die Blockierung III beseitigt den endogenen Repressor Arginin, der Block I die endogene Bildung des Substrates Ornithin. Außerdem werden zwei *Coli*-Stämme benutzt [B und B(4S-7)], bei denen Arginin kein Repressor für die OTCA ist (R$^-$-Stämme). Der Stamm B erzeugt nur geringe OTCA-Mengen, der Stamm B(4S-7) 20—30mal soviel Enzym. Die Variation der Arginin- und Ornithin-Mengen wird hergestellt mit Hilfe eines „Chemostaten" (NOVICK und SZILARD 1950, MONOD 1950/53) (s. LEINER 1958a, S. 49f.). Das ist ein Kulturgefäß, bei dem durch stetigen Zufluß und Abfluß die gleichbleibenden Bedingungen für ein stetiges Wachstum (Wachstum unter Bedingungen „of gratuity") geschaffen werden. GORINI variiert die Fließgeschwindigkeit und damit die der Kultur zur Verfügung stehenden Arginin- und Ornithinmengen.

Tabelle 8. *Die Menge der Ornithin-Transcarbamylase bei verschiedenen Arginin-Konzentrationen im „metabolic pool" (Stoffwechsel-Vorrat) bei verschiedenen Coli-Stämmen*

Arginin ist bei den Stämmen B und B(4S-7) kein Repressor. Die Zahlen sind Enzym-Einheiten pro mg Bakterien-Trockengewicht. Eine Enzymeinheit ist die Enzymmenge, welche 1 μMol Citrullin in 1 Std synthetisiert.

1 = Arginin erfordernde Mutante, blockiert in Position I oder III, gewachsen im Chemostaten unter Begrenzung der Argininmenge.

2 = Wildstamm im exponentiellen Wachstum in Minimal-Medium.

3 = Wildstamm oder arginin-auxotropher Stamm, gewachsen in Überschuß von Arginin. Nach GORINI (1960).

Stamm	Repressi-bilität	1 Arginin-pool sehr niedrig	2 Arginin-pool normal	3 Arginin-pool hoch
K 12	+	104,0	8,0	0,5
W	+	67,0	2,0	0,1
B	—	4,0	5,0	7,0
B(4S—7)	—	140,0	132,0	160,0

Durch langsames Wachstum einer Arginin-Auxotrophen in einem argininbeschränkten Chemostaten vermag GORINI ein anormal niedriges intracelluläres Arginin-Niveau aufrechtzuerhalten und erreicht damit eine OTCA-Konzentration, die 25—50mal so hoch ist wie im Wildstamm, der im Minimalmedium wächst. Diesen Zustand nennt er „De-Repression". Die Wirkung verschiedener Argininmengen auf die einzelnen benutzten *Coli*-Stämme ist aus Tabelle 8 zu ersehen.

Man sieht, nur bei sehr geringen Argininmengen haben die repressiblen Stämme einen großen OTCA-Gehalt. Bei den nicht repressiblen Stämmen bleibt die OTCA-Konzentration bei allen Arginin-Konzentrationen etwa gleich, niedrig beim Stamm B, 20—30mal so hoch beim Stamm B(4S-7).

Variiert man mit dem Chemostaten die Arginin-Mengen im äußeren und inneren Milieu, so findet man bei den repressiblen Stämmen (z. B. bei einer Mutanten, die vor dem Ornithin blockiert ist, oder einer Arginin-Auxotrophen) eine ganze Stufenleiter von Hemmgraden bis zu einer vollständigen De-Repression.

Unter den Bedingungen der teilweisen Repression (hohe Fließrate im Chemostaten) vermag Ornithin die OTCA-Synthese zu stimulieren (Tabelle 9). Bei niederen Argininmengen (langsame Fließrate, De-Repression) und bei vollständiger Repression haben auch große Ornithinmengen (z. B. 15mal soviel wie Arginin) keine oder eine sehr geringe stimulierende Wirkung.

Ornithin ist also kein Induktor, wie er definiert wird: die „konstitutive" OTCA wird nicht in Abwesenheit von Arginin induziert. Bei den nichtrepressiblen Stämmen hat Ornithin keine induzierende oder fördernde Wirkung, selbst nicht in Gegenwart eines Arginin-Überschusses. In Abwesenheit jeglicher Repression ist Ornithin immer wirkungslos.

1961 findet GORINI einen nicht-repressiblen (R^-) *Coli*stamm B, bei dem Arginin sogar ein Stimulator für die Synthese der beiden Fermente ist, welche Ornithin in Citrullin und dieses in Arginin verwandeln. Ornithin und Citrullin sind keine Stimulatoren. In Anwesenheit von Glycerin oder Succinat im Medium „induziert" Arginin schwach, in Gegenwart von Glucose oder Lactat aber sehr stark.

Nach der Monod-Schule haben alle induzierbaren Fermente (z. B. die β-Galactosidase in *E. coli*) einen Repressor in der Zelle, der erst durch den Induktor außer Kraft gesetzt wird. Dieser Re-

Tabelle 9. *Wirkung von Ornithin auf die OTCA-Synthese*
R^+-Stamm, blockiert in I und III. Chemostat-Versuch. Bedeutung der Zahlen wie in Tabelle 8. Die Zahlen in den Klammern sind die Meßwerte 3 Std später. Nach GORINI (1960).

Fließrate	Enzymmengen bei verschiedenen Ornithin-Konzentrationen			
	0 µg/ml Ornithin	1 µg/ml Ornithin	10 µg/ml Ornithin	100 µg/ml Ornithin
schnell[1] ...	5,1 (6,3)	21,9 (22,0)	50,5 (42,0)	61,5 (67,0)
langsam[2] ..	50,0 (60,0)	56,2 (63,0)	50,5 (54,0)	58,0 (51,0)

[1] Mittlere Zellteilungszeit: 1 Std.
[2] Mittlere Zellteilungszeit: 2 Std.

pressor wird durch das Gen i^+ geschaffen. Der exogene Induktor kann diesen Repressor immer inaktivieren. Im Falle der OTCA in *E. coli* wirkt der „Induktor" nur unter eng begrenzten Bedingungen der partiellen Repression. Der Repressor ist das übernächste Stoffwechselglied der Kette. Nach der Monod-Schule wird durch den Repressor die Induktion durch das endogene Substrat ausgeschaltet, die konstitutiven i^--Mutanten haben keinen Repressor und daher sind sie dauernd induziert. Durch seine Messungen mit den Mangelmutanten schaltet GORINI jede Möglichkeit des Vorhandenseins eines endogenen Substrates aus und widerlegt auf diese Weise die Vermutung, daß die konstitutive Natur eines Fermentes von der induktiven Wirkung des endogen gebildeten Substrates (Induktors) herrühren könnte.

Die Darstellung VOGELs und der Monod-Schule, der Ferment-Repressor sei der (kompetitive) Antagonist des Ferment-Induktors, wird also durch das von GORINI mitgeteilte Beispiel nicht unterstützt.

Natürlich könnte man sagen, daß Arginin und Ornithin ein Repressor und ein Induktor von besonderer Art seien. Bei den R^--Stämmen könnte die OTCA „konstitutiv", bei den R^+-Stämmen „adaptiv" sein. Der Sonderfall wäre, daß der Repressor nur in engen Grenzen durch den Induktor kompensiert werden könnte. Die Verfechter der Repressions-Induktions-Hypothese könnten sogar darauf hinweisen, daß im Beispiel von GORINI endlich ein „Repressor" (Unterdrücker der Fermentsynthese) in seiner chemischen Konstitution gefunden sei.

Von Vogel (1957 b) stammt die Theorie von der Zell-Regulation durch „Repression“. Er ist auch derjenige Autor, welcher die Monod-Schule angeregt hat, „Induktor“ und „Repressor“ als die Hauptfaktoren und Antagonisten bei der Zellregulation miteinander in Verbindung zu bringen (s. Leiner 1962, Bericht über die enzymatische Anpassung usw., Teil II, S. 112). Es ist also angebracht, über die Aufsätze von Vogel u. Mitarb. ausführlicher zu berichten (Vogel und Davis 1952, Vogel, Abelson und Bolton 1953, Vogel und Bonner 1954, 1956, Vogel 1957 a und Vogel 1957 b).

Die Autoren untersuchen die Ornithin- (und Arginin-) Synthese bei *E. coli*. Sie stellen folgenden Syntheseweg fest: Glutaminsäure → N-Acetyl-Glutaminsäure → (N-Acetyl-Glutamin-γ-semi-Aldehyd) → N^α-Acetyl-Ornithin → Ornithin → Citrullin → Arginin. Auf diesem Wege tritt auch die Acetyl-Ornithinase (AOase) in Funktion, welche Acetylornithin hydrolysiert. Dieses Ferment wird aktiviert durch Cobalt-Ion und Glutathion, gehemmt durch Cu^{++}, Zn^{++} und Ni^{++}, außerdem durch p-Chloromercuribenzoat und Äthylendiamin-tetra-Essigsäure. Vogel (1957) findet eine *Coli*-Mutante, welche Acetylornithin nicht bilden kann. Aber sie besitzt doch das „konstitutive“ Ferment AOase. Setzt man also dem Medium Acetylornithin zu, so wird es durch die Mutante in Ornithin und Essigsäure zerlegt. Die Mutante wächst natürlich auch in Anwesenheit von Ornithin oder Citrullin oder Arginin. Aber nur die letztere Aminosäure verhindert die Synthese von AOase. Diese Repression wird durch Abb. 6 näher erörtert.

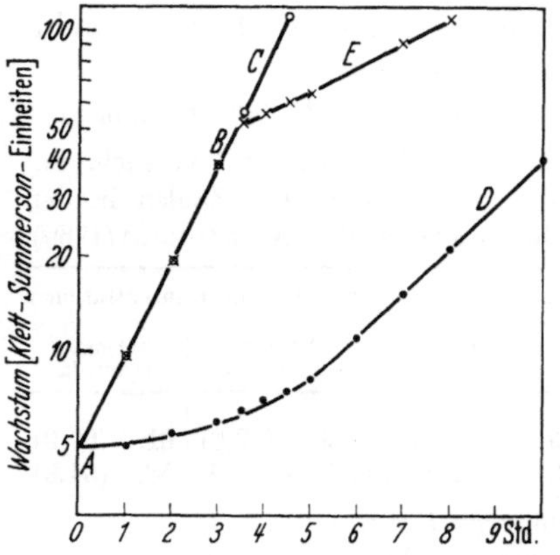

Abb. 6. Wachstum eines mutanten *Coli*-Stammes bei verschiedenen Zusätzen (Arginin, Acetylornithin). Erklärungen im Text. Nach Vogel (1957)

Als Versuchsobjekt ist die Mutante genommen. Wenn man sie in Arginin-Medium wachsen läßt, so erhält man die Wachstums-Zeitkurve A B C. Gibt man zu vorher in Arginin gewachsenen Zellen nach dem Waschen Acetylornithin statt Arginin, dann erhält man die Kurve A D der Abb. 6. Es sieht so aus, als beginne die „Induktion“ mit einer Verzögerung von 3 Std. Aber diese scheinbare Verzögerung („lag“) ist nur die Folge der vorhergehenden Depression durch Arginin, so schreibt der Autor. In Wirklichkeit spiegelt die Kurve die Wiederaufnahme einer spontanen (nicht induzierten) Enzymbildung wieder, wie andere Versuche klar ergeben. Wenn man dem Medium wenig Arginin (0,06 mMol) und 100mal soviel Acetylornithin zusetzt, dann erhält man die Kurve A B E der Abb. 6. Sie verläuft zunächst so, als sei nur Arginin im Medium, aber nachdem alles Arginin aus dem Medium verschwunden ist, gibt es (bei B) einen Knick in der Kurve, und erst von da ab wird Acetylornithin benützt, wie man nachweisen kann. Vogel erklärt das Ergebnis folgendermaßen: Arginin, das Endprodukt der Stoffwechselreihe, unterdrückt die Synthese der AOase. Sobald der Repressor verschwunden ist, kommt die Wiederaufnahme der Enzymbildung in Gang. Es tritt zwar verlangsamtes, aber doch stetiges Wachstum ein. Daß das Ferment nicht induzierbar ist, zeigt folgender Versuch: Wenn man *Coli*-Zellen, welche in einem

Medium mit Acetylornithin gewachsen sind, in einem Medium mit 0,06 mMol Arginin inkubiert, bekommt man im Punkte B der Abb. 6 dieselben geringen Mengen AOase, wie wenn man die Zellen im Medium hält mit 0,06 mMol Arginin und 6,0 mMol Acetylornithin.

Wie bei der Mutanten, so kann man auch beim Wildtyp durch Arginin-Zusatz den AOase-Gehalt stark herabdrücken. Arginin besitzt dabei eine absolute Spezifität. Alle anderen Aminosäuren haben keine Repressor-Wirkung. Es besteht also kein Unterschied in der AOase-Bildung zwischen dem Wildtyp und der Mutanten. Regulierend wirkt nur der Repressor Arginin, nicht das Substrat oder ein anderer Induktor. VOGEL macht einen Unterschied zwischen exogenem Arginin und endogen entstehendem Arginin. Dieses letztere soll weniger unterdrücken (s. unten S. 213). Die Repression zählt er zu den Rückkoppelungs-Mechanismen. Sie ist nach ihm ein Kontroll-Mechanismus, welcher die Enzym-induktion komplementär ergänzt. Die Zelle hat das Bestreben Enzyme zu bilden, wenn diese benötigt werden und sie neigt nicht dazu Fermente zu bilden, wenn sie nicht notwendig sind. Aber der Repressions-Mechanismus ist allgemeiner als die Induzibilität, er kann sich auf alle Enzyme erstrecken und ist daher mächtiger. In den Versuchen mit dem Wildtyp können Acetylornithin und Arginin getestet werden unter Bedingungen, in denen keines von beiden für das Wachstum erforderlich ist. Dabei ist das Acetylornithin vollständig träge, während das Arginin die Synthese der AOase herabdrückt. Die gleiche AOase-Menge tritt auf, ob Acetylornithin anwesend ist oder nicht, allein durch die Befreiung von dem antagonistischen Einfluß.

Natürlich erhebt sich jetzt die Frage nach dem Mechanismus der Repression. Bei diesen Überlegungen geht VOGEL von folgenden Annahmen aus: Es gibt enzymbildende Systeme, die induzierbar und repressibel sind, andere sind indifferent gegen Induktion, aber unterdrückbar. Schließlich gibt es von beiden Ferment-arten solche, die auch gegen Repression indifferent sind. Also diese sind un-kontrollierbar. Die Wirkung beider Regulatoren ist kein „sine qua non" der Enzymbildung. Der Induktor könnte vielleicht dem Matrizen-Katalysator assistieren, während der Repressor mit einem Gift des Katalysators verglichen werden könnte. Man könnte vermuten, daß beide Regulatoren in nahem physi-kalischem Kontakt wären mit dem nascenten dynamischen Sitz in dem Augen-blick, wenn das Matrizen-Produkt (Ferment-Präkursor) sich trennt von der Matrize, um sich spezifisch zu falten, also:

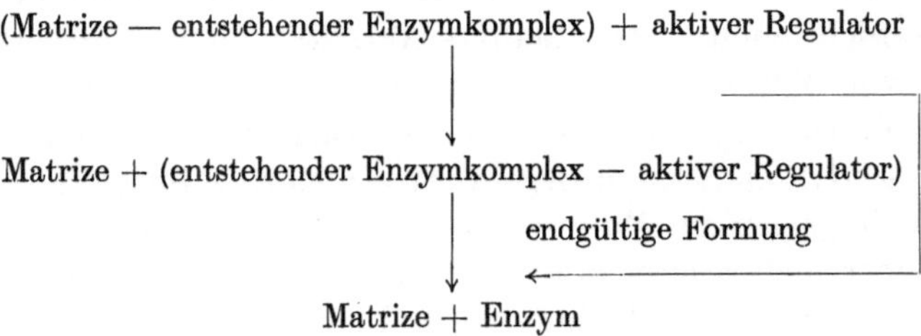

Induzierbare Enzyme zeigen in Abwesenheit vom Induktor gewöhnlich ein basales Enzym-Niveau. Diese Syntheserate kann die Zelle also ohne die fördernde Wirkung des Induktors erreichen. Wenn das „adaptive" Enzym durch Mutation

,,konstitutiv" wird, ist das entsprechende Matrizen- (Template-) Produkt befähigt, rasch genug von seinem Bildungssitz ohne Hilfe einer Regulator-Substanz zu dissoziieren. Für den Repressor gilt das gleiche. In vielen Fällen kann er die Dissoziation des Komplexes ,,Matrize-entstehendes Enzym" verhindern, in andern Fällen aber nicht.

Soweit die Überlegungen Vogels die Enzyminduktion betreffen, werden sie manchen Tatsachen nicht gerecht. So ist z. B. erwiesen, daß bei der Induktion eine *neue* spezifische RNS aufgebaut werden muß. Die Matrize ist also nicht schon vorhanden, sie muß erst geschaffen werden. Induktor und Repressor sind keine sich gegenseitig regulierenden Antagonisten. Induzierbarkeit und Repression in der Zellregulation sind zwei vollständig getrennte Dinge.

Nach den bis jetzt angeführten Repressions-Beispielen kann also gesagt werden, daß eine zu hohe Konzentration eines Stoffwechsel-Endproduktes einer Fermentreihe im inneren Milieu oder das Auftauchen eines solchen Stoffwechsel-Endgliedes in stärkerer Konzentration im äußeren Milieu die Synthese von ,,konstitutiven" Fermenten zu hemmen vermag. Der Mangel einer solchen Stoffwechsel-Komponenten kann die Synthese von Fermenten des betreffenden Systems stimulieren. Wenn diese Feststellung auch in erster Linie für ,,konstitutive" Enzyme gilt, so läßt sie sich wahrscheinlich auch auf ,,adaptive" Fermente anwenden. Modifiziert ist vielleicht sogar die Induktion selbst in diese Regulationsart einzuordnen. Bei der Induzibilität wartet sozusagen die im Mangelzustand befindliche Zelle auf den Anstoß zur Fermentsynthese. Wenn dann das induzierende Substrat im äußeren Milieu in zu hoher Konzentration auftritt, wird, wenigstens oft, die Fermentsynthese nachträglich wieder weitgehend eingeschränkt.

Es sei noch kurz auf eine neue Mitteilung von Vogel (1960) hingewiesen. Von einer *Coli*-Kultur hält er die eine Hälfte (A) in einem Medium mit 5 μg/ml Arginin, die andere (B) in einem Medium mit 15 μg/ml Arginin. In A ist die Repression früher aufgehoben als in B. In beiden Fällen ist nach der Aufhebung der Repression die Differentialrate der einsetzenden AOase-Synthese gleichbleibend. Aber diese Rate ist in der Kultur A größer als in Kultur B. Daraus schließt Vogel, daß die Zahl der AOase-bildenden Sitze bei längerer Repression abnimmt. Damit nimmt Vogel auch an, daß die Größe der Differentialrate von der Zahl der aktiven Sitze abhängt.

Aber auch ein allgemeiner Mangel der Zelle führt manchmal zur Synthese adaptiver Fermente. Das zeigt das von Grylls und Harrison (1956) mitgeteilte Beispiel. Die Autoren schreiben, daß die Fähigkeit der Hefe *Saccharomyces cerevisiae*, Maltose zu fermentieren, wegen ihrer extremen Labilität als adaptiv angesehen werden müßte. Die Maltase-Aktivität kann induziert werden in Abwesenheit von Maltose oder eines analogen Substrates nur durch Veränderungen der Kulturbedingungen, wodurch das Wachstum ein wenig eingeschränkt wird. Eine rasche Adaptation in Gegenwart von Maltose findet statt unter streng anaeroben Bedingungen mit Maltose, die frei von Glucose ist. Wenn man solche Hefen mit hoher maltosefermentierender Kraft für 24 Std inkubiert in einem durchlüfteten synthetischen Medium mit 0,11 Mol Saccharose, 0,014 Mol Aminostickstoff (Difco-Casaminosäuren) und Vitaminen, ohne Maltose, so haben die Zellen nach 1 Std nur noch $^1/_3$ der ursprünglichen Maltose-Fermentationsrate. Nach 3 Std ist keine Aktivität mehr nachzuweisen. Aber von der 9. Std an, wenn das Medium anfängt zu verarmen, beginnt die Maltose-Fermentation wieder und nimmt nun stetig zu bis zum Ende des Versuches nach 24 Std. Die Vorratsmenge an assimilierbarem Stickstoff im Wachstumsmedium in Abwesenheit von Maltose bestimmt also das Kommen und Gehen der Fermentsynthese.

Die „induzierende" Wirkung von begrenzten Stickstoffmengen (Tabelle 10) kann noch gesteigert werden durch gleichzeitige Beschränkung der Zuckerversorgung bzw. der Versorgung mit Glucose (Tabelle 11).

Nach MORTON, DICKERSON und ENGLAND (1960) steigt die Synthese-Rate der intracellulären Proteinase im Mycel von *Penicillium griseofulvum* in den ersten Stunden nach Übertragung in N-freies Medium stark an. Dann hält sie sich ungefähr auf der erreichten Höhe. Fügt man nach 4 Std Inkubation zum Mangelmedium Nitrat hinzu, dann kommt es in den nächsten Stunden zu einem deutlichen Abfall des Proteinase-Gehaltes. Die hohe Syntheserate beobachtet man nur unter aeroben Bedingungen. Ersetzt man nach 4 Std Inkubation die Luft durch N_2, dann sinkt der Proteinase-Gehalt. Die Mangel-Induktion wird durch p-Fluorophenylalanin im Medium verhindert.

Ein allgemeiner Mangel stimuliert auch in hohem Grade die Induktion der Katalase-Synthese in *Rhodopseudomonas spheroides* unter aeroben Bedingungen im Lichte (CLAYTON 1960). Wenn die C-Quelle sehr begrenzt wird, so daß das Wachstum gestoppt ist, steigt die Rate der induzierten Katalase-Synthese außer-

Tabelle 10. *„Induktion" der Maltose-Fermentation in Saccharomyces cerevisiae durch begrenzte Stickstoffmengen*
Basalmedium: auf 1 Liter kommen: 0,425 g KCl, 0,246 g $CaCl_2 \cdot 6 H_2O$, 0,125 g $MgSO_4 \cdot 7 H_2O$, 2,5 mg $MnSO_4 \cdot 4 H_2O$, 4,2 mg $FeCl_3 \cdot 6 H_2O$, 0,6 g KH_2PO_4, 2,5 mg Pyridoxin, 2,5 mg Calcium-Pantothenat, 20 mg Inosit, 0,028 Mol Glucose, dazu variierende Mengen von Difco-Casaminosäuren, *keine* Maltose. Durchlüftung, 30° C. Nach GRYLLS und HARRISON (1956).

Stickstoffzusatz	Maltose-Fermentation ($\mu l\ CO_2$/ Std/10mg Hefe)	Wachstum (mg Feuchtgewicht)
Inokulum	183	100
0,014 Mol Amino-N	18	182
0,0036 Mol Amino-N	156	171
0,0011 Mol Amino-N	374	156
0,0004 Mol Amino-N	483	150

Tabelle 11. *„Induktion" der Maltase-Synthese in Saccharomyces cerevisiae durch Begrenzung des assimilierbaren Stickstoffs und des Glucose-Zusatzes*
Basalmedium wie in Tabelle 10 ohne den Glucose-Zusatz. Alles andere wie in Tabelle 10. Nach GRYLLS und HARRISON (1956).

Zusätze zum Basalmedium	Maltose-Fermentation ($\mu l\ CO_2$/Std/ 10 mg Hefe)	Wachstum (mg Feuchtgewicht)
Inokulum	109	100
0,014 Mol Amino-N + 0,056 Mol Glucose	31	197
0,014 Mol Amino-N + 0,056 Mol Galactose	747	140
0,014 Mol Amino-N + 0,0056 Mol Glucose	658	169
0,014 Mol Amino-N + 0,056 Mol Glucose + Vitamine	556	193

ordentlich stark an. Eine ähnliche Stimulierung bemerkt man, wenn aus dem Medium Glutamat und Acetat weggelassen werden. Zusätze von Casein-Hydrolysat erhöhen eine niedrige Syntheserate nicht.

Ebenfalls machen die Mitteilungen von HORIUCHI, HORIUCHI und MIZUNO (1959, 1960) wahrscheinlich, daß ein bloßer Mangel an einem oder einigen Stoffwechsel-Gliedern die erhöhte Synthese eines Fermentes stimulieren kann. Die Autoren beobachten, daß bei Phosphatmangel im Medium die Menge von RNS in *Coli*-Zellen absinkt, während sich die Zellen vermehren und eine Zunahme an DNS und Protein festzustellen ist. Die Mangelzellen beginnen Phosphomonoesterase mit stetiger Rate zu synthetisieren. Die Proteinzunahme ist direkt proportional der Zunahme an Fermentaktivität. Die Bildung von Phosphomonoesterase wird sofort gestoppt durch Zugabe von Phosphat ins Medium. Bei phosphatreichem Medium wird das Auftreten von Phosphomonoesterase nicht beobachtet. Phosphat, das eine Substrat des Fermentes, ist also sozusagen der „Repressor" der Fermentsynthese. Mangel und Überfluß äußern sich also an mehreren Stellen des intracellulären Stoffwechsels nicht nur am Ende einer Stoffwechselkette, durch Stimulierung oder Unterdrückung der Fermentsynthese (s. auch Torriani 1960).

Bei vielen „konstitutiven" Fermenten wird die Repression der Synthese verursacht durch das Substrat und das Katalyseprodukt, wenn beide oder eines davon im äußeren Milieu auftreten. Es ist dies allerdings kein absoluter Gegensatz zu den adaptiven Fermenten, wie oben S. 194 schon erwähnt wurde. Vom Standpunkt der Zellökonomie ist diese Regulation höchst sinnvoll.

Nach Monod und Cohen-Bazire (1953) und Cohn und Monod (1953) wird die Synthese der konstitutiven β-Galactosidase in *E. coli* durch das Auftreten ihrer Substrate und des Katalyseproduktes Galactose im äußeren Milieu vorübergehend ganz unterbunden und dann gegenüber der Kontrolle verlangsamt. Die Synthese der Tryptophan-Synthetase, welche die Kondensation von Indol und Serin zu Tryptophan katalysiert, wird zu 70% gehemmt durch Indol, Tryptophan, 4-Methylindol, 7-Methylindol und 5-Methyltryptophan im äußeren Milieu, während Zusätze von andern Aminosäuren, besonders von Methionin, die Syntheserate um 15—75% erhöhen (Monod und Cohen-Bazire 1953, s. auch unten S. 213, sowie Yanofsky und Rachmeler 1958). Die Methionin-Synthetase in *E. coli* wird durch das Auftreten ihres Katalyseproduktes im Medium unter sonst optimalen Bedingungen für die Synthese vollständig gehemmt, während wieder einige andere Aminosäuren, darunter Tryptophan, die Synthese fördern. Unter dem Blickpunkt der Repression und ihres teleologischen Charakters sind derartige Meßergebnisse wohl verständlich. Daß nach „Aushungerung" bei der Fermentsynthese zunächst ein „Überspringen der Grenze" und danach eine Einpendelung bemerkt wird, ist bei den komplizierten Regulationen in der Zelle ebenfalls verständlich.

Oft ist die Unterdrückung der Synthese vieler adaptiver Fermente durch die Gegenwart größerer Glucosemengen festgestellt worden. Der Stoffwechsel dieser Zellarten bevorzugt Traubenzucker in hohem Maße. Daß viele Zellarten vorwiegend auf die Nutzung von Glucose eingestellt sind, ist bei der riesigen Verbreitung des Traubenzuckers kein Wunder. Nach Neidhardt und Magasanik (1956) gibt es keine andere Kohlenstoff-Quelle, mit der *Aerobacter*-Zellen besser wüchsen als mit Glucose. Dieser Zucker ist aber ein hoch wirksamer Repressor im Zellstoffwechsel. Nach den Autoren unterdrückt Glucose im Überschuß in *Aerobacter aerogenes* gleich die Synthese mehrerer Fermente. In Gegenwart von genügend Glucose und NH_4^+ hat *Aerobacter* einen auffallend hohen Prozentsatz von labilem Phosphat. Ergänzende Zusätze von Vitaminen, Aminosäuren, Purinen und Pyrimidinen erhöhen die Wachstumsrate nicht. Die Synthese von Fermentsystemen, welche Produkte liefern, die nicht durch den Glucose-Metabolismus in die Zellen kommen, wird durch die Glucose nicht gehemmt. Das geschieht aber mit Enzymen, die nur den Vorrat an Metaboliten vermehren, der schon durch den Glucose-Metabolismus geschaffen wird. Der Vorrang dieses Metabolismus in *Aerobacter* ist außerordentlich groß.

Wenn NEIDHARDT und MAGASANIK (1956) einen Wildstamm von *Aerobacter aerogenes* in Gegenwart von Histidin im Basalmedium ohne NH_4^+ und Glucose wachsen lassen, bildet er viel Histidase und Urocanase, zwei Fermente, die der Zelle durch den Histidin-Abbau Glutaminsäure, NH_4^+ und Ameisensäure liefern. NH_4^+ braucht also dann dem Medium nicht zugefügt zu werden. Benutzen die Autoren das gleiche Medium bei einer Glutaminsäure-Mangelmutanten, so werden die beiden Fermente Histidase und Urocanase mit gleicher Rate wie im Wildstamm gebildet. Glucose-Zusatz stoppt in beiden Fällen die Fermentsynthese, in erhöhtem Maße, wenn im Medium auch noch NH_4^+ anwesend ist (Tabelle 12).

Tabelle 12. *Die Synthese von Histidase und Urocanase durch zwei Stämme von Aerobacter aerogenes in Abhängigkeit von Glucose im Medium*

Die in der Tabelle angegebenen Substanzen werden zum Basalmedium gegeben, in der Konzentration von 0,2%. Der Abbau von Histidin und Urocaninsäure wird mit getrockneten Zellpräparaten vorgenommen. Enzymeinheit: Aktivität, welche den Abbau von 0,1 γMol Substrat in 1 Std bewirkt. Die Zahlen in der Tabelle sind Einheiten pro 10 mg Zellen. Nach NEIDHARDT und MAGASANIK (1956).

Bakterienstamm	Zusätze zum Wachstums-Medium				Histidase	Urocanase
	L-Histidin	L-Glutamin-säure	$(NH_4)_2SO_4$	Glucose		
Wildstamm	+	—	+	—	170	403
	+	—	—	—	182	420
	+	—	+	+	5	5
	+	—	—	+	70	220
L-Glutaminsäure erfordernder Stamm	+	+	+	—	203	398
	+	—	+	—	197	366
	+	+	+	+	5	5
	+	—	+	+	65	130

In Anwesenheit von Glucose besteht keine Permeabilitätsschranke für Histidin. Der Induktor gelangt also ohne Hinderung ins Zellinnere, dort bleibt jedoch seine induzierende Tätigkeit in Anwesenheit von Glucose unwirksam. Was macht dabei die Glucose?

In einer zweiten Arbeit im gleichen Jahr prüfen NEIDHARDT und MAGASANIK die Abhängigkeit der Synthese von noch zwei weiteren Fermenten von der Anwesenheit des Traubenzuckers in *Aerobacter*-Zellen. Beide Fermente sind ebenfalls adaptiv: Myo-Inosit-Dehydrogenase und Glycerin-Dehydrogenase. Auch die Synthese dieser Enzyme wird durch Glucose vollständig unterdrückt, so daß auch keine Basalmengen mehr gefunden werden (Tabelle 13).

Zur Synthese der drei Fermente in der Tabelle 13 sind also zwar die Substrate als Induktoren notwendig, aber ihre Anwesenheit ist nicht die einzige für die Synthese zu erfüllende Bedingung. Die Synthese wird vollständig verhindert in Gegenwart von Glucose. Glycerin, welches das Wachstum der *Aerobacter*-Zellen fast in der gleichen Rate wie Glucose fördert, hat diese hemmende Wirkung nicht. Es kann also nicht so sein, daß wegen des starken Wachstums in Gegenwart von Glucose alle Bausteine für dieses Wachstum gebraucht werden, so daß keine für die induzierte Fermentsynthese zu Verfügung blieben. Die Glucosehemmung wird nicht beseitigt durch Zusätze von Aminosäuren, Nucleinsäurebasen und Hefe-Extrakt. Die Histidase entsteht, wenn im Medium keine andere

C- und N-Quelle außer Histidin vorhanden ist. Dasselbe gilt für die zwei anderen Fermente, die nur entstehen, wenn Glycerin und Inosit vorwiegend die C-Lieferanten sind. Die drei Fermente entstehen also, wenn die Zellen in einem Mangel-Medium inkubiert sind. Unter 18 geprüften Verbindungen kommt die vollständige Unterdrückung der Synthese nur durch Glucose zustande. An Histidin angepaßte Zellen stellen die Histidase-Bildung sofort ein, wenn Glucose zugesetzt wird. Das Verschwinden der Histidase geht dem Wachstum parallel, die vorhandenen

Tabelle 13. *Unterdrückung der Synthese adaptiver Enzyme durch Glucose in Aerobacter aerogenes*
Zusätze zum Basalmedium: 0,2% Casaminosäuren (AS), 10 μg/ml Adenin $+$ 10 μg/ml Uracil (Purine und Pyrimidine $=$ P u. P), 0,2% Hefe-Extrakt (HE), 10 μg/ml Vitamin B_{12} kristallin. Alle anderen in der Tabelle angegebenen Verbindungen haben eine Endkonzentration von 0,2%. Die Zahlen der enzymatischen Aktivität werden wie in Tabelle 12 berechnet. Die Berechnung der Wachstumskonstanten (k) geschieht nach $\dfrac{dC}{dt} = kC$, wobei C die Turbidität der Kulturen in Einheiten der optischen Dichte und t die Zeit in Stunden ist. Nach Neidhardt und Magasanik (1956).

Zusätze zum Inkubationsmedium	Enzymatische Aktivitäten			Konstante der Wachstumsrate
	Myo-Inositol-Dehydrogenase	Histidase	Glycerin-Dehydrogenase	
L-Histidin	45	150	20	0,57
Myo-Inositol	330	10	15	0,73
Glycerin	20	0	350	0,88
Glucose	0	0	0	0.90
L-Histidin $+$ Myo-Inosit	280	80	25	0,73
L-Histidin $+$ Glycerin	10	70	350	0,88
Myo-Inosit $+$ Glycerin	200	0	280	0,90
Myo-Inosit $+$ Glycerin $+$ AS	200	—	290	1,15
Glucose $+$ L-Histidin	—	0	—	0,90
Glucose $+$ Glycerin	—	—	0	0,90
Glucose $+$ Myo-Inosit	0	—	—	0,90
Glucose $+$ Myo-Inosit $+$ AS	0	—	—	1,15
Glucose $+$ Myo-Inosit $+$ P und P	0	—	—	0,90
Glucose $+$ Myo-Inosit $+$ HE	0	—	—	1,15
Glucose $+$ Myo-Inosit $+$ Vitamin B_{12}	0	—	—	0,89

Fermentmoleküle werden nicht zerstört oder inaktiviert. Histidin dringt in die Zellen mit konstanter Rate ohne Schwierigkeiten ein. In an Histidin angepaßten Zellen wird die Histidase-Bildung sofort eingestellt, wenn im Medium Histidin durch Glycerin oder L-Glutamin ersetzt wird. Die Synthese der Glycerin-Dehydrogenase wird abgebrochen, wenn Glycerin durch Histidin oder Myo-Inosit ersetzt wird. Aber wenn Inosit aus dem Nährmedium entfernt worden ist, wird in Gegenwart von Histidin oder Glycerin Myo-Inosit-Dehydrogenase weiter synthetisiert. Durch Glucose-Zusatz wird diese Fermentsynthese gestoppt. Wenn ganz wenig Glucose zugesetzt wird, bleibt die Synthese unterbunden, bis die Glucose verbraucht ist, dann stellt sie sich wieder ein.

Aus allen Beobachtungen von Neidhardt und Magasanik (1956) geht hervor, daß Glucose die Enzym*bildung*, nicht die Enzym*wirkung* hemmt. Wenn

die Hypothese richtig sein sollte, daß der Induktor eines adaptiven Fermentes
eine enzymbildende Organisatorstelle anregt, so könnte die Glucose oder ein ihr
nahestehendes Stoffwechselglied diesen Mechanismus zerstören oder inaktivieren,
sie könnte damit verhindern, daß der Induktionsvorgang vor sich geht.
Jedenfalls kann die Glucosewirkung am besten gekennzeichnet werden durch den
Ausdruck „Repression", wobei allerdings die näheren Kenntnisse darüber noch
ausstehen.

1957 vergleichen NEIDHARDT und MAGASANIK die vollständige Hemmung
durch Glucose mit anderen Hemmungen der Synthese der drei von ihnen in
Tabelle 13 geprüften Enzyme in *A. aerogenes*, um die Art der Repression durch
Glucose kennenzulernen. Die Größe der Nicht-Glucose-Inhibition erreicht nur

Tabelle 14. *Die Wirkung von Mischungen von Kohlenstoff- und Energiequellen auf die Wachstumsrate k und die Enzymsynthese in Aerobacter aerogenes*

Bedingungen des stetigen Wachstums. Jedes Medium besteht aus der Basallösung + 0,2%
der Substanz A und 0,2% der Substanz B. Die Bedeutung der Zahlen wie in den Tabellen 12
und 13. Nach NEIDHARDT und MAGASANIK (1957).

Substanz A →	L-Histidin		Myo-Inosit		Glycerin	
Substanz B [1] ↓	k	Histidase	k	Myo-Inosit-Dehydro-genase	k	Glycerin-Dehydro-genase
Glucose	1,26	5	1,26	10	1,26	10
Galactose	1,26	51	1,26	140	1,26	210
Glycerin	1,26	56	1,26	200	1,00	350
Myo-Inosit	0,97	82	0,76	330	1,26	300
L-Histidin	0,59	130	0,97	300	1,26	348
Glucosamin	0,97	126	0,76	330	1,00	360

[1] Wenn *A. aerogenes* auf jeder dieser Verbindungen als einziger Quelle für Kohlenstoff
und Energie wächst, so sind die Werte für k: Glucose 1,26; Galactose 1,15; Glycerin 1,00;
Myo-Inosit 0,76; L-Histidin 0,59 und Glucosamin 0,46.

selten 75% der Glucosehemmung, meist ist sie geringer. Der Glucose-Effekt bei
Aerobacter ist einzigartig (Tabelle 14).

In Tabelle 14 zeigt sich also wiederum, daß nur Glucose, zugesetzt einem
Medium mit L-Histidin oder Inosit oder Glycerin, die Synthese der betreffenden
induzierbaren Enzyme vollständig unterdrückt. Galactose, Glycerin und Inosit
unterdrücken dagegen nur leicht. Die hemmende Wirkung dieser Kohlenhydrate
steht etwas in Beziehung zur Wachstumsrate, wie aus der Tabelle zu ersehen ist.
Bei auffallend hoher Wachstumsrate ist die Inhibition stärker.

Wenn man Zellen von *Aerobacter* einesteils auf L-Histidin allein, andernteils
auf L-Histidin + Myo-Inosit hält, so produzieren im letzteren Falle die Zellen
nur 60% der Histidase-Menge, die mit Histidin allein synthetisiert wird. Es
scheint, daß die zusätzliche Synthese eines zweiten Fermentes die Syntheserate
des ersten Fermentes herabdrückt. Aus Tabelle 14 geht hervor, daß die *Aerobacter*-
Zellen auf Myo-Inosit rascher wachsen als auf L-Histidin. Die Ursache liegt
wahrscheinlich in einer größeren Synthese-Geschwindigkeit der myo-inosit-ab-
bauenden Enzyme. Das Enzymsystem mit der größeren Synthese-Geschwindigkeit wird wahrscheinlich auf Kosten des anderen Fermentsystems produziert.
Aber die hemmende Wirkung der Glucose auf die induzierte Enzym-Biosynthese

kann nicht in gleicher Weise erklärt werden. Selbst wenn die Zugabe von Glucose ins Medium die Bildung von zusätzlichen glucoseabbauenden Enzymen induzieren würde, was wenig wahrscheinlich ist, so schließt die Stärke der Hemmung die Möglichkeit aus, daß sie durch eine geringe Veränderung des biosynthetischen Bildes der Zelle verursacht sein könnte. Es handelt sich offenbar um eine wirkliche Repression durch die Glucose selbst oder durch ein ihr nahestehendes Stoffwechselglied.

1960 berichtet Neidhardt von einer *Aerobacter*-Mutanten, die in Gegenwart von Glucose doch Histidase und Urocanase synthetisiert, wenn Histidin im Medium ist. Beim Studium dieses Mutanten-Stammes IF-4 stellt sich heraus, daß im intermediären Stoffwechsel aus Glucose Zwischenprodukte entstehen, welche die eigentlichen Unterdrücker der Synthese anderer Fermente sind. Diese Repressoren sollen durch Rückkoppelung wirken. In den Glucose-Mutanten IF-4 beherrscht der Glucose-Metabolismus den Stoffwechsel nicht so sehr wie im Wildstamm. In Anwesenheit von Histidin neben Glucose wird auch Histidin neben Glucose abgebaut. In den Wachstumskurven entsteht also nicht wie beim Wildstamm nach Verbrauch der Glucose eine Diauxie-Pause und erst danach der Abbau von Histidin. Was für Histidin gilt, beobachtet der Autor auch bei anderen Substraten, z.B. Lactose. Aber wenn man neben Histidin nicht Glucose, sondern Gluconsäure darbietet, tritt die Rrepression wieder auf. Daraus schließt der Autor, daß bei der Mutanten die unmittelbare Oxydation von Traubenzucker gehemmt ist und dadurch „repressorisch" wirkende Intermediärprodukte spärlicher gebildet werden. Beim Wildstamm überschwemmen diese Zwischenprodukte die Zelle so sehr, daß sie nicht schnell genug weiterverarbeitet werden können, sogar teilweise ins äußere Milieu austreten, und daß dadurch die Unterdrückung zustande kommt. Die gradweise Verschiedenheit des Glucose-Abbaus zeigt sich auch beim Vergleich zellfreier Extrakte des Wildstammes mit denen des Stammes IF-4.

1959 berichten Magasanik, Magasanik und Neidhardt, daß Zellen eines *Aerobacter*-Stammes, gewachsen auf Glycerin, in derselben Intensität Glucose oxydieren wie Zellen des gleichen Stammes, die auf Glucose gewachsen waren. Aber nur im letzteren Falle wird die Glucose-Oxydation durch Mg^{++} stimuliert. Ebenso verhalten sich Zellen, die statt auf Glucose auf Gluconat gewachsen sind. Gluconat unterdrückt wie Glucose die Synthese von Histidase, Urocanase, Inosit-Dehydrogenase und Glycerin-Dehydrogenase. Der Mg^{++}-abhängige Glucoseabbau führt zu einer Anhäufung von Gluconat, aber auch von Pyruvat.

Magasanik und Bojarska (1960) schreiben folgendes: Bei einem aus Stamm 1033 durch Mutation entstandenen Stamm IF-4 ist Glucose kein Repressor. Zellen, die auf Glucose gewachsen sind, können Glucose oxydieren ohne Stimulation durch Mg^{++}. Dieses Ion ist aber notwendig, wenn das vorausgegangene Wachstum in Gegenwart von Gluconat vor sich ging. Dann ist Gluconat auch statt Glucose der Repressor. Zur näheren Untersuchung werden Zellen des Ausgangsstammes 1033 und der Mutanten IF-4 durch Ultraschall zerstört. Die überstehende Flüssigkeit wird nach dem Zentrifugieren auf ihre Fähigkeit, Glucose und Glucose-6-Phosphat zu oxydieren und unter anaeroben Verhältnissen Gluconat und Pyruvat zu bilden, geprüft. Der Zellsaft von auf Glucose gewachsenen Zellen 1033 kann Glucose und Glucose-6-Phosphat oxydieren (verstärkt nach Zusatz von TPN und Methylenblau), während der Zellsaft von IF-4 dies nur nach Zusatz von Glucose-6-Phosphat *und* TPN + Methylenblau kann. Wenn die beiden Stämme auf Gluconat gewachsen sind, verhalten sich ihre Extrakte gleich, d. h. sie oxydieren Glucose und Glucose-6-Phosphat, aber noch besser in Gegenwart von TPN + Methylenblau.

Alle Extrakte, außer dem Extrakt von auf Glycerin gewachsenen Zellen, können aus 6-Phosphogluconat oder Gluconat + ATP anaerob Pyruvat bilden. Die Extrakte von gluconatgewachsenen Zellen 1033 und IF-4 können mit Gluconat eine kleine Menge Pyruvat bilden in Abwesenheit von ATP und Mg^{++}. Die Fähigkeit der verschiedenen Zellextrakte, in ansteigenden Raten nach Zusatz von Mg^{++} Glucose zu oxydieren, geht parallel mit der gleichen Fähigkeit der betreffenden Zellsuspensionen. Beide Stämme besitzen den Repressions-Mechanismus in Gegenwart von Gluconat. Daher ist es möglich, daß der eigentliche Repressor nicht Glucose, sondern Gluconat ist. Die Repressionswirkung von Glucose könnte abhängen von der Raschheit der Gluconatbildung. Daß bei *Aerobacter*-Mutanten Glucose seine Repressor-Eigenschaft verliert, schwächt die Versuchsergebnisse am Ausgangsstamm nicht ab, sondern bekräftigt sie vielmehr. Aber man sieht, daß das letzte Wort über den Repressor Glucose in *Aerobacter* noch nicht gesprochen ist. Was hat Mg^{++} mit der Repression zu tun? Inwiefern kann Gluconsäure, welche sonst den Pentosecyclus einleitet, als Repressor auftreten? Man könnte vielleicht folgendes vermuten:

Nach PARR (1956, 1957) hemmt in Homogenaten verschiedener tierischer Gewebe 6-Phosphogluconsäure die Phosphogluco-Isomerase kompetitiv. Diese stellt das Gleichgewicht her:

$$\text{Glucose-6-Phosphat} \rightleftharpoons \text{6-Phospho-Gluconsäurelacton} \; (\rightarrow \text{6-Phospho-Gluconsäure} \rightarrow \text{Pentosephosphat-Cyclus}).$$

Das würde bedeuten, daß der Weg des Glucose-Abbaus in Anwesenheit größerer Gluconsäure-Mengen über Pyruvat unterbunden wäre. Die Gluconsäure würde mit der Unterdrückung des normalen Atmungs- und Gärungsweges auch die Synthese von Glycerin-Dehydrogenase und Myo-Inosit-Dehydrogenase verhindern. Dunkel bliebe dann allerdings die Repression der Synthese von Histidase und Urocanase. Aus diesem Grunde, und da die Glucose das Wachstum und die Atmung der *Aerobacter*-Zellen so enorm begünstigt, sollten aber andere Zusammenhänge bestehen. Einstweilen muß man die allgemeinen Überlegungen von NEIDHARDT und MAGASANIK (1956) gelten lassen: Die *Aerobacter*-Zellen bevorzugen stark den Glucose-Metabolismus. Er wird so sehr begünstigt, daß die Synthese anderer Fermente, welche in der etwa gleichen Stoffwechselrichtung liegen, unterdrückt wird. Es könnte sein, daß die Glucose oder die Gluconsäure den Induktoren der unterdrückten Fermente den Zugang zu den „Organisator-stellen" versperren (?). Man muß die weiteren experimentellen Ergebnisse abwarten.

DURHAM und McPHERSON schreiben über die Glucosehemmung folgendes: *Pseudomonas fluorescens* metabolisiert aromatische Verbindungen wie Benzoesäure, Anthranilsäure, p-Aminobenzoesäure und p-Hydroxybenzoesäure. Die Induktion durch diese Substrate wird unter den gewählten Bedingungen um 90—120 min verzögert, wenn sie die einzige C-Quelle sind. Setzt man aber mit

dem Substrat noch kleine Mengen (z. B. $5 \cdot 10^{-7}$ Mol) Traubenzucker, Bernsteinsäure, Brenztraubensäure oder Gluconsäure hinzu, so wird die Latenz-Zeit
wesentlich abgekürzt. Die Induktion wird durch die Zunahme des O_2-Verbrauches
in der Warburg-Apparatur gemessen. Die nähere Untersuchung zeigt, daß die
Metabolisierung der aromatischen Substrate erst einsetzt, wenn die Glucose bzw.
das Succinat oder Pyruvat verbraucht ist. Aber es kommt zu keiner Diauxie-
Pause. Die Latenz-Zeit bei geringen Glucosemengen kann auf die Hälfte verkürzt
werden. Nimmt man aber etwas größere Mengen von Glucose, so drängen diese
die Nutzung der aromatischen Substrate zurück, und es kommt zu einer Verzögerung der Induktion. Läßt man die Bakterien erst in viel Glucose wachsen
und setzt sie dann in ein Medium mit Benzoesäure als einziger C-Quelle, dann
wird die Latenz-Zeit nicht verkürzt. Das beweist, daß nicht die Anhäufung von
Glucose-Metaboliten diese Verkürzung verursacht. Auch ist die Permeabilität
für die aromatischen Verbindungen durch die Zellmembran in Anwesenheit von
Glucose nicht herabgesetzt. Wahrscheinlich sind geringe Glucosemengen eine
schnell verfügbare Energiequelle für die Anpassung an die weniger schnell ver-
arbeitbaren aromatischen Substrate. Größere Glucosemengen lassen die aromatischen Substrate im Stoffwechsel nicht zum Zuge kommen, bis Glucose verbraucht ist. Es kommt also zur Repression (Suppression) der adaptiven Enzymsynthese. Die Glucose wirkt also fördernd oder hemmend, je nach ihrer Menge.
Die fördernde Wirkung wird nicht unterbunden durch Zusatz von 2,4-Dinitro-
phenol und Cyanid.

DÉNES (1961) findet, daß man die Induktoren der β-Galactosidase in *Coli*-
Zellen in zwei Gruppen teilen kann: solche, die in Gegenwart von Glucose keine
induktive Kraft haben und solche, die trotz Glucose die β-Galactosidase-Synthese
stark induzieren. Wenn man den Wildstamm von *Coli*-Zellen auf einem Nährboden mit Glucose, Galactose und Lactose züchtet, dann verhindert die Glucose
die Induktion durch Lactose und Galactose. Erst nach dem Verbrauch der Glucose setzt die Induktion ein (Diauxie-Phänomen). Nimmt man aber statt Lactose
oder Galactose als Induktor Isopropylthio-β-D-Galactosid, so wird eine starke
Synthese der β-Galactosidase induziert. Wenn die Zellen statt auf Glucose auf
Maltose, Glycerin oder Succinat gewachsen sind, so übt ein Zusatz von Glucose
eine 25—50%ige Hemmung auf die durch Isopropylthiogalactosid induzierte
Synthese der β-Galactosidase aus; eine vollständige Hemmung wird nicht erzielt.

Eine gewisse Ähnlichkeit der Versuchsergebnisse mit denen von MAGASANIK
und NEIDHARDT an *Aerobacter*-Zellen haben die Befunde an *Bacillus subtilis*
(*B. amyloliquefaciens* FUKUMOTO) von FUKUMOTO, YAMAMOTO und TSURU
(1957). Diese Autoren prüfen die Synthese der α-Amylase, die von den Zellen
in das umgebende Medium ausgeschieden wird. Die Amylase liefert den Zellen
Glucose, daher ist es teleologisch sinnvoll, wenn nach Zugabe von Glucose ins
Medium die Amylase-Synthese weitgehend gehemmt wird. Erst bei niedrigen
Glucose-Konzentrationen von etwa 0,01% stimuliert auch Glucose die Amylase-
Synthese. Der Mangel und der Überfluß spielen also auch hier eine wesentliche
Rolle. Glucose fördert sehr stark Wachstum und Atmung.

Die Amylase-Aktivität im Kulturfiltrat nimmt am raschesten bei Beginn
der stationären Phase zu. α-Amylase-Synthese und Zellwachstum stehen in
umgekehrtem Verhältnis zueinander. Eine kleine Amylasemenge sekretieren die

Zellen immer, wenn sie aerob in Gegenwart von Phosphat geschüttelt werden. Diese Menge erhöht sich stark in Gegenwart mancher Zucker und löslicher Stärke in Abwesenheit einer Stickstoffquelle. Andere Kohlenhydrate wie Brenztraubensäure, Maltose, Mannose und Saccharose haben eine geringe Wirkung, während die Atmungswerte (Q_{O_2}) steigen (Tabelle 15) (s. vorangehenden Bericht über die enzymatische Anpassung, Teil II bei HORVATH, SZENTIRMAI, BAJUZ und PARRAGH 1960, S. 130).

Aus Tabelle 15 geht hervor, daß die Menge an gebildeter Amylase in keiner Weise parallel geht mit der Atmungs-Aktivität der Zelle. Bei Anwesenheit von Kohlenstoff-Quellen, welche die Amylasebildung schlecht fördern oder sogar hemmen, werden von den Zellen sehr viele Nucleinsäurebasen sezerniert, wie man durch UV-Absorption messen kann. Also ohne Zusatz einer C-Quelle und

Tabelle 15. *Amylasebildung und O_2-Verbrauch von Subtilis-Zellen in Gegenwart verschiedener Kohlenstoff-Quellen*

Minimalmedium mit Zusatz von 0,5% Zucker oder $^1/_{30}$ Mol organischer Säure. Keine Stickstoffquelle. Die Aktivität wird nach zweistündigem Schütteln bestimmt. Aktivitätseinheit: die Aktivität von 1 μg kristalliner bakterieller Amylase. pH 6—8. Nach FUKUMOTO, YAMAMOTO und TSURU (1957).

Kohlenstoffquelle ↓	Amylase-Aktivität/ml	Q_{O_2}	↓ Kohlenstoffquelle	Amylase-Aktivität/ml	Q_{O_2}
Lactose	24,0	56	Maltose	13,5	81
Galactose	21,5	56	Mannose	5,3	65
Ribose	20,5	67	Saccharose	4,0	82
Arabinose	19,5	62	Glucose	3,8	92
lösliche Stärke	17,5	71	Xylose	2,7	15
Mannitol	15,5	—	kein Zusatz	4,0	16
Glucontraubensäure	15,5	55			
Brenztraubensäure	15,0	91			

mit Lactose- und Galactose-Zusatz ist die Ausscheidung von Nucleinsäure-Basen gering. Nach Zusatz von 0,5% Glucose steigt sie stark an, wobei Uracil den größten Anteil hat. Mit der Sezernierung dieser Basen parallel geht auch eine Ausscheidung von Eiweiß, das keine Amylase ist. Eine große Hemmung der Amylase-Synthese tritt auch auf nach Zusatz von Thiouracil und 8-Azaguanin, wenn Kohlenhydrate anwesend sind, welche die Amylasebildung nicht begünstigen. Aus diesen und anderen Angaben der Autoren möchte man drei Schlüsse ziehen:

a) In Abwesenheit einer Stickstoffquelle ist die Amylasebildung nur hoch, wenn ein sehr mäßiger Stoffwechsel vorliegt.

b) Das Katalyseprodukt Glucose hemmt die Amylase-Synthese.

c) Bei starkem Stoffwechsel (und bei Zugabe von Chloramphenicol) besteht ein wesentlicher Teil der Stoffwechselregulation in der Ausscheidung des Stoffwechselüberschusses nach außen.

MCQUILLAN, WINDERMAN und HALVORSON (1960) stellen fest, daß der Induktor in ihrem Beispiel dem Repressor Glucose nicht im mindesten entgegenwirken kann, auch nicht in hoher Konzentration. Sie schließen daraus, daß Repressor und Induktor an zwei voneinander getrennten Stellen in der Zelle wirken.

Neuerdings erklärt Gross (1959) (s. auch Gross und Fein 1960) die Repression durch Glucose an einem bestimmten Beispiel durch intracelluläre Barrieren. In *Neurospora* erfolgt die Synthese der aromatischen Säuren ausgehend von Glucose über 5-Dehydro-Chinasäure, 5-Dehydro-Shikimisäure (DHS) zu Protocatechussäure (PCA) den folgenden Formeln entsprechend, in denen auch zwei beteiligte Fermente eingetragen sind:

$$\text{Glucose} \rightarrow \quad \underset{\substack{\text{5-Dehydro-}\\\text{Chinasäure}}}{\text{[Formel]}} \;\rightleftharpoons\; \underset{\substack{\text{5-Dehydro-}\\\text{Shikimisäure}}}{\text{[Formel]}} \;\xrightarrow{\text{DHS-Dehydrase}}\; \underset{\substack{\text{Protocatechus-}\\\text{Säure}}}{\text{[Formel]}} \;\xrightarrow{\text{PCA-Oxydase}}\;$$

Im Wildstamm ist die induktive DHS-Dehydrase kaum nachzuweisen, auch die Aktivität der induktiven PCA-Oxydase ist sehr gering. Aber in der Mutante Y 7655 sind beide Fermente in größerer Menge vorhanden. Durch drei Fermente wird PCA in β-Ketoadipinsäure verwandelt, wie die folgenden Formelbilder zeigen:

$$\underset{\text{PCA}}{\text{[Formel]}} \;\xrightarrow[\text{dase}]{\text{PCA-Oxy-}}\; \underset{\substack{\beta\text{-Carboxy-}\\\text{mucansäure}}}{\text{[Formel]}} \;\underset{\substack{\text{sierendes}\\\text{Enzym}}}{\overset{\text{Lactoni-}}{\rightleftharpoons}}\; \underset{\substack{\beta\text{-Carboxy-}\\\text{mucansäurelacton}}}{\text{[Formel]}} \;\underset{\substack{\text{sierendes}\\\text{Enzym}}}{\overset{\text{Delactoni-}}{\rightleftharpoons}}\; \underset{\substack{\beta\text{-Keto-}\\\text{adipinsäure}}}{\text{[Formel]}} \;\longrightarrow$$

Das lactonisierende und das delactonisierende Ferment sind konstitutiv. Die PCA-Oxydase kann im Wildstamm induziert werden durch PCA und eine Reihe von anderen Induktoren im äußeren Milieu. Die β-Keto-Adipinsäure wird in Succinat und Acetat gespalten und mündet so in den Citronensäure-Cyclus. Die 5-Dehydro-Shikimisäure führt über Shikimisäure zu Phenylalanin, Tryptophan und p-Aminobenzoesäure. Im Wildstamm häuft sich PCA nicht an, aber verschiedene *Neurospora*-Mutanten accumulieren PCA, wenn Glucose oder Succrose oder andere C-Quellen im Nährmedium sind. Sobald diese aber verbraucht sind, wird das angehäufte PCA fermentiert. Die Anhäufung von PCA induziert die Synthese der PCA-Oxydase. Der Verfasser nennt dies Auto-Induktion. Wird nach der Induktion wieder Glucose zugesetzt, dann häuft sich die PCA wieder an, ihre Fermentierung wird stillgelegt. Das kommt nicht daher, weil die PCA-Oxydase das geschwindigkeitsbestimmende Kettenglied wäre. K_m für die DHS-Dehydrase ist $6 \cdot 10^{-4}$ Mol, K_m für die PCA-Oxydase ist etwa $5 \cdot 10^{-6}$ Mol, also die Affinität von PCA zur Oxydase ist 100mal so groß wie die Affinität von DHS zur DHS-Dehydrase. Die zugesetzten Kohlenhydrate, etwa Glucose, hemmen nicht die *Aktivität* der PCA-Oxydase. Der Autor hält es für möglich, daß der „metabolic pool" für PCA räumlich getrennt ist von dem Sitz der PCA-Oxydase und daß Glucose (oder ein Stoffwechselprodukt von ihr) das Zusammenkommen von Substrat und Ferment oder die Verbindung des Induktors mit dem Organisator des Fermentes verhindert. Wenn man ins Nährmedium Glucose *und* PCA gibt, kann keine Permeabilitäts-Verhinderung für PCA durch die Zellmembran nachgewiesen werden, welche für die „Diauxie" verantwortlich gemacht werden könnte. Es müssen intracelluläre Permeabilitäts-Schranken oder andere Barrieren vorhanden sein. Die Repression der PCA-Fermentierung durch Glucose könnte also damit erklärt werden, daß in der Zelle räumlich getrennte Abteilungen vorhanden sind, zwischen denen durch bestimmte Metaboliten Barrieren errichtet werden können. Bei der Ausdeutung des Pasteur-Effekts sind LYNEN und andere auf eine solche Barriere, eine intracelluläre Permeabilitäts-Schranke, gestoßen (LYNEN 1941, JOHNSON 1941, s. oben S. 184). Die Vermutung von GROSS steht nicht im Gegensatz zu der Vogelschen Repressor-Hypothese. Aber es ist möglich, daß die Repression auch von der physikalisch-chemischen Seite angesehen werden muß. So weist McLAREN (1955) darauf hin, daß die Phasengrenzflächen und die cytologischen Strukturen in der Zelle für die Enzymreaktion große Bedeutung haben. Viele Fermente sind in diese intracellulären Zwischenwände eingebaut. Die Grenzflächen haben meist ein anderes p_H als die angrenzenden Lösungen.

Gewiß spielt bei den meisten bisher betrachteten und bei vielen anderen Mikro-Organismen die Glucose im Stoffwechsel eine große oder sogar überragende Rolle. Sie wird von „konstitutiven" Enzymen fermentiert, sie beherrscht das Stoffwechselgeschehen in der Zelle durch ihre hemmende Wirkung auf die Synthese einer Reihe anderer Fermente, sie unterdrückt bei der Diauxie die Fermentierung anderer Zucker, der Kohlenhydrat-Alkohole und vieler organischer Säuren, vielleicht manchmal über ein Permease-System. Aber diese Rolle hat die Glucose nicht bei allen Mikro-Organismen (s. z. B. bei CAMIEN und DUNN 1955 in LEINER 1958a, S. 44). HAMILTON und DAWES (1959) berichten, daß Zellen von *Pseudomonas aeruginosa*, die auf organischen Säuren als Kohlenstoff-Quelle gewachsen waren, sich nur langsam mit einer variablen Latenz-Periode an Glucose anpassen. Wenn man gleichzeitig Glucose und organische Säure (Citronensäure) in äquimolekularen Mengen bietet, wird diese letztere zuerst benutzt und dann erst die Glucose. Nichtproliferierende Zellen, wenn sie sowohl an Citrat wie an Glucose angepaßt sind, fermentieren die Glucose in Gegenwart von Citrat erst dann, wenn dieses fast verbraucht ist.

Wie vorsichtig man bei der Auswertung von experimentellen Ergebnissen sein muß, soll ein von MANDELSTAM (1957) gebrachtes Beispiel zeigen. Bekanntlich benutzen *Coli*-Zellen, wenn sie in einem Medium mit Glucose und Lactose inkubiert sind, zuerst ausschließlich Glucose, dann stoppt das Wachstum für etwa 1 Std und beginnt dann wieder auf Kosten der Lactose. Während der Latenz-Zeit, welche beide Wachstumsphasen trennt, erfolgt eine beträchtliche Synthese der β-Galactosidase, welche RICKENBERG und LESTER (1955) „*bevorzugte Synthese*" nennen. Das Gesamtprotein vermehrt sich dabei nicht. Die bevorzugte Synthese kann über einen längeren Zeitraum ausgedehnt werden, wenn man Stickstoff-Mangelzellen oder Mutanten, welche Leucin erfordern, benutzt. Durch Zusatz von Succinat wird diese Vorzugs-Synthese der β-Galactosidase gehemmt. Bernsteinsäure ist aber nur ein Inhibitor der β-Galactosidase-Synthese bei *hungernden*, also nichtwachsenden *Coli*-Zellen. (Als Induktor benutzt MANDELSTAM bei diesen Messungen Methyl-β-Thiogalactosid.)

III. Rückkoppelung

Die Bayerische Akademie der Wissenschaft hat einen Preis ausgesetzt für die beste 1961 eingereichte Arbeit über das Thema: „Die Rückkoppelung als Urprinzip der Lebensvorgänge". Gewiß ist sie ein wesentliches Prinzip bei den Stoffwechsel-Regulationen in der Zelle, aber doch nicht „das Urprinzip". Die anderen in diesem Bericht behandelten Regulationen sind ebenso wichtig, und nur alle zusammen ergeben das, was wir „lebendige Zelle" nennen[1].

Der Begriff „Rückkoppelung" stammt aus der Apparatetechnik. Apparative Anordnungen (im einfachsten Fall Thermoregulatoren), deren spätere Ablauf-glieder frühere in ihrer Geschwindigkeit regulieren oder vorübergehend aus-schalten, haben rückkoppelnde Eigenschaften. In dieser Definition liegt, daß Rückkoppelungen nur die *Geschwindigkeit* eines Ablaufes beeinflussen, ohne daß sie die einzelnen Komponenten ändern. Die oben behandelten Repressionen unter-drücken aber die Ferment*synthese*. Es ist also besser, wenn man sie nicht unter die Rückkoppelungen einreiht, sondern für sich behandelt. Selbstverständlich gehört die induzierte Fermentsynthese, welche durch exogene Einflüsse zustande kommt, nicht hierher.

Hier sei das Wesen der biologischen Rückkoppelung (Krebs 1956) an einigen markanten Beispielen der neuen Literatur dargelegt. Für weiteres sei verwiesen auf die angeführte Literatur.

Black und Wright (1955), Watanabe und Shimura (1955) und Umbarger (1955, 1956) schildern die Biosynthese von Threonin (α-Amino-β-Oxybuttersäure) und Isoleucin wie folgt:

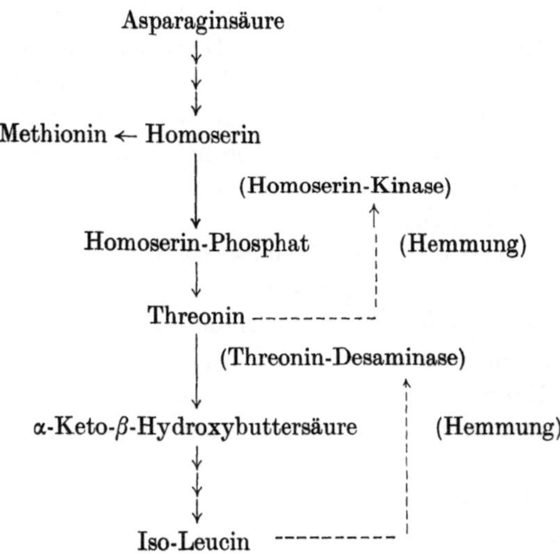

Nach Wormser und Pardee (1958) wird die in dem Schema eingetragene Homoserin-Kinase kompetitiv durch Threonin gehemmt. Die Affinität des Hemmstoffes zum Ferment hat die gleiche Größenordnung wie diejenige des Substrats Homoserin, d. h. die Größe der Threonin-Synthese reguliert sich selbst durch Rückkoppelung. Die in der Abzweigung liegende Methionin-Synthese

---

[1] Diese Feststellung bezieht sich nur auf die Rückkoppelungen innerhalb der Zelle. Von den vielen wunderbaren Rückkoppelungen im Leben vielzelliger Organismen ist hier ja nicht die Rede.

wird von der Bremsung der Threoninbildung nicht betroffen, sie profitiert davon. Das Weiterlaufen der Kette von Threonin zu Isoleucin (UMBARGER 1956) wird rückkoppelnd reguliert durch die Konzentration von Isoleucin. Dieses hemmt die Aktivität der Threonin-Desaminase, zu der es eine größere Affinität hat als das Substrat.

Man sieht, es handelt sich bei der eigentlichen Rückkoppelung nicht um eine Repression oder Induktion der Enzym*synthese*, sondern um eine (teleologisch sinnvolle) Regulierung der Enzym*aktivität*. Spätere Glieder der Fermentkette erzeugen Katalyseprodukte, welche das Ferment selber oder frühere Glieder der gleichen Fermentkette hemmen oder aktivieren, in unserm Falle hemmen. Man redet entsprechend von positiver und negativer Rückkoppelung. Die Regulierung, welche gleichzeitig an verschiedenen Stellen des Zellstoffwechsels wirken kann, sorgt für eine jeweils optimale Einstellung eines stationären Zustandes des ganzen Stoffwechsels.

Im übrigen ist nach FLAVIN und KONDO (1960) der metabolische Weg zwischen Asparaginsäure und Isoleucin im einzelnen noch nicht erkundet. Die Autoren untersuchen den durch Threonin-Synthetase katalysierten Schritt Homoserinphosphat $\rightleftharpoons$ Threonin unter Benutzung von $H_2^{18}O$ in der Reaktionsflüssigkeit. Nach der Ablösung der Phosphorsäure findet sich ^{18}O nur im Threonin. Daraus kann man vermuten, daß es sich nicht um eine hydrolytische Spaltung handelt.

Ein anderes Beispiel von negativer Rückkoppelung teilen MAGER und MAGASANIK (1960) mit. Die Autoren untersuchen bei *Aerobacter aerogenes*, *Escherichia coli* und *Salmonella typhimurium* die Umwandlung von Guanylsäure (GMP) zu Adenylsäure (AMP). Als Zwischenglied finden sie Inosylsäure (IMP). Eines der Fermente dieses Weges ist eine Reduktase, welche GMP in IMP verwandelt. Dabei sind TPNH als H-Donator und eine Sulfhydryl-Verbindung notwendig.

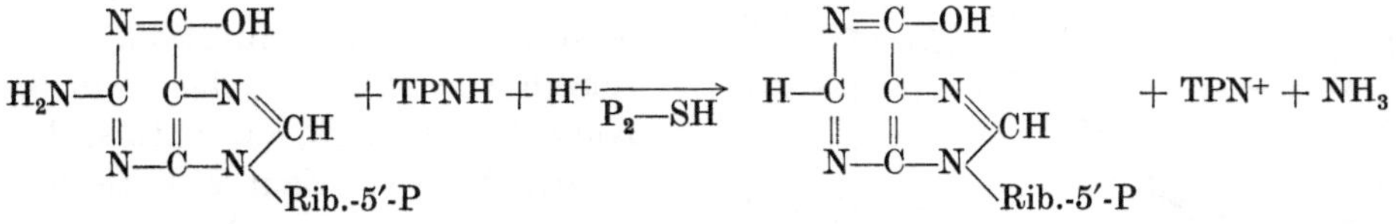

$$GMP + TPNH + H^+ \xrightarrow{\;P_2-SH\;} IMP + TPN^+ + NH_3$$

Gehemmt wird die Reduktase durch höhere Konzentrationen von ATP. Sie wirkt nur in der einen Richtung GMP $\rightarrow$ IMP. Aus IMP entsteht fermentativ AMP, aber auch Xanthosin-5'-Phosphat (XMP), welche Säure zu GMP zurückführt. Die letztere Reaktion wird durch hohe Konzentrationen von GMP gehemmt. Es besteht also folgender Rückkoppelungs-Mechanismus:

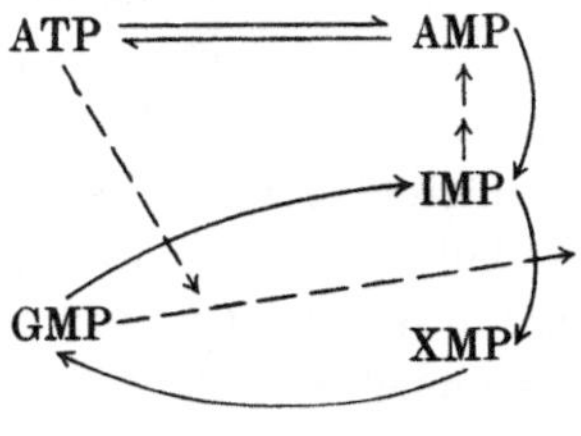

In dem Schema bedeuten die durchbrochenen Pfeile die Rückkoppelungs-Hemmungen.

Ein Beispiel positiver Rückkoppelung ist das Eingreifen des DPN/DPNH-Systems bei der alkoholischen Gärung der Hefezellen. Wir folgen dabei den Ausführungen von Holzer (1959), Holzer und Holldorf (1959) und Holzer und Freytag-Hilf (1960). Wenn man zu ruhender, verarmter Hefe unter anaeroben Bedingungen Glucose bringt, kommt es zu vorübergehender Aufstauung von Fructose-Diphosphat (FDP) und den Triose-Phosphaten (TP). Für 1,6-P-Fructose wird dies gezeigt in Abb. 7, Kurve a. Von einem sehr niedrigen Wert in der Zeit Null steigt die FDP-Menge in den ersten 75 sec nach dem Glucosezusatz auf 1,75 μMol. Darauf fällt die Konzentration in den nächsten 75 sec auf 1 μMol. Dann stellt sich ein stationärer Zustand mit geringem Anstieg ein. Zum Vergleich sieht man aus der Kurve b der Abb. 7, daß unter aeroben Bedingungen zum Teil ähnliche, zum Teil aber auch andere Regulationen vonstatten gehen.

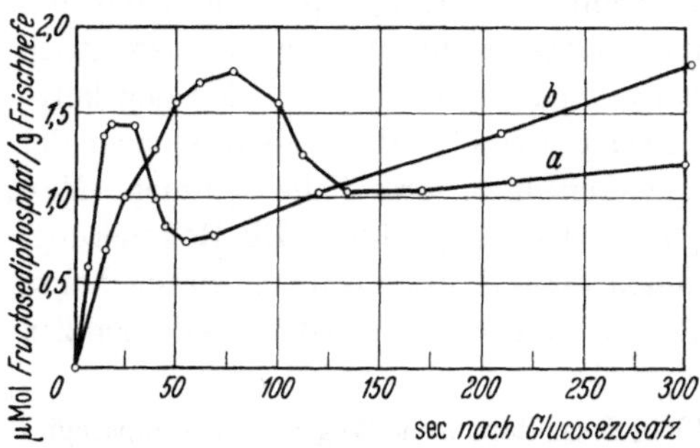

Abb. 7. Änderung der Fructosediphosphat-Konzentration nach Zusatz von Glucose zu verarmter Hefe. *a* Unter anaeroben Bedingungen (N_2 in der Gasphase); *b* unter aeroben Bedingungen (O_2 in der Gasphase). Nach Holzer und Freytag-Hilf (1959)

In der Abb. 8 ist der Verlauf der Konzentration von FDP und Dihydroxy-Acetonphosphat (DAP) mit und ohne Zusatz von Acetaldehyd (AcA) 10 sec vor dem Glucose-Zusatz unter anaeroben Bedingungen verfolgt. Die Kurve 1 ist die FDP-Konzentration ohne und die Kurve 2 mit AcA-Zusatz. Der Anstieg wird durch AcA stark gebremst. Dasselbe stellt man fest, wenn man die Konzentrationsänderungen von DAP verfolgt (Abb. 8, Kurve 3 und 4). Eine Hauptursache für den Kurvenverlauf ist nach den Meßergebnissen der Autoren der vorübergehende Mangel an (oxydiertem) DPN. Durch die Oxydierung von Glycerin-Aldehyd-Phosphorsäure zu 1,3-Phosphoglycerinsäure (DPGS) wird ein großer Teil des DPN zu DPNH reduziert und nicht sofort reoxydiert. So kommt es in der Reaktionskette zur Stokkung vor dem zu oxydierenden Kettenglied. FDP und TP werden angereichert. Erst wenn über Pyruvat Acetaldehyd gebildet ist, das ja bei der Hefegärung mit Hilfe von DPNH zu Äthylalkohol reduziert wird, steht wieder DPN zur Bildung von DPGS zur Verfügung (s. auch Chance 1954). Holzer et al. (1960) formulieren diese positive Rückkoppelung folgendermaßen:

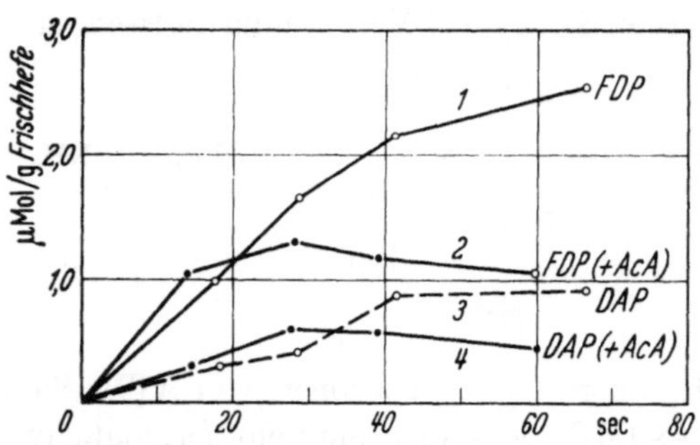

Abb. 8. Änderung der Konzentration an Fructose-diphosphat und Dihydroxy-acetonphosphat in Hefezellen unter anaeroben Bedingungen nach Zusatz von Glucose mit und ohne Acetaldehyd. *FDP* Fructose-diphosphat; *DAP* Dihydroxy-acetonphosphat; *AcA* Acetaldehyd. Nach Holzer und Freytag-Hilf (1959)

$$\text{Glucose} \to \to \to \text{FDP} \rightleftharpoons \text{TP} \to \text{DPGS} \to \to \to \to \text{AcA} \to \text{Alkohol}$$

Bei dieser Regulation handelt es sich also um einen vorübergehenden Mangel an oxydiertem Cofaktor. HOLZER u. Mitarb. nennen das eine „stöchiometrische Rückkoppelung". Die Stoffwechselkette pendelt sich in eine stetig gleichbleibende Konzentration erst ein nach einer vorübergehenden Aufstauung einiger Kettenglieder. Das ist nach HOLZER das Kennzeichen einer „verzögerten Rückkoppelung". Von Rückkoppelungs-Mechanismen redet man aber auch dann, wenn es sich nicht direkt um eine Beeinflussung der Aktivität einiger „Schrittmacher"-Fermente und um die Wiederherstellung des reaktionsfähigen Cofermentes handelt. Als Beispiel dafür seien hier die Rückkoppelungsvorgänge durch das Adenylsäure-System bei der alkoholischen Gärung der Hefe kurz skizziert.

Setzt man nach HOLZER et al. (1960) zu ruhender verarmter Hefe unter anaeroben Bedingungen Glucose, dann fällt infolge der sofort einsetzenden Phosphorylierungs-Vorgänge die ATP-Konzentration in den ersten 30—40 sec stark (Abb. 9 A), dann steigt sie langsam wieder an, um nach etwa 120 sec einen stationären Zustand zu erreichen. [Unter aeroben Bedingungen ist der Kurvenverlauf ein anderer (Abb. 9 B). Es kommt dort sogar in den ersten 40 sec zu einer

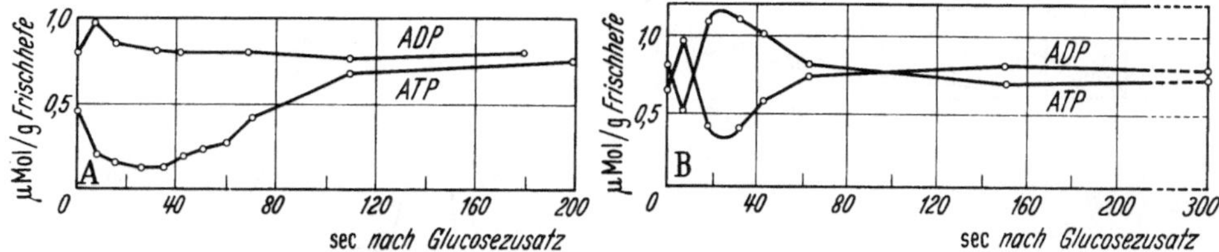

Abb. 9 A u. B. A. ATP und ADP nach Zusatz von Glucose zu verarmter Hefe unter anaeroben Bedingungen. B. ATP undADP nach Zusatz von Glucose zu verarmter Hefe unter aeroben Bedingungen. Nach HOLZER und FREYTAG-HILF (1959)

vorübergehenden Aufstauung von ATP.] Die bei der oxydativen Phosphorylierung und der Dephosphorylierung von 1,3-P-Glycerinsäure und der Dephosphorylierung von Phosphobrenztraubensäure eintretende Zurückverwandlung von ADP in ATP wirkt rückkoppelnd. Das zurückgewonnene ATP kann von neuem eingesetzt werden bei der Phosphorylierung der Hexosen. Auf weitere Einzelheiten braucht hier nicht eingegangen zu werden. Aber es sei noch auf eine mögliche Folge des Abfalls der Orthophosphat-Konzentration in der Zelle hingewiesen. Denn die Phosphorylierung von Glucose, Fructose und Glycerinsäure und andere den Gärungsvorgang begleitende Phosphorylierungen führen, wenn kein Orthophosphat im Nährmedium ist, zu einer Abnahme des in der Zelle vorhandenen Orthophosphates. Da aber die Geschwindigkeit der mit Phosphorylierung verbundenen Dehydrierung des Glycerinaldehyd-Phosphates abhängig ist von der Konzentration von Orthophosphat (und ADP), wäre es möglich, daß nach Verminderung des freien Phosphates in der Zelle der Gärungsablauf vor der Bildung von DPGS auch durch die Verringerung des Orthophosphates stockt.

Es wird natürlich nicht jeder der vielen intermediären Schritte bei der Gärung und Atmung der Zelle durch Rückkoppelung in seiner Geschwindigkeit reguliert. Diese ist charakteristisch für einzelne intermediäre Schritte, wie die eben genannte fermentative Oxydierung von Phosphoglycerinaldehyd. KREBS (1956) nennt derartige Stoffwechselglieder „Schrittmacher".

Nach KREBS (1956, 1958) läßt sich die Zielstrebigkeit der biologischen Systeme in vielen
Fällen auf rein mechanistische Weise erklären auf Grund des Rückkoppelungs-Prinzips.
Meines Erachtens ist allerdings „erklären" zu viel gesagt, „beschreiben" wäre wohl besser.

Zu dem Bild der Rückkoppelungs-Regulationen gehört auch der manchmal
sehr unterschiedliche Grad der Umsatz-Geschwindigkeit der einzelnen Fermente
einer Kette oder eines Cyclus, wie er sich in der Michaelis-Konstanten ausdrückt.

Mit der Abb. 10 A und B soll noch einmal darauf hingewiesen werden, wie
unterschiedlich der Stoffwechsel-Verlauf in ein und derselben Zelle sein kann, je
nach den äußeren und inneren Bedingungen. Die Abb. 10 bringt nur einen kleinen

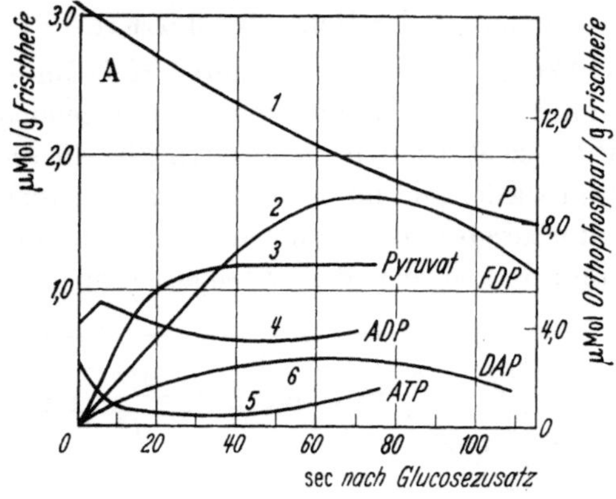

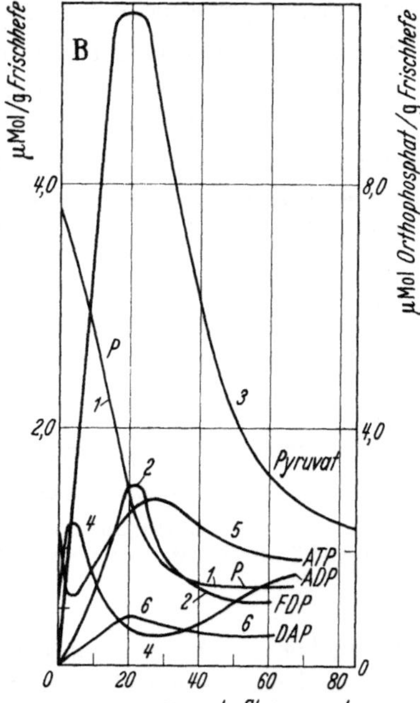

Abb. 10 A u. B. A. Anaerobe Bedingungen. B. Aerobe Bedingungen. Zusatz von Glucose zu verarmter Hefe. Die Mengen-
veränderungen von 6 Metaboliten im Verlaufe der ersten 100 sec
nach Glucose-Zusatz. — Kurve 1: Orthophosphat; Kurve 2:
Fructose-Diphosphat; Kurve 3: Pyruvat; Kurve 4: ADP;
Kurve 5: ATP; Kurve 6: Dihydroxy-Acetonphosphorsäure.
Nach HOLZER und FREYTAG-HILF (1959)

Ausschnitt aus dem betreffenden vollständigen Stoffwechselgeschehen, das wohl
in seiner Kompliziertheit unübersehbar ist. Auch die Abb. 10 stammt von
HOLZER und FREYTAG-HILF (1960). Es sind die aeroben und anaeroben Vorgänge
beim Kohlenhydrat-Stoffwechsel der Hefezelle einander gegenübergestellt. Sechs
Stoffwechselglieder sind dazu ausgewählt. Wiederum wird ruhende *Saccharomyces cerevisiae* benutzt, zu der man — in der Zeit Null — Glucose fügt.

Zu 150 ml Zellsuspension werden zur Zeit Null 20 ml 40%ige Glucose gefügt. In Abständen
von einigen Sekunden werden zu den einzelnen Bestimmungen Proben entnommen. Die
Autoren nehmen an, daß sich im wesentlichen alle Zellen des Ansatzes gleich verhalten. Die
beiden Kurvenbilder A und B zeigen den großen Unterschied zwischen dem anaeroben und
aeroben Stoffwechsel in den ersten 100 sec nach dem Glucose-Zusatz. Die Rückkoppelungs-
Regulationen sind qualitativ etwa gleich, aber quantitativ sehr verschieden.

In den Kurven 2, 6 und 3 ist der Konzentrationsverlauf von FDP, DAP und Brenztraubensäure wiedergegeben. Sehr unterschiedlich ist beim Vergleich die absolute Höhe der Werte
und der Verlauf der Kurven für ADP und ATP (Kurven 4 und 5), wie sie schon in der Abb. 9
gezeigt wurden. In beiden Kurvenbildern (A und B) sieht man das stetige Fallen der Orthophosphat-Konzentration, das allerdings unter aeroben Bedingungen sehr viel steiler ist.

Die Kurven 2 und 6 in A und B steigen von sehr kleinen Anfangswerten zunächst steil an,
um dann bald wieder abzufallen. Unter anaeroben Bedingungen dauert der Anstieg 70—80 sec,

bei Aerobiose nur 20 sec. Für die vorübergehende Aufstauung kommen die beiden Fermente Aldolase und TP-Isomerase nicht in Betracht, da sie stets in überschüssiger Menge vorhanden sind und ihre katalytische Wirkung nicht rückkoppelnd gehemmt werden kann. Von den Ursachen der vorübergehenden Aufstauung von FDP und DAP unter anaeroben Bedingungen wurde oben schon gesprochen. Die Kurve für FDP der aerob gehaltenen Hefezellen steigt sehr viel rascher an als die entsprechende anaerobe Kurve und sie fällt auch rascher wieder ab. Der raschere Anstieg hängt wohl mit der höheren ATP-Konzentration gleich nach dem Glucose-Zusatz zusammen (Abb. 9 B, 10 B, Kurve 5), der raschere Abfall mit der nur sehr kurz dauernden Hemmung der TP-Dehydrierung durch Mangel an DPN. Die schnelle Verminderung des Orthophosphat-Gehaltes in der Zelle mag an dem jähen Abfall der FDP-Kurve mit Schuld sein.

Es bleibt noch die Betrachtung der Pyruvat-Kurven der Abb. 10. Das Ferment Pyruvat-Decarboxylase, welches Brenztraubensäure in Acetaldehyd überführt, bekommt unter anaeroben Bedingungen (Abb. 10A, Kurve 3) in den ersten 30 sec zunehmende Mengen Pyruvat geliefert, dann erreichen die Pyruvat-Konzentration und die Decarboxylierung des Pyruvats einen stationären Zustand für längere Zeit. Aber unter aeroben Bedingungen bei der gewählten Versuchsanordnung ist in den ersten 20 sec die Produktion von Brenztraubensäure so hoch, daß die Decarboxylierung zunächst nicht mitkommt. Die Ursache der Stauung kann nicht sicher angegeben werden. HOLZER et al. (1960) weisen auf den raschen Abfall des Orthophosphat-Gehaltes unter aeroben Bedingungen hin. Die Bremsung könnte dadurch hervorgerufen sein.

Der Begriff „Rückkoppelung" („Selbstregelung"), so treffend er für viele Regulationserscheinungen der Zelle ist, wird gegenwärtig als Modewort zu weitherzig gebraucht. Schließlich sind alle Korrekturen bei der Zellregulation „Rückkoppelungen", selbst jede Fermentkatalyse für sich. Von sehr großer Bedeutung ist der Begriff in der physikalischen Technik und in der Physiologie der vielzelligen Organismen einschließlich des Menschen.

Natürlich arbeiten Rückkoppelung, Induktion und Repression in der Zelle oft Hand in Hand. Drei Beispiele sollen dies veranschaulichen:

Nach Mitteilung von CLARKE und PASTERNAK (1961) befinden sich in der Nichtteilchen-Fraktion von Ultraschall-Extrakten von *Bacillus subtilis* die Glutamin-Hexose-6-Phosphat-Transamidase, welche aus Hexose-6-Phosphat (Hexose-6-P) und Glutamin Glucosamin-6-P macht. Die Extrakte enthalten auch geringe Mengen von Glucosamin-6-P-Desaminase. Setzt man zu wachsenden *Subtilis*-Kulturen N-Acetyl-Glucosamin, so wird die Synthese von Glucosamin-6-P unterdrückt (Repression), während die Synthese der Glucosamin-6-P-Desaminase stimuliert wird (Induktion).

Ein Beispiel von gleichzeitiger Repression und Rückkoppelung stammt von STADTMAN, COHEN und LE BRAS (1961). Die *Coli*-Zellen bilden Lysin, Threonin und Methionin in einer Stoffwechselkette, die bei Asparaginsäure beginnt. In großen Zügen kann die Kette folgendermaßen dargestellt werden:

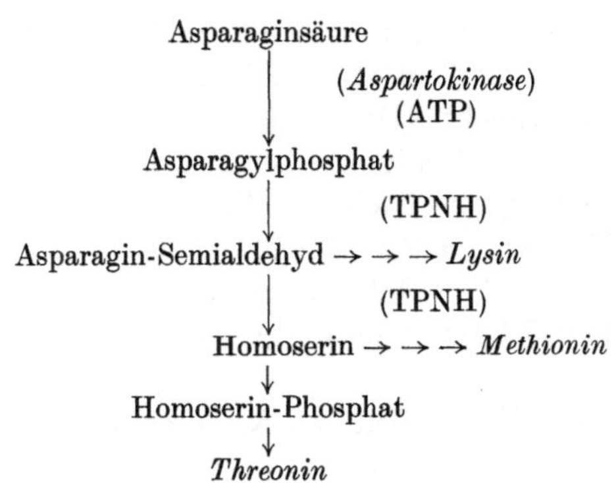

14*

Zusätze von Lysin und Threonin zum Nährmedium hemmen die Bildung der drei Aminosäuren Lysin, Methionin und Threonin, indem sie die Synthese der Aspartokinase hemmen (Repression). Die beiden Aminosäuren hemmen aber auch rückkoppelnd die Aktivität des Fermentes. Dieses katalysiert die Phosphorylierung von Asparaginsäure. Durch fraktionierte Ammonsulfatfällung kann es in zwei Komponenten getrennt werden, wobei die eine Komponente stark durch Lysin gehemmt wird, die andere durch Threonin. Das Threonin-sensitive Enzym ist labiler als das andere. Innerhalb von einigen Tagen wird es inaktiv im Schallextrakt bei 2^0 und p_H 8,0, das lysin-empfindliche aber nicht. Bei 45^0 wird das Threoninempfindliche Ferment innerhalb von 10 min vollständig inaktiviert, das lysinempfindliche aber viel langsamer. Die lysinsensitive Aktivität wird vollständig unterdrückt, wenn die Zelle in Anwesenheit von Lysin gezüchtet wird. (*Saccharomyces cerevisiae* besitzt nur eine einzige Aspartokinase, da bei der Hefe Lysin auf anderem Wege synthetisiert wird.)

Lester (1961) beobachtet das Wechselspiel von Rückkoppelungshemmung und Unterdrückung der Fermentsynthese (Repression) bei der oft untersuchten Biosynthese von Indol in *Neurospora crassa*. Sie schreitet im Glucose-Medium bei keimenden Conidien gut voran. L-Tryptophan unterdrückt sowohl die Bildung der Indol-Synthese (Repression) wie die Aktivität des Fermentes (Rückkoppelung). Dagegen unterdrückt D-Tryptophan nur die Fermentsynthese, während 4-Methyl-D-L-Tryptophan nur das schon vorhandene Ferment hemmt. Anthranilsäure und Nicotinsäureamid, welche im Tryptophan-Kynurenin-Cyclus wie Indol Metaboliten sind, haben keinen Einfluß auf beide Hemm-Möglichkeiten.

IV. Verschlungene Wege der Fermentinduktion

Eine Reihe von Fermenten in der Zelle wird nur synthetisiert, wenn exogene oder endogene Substrate (Induktoren) auftreten. Es ist klar, daß auch die induzierte Fermentsynthese ein Mittel der Zellregulation ist. Die zunehmende Erfahrung allerdings hat gelehrt, daß die induzierbare Fermentsynthese oft viel komplizierter ist, als man früher annehmen konnte. Dies sei hier an nur drei Beispielen gezeigt.

1. 1959 haben Wainwright und Bonner über die induzierte Kynureninase-Synthese in *Neurospora crassa* berichtet. Die Kynureninase ist nach den Autoren ein „konstitutives Schlüsselferment" des Pilzes. Aber in gewaschenen Mycelpolstern ist dieses Ferment nur in geringen Mengen vorhanden. Nach Zusatz von L-Tryptophan oder L-Kynurenin zum Medium vermehrt es sich in dem Pilz sehr stark. Nach 6 Std ist die maximale Aktivität unter den gewählten Versuchsbedingungen erreicht. Dann fällt diese Aktivität beträchtlich in dem gebrauchten synthetischen Medium. Es ist also ein Ausbruch („burst") und danach ein Einpendeln zu beobachten, allerdings nur im folgenden einfachen Medium: $4 \cdot 10^{-3}$ Mol Tris-HCl, $1,84 \cdot 10^{-2}$ Mol NH_4Cl, $2 \cdot 10^{-3}$ Mol $MgSO_4$, $9,1 \cdot 10^{-4}$ Mol $CaCl_2$, $1,37 \cdot 10^{-1}$ Mol Glycerin, p_H 6,0. In einem reicheren Medium mit Spurenelementen, Biotin, Saccharose und Glycerin ist die Syntheserate kleiner.

Die Kynureninase ist ein Glied des Kynurenin-Cyclus, der durch folgende vier Hauptglieder charakterisiert ist:

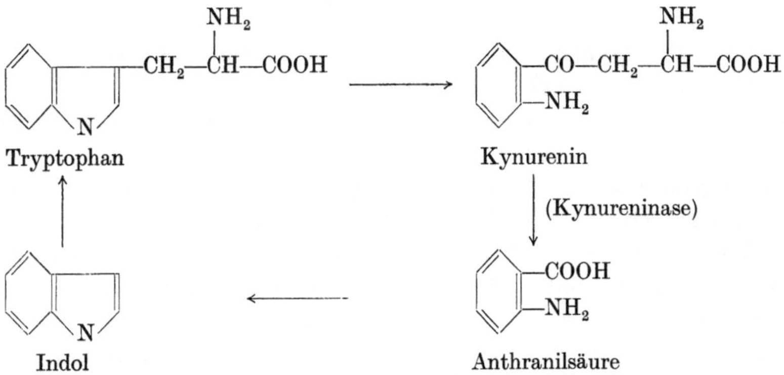

Tryptophan   Kynurenin

(Kynureninase)

Indol   Anthranilsäure

In stationären aeroben Kolonien der Mycelien ist die Induzierbarkeit durch L-Tryptophan und L-Kynureninsulfat sehr gering. L-Kynurenin wirkt auf die Synthese der Gesamt-Proteine toxisch, was Tryptophan nicht tut. Das „Überschreiten der Grenze" und das Einpendeln nach der Erreichung der maximalen Aktivität ist mit Tryptophan als Induktor sehr viel auffallender als mit Kynurenin. Die mit L-Kynurenin induzierte Fermentsynthese verläuft viel langsamer als die mit Tryptophan stimulierte. So scheint L-Tryptophan als Induktor der Kynureninase-Synthese physiologischer als Kynurenin zu sein. Die Autoren halten es für möglich, daß der natürliche Induktor „gebundenes Kynurenin" ist. Es könnten niedrige Konzentrationen von gebundenem L-Kynurenin, erzeugt aus L-Tryptophan, ebenso gut oder noch besser wirksam sein als viel höhere intracelluläre Konzentrationen von freiem Kynurenin. Die Autoren erinnern an die Synthese von Tryptophan in *Neurospora crassa* durch Kondensation von Indol und Serin. Das intracelluläre Substrat der Tryptophan-Synthetase scheint „gebundenes Indol" zu sein, welches auf dem Enzymmolekül erzeugt wird aus einem früher gebundenen Vorläufer. Oben S. 196 wurde berichtet, daß exogenes Indol die Tryptophan-Synthetase von *Aerobacter aerogenes* hemmt. Da aber Indol neben Serin zur Tryptophan-Synthese gebraucht wird, muß man annehmen, daß auch in diesem Fall nicht freies, sondern gebundenes Indol das Substrat ist.

YANOFSKY und RACHMELER (1958) haben es durch ihre Versuche wahrscheinlich gemacht, daß kein *freies* Indol in *Neurospora crassa* bei der Tryptophan-Synthese verwendet wird. Indol wird aus Anthranilsäure auf folgendem Wege gebildet:

Anthranilsäure + Phospho-Ribosyl-Pyrophosphat → Indolglycerin-Phosphat (InGP) → Indol + Triosephosphat.

Das Ferment Tryptophan-Synthetase (TSase), welches Pyridoxal-Phosphat als Cofaktor benötigt, katalysiert die Reaktion: Indol + L-Serin → L-Tryptophan. Wenn man ein Enzympräparat aus *Neurospora*-Extrakt benutzt, wird die Reaktion InGP → Indol nur ganz schwach katalysiert, die Reaktion InGP + L-Serin → L-Tryptophan aber 50mal so stark. Daraus schließen die Autoren, daß bei der Umwandlung von InGP in Tryptophan freies Indol nicht das eigentliche Substrat ist. Dieses wird bei der Umwandlung auch nur in Spuren gefunden. Die Autoren denken an folgende Reaktionsfolge:

InGP + TSase → Indol-TSase + Triosephosphat.

Indol-TSase + L-Serin → L-Tryptophan + TSase.

Dagegen findet CRAWFORD (1960), daß die Tryptophan-Synthetase (TSase) von *E. coli* aus drei Komponenten besteht und freies Indol benutzen kann;

A: Indol + L-Serin → L-Tryptophan.

B: Indol-3-Glycerinphosphat + L-Serin ⇌ L-Tryptophan + Triosephosphat.

C: Indol-3-Glycerinphosphat ⇌ Indol + Triosephosphat.

Für die Tryptophan-Synthese kommen in erster Linie die Komponenten A und B in Frage. Das bei der Reaktion entstehende Triosephosphat wird als Glyceraldehyd-3-Phosphat identifiziert. Wenn freies Indol und InGP geboten wird, so werden beide als Substrat verwendet (s. auch FINCHAM 1960 in: Advances in Enzymology XXII, 1960).

WAINWRIGHT und BONNER (1959) machen sich auch Gedanken darüber, daß ein „konstitutives" Ferment induzierbar ist. Sie finden kein Anzeichen dafür, daß die „Induktion" in einer Verbesserung der Zellpermeabilität oder in einer Aufhebung der Hemmung, entweder der Enzymbildung (Repression) oder der Enzymaktivität (durch positive Rückkoppelung), besteht. Sie glauben, daß auch die Synthese wesentlicher Metaboliten wie die der Kynureninase im Rahmen der allgemeinen Stoffwechsel-Regulierung induzierbar ist. Die intracelluläre Kynureninmenge werde durch einen Cyclus von Reaktionen reguliert, welcher den Vorläufer und die Zwischenglieder regeneriert, die bei der Kynurenin-Synthese benutzt werden.

Übrigens greift die Kynureninase nicht nur Kynurenin selber an, sondern auch das L-3-Hydroxy-Kynurenin:

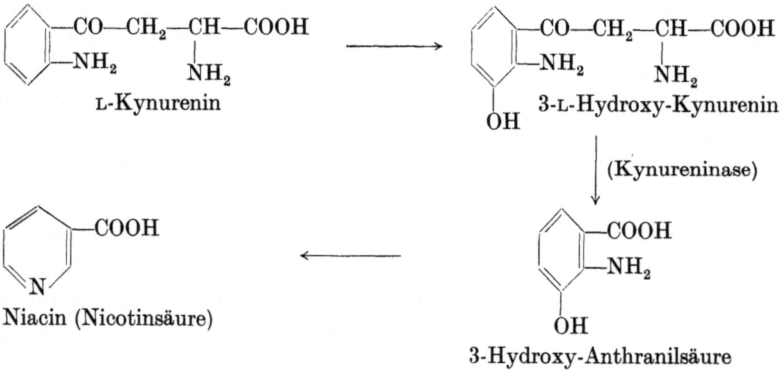

Über die 3-Hydroxy-Anthranylsäure-Oxydase kommt die Zelle auch zur Chinolinsäure:

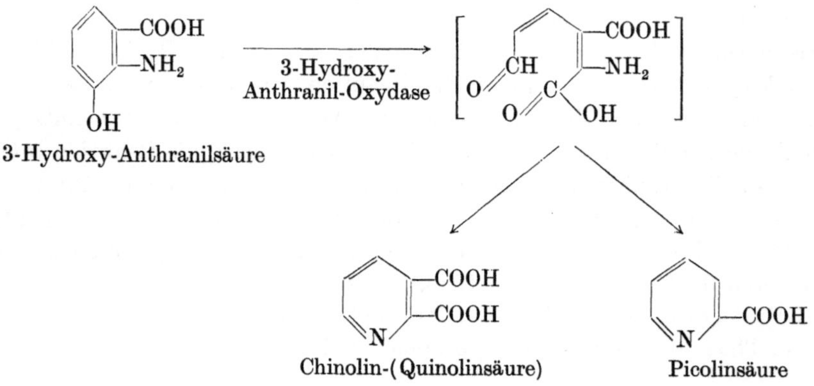

Chinolinsäure ist kein Induktor der Kynureninase, und Anthranylsäure verursacht sogar den Totalverlust der Aktivität. Man sieht, daß im Kynurenincyclus nicht alle Glieder in bezug auf die Induktion der Kynureninase-Synthese gleichwertig sind, es besteht sozusagen ein Induktionsgefälle.

Wie verwickelt die genetischen Verhältnisse bei verschiedenen *Neurospora*-Mutanten sind in bezug auf die Tryptophan-Synthetase (TSase), zeigen BONNER, SUYAMA und DE MOSS (1960): Bei *Neurospora crassa* wird die genetische Feinstruktur des am Ende der Tryptophan-synthese als Katalysator wirkende Enzyms Tryptophan-Synthetase (TSase) untersucht, um die „Gen-Enzym"-Beziehung aufzuklären. Ein Enzym katalysiert: 1. eine Substitutions-reaktion zwischen Indol-Glycerinphosphat (InGP) und Serin in Gegenwart von Pyridoxal-phosphat (Reaktion 1), 2. die Umwandlung von InGP in Indol (Reaktion 3) und 3. die Um-wandlung von Indol in Tryptophan in Gegenwart von Serin und Pyridoxalphosphat (Reak-tion 2). Tryptophanbedürftige Mutanten zeigen, daß die genetische Region für die Reaktionen 1—3 nicht einheitlich ist. Außerdem sind zwei Gruppen von Mutanten bekannt. Eine Gruppe bildet ein Protein, das mit TSase-Antikörpern reagiert (CRM$^+$), die andere bildet es nicht (CRM$^-$). Die Hauptmenge der CRM$^+$-Stämme kann Reaktion 1 nicht katalysieren, andere nur Reaktion 3 (nicht aber 1 und 2), wieder andere nur Reaktion 2 (nicht aber 1 und 3). Die Autoren stellen die Frage, wie die Orte der entsprechenden Mutationen innerhalb der gesamten genetischen Region der TSase verteilt sind. Daher werden die Mutanten gekreuzt und die Tryptophan-Bedürftigkeit sowie die Rekombinationshäufigkeit festgestellt. Die Gruppe von Mutanten, welche nur Reaktion 3 ausführen kann und Indol akkumuliert, zeigen zwei Typen: a) Mutanten, die pyridoxal- und serinbedürftig sind und b) Mutanten, die nur pyridoxalbedürftig sind. Die Mutationen liegen an entgegengesetzten Enden des Locus TSase. Die Mutantengruppe, welche allein Reaktion 2 katalysiert und indolbedürftig ist, zeigt bei einem Stamm mit maximaler Rekombinationshäufigkeit, daß diese Mutation ebenfalls am Ende des Locus liegt. In dessen Mitte finden die Mutationen CMR$^+$ statt. Die genetische Region, welche die TSase-Bildung kontrolliert, ist in zwei Hauptabschnitte unterteilt, deren einer wiederum geteilt ist. Doch bestehen keine Anzeichen, daß das Enzym-Protein aus zwei Anteilen besteht, wie es für die TSase von *E. coli* bekannt ist. Bei der Aufstellung der Genkarte wird interpretiert, daß die mutativen Stellen innerhalb der TSase-Region wohl linear, aber nicht zufallsmäßig angeordnet sind. Zwischen ihnen mögen „ruhige genetische Regionen" (Lücken) liegen.

2. Das zweite Beispiel stammt von QUAYLE und KEECH (1958, 1959). Zellen von *Pseudomonas oxalaticus*, welche in einem mineralischen Basalmedium leben mit Formiat als einziger C-Quelle, können CO_2 über Ribulose-1,5-Diphosphat, Ribose-5-Phosphat + ATP und Phosphoenolpyruvat fixieren. Das CO_2 wird als ^{14}C-Formiat oder als $^{14}CO_2$ ($NaH^{14}CO_3$) zugefügt. Nach Dephosphorylierung und Chromatographie findet man vor allem in der Glycerinsäure die Radioaktivi-tät. Im Gegensatz zu den auf Formiat gewachsenen Zellen inkorporieren auf Oxalat gewachsene Zellen nur wenig C aus $NaH^{14}CO_3$. Der radioaktive Kohlen-stoff erscheint auch hauptsächlich in der Äpfelsäure. Das adaptive Ferment, welches CO_2 überträgt, ist die Carboxy-Dismutase (CODM). Extrakte, aus oxalat-gewachsenen *Pseudomonas*-Zellen hergestellt, übertragen in Gegenwart von Ribulose-1,5-Diphosphat nur wenig C aus $NaH^{14}CO_3$. Aber die CODM-Aktivität steigt um das 40fache, wenn die Zellen aus dem Oxalat-Medium in ein Formiat-Medium gebracht werden. Die Fermentaktivität nimmt in der Latenz-Periode des Wachstums von 15 Std immerwährend zu. Beim einsetzenden Wachstum nimmt sie wenig ab, durch Chloramphenicol wird sie gestoppt. Bringt man die formiatgewachsenen Zellen in das Oxalat-Medium, so hält sich die CODM-Aktivi-tät während der ersten Generation, aber dann verdünnt sie sich in dem Maße des Zellwachstums. Nach sieben Generationen ist sie ganz niedrig. Wird der Oxalat-Kultur jetzt Formiat zugesetzt, $^1/_{10}$ der Konzentration des Oxalats, dann nimmt die CODM-Aktivität sofort wieder rasch zu.

3. Das dritte hier vorgebrachte Beispiel wird von STOUTHAMER (1961) berichtet:

Gluconobacter liquefaciens bildet ein braunes Pigment, wenn die Zellen auf Glucose-Medium wachsen, aber kein solches, wenn sie auf einem Boden mit

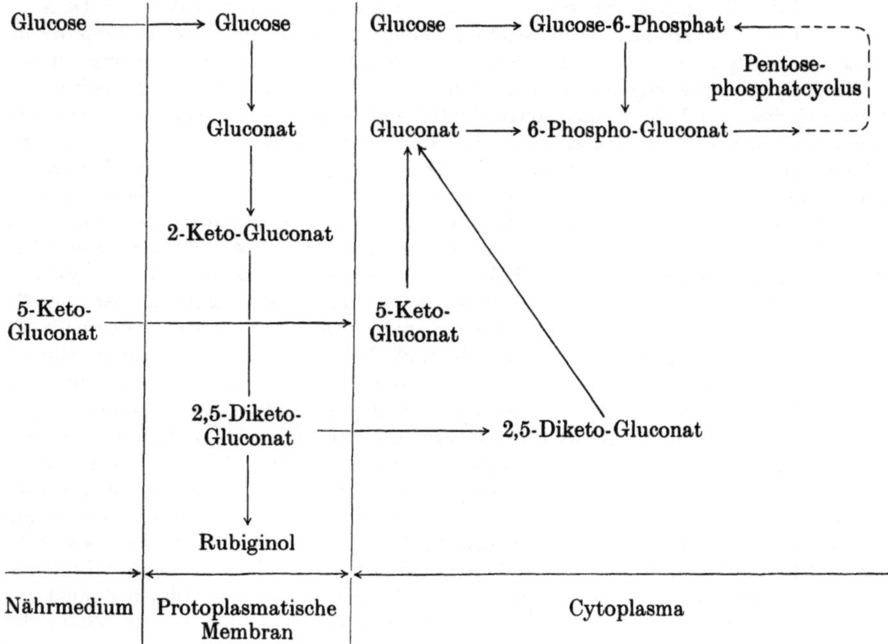

Galactose inkubiert sind. Die Pigmentbildung ist abhängig von der Induktion des adaptiven Fermentes 2-Ketoglucono-Oxydase. Diese ist in auf Galactose

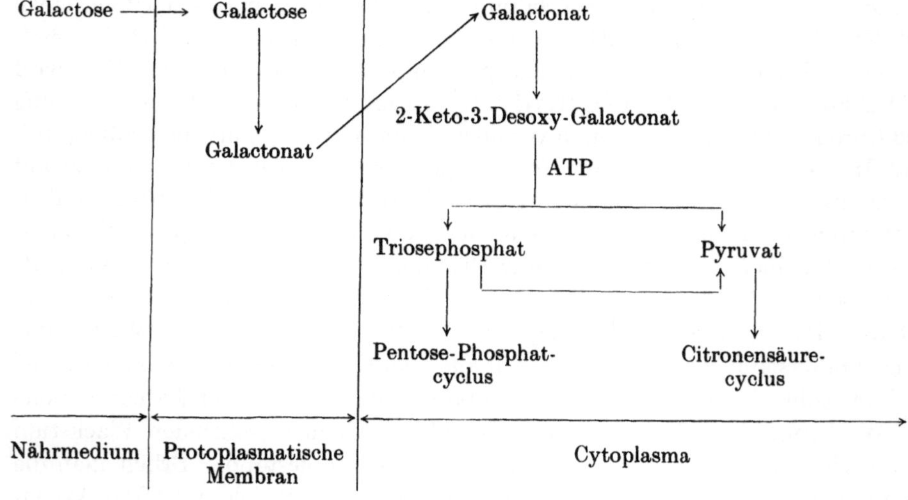

gewachsenen Zellen nicht vorhanden. In den letzten Zellen wird eine 2-Keto-3-Desoxygalactokinase induziert, welche den Galactose-Stoffwechsel in den Pentosephosphat- und Citronensäure-Cyclus lenkt. Es vollziehen sich also in den Zellen ganz verschiedene Stoffwechselvorgänge, je nachdem ob den Zellen vorher Glucose oder Galactose geboten wurde. Diese Vorgänge sind in den beiden Schemata S. 216 kurz umrissen:

Man sieht, daß sich ein Teil der Stoffwechselvorgänge in der protoplasmatischen Membran abspielt, die beim Experimentieren in der Form kleiner Partikeln vorliegt. Auch das adaptive Ferment sitzt in der Membran. Der größte Teil des in der Membran gebildeten 2,5-Diketogluconates wird in das Cytoplasma gegeben, wo es zu Gluconat reduziert und in den Pentosephosphat-Cyclus übergeführt wird. Der kleinere Teil wird in der Membran oxydiert zu 3,5-Dihydroxy-4-Ketopyran (Rubiginol), das bei der Zersetzung die braune Farbe ergibt. Bietet man im Nährmedium 5-Ketogluconat, so geht dies durch die Membran ins Cytoplasma, wo es ebenfalls zu Gluconat reduziert wird. — Die dargebotene Galactose wird in der protoplasmatischen Membran zu Galactonat oxydiert, und diese wird im Cytoplasma weiter metabolisiert, wie es das Schema angibt.

V. Unnatürliche Aminosäuren und Zellregulation

Sehr verbreitet ist die Vorstellung, daß die Eiweißmoleküle auf RNS-Matrizen entstehen. Für jede Eiweißart soll in jeder Zelle eine RNS existieren mit einer ganz spezifischen Anordnung der Mononucleotide. Die Anordnung soll durch die Gene, die DNS des Zellkernes, bestimmt sein. Die Forderung dieser „Template"-(Matrize-)Hypothese ist, daß die RNS-Matrize fehlerfrei arbeitet. Individuelle oder durch Umgebungseinflüsse bedingte Variationen dürfen nach der Vorstellung eigentlich nicht vorkommen. Aber trotzdem kann man sie experimentell leicht erzeugen.

Es ist bekannt, daß die Zellen von außen gern Aminosäuren aufnehmen, auch solche, die nicht essentiell sind. Wenn GROS und GROS (1958) die Aminosäuren Phenylalanin, Methionin, Leucin und Tryptophan durch Analoge ersetzen: p-Fluorophenylalanin, Äthylmethionin (Äthionin), Norleucin und 5-Methyltryptophan, dann wird die Proteinsynthese wenig gehemmt.

Wie in einem Bericht über die Eiweiß-Biosynthese näher ausgeführt wird, müssen alle Aminosäuren bei der Inkorporation in Eiweiß oder ihre Vorläufer aktiviert werden. SHARON und LIPMANN (1957) untersuchen nun, ob auch Aminosäuer-Analoge ebenso wie die natürlichen Aminosäuren vor dem Einbau aktiviert werden. Sie benutzen für ihre Versuche Pankreas-Extrakt (gereinigtes pH 5-Enzym) und folgende Tryptophan-Analogen:

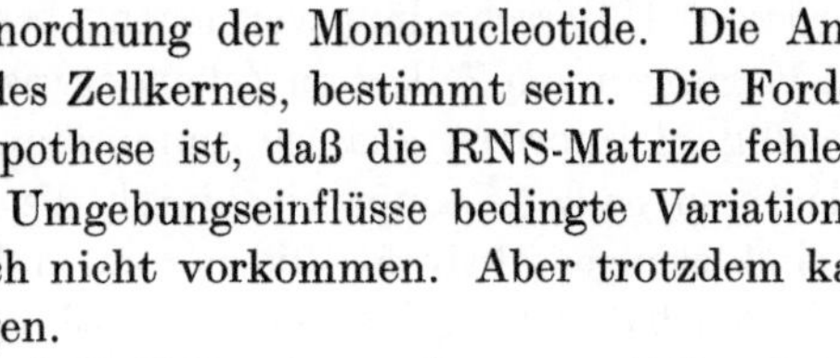

$$\text{HC}_5\!\!\overset{\displaystyle \overset{H}{C}}{\diagup}\!\!\overset{4}{}\;C\!-\!\!-\!\!_3C\!-\!\overset{\beta}{C}H_2\!-\!\overset{\alpha}{C}HNH_2\!-\!COOH$$

Azatryptophan	7-	N für CH
Tryptazan	2-	N für CH
Andere Analogen	5 oder 6	CH$_3$, F, OH für H
	β-	CH$_3$ für H
	Iso-	Seitenkette zu 2

Als Teste für die Aktivierungs-Reaktion nehmen sie den PP-Austausch und die Hydroxamatbildung. Jene Analogen, die in ihrer Konstitution von Tryptophan weiter entfernt sind, werden nicht aktiviert und auch nicht inkorporiert, sie hemmen sogar die Aktivierung von Tryptophan. Man könnte auch sagen, daß sich die Zelle mit diesen Analogen nicht täuschen läßt. Die anderen Analogen reagieren wie Tryptophan mit Hydroxylamin und katalysieren mit dem $_{pH}$ 5-Enzym den PP-Austausch mit ATP. Zur letzteren Gruppe gehören: 6-Fluoro-tryptophan, 7-Aza-Tryptophan, Tryptazan und 5-Fluorotryptophan. Diese Analogen hemmen allerdings mehr oder weniger das Zellwachstum, wahrscheinlich deswegen, weil durch ihre Inkorporation genetisch falsche Eiweiße entstehen. Die Hemmung ist vielleicht ein Hinweis dafür, daß die Analogen nach der Aktivierung in der Tat eingebaut werden. Diejenigen Analogen, welche nicht aktiviert und nicht eingebaut werden, konkurrieren anscheinend doch in irgendeiner Weise mit dem Tryptophan um die enzymatische Aktivierung, da sie die Tryptophan-Aktivierung verhindern. Es sind folgende Verbindungen: 5-Hydroxy-Tryptophan, 5-Methyltryptophan, 6-Methyltryptophan, Tryptamin, β-Methyltryptophan und D-Tryptophan (s. auch bei Pardee und Prestidge 1959).

Man sieht, ein gewisses „Unterscheidungsvermögen" besitzt die Zelle. Aber anscheinend ist dieses Vermögen von Zellart zu Zellart etwas verschieden. In der Regel stört die bereitwillig inkorporierte analoge Aminosäure. Das Zellwachstum wird verlangsamt oder bald ganz gestoppt, die durch die induzierte Synthese erzeugten Fermente sind weniger aktiv als die normalen Fermente oder ganz inaktiv. In anderen Fällen hat jedoch das mit Aminosäure-Analogen synthetisierte Fermentmolekül die gleiche Aktivität wie das normale Molekül.

Zur Inkorporation in die Eiweiße der *Coli*-Zellen benutzen Pardee, Shore und Prestidge (1956) p-Fluorophenylalanin, 5-Methyl-DL-Tryptophan, DL-Tryptazan und Aza-Tryptophan. Alle vier Analogen werden in die Eiweiße der *Coli*-Zellen inkorporiert. Nach Zugabe von Aza-Tryptophan und Tryptazan hören das Wachstum, die Protein- und RNS-Synthese immer nach der Verdoppelung auf.

In Gegenwart von Analogen wird eine Anzahl konstitutiver und adaptiver Enzyme nicht oder nur in inaktiver Form synthetisiert. Bei anderen wird nach Aufnahme von Aza-Tryptophan und Tryptazan eine gesteigerte Aktivität (vermehrte Synthese?) festgestellt. Wahrscheinlich kommt es sehr darauf an, wo im Fermentmolekül die analoge Aminosäure sitzt. Wenn die durch die Analoge ersetzte Aminosäure eng verbunden ist mit der Wirkstelle des Fermentes, kann die ganze Wirksamkeit ausgelöscht sein. Sitzen aber die analogen Aminosäuren an Stellen, die für die katalytische Funktion nicht so sehr von Bedeutung sind, dann kann die Fermentaktivität wenig oder gar nicht gestört sein.

Yoshida und Yamasaki (1959) prüfen, welche Wirkung es auf die α-Amylasebildung in *Bacillus subtilis* hat, wenn L-Methionin teilweise durch Äthylmethionin (Äthionin) ersetzt wird. Außer dem normalen Wildstamm benutzen sie einen Methionin-Mangelstamm. Dieser wächst nicht, wenn nicht außer dem Äthionin auch noch Methionin im Medium ist. Mit beiden zusammen wird das Wachstum nicht gehemmt. Aus dem Normalstamm wird nach Inkubation mit Methionin kristalline α-Amylase gewonnen. Wenn beide Stämme mehrere Tage in Methionin bzw. Methionin-Äthionin 1:4 inkubiert waren, haben sie gleiche Amylase-Aktivität. Durch tryptische Hydrolyse des denaturierten äthioninenthaltenden Fermentes aus der Mutanten wird die α-Amylase in etwa 50 Peptide gespalten, welche durch Säulenchromatographie fraktioniert werden. Drei Spitzen enthalten Methionin und Äthionin im Verhältnis 62:38. Im ganzen Zellprotein ist das Verhältnis 59:41. Also scheint die Verteilung der beiden Aminosäuren in allen Eiweißen der Zelle etwa gleich zu sein. Die Sedimentations-Konstanten beider Amylase-Arten sind gleich. Die äthioninenthaltende Amylase hat die gleichen physiko-chemischen Eigenschaften wie die normale α-Amylase. Offenbar haben die in dem normalen Ferment vorkommenden Methioninreste die gleiche Chance durch Äthionin ersetzt zu werden. Anscheinend sind sich die beiden Aminosäuren in der *Subtilis*-Zelle physiologisch sehr ähnlich, allerdings nicht so sehr, daß Äthionin ausschließlich als Substituent für Methionin in der Mangelmutanten benutzt werden könnte.

Nach BERNHEIM (1959) wird die Benzoat-Oxydation in *Pseudomonas aeruginosa* um etwa 60% gehemmt, wenn das Methionin analoge Äthionin zugesetzt wird. Wird nach 120 min Inkubation L-Methionin oder D-Methionin auch noch zugefügt, so steigt die Rate der Benzoat-Oxydation schon nach 15—30 min zu der Höhe der Oxydation ohne Äthioninzusatz. L-Methionin wirkt etwas rascher als D-Methionin, vielleicht weil letzteres durch eine Isomerase erst in die L-Form umgewandelt werden muß. Ohne Zusatz von Äthionin ist nach einer kurzen Induktionsphase die Rate der Zunahme der Benzoat-Konzentration konstant hoch und kann auch nach 120 min nicht mehr erniedrigt werden durch Zusatz von Äthionin. Ähnlich wie Äthionin wirkt auch p-Fluorophenylalanin.

MUNIER und COHEN (1956, 1959) stellen fest, daß *Coli*-Zellen in Anwesenheit von p-Fluorophenylalanin β-Galactosidase synthetisieren nach Induktion mit Methyl-Thiogalactosid, daß aber Thienyl-Alanin und 4- oder 5-Methyl-Tryptophan die Entstehung einer β-Galactosidase-Aktivität unterdrücken. Nach Zusatz von p-Fluorophenylalanin wächst die Bakterienmasse nicht exponentiell, sondern linear mit der Zeit. In Gegenwart von p-Fluorophenylalanin haben die *Coli*-Zellen in ihren Proteinen weniger Phenylalanin (—23%) und weniger Tyrosin (—47%) als die Kontrollzellen. Die Menge von inkorporiertem Methionin und Valin ist dieselbe wie bei Abwesenheit von p-Fluorophenylalanin. Durch Hydrolyse des Eiweißes und Papier-Chromatographie kann p-Fluorophenylalanin in den Eiweißen nachgewiesen werden. Ist in dem Medium noch radioaktive Glucose, so enthält das Überstehende der p-Fluorophenylalanin-Kultur nach dem Zentrifugieren radioaktives Tyrosin und Phenylalanin, das Überstehende der Kontrollkultur aber nicht. Es sieht so aus, als rege die analoge Aminosäure zur Bildung der physiologischen Aminosäuren an.

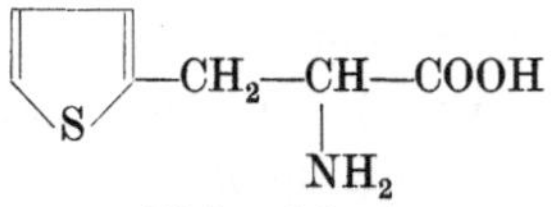

VAUGHAN und STEINBERG (1958, 1960) inkorporieren para- und ortho-Fluorophenylalanin in Ovalbumin, in Lysozym und in eine gemischte Gewebeprotein-Fraktion aus zerkleinertem Hennen-Ovidukt, inkubiert *in vitro*. Die Analogen sind mit Tritium markiert. Die markierten Eiweiße sind nicht zu unterscheiden von normalem Ovalbumin und Lysozym. Das zeigt, daß die Inkorporation unnatürlicher Aminosäuren nicht notwendigerweise die Vollendung der Eiweißmoleküle bei der Synthese verhindert. Im übrigen kommt p-Fluorophenylalanin auch in der Natur vor. Nach enzymatischer Verdauung der markierten Eiweiße in kleine Bruchstücke findet man die Markierung in jedem Fragment. Der Vorgang der Eiweiß-Biosynthese ist also im Experiment nicht absolut spezifisch („fehlerfrei"), wenn auch normalerweise, d. h. ohne Mutation, dieselben Eiweißmoleküle in der Zelle immer wieder reproduziert werden.

COWIE und COHEN (1957), COHEN und COWIE (1957) und COWIE, COHEN, BOLTON und DE ROBICHON-SZULMAJSTER (1959) wollen durch ihre Versuche mit Aminosäure-Analogen hauptsächlich prüfen, ob die Analogen einzelne Eiweißarten der *Coli*-Zellen bevorzugen, oder ob alle Eiweißarten in etwa gleichem Maße an der Analogen-Inkorporation beteiligt sind. Bei exponentiell wachsenden Zellen ist das letztere der Fall. Meist wird das Wachstum nach der Analogen-Aufnahme linear. Zur Inkorporation benutzen die Verfasser: 1. ^{14}C-Phenylalanin und ^{14}C-p-Fluorophenylalanin, 2. ^{35}S-Methionin und Seleno-Methionin bzw. die unphysiologische Aminosäure ^{14}C-Nor-Leucin, die bei *Coli*-Zellen an Stelle von Methionin inkorporiert werden kann. Zur Fraktionierung wird eine Ionen-Austauschsäule benutzt mit N-Diäthyl-Aminoäthyl-Cellulose. 100—200 Fraktionen von je 20 Tropfen (1 ml) werden aus dem Extrakt der zertrümmerten Zellen durch Elution gewonnen. Die Analogen werden von den einzelnen Eiweißen in großen Mengen inkorporiert. Wenn man z. B. zu einer Methionin-Mangelmutanten $2 \cdot 10^{-2}$ Mol DL-Norleucin und 10^{-4} Mol ^{35}S-L-Methionin setzt, also über 100mal soviel Norleucin wie Methionin, so wird die inkorporierte Methioninmenge gegenüber der Kontrollkultur um etwa 40% reduziert. Die Eiweißkurven (*Folin*-Reagens) und die ^{35}S-Methionin-Kurven bei der Fraktionierung entsprechen einander ziemlich genau. Dasselbe gilt für die Eiweißkurve und die ^{14}C-Norleucin-Kurve. Etwas geringer stimmen überein die ^{14}C-Phenylalanin- und die ^{14}C-p-Fluorophenylalanin-Kurven. Dagegen sind sich die *Folin*kurve und die ^{14}C-Phenylalanin-Kurve ziemlich ähnlich.

Aus den Untersuchungen geht hervor, daß im allgemeinen jeder Sitz der Methionin-Inkorporation die Wahrscheinlichkeit hat, mit der analogen Säure besetzt zu werden. Nicht wahrscheinlich ist die Bildung einer großen Menge unvollständiger Eiweiße durch die Inkorporation der Analogen. Es müßten sich dann andere Elutionsbilder ergeben.

Seleno-Methionin ersetzt in *Coli*-Zellen vollständig das Methionin. Mit dieser analogen Säure bleibt auch das Zellwachstum exponentiell. Die durch die Analoge veränderten Fermentmoleküle behalten ihre Aktivität und ihre biologischen und physiko-chemischen Eigenschaften wie in normalen Zellen. Induktion und Synthese der β-Galactosidase verlaufen normal und das Ferment ist normal aktiv. Die Glucose-6-Phosphat-Dehydrogenase und die Phospho-Glucomutase inkorporieren die Analogen in gleicher Weise wie die übrigen Eiweiße. Vielleicht drücken die Analogen deren Syntheserate etwas herab oder verringern etwas ihre Aktivität.

Selen kann Schwefel beim Wachstum von *Coli*-Zellen nicht vollständig ersetzen. Es wird kein Seleno-Glutathion gebildet, wahrscheinlich aber Seleno-Cystein. In Anwesenheit von einem Glutathiondepot oder von Sulfatspuren ersetzt Selen teilweise den Schwefel.

Cowie und Cohen sind der Meinung, daß einige Variationen in der Aminosäure-Zusammensetzung eines bestimmten Eiweißes eher die Regel als die Ausnahme sein könnte (s. auch Vaughan und Steinberg 1958).

Über Aminosäure-Analoge siehe auch: Black und Kleiber (1955), Brawerman und Yčas (1957), Pardee und Prestidge (1958), Baker, Johnson und Fox (1958), Gale (1958), Davie, Koningsberger und Lipmann (1956), Vaughan und Steinberg (1959), Shiraki (1959), Reiner (1960).

VI. Pyrimidin- und Purin-Analoge und Zellregulation

Meist sehr viel störender in der Zelle als die Aminosäure-Analogen sind die Analogen der Pyrimidine und Purine. Oben S. 186 u. 188 bei Yates und Pardee (1957) wurde schon kurz davon gesprochen. Spiegelman, Halvorson und Ben-Ishai (1955) verhinderten die Synthese der β-Galactosidase in *E. coli* durch Hinzufügung von 5-Hydroxy-Uridin. Creaser (1956) hemmte die Synthese der β-Galactosidase in *Staphylococcus aureus* durch 8-Azaguanin. Hier sollen einige weitere Beispiele ausführlicher behandelt werden.

Hamers und Hamers-Casterman (1959) benutzen für ihre Inkorporationsversuche ^{35}S-Thio-Uracil. Sie studieren damit die Induktion der β-Galactosidase in *Coli*-Zellen durch Isopropyl-Thiogalactosid, das kein Substrat ist. Als Untersuchungsobjekte verwenden sie einen induzierbaren Stamm ohne Permease-System und einen konstitutiven Stamm mit Permease-System. Thio-Uracil reduziert die Syntheserate des Fermentes. Neben der β-Galactosidase entsteht noch ein Protein N, welches wenig oder gar nicht katalytisch aktiv ist. Aber es wird durch das Antiserum der β-Galactosidase im Überschuß gefällt. Das gleiche Protein N entsteht auch in Kontroll-Kulturen, wenn auch nur in kleinen Mengen.

Man wird bei diesen Versuchen erinnert an die immunologischen Untersuchungen von Cohn und Torriani (1951, 1952) mit *Coli*-Zellen, wobei das β-Galactosidase-Antiserum neben der β-Galactosidase noch ein inaktives Eiweiß (PZ) fällte (s. Leiner 1958a, S. 71f.). Damals bestätigte sich die Annahme nicht, daß PZ der Vorläufer des Fermentes sei.

Aus den Versuchsergebnissen schließen Hamers et al., daß die in Gegenwart von thio-uracilhaltiger RNS synthetisierte β-Galactosidase nicht identisch sei mit der in den Kontrollkulturen gebildeten.

Stärker stört 8-Azaguanin die Protein- und Nucleinsäure-Synthese. Wenn Richmond (1959) zu logarithmisch wachsenden Kulturen von *Bacillus subtilis* 8-Azaguanin fügt, so wird innerhalb von 10 min die Synthese des konstitutiven lytischen Enzyms vollständig gestoppt. Setzt man zu verschiedenen Zeiten darnach Guanin hinzu, dann kommt die Synthese wieder in Gang, um so schwächer, je später das Guanin zugesetzt wird. Viel weniger rasch und unvollständig hemmt 8-Azaguanin die Nucleinsäure-Synthese und die Inkorporation von ^{14}C-Adenin. Die Inkorporation von ^{14}C-Glycin und von andern markierten Aminosäuren wird durch 8-Azaguanin ebenfalls gehemmt, die Inkorporation von ^{14}C-Alanin weniger stark. In der gesamten Nucleinsäure-Fraktion der *Subtilis*-Zellen erscheinen ohne Zusatz von 8-Azaguanin etwa 30% des markierten

Glycins, in der Protein-Fraktion 49%. In der Nucleinsäure-Fraktion sind 80% des markierten Glycins an die RNS gebunden und nur 15% an die DNS, an die Purine Adenin und Guanin im Verhältnis 1,15:1,0. Nach Zufügung von 8-Aza-guanin wird ^{14}C-Glycin in die Protein-Fraktion nicht mehr eingebaut, aber weiter-hin in die RNS und die DNS, wenn auch in etwas geringerem Maße. Das Verhältnis des Einbaus von ^{14}C-Glycin in Adenin und Guanin verschiebt sich innerhalb von 2,5 Std von 1,15:1,0 auf 2,2:1,0. Das kommt offenbar her von einer Senkung der Inkorporation von Guanin in die RNS nach Einbau von 8-Aza-guanin. Wo das 8-Azaguanin nachteilig in die Regulation eingreift, ist noch unbekannt, möglicherweise an dem Inkorporations-Faktor von Gale und Folkes. Der Einbau von ^{14}C-Alanin in die Zellwand wird von 8-Azaguanin nicht gehemmt, ebenfalls nicht die Synthese der ganzen Zellwand der Bakterien.

Nach Matthews (1956), Smith (1956), Smith und Matthews (1957) werden die wachstumshemmenden 8-Azapurine in der Zelle umgewandelt und inkorporiert als 8-Azaguanin. Die Autoren vermuten, daß Guanin in der Zelle spezifische Aufgaben hat, die Adenin nicht erfüllen kann. Es sollen zu den Inkorporationsversuchen Purin- und Pyrimidin-Analogen genommen werden, die sich nicht allzu sehr von den natürlichen Basen unterscheiden. Sie sollen z. B. fähig sein ein glykosidisches Glied der korrekten Konfiguration zu bilden.

Tabelle 16. *Herabsetzung der Infektionskraft von Viren, die Basen-Analogen enthalten*

Zahlen in Prozent der normalen Infektionskraft. Aus Matthews (1956).

Virusart	Art der Analogen-Base	% der Ersetzung der normalen Base	Infektionskraft in %, normal = 100%
T.M.V.	8-Azaguanin	3	50
T.Y.M.V.	8-Azaguanin	<1	40
T$_2$	5-Bromo-Uracil	79	30

Man hat benutzt: 8-Azaguanin, 8-Aza-Adenin, 8-Aza-Hypoxanthin, 2-Aza-Adenin, 6-Mercapto-Purin, halogenierte Ura-cile, Thiouracil und 6-Methylamino-Purin. Die einzelnen Purin- und Pyrimidin-Analogen wirken in der Zelle oft sehr verschieden. Vielleicht ist die Verteilung der Analogen im Nucleinsäure-Molekül keine willkürliche. Matthews (1956) bestimmt den prozentualen Anteil des in die RNS eingebauten 8-Azaguanins. In *Bacillus cereus* werden 20—40% des vorhandenen Guanins durch 8-Azaguanin ersetzt, in *Colizellen* 1—2%, in *Staphylococcus aureus* über 2%, in Mausgewebe 0,5—1%.

Wie Tabelle 16 zeigt, wird die Synthese neuer Viruspartikel durch den Einbau der Analogen erschwert. Anscheinend können die Nucleinsäuren nicht mehr normal funktionieren. *Bacillus cereus* inkorporiert 8-Azaguanin auch in die DNS, aber ersetzt wird stets weniger als 1% des DNS-Guanins (s. auch oben S. 203 bei Fukumoto, Yamamoto und Tsuru 1957).

Chantrenne und Devreux (1958) berichten von einer starken Wachstums-hemmung durch 8-Azaguanin bei *Cereus*-Zellen. Im exponentiellen Wachstum von *Bacillus cereus* bei 30° C unter den gewählten Bedingungen ist die Gene-rationszeit 1 Std. Nach Zufügung von 40 μg Azaguanin pro ml ist sie 3 Std. Die Inkorporation von ^{35}S-Methionin und ^{14}C-Phenylalanin in die Eiweiße ist stärker gehemmt als das Wachstum, aber die Synthese der adaptiven und konstitutiven Penicillinase noch stärker. Die RNS-Synthese wird anfänglich durch 8-Azaguanin sogar beschleunigt, aber es bildet sich keine normale RNS. So zeigt sich eine gewisse Analogie zu den Wirkungen von Chloramphenicol. Azaguanin wird weitgehend in niedermolekulare Nucleotidverbindungen eingebaut (s. auch YATES und PARDEE 1957).

Nach CHANTRENNE und DEVREUX (1960a, 1960b) stört 8-Azaguanin die Synthese von gewissen Enzymen stärker als die von andern. Anscheinend hemmt die Analoge die Aktivität von Verbindungen, die bei der Kontrolle der Spezifität in der Protein-Synthese beteiligt sind. Die Synthese der konstitutiven Penicillinase wird vollständig gehemmt. Die RNS-Synthese ist gesteigert, die Analoge wird vorübergehend inkorporiert in die RNS, später aber wieder ausgeschieden. Die Syntheserate der DNS wird durch geringe Mengen Azaguanin nicht verändert. Höhere Konzentrationen Azaguanin verursachen eine leichte Synthesehemmung, die sich allmählich steigert [s. auch CHANTRENNE (und GOBERT) 1958].

Der Aufsatz von BOLTON und MANDEL (1957) über die Wirkung der Purin-Analoge 6-Mercaptopurin (6-MP) auf den Zellstoffwechsel ist durch seine ausführliche Analyse bedeutungsvoll. Mercapto-Purin hemmt viele Lebenserscheinungen der *Coli*-Zellen, in abnehmendem Maße: das Zellwachstum, die Azetat- und Formiat-Nutzung, die Nucleinsäure-Synthese, die Synthese von Protein, auch von adaptiven Fermenten, und die Lipid-Synthese. Die Hemmung des Wachstums setzt schon bei minimalen Konzentrationen von 6-MP ein $(0,5 \mu g$ pro ml), bei denen andere Störungen noch nicht beobachtet werden. Hypoxanthin, Adenin oder Guanin heben diese Hemmung wieder vollständig auf, allerdings nach einer Verzögerungszeit, deren Länge von der Zeitdauer der Einwirkung von 6-MP abhängt. Durch Wegnahme des 6-MP aus dem Milieu wird die Hemmung ebenfalls aufgehoben. Sie verschwindet auch allmählich, wenn die 6-MP-Konzentration im Medium sehr gering ist. Nie wird eine *vollständige* Wachstums-Hemmung beobachtet, auch wenn 10—20 μg/ml 6-MP genommen werden. Immer ist die Zellschädigung reversibel, wenn 6-MP aus dem äußeren Milieu beseitigt wird. So wird auch die Anpassung der *Coli*-Zellen an β-Galactoside nie ganz unterdrückt, allerdings beträchtlich herabgesetzt. Bringt man die *Coli*-Zellen in ein Medium mit 10 mg Glucose und 20 mg Lactose, so bekommt man die bekannte Diauxie-Kurve. Setzt man nach dem Verbrauch der Glucose 0,5 mg 6-MP zu, so wird die Anpassung verlangsamt, aber die Diauxie-Lücke nicht verbreitert. Zusatz von 0,5 mg 6-MP bei Beginn des Versuches verursacht eine Verlangsamung der Glucose- und der Lactose-Nutzung. Wird ins Medium nur Lactose gegeben ohne 6-MP, dann erfolgt eine Anpassung nach einer lag-Periode. Die Anpassungsrate wird durch 6-MP herabgesetzt. Die Hemmung der Synthese der β-Galactosidase geschieht im selben Maße wie die Inhibition des Wachstums, gemessen durch die Zunahme der optischen Dichte p, ausgedrückt als p/p_0. Wenn man ^{35}S-Sulfat im Medium verwendet, hat das unter der 6-MP-Hemmung entstandene Eiweiß die gleiche Radioaktivität wie das Eiweiß der Kontrollzellen. Die ^{35}S-Nutzung ist also dieselbe. Das 6-MP-Eiweiß unterscheidet sich vom normalen Eiweiß im Schwefelgehalt nicht. Da bei den *Coli*-Zellen Formiat hauptsächlich benutzt wird zur Nucleinsäure-Synthese, ist es wichtig festzustellen, ob die Formiat-Nutzung durch 6-MP im gleichen Maße wie das Wachstum gehemmt wird oder nicht. Die Nutzung wird stärker unterdrückt. Dasselbe gilt für ^{14}C-Uracil. Daraus kann geschlossen werden, daß durch 6-MP vor allem die

Nucleinsäure-Synthese gehemmt wird. Die mit 6-MP behandelten *Coli*-Zellen haben durchschnittlich nur 65% des Wertes normaler Zellen an Nucleinsäuren. Züchtet man die *Coli*-Zellen in Gegenwart von ^{14}C-Fructose und ^{32}P-Phosphat, so haben die 6-MP-Zellen nur halb soviel Nucleinsäuren, Phosphor und Kohlenstoff $+$ Phosphor wie die Kontrollzellen, während die Zusammensetzung der Polynucleotide unverändert erscheint.

Früher ist festgestellt worden, daß der radioaktive Kohlenstoff des ^{14}C-Acetat von *Coli*-Zellen hauptsächlich zur Synthese von Proteinen und Lipiden aufgenommen wird. Da nun 6-MP wenig Einfluß auf die Proteinsynthese hat, war zu erwarten, daß ^{14}C-Acetat den Indikator für die Lipid-Synthese liefern würde. Für das gleiche Ausmaß an Wachstum inkorporieren *Coli*-Zellen, gehemmt mit 6-MP, nur etwa $^1/_3$ soviel ^{14}C vom Acetat wie die Kontrollzellen. Da aber der Radiokohlenstoff in den Kontrollzellen annähernd gleich zwischen Lipid und Protein verteilt ist, so ist die beobachtete Verminderung der Acetatnutzung

Tabelle 17. *Die Wirkung von 6-MP auf die Nutzung von ^{14}C-markierten Substanzen durch Coli-Zellen*

In der 2. Horizontalsäule stehen die 6-MP-Zusätze in Mikrogramm pro Milliliter. Die Zahlenwerte in den übrigen Säulen sind Prozente der Radioaktivität, *welche* durch die Kontrollzellen inkorporiert wird. Die gehemmten Zellen werden so lange inkubiert, bis die gleiche Zellzahl vorhanden ist wie in den Kontrollkulturen. Nach Bolton und Mandel (1957).

Fraktionen	^{14}C-Acetat		^{14}C-Glucose		^{14}C-Formiat		^{14}C-Uracil	
	0	10	0	10	0	10	0	10
Ganzes Homogenat	100	30	100	80	100	65	100	45
Löslich in kalter TCE (Nucleotide) . .	5	4	18	15	4	2	6	1,5
Löslich in heißer TCE (Nucleinsäuren)	3	2	} 52	} 34	58	26	77	40
Rückstände (Eiweiße)	37	8			27	28	3	1,5
Löslich in Alkohol (Lipide)	53	15	35	30	7	5	1	0

stärker als es durch ein vollständiges Fehlen der Lipid-Synthese erklärt werden kann. Die Ergebnisse lassen vermuten, daß die Acetat-Nutzung für die Proteinsynthese durch 6-MP ebenfalls herabgesetzt ist. Bolton und Mandel inkubieren mit 6-MP behandelte und unbehandelte Kulturen in einem Medium, das ^{14}C-Acetat oder ^{14}C-Glucose oder ^{14}C-Formiat oder ^{14}C-Uracil enthält. Am Ende der Inkubation wird die Radioaktivität in folgenden Fraktionen der zerriebenen *Coli*-Zellen bestimmt, und zwar von den Kontrollzellen und von den mit 10 μg/ml 6-MP behandelten Zellen: 1. im ganzen, 2. in der in kalter TCE löslichen Fraktion, 4. in der in heißer TCE löslichen Fraktion, 4. in der alkohollöslichen Fraktion (Lipide) und 5. in den Rückständen (Eiweiß). Das Ergebnis ist in Tabelle 17 zu sehen.

6-MP setzt die Acetatnutzung gewaltig herab. Das gilt in erster Linie für die Eiweiß- und Lipid-Synthese. Nach Verfütterung von ^{14}C-Glucose ist in den 6-MP-Zellen nur in der Protein- und Nucleinsäure-Fraktion eine stärkere Abnahme der Aktivität. Das hängt wohl zusammen mit der herabgesetzten Nucleinsäure-Synthese. Die Lipid-Fraktion ist nur wenig beeinträchtigt. Mit ^{14}C-Formiat im Medium ist die Synthese der Nucleinsäure durch 6-MP stark reduziert. Die starke Radioaktivität der Proteinfraktion stammt wohl aus dem umfangreichen

Einbau von $^{14}CO_2$, das aus Ameisensäure entsteht. Anscheinend wird die Synthese der Aminosäure in den gehemmten Zellen nicht wesentlich eingeschränkt. Mit ^{14}C-Uracil im Medium ist in den 6-MP-Zellen die Synthese der Nucleinsäuren stark gehemmt. Die Analyse ergibt eine verminderte Inkorporation von ^{14}C-Uracil.

Weitere Versuche zeigen den zunehmenden Einfluß von 6-MP mit wachsender Konzentration der Analogen (Tabelle 18).

Nach allen Messungen wirkt 6-MP auf den Fluß des Acetat-Kohlenstoffes und zwar auf die frühen Stadien der Nutzung. Die leichte Reversibilität läßt vermuten, daß die Analoge die Synthese oder Nutzung von Purin enthaltenden Verbindungen antagonisiert. Da Coenzym A, DPN, TPN und ATP bei den frühen Stadien der Acetat-Nutzung beteiligt sind und Purin-Residuen enthalten, vermuten die Autoren, daß 6-MP weniger durch Einbau in die Nucleinsäuren hemmt als durch Störung der Synthese von Purin enthaltenden Coenzymen. Die Wirkung auf die Nucleinsäure-Synthese und die Acetat-Nutzung wäre danach sekundärer Natur.

Man müßte durch ähnliche Analysen für jede Basen-Analoge ihre spezifische Hemmwirkung erforschen, dann käme eine systematische Ordnung in den hemmenden Einfluß dieser Verbindungen. Mit 5-Fluoro-Uracil sind nach GROS (1959) einige Messungen angestellt worden. Zusatz dieser Pyridin-Analoge zu einer exponentiell wachsenden Kultur von *Coli*-Zellen hemmt das Wachstum stark und macht es linear. Die Synthese der induzierbaren β-Galactosidase wird ganz gestoppt. Der Autor vermutet, daß die Veränderung der Proteine auf einer Veränderung der s-RNS beruht. In Gegenwart von 5-Fluoro-Uracil ist der s-RNS-pool verändert. Er enthält 25% weniger Prolin als bei unbehandelten Zellen. Arginin und Valin sind signifikant vermehrt.

Unter den von GALE und FOLKES benutzten Bedingungen mit zertrümmerten Zellen hat nach GALE (1958) eine weite Vielfalt von Purin- und Pyrimidin-Analogen nur eine geringe oder gar keine Wirkung auf die Glycin-Inkorporation.

Anscheinend ist auch Benzimidazol ein Antagonist der Purine. Inhibitorisch wirken z. B. Benzimidazol-Derivate (s. bei GALE 1958).

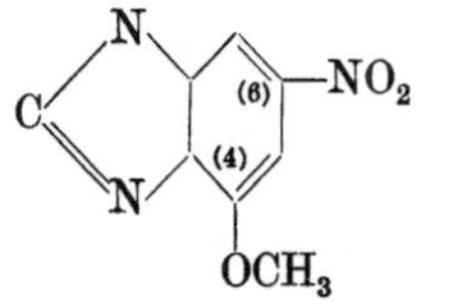

Tabelle 18. *Beziehung zwischen der Konzentration von 6-MP im Medium und dem Wachstum, dem Gehalt an Nucleinsäure, Lipid und Protein*

Die Zahlen sind Prozente in bezug auf die nicht mit 6-MP behandelten Zellen vom gleichen Wachstumsmaß. Nach BOLTON und MANDEL (1957).

	Konzentration von 6-MP in $\mu g/ml$					
	0	0,5	1	1,5	2	5
	Wachstum (p/p_0)					
	3,9	3,0	2,5	2,5	2,1	2,5
Nucleinsäure-Gehalt	100	105	75	57	50	60
^{14}C in den Lipiden	100	94	54	41	26	27
^{14}C in den Eiweißen	100	88	48	47	47	33

4-Methoxy-6-nitro-benzimidazol

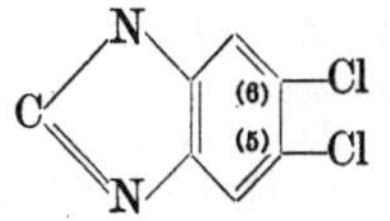

5,6-Dichlorbenzimidazol

Nach MATTHEWS (1956) werden Basenanaloge, welche schlecht oder gar nicht eine glykosidische Bindung eingehen können, wahrscheinlich nicht in die Nucleinsäuren eingebaut, z. B. 7-Methylguanin.

Methyl-Guanin

Literatur

ALBERT, A., C. W. REES and A. J. H. TOMLINSON: The influence of chemical constitution on antibacterial activity. Part VIII. 2-mercaptopyridine-N-oxide and some general observations on metal binding agents. Brit. J. exp. Path. **37**, 500 (1956).

ALLFREY, V. G.: Observations on the mechanism and control of protein synthesis in the cell nucleus. 5. Internat. Kongr. für Biochemie, Moskau 1961. Symposium II, Preprint **140**, 1 (1961).

AMARASINGHAM, C., and H. E. UMBARGER: The effect of glucose on oxalacetic carboxylase in two strains of *Escherichia coli*. Bact. Proc. **55**, 115 (1955).

AMOORE, J. E.: The permeability of isolated rat-liver mitochondria at 0^0 to the metabolites pyruvate, succinate, citrate, phosphate, adenosine-5-phosphate and adenosine triphosphate. Biochem. J. **70**, 718 (1958).

ASHIDA, J., and M. IMAI: Origin of copper resistant cells. Studies on the adaptation of yeast to copper. XV. Bot. Mag. (Tokyo) **69**, 560 (1956).

ASTRACHAN, L., and E. VOLKIN: Effects of chloramphenicol on ribonucleic acid metabolism in T2-infected *Escherichia coli*. Biochim. biophys. Acta **32**, 449 (1959).

BAGDASARIAN, G.: L'influence de la streptomycine sur la production de la penicillinase induite chez B. cereus. Ann. Inst. Pasteur **99**, 150 (1960).

BAKER, R. S., J. E. JOHNSON and S. W. FOX: Incorporation of p-fluorophenylalanine into proteins of *Lactobacillus arabinosus*. Biochim. biophys. Acta **28**, 318 (1958).

BALASSA, R.: Einige Bedingungen der Ausbildung einer durch Desoxyribonukleinsäuren induzierten niedrigen Streptomycinresistenz bei Rhizobien. Acta microbiol. Acad. Sci. hung. **4**, 85 (1957).

BARDAROV, S.: Untersuchungen über die Biosynthese der Penicillinase. Arch. Mikrobiol. **29**, 143 (1958).

BARKER, S. A., E. J. BOURNE and O. THEANDER: Studies of *Aspergillus niger*. Part V. The enzymic synthesis of a new trisaccharide. J. chem. Soc. **1957**, P. II, 2064 (1957).

BARNARD, E. A., and W. D. STEIN: Some relations between enzyme activity, chemical reactivity and urea-induced disorientations in ribonuclease. Biochim. biophys. Acta **37**, 371 (1960).

BARNER, H. D., and S. S. COHEN: The relation of growth to the lethal damage induced by ultraviolet irradiation in *Escherichia coli*. J. Bact. **71**, 149 (1956).

— — Protein synthesis and RNA turnover in a pyrimidine deficient bacterium. Mit Addendum von D. KANAZIR: Addendum: The apparent mutagenicity of thymine deficiency. Biochim. biophys. Acta **30**, 12 (1958).

BARNUM, C. P., and R. A. HUSEBY: The intracellular heterogeneity of pentose nucleic acid as evidenced by the incorporation of radiophosphorus. Arch. Biochem. **29**, 7 (1950).

BARRET, J. T., A. D. LARSON and R. E. KALLIO: The nature of the adaptive lag of *Pseudomonas fluorescens* toward citrate. J. Bact. **65**, 187 (1953).

BENZER, S.: Induced synthesis of enzymes in bacteria analysed at the cellular level. Biochim. biophys. Acta **11**, 383 (1953).

BERGMANN, E. D., and S. SICHER: Mode of action of chloramphenicol. Nature (Lond.) **170**, 931 (1952).

BERNHEIM, F.: Rapid reversal of ethionine inhibition of enzyme induction in *Pseudomonas aeruginosa* by L- and D-methionine. Proc. Soc. exp. Biol. (N.Y.) **101**, 346 (1959).

BERTRAND, D., et A. DE WOLF: Le zinc, oligo élément dynamique indispensable à la synthèse de la phosphofructokinase et de la glycéraldéhyde-phosphate déhydrogénase de l'*Aspergillus niger*. C.R. Acad. Sci. (Paris) **246**, 2537 (1958).

BEYER, R. E.: Evidence in support of two adenosin triphosphatase pathways in rat-liver mitochondria. Biochim. biophys. Acta **32**, 588 (1959).

BLACK, A. L., and M. KLEIBER: The recovery of norleucine from casein after administering norleucine-3-C^{14} to intact cows. J. Amer. chem. Soc. **77**, 6082 (1955).

BLACK, S., and N. G. WRIGHT: β-aspartokinase and β-aspartiphosphate. J. biol. Chem. **213**, 27 (1955).

— — Aspartic β-semialdehyde dehydrogenase and aspartic β-semialdehyde. J. biol. Chem. **213**, 39 (1955).

— — Homoserine dehydrogenase. J. biol. Chem. **213**, 51 (1955).

BOLTON, E. T., and H. G. MANDEL: The effects of 6-mercaptopurine on biosynthesis in *Escherichia coli*. J. biol. Chem. **227**, 833 (1957).

BONNER, D. M., Y. SUYAMA and J. A. DE MOSS: Genetic fine stucture and enzyme formation (Symposium). Fed. Proc. **19**, 926 (1960).

BOYER, P. D., H. LARDY and K. MYRBÄCK: The enzymes. 2nd edit.: 4 volumes, vol. I. New York: Academic Press 1959.

—, and M. P. STULBERG: Tracing of the in vivo path from amino acid to protein. Proc. nat. Acad. Sci. (Wash.) **44**, 92 (1958).

BRADFIELD, J. R. G.: Organization of bacterial cytoplasms. In: Bacterial Anatomy. Symp. Soc. gen. Microbiol. **6**, 296 (1956).

BRAWERMAN, G., and M. YČAS: Incorporation of the amino acid analog tryptazan into the protein of *Escherichia coli*. Arch. Biochem. **68**, 112 (1957).

BRESNICK, E., S. SINGER and G. H. HITCHINGS: Mechanism of action of 6-azacytosine in bacteria. Biochim. biophys. Acta **37**, 251 (1960).

BRITTEN, R. J., R. B. ROBERTS and E. F. FRENCH: Amino acid adsorption and protein synthesis in *Escherichia coli*. Proc. nat. Acad. Sci. (Wash.) **41**, 863 (1955).

BROOKES, P., A. R. CRATHORN and G. D. HUNTER: The incorporation of labelled amino acids into protein by isolated cytoplasmic membrans of *Bacillus megaterium*. Intermediate reactions. Biochem. J. **71**, 31 (1959).

BUCHNER, P.: Praktikum der Zellenlehre. Teil 1: Allgemeine Zellen- und Befruchtungslehre (Sammlung naturw. Praktika, Bd. 5). Berlin: Gebrüder Borntraeger 1915.

BUSSARD, A., S. NAONO, F. GROS et J. MONOD: Effets d'un analogue de l'uracile sur les propriétés d'une protéine enzymatique synthétisée en sa présence. C.R. Acad. Sci. (Paris) **250**, 4049 (1960).

CAMPBELL, A.: Effect of starvation for glucose during reversion of a long term adapting yeast. J. Bact. **74**, 553 (1957).

CAMPBELL, A. M., and S. SPIEGELMAN: The growth kinetics of elements necessary for galactozymase formation in "long term adapting" yeasts. C.R.Lab.Carlsberg,Sér. physiol. **26**, 13 (1956).

CANELLAKIS, E. S.: Some aspects of the metabolism in vitro of 2-C^{14}-labelled orotic acid, uracil, uridine and uridylic acid. Fed. Proc. **14**, 324 (1955).

— Biosynthesis of uracil nucleotides. Fed. Proc. **15**, 229 (1956).

— Pyrimidine metabolism. I. Enzymatic pathways of uracil and thymine degradation. J. biol. Chem. **221**, 315 (1956).

— Incorporation of radioactive uridine-5'-monophosphate into ribonucleic acid by soluble mammalian enzymes. Biochim. biophys. Acta **23**, 217 (1957).

CHAMBERS, C. W., H. H. TABAK and P. W. KABLER: Effect of Krebs cycle metabolites on the viability of *Escherichia coli* treated with heat and chlorine. J. Bact. **73**, 77 (1957).

CHANCE, B.: Enzyme mechanisms in living cells. In: The mechanism of enzyme action (W. D. McELROY and B. GLASS, eds.), p. 399. Baltimore: Johns Hopkins Press 1954.

— Enzymes in action in living cells: the steady state of reduced pyridine nucleotides. Harvey Lect. **49**, 145 (1955).

—, and G. R. WILLIAMS: The respiratory chain and oxidative phosphorylation. Advanc. Enzymol. **17**, 65 (1956).

CHANTRENNE, H.: Nucleic acid metabolism and induced enzyme formation. Rec. Trav. chim. Pays-Bas 77, 586 (1958).
— Newer developments in relation to protein biosynthesis. Ann. Rev. Biochem. 27, 35 (1958).
— Remarques sur l'inhibition de la synthèse des protéines par l'azaguanine. 4th Internat. Congr. Biochem., Vienna 1958, Sympos. 8, 197 (1960).
—, and S. DEVREUX: Dissociation of the synthesis of nucleic acids from the synthesis of protein by a purine analogue. Exp. Cell Res., Suppl. 6, 152 (1958).
— — Action de la 8-azaguanine sur Bacillus cereus. Arch. int. Physiol. 66, 114 (1958).
— — Formation induite de catalase et métabolisme des acides nucléiques chez la levure. Effet des rayons X. Biochim. biophys. Acta 31, 134 (1959).
— — Action de la 8-azaguanine sur la synthèse des protéines et des acides nucléiques chez Bacillus cereus. Biochim. biophys. Acta 39, 486 (1960a).
— — Restauration de la synthèse d'enzymes après inhibition par l'azaguanine. Biochim. biophys. Acta 41, 239 (1960b).
CLARKE, J. S., and C. A. PASTERNAK: The regulation of amino sugar metabolism in Bacillus subtilis. Biochem. J. 81, 1 P (1961).
CLAYTON, R. K.: Protein synthesis in the induced formation of catalase in Rhodopseudomonas spheroides. J. biol. Chem. 235, 405 (1960).
— The induced synthesis of catalase in Rhodopseudomonas spheroides. Biochim. biophys. Acta 37, 503 (1960).
COHEN, G. N., et D. B. COWIE: Remplacement total de la méthionine par la sélénométhionine dans les protéines d'Escherichia coli. C.R. Acad. Sci. (Paris) 244, 680 (1957).
—, and J. MONOD: Bacterial permeases. Bact. Rev. 21, 169 (1957).
—, et H. V. RICKENBERG: Existence d'accepteurs spécifiques pour les amino-acides chez Escherichia coli. C.R. Acad. Sci. (Paris) 240, 2086 (1955).
— — Concentration spécifique réversible des amino acids chez Escherichia coli. Ann. Inst. Pasteur 91, 693 (1956).
COHEN, S. S.: Streptomycin and desoxyribonuclease in the study of variations in the properties of a bacterial virus. J. biol. Chem. 166, 393 (1946).
COHN, M.: On the inhibition by glucose of the induced synthesis of β-galactosidase in Escherichia coli. Henry Ford Hospital Intern. Sympos: Enzymes. Units of biological structure and function (edit. GAEBLER), p. 41. New York: Acad. Press 1956.
— Contributions of studies on the β-galactosidase of Escherichia coli to our understanding of enzyme synthesis. Bact. Rev. 21, 140 (1957).
— G. N. COHEN et J. MONOD: L'effet inhibiteur spécifique de la méthionine dans la formation de la méthionine-synthétase chez E. coli. C.R. Acad. Sci. (Paris) 236, 746 (1953).
—, and K. HORIBATA: Inhibition by glucose of the induced synthesis of the β-galactosidase-enzyme system of E. coli. Analysis of maintenance. J. Bact. 78, 601 (1959).
— — Analysis of the differentiation and of the heterogeneity within a population of E. coli untergoing induced β-galactosidase synthesis. J. Bact. 78, 613 (1959).
— — Physiology of the inhibition by glucose of the induced synthesis of the β-galactoside-enzyme system of Escherichia. J. Bact. 78, 624 (1959).
— E. LENNOX and S. SPIEGELMAN: On the behaviour of the E. coli Pz-"β-galactoside-system" introduced into Shigella dysenteriae. Biochim. biophys. Acta 39, 255 (1960).
—, and J. MONOD: Specific inhibition and induction of enzyme biosynthesis. In: Adaptation in microorganisms. 3rd Sympos. Soc. for gen. Microbiol., p. 138. Cambridge: Cambridge Univ. Press. 1953.
COWIE, D. B., and G. N. COHEN: Biosynthesis by E. coli of active altered proteins containing selenium instead of sulfur. Biochim. biophys. Acta 26, 252 (1957).
— — E. T. BOLTON and H. DE ROBICHON-SZULMAJSTER: Amino acid analog incorporation into bacterial proteins. Biochim. biophys. Acta 34, 39 (1959).
CRANE, R. K., and A. SOLS: The non-competitive inhibition of brain hexokinase by glucose-6-phosphate and related compounds. J. biol. Chem. 210, 597 (1954).
CRATHORN, A. R., and G. D. HUNTER: Amino acid "exchange" and protein synthesis in cell walls of Bacillus megaterium. Biochem. J. 69, 47 (1958).
CRAWFORD, I., A. KORNBERG and E. S. SIMMS: Conversion of uracil and orotate to uridine 5-phosphate by enzymes in Lactobacilli. J. biol. Chem. 226, 1093 (1957).

CRAWFORD, I. P.: Identification of the triose phosphate formed in the tryptophan synthetase reaction. Biochim. biophys. Acta 45, 405 (1960).

CREASER, E. H.: The assimilation of amino acids by bacteria. 22. The effect of 8-azaguanine upon enzyme formation in *Staphylococcus aureus*. Biochem. J. 64, 539 (1956).

DANIELLI, J. F.: Structural factors in cell permeability and secretion. VI. Structural aspects of cell physiology. Symp. Soc. exp. Biol. 6, 1 (1952).

DATTA, S. P., and B. R. RABIN: The chelation of metal ions by dipetides and related compounds. Biochim. biophys. Acta 19, 572 (1956).

DAVIE, E. W., V. V. KONINGSBERGER and F. LIPMANN: The isolation of a tryptophan-activating enzyme from pancreas. Arch. Biochem. 65, 21 (1956).

DAVIS, B. D.: Relations between enzymes and permeability (membrane transport) in bacteria. Henry Ford Hospital Intern. Sympos.: Enzymes. Units of biological structure and function (edit. GAEBLER), p. 509. New York: Acad. Press 1956.

DE LEY, J., and J. SCHEL: Studies on the metabolism of *Acetobacter peroxydans*. II. The enzymic mechanism of lactate metabolism. Biochim. biophys. Acta 35, 154 (1959).

DE MOSS, J. A., and G. D. NOVELLI: An amino acid dependent exchange between inorganic pyrophosphate and ATP in microbial extracts. Biochim. biophys. Acta 18, 592 (1955).

— — An amino acid dependent exchange between P^{32}-labelled inorganic pyrophosphates and ATP in microbial extracts. Biochim. biophys. Acta 22, 49 (1956).

DÉNES, G.: Glucose repression and induction of β-galactosidase synthesis in *Escherichia coli*. Biochim. biophys. Acta 50, 408 (1961).

DIXON, M.: Multi-enzyme systems. 4 Lectures, London 1948. Cambridge: Cambridge Univ. Press, 2nd Print 1951.

DOUDNEY, C. O., and F. L. HAAS: Chloramphenicol, nucleic acid synthesis and mutation induced by ultraviolet light. Biochim. biophys. Acta 40, 375 (1960).

DRESSLER, H., and C. R. DAWSON: On the nature and mode of action of the copper-protein, tyrosinase. I. Exchange experiments with radioactive copper and the resting enzyme. Biochim. biophys. Acta 45, 508 (1960 a).

— — On the nature and mode of action of the copperprotein, tyrosinase. II. Exchange experiments with radioactive copper and the functioning enzyme. Biochim. biophys. Acta 45, 515 (1960 b).

DUERKSEN, J. D., and H. HALVORSON: Purification and properties of an inducible β-glucosidase of yeast. J. biol. Chem. 233, 1113 (1958).

DURHAM, N. N., and D. L. McPHERSON: Influence of extraneous carbon sources on biosynthesis de novo of bacterial enzymes. J. Bact. 80, 7 (1960).

DUTTON, G. J.: The mechanism of glucuronide formation: a review. Biochem. J. 73, 29 (1959).

ELSON, D.: Latent ribonuclease in a ribonucleoprotein. Biochim. biophys. Acta 27, 216 (1958).

— Preparation and properties of a ribonucleoprotein isolated from *Escherichia coli*. Biochim. biophys. Acta 36, 362 (1959).

— Latent enzymic activity of a ribonucleoprotein isolated from *Escherichia coli*. Biochim. biophys. Acta 36, 372 (1959).

ENGELSBERG, E.: Glucose inhibition and the diauxie phenomenon. Proc. nat. Acad. Sci. (Wash.) 45, 1494 (1959).

FLAVIN, M., and T. KONO: Threonine synthetase mechanism: studies with isotopic oxygen. J. biol. Chem. 235, 1109 (1960).

FUKUMOTO, J., T. YAMAMOTO and D. TSURU: Effects of carbon sources and base analogues of nucleic acid on the formation of bacterial amylase. Nature (Lond.) 180, 438 (1957).

GALE, E. F.: Points of interference by antibiotics in the assimilation of amino acids by bacteria. 2e Congr. Internat. de Biochimie, Paris 1952. Sympos. sur le mode d'action des antibiotiques, Paris, p. 1, 1952.

— Assimilation of amino acids by gram-positive bacteria and some actions of antibiotics thereon. Advanc. Protein Chem. 8, 285 (1953).

— Incorporation of amino acids by disrupted *staphylococci*: replacement of ribonucleic acid by its digestion products. Proc. 3rd Internat. Congr. Biochem., Brussells 1955, p. 345. New York: Academic Press 1956.

Gale, E. F.: The biochemical organization of the bacterial cell. Proc. roy. Soc. B **146**, 166 (1957).
— Specific inhibitors of protein synthesis. 8th Sympos. Soc. Gen. Microbiol., London 1958: The strategy of chemotherapy, p. 212. Cambridge: Cambridge Univ. Press 1958.
—, and J. P. Folkes: The assimilation of amino acids by bacteria. 15. Actions of antibiotics on nucleic acid and protein synthesis in *Staphylococcus aureus*. Biochem. J. **53**, 493 (1953).
— — The assimilation of amino acids by bacteria. 19. The inhibition of phenylalanine incorporation in *Staphylococcus aureus* by chloramphenicol and p-chlorphenylalanine. Biochem. J. **55**, 730 (1953).
— — The assimilation of amino acids by bacteria. 20. The incorporation of labelled amino acids by disrupted staphylococcal cells. Biochem. J. **59**, 661 (1955).
— — The assimilation of amino acids by bacteria. 21. The effect of nucleic acids on the development of certain enzymic activities in disrupted staphylococcal cells. Biochem. J. **59**, 675 (1955).
—, and E. S. Taylor: The assimilation of amino acids by bacteria. 5. The action of penicillin in preventing the assimilation of glutamic acid by *Staphylococcus aureus*. J. gen. Microbiol. **1**, 314 (1947).
Gorini, L.: Regulation en retour (feedback control) de la synthèse de l'arginine chez *Escherichia coli*. Bull. Soc. Chim. biol. (Paris) **40**, 1939 (1958).
— Antagonism between substrate and repressor in controlling the formation of a biosynthetic enzyme. Proc. nat. Acad. Sci. (Wash.) **46**, 682 (1960).
—, and W. Gundersen: Induction by arginine of enzymes of arginine biosynthesis in *Escherichia coli B*. Proc. nat. Acad. Sci. (Wash.) **47**, 961 (1961).
—, and W. K. Maas: The potential for the formation of a biosynthetic enzyme in *Escherichia coli*. Biochim. biophys. Acta **25**, 208 (1957).
— — Feedback control of the formation of biosynthetic enzymes. Symposium on the chemical basis of development (McElroy and Glass, eds.), p. 469. Baltimore: Johns Hopkins Press 1958.
Gros, Fr., et F. Gros: Rôle des aminoacides dans la synthèse des acides nucléiques chez *Escherichia coli*. Biochim. biophys. Acta **22**, 200 (1956).
— — Rôle des acides aminés dans la synthèse des acides nucléiques chez *Escherichia coli*. Exp. Cell Res. **14**, 104 (1958).
Gross, D., and H. Tarver: Studies on ethionine. IV. The incorporation of ethionine into the proteins of *tetrahymena*. J. biol. Chem. **217**, 169 (1955).
Gross, S. R.: Enzymatic autoinduction and the hypothesis of intracellular permeability barriers in *Neurospora*. Trans. N.Y. Acad. Sci., Ser. II, **22**, 44 (1959).
—, and A. Fein: Linkage and function in *Neurospora*. Genetics **45**, 885 (1960).
Grunberg-Manago, M., and S. Ochoa: Enzymatic synthesis and breakdown of polynucleotides; polynucleotide phosphorylase. J. Amer. chem. Soc. **77**, 3165 (1955).
— P. J. Ortiz and S. Ochoa: Enzymatic synthesis of nucleic acidlike polynucleotides. Science **122**, 907 (1955).
— — — Enzymatic synthesis of polynucleotides. I. Polynucleotide phosphorylase of *Azotobacter vinelandii*. Biochim. biophys. Acta **20**, 269 (1956).
Grylls, F. S. M., and J. S. Harrison: Adaptation of yeast to maltose fermentation. Nature (Lond.) **178**, 1471 (1956).
Hahn, F. E., and C. L. Wisseman: Inhibition of adaptive enzyme formation by antimicrobial agents. Proc. Soc. exp. Biol. (N.Y.) **76**, 533 (1951).
— — and H. E. Hopps: Mode of action of chloramphenicol. II. Inhibition of bacterial-D-polypeptide formation of an L-stereoisomer of chloramphenicol. J. Bact. **67**, 674 (1954).
— — — Mode of action of chloramphenicol. III. Action of chloramphenicol on bacterial energy metabolism. J. Bact. **69**, 215 (1955).
Hakim, A. A.: Tryptophan-tryptophanase adaptation. II. Action of penicillin, streptomycin, tetracyn and chloramphenicol on certain enzyme systems influencing enzyme adaptation. Enzymologia **19**, 130 (1958).
Hall, J. B., and F. W. Allen: Studies on the incorporation of orotic acid into the 5-ribosyluracil phosphate of the ribonucleic acids of yeast. Biochim. biophys. Acta **39**, 557 (1960).

HALL, J. B., and F. W. ALLEN: Studies on the biosynthesis of 5-ribosyluracil phosphate in Neurospora crassa 36601. Biochim. biophys. Acta **45**, 163—171 (1960).

HALVORSON, H., S. SPIEGELMAN and R. L. HINMAN: The effect of tryptophan analogs on the induced synthesis of maltase and protein synthesis in yeast. Arch. Biochem. **55**, 512 (1955).

HAMERS, R., and C. HAMERS-CASTERMAN: Synthesis by *Escherichia coli* of a β-galactosidase-like protein under the influence of thiouracil. Biochim. biophys. Acta **33**, 269 (1959).

HAMILTON, W. A., and E. A. DAWES: A diauxic effect with *Pseudomonas aeruginosa*. Biochem. J. **71**, 25 (1959).

HARRINGTON, M.: The action of antibiotics on *Bacterium coli*. Thesis, Nation. Univ. of Ireland, Univ. College, Cork 1955.

HEINZ, E.: Aktiver Transport von Aminosäuren. 12. Colloquium der Ges. für Physiol. Chemie, Mosbach/Baden, 1961, S. 167. Berlin-Göttingen-Heidelberg: Springer 1961.

HERBERT, E., and E. S. CANELLAKIS: Studies on synthesis of soluble ribonucleic acid. III. Analytic studies on soluble ribonucleic acid of rat. Biochim. biophys. Acta **42**, 363 (1960).

HERZENBERG, L. A.: Studies on the induction of β-galactosidase in a cryptic strain of *Escherichia coli*. Biochim. biophys. Acta **31**, 525 (1959).

HOCH, F. L., R. J. P. WILLIAMS and B. L. VALLEE: The role of zinc in alcohol dehydrogenase. II. The kinetics of the instantaneous reversible inhibition of yeast alcohol dehydrogenase by 1,10-phenanthroline. J. biol. Chem. **232**, 453 (1958).

HOLMES, R., R. SHEININ and B. F. CROCKER: A study of the permeability barrier to β-galactosides in *Escherichia coli B*. Canad. J. Biochem. **39**, 45 (1961).

HOLZER, H.: Über Fermentketten und ihre Bedeutung für die Regulation des Kohlenhydratstoffwechsels in lebenden Zellen. In: Biologie und Wirkung der Fermente. 4. Colloquium der Ges. für Physiol. Chemie, S. 89. Berlin-Göttingen-Heidelberg: Springer 1953.

— Kinetik und Thermodynamik enzymatischer Reaktionen in lebenden Zellen und Geweben. In: Ergebnisse der Medizinischen Grundlagenforschung (Hrsg. BAUER), Bd. I, S. 189. Stuttgart: Georg Thieme 1956.

— Enzymic regulation of fermentation in yeast cells. Ciba Foundation Symposium on the regulation of cell metabolism, p. 277. London: J. &. A. Churchill Ltd. 1959.

— Carbohydrate metabolism. Ann. Rev. Biochem. **28**, 171 (1959).

—, u. R. FREYTAG-HILF: Zusammenwirken der Gärungsenzyme beim anaeroben und aeroben Glucoseumsatz in Hefezellen. Hoppe-Seylers Z. physiol. Chem. **316**, 7 (1959).

—, u. A. HOLLDORF: Enzymatische Regulation von Atmung und Gärung. In Handbuch der Pflanzenphysiologie, Bd. XII/1, S. 1092. Berlin-Göttingen-Heidelberg: Springer 1959.

—, u. I. WITT: Regulation des Pentosephosphat-Cyklus durch TPNH-Oxydation. Angew. Chem. **70**, 439 (1958).

— — u. R. FREYTAG-HILF: Zum Mechanismus des Pasteur-Effektes: Bestimmung von ATP, ADP, Orthophosphat und verschiedenen Zwischenprodukten des Kohlenhydratstoffwechsels in lebenden Hefezellen beim Übergang von anaeroben zu aeroben Bedingungen. Biochem. Z. **329**, 467 (1958).

HORIUCHI, T., S. HORIUCHI and D. MIZUNO: A possible negative feedback phenomenon controlling formation of alkaline phosphomonoesterase in *Escherichia coli*. Nature (Lond.) **183**, 1529 (1959).

HOROWITZ, J., J. J. SAUKKONEN and E. CHARGAFF: Effect of 5-fluorouracil on an uracil requiring mutant of *Escherichia coli*. Biochim. biophys. Acta **29**, 222 (1958).

HURWITZ, CH., and C. L. ROSANO: Chloramphenicol-sensitive and -insensitive phases of the lethal action of streptomycin. Biochim. biophys. Acta **41**, 162 (1960).

JACKSON, K. L., and N. PACE: Some permeability properties of isolated rat liver cell mitochondria. J. gen. Physiol. **40**, 47 (1957).

JACOB, F., et J. MONOD: Gènes de structure et gènes de régulation dans la biosynthèse des protéines. C. R. Acad. Sci. (Paris) **249**, 1282 (1959).

—, and E. L. WOLLMAN: Genetic and physical determinations of chromosomal segments in *Escherichia coli*. Soc. exp. Biol., Sympos. London, p. 75, 1958.

JACOBS, M. H., and D. R. STEWART: The role of carbonic-anhydrase in certain ionic exchanges involving the erythrocyte. J. gen. Physiol. **25**, 539 (1942).

JEENER, R.: Biological effects of the incorporation of thiouracil into the ribonucleic acid of *tobacco mosaic virus*. Biochim. biophys. Acta **23**, 351 (1957).
— C. HAMERS-CASTERMAN and N. MAIRESSE: On the inhibition of phage production by 2-thiouracil and 8-azaguanine in an induced lysogenic *Bacillus megatherium*. Biochim. biophys. Acta **32**, 166 (1959).
JOHNSON, M. J.: The role of aerobic phosphorylation in the Pasteur-effect. Science **94**, 200 (1941).
KEMPNER, E. S., and D. B. COWIE: Metabolic pools and the utilization of aminoacid analogs for protein synthesis. Biochim. biophys. Acta **42**, 401 (1960).
KEPES, A.: Etudes cinétiques sur la galactoside-perméase d'*Escherichia coli*. Biochim. biophys. Acta **40**, 70 (1960).
— Bacterial permeases. 12. Colloquium der Ges. für Physiol. Chemie, Mosbach/Baden, 1961, p. 100. Berlin-Göttingen-Heidelberg: Springer 1961.
KORNBERG, A.: Die biologische Synthese von Desoxy-ribonucleinsäure (DNS). Nobel-Vortrag am 11. Dez. 1959. Angew. Chem. **72**, 231 (1960).
KREBS, H. A.: The intermediary stages in the biological oxidation of carbohydrate. Adv. Enzymol. **3**, 191 (1943).
— Chemical pathways of metabolism, vol. 1, p. 109. New York: Academic Press 1954.
— Die Steuerung der Stoffwechselvorgänge. Dtsch. med. Wschr. **81**, 4 (1956).
— The effects of extraneous agents on cell metabolism. In: Ciba Foundation Symposium on Ionizing Radiations and Cell Metabolism (Wolstenholme and O'Connor, eds.), p. 92. London: J. & A. Churchill Ltd. 1956.
— Die Steuerung von Stoffwechselvorgängen. Endeavour **16**, 125 (1957).
— Die Steuerung von Stoffwechselvorgängen. Naturw. Rdsch. **11**, 79 (1958).
—, u. H. L. KORNBERG: Energy transformation in living matter. Ergebn. Physiol. **49**, 212 (1957).
LACKS, S., and R. D. HOTCHKISS: Formation of amylomaltase after genetic transformation of *Pneumococcus*. Biochim. biophys. Acta **45**, 155 (1960).
LAMBORG, M. R., and P. C. ZAMECNIK: Amino acid incorporation into protein by extracts of *E. coli*. Biochim. biophys. Acta **42**, 206—211 (1960).
LASER, H., and M. J. THORNLEY: Stimulation by X-radiation of enzyme induction and growth in *Escherichia coli*. Proc. roy. Soc. B **150**, 539 (1959).
LEDERBERG, J.: Bacterial protoplasts induced by penicillin. Proc. nat. Acad. Sci. (Wash.) **42**, 574 (1956).
— Mechanism of action of penicillin. J. Bact. **73**, 144 (1957).
LEINER, M.: Die enzymatische Anpassung bei Mikro-Organismen ohne Veränderung des Erbgutes. Ergebn. Mikrobiol. Immun.-Forsch. u. exp. Ther. **31**, 35 (1958a).
— Variable katalytische Aktivität des Fermentes Kohlensäure-Anhydratase (KA) durch Umgebungseinflüsse. Z. Naturforsch. **13**b, 242 (1958b).
—, u. H. BECK: Von der Hemmbarkeit der katalytischen Aktivität der Kohlensäure-Anhydratase (KA). I. Acta biol. et med. germanica **2**, 632 (1959).
LEINER, M., H. BECK u. H. ECKERT: Über die Kohlensäure-Dehydratase in den einzelnen Wirbeltierklassen. I. Der Zinkgehalt in den einzelnen Fermenten und die Wirkung des Inhibitors aus dem Schafblut auf die einzelnen Enzyme. Hoppe-Seylers Z. physiol. Chem. **327** (1962).
LESTER, G.: Repression and inhibition of indole-synthesizing activity in *Neurospora crassa*. J. Bact. **82**, 215 (1961).
LEVIN, D. H., and E. RACKER: Condensation of arabinose 5-phosphate and phosphoryl enol pyruvate by 2-keto-3-deoxy-8-phosphooctonic acid synthetase. J. biol. Chem. **234**, 2532 (1959).
LOOMIS, W. F.: On the mechanism of action of aureomycin. Science **111**, 474 (1950).
LUBIN, M., D. H. KESSEL, A. BUDREAU and J. D. GROSS: The isolation of bacterial mutants defective in amino acid transport. Biochim. biophys. Acta **42**, 535 (1960).
LYNEN, F.: Über den aeroben Phosphatbedarf der Hefe. Ein Beitrag zur Kenntnis der Pasteurschen Reaktion. Justus Liebigs Ann. Chem. **546**, 120 (1941).
— Diskussion zum Vortrag H. A. LARDY, Energetic coupling and the regulation of metabolic rates. Proc. 3rd Internat. Congr. Biochem., Brussels 1955, p. 294. New York: Academic Press 1956.

LYNEN, F.: Phosphatkreislauf und Pasteur-Effekt. In: Neuere Ergebnisse aus Chemie und Stoffwechsel der Kohlenhydrate. 8. Colloquium der Ges. für Physiol. Chemie, S. 155. Berlin-Göttingen-Heidelberg: Springer 1958.

— Phosphatkreislauf und Pasteur-Effekt. In: Proc. Intern. Sympos. on Enzyme Chemistry. Tokyo and Kyoto 1957, p. 25. Tokyo: Maruzen 1958.

— G. HARTMANN, K. F. NETTER and A. SCHUEGRAF: Phosphate turnover and Pasteur effect. Ciba Foundation Sympos. on the regulation of cell metabolism, p. 256. London: J. &. A. Churchill Ltd. 1959.

—, u. R. KOENIGSBERGER: Zum Mechanismus der Pasteurschen Reaktion: Der Phosphat-Kreislauf in der Hefe und seine Beeinflussung durch 2,4-Dinitrophenol. Über den aeroben Phosphatbedarf der Hefe. VI. Justus Liebigs Ann. Chem. **573**, 60 (1951).

MAAS, W., and L. GORINI: End-product control for the formation of a biosynthetic enzyme. Fed. Proc. **16**, 215 (1957).

MACQUILLAN, A. M., S. WINDERMAN and H. O. HALVORSON: The control of enzyme synthesis by glucose and the repressor hypothesis. Biochem. biophys. Res. Commun. **3**, 77 (1960).

MAGASANIK, A. K., and A. BOJARSKA: Enzyme induction and repression by glucose in *Aerobacter aerogenes*. Biochem. biophys. Res. Commun. **2**, 77 (1960).

MAGASANIK, B.: Nutrition of bacteria and fungi. Ann. Rev. Microbiol. **11**, 221 (1957).

— The metabolic regulation of purine interconversions and of histidine biosynthesis. In: Symposium on the chemical basis of development (MCELROY and GLASS, eds.), p. 485. Baltimore: Johns Hopkins Press 1958.

—, and H. BOWSER: The degradation of histidine by *Aerobacter aerogenes*. J. biol. Chem. **213**, 571 (1955).

— A. K. MAGASANIK and F. C. NEIDHARDT: Regulation of growth and composition of the bacterial cell. Ciba Foundation Symposium on the regulation of cell metabolism, p. 334. London: J. &. A. Churchill Ltd. 1959.

— F. C. NEIDHARDT and A. P. LEVIN: Metabolic regulation of enzyme biosynthesis in bacteria. In: Physiological adaptation (edit. C. L. PROSSER), pp. 159—166. Washington D. C.: American Physiological Society 1958.

MAGER, J.: Chloramphenicol and chlortetracycline inhibition of amino acid incorporation into proteins in a cell-free system from *Tetrahymena pyriformis*. Biochim. biophys. Acta **38**, 150 (1960).

—, and B. MAGASANIK: Guanosine 5'-phosphate reductase and its role in interconversion of purine nucleotides. J. biol. Chem. **235**, 1474 (1960).

MANDEL, H. G.: Incorporation of 8-azaguanine and growth inhibition in *Bacillus cereus*. J. biol. Chem. **225**, 137 (1957).

—, and R. MARKHAM: The effects of 8-azaguanine on the biosynthesis of ribonucleic acid in *Bacillus cereus*. Biochem. J. **69**, 297 (1957).

— G. J. SUGERMAN and R. A. APTER: Fractionation studies of *Bacillus cereus* containing 8-azaguanine. J. biol. Chem. **225**, 151 (1957).

MANDELSTAM, J.: Turnover of protein in starved bacteria and its relationship to the induced synthesis of enzyme. Nature (Lond.) **179**, 1179 (1957).

MARSH, C. L., and G. W. KELLEY: Studies in helminth enzymology. I. Inorganic pyro-phosphatase activity in some helminth parasites of domestic animals. Exp. Parasit. **7**, 366 (1958).

— — Studies in helminth enzymology. II. Properties of an inorganic pyrophosphatase from *Ascaridia galli*, a nematode parasite of chickens. Exp. Parasit. 8, 274 (1959).

MARSHAK, A.: Processes co-ordinating intracellular activity. Soc. Exp. Biol., Symposium London 205 (1958).

MARTIN, G., et G. LEGRAND: Recherches sur les facteurs de production de la laccase par le mycélium d'*Agaricus campestris*. IV. Influence de la teneur en manganèse du milieu de culture. Bull. Soc. Chim. biol. (Paris) **41**, 1463 (1959).

MATTHEWS, R. E. F.: Incorporation of unnatural bases into nucleic acids. Proc. 3rd internat. Congr. Biochem, Brussels 1955, p. 63. New York: Academic Press 1956.

McLAREN, A. D.: Enzyme action in structurally restricted systems. Enzymologia **21**, 356 (1960).

MELNYKOVYCH, G., and K. R. JOHANSSON: Effects of chlortetracycline on the stability of arginine decarboxylase in *Escherichia coli*. J. Bact. **77**, 638 (1959).

—, and E. E. SNELL: Nutritional requirements for the formation of arginine decarboxylase in *Escherichia coli*. J. Bact. **76**, 518 (1958).

MENTZER, C., P. MEUNIER and L. MOLHO-LACROIX: Faits de synergie et d'antagonism entre la chloromycetine et divers amino-acides vis-à-vis de cultures d'*E. coli*. C.R. Acad. Sci. (Paris) **230**, 241 (1950).

MEYERHOF, O.: Über die Kinetik der umkehrbaren Reaktionen zwischen Hexodiphosphorsäure und Dioxyacetonphosphorsäure. Biochem. Z. **277**, 77 (1935).

MILLER, C. P., and M. BOHNHOFF: Development of streptomycin-resistant variants of *Meningococcus*. Science **105**, 620 (1947).

MILLER, D. M.: The osmotic pump theorie of selective transport. Biochim. biophys. Acta **37**, 448 (1960).

MINAGAWA, T.: Studies on the adaptation of yeast to copper. XIX. Effect of copper on cytochrome components of yeast. Exp. Cell. Res. **14**, 333 (1958).

MITCHELL, P. D., and J. MOYLE: Relationships between cell growth, surface properties and nucleic acid production in normal and penicillin-treated *Micrococcus pyogenes*. J. gen. Microbiol. **5**, 421 (1951).

MOKRASCH, L. C., and S. GRISOLIA: Contribution of hydrouracil and its derivatives to pyrimidine biosynthesis. II. Mechanism studies. Biochim. biophys. Acta **34**, 165 (1959).

MONOD, J.: Information, induction, repression dans la biosynthèse d'un enzyme. 10. Colloquium der Ges. für Physiol. Chemie, Mosbach/Baden, „Dynamik des Eiweißes", p. 120. Berlin-Göttingen-Heidelberg: Springer 1960.

—, et G. COHEN-BAZIRE: L'effet inhibiteur spécifique des β-galactosides dans la biosynthèse "constitutive" de la β-galactosidase chez *E. coli*. C.R. Acad. Sci. (Paris) **236**, 417 (1953).

— — L'effet d'inhibition spécifique dans la biosynthèse de la tryptophane-desmase chez *Aerobacter aerogenes*. C.R. Acad. Sci. (Paris) **236**, 530 (1953).

MORTON, A. G., A. G. F. DICKERSON and D. J. F. ENGLAND: Changes in enzyme activity of fungi during nitrogen starvation. J. exp. Bot. **11**, 116 (1960).

MUNIER, R., et G. N. COHEN: Incorporation d'analogues structuraux d'aminoacides dans les protéines bactériennes. Biochim. biophys. Acta **21**, 592 (1956).

— — Incorporation d'analogues structuraux d'aminoacides dans les protéines bactériennes au cours de leur synthèse in vivo. Biochim. biophys. Acta **31**, 378 (1959).

MYRBÄCK, K.: Die Hemmung der Hefeinvertase (Saccharase) durch Metallionen. 2. Mitt. Die Wirkung von Ag$^+$, Cu$^+$, Cd^{2+}, Zn^{2+} und deren Komplexbildung mit Acetationen. Ark. Kemi (Stockh.) **8**, 393 (1956).

NEIDHARDT, F. C.: Mutant of *Aerobacter aerogenes* lacking glucose repression. J. Bact. **80**, 536 (1960).

—, and F. GROS: Metabolic instability of the ribonucleic acid synthesized by *Escherichia coli* in the presence of Chloromycetin. Biochim. biophys. Acta **25**, 513 (1957).

—, and B. MAGASANIK: The effect of glucose on the induced biosynthesis of bacterial enzymes in the presence and absence of inducing agents. Biochim. biophys. Acta **21**, 324 (1956).

— — Inhibitory effect of glucose on enzyme formation. Nature (Lond.) **178**, 801 (1956).

— — Reversal of the glucose inhibition of histidinase biosynthesis in *Aerobacter aerogenes*. J. Bact. **73**, 253 (1957).

— — Effect of mixtures of substrates on the biosynthesis of inducible enzymes in *Aerobacter aerogenes*. J. Bact. **73**, 260 (1957).

NETTER, H.: Mögliche Mechanismen und Modelle für aktive Transportvorgänge. 12. Colloquium der Ges. für Physiol. Chemie, Mosbach/Baden, 1961, p. 15 Berlin-Göttingen-Heidelberg: Springer 1961.

NOMURA, M., J. HOSODA, B. MARUO and S. AKABORI: Studies on amylase formation by *Bacillus subtilis*. II. Effect of amino acid analogues on amylase formation by *Bacillus subtilis*; an apparent competition between amylase formation and normal cellular protein synthesis. J. Biochem. (Tokyo) **43**, 841 (1956).

NORTHROP, J. H.: Adaptation of *Bacillus megatherium* to terramycin (Oxytetracycline). J. gen. Physiol. **40**, 547 (1957).

Novick, A., and L. Szilard: Description of the Chemostat. Science **112**, 715 (1950).
— — Dynamics of growth processes, p. 21. Princeton: University Press 1954.
Ochoa, S.: Enzymatic synthesis of polyribonucleotides. (An introduction to the two following lectures). Proc. 4th internat. Congr. Biochem., Vienna 1958, IX, p. 133, 1959.
— Die enzymatische Synthese von Ribonucleinsäure (RNS). Nobel-Vortrag am 11. Dez. 1959. Angew. Chem. **72**, 225 (1960).
Osawa, S.: The nucleotide composition of ribonucleic acids from subcellular components of yeast. *E. coli* and rat liver, with special reference to the occurence of pseudouridylic acid in soluble ribonucleic acid. Biochim. biophys. Acta **42**, 244 (1960).
Palmer, I. S., and M. F. Mallette: The effect of exogenous sources on the synthesis of β-galactosidase in resting-cell suspensions of *Escherichia coli*. J. gen. Physiol. **45**, 229 (1961).
Pardee, A. B.: Effect of energy supply on enzyme induction by pyrimidine requiring mutants of Escherichia coli. J. Bact. **69**, 233 (1955).
— An inducible mechanism for accumulation of melibiose in *Escherichia coli*. J. Bact. **73**, 376 (1957).
— Mechanisms for control of enzyme synthesis and enzyme activity in bacteria. Ciba Foundation Symposium on the regulation of cell metabolism, p. 295. London: J. &. A. Churchill Ltd. 1959.
— The control of enzyme activity. In: The enzymes (Boyer, Lardy and Myrbäck, eds.), 2nd edit., vol. 1, p. 681. New York: Academic Press 1959.
— F. Jacob et J. Monod: Sur l'expression et le rôle des allèles "inductible" et "constitutif" dans la synthèse de la β-galactosidase chez des zygotes d'*Escherichia coli*. C.R. Acad. Sci. (Paris) **246**, 3125 (1958).
— — — The genetic control and cytoplasmic expression of "inductibility" in the synthesis of β-galactosidase by *E. coli*. J. molec. Biol. **1**, 165 (1959).
— K. Paigen and L. S. Prestidge: A study of the ribonucleic acid of normal and chloromycetin-inhibited bacteria by zone electrophoresis. Biochim. biophys. Acta **23**, 162 (1957).
—, and L. S. Prestidge: Effects of azatryptophan on bacterial enzymes and bacteriophage. Biochim. biophys. Acta **27**, 330 (1958).
— — On the nature of the repressor of β-galactosidase synthesis in *E. coli*. Biochim. biophys. Acta **36**, 545 (1959).
— V. G. Shore and L. S. Prestidge: Incorporation of azatryptophan into proteins of bacteria and bacteriophage. Biochim. biophys. Acta **21**, 406 (1956).
Park, J. T.: Selective inhibition of bacterial cell-wall synthesis: its possible applications in chemotherapy. 8th Sympos. Soc. gen. Microbiol., London 1958: The strategy of chemotherapy, p. 49. Cambridge: Cambridge Univ. Press 1958.
—, and M. J. Johnson: Accumulation of labile phosphate in *Staphylococcus aureus* grown in the presence of penicillin. J. biol. Chem. **179**, 595 (1949).
—, and J. L. Strominger: Mode of action of penicillin. Biochemical basis for the mechanism of action of penicillin and for its selective toxity. Science **125**, 99 (1957).
Parr, C. W.: Inhibition of phosphoglucose isomerase. Nature (Lond.) **78**, 1401 (1956).
— Competitive inhibitors of phosphoglucose isomerase. Biochem. J. **65**, 34 (1957).
Passow, H.: Zusammenwirken von Membranstruktur und Zellstoffwechsel bei der Regulierung der Ionenpermeabilität roter Blutkörperchen. 12. Colloquium der Ges. für Physiol. Chemie, Mosbach/Baden, 1961, p. 54. Berlin-Göttingen-Heidelberg: Springer 1961.
Polglase, W. J.: The effect of dihydrostreptomycin on the formation of β-galactosidase by *Escherichia coli*. Canad. J. Biochem. **34**, 554 (1956).
— S. Peretz and S. M. Roote: Adaptive enzyme formation by dihydrostreptomycindependent *E. coli*. Canad. J. Biochem. **34**, 558 (1956).
Porter, K. R., and G. E. Palade: Studies on the endoplasmic reticulum. III. Its form and distribution in striated muscle cells. J. biophys. biochem. Cytol. **3**, 269 (1957).
Quayle, J. R., and D. B. Keech: Carbon dioxide and formate utilization by formate-grown *Pseudomonas oxylaticus*. Biochim. biophys. Acta **29**, 223 (1958).
— — Carboxydismutase activity in formate- and oxalate-grown *Pseudomonas oxalaticus* (Strain 0 X 1). Biochim. biophys. Acta **31**, 587 (1959).
Raacke, I. D.: Studies on protein synthesis with ribonucleoprotein particles from pea seedlings. Biochim. biophys. Acta **34**, 1 (1959).

RACKER, E., and R. WU: Limiting factors in glycolysis of ascites tumor cells and the Pasteur effect. Ciba Foundation Sympos. on the regulation of cell metabolism, p. 205. London: J. &. A. Churchill Ltd. 1959.

REICHARD, P., and G. HANSHOFF: Aspartate carbamyl transferase from *E. coli*. Acta chem. scand. **10**, 548 (1956).

REINER, J. M.: Induced enzyme synthesis in cell-free preparations of *E. coli*. J. Bact. **79**, 157 (1960).

— Macromolecular synthesis in cell-free preparations from *E. coli*. J. Bact. **79**, 166 (1960).

RICHMOND, M. H.: Formation of a lytic enzyme by a strain of *Bacillus subtilis*. Biochim. biophys. Acta **33**, 78 (1959).

— Properties of a lytic enzyme produced by a strain of *Bacillus subtilis*. Biochim. biophys. Acta **33**, 92 (1959).

— Effect of inhibitors on lytic enzyme synthesis by *Bacillus subtilis* R. Biochim. biophys. Acta **34**, 325 (1959).

RICKENBERG, H. V., G. N. COHEN, G. BUTTIN et J. MONOD: La galactoside-perméase d'*Escherichia coli*. Ann. Inst. Pasteur Paris **91**, 829 (1956).

—, and G. LESTER: The preferential synthesis of β-galactosidase in *Escherichia coli*. J. gen. Microbiol. **13**, 279 (1955).

ROGERS, P., and G. D. NOVELLI: Formation of ornithine transcarbamylase in cells and protoplasts of *E. coli*. Biochim. biophys. Acta **33**, 423 (1959).

— — Cell free synthesis of ornithine transcarbamylase. Biochim. biophys. Acta **44**, 298 (1960).

SACHS, H., and H. WAELSCH: The effect of pyrophosphate on amino acid incorporation into rat liver microsomes. Biochim. biophys. Acta **21**, 188 (1956).

SACKS, J.: Mechanism of phosphate transfer across cell membranes. Cold Spr. Harb. Symp. quant. Biol. **18**, 180 (1948).

SAZ, A. K., and J. MARMUR: The inhibition of organic nitro-reductase by aureomycin in cell-free extracts. Proc. Soc. exp. Biol. (N.Y.) **82**, 783 (1953).

—, and L. M. MARTINEZ: Enzymatic basis of resistance to aureomycin. 1. Differences between flavoprotein nitro reductase of sensitive and resistant *Escherichia coli*. J. biol. Chem. **223**, 285 (1956).

—, and R. B. SLIE: The inhibition of organic nitro reductase by aureomycin in cell-free extracts. 2. Cofactor requirements for the nitro reductase enzyme complex. Arch. Biochem. **51**, 5 (1954).

— — Reversal of aureomycin inhibition of bacterial cell-free nitro reductase by manganese. J. biol. Chem. **210**, 407 (1954).

SCHANBERG, S., and N. J. GIARMAN: Uptake of 5-hydroxytryptophan by rat's brain. Biochim. biophys. Acta **41**, 556 (1960).

SCHNEIDER, J. H., and V. R. POTTER: Nucleotide metabolism. VIII. Heterogenous labelling in ribonucleic acid of rat liver. J. biol. Chem. **233**, 154 (1958).

SCHWARTZMAN, G.: On the nature of refractoriness of certain gram-negative bacilli to penicillin. Science **101**, 276 (1945).

SHARON, N., and F. LIPMANN: Reactivity of analogs with pancreatic tryptophan-activating enzyme. Arch. Biochem. **69**, 219 (1957).

SHEININ, R., and B. F. CROCKER: The induced concurrent formation of α-galactosidase and β-galactosidase in *Escherichia coli* B. Canad. J. Biochem. **39**, 63 (1961).

—, and K. MCQUILLEN: Effect of penicillin on induced enzyme formation in normal cells and spherical forms of *E. coli*. Biochim. biophys. Acta **31**, 72 (1959).

SHIRAKI, S.: Studies on the adaptive enzyme system of *Mycobacterium avium*. Nagoya J. med. Sci. **22**, 315 (1959).

SIEKEVITZ, P.: On the meaning of intracellular structure for metabolic regulation. Ciba Foundation Sympos. on the regulation of cell metabolism, p. 17. London: J. & A. Churchill Ltd. 1959.

SILBERMAN, H., and J. B. WYNGAARDEN: 6-Mercaptopurine as substrate and inhibitor of xanthine oxidase. Biochim. biophys. Acta **47**, 178 (1961).

SKODA, J., J. KARA, Z. SORMOVA and F. SORM: Inhibition of *Escherichia coli* polynucleotide phosphorylase by 6-azauridine diphosphate. Biochim. biophys. Acta **33**, 579 (1959).

SMITH, G. N.: The possible modes of action of chlorormycetin. Bact. Rev. **17**, 19 (1953).

— C. S. WORREL and A. L. SWANSON: Inhibition of bacterial esterases by chloramphenicol (chloromycetin). J. Bact. **58**, 803 (1949).

SMITH, J. D., and R. E. F. MATTHEWS: The metabolism of 8-azapurines. Biochem. J. **66**, 323 (1957).

SNODGRASS, P. J., B. L. VALLEE and F. L. HOCH: Effects of silver and mercurials on yeast alcohol dehydrogenase. J. biol. Chem. **235**, 504 (1960).

SPIEGELMAN, S., H. O. HALVORSON and R. BEN-ISHAI: Free amino acids and the enzyme-forming mechanism. Symposium on amino acid metabolism (MCELROY and GLASS, eds.), p. 124. Baltimore: Johns Hopkins Press 1955.

STADTMAN, E. R., G. N. COHEN, G. LE BRAS and H. ROBICHON-SZULMAJSTER: Feed-back inhibition and repression of aspartokinase activity in *Escherichia coli* and *Saccharomyces cerevisiae*. J. biol. Chem. **236**, 2033 (1961).

STEIN, E. A., and E. H. FISCHER: *Bacillus subtilis* α-amylase, a zinc-protein complex. Biochim. biophys. Acta **39**, 287 (1960).

STOEBER, F.: Sur la biosynthèse induite de la β-glucuronidase chez *E. coli*. C.R. Acad. Sci. (Paris) **244**, 950 (1957).

— Sur la β-glucuronide-perméase d'*Escherichia coli*. C.R. Acad. Sci. (Paris) **244**, 1091 (1957).

STOUTHAMER, A. H.: Glucose and galaktose metabolism in *Gluconobacter liquefaciens*. Biochim. biophys. Acta **48**, 484 (1961).

STRANGE, R. E.: Induced enzyme synthesis in aqueous suspensions of starved stationary phase *Aerobacter aerogenes*. Nature (Lond.) **191**, 1272 (1961).

STRAUB, F. B., and A. ULLMANN: On the mechanism of amylase synthesis. Biochim. biophys. Acta 23, 665 (1957).

STRAUS, D. B., and E. GOLDWASSER: A new synthesis of (^{32}P) uridine 5'-phosphate. Biochim. biophys. Acta **47**, 186 (1961).

SUZUKI, K., F. SAWADA and Y. IWAMA: Effects of chloramphenicol on RNA synthesis in *Escherichia coli* irradiated with ultraviolet light. Biochim. biophys. Acta **37**, 369 (1960).

TABOR, H., and A. H. MEHLER: Histidase and urocanase. In: Methods in enzymology (COLOWICK and KAPLAN), vol. II, p. 228. New York: Academic Press, 1955.

TIMM, F.: Zur Entstehung der Penicillinresistenz. Naturwissenschaften **44**, 266 (1957).

TOMASZ, A., and E. BOREK: The mechanism of bacterial fragility by 5-fluorouracil: The accumulation of cell wall precursors. Proc. nat. Acad. Sci. (Wash.) **46**, 324 (1960).

TORRIANI, A.: Influence of inorganic phosphate in the formation of phosphatases by *Escherichia coli*. Biochim. biophys. Acta **38**, 460 (1960).

TOUZÉ, A.: Recherches sur le metabolisme de *Colletotrichum oligochaetum* CAV. et de *Colletotrichum lindemuthianum* (SACC. et MAGN.). Bri. et Cav. II. Synthèse d'un enzyme d'adaptation: la guanidinase. C.R. Acad. Sci. (Paris) **245**, 2077 (1957).

UMBARGER, H. E.: Some observations on the biosynthetic pathway of isoleucine. In: Amino acid metabolism (MCELROY and GLASS, eds.), p. 442. Baltimore: Johns Hopkins Press 1955.

— Evidence for a negative feedback mechanism in the biosynthesis of isoleucine. Science **123**, 848 (1956).

—, and B. BROWN: Isoleucine and valine metabolism in *E. coli*. VII. A negative feedback mechanism controlling isoleucine biosynthesis. J. biol. Chem. **233**, 415 (1958).

USSING, H. H.: Experimental evidence and biological significance of active transport. 12. Colloquium der Ges. für Physiol. Chemie, Mosbach/Baden, 1961, p. 1 Berlin-Göttingen-Heidelberg: Springer 1961

VALLEE, B. L., J. A. RUPLEY, L. COOMBS and H. NEURATH: The role of zinc in carboxypeptidase. J. biol. Chem. **235**, 64 (1960).

VAUGHAN, M., and D. STEINBERG: Incorporation of p-fluorophenyl-alanine into crystalline proteins. Fed. Proc. **17**, 328 (1958).

— — Incorporation of amino acid analogues into crystalline proteins. Proc. 4th Internat. Congr. Biochem., Vienna, vol. 8, p. 234. New York: Pergamon Press 1959.

— — Biosynthetic incorporation of flurorophenylalanine into crystalline proteins. Biochim. biophys. Acta **40**, 230 (1960).

VOGEL, H. J.: Repression and induction as control mechanisms of enzyme biogenesis: The "adaptive" formation of acetylornithinase. Sympos. Chem. Basis of Heredity (MCELROY and GLASS, eds.), p. 276. Baltimore: Johns Hopkins Press (1957a).

— Repressed and induced enzyme formation: a unified hypothesis. Proc. nat. Acad. Sci. (Wash.) 43, 491 (1957b).

— A "pace-setting" phenomenon in derepressed enzyme formation. Biochem. biophys. Res. Commun. 3, 373 (1960).

— P. H. ABELSON and E. T. BOLTON: On ornithin and prolin synthesis in *Escherichia coli*. Biochim. biophys. Acta 11, 584 (1953).

—, and D. M. BONNER: On the glutamate-proline-ornithine interrelation in *Neurospora crassa*. Proc. nat. Acad. Sci. (Wash.) 40, 688 (1954).

— — Acetylornithinase of *Escherichia coli*: partial purification and some properties. J. biol. Chem. 218, 97 (1956).

— — Handbuch der Pflanzenphysiologie, Bd. XII (Hrsg. RUHLAND), vol. 11, Kap. II. Berlin-Göttingen-Heidelberg: Springer 1960.

—, and B. D. DAVIS: Adaptive phenomena in a biosynthetic pathway. Fed. Proc. 11, 485 (1952).

WACKER, A., A. TREBST u. FR. WEYGAND: 5-Bromuracildesoxyribosid, ein Wuchsstoff für *Lb. leichmannii* und *Lb. acidophilus* R 26. Z. Naturforsch. 11b, 7 (1956).

WAINWRIGHT, S. D.: On the development of increased tryptophan synthetase enzyme activity by cell-free extracts of *Neurospora crassa*. Canad. J. Biochem. 37, 1417 (1959).

—, and D. M. BONNER: On the induced synthesis of an enzyme required for biosynthesis of an essential metabolite: induced kynureninase synthesis in *Neurospora crassa*. Canad. J. Biochem. 37, 741 (1959).

—, and M. R. POLLOCK: Enzyme adaptation in bacteria: fate of nitratase in nitrate-adapted cells grown in the absence of substrate. Brit. J. exp. Path. 30, 190 (1949).

WALLENFELS, K., O. P. MALHOTRA u. D. DABICH: Untersuchungen über milchzuckerspaltende Enzyme VIII. Der Einfluß des Kationen-Milieus auf die Aktivität der β-Galaktosidase von *E. coli* ML 309. Biochem. Z. 333, 377 (1960).

—, u. H. SUND: Über den Mechanismus der Wasserstoffübertragung mit Pyridinnucleotiden. I. Freie SH-Gruppen und Aktivität bei Alkoholdehydrogenase aus Hefe. Biochem. Z. 329, 17 (1957).

WATANABE, Y., and K. SHIMURA: Biosynthesis of threonine from homoserine. J. Biochem. (Tokyo) 42, 181 (1955).

WILBRANDT, W.: Zuckertransporte. 12. Colloquium der Ges. für Physiol. Chemie, Mosbach/ Baden, 1961, p. 112. Berlin-Göttingen-Heidelberg: Springer 1961.

WILLIAMS, R. J. P., F. L. HOCH and B. L. VALLEE: The role of zinc in alcohol dehydrogenases. III. The kinetics of a time-dependent inhibition of yeast alcohol dehydrogenase by 1,10-phenanthroline. J. biol. Chem. 232, 465 (1958).

WISSEMAN, C. L., J. E. SMADEL, F. E. HAHN and H. E. HOPPS: Mode of action of chloramphenicol. I. Action of chloramphenicol on assimilation of ammonia and on synthesis of proteins and nucleic acids in *E. coli*. J. Bact. 67, 662 (1954).

WOLFE, A. D., and F. E. HAHN: Discrepancy between thienylalanine activation and protein synthesis in bacteria. Biochim. biophys. Acta 41, 545 (1960).

WOOLLEY, D. W.: A study of non-competitive antagonism with chloromycetin and related analogues of phenylalanine. J. biol. Chem. 185, 293 (1950).

— Selective toxicity of 1,2-dichloro-4,5-diamino-benzene: its relation to requirements for riboflavin and vitamin B_{12}. J. exp. Med. 93, 13 (1951).

— The designing of antimetabolites. 8th Sympos. Soc. Gen. Microbiol., London 1958: The strategy of chemotherapy, p. 139. Cambridge: Cambridge Univ. Press 1958.

—, and D. W. SCHAFFNER: Effect of analogs of dimethyl-diaminobenzene on various strains of transplanted mammary cancers of mice. Cancer Res. 14, 802 (1954).

WORMSER, E. H., and A. B. PARDEE: Regulation of threonine biosynthesis in *E. coli*. Arch. Biochem. 78, 416 (1958).

YANOFSKY, C., and M. RACHMELER: The exclusion of free indole as an intermediate in the biosynthesis of tryptophan in *Neurospora crassa*. Biochim. biophys. Acta 28, 640 (1958).

YATES, R. A., and A. B. PARDEE: Pyrimidine biosynthesis in *Escherichia coli*. J. biol. Chem. **221**, 743 (1956).
— — Control of pyrimidine biosynthesis in *E. coli* by a feed-back mechanism. J. biol. Chem. **221**, 757 (1956).
— — Control by uracil of formation of enzymes required for orotate synthesis. J. biol. Chem. **227**, 677 (1957).
YCAS, M., and G. BRAWERMAN: Interrelations between nucleic acid and protein biosynthesis in microorganisms. Arch. Biochem. **68**, 118 (1957).
YOSHIDA, A.: Studies on the mechanism of protein synthesis: bacterial α-amylase containing ethionine. Biochim. biophys. Acta **29**, 213 (1958).
— Studies on the mechanism of protein synthesis: incorporation of p-fluorophenylalanine into α-amylase of *Bacillus subtilis*. Biochim. biophys. Acta **41**, 98 (1960).
—, and M. YAMASAKI: Studies on the mechanism of protein synthesis: incorporation of ethionine into α-amylase of *Bacillus subtilis*. Biochim. biophys. Acta **34**, 158 (1959).
YOSHIKAWA, H., and B. MARUO: Stimulation of amylase formation by an amine from *Bacillus subtilis*. Biochim. biophys. Acta **45**, 270 (1960).
ZADOR, ST.: Redox potential studies on the action-mechanism of antibiotics. Jap. J. Pharmacol. **9**, 75 (1959).
ZUBAY, G.: The interaction of nucleic acid with Mg-ions. Biochim. biophys. Acta **32**, 233 (1959).

Die Gruppe der Myxoviren.
Ihre Untersuchung mittels fluorescierender Antikörper

Von

Hans Löffler *

Mit 9 Abbildungen

Inhaltsverzeichnis

1. Einleitung

a) Zur Abgrenzung der Myxoviren

Auf Grund der Vorschläge von Andrewes, Bang und Burnet (1955) werden in dieser Gruppe folgende Virusarten zusammengefaßt: Influenzavirus A, B, C (M. influenzae A, B, C), Newcastle Disease-Virus (M. multiforme), Geflügelpestvirus (M. pestis galli), Mumpsvirus (M. parotidis). Ebenfalls zu dieser Gruppe rechnet man nach Andrewes, Bang, Chanock und Zhdanow (1959) die Parainfluenzaviren (M. para-influenzae 1—3). Die allen Species gemeinsame Eigenschaft, mit der auch die Aufstellung dieser Gruppe motiviert wurde, beruht auf ihrem Verhalten gegenüber Erythrocyten. Die Viruspartikel lagern sich an die Oberfläche von Blutkörperchen verschiedener Tierspecies an und bewirken dadurch eine Hämagglutination (Hirst 1941). Diese Adsorption wird von einer mehr oder weniger vollständigen Elution gefolgt, wobei in einem enzymatischen Prozeß die mucoproteinhaltigen Receptoren der Erythrocytenoberfläche irreversibel zerstört werden. Die Adsorption von Viren kann durch im Serum vorkommende Mucoproteine verhindert werden; Erythrocyten, die mit dem Receptor-destroying-Enzyme von Vibrio cholerae behandelt wurden, lassen sich durch Viren nicht mehr agglutinieren.

* Hygiene-Institut der Universität Basel (Direktor: Prof. Dr. J. Tomcsik).

Wie spätere Untersuchungen (GOTTSCHALK 1959) gezeigt haben, spaltet beim Vorgang der Receptorzerstörung das Virus- bzw. das Receptor-destroying-Enzyme ein mit der Proteinsubstanz gekoppeltes Disaccharid auf, wobei N-Acetyl-Neuraminsäure freigesetzt wird.

Die für die Vertreter dieser Virusgruppe charakteristische Affinität zu gewissen Mucinen war für die Nomenklatur maßgebend. Auch in verschiedenen anderen Beziehungen sind sich diese Virusarten ähnlich: Eine Inaktivierung erfolgt relativ leicht durch Erwärmung und durch Ätherbehandlung; alle Myxoviren lassen sich in Bruteiern zur Vermehrung bringen; sie finden sich natürlicherweise vorwiegend im Respirationstrakt von Warmblütern.

Die Entwicklungs- und Vermehrungscyclen der verschiedenen Myxoviren zeigen aber, so wie sie im folgenden auf Grund der Untersuchungstechnik mit fluorescierenden Antikörpern dargestellt werden sollen, ganz erhebliche Unterschiede. Es lassen sich beispielsweise die Antigene von Mumps- und Newcastle Disease-Virus nur im Cytoplasma, nie im Kern der infizierten Zellen nachweisen; Influenza- und Geflügelpest-Virus erscheinen dagegen zuerst in der Kernregion und anschließend erst im Cytoplasma. Entsprechende Untersuchungen an Parainfluenzaviren sind uns nicht bekannt.

Auch auf Grund von Größenbestimmungen (HORNE u. a. 1960, 1961) zerfallen die Myxoviren in die selben zwei Gruppen; jene mit dem größeren Durchmesser umfaßt Mumps-, Newcastle Disease- und gewisse Parainfluenza-Viren (100 bis 500 mμ), während zur kleineren Gruppe Influenza- und Geflügelpestvirus gehören (80—100 mμ).

b) Zur Technik der Antigendarstellung mit fluorescierenden Antikörpern

Nach COONS (1959) besteht das Prinzip dieser Methode in folgendem: Ein oder zwei Moleküle eines fluorescierenden Farbstoffes werden an jedes Proteinmolekül einer Lösung gekoppelt. Jene Proteinmoleküle, welche als Antikörper mit einem Antigen reagieren, das im zu untersuchenden Substrat vorkommt, werden fest gebunden, die übrigen fluorescierenden Proteine lassen sich nachher wieder auswaschen. Es handelt sich also gewissermaßen um eine Mikropräcipitation zwischen zellfixiertem Antigen und Serumantikörper.

Als Fluorochrom wurde zuerst Fluorescein-Isocyanat verwendet (COONS, CREECH und JONES 1941, COONS und KAPLAN 1950); zweckmäßiger, weil stabiler als trockenes Pulver, leichter herzustellen und stärker fluorescierend, ist das von RIGGS u. Mitarb. (1958) eingeführte Fluorescein-Isothiocyanat.

Die „spezifische", leuchtend-weißgrüne Fluorescenz ist mit einiger Übung sehr leicht zu unterscheiden von anderen „nichtspezifischen", bei Ultraviolett-Bestrahlung erscheinenden Farbeffekten.

Aus einer Reihe verschiedener Fluorochrome wurden von SILVERSTEIN (1957) Rhodamin B und von CHADWICK u. Mitarb. (1958) Lissamin-Rhodamin B ausgewählt, welche beide eine rotorange Fluorescenz erzeugen. Verfügt man über mehr als nur eine Farbe, so erhält man die Möglichkeit, verschiedene Antigene durch Kontrastfärbung voneinander zu differenzieren.

Man unterscheidet die direkte und die indirekte Methode der Färbung: Bei der direkten, zuerst von COONS angewandten Methode wird das gesuchte Antigen durch den fluorescierend gemachten homologen Antikörper markiert. Bei den indirekten Methoden wird das Antigen zuerst mit seinem homologen, aber nicht-fluorescierenden Antikörper verbunden, worauf man den Überschuß der nicht-fixierten Antikörper wegwäscht; erst in einer zweiten Reaktionsstufe oder zweiten „Schicht" werden fluorescierende Antikörper zugegeben, deren Spezifität sich entweder gegen den homologen Antikörper der ersten Stufe richtet (WELLER und COONS 1954) oder — bei einer Variante der Methode (GOLDWASSER und SHEPARD 1958; KLEIN und BURKHOLDER 1959; MÜLLER und KLEIN 1959) — gegen Komplement, welches in der ersten Stufe zusammen mit dem homologen Antikörper zugesetzt wurde. Bei dieser originellen Anwendung einer vereinfachten Komplementbindungsreaktion wird somit als Indikator nicht ein „hämolytisches System", sondern ein fluorescierendes Anti-Meerschweinchen-Globulin benützt.

Falls mit der Fluorescein-Färbung Zustände im Innern von Zellen dargestellt werden sollen, müssen die Membranen durch eine vorgängige Behandlung mit Aceton oder Alkohol für Globulin durchlässig gemacht werden. Wenn man andererseits Beobachtungen an der Zelloberfläche machen will, so sind die Zellen in nativem Zustand zu färben; mit einer solchen „Vitalfärbung" wurde von LÖFFLER, HENLE und HENLE (1962) der Zeitpunkt des Erscheinens von Antigen an der Zellperipherie bei der Influenzavirus-Infektion von HeLa-Zellen erfaßt.

Es ist nicht leicht, die Sensibilität der Methode zu bestimmen. Eine bestimmte Antigenmenge kann um so besser gesehen werden, je konzentrierter sie in loco vorkommt. Nach COONS (1956) ist die sichtbare Grenzkonzentration bei $10\,\gamma/\mathrm{ml}$.

Nach verschiedenen Schätzungen (BEUTNER 1961) zeigen die indirekten Färbemethoden geringere Antigenmengen an als die direkten. Eine weitere Vereinfachung beruht bei der indirekten Färbung darauf, daß man für die Darstellung einer Vielzahl verschiedener Antigene nur ein einziges Antiglobulin-Konjugat braucht, also z. B. fluorescierendes Anti-Kaninchenglobulin bzw. fluorescierendes Anti-Meerschweinchenglobulin. Es kann aber kein Zweifel darüber bestehen, daß die primär eingeführte direkte Methode optisch schönere Bilder gibt.

Nicht überschätzt werden kann bei Arbeiten über Immunofluorescenz die große Bedeutung der Spezifitätskontrollen. Es gibt außerdem verschiedene Möglichkeiten, eine allfällige unspezifische Autofluorescenz von Geweben und Zellen auf ein nicht mehr störendes Maß zu reduzieren. Hinsichtlich der technischen Probleme sei im besonderen auf die Übersicht von COONS (1958) verwiesen.

2. Pathogenetische und diagnostische Untersuchungen

Zum erstenmal wurden fluorescierende Antikörper in der Virologie zur Darstellung von Mumpsvirus verwendet (COONS, SNYDER, CHEEVER und MURRAY 1950). Es handelte sich dabei in erster Linie um die Abklärung der Anwendungsmöglichkeiten der Methode.

Eine virushaltige Suspension wurde drei Affen in den Ductus Stenoni instilliert; 4 oder 5 Tage später erfolgte die operative Entfernung der Parotisdrüsen; Gefrierschnitte wurden mit fluorescierendem Antimumps-Serum von rekonvaleszenten Affen behandelt und auf spezifische Färbung untersucht. Das Antigen war hauptsächlich in den Acinuszellen lokalisiert, die infizierten bzw. gefärbten

Acini waren unregelmäßig über die Lobuli verteilt. Die Fluorescenz hatte einen granulären Aspekt und beschränkte sich auf das Cytoplasma; die Kerne waren durchwegs frei. Solche infizierte Zellen waren häufig mißgestaltet und gelegentlich auch in Zerfall begriffen, wobei spezifisches Material in die Drüsengänge austrat.

Der mit Hilfe von fluorescierenden Antikörpern zeitlich verfolgte Ablauf der Mumpsinfektion entsprach genau den Befunden von JOHNSON und GOODPASTURE (1936), welche die histologischen Veränderungen in den verschiedenen Stadien, beginnend bei der einzelnen angeschwollenen Acinuszelle bis zur Degeneration des ganzen infizierten Drüsenläppchens, beschrieben hatten. Die durch Mumpsvirus hervorgerufene Fluorescenz konnte verhindert bzw. „blockiert" werden durch vorherigen Kontakt der Präparate mit nichtfluorescierendem Antimumpsserum.

CHU, CHEEVER, COONS und DANIELS (1951) erweiterten im folgenden Jahr die Beobachtungen über die Mumpsinfektion, indem sie einen Rhesusaffen (Macacca mulatta) über die Ductus parotidei infizierten und 4 Tage später, d. h. vor Auftreten einer Drüsenschwellung, töteten und verschiedene Organe eingehend auf ihren Virusgehalt prüften, und zwar sowohl durch Ermittlung der spezifischen Fluorescenz als auch durch Bestimmung der Infektiosität. Beide Methoden ergaben weitgehend konkordante Resultate: Nicht nur die beiden Parotisdrüsen erwiesen sich erwartungsgemäß als virushaltig, sondern auch verlängertes Mark, Cervical- und Lumbalmark. In den Meningen fand sich trotz eines gewissen Virusgehaltes keine Fluorescenz; alle andern Organe enthielten kein Virus.

1952 erfolgte aus dem gleichen Laboratorium durch WATSON (1952) die erste Mitteilung über die Anwendung von fluorescierenden Antikörpern in Gewebekulturen. Maitland-Kulturen von Amnion- und Chorionallantoismembranen, von ganzen Hühnerembryonen und von Gehirngewebe aus 7—8tägigen Hühnerembryonen wurden mit dem Mumpsstamm von ENDERS infiziert, zu Gefrierschnitten verarbeitet, und nach der direkten Methode von COONS gefärbt. Die Zellen mit spezifischer Fluorescenz waren in den Gewebsfragmenten vorwiegend als periphere Säume zu sehen; handelte es sich um Membranen, so lokalisierte sich das Antigen hauptsächlich in dünnwandigen, cystenartigen Strukturen, die gleichzeitig die Zonen der intensivsten Zellvermehrung sind. Innerhalb der infizierten Zellen stimmte die Verteilung des Antigenmaterials mit jener in vivo, d. h. in der Affenparotis überein. Kerne waren nicht angefärbt, sondern nur das Cytoplasma und hier fand sich häufig eine Fluorescenz, die den Kern kreis- oder halbkreisförmig umgab. Zur Kontrolle der Virusvermehrung wurde das Verhalten von Infektiosität und von Hämagglutinin in der Kulturflüssigkeit geprüft, als Spezifitätskontrolle diente die Verhinderung der Bildung fluorescierender Präcipitate durch vorangehende Behandlung der Schnitte mit nichtmarkiertem Immunserum.

Die gleiche Autorin (WATSON 1952b) beschrieb auch den Verlauf der Mumpsinfektion im Brutei, so wie er sich mit Hilfe der Coonsschen Technik in Gefrierschnitten verfolgen läßt. In Embryonen, die am 8. Tag auf dem Weg über die Amnionhöhle infiziert wurden, ließ sich die spezifische Färbung nach 1—2 Tagen in den die Höhle auskleidenden Zellen erkennen; sie erreichte 4—6 Tage nach der Inoculation ihr Maximum, um nachher wieder zurückzugehen. Der Infektiosiäts-

titer der Amnionflüssigkeit machte eine parallele Entwicklung durch; der Hämagglutinintiter andererseits war ein weniger empfindliches Maß der Virusvermehrung. Bei Bruteiern, die erst am 16. Tag beimpft wurden, war mit keiner Methode
eine Virusvermehrung festzustellen.

Im Gegensatz zu früheren Mitteilungen von HABEL (1945) und von ENDERS
(1948), die ein — wenn auch geringgradiges — Virusvorkommen in zahlreichen
Organen und Membranen des Hühnerembryos annahmen, konnte WATSON
Mumpsantigen nur in solchen Geweben finden, die in direktem Kontakt mit der
virushaltigen Amnionflüssigkeit waren, d. h. — außer in ein bis zwei Zellschichten
der Membranepithelien — in der Epidermis und dem Pharynxepithel des Embryos.
Von Anbeginn an trat die spezifische Fluorescenz als Granulation auf, die in
zunehmendem Maße das Cytoplasma anfüllte. Hierfür gab die Autorin zwei
Deutungen, ohne sich festzulegen: Entweder wird eine Zelle durch mehrere Viruspartikel infiziert oder ein einziges Partikel ist imstande, ,,mehrere Viruskolonien''
ins Leben zu rufen. In der gleichen Arbeit findet sich auch eine vorläufige Mitteilung über analoge Versuche mit Influenzavirus.

Ungefähr gleichzeitig erwähnte EATON (1954) die Anwendung der Coonsschen
Technik bei Versuchen, welche die Beeinflussung der Influenzavirusinfektion
durch verschiedene Chemotherapeutica zum Gegenstand hatten. Seine photo-
graphischen Aufnahmen von Maitland-Kulturen infizierter Chorionallantoisstücke
ließen zwar keine cytologischen Details erkennen, zeigten aber eine kräftige
fluorescierende Endothelschicht auf der Allantoisseite der Membranen.

Später berichteten WATSON und COONS (1954) über die Entwicklung der
Influenzainfektion im Hühnerembryo. Im Gegensatz zu Mumps heilte diese
Infektion nicht spotan aus, sondern führte häufig innert 3—6 Tagen zum Tode
dieses Wirtes; die mikroskopisch sichtbare Schädigung der befallenen Zellen
war eher stärker als bei Mumps. In Embryonen, die vor dem 12. Tage auf dem
Weg über die Amnionhöhle infiziert wurden, fand sich die spezifische Fluorescenz
im Oberflächenepithel der Amnionhaut, in geringerem Grade auch im Pharynxepithel. Erfolgte die Infektion nach dem 12. Tag, d. h. nach Perforation des
Trachealpfropfes, und handelte es sich um PR 8-Virus, so leuchteten in den meisten
Embryonen auch einzelne Partien der Auskleidung des Respirationstraktes auf,
was bei Mumps nie beobachtet wurde. Die spezifische Färbung trat beim PR 8-
Stamm innert 18—24 Std, beim Lee-Stamm zwischen 24—48 Std post infectionem
auf, d. h. dann, wenn die Amnionflüssigkeit eine ID_{50} von mindestens $10^{4,5}$ erreicht hatte. Das Erscheinen der Fluorescenz fiel bei Influenza mit jenem der
Hämagglutinine in den extraembryonalen Flüssigkeiten zusammen, bei Mumps
war die Fluorescenz jedoch schon vorher zu erkennen.

Cytologisch unterschieden sich die beiden Virusarten noch deutlicher. Mumpsvirus war nie im Kern, sondern nur im Cytoplasma als grobe Granula zu sehen;
Influenzavirus begann zuerst in diffuser Art im Kern oder in unmittelbarer
Nachbarschaft der Kernmembran aufzuleuchten und war erst später im Cytoplasma zu erkennen. Dies veranlaßte die Autoren zur Annahme, daß sich die
ersten Stadien der Synthese von Influenzavirus im Kern abspielen, daß dann eine
Zerstörung der Kernmembran stattfindet, worauf die späteren Stadien sich
außerhalb des Kerns vollziehen.

Nach den Arbeiten in Gewebekulturen vom Maitland-Typus, später in ganzen Hühnerembryonen, wandte LIU (1955) die Technik bei der im Hinblick auf die Pathogenese der menschlichen Grippe besonders interessanten Frettcheninfektion an. Schon SMITH, ANDREWES und LAIDLAW hatten 1933 bei Anlaß der ersten Isolierung von Influenzavirus aus menschlichem Nasensekret in Frettchen die entzündlichen Veränderungen des Ciliarepithels der Nasenmuscheln beobachtet. 1938 ergänzten FRANCIS und STUART-HARRIS diese Befunde durch histologische Untersuchungen; etwa 48 Std nach intranasaler Inoculation von Influenza A-Virus beginnt das Epithel der Nasenschleimhaut Zeichen der Nekrose zu zeigen, wobei die cilientragende oberflächliche Schicht abgestoßen wird; die Submucosa ist ödematös angeschwollen und mit entzündlichen Zellinfiltraten durchsetzt; ein reichlich polymorphkerniges Zellen enthaltendes Exsudat wird in die Luftwege abgegeben. Regenerationsvorgänge sind an der Nasenschleimhaut vom 4. Tage an zu erkennen und etwa nach einem Monat abgeschlossen. LIU fiel es nun auf, daß bei Behandlung entsprechender Gefrierschnitte mit fluorescierendem Antiserum bereits während der Inkubationszeit positive Resultate erzielt werden konnten, ja gelegentlich auch bei klinisch inapparentem Verlauf der Infektion. Spezifische Fluorescenz fand sich bei einigen Frettchen außer im Nasenepithel auch im Bronchial-, nie aber im Trachealepithel; in den Alveolarlumina sah er fluorescierende Makrophagen, desgleichen fluorescierende Zellen in der Markregion mediastinaler Lymphknoten. Im allgemeinen konnten jedoch fluorescierende Zellen nur so lange beobachtet werden, als das Fieber andauerte, d. h. während 2—3 Tagen.

LIU erprobte diese am Frettchen ausgearbeitete Technik auch zur Frühdiagnose der Influenza des Menschen aus. Im Hinblick auf den bekannten Nachteil der meisten virusdiagnostischen Methoden, ein Resultat erst relativ spät im Krankheitsverlauf zu geben, ist es von großem praktischem Interesse, diese „Inkubationszeit" abzukürzen.

1953 wurden während einer Influenza A-Epidemie in Boston zahlreiche Studenten untersucht. Ihre Nasenspülflüssigkeit diente einerseits zur Virusisolierung in Bruteiern, andererseits zur Herstellung von Fluorescenzpräparaten. Für letztere wurde die Flüssigkeit leicht zentrifugiert, das Zellsediment auf Objektträger angetrocknet und mit fluoresceingekoppeltem Antiserum überschichtet. Zur Bestimmung der Antihämagglutinintiter wurde zu Beginn der Erkrankung und in der Rekonvaleszenz je eine Blutprobe entnommen. Bei 18 Grippepatienten ergaben die drei diagnostischen Methoden verschieden häufig ein positives Resultat, und zwar einen Antikörperanstieg in 17, eine spezifische Fluorescenz in 13 und den Virusnachweis im Ei in 8 Fällen.

Während einer Influenza B-Epidemie im Jahre 1955 war LIUS Ausbeute weniger groß, indem er nur in 10 von 23 serologisch gesicherten Influenzafällen fluorescierende Zellen fand. Die Coonssche Technik bewährte sich jedenfalls im Laboratorium von LIU bei der Frühdiagnose, vor allem, weil die Resultate bedeutend rascher vorlagen als bei den Isolierungsversuchen; die serologische Untersuchung ergab noch weniger Versager, ließ aber naturgemäß etwa 14 Tage auf das Ergebnis warten.

Als die asiatische Grippe 1957/58 auch Boston heimsuchte, wurden von MARTIN u. Mitarb. (1959) mehrere Autopsiefälle mit der Coonsschen Technik untersucht. Dabei zeigte sich, daß als einzige Zellart Makrophagen mit einer gewissen Regelmäßigkeit fluorescierendes Antigen enthielten. Diese Zellen fanden sich in der Submucosa der Trachea, in den Interstitien der Lunge und im Alveolarexsudat. Bei 32 Fällen, die epidemiologisch, klinisch und pathologisch als Influenza anzusprechen waren, konnte in 44% Virus gezüchtet werden, während eine spezifische Fluorescenz in 31% beobachtet wurde. Dieser relativ geringe „diagnostische Wirkungsgrad" der Methode an einem ausgewählten Sektionsgut und in den Händen eines so erfahrenen Untersuchers wie LIU, mag als Warnung dienen vor der Überschätzung der Coonsschen Methode als Mittel der praktischen Diagnostik.

Die Pathogenese einer weiteren Infektion mit Myxoviren untersuchten BURNSTEIN und BANG (1958). Hühner wurden intranasal mit einem avirulenten Impfstamm von Newcastle Disease-Virus infiziert. Sofern nicht sehr große Virusdosen in Form von Aerosolen zugeführt wurden, blieb die Infektion im wesentlichen auf das Epithel der Nasenschleimhaut beschränkt und dehnte sich auch nach 4 Tagen nicht auf weitere Abschnitte aus. Dies ließ sich übereinstimmend durch folgende Methoden zeigen: Verwendung von infektiösen Allantoisflüssigkeiten die radioaktiven Phosphor enthielten, histologische Untersuchung in Ultradünnschnitten, Färbung mit fluorescierenden Antiseren. Auch wenn sich die Versuchsanordnung nicht ausgesprochen für cytologische Beobachtungen eignete, konnte man doch sehen, daß die spezifische Fluorescenz stets im Cytoplasma oder an der Oberfläche des Ciliarepithels aufleuchtete, nie jedoch innerhalb der Zellkernmembranen.

WATSON (1956) hat als erste Doppelinfektionen mit fluorescierenden Antikörpern untersucht und zwar Influenza- und Mumpsvirus in Hühnerembryonen. Die Beweiskraft der Befunde litt allerdings u. a. noch unter der Tatsache, daß nur ein einziges Fluorochrom zur Verfügung stand.

3. Analyse der Virusvermehrung

a) Komplette Cyclen

Der Vermehrungs- und Entwicklungscyclus eines Virus umfaßt die Anlagerung von Viruspartikeln an die Oberfläche von Wirtszellen, das Eindringen von Virusmaterial in die Zellen, die Vermehrung des genetischen Materials während der sog. Eklipse, die Synthese der verschiedenen antigenetischen Bestandteile, deren Zusammenfügung und schließlich den Austritt von neugebildeten Viruspartikeln.

Seit den Untersuchungen von HOYLE und FAIRBROTHER (1937) weiß man, daß Influenzavirus ein sog. lösliches Antigen (soluble oder S-Antigen) bildet. Dieses wurde zuerst in Lungen infizierter Mäuse gefunden, 1944 von HENLE und WIENER auch in der Allantoisflüssigkeit. Nach KIRBER und HENLE (1950) besitzen sämtliche Influenza A-Stämme ein identisches S-Antigen, das sich vom S-Antigen des Influenza B-Virus unterscheidet.

S-Antigen ist ein Nucleoprotein; bei Influenzavirus enthält es 5% (ADA 1957) bei Geflügelpestvirus 10—15% (SCHÄFER 1957) und bei Newcastle Disease-Virus etwa 6% (SCHÄFER und ROTT 1959) Ribonucleinsäure. Nach SCHÄFER (1957) besteht S-Antigen von Geflügelpestvirus aus kleinen kugeligen Untereinheiten von 10—15 mμ Durchmesser, die sich bei der Präparation zu kurzen Stäbchen

von maximal $6 \times 15\,\mu$ Länge zusammenlagern können. FRISCH-NIGGEMEYER
(1961) gelang es, durch sehr schonende Ätherzerlegung S-Antigen in Form
längerer Fäden zu erhalten; vermutlich liegt S-Antigen im Zentrum jedes Virus-
partikels als aufgeknäueltes Riesenmolekül vom Molekulargewicht von etwa
2 Millionen vor. S-Antigen bestimmt die Typenzugehörigkeit und kann in der
Komplementbindungsreaktion nachgewiesen werden.

Das an der Peripherie der Partikel gelegene Hämagglutinin wird auch als Virus- oder V-Antigen bezeichnet, da es die serologischen Eigenschaften des betreffenden Virusstammes bestimmt. V-Antigen ist ein Protein ohne Nucleinsäureanteil, das in Form kugeliger Einheiten von etwa 30 mμ Durchmesser gewonnen werden kann. Das S- und V-Antigenteile verbindende Element wird als Lipoid aufgefaßt, worauf schon die leichte Desintegrierbarkeit der Partikel durch Äther hinweist. Um die Entwicklung der Auffassungen über die Struktur des Influenza- bzw. Hühnerpestvirus zu veranschaulichen, seien in Abb. 1a u. b die schematischen Modelle wiedergegeben, wie sie von SCHÄFER (1959) bzw. von FRISCH-NIGGEMEYER (1961) gezeichnet wurden.

Eine Bestätigung und zugleich eine Erweiterung früher erworbener Kenntnisse über die Struktur der Myxoviren ergaben die elektronenoptischen

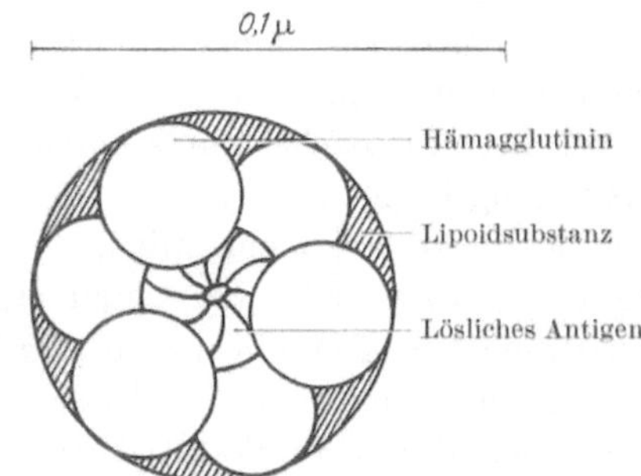

Abb. 1a. Schema des Influenza- (Geflügelpest-) Virus nach
SCHÄFER (1959)

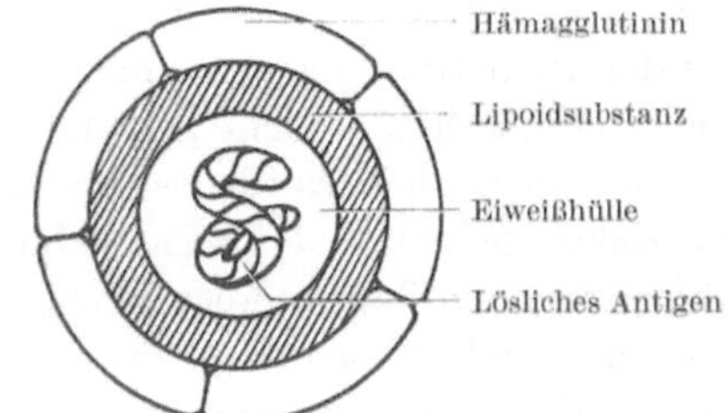

Abb. 1b. Schema des Influenza-Virus nach FRISCH-NIGGEMEYER
(1961)

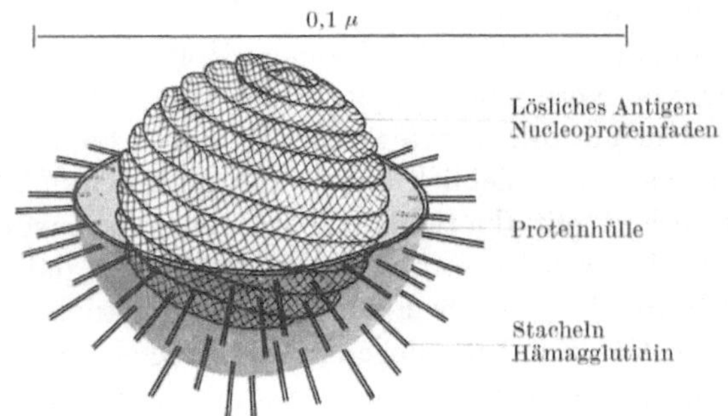

Abb. 1c. Schema des Influenza-Virus nach HORNE und Mitarb.
(1961)

Aufnahmen der Negativdarstellung der Partikel durch Phosphorwolframsäure
(HORNE, WATERSON, WILDY und FARNHAM 1960; HOYLE, HORNE und WATERSON
1961; ROTT und SCHÄFER 1961; HORNE und WILDY 1961). Gemeinsam ist allen
Myxoviren eine Proteinhülle oder Schale, die in regelmäßigen Abständen mit
vielen Stäbchen oder Stacheln besetzt ist. Im Innern findet sich eine dicht gewundene, perlschnurartige Struktur. Wie auch HENLE (1961) hervorhebt, scheinen
die nach Ätherbehandlung gewonnenen Hämagglutininkomponenten aus Fragmenten der Schale zu bestehen, die S-Antigenkomponenten dagegen aus Bruch-

stücken des innern Fadens. Das Prinzip des entsprechenden, an eine Kastanie erinnernden Strukturmodells (Abb. 1c) ist einer Arbeit von Horne u. Mitarb. (1961) entnommen.

Soweit die früheren Arbeiten über die Anwendung fluorescierender Antikörper nicht ausgesprochen der Entwicklung der Technik galten, beschränkte sich die Fragestellung im wesentlichen auf die zwei Punkte: 1. Läßt sich unter den gegebenen Versuchsbedingungen (Virus, Wirt) eine spezifische Fluorescenz nachweisen oder nicht? 2. In welchen Zellen lokalisiert sich gegebenenfalls das Virusantigen? Liu (1955b) hat nun als erster planmäßig die Analyse des Vermehrungscyclus in Angriff genommen.

Liu infizierte Frettchen mit einem B-Stamm (Lee) und drei verschiedenen A-Stämmen (PR8, FM, Farr) und stellte aus der Nasenflüssigkeit der Tiere Zellausstriche her. Diese Präparate wurden während etwa einer halben Stunde mit nichtfluorescierenden Seren, und zwar je mit Normalserum, mit dem homologen und mit den drei heterologen Antiseren überschichtet. Anschließend wurden die Zellen mit homologem isocyanatgekoppeltem Antiserum in Kontakt gebracht. Das Ergebnis hing von der Vorbehandlung ab, indem nicht nur die homologen, sondern alle heterologen, aber typengleichen Seren die Virusantigene in den Zellen derart absättigten, daß eine nachträgliche spezifische Färbung schwächer ausfiel oder überhaupt nicht zustande kam; Vorbehandlung mit typenfremdem Antiserum sowie mit Normalserum hatte keinen Einfluß. Diese Beobachtung wurde dahin gedeutet, daß die Färbung infizierter Zellen mit fluorescierenden Antikörpern eine Typen- aber keine Stammes-Spezifität zu unterscheiden gestattet, und daß diese Methode somit qualitativ eher wie die Komplementbindung mit S-Antigen und anders als die Hämagglutinationshemmung zu werten ist.

Bei Färbung nicht vorbehandelter Zellen mit homologen und mit heterologen Konjugaten zeigte sich folgendes: Homologe Antiseren führten zu einer Fluorescenz von Kern und Cytoplasma, wobei der Kern im allgemeinen im Ultraviolett-Licht mehr aufleuchtete; mit heterologen Seren kam es zu einer Fluorescenz, die sich fast ausschließlich auf die Kerne beschränkte. Der gleiche Versuch wurde wiederholt mit fluorescierenden Seren, die zuvor mit verschiedenen Antigenen absorbiert worden waren. Dabei zeigte sich, daß die Absorption mit homologem Vollvirus die gesamte Fluorescenz von Cytoplasma und Kern eliminierte. Nach Absorption mit heterologem, typengleichem Vollvirus, oder aber mit S-Antigen homologer oder heterologer Herkunft, wurde vor allem das Auftreten der Kernfluorescenz verhindert. Dieses Auslöschen der Fluorescenz in den Zellkernen durch Vorbehandlung der konjugierten Seren mit S-Antigen aus verschiedenen A-Stämmen sprach entschieden zugunsten der Annahme, daß das für die ganze A-Gruppe charakteristische S-Antigen im Kern lokalisiert ist.

1956 hielt Coons (1957) anläßlich eines Ciba Foundation Symposiums ein kurzes Referat über die Anwendung seiner Methode beim Studium von Virusinfektionen. Betreffend Influenzavirus äußerte er die Ansicht, der Vermehrungsprozeß beginne anscheinend im Bereich der Kernmembran („in close association with the nuclear membrane"). In der dem Referat folgenden Diskussion ergänzte Coons auf eine Frage von Stoker seine Antwort merkwürdigerweise dahin, daß sowohl im Frettchen wie im Hühnerembryo die ersten Vorgänge sich wahrscheinlich außerhalb der Kernmembran abspielen und daß die kleinen Antigenpartikel erst sekundär in den Kern hinein diffundieren könnten.

SCHÄFER wies 1957 auf die serologischen Beziehungen zwischen Influenza- und Geflügelpestvirus hin; Geflügelpest-Antiserum ergab eine deutliche spezifische Reaktion mit dem Stamm FM/1, schwächere Reaktionen mit PR8- und Schweine-Influenza, keine Reaktion mit dem Stamm Lee. Man darf also wohl mit Burnet das Geflügelpestvirus unter die Influenza A-Viren zählen. SCHÄFER und ZILLIG (1954) hatten die Struktur der extracellulären, infektiösen Viruspartikel untersucht und — in Analogie zu den bereits bekannten Bausteinen des Influenzavirus — ein sog. gebundenes Antigen (g-Antigen) und ein Hämagglutinin festgestellt. Während ADA (1957) auf Grund gewisser Unterschiede im Ribonucleinsäure-Gehalt in den löslichen Antigenen aus Zellen und aus extracellulären Viruspartikeln geneigt war, zwei verschiedene Elemente zu unterscheiden, hielt SCHÄFER schon damals die Identität des g-Antigens und des S-Antigens für wahrscheinlicher.

Diese Ansicht fand in der schönen Arbeit von BREITENFELD und SCHÄFER (1957) ihre volle Bestätigung. Die Autoren setzten sich zum Ziel, die Bildung der beiden Untereinheiten des Geflügelpestvirus örtlich und zeitlich in der Wirtszelle zu bestimmen. Es hatte sich erwiesen, daß die Beobachtung von Ultradünnschnitten im Elektronenmikroskop keine Ableitungen gestattete, da sich die Viruselemente größenmäßig nicht von den Zellelementen unterscheiden (HOTZ und SCHÄFER 1955). Ebensowenig erlaubte die Fraktionierung der infizierten Zellen in Kerne, Mikrosomen und Mitochondrien diesbezügliche Schlüsse, da sich das Virusmaterial in völlig unspezifischer Art an die Zellen-Bruchstücke adsorbierte. Sehr klare und aufschlußreiche Ergebnisse ergab jedoch die Methode der fluorescierenden Antikörper am Modell Virusstamm Rostock + Hühnerfibroblasten. Zwei Gründe erklären, weshalb diese Versuche einen großen Schritt nach vorwärts bedeuteten. Erstens wurde im Gegensatz zu den Maitland-Kulturen und den Frettchen und Hühnerembryonen jetzt trypsinisierte Zellen verwendet, die sich auf Glas zu einer gut zu beobachtenden Schicht entwickelten. Zweitens wurden solche fluoresceinmarkierten Seren benützt, die nicht gegen das Vollvirus, sondern gegen die einzelnen Partialantigene gerichtet waren.

Wie auf Grund der Komplementbindungsreaktion und der Hämagglutination zu erwarten war, trat zuerst S-Antigen in Erscheinung, und zwar im Kern 3 Std post infectionem. Die Autoren leiteten daraus ab, daß S-Antigen sehr wahrscheinlich auch dort gebildet wird. Daß die Synthese von S-Antigen im Cytoplasma stattfindet und von einem Eindringen in den Kern gefolgt ist, also die von COONS (1957) vermutete Möglichkeit, erhielt durch diese Untersuchungen keine Stütze.

Das dem Hämagglutinin entsprechende Antigen konnte 1 Std später, d. h. 4 Std post infectionem gesehen werden. Besonders starke Konzentrationen antigenetischen Materials sah man in kernnahen Herden im Cytoplasma; es war aber nicht möglich, diese Stellen mit irgendwelchen Zellstrukturen in Beziehung zu bringen.

Mit fortschreitendem Vermehrungsprozeß fand sich S-Antigen in zunehmendem Maße auch außerhalb des Zellkerns. Auch das Hämagglutinin-Antigen rückte peripherwärts und reicherte sich schließlich unter der Zelloberfläche an. In diesem Stadium des Cyclus vermag das Elektronenmikroskop wieder zur Geltung zu kommen; so konnten Hotz und Schäfer (1955) neugebildete Elementarteilchen von Geflügelpestvirus in ultradünnen Schnitten beobachten, was für die Annahme spricht, daß die unter der Zelloberfläche sichtbare Fluorescenz mindestens teilweise durch die neugebildeten, beinahe fertig ausgerüsteten Viruspartikel und nicht mehr durch Teilantigene bedingt ist. Da S-Antigen im Innern der Viruspartikel liegt, ist es begreiflich, daß es sich in dieser Entwicklungsphase nicht mehr spezifisch färben läßt.

Franklin (1958) verfolgte den Cyclus des Geflügelpestvirus in einem anderen Wirtsystem, nämlich in Makrophagen und besonders in Riesenzellen aus Hühnerblut. Er bestätigte dabei die früheren Beobachtungen von Breitenfeld und Schäfer über die örtliche und zeitliche Folge der intracellulären Manifestationen. Der Untersucher stand unter dem Eindruck, daß in solchen Riesenzellen, die in Mitose begriffen waren, kein S-Antigen in den Kernen erschien.

Zu gegenteiligen Schlüssen als Franklin kamen Wheelock und Tamm (1959, 1961 b), welche die Verteilung von Influenzavirus in HeLa-Zellkulturen untersuchten und dabei fluorescierende Zellpaare trafen. Dieses Phänomen wurde zunächst dahin ausgelegt, daß sich auch virusinfizierte Zellen teilen können. Die gleichen Resultate ließen sich auch mit Newcastle Disease-Virus reproduzieren, allerdings mit der einschränkenden Präzisierung, daß der Beginn der Infektion kurz vor dem Beginn der Mitose liegen mußte.

Eine der Mitose vorangehende Phase ist für die Zelle besonders kritisch. Falls die infizierte Zelle diese Periode bereits hinter sich hat, wenn die Produktion von Virusantigen ihre größte Intensität erreicht, dann — aber nur dann —, so lautet die Hypothese von Wheelock und Tamm, ist die Mitose nicht mehr zu verhindern. Die gleichen Autoren haben auch sehr schöne Fluorescenz-Bilder von doppelt infizierten HeLa-Zellen aufgenommen: Newcastle Disease-Virusantigen im Cytoplasma, Influenza-Virusantigen im Kern.

Traver, Northrop und Walker veröffentlichten 1960 eine Studie über die Lokalisation der Antigenentstehung verschiedener Myxoviren in Hühnerembryo-Fibroblasten. Auch diesen Autoren fiel bei der Influenzavirus-Infektion die Kernfluorescenz auf, während sie bei den anderen Species der Myxovirus-Gruppe, Mumps-, Newcastle Disease- und dem ihm nahestehenden Sendai-Virus, die ausschließlich extracellulär gelegene Fluorescenz bestätigen konnten.

Was den Austritt von Myxoviren aus den Wirtszellen betrifft, so scheinen die fluorescenzmikroskopischen Beobachtungen bis jetzt weniger aufschlußreich gewesen zu sein als die elektronenoptischen Untersuchungen. Influenza A-Virus (Murphy und Bang 1952), New Castle Disease-Virus (Bang 1953), Geflügelpestvirus (Hotz und Schäfer 1955), Mumpsvirus (Bang und Isaacs 1957) unterliegen offensichtlich alle einem sehr ähnlichen Mechanismus, indem die Partikel an der Spitze fadenförmiger Zellausstülpungen „herausgeschleust" werden.

b) Inkomplette Cyclen

Henle und Henle (1949) haben die Vermehrung des Influenzavirus im Hühnerembryo nach verschiedenen Parametern untersucht und deren gestaffeltes Auftreten nach der sog. Latenzperiode bestimmt. Komplementbindendes Antigen und kurz darauf Hämagglutinin erschienen in den Zellen der Allantoismembran bzw. der Allantoisflüssigkeit je etwa 2 Std früher als neugebildetes infektiöses Virus. Ein neuer Gesichtspunkt bei der Beurteilung der Vermehrungscyclen von Viren geht auf die Entdeckung von v. MAGNUS (1946, 1951) und SCHLESINGER (1950) zurück. SCHLESINGER konnte am Beispiel der Influenzavirus-Infektion im Mäusegehirn zeigen, daß sich in diesem Wirt nur Hämagglutinin und komplementbindendes Antigen nachweisen lassen, während ein Ansteigen der Infektiosität ausbleibt. Der Vermehrungscyclus gehorcht also nicht einem Alles- oder Nichts-Gesetz, sondern kann unter besonderen Umständen beginnen, aber vor seiner Vollendung unterbrochen werden, d. h. inkomplett bleiben.

Daß sich ein ähnliches Phänomen auch im für Influenzavirus klassischen Wirt, im Hühnerembryo, erzeugen läßt, hat v. MAGNUS (1951) beschrieben. Bei der Züchtung vom Influenzavirus wird dasselbe üblicherweise in 10^{-4} bis 10^{-6} verdünnten Allantoisflüssigkeiten, sog. Standard-Passagen, von Ei zu Ei weitergeführt. Dies entspricht etwa 10^3 bis 10^5 ID_{50}. Wenn virushaltige Allantoisflüssigkeit aus einem zuvor mit einer Standardpassage infizierten Ei geerntet und unverdünnt in mehreren Passagen weiter verimpft wurde, so sanken die Infektiositätstiter jeder folgenden Passage zunehmend, während die Hämagglutinintiter unverändert hoch blieben. In der 4. oder 5. Passage zeigten dann aber sowohl Infektiosität als auch Hämagglutinin niedrige Werte, um in der folgenden Passage wieder anzusteigen. Das v. Magnus-Phänomen läßt sich leicht reproduzieren; es wird mit der Bildung von inkomplettem Virus erklärt, d. h. einem nichtinfektiösen Hämagglutinin, dessen Anteil an Ribonucleinsäure bzw. S-Antigen sehr gering ist. Die Ursache dieses unvollständigen Entwicklungscyclus sucht man im Mechanismus der Auto-Interferenz.

Während sich eine große Zahl von Virusarten in HeLa-Zellen züchten ließen, gelang es nicht, Influenzavirus auf diesem Substrat zu passieren. HENLE, GIRARDI und HENLE (1955) zeigten jedoch, daß auch dieses Virus einen cytopathischen Effekt in HeLa-Zellen erzeugt, vorausgesetzt, daß pro Zelle genügend infektiöse Partikel verimpft werden; außerdem konnte die Bildung von Hämagglutinin und komplementbindenden Antigenen nachgewiesen werden.

Der Begriff des „inkompletten Virus" ist schon oft heftiger Kritik unterzogen worden; so wies LWOFF (1957) darauf hin, daß darunter sehr verschiedene Dinge verstanden werden können, wie z. B. abgestorbene Viren, unvollständig entwickelte Viren oder einzelne Virusbausteine. Der Begriff ist zweifellos an sich nicht exakt, aber doch sehr praktisch, vorausgesetzt, daß jeweils angegeben wird, unter welchen Versuchsbedingungen die inkompletten Formen angetroffen werden.

Der erste inkomplette Cyclus, der immunohistochemisch mit fluorescierenden Antikörpern untersucht wurde, betraf Newcastle Disease-Virus in Ehrlich-Ascitestumorzellen. PRINCE und GINSBERG (1957) mischten Virussuspensionen mit Tumorzellsuspensionen in verschiedenen Mengenverhältnissen; nach einem Kontakt von 15 Min bei 2^0 C wurden die Zellen gewaschen und Mäusen intraperitoneal injiziert. In stündlichen Intervallen wurden die Zellen durch Sektion der Mäuse wiedergewonnen, durch Zentrifugieren angereichert und die Sedimente zu Gefrierschnitten verarbeitet. Diese Präparate wurden mit von COONS selber hergestellten fluorescierenden Seren behandelt und auf Virusantigen untersucht. Tumorzellen, die nach Ablauf 1 Std geerntet wurden, zeigten keine Fluorescenz;

von der 3. Std an erschienen im Cytoplasma fluorescierende Granula, deren Leuchtkraft sich proportional zur verwendeten Virusdosis verhielt und die als neugebildetes Virusantigen gedeutet wurden. Daß es sich nur um einen abortiven Entwicklungscyclus handeln konnte, schlossen die Autoren aus der Unmöglichkeit, in den Zellen Hämagglutinin und komplementbindendes Antigen nachzuweisen. Unter der Voraussetzung der Bestätigung scheint hier ein äußerst rudimentärer Cyclus vorzuliegen, dessen einzige Nachweismöglichkeit bis jetzt in der spezifischen Fluorescenz gefunden wurde.

FRASER u. Mitarb. (1958) wiederholten die Schlesingerschen Versuche mit der abortiven Influenzavirusinfektion im Mäusegehirn. Generell entsprachen die fluorescierenden Abschnitte den mit den üblichen histologischen Methoden erkennbaren Läsionen, jedoch mit folgender Einschränkung: Bei Sektion nach einer Infektionsdauer von einem Tag fand sich spezifisches Antigen gelegentlich auch ohne Entzündungserscheinungen; nach 7 Tagen sah man umgekehrt in manchen entzündlich veränderten Gebieten keine Fluorescenz mehr.

Eine rein quantitative Anwendung der Immunofluorescenz erfolgte durch DEIBEL und TAMM (1959). Sie untersuchten das Verhalten von zwei Influenzastämmen (PR 8 und Asia) in Kulturen verschiedener Zellen. Es war keineswegs überraschend, daß hierbei die Wirtszellen verschiedene Empfänglichkeiten zeigten. Während Hühnerfibroblasten und, in geringerem Maße, Kälbernierenzellen infektiöses Virus produzierten, blieb in FL-Zellen aus menschlichem Amnion der Cyclus inkomplett. Erwähnenswert ist die Beobachtung, daß im letzteren Fall eine spezifische Fluorescenz ohne jeden cytopathischen Effekt auftrat.

Auch WHEELOCK und TAMM (1961) stellten am Modell HeLa-Zellen + Newcastle Disease-Virus quantitative Untersuchungen an und erwähnten dabei folgende Beobachtung: Ist im System Anti-NDV-Immunserum vorhanden, so wird die Ausbreitung der Infektion auf nicht primär infizierte Zellen unterbunden; andere Viren, wie die Erreger von Herpes, Varicellen, Zoster und Masern, können sich unter analogen Versuchsbedingungen von Zelle zu Zelle weiterverbreiten, während Newcastle Disease-Virus offenbar wie Poliomyelitis-Virus ein obligates extracelluläres Stadium aufweist. Erwähnung findet diese Beobachtung hier deshalb, weil in Ermangelung eines deutlichen cytopathischen Effekts die Coonssche Technik eine besonders willkommene Hilfe bedeutet.

Der unvollständige Infektionsablauf von Geflügelpestvirus in Earles L-Zellen wurde sehr genau von FRANKLIN und BREITENFELD (1959) untersucht. Interessant war die Feststellung, daß das S-Antigen nur im Kern erscheint, nicht aber „in wesentlichen Mengen" im Cytoplasma. Dies steht im Gegensatz zum Verhalten des S-Antigens in Hühnerfibroblasten und gibt — so vermuteten wenigstens FRANKLIN und BREITENFELD — den Schlüssel für die Blockierung der Virusvermehrung. Wenn nämlich das S-Nucleoprotein den Kern nicht verlassen kann, so wird auch seine Vereinigung mit dem im Cytoplasma gebildeten Hämagglutinin, d. h. die Synthese des infektiösen Vollvirus vereitelt.

Der von HENLE, GIRARDI und HENLE (1955) beschriebene inkomplette Cyclus von Influenza A-Virus (Stamm PR 8) in HeLa-Zellen wurde von LÖFFLER (1961) mit fluorescierenden Antikörpern sichtbar gemacht. Obwohl auf Grund früherer Beobachtungen eine Entwicklung von infektiösem Virus als unwahrscheinlich anzunehmen war, wurde dieser Punkt zuerst nachgeprüft. Im Hühnerembryo wird nämlich gleichzeitig komplettes und inkomplettes Virus gebildet; durch die Verdünnung des Inoculums kann das Mengenverhältnis der beiden Virusformen in der geernteten Allantoisflüssigkeit willkürlich variiert werden; dieses Phänomen galt es somit in den HeLa-Zellen auszuschließen.

Wird Influenzavirus in steigenden Verdünnungen auf ein Substrat verimpft, das nur die Bildung von nichtinfektiösem Hämagglutinin erlaubt, so muß nach einer bestimmten Inkubationszeit im Nährmedium bzw. in den Zellen eine den Verdünnungen entsprechende Menge des Hämagglutinins zu finden sein. Würde in dieser Periode gleichzeitig auch infektiöses Virus entstehen, das seinerseits weitere Zellen infizieren und weiteres Hämagglutinin bilden müßte, dann würden am Ende der Inkubation die Hämagglutinintiter der verschiedenen Zellkulturen nicht im Sinne der verimpften Virusverdünnungen abnehmen, sondern zuerst kaum merklich, dann rasch. Das Resultat sprach eindeutig im Sinne der ersten Annahme, d. h. es wird kein Vollvirus gebildet; zum gleichen Schluß führte auch der Versuch, allfällig infektiöses Virus in HeLa-Zellpassagen weiterzuzüchten.

Es ist durch mehrere Beobachtungen belegt, daß inkomplettes Influenzavirus je nach den Wirtszellen eine verschiedene Struktur aufweist; stammt das Hämagglutinin aus HeLa-Zellen, so zeigt es keine interferierende Wirkung auf andere Virusinfektionen (HENLE und PAUCKER 1958), ist auf Grund elektronenoptischer Beobachtungen fragiler (PAUCKER, BIRCH-ANDERSEN und v. MAGNUS 1959) und auch bedeutend leichter durch Wärme zu inaktivieren (LÖFFLER 1959) als Hämagglutinin aus Bruteiern.

Bei einer Virusdosis von 500 ED_{50} pro Wirtszelle und bei Verwendung der direkten Methode, d. h. der Färbung mit Anti-PR8-γ-Globulin, an das Fluorescein-Isothiocyanat gekoppelt war, konnte LÖFFLER (1961) die ersten Veränderungen in infizierten HeLa-Zellen nach 5 Std erkennen: Eine feine über den ganzen Kern verteilte Punktierung; von der 6. Std an ging diese Punktierung in eine mehr flächenhafte, leicht fleckige Färbung des Kerns über. Von diesem Zeitpunkt an fiel auch eine besonders intensiv leuchtende Zone auf, die an der Peripherie der Zellkerne zu liegen pflegte und dem Kern oft wie eine Sichel oder eine Kappe aufsaß. Im Verlauf der folgenden 4—6 Std zeigte sich im Cytoplasma eine vom Kern gegen die Zellgrenze fortschreitende Verbreitung der Fluorescenz, während gleichzeitig die Kerne an Leuchtkraft abnahmen.

In der Zeit von der 6.—12. Std post infectionem änderte sich der Aspekt der Zellen: Sie wurden leichter lädierbar, allmählich runder und verloren den gegenseitigen Kontakt. Die Veränderungen im Cytoplasma äußerten sich gelegentlich in einem „Zerfließen", d. h. einer scheinbaren Vergrößerung der Zellen, häufiger aber in einem Schrumpfungsprozeß, d. h. einer Verschmälerung der cytoplasmatischen Zone mit Ausbildung von Strängen, die wie Taue eines Zeltes die verkleinerte Zelle an ihrer ursprünglichen Haftfläche verankerten oder zu benachbarten Zellen verliefen. Die Zellgrenzen wurden nicht nur gezackt, sondern in ihrer Zeichnung allmählich so unscharf, daß nur noch die Kerne deutlich erkennbar blieben.

Die vorerst breiter werdende, ungleich stark fluorescierende Zone des Cytoplasmas erreichte um die 7.—8. Std die Zellperipherie. Mit der fortschreitenden Lösung der Zellen von der Glasfläche und der Schrumpfung des Cytoplasmas wurde die fluorescierende Zone aber wieder schmaler bis sie sich von der 10. bis

12. Std an über den Kernen „zusammenschloß". Infolge des dicht anliegenden Überzuges durch die Plasmahülle, die reich an antigenhaltigem Material war, erschienen die Kerne als leuchtende Sonnenscheibchen, die oft von einem Strahlenkranz aus Cytoplasmasträngen umgeben waren.

Von der 10. Std post infectionem an wurde die Morphologie der Zellen tiefgehend gestört, die Zellmembran wurde zunehmend durchlässiger und das an Virus-Antigen reiche Cytoplasma zerfiel teilweise geradezu. So wurde es unmöglich, zu entscheiden, ob spezifisch fluorescierende Partikel in der Umgebung der Zellrudimente mehr im Sinne von austretendem „Virusmaterial", oder mehr im Sinne von desintregierten „Zellbestandteilen" aufzufassen sind.

Die Analyse des Infektionsvorganges konnte, so wie in der Arbeit von BREITENFELD und SCHÄFER (1957) mit Geflügelpest, verfeinert werden, wenn statt der gegen das Vollantigen gerichteten Antikörper solche verwendet wurden, die sich nur gegen die S- bzw. V-Komponente des Influenza-Virus richteten.

Die Darstellung des S-Antigens erfolgte auf zwei Wegen: 1. Durch Verwendung von fluorescierendem Anti-PR8-γ-Globulin, dessen Anti-V-Komponente vorher absorbiert wurde; der Effekt wurde stark erhöht durch eine der Färbung vorangehende Absättigung der infizierten Zellen mit nichtmarkiertem Anti-V-Serum. 2. Durch Infektion der Zellen mit einem A2-Stamm (Asia) und Färbung der allen A-Stämmen gemeinsamen S-Komponenten mit Anti-PR8-γ-Globulin.

Beide Varianten zeigten im Prinzip das gleiche Resultat: Von der 5. Std an wurde eine zuerst distinkte, sehr schwache, dann im Verlauf von 2 Std stark zunehmende Färbung der Kerne gesehen, die einer verstärkten Zeichnung des nach Acetonfixation schwach sichtbaren Musters entspricht. In Abb. 2 (8. Std post infectionem) erinnert der ovale oder nierenförmige Kern im Dunkelfeld an den Mond, wenn er zu $^3/_4$ voll ist. Die intensive Kernfärbung ging etwa von der 10. Std an zurück; es ist zweifelhaft, ob gleichzeitig eine leichte Fluorescenz mit Anti-S-Serum im Cytoplasma zu beobachten ist. Ohne über Schnittpräparate der Kerne zu verfügen, konnte nicht entschieden werden, wo sich die fluorescierende Mikro-Präcipitation in bezug auf die Kernstruktur befindet, ob im Bereich der Kernmembran, in einer Zone unmittelbar darunter, oder mehr gleichmäßig im Innern des Kerns verteilt.

Die Darstellung des V-Antigens erfolgte unter Verwendung von Anti-PR8-γ-Globulin, das vorgängig durch S-Antigen absorbiert wurde; die infizierten Zellen wurden entweder ohne Vorbehandlung oder nach Absättigung mit Anti-S-Serum gefärbt, wobei die beiden Varianten ein annähernd gleiches Resultat ergaben.

Das V-Antigen zeigte ein vom S-Antigen stark abweichendes Verhalten. Von der 6. Std an fiel an der Peripherie des Zellkerns eine hell leuchtende Stelle auf, die alsbald eine sichelförmige Gestalt annahm. Oft schien sie dem Kern wie eine Kappe aufzusitzen; sehr deutlich war sie bei in Teilung begriffenen Zellen zu sehen, wo sie wie ein Keil zwischen den Kernen stecken, oder dieselben wie ein Stiel einer Hantel verbinden konnte (Abb. 3 und 4). Nachdem anfänglich Zweifel darüber bestanden, ob diese Zone in- oder außerhalb des Kernes gelegen ist, ließ sich bald die intranucleäre Position ausschließen. Jede scheinbar innerhalb der Kernmembran gelegene Formation kann durch den optischen Effekt des Überlappens erklärt werden; der eindeutige optische Eindruck einer extranucleären Position ist nicht nur viel häufiger, sondern auch a priori unvereinbar mit einer Lokalisation innerhalb des Kernes.

Diese auffällige, iuxtanucleäre Konzentration fluorescierenden Materials wurde auch bei Geflügelpest, nicht aber bei anderen Viren, auch nicht anderen Myxoviren beobachtet. Es fragte sich, ob diese Lokalisation irgendeiner in der nicht-infizierten Zelle vorkommenden Struktur entspricht; aus vorerst topographischen Gründen wurde an die Golgi-Zone gedacht, die sich durch Neutralrot vital an-

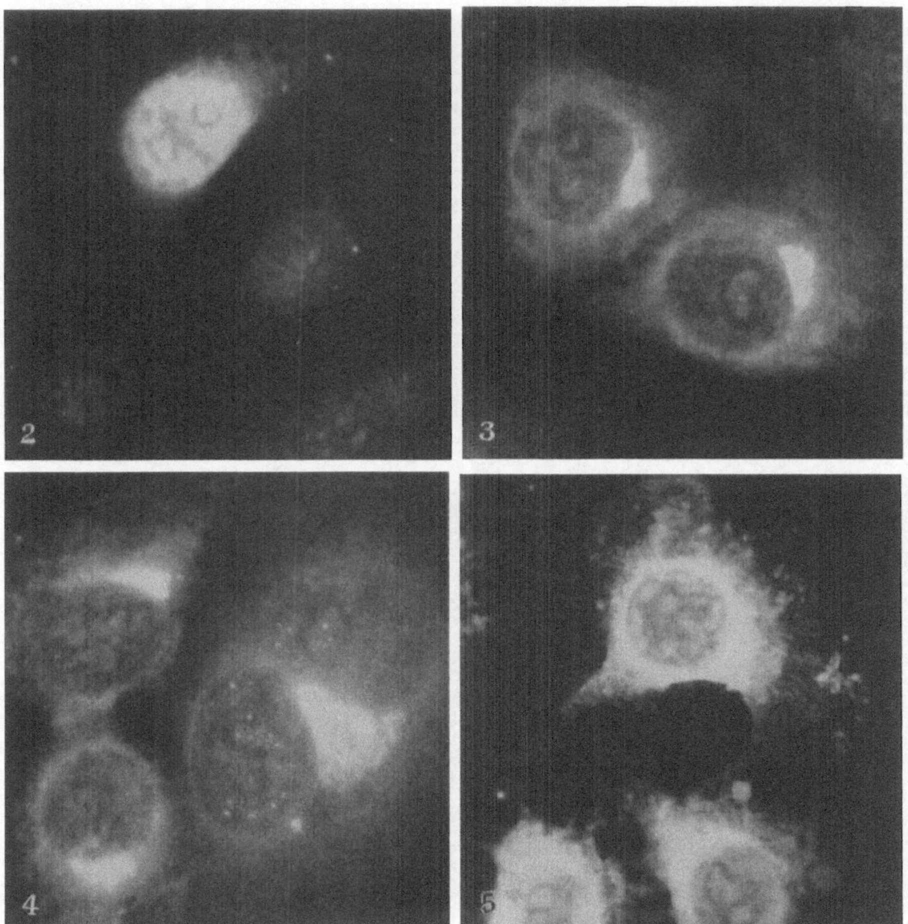

Abb. 2. HeLa-PR 8, 600×, S-Antigen, Dauer der Infektion 8 Std. Reine Kernfluorescenz

Abb. 3. HeLa-PR 8, 800×, V-Antigen, Dauer der Infektion 7 Std. Extranucleäre Fluorescenz

Abb. 4. HeLa-PR 8, 800×, V-Antigen, Dauer der Infektion 8 Std. Starke extranucleäre Fluorescenz, keilförmig in sich teilende Zelle

Abb. 5. HeLa-PR 8, 600×, V-Antigen, Dauer der Infektion 10 Std. Cytoplasmische Fluorescenz wird breiter; bleiben Kerne frei

färben läßt. Die Farbaufnahmen nichtinfizierter, mit Neutralrot inkubierter HeLa-Zellen und die Fluorescenzbilder von infizierten und mit Anti-V-Antikörpern behandelten Zellen zeigten jedenfalls eine frappante Ähnlichkeit hinsichtlich Lage und Form der dargestellten Elemente (LÖFFLER, HENLE und HENLE 1962).

Von der 10. Std an breitete sich das fluorescierende Material im Cytoplasma aus; es kam zu einer fleckigen, scholligen Färbung, die sich nicht mehr von jener unterschied, die durch die Antikörper gegen beide Viruskomponenten erzeugt wurde. Die Fluorescenz in der Zeit von der 10. Std an wird also praktisch ausschließlich durch markiertes V-Antigen hervorgerufen (Abb. 5 und 6). Es ist schwer zu sagen, was mit dem S-Antigen geschieht; es schien im Gegensatz zu den Beobachtungen bei Hühnerpest (FRANKLIN und BREITENFELD 1959) nicht

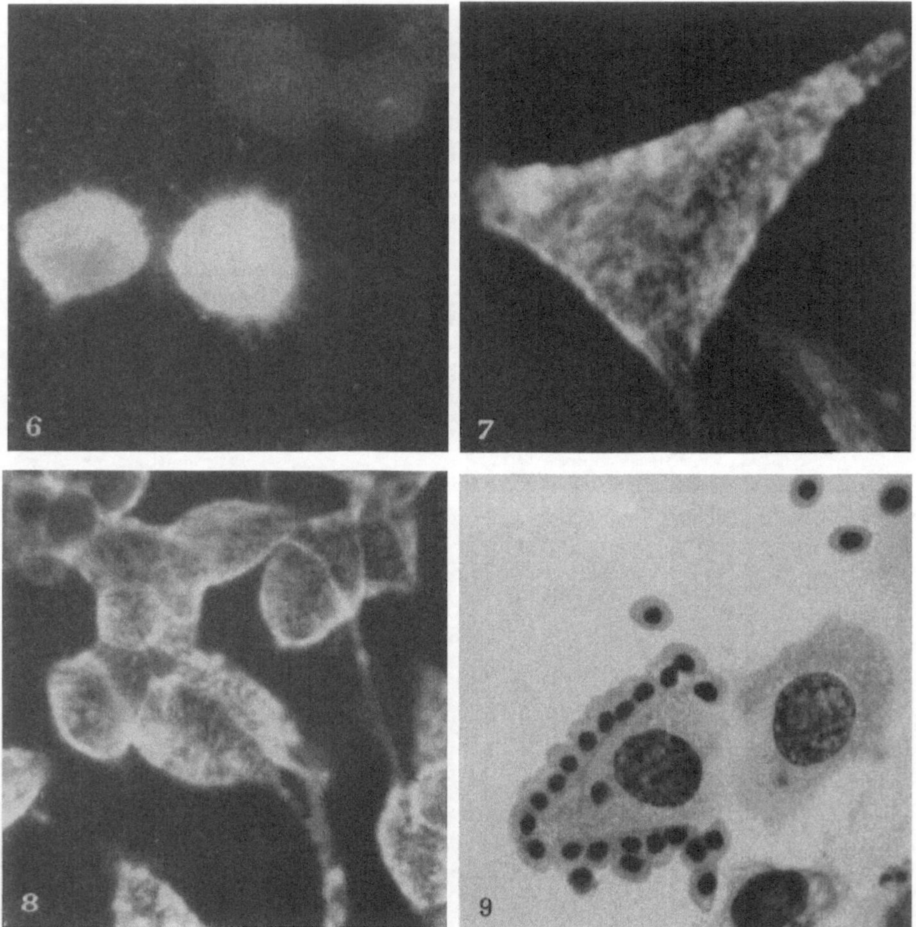

Abb. 6. HeLa-PR 8, 600×, V-Antigen, Dauer der Infektion 14 Std. Fluorescenz der auf Kerngröße geschrumpften infizierten Zellen; Sonnenbildung

Abb. 7. Direkte Fluorescein-Vitalfärbung. HeLa-PR 8, 1200×, Dauer der Infektion 9 Std. Deutliche Darstellung der Zelloberfläche

Abb. 8. Direkte Fluorescein-Vitalfärbung. HeLa-PR 8, 400×, Dauer der Infektion 20 Std. Die Akzentuierung der Zellperipherie erklärt sich durch den optischen Schnitt; erinnert an Backsteinmauer

Abb. 9. Hämadsorption, HeLa-PR 8, 600×, Dauer der Infektion 9 Std. Färbung nach GIEMSA. Die kernhaltigen Hühnererythrocyten lagern sich nur an infizierten HeLa-Zellen an. Parallelität der Hämadsorption mit der Fluorescein-Vitalfärbung

im Kern konsigniert zu bleiben, andererseits war es, wie Untersuchungen mit der Komplementbindungsreaktion zeigten, mit anderen Methoden auch nach Abblassung der Kerne weiter nachweisbar.

Unfixierte Amnion-Zellkulturen, die mit Herpes simplex infiziert waren, wurden von O'DEA und DINEEN (1957) mit menschlichen Anti-Herpes-Seren behandelt und anschließend mit fluorescierenden Anti-Menschen-Globulin gefärbt; es handelte sich also um eine sog. indirekte Vitalfärbung. Für die Vitalfärbung der mit Influenzavirus infizierten HeLa-Zellen bedienten sich LÖFFLER, HENLE und HENLE (1962) der direkten Methode; es ließen sich auf diese Weise auffallend starke Fluorescenzeffekte erzeugen, die nach den üblichen Kontrollen eindeutig als spezifisch anzusprechen waren. Die Resultate konnten zunächst auf zweierlei Weise interpretiert werden: Die Fluorescenz stammte entweder von Virusmaterial, das an der Oberfläche der infizierten Zellschicht haften geblieben war und trotz vierfacher Waschung im Anschluß an die Adsorptionsperiode von 1 Std, oder es handelte sich um die Färbung frisch gebildeten an die Oberfläche der Zellen tretenden Materials.

Färbungen in stündlichen Abständen zeigten das Vorliegen der zweiten Alternative: Eine Fluorescenz der Präparate trat erst 7 Std nach der Infektion auf, und zwar in der Gestalt eines feinen Hauches, der gleichmäßig die Oberfläche der infizierten Zelle überzog. Im Verlauf von 2 Std wurde dieser Überzug dichter und umhüllte die Zelle schließlich wie ein Zuckerguß. Durch optische Akzentuierung der im Schnitt quergetroffenen Zellmembranen erhielten die im Verlauf der Infektion gelockerten Verbände ein wabenartiges Aussehen (Abb. 7 und 8). Die innere Struktur der Zellen, besonders der Kerne, wurde durch diese Färbung nur ganz ausnahmsweise sichtbar, d. h. vermutlich nur dann, wenn die Zellen abgestorben und die Membranen durchlässig geworden waren. Es ist bemerkenswert, daß das Auftreten einer Hämadsorption (VOGEL und SHELOKOW 1957) zeitlich genau parallel mit jener der Vitalfärbung verläuft (Abb. 9). Die verschiedenen Manifestationen, die an PR 8-infizierten HeLa-Zellen beobachtet werden konnten, sind in Tabelle 1 zusammengestellt.

Tabelle 1. *Influenzavirus in HeLa-Zellen.* (Nach LÖFFLER, HENLE und HENLE 1962) Die Zahl der Kreuze gibt die Intensität der Reaktion an.

| Dauer der Infektion in Stunden | Färbung mit fluorescierenden Antikörpern | | | Hämadsorption | Cytopathischer Effekt |
| | Fixierte Zellen | | Vitale Zellen | | |
	S-Antigen	V-Antigen			
4	—	—	—	—	—
5	(+)	—	—	—	—
6	+	+	—	—	—
7	++	++	(+)	(+)	—
8	++	++	+	+	—
9	++	+++	++	++	(+)
10	+	+++	+++	++	+
11	(+)	+++	+++	++	+
12	?	+++	+++	++	++

Die dänische Gruppe HOLTERMANN, HILLIS und MOFFAT (1960) untersuchte die Entwicklung von S- und V-Antigen (Hämagglutinin) eines Influenza A_2-Stammes in Kulturen von Rinderembryo-Nierenzellen. Im Gegensatz zur apfelgrünen Färbung durch Isocyanat, dem von COONS und seinen Mitarbeitern verwendeten Fluorochrom und im Gegensatz zum gleichfarbigen, aber stabileren Isothiocyanat, das u. a. im Laboratorium von HENLE zur Anwendung gelangte, benützten die Dänen den orangeroten Farbstoff Lissamin-Rhodamin B 200 nach der Methode von CHADWICK (1957).

Ihre, mit schönen Bildern belegten Arbeiten brachte eine Bestätigung der von LIU (1955b) mit Influenzavirus und von BREITENFELD und SCHÄFER (1957) mit Geflügelpestvirus gemachten Beobachtungen. Darüber hinaus zeigte die

Infektion einen etwas verschiedenen Verlauf, je nachdem, ob die Nierenzellen einer hohen oder einer niedrigen Zahl infektiöser Einheiten ausgesetzt worden waren. Kamen 2 EID_{50} pro Zelle, so erschienen S-Antigen nach 6 Std im Kern, V-Antigen (Hämagglutinin) nach 8 Std im Cytoplasma, selten auch in nucleolenartigen Gebilden im Kern. Bei 1000 EID_{50} sah man die beiden Antigene je 2 Std früher; es waren dabei erheblich mehr Zellen primär infiziert als bei der niedrigen „Multiplizität", interessant ist aber die Tatsache, daß bei der hohen Virusdosis die S-Antigen-Fluorescenz in den Kernen viel schwächer war als bei der Infektion mit der 500mal kleineren Dosis. Dies läßt sogleich an das v. Magnus-Phänomen denken, wenn auch in Kälbernieren der Quotient Infektiosität: Hämagglutinin keineswegs so deutlich die Tendenz zum Abnehmen zeigte wie in Bruteiern. Dieselben Autoren HILLS, MOFFAT und HOLTERMANN (1960) untersuchten wie LÖFFLER, HENLE und HENLE die Entwicklung von Influenzavirus in HeLa-Zellen. Trotz verschiedener Technik (direkte Methode bei LÖFFLER 1961, indirekte bei HILLIS 1960) und trotz verschiedener Farbstoffe deckten sich die Resultate im wesentlichen; die starke Kernfluorescenz mit S-Antigen und besonders die eigentümliche käppchenförmige Anordnung des V-Antigens kamen allerdings bei Anwendung der direkten Färbung mit isothiocyanatmarkierten Antiseren deutlicher zur Darstellung.

4. Einfluß virusspezifischer Antikörper auf Virusvermehrung und -phagocytose

Die Therapie von Viruskrankheiten mit spezifischen Antikörpern war im allgemeinen erfolglos, sofern die Verabreichung des Serums erst in einem Zeitpunkt geschah, da der Infektionsprozeß bereits eingesetzt hatte. Viren können trotz hohem Antikörperspiegel im zirkulierenden Blut in gewissen Geweben persistieren. Die allgemeine ärztliche Auffassung geht aus diesem Grunde dahin, daß Antikörper nicht in infizierte Zellen eindringen, sondern das Virus nur bei seiner Verbreitung außerhalb der Zellen abfangen können. Diese Schlußfolgerungen wurden auch experimentell durch Versuche gestützt, in welchen Gewebskulturen verschiedener Herkunft nach Infektion mit verschiedenen Virusarten mit den entsprechenden homologen Antiseren behandelt werden (ANDREWES 1929, 1930; RIVERS, HAAGEN und MUCKENFUSS 1929; HALLAUER 1934; ROUS u. a. 1935; DOWNIE u. a. 1935; SABIN 1935; FLORMANN und ENDERS 1942).

Trotz aller klinischer Erfahrungen und trotz zahlreicher Versuchsergebnisse tauchten aber immer wieder gelegentlich Zweifel darüber auf, ob man berechtigt sei, jede intracelluläre Antikörperwirkung apodiktisch in Abrede zu stellen. So kann man sich z. B. fragen, ob bei dem Vorgang der Pinocytose (LEWIS 1931) nicht auch Antikörper von den Zellen in sich aufgenommen werden. Sehr wahrscheinlich gelangen Antikörper auf diesem Weg in die Zellen, allem Anschein nach bleiben sie aber entweder im Flüssigkeitstropfen liegen oder sie werden rasch enzymatisch abgebaut. Andererseits weiß man, daß die Viruspartikel beim Vorgang des Eindringens in die Wirtszellen in kleine Bruchstücke zerfallen und daß zu Beginn der Eklipsperiode die freigesetzten Virus-Nucleinsäuren den Vermehrungsvorgang in Gang bringen. Nackte Nucleotide sind aber durch Antikörper nicht zu beeinflussen; die Neubildung der Virusproteine erfolgt vielleicht auch derart rasch und in solchen Mengen, daß die allfällig in die Zelle gelangten Antikörpermoleküle quantitativ unzureichend sind. Es sind allerdings auch einige Mitteilungen erschienen, nach denen das den infizierten Zellen zugesetzte Antiserum eine gewisse Hemmwirkung hatte (TOPACIO und HYDE 1932; MAGILL und FRANCIS 1938; FURUSAWA, HAGIWARA und KAMAHORA 1956; HENLE und HENLE 1949; PUCK 1957).

Auf Grund dieser Überlegungen haben LÖFFLER, HENLE und HENLE (1962) versucht, diesen Fragekomplex mit Hilfe fluorescierender Antikörper abzuklären. Hierzu wurde ein Virus-Wirtszellen-System gewählt, bei welchem die Vermehrung eindeutig auf einen einzigen Cyclus beschränkt ist (HENLE, GIRARDI und HENLE 1955), so daß die sekundäre Ausbreitung der Infektion und eine Beeinflussung derselben durch Antikörper im Medium mit Sicherheit ausgeschlossen waren.

Bei diesen Versuchen am Modell PR8-Virus + HeLa-Zellen ging es also darum, festzustellen, ob sich irgendwelche Anhaltspunkte dafür boten, daß Virusantikörper in infizierten, noch lebensfähigen Zellen nachzuweisen sind. Die Antwort schien eindeutig „nein" zu lauten. Sowohl der Kontakt lebender Zellen in der Kultur mit fluorescierendem Anti-PR8-γ-Globulin, als auch die Überschichtung von Zellen, die vor der Fixierung mit Immunserum in Kontakt waren, mittels fluorescierendem Anti-Kaninchen-γ-Globulin der Ziege, führten zu keiner intracellulären Fluorescenz. Auf der anderen Seite war die interne Fluorescenz fixierter Zellen völlig unabhängig davon, ob ein Immunserum-Kontakt während des Infektionsvorganges bestanden hatte oder nicht.

Die Unmöglichkeit, unter den gewählten Versuchsbedingungen intracelluläre Antigen-Antikörper-Komplexe zu erzeugen bzw. zu beeinflussen, schließt eine Aufnahme von Immunserum durch den Mechanismus der Pinocytose nicht aus. Wenn aber die Bindung Immunglobulin-Fluorochrom von hinreichender Stabilität ist, was man nach allen Erfahrungen voraussetzen darf, so spricht das fluorescenzmikroskopische Bild gegen eine intracelluläre, infektionshemmende Wirkung von Antikörpern. Darin deckt sich dieses Resultat mit jenen, die durch andere Untersuchungsmethoden erzielt wurden.

Neben der Virusinfektion gibt es noch einen anderen Vorgang, der sich intracellulär abspielt, und der auch mit Hilfe fluorescierender Antikörper verfolgt wurde, die „Phagocytose" (oder Pinocytose) von Viren durch Leukocyten. Die bekannte Tatsache, daß derartige Prozesse immunologisch beschleunigt werden können, wurde von BOAND, KEMPF und HANSON (1957) in vitro und in vivo für Influenzavirus gezeigt. Daß bei der Aufnahme dieser Viren in die Zellen keine Infektion zustande kam, ergab sich, neben dem Fehlen anderer Zeichen, auch durch die Beobachtung, daß die spezifische Fluorescenz nur im Cytoplasma, aber nicht im Kern der Phagocyten zu sehen war.

Die in vitro-Versuche zeigten folgendes Ergebnis: Normale Leukocyten nahmen in Gegenwart von Normalserum kein Virus auf. Stammten die Leukocyten von immunisierten Spendern oder war Immunserum zugegen, so wurde Phagocytose beobachtet; wurde beides, d. h. Zellen und Serum entsprechender Herkunft kombiniert, so war die Phagocytose am ausgeprägtesten und trat innert 30 Min auf. Dieselben Autoren stellten auch in vivo, d. h. in der Peritonealhöhle immunisierter Tiere eine Virusphagocytose fest; allerdings war das Phänomen erst nach einer viel längeren Periode, d. h. nach 8 Tagen zu sehen.

5. Schlußfolgerungen: Grenzen der Coonsschen Methode

Die „Technik der fluorescierenden Antikörper" wird neuerdings als „Immuno-fluorescenz-Färbung" bezeichnet (COONS 1961, BEUTNER 1961). Es handelt sich um eine histo- bzw. cytochemische Methode, die man in den Rahmen der Immunocytologie (TOMCSIK 1956, 1960) stellen kann, welche mit Hilfe definierter Antikörper die topographische Verteilung einzelner Antigene festlegt. Wie TOMCSIK gezeigt hat, ist der optische Nachweis immunocytologischer Reaktionen keineswegs an die Koppelung von Fluorochromen an die Antikörpermoleküle gebunden. So ließen sich beispielsweise Kapseln, Zell- und Sporenwände von Bakterien klarer durch Verwendung nicht markierter Antiseren darstellen, sofern zur Beobachtung der Reaktion das Phasenkontrast-Mikroskop verwendet wurde.

Bei den folgenden Überlegungen beschränken wir uns auf die Anwendung der Coonsschen Methode in der Virusforschung. Von großem Nutzen war die Immuno-fluorescenz beim Studium solcher Virusarten, deren Züchtung mit größeren Schwierigkeiten verbunden ist als die der Myxoviren, so z. B. beim Masernvirus (ENDERS 1954) oder dem Agens der primär atypischen Pneumonie (LIU und EATON 1955). In der praktischen Diagnostik und der Untersuchung der Pathogenese von Myxoviren wurde die Methode einerseits primär entwickelt, andererseits spielte sie hier mehr die Rolle einer zusätzlichen Technik, welche auf andere Weise gewonnene Resultate zu bestätigen und zu ergänzen vermochte. Von unschätzbarem Wert war aber die Coonssche Methode für die Analyse der Wechselwirkungen zwischen Viren und Wirtszellen und für das Verständnis der „Virusanatomie".

Es wird zweifellos den großen Verdiensten von COONS und der anderen Pioniere kein Abbruch getan, wenn wir noch kurz auf die Grenzen der Leistungs-fähigkeit der Methode hinweisen. Ohne Erfolge ist die Anwendung der Methode bis jetzt z. B. bei der Erforschung der Hepatitis geblieben und auch die Auffindung postulierter menschlicher Carcinomviren gelang noch nicht. Ob diese Schwierigkeiten nur quantitativer oder auch qualitativer Natur sind, weiß man nicht mit Sicherheit. Es ist aber klar, daß das Funktionieren der Technik von Antigen-Antikörper-Reaktionen abhängt; sobald die zu untersuchenden Stoffe nicht mehr oder noch nicht als immunologisch aktive Proteine vorliegen, muß die Immunofluorescenz versagen. Nucleinsäuren lassen sich damit nicht darstellen.

Der Nachweis latenter Mumps- und Newcastle Disease-Virusinfektionen gelang z. B. HENLE (1960) im sog. „Carrier-lines" von MCN-Zellen. Es gibt, wie wir gesehen haben, bei den „inkompletten" Viren eine große Variabilität in den Defekten; es ist aber nicht ausgeschlossen, daß etwas Analoges auch bei den „latenten" Viren vorkommt, so daß es bestimmt Formen der Infektion bzw. des Zellparasitismus gibt, die sich durch fluorescierende Antikörper überhaupt nicht erfassen lassen.

Literatur

ADA, G. L.: Ribonucleic acid in influenza virus. Ciba Foundation Symp.: Nature of viruses, p. 104. London: Churchill 1957.
ANDREWES, C. H.: Virus III in tissue culture. I. The appearance of intranuclear inclusions in vitro. Brit. J. exp. Path. **10**, 188 (1929a).
— Virus III in tissue culture. II. Further observations on the formation of inclusions bodies. III. Experiments bearing on immunity. Brit. J. exp. Path. **10**, 273 (1929b).
— Tissue-culture in the study of immunity in herpes. J. Path. Bact. **33**, 301 (1930).

ANDREWS, C. H., F. B. BANG and F. M. BURNET: A short description of the myxovirus group (influenza and related viruses). Virology 1, 176 (1955).

ANDREWES, C. H., F. B. BANG, R. M. CHANOCK and V. M. ZHDANOW: Para-influenza virus 1, 2 and 3. Suggested names of recently described myxoviruses. Virology 8, 129 (1959).

BANG, F. B.: The development of NDV in cells of the chorioallantoic membrane as studied by thin sections. Bull. Johns Hopk. Hosp. **92**, 309 (1953).

—, and A. ISAACS: Morphological aspects of virus cell relationships in influenza, mumps and Newcastle. Ciba Foundation Symp.: The nature of viruses, p. 249. London: Churchill 1957.

BEUTNER, E. H.: Immunofluorescent staining: The fluorescent antibody method. Bact. Rev. **25**, 49 (1961).

BIRCH-ANDERSEN, A., and K. PAUCKER: Studies on the structure of influenza virus. II. Ultrathin sections of infectious and non-infectious particles. Virology 8, 21 (1959).

BOAND jr., A. V., J. E. KEMPF and R. J. HANSON: Phagocytosis of influenza virus. I. In vitro observations. J. Immunol. **79**, 416 (1957).

BREITENFELD, P. M., and W. SCHÄFER: The formation of fowl plague antigens in infected cells, as studied with fluorescent antibodies. Virology 4, 328 (1957).

BURNSTEIN, T., and F. B. BANG: Infection of the upper respiratory tract of the chick with a mild (vaccine) strain of Newcastle Disease virus. Bull. Johns Hopk. Hosp. **102**, 127 (1958).

CHADWICK, C. S., M. G. MCENTEGART and R. C. NAIRN: Fluorescent protein tracers. A trial of new fluorochroms and the development of an alternative to fluorescein. Immunology 1, 315 (1958).

— — — Fluorescent protein tracers. A simple alternative to fluorescein. Lancet **1958**, 412.

CHU, T. H., F. S. CHEEVER, A. H. COONS and J. B. DANIELS: Distribution of mumps virus in the experimentally infected monkey. Proc. Soc. Biol. **76**, 571 (1951).

COONS, A. H.: Histochemistry with labelled antibody. Int. Rev. Cytol. 5, 1 (1956).

— The morphological aspects of virus infections of cells as revealed by fluorescent antibody. Ciba Foundation Symp.: The nature of viruses, p. 203. London: Churchill 1957.

— Fluorescent antibody methods. General cytochemical methods, vol. 1, p. 399. New York: Academic Press 1958.

— Antibodies and antigens labelled with fluorescein. Schweiz. Z. Path. **22**, 693 (1959a).

— The diagnostic application of fluorescent antibodies. Schweiz. Z. Path. **22**, 700 (1959b).

— The beginnings of immunofluorescence. J. Immunol. 87, 499 (1961).

— H. J. CREECH and R. N. JONES: Immunological properties of an antibody containing a fluorescent group. Proc. Soc. exp. Biol. **47**, 200 (1941).

— — — and E. BERLINER: The demonstration of pneumococcal antigens in tissues by the use of fluorescent antibody. J. Immunol. **45**, 157 (1942).

—, and M. H. KAPLAN: Localisation of antigen in tissue cells. II. Improvement in a method for the detection of antigen by means of fluorescent antibody. J. exp. Med. **91**, 1 (1950).

DEIBEL, R., and J. E. HOTCHIN: Quantitative application of fluorescent antibody technique to influenza-virus-infected cell cultures. Virology 8, 367 (1959).

DOWNIE, A. W., and C. A. MCGAUGHEY: Experiments with the virus of infectious ectromelia. The action of immune serum in vivo and the growth of virus in culture. J. Path. Bact. **40**, 297 (1935).

EATON, M. D.: Observations on the growth of virus and the energy-yielding activities of the host cell. Arch. Virusforsch. **5**, 53 (1954).

ENDERS, J. F.: Recent observations on the behaviour in tissue culture of certain viruses pathogenic for man. Nat. Inst. Hlth Ann. Lect. 121 (1954).

FLORMAN, A. L., and J. F. ENDERS: The effect of homologous antiserum and complement on the multiplication of vaccinia virus in roller-tube cultures of blood-mononuclear cells. J. Immunol. **43**, 159 (1942).

FRANCIS jr., T., and C. H. STUART-HARRIS: Studies on the nasal histology of epidemic influenza virus in the ferret. I. The development and repair of the nasal lesion. J. exp. Med. **68**, 789 (1938).

FRANKLIN, R. M.: The growth of fowl plague virus in tissue cultures of chicken macrophages and giant cells. Virology **6**, 81 (1958).

—, and P. M. BREITENFELD: The abortive infection of Earle's L-Cells by fowl plague virus. Virology 8, 293 (1959).

Fraser, K. B., R. C. Nairn, M. G. McEntegart and C. S. Chadwick: Neurotropic influenza A infection of mouse brain studied with fluorescent antibody. J. Path. Bact. 78, 423 (1959).

Frisch-Niggemeyer, W.: Über die chemische Zusammensetzung und die innere Struktur des Influenzavirus unter besonderer Berücksichtigung des sog. „löslichen Antigens". Zbl. Bakt., I. Abt. Orig. 183, 294 (1961).

Furusawa, E., E. Baba, K. Toyoshima and J. Kamahora: The effect of antibody on intracellular virus multiplication. II. Med. J. Osaka Univ. 7, 701 (1957).

— K. Hagiwara and J. Kamahora: The effect of antibody on intracellular virus multiplication. I. Med. J. Osaka Univ. 7, 551 (1956).

Goldwasser, R. A., and C. C. Shepard: Staining of complement and modification of fluorescent antibody procedures. J. Immunol. 80, 122 (1958).

Gottschalk, A.: Chemistry of virus receptors. Burnet and Stanley: The viruses, vol. 3, p. 51. London: Academic Press 1959.

Haagen, E.: Weitere Untersuchungen über das Verhalten des Gelbfiebervirus in der Gewebskultur. Zbl. Bakt., I. Abt. Orig. 128, 13 (1933a).

— Über die Notwendigkeit lebender Zellen zur Viruszüchtung. Weitere Untersuchungen über das Gelbfieber-, Variola-, Vakzine- und Herpesvirus. Zbl. Bakt., I. Abt. Orig. 129, 237 (1933b).

Hallauer, C.: Immunitätsstudien bei Hühnerpest. Z. Hyg. Infekt.-Kr. 116, 456 (1934).

Hanson, R. J., J. E. Kempf and A. V. Boand jr.: Phagocytosis of influenza virus. II. Its occurence in normal and immune mice. J. Immunol. 79, 422 (1957).

Henle, G., A. Girardi and W. Henle: A non-transmissible cytopathogenic effect of influenza virus in tissue culture accompanied by formation of non-infectious hemagglutinins. J. exp. Med. 101, 25 (1955).

Henle, W.: Persönliche Mitteilung 1960.

— Influenzavirus im Wandel der Zeit. Zbl. Bakt. I. Abt. 184, 36 (1962).

—, and G. Henle: Studies on host-virus interactions in the chick embryo-influenza virus system. III. Development of infectivity, hemagglutination and complement fixation activities during the first infectious cycle. J. exp. Med. 90, 23 (1949).

—, and K. Paucker: Interference between inactivated and active influenza viruses in the chick embryo. I. A re-evaluation of factors of dosage and timing using infectivity titrations for assay. Virology 6, 181 (1958).

—, and M. Wiener: Complement fixation antigens of influenza viruses type A and B. Proc. Soc. exp. Biol. (N.Y.) 57, 176 (1944).

Hillis, W. D., M. A. J. Moffat and O. A. Holtermann: The development of soluble and viral antigens of influenza A virus in tissue culture as studied by the fluorescent antibody technique. 3. Studied on the abortive cycle of replication in HeLa cells. Acta path. microbiol. scand. 50, 419 (1960).

Hirst, G. K.: The agglutination of red cells by allantoicfluid of chick embryo infected with influenza virus. Science 94, 22 (1941).

Holtermann, O. A., W. D. Hillis and M. A. J. Moffat: The development of soluble and viral antigens of influenza A virus in tissue culture as studied by the fluorescent antibody technique. I. Studies employing a low multiplicity of infection in beef embryo kidney cells. Acta path. microbiol. scand. 50, 398 (1960).

Horne, R. W., A. P. Waterson, P. Wildy and A. E. Farnham: The structure and composition of the myxoviruses. 1. Electron microscope studies of the structure of myxovirus particles by negative staining techniques. Virology 11, 79 (1960).

—, and P. Wildy: Symmetry in virus architecture. Virology 15, 348 (1961).

Hotz, G., and W. Schäfer: Ultrahistologische Studie über die Vermehrung des Virus der klassischen Geflügelpest. Z. Naturforsch. 10b, 1 (1955).

Hoyle, L., and R. W. Fairbrother: Antigenic structure of influenza viruses; preparation of elementary body suspensions and nature of complement-fixing antigens. J. Hyg. (Lond.) 37, 512 (1937).

— R. W. Horne and A. P. Waterson: The structure and composition of the myxoviruses. II. Components released from the influenza virus particle by ether. Virology 13, 448 (1961).

JOHNSON, C. D., and E. W. GOODPASTURE: The histopathology of experimental mumps in the monkey, macacus rhesus. Amer. J. Path. **12**, 495 (1936).

KIRBER, M. W., and W. HENLE: A comparison of influenza complement fixation antigens derived from allantoic fluids and membranes. J. Immunol. **65**, 229 (1950).

KLEIN, P., u. P. BURKHOLDER: Die Darstellung von fixiertem Komplement mit markiertem Antikomplement. Schweiz. Z. Path. **22**, 729 (1959).

LEWIS, W. H.: Pinocytosis. Bull. Johns Hopk. Hosp. **49**, 17 (1931).

LIU, C.: Studies on influenza in ferrets by means of fluorescein labelled antibody. I. The pathogenesis and diagnosis of the disease. J. exp. Med. **101**, 665 (1952).

— Studies on influenza infections in ferrets by means of fluorescein labelled antibody. II. The role of „soluble antigen" in nuclear fluorescence and crossreactions. J. exp. Med. **101**, 677 (1955).

— Rapid diagnosis of human influenza infection from nasal smears by means of fluorescein labelled antibody. Proc. Soc. exp. Biol. (N.Y.) **92**, 883 (1956).

—, and M. D. EATON: Study and isolation of primary atypical pneumonia virus in chick embryos by means of fluorescein labelled antibody. Bact. Proc. **61** (1955).

LÖFFLER, H.: Unveröffentlichte Versuche 1959.

— Der inkomplette Infektionszyklus von Influenza-Virus in HeLa-Zellen. Fluoreszenzmikroskopische Untersuchungen. Path. Microbiol. **24**, 988 (1961).

— G. HENLE and W. HENLE: Attempts to influence the incomplete reproductive cycle of influenza virus in HeLa cells by antibodies. J. Immunol. (im Druck).

LWOFF, A.: Diskussionsbeitrag. Ciba Foundation Symp. The nature of viruses, p. 121. London: Churchill 1957.

MAGILL, T. P., and T. FRANCIS jr.: The action of immune serum on human influenza virus in vitro. J. exp. Med. **65**, 861 (1937).

MAGNUS, P. v.: Studies on interference in experimental influenza. Ark. Kemi, Mineral. Geol. **24**B, No 7 (1946).

— Propagation of the PR8-strain of influenza virus in chick embryo. II. The formation of „incomplete" virus following inoculation of large doses of seed virus. Acta path. microbiol. scand. **28**, 250 (1951).

MARTIN, C. M., C. M. KUNIN, L. S. GOTTLIEB, M. W. BERNES, C. LIU and M. FINLAND: Asian influenza A in Boston 1957—1958. I. Observation on thirty-two influenza associated fatal cases. Arch. intern. Med. **103**, 515 (1959).

MOFFAT, M. A. J., O. A. HOLTERMANN and W. D. HILLIS: The development of soluble and viral antigens of influenza A virus in tissue culture as studied by the fluorescent antibody technique. 2. Studies employing a high multiplicity of infection in beef embryo kidney cells. Acta path. microbiol. scand. **50**, 409 (1960).

MÜLLER, F., u. D. KLEIN: Fluoreszenz-serologische Darstellung der Komplementbindung an Virus-Antikörper-Komplexen in der Gewebekultur. Dtsch. med. Wschr. **84**, 2195 (1959).

MURPHY, J. S., and F. B. BANG: Observations with the electron microscope on cells of the chick chorio-allantoic membrane infected with influenza virus. J. exp. Med. **95**, 259 (1952).

O'DEA, J. F., and J. K. DINEEN: Fluorescent antibody studies with herpes simplex virus in unfixed preparation of trypsinized tissue cultures. J. gen. Microbiol. **17**, 19 (1957).

PAUCKER, K., A. BIRCH-ANDERSEN and P. v. MAGNUS: Studies on the structure of influenza virus. I. Components of infectious and incomplete particles. Virology 8, 1 (1959).

—, and W. HENLE: Interference between inactivated and active influenza viruses in the chick embryo. II. Interference by incomplete forms of influenza virus. Virology 6, 198 (1958).

PRINCE, A. M., and H. A. GINSBERG: Immunohistochemical studies on the interaction between Ehrlich ascites tumor cells and Newcastle disease virus. J. exp. Med. **105**, 177 (1957).

PUCK, T.: Quantitative measurement of virus action by cell plating techniques. Perspectives in Virology, p. 88. New York: John Wiley 1959.

RIGGS, J. L., R. J. SEIWALD, J. H. BURCKHALTER, C. M. DOWNS and T. G. METCALF: Isothiocyanate compounds as fluorescent labeling agents for immune serum. Amer. J. Path. **34**, 1081 (1958).

Rivers, T. M., E. Haagen and R. S. Muckenfuss: Development in tissue cultures of the intracellular changes characteristic of vaccinal and herpetic infections. J. exp. Med. 50, 665 (1929a).

— — — A study of vaccinal immunity in tissue cultures. J. exp. Med. 50, 673 (1929b).

Rous, P., P. D. McMaster and S. S. Hudack: The fixation and protection of viruses by the cells of susceptible animals. J. exp. Med. 61, 657 (1935).

Rott, R., and W. Schäfer: Finestructure of subunits isolated from Newcastle disease Virus. Virology 14, 298 (1961).

Sabin, A. B.: The mechanism of immunity to filtrable viruses. II. Fate of the virus in a system consisting of susceptible tissue, immune serum and virus, and the sole of the tissue in the mechanism of immunity. Brit. J. exp. Path. 16, 84 (1935).

Schäfer, W.: Units isolated after splitting fowl plague virus. Ciba Foundation Symp.: The nature of viruses, p. 91. London: Churchill 1957.

—, and R. Rott: Untereinheiten von Newcastle Disease- und Mumps-Virus. Z. Naturforsch. 14b, 629 (1959).

—, u W. Zillig: Über den Aufbau des Viruselementarteilchens der klassischen Geflügelpest. Z. Naturforsch. 96, 779 (1954).

Schlesinger, R. W.: Incomplete growth cycle of influenza virus in mouse brain. Proc. Soc. exp. Biol. (N.Y.) 74, 541 (1950).

Silverstein, A. M.: Contrasting fluorescent labels for two antibodies. J. Histochem. Cytochem. 5, 94 (1957).

Smith, W., C. H. Andrewes and P. P. Laidlaw: A virus obtained from influenza patients. Lancet 1933, 66.

Tomcsik, J.: Die Struktur der Bakteriengrenzflächen. Ergebn. med. Grundlagenforsch. 1, 1 (1956).

— Ein Versuch zur Analyse eigener experimenteller Arbeiten. Basel: Benno Schwabe & Co. 1960.

Topacio, T., and R. R. Hyde: The behavior of rabbit virus III in tissue culture. Amer. J. Hyg. 15, 99 (1932).

Traver, M. I., R. L. Northrop and D. L. Walker: Site of intracellular antigen production by myxoviruses. Proc. Soc. exp. Biol. (N.Y.) 104, 268 (1960).

Vogel, J., and A. Shelokow: Adsorption-hemagglutination test for influenza virus in monkey kidney tissue culture. Science 126, 358 (1957).

Watson, B. K.: Fate of mumps virus in the embryonated egg as determined by specific staining with fluorescein labeled immune serum. J. exp. Med. 96, 653 (1952).

— Distribution of mumps virus in tissue cultures as determined by fluorescent labelled antiserum. Proc. Soc. exp. Biol. (N.Y.) 79, 222 (1952).

— Mixed infectious with influenza and mumps viruses in the chick embryo. Bull. N.Y. Acad. Med. 32, 169 (1956).

—, and A. H. Coons: Studies of influenza virus infection in the chick embryo using fluorescent entibody. J. exp. Med. 99, 419 (1954).

Weller, T. H., and A. H. Coons: Fluorescent antibody studies with agents of varicella and herpes zoster propagated in vitro. Proc. Soc. exp. Biol. (N.Y.) 86, 789 (1954).

Wheelock, E. F., and I. Tamm: Mitosis and division in HeLa cells infected with influenza or Newcastle disease virus. Virology 8, 532 (1959).

— — Enumeration of cell infecting particles of NCD virus by fluorescent entibody technique. J. exp. Med. 113, 301 (1961a).

— — Effect of multiplicity of infection on NCD virus-HeLa cell interaction. J. exp. Med. 113, 317 (1961b).

Evolution und „Transformation" von Zellkulturen
(Cytologische, krebsbiologische, immunologische und virologische Forschungsergebnisse)

Von

GERHARD BRAND [1,2] und INGE BRAND

Inhaltsverzeichnis

[1] University of Minnesota, Medical School, Department of Microbiology, Minneapolis, Minnesota, USA.

[2] Die in dieser Übersicht erwähnten eigenen experimentellen Arbeiten wurden ermöglicht durch Forschungsbeihilfen der American Cancer Society, der National Foundation und des National Cancer Institute.

I. Vorbemerkung

Die Methoden der Gewebe- und Zellzüchtung haben innerhalb der letzten ein bis zwei Dekaden weitverbreitete Anwendung in den verschiedensten Zweigen der Biologie erfahren. Darüber sollte jedoch nicht vergessen werden, daß dieses Gebiet trotz technischer Perfektion auch heute noch zahlreiche faszinierende Probleme birgt und deshalb nicht aufgehört hat, ein ergiebiges Feld selbständiger Forschung zu sein. So wie die praktischen Aspekte dieses Gebietes in viele Richtungen der Biologie ausstrahlen, erscheinen auch die Probleme und Forschungsergebnisse stets in vielfältiger Beleuchtung. Bezeichnenderweise verbindet sich die amerikanische Tissue Culture Association bei ihren jährlichen Zusammenkünften der Reihe nach mit den Kongressen verschiedener biologischer Fachrichtungen, wie z. B. mit den Anatomen, Biochemikern, Mikrobiologen, Pathologen, Krebsforschern usw. Das im folgenden zur Diskussion gestellte Problem wird, besonders im Hinblick auf praktische Gesichtspunkte, hauptsächlich den Mikrobiologen angehen.

II. Einleitung

A. Arten von Zellkulturen

Bei der Besprechung des Problems, welches dieser Übersicht zugrunde liegt, werden die verschiedenen *Arten von Zellkulturen* zu unterscheiden sein.

1. Gewebsexplantate. Es handelt sich hier bekanntlich um die älteste Zellkulturtechnik. Kleine Stücke excidierten Gewebes werden im hängenden Tropfen einer Nährflüssigkeit oder auf coaguliertem Plasmafilm gehalten. Für bestimmte Untersuchungen können die Gewebestücke direkt genutzt werden. Im allgemeinen gilt das Interesse jedoch den Zellen, die von den Gewebestücken ausschwärmen, denn es bildet sich ein dichter Zellrasen um das Explantat herum.

2. Primäre Zellkulturen. Der grundlegende Unterschied zur Explantationsmethode besteht darin, daß der Zellverband des Ausgangsgewebes durch Trypsin oder andere Mittel wie Versen, Kollagenase usw. aufgelöst wird und die freien Zellen oder Zellklümpchen in Kulturgefäße eingesät werden. Die Zellen sedimentieren und heften sich an die Glaswand. Sie setzen ihre Stoffwechselaktivität fort und sind in dieser Form ohne aktive Vermehrung für manche speziellen oder auch Routinearbeiten, insbesondere virologischer Art, brauchbar. Meistens sind die so gewonnenen Zellen zu weiterer Vermehrung für eine beschränkte Anzahl von Generationen befähigt. Da sich in Subkulturen ein einheitlicherer Zelltyp und ein ebenmäßigerer Zellrasen herauszubilden pflegt, werden für Virusarbeiten und andere Studien primäre Kulturen in der ersten oder zweiten Passage bevorzugt.

3. Kontinuierliche Zellkulturen. Hierunter verstehen wir solche Zellkulturen, die sich unbegrenzt in Dauerpassagen halten lassen. Die meisten Zellstämme wurden aus primären Zellkulturen, einige jedoch auch aus Gewebsexplantaten herausgezüchtet. Der entscheidende Schritt beim Übergang von primären in kontinuierliche Zellkulturen ist die erfolgreiche Adaptation der Zellen an die bestehenden in vitro-Bedingungen. Es sind zumeist nur wenige Zellen, manchmal vielleicht nur eine einzige inmitten der langsam absterbenden primären Kultur, denen der Adaptationssprung gelingt. Die bekanntesten kontinuierlich fortzüchtbaren Zellstämme finden sich in den Arbeiten oder Übersichten einer Reihe von Autoren zusammengestellt (*13, 14, 22, 31, 116, 205, 260*).

4. Mit wenigen Worten seien die **Anwendungsmöglichkeiten der verschiedenen Zellkulturen sowie ihre Vor- und Nachteile** gestreift. Gewebsexplantat-Kulturen werden eigentlich nur noch zur experimentellen Bearbeitung spezieller biologischer Fragestellungen herangezogen. Dagegen haben sowohl kontinuierliche Zellstämme als auch die primäre Zellkulturtechnik breiteste Anwendung für experimentelle und vor allem Routinezwecke gefunden. Die Bevorzugung der einen oder der anderen Methode hängt zunächst von technischen Erwägungen ab. Die Tatsache, daß kontinuierliche Zellstämme unter normalen Umständen in fortlaufenden Passagen gehalten werden müssen, macht ein Speziallaboratorium erforderlich. Eine solche Einrichtung lohnt natürlich nur, wenn Kulturzellen ständig zur Verfügung stehen sollen. Anderenfalls ist es bei weitem ökonomischer, sich auf primäre Kulturen einzurichten, die angelegt werden können, wann immer sie gebraucht werden. Allerdings sind es nicht technische Erwägungen allein, die den Ausschlag bei der Wahl der Methode geben. Wie später an Hand der Literatur ausführlich gezeigt werden soll, ist der Übergang von primären in kontinuierliche Zellkulturen mit mancherlei cellulären Veränderungen gekoppelt, die sich u. a. sogar auf Grad und Spektrum der Virusempfänglichkeit auswirken. Nicht selten bestimmt deshalb der Anwendungszweck oder das Arbeitsobjekt, welche der beiden Zellkulturmethoden zur Anwendung kommen muß. So bestehen beispielsweise erhebliche Bedenken, kontinuierliche Zellstämme menschlicher Abkunft zur Viruszüchtung zu verwenden, wenn davon die Herstellung von Virusvaccinen ausgehen soll. Die Begründung liegt darin, daß offensichtlich gewisse Parallelen bestehen zwischen Carcinogenese in vivo und der Entwicklung kontinuierlicher Zellstämme in vitro (*46, 193, 271, 272*). Mit Rücksicht auf bisher unwiderlegte Hypothesen, nach denen die Existenz übertragbarer carcinogener Agentien nicht ausgeschlossen ist, erscheint es gewagt, ein zur Anwendung bei Menschen bestimmtes Injektionsmaterial aus menschlichen Zellkulturen mit möglicherweise malignem Potential zu gewinnen.

B. Entwicklung kontinuierlicher Zellstämme

1. Die Überführung primärer Zellkulturen in kontinuierlich fortzüchtbare Zellstämme („**Etablierung**") ist ein Unterfangen, welches durchaus nicht immer gelingt (*25, 85, 114, 157, 259*) und von Faktoren abzuhängen scheint, die bisher nur zum Teil zu übersehen sind, z. B. die Art und Reproduktionskraft des Ausgangsgewebes, der primär auswachsende Zelltyp, die Zusammensetzung des Nährbodens usw. LARKIN (*157*) beispielsweise war nur einmal bei fast 200 Versuchen erfolgreich, SWIM (*259*) zweimal bei 51. Wenn FOLEY u. Mitarb. (*85*) eine Erfolgsrate von 36% mitteilen, so zeigt auch dieses erstaunliche Ergebnis noch, daß bei weitem nicht alle primären Zellkulturen den entscheidenden Adaptationssprung schaffen, sondern gewöhnlich zwischen der vierten und der zehnten Passage absterben. In den meisten, wenngleich nicht in allen Fällen (*64*), schleppt sich der Adaptationsprozeß mühsam über jene kritischen Phasen hin, ehe die Absterbequote der Zellpopulation durch die Zellvermehrungsquote eingeholt und überflügelt wird (*9, 12*). Wie bereits angedeutet, geht der Ursprung kontinuierlicher Zellstämme fast immer von einzelnen adaptationsfähigen Zellen aus und vollzieht sich zudem nicht selten in mehreren Adaptationsschritten. Man spricht deshalb gewöhnlich erst dann von einer „etablierten kontinuierlichen Zellkultur", wenn der Stamm etwa 1 Jahr lang durch regelmäßige Passagen geführt werden konnte.

2. Evolution und Klon-Variationen. Die Tatsache, daß Kulturzellen grundsätzlich fähig sind zu adaptiven Veränderungen, erklärt zugleich die Instabilität kontinuierlicher Stämme im Hinblick auf verschiedenste Zelleigenschaften. Es kann mit voller Berechtigung von einem evolutionären Geschehen gesprochen werden. Offenbar bilden sich in kontinuierlichen Kulturen zwangsläufig Populationen von Zellen mit divergierenden individuellen Eigenschaften und Potentialen heraus. Das Phänomen konnte besonders gründlich an Klonen studiert werden, d. h. also an Zweigpopulationen, die von isolierten Einzelzellen der Elternpopulation abgeleitet worden waren. Die evolutionär bedingten Unterschiede, wie sie sich in Klonen manifestieren, nennen wir „Klon-Variationen", die unterschiedlichen Klone selbst „Klon-Varianten" (*198, 273*). In diesem Zusammenhang interessant, aber bisher unbestätigt, ist der Bericht von Barski u. Mitarb. (*5*), wonach diese Autoren Zell-„Kreuzungen" mit hybriden Eigenschaften erzielt haben wollen.

3. Transformation oder Alteration. Auf diese Begriffe (*178, 206, 207, 208, 230, 281, 287*) und ihre Bedeutung wird im Verlaufe der Diskussion wiederholt zurückzukommen sein. Eine prägnante Definition läßt sich jedoch schwerlich geben, da diese Worte in der Literatur durchweg mehr in allgemeinem als in einem präzisierten Sinne gebraucht wurden. So finden wir unter der Bezeichnung „transformiert" oder „alteriert" solche Zellpopulationen, die im Zuge der Etablierung oder seltener in späteren Phasen der Evolution Veränderungen in einem so starken Maße durchgemacht haben, daß ein „normaler" schrittweiser Adaptationsprozeß nicht mehr zur Erklärung des Geschehens ausreicht (*281*). Die in diesem Zusammenhang in der Literatur beschriebenen Veränderungen beziehen sich vorwiegend auf einen Wechsel der Zellmorphologie (*47, 175, 190, 191, 196*). Jedoch auch über Verschiebungen der Antigenität (*70, 94, 98, 153, 207, 280, 281*) und insbesondere des Virusempfänglichkeits-Spektrums (*32, 53, 55, 56, 59, 61, 117, 154, 156, 176, 186, 207, 208, 214, 248, 280, 281*) wurde berichtet. Gerade auf Grund der letzteren Beobachtung, die neue, praktisch eminent bedeutsame Perspektiven zu eröffnen schien (*280, 281*), rückte das Phänomen der Zelltransformation in den Vordergrund des Interesses. Wir erinnerten oben daran, daß kontinuierliche menschliche Zellkulturen aus Gründen möglicher Malignität nicht zur Virusvaccine-Produktion benutzt werden. Als nun über transformierte Zellstämme berichtet wurde, die für das Poliovirus empfänglich geworden waren, obwohl sie von polioresistenten Tieren, z. B. dem Kaninchen, abstammten (*21, 53, 54, 59, 154, 176, 214, 248, 280*), schienen jene Bedenken fortzufallen und den Weg für die Herstellung von Poliovirus-Vaccinen in derartigen Zellkulturen freizumachen. Jedoch zahlreiche Einwände und Fragen, wie z. B. die folgenden, wurden laut: Haben transformierte Zellstämme mit ihrer ursprünglichen speciesspezifischen Unempfänglichkeit für das Poliovirus zugleich auch andere speciesspezifische Charakteristika, darunter vielleicht die Species-Spezifität des hypothetischen carcinogenen Potentials, eingebüßt? Tragen sie überhaupt noch die

Specieseigenschaften ihres Ausgangsgewebes? Führt der Prozeß der Transformation in Verbindung mit Etablierung und Evolution möglicherweise zu einer Endstation, in der alle etablierten Stämme in gewissen charakteristischen Zügen „gleich" werden (*11, 12, 184*), z. B. für die gleichen Viren empfänglich sind, gemeinsame Antigene besitzen usw.? Solche und ähnliche Fragen gaben Anlaß zu Untersuchungen, welche in dieser Übersicht referiert und diskutiert werden sollen. Zuvor ist die Aufmerksamkeit jedoch auf einen Diskussionspunkt zu lenken, durch den die Debatte über das Zelltransformations-Phänomen um einen interessanten Aspekt bereichert wurde.

4. Zellverunreinigungen. Von verschiedenen Seiten (*47, 87, 135, 190, 230*) wurde angesichts der Berichte über Zelltransformationen darauf aufmerksam gemacht, daß dieses Phänomen in einem nicht kleinen Teil der Fälle durch Zellverunreinigungen zwanglos erklärt werden könnte: Wenn eine primäre Zellkultur während der kritischen Absterbephase mit vielleicht nur einer einzigen Zelle eines bereits voll etablierten, schnellwachsenden Stammes verunreinigt wird, dann würde aus der verunreinigenden Zelle in relativ kurzer Zeit eine neue Zellpopulation heranwachsen und die absterbende primäre Kultur ersetzen. Dies würde dann freilich genau so aussehen, als ob sich die primäre Kultur, von Einzelzellen ausgehend, etabliert habe. „Dramatische" Transformations-Befunde, insbesondere mit „drastischem" Wechsel der Virusempfänglichkeit, müßten unausweichlich zur Beobachtung kommen, wenn primäre und verunreinigende Zellen verschiedenen Species angehörten. Verunreinigungen zwischen zwei etablierten Zellstämmen würden andererseits zunächst als Zellstamm-Mischungen imponieren, bis dann eine der beiden Komponenten, nämlich diejenige mit kürzerer Generationszeit, die andere überflügeln und schließlich verdrängen würde.

Indem sich der Gesichtspunkt der Zellverunreinigung ins Blickfeld schob, verloren nicht nur die Begriffe „Zelltransformation" und „Zellalteration", sondern kaum weniger auch die Begriffe „Zellstamm-Evolution" und „Klon-Variation" erheblich an Klarheit. Experimentelle Untersuchungen über diese Phänomene standen deshalb, zum Teil wenigstens, im Zeichen der Identifizierung und Klassifizierung von Zellstämmen zwecks Erkennung oder Ausschluß von Zellverunreinigungen.

III. Untersuchungen über Etablierung, Evolution und Transformation von Zellkulturen

A. Morphologische Untersuchungen

1. Methoden. In zahlreichen Arbeiten, die sich mit der Züchtung von Zellen und Etablierung kontinuierlicher Zellstämme befassen, finden sich mehr oder weniger detaillierte Beschreibungen morphologischer Beobachtungen, die teilweise, besonders in Veröffentlichungen jüngeren Datums, durch Serienphotographien belegt sind (*115, 142, 143*). Folgende Kriterien werden u. a. (*260*) zur morphologischen Beurteilung von Zellen und Zellkulturen herangezogen: Zellform, namentlich ob epithelial oder fibroblastisch (*55* u. a.); Merkmale der ursprünglichen organspezifischen Zellmorphologie (*142, 143*); Zahl der Nucleolen (*287*); Tendenz zur Bildung von polynucleären Riesenzellen (*160*); Festigkeit des Kontakts der Zellen aneinander und an der Glasfläche, in anderen Worten: die

Resistenz des Zellverbandes und der Zell-Glas-Bindung gegenüber mechanischer Lösung (7), Trypsinisierung oder Versen-Behandlung (*117, 142, 143, 280, 281*); die Wuchsform zusammenhängender Zellkomplexe bei dreidimensionaler Ausbreitung im Cellulose-Schaumstoff (*159*).

2. Ergebnisse. Beobachtungen über die Art und Weise des Zellwachstums aus Gewebsexplantaten heraus lassen sich wie folgt zusammenfassen (*77, 78, 109*): Diejenigen Zellformen, die am zuverlässigsten und raschesten zu erscheinen pflegen, sind fibroblastische Wanderzellen des Bindegewebes. Epitheliale Zellen tauchen, wenn überhaupt, verzögert und meist in geringerer Zahl auf, so daß es schwierig und häufig nur mit besonderen Kunstgriffen möglich ist, sie von den überwuchernden Fibroblasten abzutrennen. Abhängig von der Art des Ausgangsgewebes sind auch gewisse andere Zelltypen zum Auswachsen befähigt, wie amoeboide Wanderzellen, Endothelien, Schwannsche Zellen usw. Generell hat sich die Regel ergeben, daß morphologische, insbesondere organspezifische Zellcharakteristika verlorengehen, sobald die Zellen ihre Verbindung zur Organstruktur aufgeben und entlang der Glaswand bzw. dem Plasmafilm ausschwärmen. Als ein Beispiel von vielen aus jüngerer Zeit seien die Arbeiten und Photographien von Jordan (*142, 143*) genannt, der Explantate menschlicher Nasenschleimhaut untersuchte: Die Mucosa-Zellen des Explantats trugen Cilien, die noch 7 Tage nach der Anlegung der in vitro-Kultur arbeiteten. Am 4. Tage wuchsen Fibroblasten aus, inmitten deren Rasen sich vereinzelte, epithelähnliche Zellen befanden, die jedoch keine Cilien trugen und auch in anderer Hinsicht keine Ähnlichkeit mit den funktionellen Zellen der Nasenschleimhaut aufwiesen.

Der Übergang von primären Zellkulturen zu kontinuierlichen Zellstämmen kann morphologisch in verschiedenen Bahnen ablaufen. Einige Autoren haben während des ganzen Prozesses von der Aussaat des trypsinisierten Gewebes bis zur Etablierung keinerlei, zumindest keine eklatanten Veränderungen der Zellmorphologie beobachtet, nicht einmal in Übergangsphasen mit verminderter Zellvermehrung. Dieser Gruppe sind sowohl einige epitheliale (*26, 64, 83, 265, 280*) als auch Fibroblastenstämme (*149, 254*) zuzurechnen. Weit häufiger wird indes die Feststellung getroffen, daß die Zellen primärer epithelialer Kulturen während der kritischen Phase mit verminderter oder gar völlig aufgehobener Zellvermehrung, etwa zwischen der fünften und zehnten Passage, fibroblastenähnliche Formen annehmen (*10, 11, 12, 13, 75, 105, 182, 211, 265, 287*). Hierbei handelt es sich offenbar nicht um echte Fibroblasten, sondern um den Ausdruck eines degenerativen Involutionsprozesses, denn mit vollendeter Etablierung gewinnen die Zellen gewöhnlich ihr ursprüngliches Aussehen zurück. Eine andere Gruppe von Zellstämmen (*14, 75, 105, 142, 143, 182, 211, 214, 265*) ist hinsichtlich ihrer Etablierung dadurch gekennzeichnet, daß die primären Kulturen aus einer Mischung verschiedener, meist epithelialer und fibroblastischer Zellformen bestehen. Dabei kann die eine der Komponenten zahlenmäßig soweit überwiegen, daß die andere nur ganz vereinzelt anzutreffen ist oder möglicherweise sogar überhaupt nicht bemerkt wird. Das Mischungsverhältnis kann über mehrere Passagen unverändert bestehen bleiben, bis eine Zellart, nicht selten die zahlenmäßig zunächst überlegene, durch die andere überwachsen wird und endlich vollständig aus der Kultur verschwindet. Auch hier wird meistens jene kritische Übergangsphase durchschritten, in der alle Zellen als Fibroblasten imponieren. Verschiedene Autoren (*3,*

7, 8, 9, 13, 53, 58, 59, 70, 80, 81, 93, 115, 117, 142, 143, 153, 160, 176, 177, 178, 206, 207, 211, 219, 235, 236, 253, 259, 274, 280, 287) behaupten nun allerdings für manche ihrer Zellstämme, daß diejenige Zellart, in der sich die Zellstämme schließlich etablierten, primär nicht vorhanden war. HAYFLICK (*115*) hat diese Behauptung durch eine Serie ausgezeichneter Photographien gestützt. Unter Zugrundelegung von Gesamtzellzahl und Generationszeit seiner etablierten menschlichen Amnionzellen WISH errechnete dieser Autor, daß die neuaufgetauchte etablierbare Zellart sich nicht früher als am 23. Tag nach Anlegung der primären Kultur entwickelt haben könne. Dennoch erscheint es uns unbewiesen, daß in diesen Fällen die „neue" Zellart nicht doch von Anfang an in vereinzelten Exemplaren unentdeckt durch die ersten Passagen mitgeschleppt wurde, ohne sich zunächst merklich zu vermehren. Jedenfalls bleibt nach der chromosomenanalytischen Untersuchung von LEVAN (*166*) an TOOLANs (*269, 270*) H.Emb.Rh.-1-Kulturen diese Möglichkeit durchaus offen. (Bei diesem Zellstamm handelt es sich um etablierte Zellen eines menschlichen embryonalen Rhabdomyosarkoms, die anfänglich als Transplantate in mit Cortison vorbehandelten Ratten gehalten wurden. Später wurde hiervon eine in vitro-Kultur abgezweigt und von dieser abermals nach 6 Monaten eine weitere Seitenlinie auf die Chorio-Allantois-Membran des embryonierten Hühnereies adaptiert. LEVAN studierte die drei ZellLinien und stellte fest, daß die in Ratten und die in vitro gehaltenen Zellen mit mensch-spezifischen Chromosomen ausgestattet waren, während die auf der Chorio-Allantois-Membran gehaltene Kultur aus Zellen mit Ratten-Chromosomen bestand. Bei den letzteren Zellen kann es sich nur um Abkömmlinge von jenen cortisonbehandelten Ratten handeln, die anfänglich als Transplantatträger der H.Emb.Rh.-1-Kulturen gedient hatten. Augenscheinlich sind die Rattenzellen für 6 Monate unbemerkt und in verschwindend geringer Zahl durch die in vitro-Kulturpassagen mitgeführt worden, bis sie auf der Chorio-Allantois-Membran für die endgültige Etablierung günstige Bedingungen vorfanden, so daß sie hier die H.Emb.Rh.-1-Zellen schließlich überwuchern konnten.)

Diese Arbeiten von LEVAN wiesen zugleich auf eine andere mögliche Quelle etablierter Zellstämme hin: auf Zellverunreinigungen. Gerade in denjenigen Fällen, in denen der etablierte Zelltyp als „neu entstanden und primär nicht vorhanden" erklärt wird, liegt dieser Gedanke nahe. Dennoch muß es sich bei solchen Beobachtungen gemäß den obigen Überlegungen nicht notwendigerweise um Zellverunreinigungen handeln. Interessant sind in diesem Zusammenhang die Beobachtungen von HAYFLICK, die er in der schon zitierten Arbeit (*115*) beschreibt: Die Verdrängung des primären durch den neuen Zelltyp geschah nicht in Form einer Überwucherung, sondern einer Übertragung der neuen morphologischen Charakteristika auf die in der Kultur vorhandenen primären Zellen. Der Veränderungsprozeß ging zentrifugal vor sich und nur dort, wo der sich ausbreitende Rasen des neuen Zelltyps an den des primären angrenzte. Der Autor nimmt an, daß zumindest bei der Etablierung seines WISH-Stammes die primären Zellen in den neuen Typ, möglicherweise induktiv, übergegangen sind, da es nicht gelang, abgestorbene Zellen des primären Typs oder auch nur eine entsprechend erhöhte Menge an Zelldebris in der Kulturflüssigkeit nachzuweisen. Diese Mitteilungen, sollten sie sich reproduzieren und genauer studieren lassen, eröffnen zweifellos neue Perspektiven in der Deutung von Zell-„Transformationen" und

„Alterationen". Dennoch konnten, wie bereits angedeutet und wie in den folgenden Abschnitten ausführlicher dargelegt werden soll, viele Zell-„Transformationen" dieser Art mit Sicherheit auf Zellverunreinigungen zurückgeführt werden. Morphologische Kriterien allein würden jedoch nur in einem Bruchteil der Fälle den Verdacht einer solchen Entstehungsweise gerechtfertigt haben. Hierher wären solche Zellstämme zu rechnen (*59, 117, 176, 280, 281*), bei denen sich der „neue" Zelltyp, den Beschreibungen nach, in geradezu explosiver Form etabliert hatte, und dies häufig, nachdem die primäre Kultur im Zuge ihrer fibroblastischen Regressionsphase definitiv abgestorben und die tote Kultur über Wochen oder Monate weitergefüttert worden war.

Auch die abgeschlossene Etablierung eines Zellstamms bedeutet noch keineswegs, daß damit die morphologischen Eigenschaften der Zellen unverrückbar festliegen. In der Literatur finden sich zahlreiche Angaben, wonach bereits geringe Abänderungen in der Zusammensetzung der Nährmedien sich auf die Morphologie der Zellen nicht nur passager, sondern häufig permanent auswirkten (*216, 260, 283, 284* u. a.). Offenbar ist dies eine Sache der Selektion von Zell-Varianten, die sich auf die neuen Kulturbedingungen am schnellsten und weitestgehenden einzustellen vermögen. Selbst spontane Änderungen der Zellmorphologie sind wiederholt zur Beobachtung gekommen (*75, 76, 111, 239, 241, 242, 263, 283*). Morphologische Alterationen gehen zumeist mit Änderungen anderer Zellcharakteristika einher, z. B. hinsichtlich der Vermehrungsrate (*210, 220, 223, 258*), des Chromosomenstatus (*284*), der Resistenz gegenüber gewissen Drogen und Toxinen (*111*), der Virusempfänglichkeit (*283, 284*) und in einigen Fällen der Entwicklung von Malignität (*69, 70, 72, 91, 94, 98*). Befunde dieser Art sind allerdings auch zu erwarten, wenn eine etablierte Kultur mit Zellen einer fremden Kultur verunreinigt wird, was nachweislich oder doch mit großer Wahrscheinlichkeit in mehreren Laboratorien vorgekommen ist oder aufgedeckt wurde (*21, 23, 32, 55, 58, 117, 156, 253*).

B. Stoffwechsel-Untersuchungen

1. Methoden. Stoffwechselvariationen im weitesten Sinne des Begriffes sind mit zahlreichen Methoden und nach verschiedenen Richtungen hin in Zellkulturen studiert worden. Zu nennen sind in diesem Zusammenhang Untersuchungen über Zusammensetzung der Nährmedien (*65, 181, 210, 211, 215, 220, 223, 279, 283, 284*) und Bestimmung einzelner essentieller Nährstoffe (*67, 68, 107, 156, 169, 195, 260*); Messungen der Zellvermehrungsrate unter aeroben und anaeroben Bedingungen (*96*); Zellrespirationsmessungen (*57, 193*); Nachweis bestimmter von den Zellen produzierter Enzyme, wie z. B. Kollagenase (*95*) oder Hormone (*265*); Beobachtungen über den Einfluß verschiedener Wirkstoffe auf Metabolismus und Vermehrung von Kulturzellen (*110, 111*), wobei u. a. die folgenden Agentien herangezogen wurden: Diphtherie-Toxin (*163, 208, 212, 230*), Steroide (*101*), Actinomycin D (*37*), 2,6-Diaminopurin, Aminopterin, Allylglycin (*110*), das Antibioticum Puromycin (*168*); ferner Beobachtungen über das Wachstum von Tuberkelbakterien in Zellkulturen (*249*) sowie über den Einfluß verschiedener Temperaturen (*247*) und von Röntgenstrahlen (*218*); nicht zuletzt die Anwendung klassischer und moderner cytochemischer Färbemethoden (*144*).

2. Ergebnisse. Systematische Vergleichsuntersuchungen an explantierten Geweben und auswachsenden Zellen sind unseres Wissens nicht angestellt worden, dafür aber solche an primären und etablierten Zellkulturen (*37, 68, 169, 193, 195*). Chang (*31*) beispielsweise stellte in einer Veröffentlichung jüngsten Datums fest, daß etablierte Zellstämme im Vergleich zu primären Kulturen Inosit und Glutamin im Medium benötigen, größere Mengen an Glucose, Ribose und Xylose verwerten können, Milchsäure in stärkerem Maße zu CO_2 abbauen, mehr CO_2 binden, mehr C^{14} in der nuclearen Zellfraktion akkumulieren und etwa 100mal stärker empfindlich gegen 5-Fluorodioxyuridin sind. Andererseits berichten Thompson u. Mitarb. (*265*), daß ihre epithelialen Hypophysen-Vorderlappen-Zellkulturen trotz definitiver Etablierung die Produktion von spezifischen Hormonen, nämlich Gonadotropin, Corticotropin und Somatotropin, nicht aufgegeben hatten. Diesen Befunden zufolge ist die Etablierung von Zellstämmen offensichtlich mit einer stoffwechselmäßigen Adaptation der Zellpopulation auf die in vitro-Bedingungen verbunden, ohne daß notwendigerweise alle ursprünglichen spezialisierten Zellfunktionen dabei verlorenzugehen brauchen.

In größerem Umfang (*260*) sind Stoffwechsel-Vergleichsuntersuchungen an Klonen etablierter Zellstämme durchgeführt worden. An den Eltern-Stämmen HeLa und L konnte festgestellt werden, daß die Zusammensetzung der Nährmedien den Ausschlag gibt über Erfolg oder Mißerfolg bei der Anlegung von Einzel-Zell-Kulturen (*67, 181, 215, 280*). Chang (*27, 28, 29*) prüfte eine Reihe von Zuckern gegenüber HeLa- und Chang-Conjunctiva-Zellklonen. HeLa-Klone ließen sich differenzieren auf Grund unterschiedlicher Nährstoff-Ansprüche, insbesondere im Hinblick auf Inosit (*29*) und Glutamin (*182*). Andere HeLa-Varianten wurden isoliert, die Ribose und Xylose als alleinige Kohlenhydratquelle zu verwerten vermochten (*30*). L-Zellklone unterschieden sich in ihrer Inosit-Abhängigkeit (*260*), in gewissen Vitamin-Ansprüchen (*257*) sowie in der Resistenz gegenüber Puromycin (*168*) und Steroiden (*101*). [Die letztgenannten Untersuchungen wurden teilweise (*257, 260*) mit Klonen des sog. U-12-Zellstammes durchgeführt, bei dem es sich jedoch tatsächlich ebenfalls um L-Zellen, offenbar durch Zellverunreinigung entstanden, handelt (*23, 36, 230*).] Unter Befunden ähnlicher Art (*106, 107, 110, 144, 181, 195, 283, 284*) seien diejenigen an HeLa-Varianten erwähnt, welche nach Überleben von Röntgenbestrahlung refraktär gegenüber der Cytopathogenität des Newcastle Disease Virus geworden waren (*218*).

In den meisten der vorstehend genannten Untersuchungen wurde von Einzel-Zell-Kulturen ausgegangen und erst nach erfolgreicher Heranzüchtung der Klone deren differierende Stoffwechsel-Eigenschaften studiert. Es erwies sich indes auch als möglich, Stoffwechsel-Varianten zu isolieren, indem Subkulturen des Elternstammes direkt in Differenzierungs-Nährmedien übertragen wurden (*106, 210, 223, 258, 260, 283*). Eine besonders elegante Methode wandte Hsu (*138*) an, der durch fraktionierte Behandlung von Zellkulturen mit Colchicin „zweitrangige" Stoffwechsel-Varianten mit stark verlängerter Generationszeit isolieren konnte.

Die erstaunliche Variabilität der Stoffwechsel-Eigenschaften, wie sie in Klon-Varianten etablierter Zellstämme demonstriert werden konnte, macht es verständlicherweise schwierig, wenn nicht unmöglich, Zellverunreinigungen oder

Gemische verschiedener Zellstämme allein auf Grund von Stoffwechsel-Eigenschaften zu erkennen oder experimentell unter Beweis zu stellen. Zwar ist es gelungen, verunreinigte Zellkulturen mit Hilfe von differenzierenden Nährmedien aufzutrennen (*156*), jedoch mußten Methoden anderer Art zugezogen werden, um zu beweisen, daß es sich hier nicht um natürliche Klon-Variationen, sondern tatsächlich um Mischungen von Zellen verschiedener Herkunft gehandelt hatte. Auch von den anderen hier genannten Techniken kommt offenbar lediglich dem Diphtherie-Toxin-Test einige Beweiskraft bei der Differenzierung menschlicher oder Affenzellen gegenüber Mauszellen (z. B. dem L-Stamm) zu (*230*).

C. Krebsbiologische Untersuchungen

1. Methoden. Die Frage, ob Zellkulturen maligne Eigenschaften besitzen, ist insbesondere im Hinblick auf praktische Gesichtspunkte, wie bereits diskutiert, von äußerster Wichtigkeit. Leider sind die methodischen Möglichkeiten (*48, 76, 84, 92, 98, 160, 165, 192, 194, 195* u. a.), diese Frage qualitativ oder gar quantitativ zu beantworten, beschränkt und durchaus zweifelhaft (*49*). Grundsätzlich ist mit KLEIN (*152*) und mit SYVERTON (*262*) festzustellen, daß wir zur Zeit noch kein Symptom der „Cyto-Malignität" kennen, d. h. wir können einer einzelnen Kulturzelle nicht ansehen, ob sie maligne Eigenschaften besitzt oder nicht. Aber auch bei der Beurteilung einer Kulturzellen-Population kann man sich nicht auf ein Einzelkriterium stützen (*49, 261*), sondern wird alle derzeit verfügbaren Malignitätsteste auf fragliche Zellkulturen anzuwenden haben, bevor in eine Diskussion eingetreten werden kann, und auch dann erfordert die Interpretation der Untersuchungsergebnisse noch äußerste Vorsicht (*10, 161, 192*). Gewisse Zelleigenschaften werden, neben der Fähigkeit unbegrenzter Vermehrung, als ein Hinweis auf Malignität gedeutet, wie z. B. die Tendenz zur Bildung vielkerniger Riesenzellen (*161*), die herabgesetzte Adhaerenzkraft der Zellen (*46, 271*), die Erhöhung der Chromosomenzahl über den normalen diploiden Satz hinaus (*34, 130, 132, 133*), obgleich dies auch in primären Zellkulturen (*129*) und in Zellen des normalen in vivo-Gewebes (*11, 132, 133, 135, 166, 232, 261, 281*), wenn auch weniger häufig, zur Beobachtung kommt; und schließlich werden multipolare Mitosen (*129, 160, 280*), die in malignen Zellpopulationen häufiger als in normalen oder regenerierenden (*209*) Geweben vorkommen sollen, in diesem Sinne interpretiert. Die Schwäche dieser Kriterien beruht darauf, daß sie nur geringe und indirekte Beziehung zu der eigentlichen Definition des Begriffes „Malignität" besitzen, worunter wir im klinischen-pathologischen Sinn einen Zellpopulations-Effekt, nämlich Tumorbildung mit destruktiver Invasion und gegebenenfalls Metastasierung, zu verstehen haben (*46, 261*). Es erscheint deshalb nur logisch, wenn das Hauptgewicht der Zellmalignitäts-Prüfung auf diese letzteren Kriterien gelegt wird unter Anwendung geeigneter Versuchsanordnungen zur Sichtbarmachung maligner Tumorentstehung. Mit der Verwendung von Versuchstieren kommen nun jedoch immunologische und Transplantationsgesetze ins Spiel, insofern als Zellimplantation in Versuchstiere mit abweichender immunogenetischer Konstitution prompt immunologische Abwehrreaktionen in Gang setzt, welche nach kurzer Zeit zum Untergang der Implantate führen (*230*), gleichgültig, ob es sich um maligne oder nichtmaligne Zellen handelt. Experimente dieser Art können deshalb nur durchgeführt werden, wenn Implantate und Versuchstiere die gleiche immunogenetische Konstitution besitzen, d. h. der gleichen genetisch reinen Zucht entstammen (*239*), womit sich die experimentellen Möglichkeiten auf Tierspecies beschränken, bei denen solche Zuchten verfügbar sind, d. h. also im wesentlichen auf Maus, Ratte und Hamster. Jedoch selbst innerhalb genetisch reiner Zuchten kommt es spontan zu gelegentlichen immunogenetischen Abirrungen (*240, 241*), so daß der Ausgang solcher Malignitäts-Experimente stets mit Unsicherheit verknüpft ist. Andere experimentelle Faktoren wurden als äußerst kritisch in Untersuchungen dieser Art erkannt, z. B. die Zellzahl des Inoculums (*251*) und die Kulturbedingungen der Zellkultur vor Injektion in die Versuchstiere (*239*). Die immunogenetische Barriere als das Haupthindernis für derartige Untersuchungen läßt sich zwar erfolgreich durchbrechen, indem durch Behandlung der Versuchstiere mit Röntgenbestrahlung und/oder Cortison die immunologischen Abwehrmechanismen gelähmt werden (*49, 50, 192, 194, 269, 270*). Aber selbst dann kann die Interpretation der Resultate noch beträchtliche Schwierigkeiten bereiten (*194, 271, 281*). Verschiedene Autoren suchten deshalb nach Methoden, die nicht durch immunogenetische Faktoren kompliziert sind. HANDLER und FOLEY (*84, 108*) empfahlen, das zu prüfende Zellmaterial in die immunogenetisch indifferente Backentasche des Hamsters zu implantieren. Andere Autoren benutzten den Dottersack (*1*) oder, auf einer alten Arbeit von MURPHY (*197*) fußend, die Chorio-Allantois-Membran (*4, 162*) des bebrüteten Hühnereies zur Implantation von Geweben und Zellkulturen. Diese Technik soll Rückschlüsse auf die invasive Kraft der Implantate zulassen. WOLFF und HAFFEN (*282*) beschrieben eine ähnliche Technik, bei der das Zellmaterial auf Explantate von Hühnerembryonieren gebracht wird, die ihrerseits auf einem Agarnährboden gehalten werden. Zellen mit Invasionsvermögen wachsen in das Nierengewebe ein, andernfalls degenerieren sie an der Oberfläche des Explantats. LEIGHTON (*159, 162*) entwickelte sogar ein komplettes in vitro-System für Malignitätsuntersuchungen. Er läßt das zu prüfende Gewebe oder Zellmaterial auf Cellulose-Schaumstoff auswachsen und verwertet den Grad der Zellausbreitung in die freien Räume des Schaumstoffs als Kriterium der invasiven Kraft.

2. Ergebnisse. Der Prozeß der Etablierung kontinuierlicher Zellstämme, ausgehend von Gewebsexplantaten oder primären Zellkulturen, hat offensichtlich vieles gemein mit den Vorgängen in Zellen oder Zellpopulationen bei der Entwicklung maligner Tumoren (*46, 193, 271, 272*), insbesondere hinsichtlich der rapiden, unbegrenzten, unkontrollierten Vermehrungsweise, der Ausschaltung von Zellkontakteinflüssen, der Variabilität in Zellgröße und Zellform, des Vorkommens polynucleärer Zellen, multipolarer Mitosen und Verschiebungen des Chromosomenstatus usw. Es ist deshalb durchaus verständlich, wenn gefordert wurde, etablierte kontinuierlich fortzüchtbare Zellen grundsätzlich als Zellen mit malignem Potential aufzufassen (*46, 271*), zumindest so lange als das Gegenteil nicht klar bewiesen werden kann (*270*). Jedoch welche der bei der Etablierung erworbenen Zelleigenschaften wirklich krebsspezifische Bedeutung haben, ist zur Zeit noch undefinierbar (*152, 262*). Auf Grund von Malignitäts-Untersuchungen in empfänglichen Versuchstieren und anderen geeigneten Versuchsanordnungen muß sogar angenommen werden, daß die maligne Umwandlung ein seltenes Ereignis darstellt (*261*). FOLEY u. Mitarb. (*86*) untersuchten 63 bekannte, wohlcharakterisierte Zellstämme auf Tumorbildung nach Implantation in die Backentasche des Hamsters. Die Autoren stellten fest, daß Implantation von 10^4 oder weniger Zellen von Kulturen maligner oder embryonaler Herkunft regelmäßig maligne Tumoren entstehen ließ. Dies war nicht oder nur in verschwindenden Ausnahmen der Fall bei Zellstämmen, die von normalen Geweben oder benignen Tumoren ausgegangen waren und somit offenbar keine malignen Eigenschaften erworben hatten. Tatsächlich bleiben gesicherte Beobachtungen maligner Entartung in vitro von Zellkulturen nichtmaligner Abkunft im wesentlichen beschränkt auf die Berichte von EARLE (*69, 70, 72*), GEY (*91, 94*), GOLDBLATT und CAMERON (*98*) sowie LEIGHTON (*160*). EARLE (*69, 70, 72*) behandelte Zweiglinien seiner L-Zellen, die er ursprünglich von subcutanem Gewebe einer normalen C_3H-Maus kultiviert hatte, mit carcinogenen Substanzen. Die so behandelten Zellen erwiesen sich als maligne, wenn sie in C_3H-Mäuse injiziert wurden, ebenso allerdings überraschenderweise auch die unbehandelte L-Zell-Stammlinie, womit die kausale Bedeutung der carcinogenen Behandlung in Frage gestellt war. Auf den Warburgschen Arbeiten und Hypothesen fußend, induzierten GOLDBLATT und CAMERON (*98*) Malignität in einem Rattenzellstamm durch intermittierende Anaerobiose, ein Ergebnis, welches in der Literatur bisher keine Bestätigung fand. Es hat somit durchaus den Anschein, daß Malignitätsentwicklung in Zellkulturen normaler Abkunft ein relativ seltenes, offenbar spontanes und wenig kontrollierbares Ereignis ist. Dennoch fehlt es nicht an ausführlichsten Diskussionen (*71, 90, 98, 133, 167, 171, 233, 238, 281*) über die möglichen Mechanismen der „Carcinogenese" in Zellkulturen als eines einfachen experimentellen Modells für Krebsstudien. Allem Anschein nach besteht zwischen der in vitro-Etablierung von Zellkulturen und den Begriffen Malignität oder Benignität keinerlei direkte Beziehung. Im Zuge der in vitro-Etablierung haben Zellen Adaptationsbarrieren zu passieren, die auf nichts anderes Bezug zu haben scheinen als auf die angebotenen in vitro-Bedingungen, wobei es offenbar gleichgültig bleibt, ob die Zellen von normalen oder Krebsgeweben abstammen.

Umfangreiche Untersuchungen liegen vor über Klon-Variationen in malignen Zellstämmen im Hinblick auf den Grad ihrer Malignität (*4, 5, 72, 94, 199, 239, 243*). SANFORD u. Mitarb. (*239, 242*) analysierten L-Zellklone, die ursprünglich alle von ein und derselben Einzelzelle abgeleitet worden waren. Die auf Tumorproduktion in C_3H-Mäusen untersuchten Klone zeigten alle Übergänge vom stärksten bis zum schwächsten Malignitätsgrad. Dabei ergab sich im Einklang mit den Untersuchungen anderer Autoren, daß der Malignitätsgrad kein fixiertes, sondern ein sehr variables Merkmal der betreffenden Zellklone darstellt, und daß es schwierig und unsicher ist, diese Eigenschaft in vitro konstant zu halten (*52, 72, 76, 244, 241*). Hochgradige Malignität bei L-Zellklonen ist den Arbeiten von SANFORD u. Mitarb. zufolge gewöhnlich vergesellschaftet mit erhöhter anaerober Glykolyse (*285*), stärkerer Aktivität von Hexokinase und Dehydrogenasen (*246*), leichterer Züchtbarkeit von Einzelzell-Tochterkulturen (*239*) und abweichender Chromosomenzahl (*35*); letzterer Befund konnte von BARSKI u. Mitarb. (*4*) an deren L-Klonen jedoch nicht bestätigt werden.

Die Problematik, die den Methoden zur Malignitätsprüfung von Zellstämmen bisher noch anhaftet, sowie die Unsicherheit bei der Deutung der Ergebnisse, nicht zuletzt auch die Inkonsistenz des Malignitätsgrades in Klon-Varianten, machen dieses Kriterium ungeeignet für die Charakterisierung und Differenzierung von Zellstämmen. Angaben, wonach „Transformation" von Zellstämmen mit Erwerb oder Verlust maligner Eigenschaften verbunden war, lassen ohne weiteres keinerlei Schlüsse zu hinsichtlich der Frage, ob es sich bei diesen Transformationen um echte Etablierungen, Klon-Variationen oder aber Zellverunreinigungen gehandelt haben könnte. Lediglich bei der durch das Polyomavirus induzierten Malignität von Maus- oder Hamsterzellkulturen erscheint die Annahme berechtigt, daß hier tatsächlich Etablierung, Transformation (im morphologischen Sinn) und Malignitätsentwicklung vergesellschaftet sind (*60, 189, 234, 252*). Andererseits haben Feststellungen wie diese, daß Transformation und Malignitätsentwicklung selbständige, voneinander unabhängige Zellprozesse darstellen (*280*), ihren Sinn verloren, weil sich diese Feststellung auf Zellstämme bezogen hatte, die teils aus Zellverunreinigungen, teils aus echten Etablierungen hervorgegangen waren (*22*).

D. Karyologische Untersuchungen

1. Methoden. Die modernen Techniken zum Studium von Chromosomen sind mit Erfolg von zahlreichen Autoren auf Zellkulturen angewandt worden (*2, 36, 55, 128, 131, 141, 228, 229, 230, 268* u. a.). Das Prinzip der Methodik besteht in der Arretierung von Mitosen während der Metaphase mittels Colchicin, Inkubation der Zellen in hypotonischem Milieu zwecks besserer Trennung und Verteilung der Chromosomen, Fixation mit Essigsäure und endlich Zerquetschen der Zellen zwischen Objektträger und Deckglas. Hieran schließt sich die Untersuchung der ausgetriebenen und ausgebreiteten Chromosomen unter dem Phasenkontrastmikroskop an. Die Beurteilung stützt sich auf die Zahl und vor allem auf die Morphologie der Chromosomen, nämlich ihre Länge, die Lage des Zentromers, namentlich den Anteil akro- oder telozentrischer Chromosomenpaare und gegebenenfalls auf die Anwesenheit von „Marker-Chromosomen" mit besonderen morphologischen Charakteristika, z. B. lange gekräuselte Chromosomen mit zwei Konstriktionen bei Maus-L-Zellen.

2. Ergebnisse. Veränderungen der Chromosomenzahl oder -morphologie in Zellen auswachsender Explantate oder primärer Kulturen sind unter normalen Umständen kaum zu erwarten und auch nur als Ausnahmebefunde an Einzelzellen beschrieben worden (*129*). Selbst nach mehreren Subpassagen primärer Kulturen und in jungen etablierten Zellstämmen hält sich die Chromosomenzahl gewöhnlich noch im diploiden Bereich (*254, 261, 267*), was durch bestimmte Nährstoffe, z. B. fetales Kalbsserum, gefördert zu werden scheint (*217, 267*). Mit zunehmendem Alter der etablierten Zellstämme, d. h. mit zunehmender Anzahl der Passagen, verschiebt sich jedoch die Chromosomenzahl anscheinend ziemlich gesetzmäßig in den hypertriploiden bis hypotetraploiden Bereich, wobei sich die Streuung um den Durchschnittswert erheblich verbreitert (*55, 87, 133, 134, 136, 149, 167, 193, 201, 213, 261, 267*). Die Erhöhung der Chromosomenzahl scheint in Verbindung zu stehen mit einer Verkürzung der Zellgenerationszeit. In schnellwachsenden etablierten Zellkulturen konnte Diploidie niemals beobachtet werden (*260*), während etablierte Zellstämme mit erhaltener Diploidie durch eine etwa zehnmal langsamere Vermehrungsrate gegenüber hyperdiploiden Stämmen auffielen (*217, 267, 286*).

Im Gegensatz zur Chromosomenzahl erwies sich die Chromosomenmorphologie bei der Entwicklung etablierter Zellstämme wie auch in Klon-Varianten als relativ stabil. Levan (*166*) stellte fest, daß die Tendenz zur Erhaltung der spezifischen Chromosomenmorphologie unverkennbar ist. Als Beispiele für die grundsätzliche Richtigkeit dieser Feststellung lassen sich u. a. die von Levan untersuchten Maus-Zellstämme (*167*), Yerganians Zellstämme vom Chinesischen Hamster (*87*) und Changs menschliche Leber- und Conjunctivazellen (*133, 166*) ins Feld führen. Lieberman und Ove (*168*) fanden bei einem L-Zellklon, welcher Resistenz gegen das Antibioticum Puromycin entwickelt hatte, keine Chromosomen-änderungen, verglichen mit puromycinempfindlichen L-Zellen. Auch in polyoma-virusinfizierten Maus- oder Hamsterzellkulturen (*60, 189, 234, 252*) bleibt trotz morphologischer und maligner Transformation der Chromosomenstatus im wesentlichen unberührt (*89, 252*). Dennoch scheint sich im Zuge kontinuierlicher Passagen von etablierten Zellstämmen eine fortschreitende Heterogenität der Chromosomenmorphologie innerhalb der Zellpopulation herauszubilden (*34, 55, 134, 136, 138, 167*), möglicherweise gefördert durch den Prozeß der Zell-Trypsini-sierung bei jeder Passage (*167*). Daraus folgt, daß Chromosomvarianten, wenn sie mit adaptiv vorteilhafteren Zelleigenschaften gekoppelt sind (*33, 111, 283*), die Vorherrschaft innerhalb der Zellpopulation gewinnen müssen. Progressive Ände-rungen der Chromosomenmorphologie sind tatsächlich sowohl in menschlichen (*166, 283*) als auch in Maus- (*135, 137, 139, 168, 204*) und Hamster-Zellstämmen (*87, 88, 89*) registriert und in Klon-Analysen genauer studiert worden (*33, 34, 35, 135, 137, 139, 204*). Offenbar entwickeln sich die morphologischen Chromosomen-Änderungen in spontanen, kleinen (*86*), nicht vorherbestimmbaren (*87, 88, 89*) Schritten, die sich über längere Zeiträume hinstrecken, ohne daß in jedem Fall die auslösenden und die selektiven Kräfte zu definieren wären (*136*). Ebenso-wenig gelang es, geeignete Mittel zur Stabilisierung von Chromosomenzahl und -morphologie aufzufinden (*88, 89*).

Von besonderem Interesse sind in diesem Zusammenhang die Maus-L-Zellen, in denen sich mit dem Erwerb maligner Eigenschaften zellstammspezifische Marker-Chromosomen entwickelten, die in normalen Mauszellen weder in vivo noch in vitro vorzukommen pflegen. Aber auch diese L-Zell-Marker-Chromo-somen erwiesen sich keineswegs als absolut stabil, sondern unterlagen in Klon-Varianten mehr oder weniger starken Veränderungen. Es wurden sogar L-Zell-klone beschrieben, in denen völlig neue Marker-Chromosomen aufgetaucht waren (*135, 137, 139, 204*).

Trotz aller Variabilität der Chromosomenmorphologie ist diese dennoch zu-mindest als relativ stabil zu bezeichnen, insofern als selbst geringfügige Ver-schiebungen stets schrittweise und mit langen Zwischenintervallen vor sich gehen. Wenn in einem Zellstamm nun plötzliche und drastische Verschiebungen der Chromosomenmorphologie in Erscheinung treten, muß dies den Verdacht er-wecken, daß es sich hier nicht um ein evolutionäres Geschehen handelt, sondern möglicherweise um die Folgen einer Zellverunreinigung (*87, 132, 135, 166, 230*). Tatsächlich haben analytische Chromosomenstudien an Zellkulturen zuerst auf diese Gefahr aufmerksam gemacht. Erwähnt wurde bereits die Arbeit Levans (*166*) an Zweiglinien des menschlichen H.Emb.Rh.-1-Stammes (*270*), von denen eine aus Rattenzellen bestand, welche im Laufe mehrerer Passagen die ursprüng-

lichen Zellen überwuchert und verdrängt hatten. Mit Hilfe von Chromosomen-
untersuchungen wurden ferner entdeckt oder bestätigt zahlreiche Zellverunreinigungen zwischen menschlichen Zellkulturen und solchen von Hamster (87),
Maus (32, 36, 55, 87, 135, 156), Kaninchen (36, 280, 281) sowie zwischen verschiedenen weiteren Species (36). Die Hauptunterscheidungsmerkmale sind in
der Tat speciesspezifisch und basieren durchweg auf der Anzahl akro- oder
telozentrischer Chromosomen in den betreffenden Idiogrammen (55, 141). Beim
Menschen (55) und Kaninchen (36, 55) beträgt diese Zahl etwa acht bis zehn, bei
der Maus 40 (55, 268), bei der Ratte 20 (55, 183, 203, 266) usw. Mit Vorhandensein
spezifischer Marker-Chromosomen erhöht sich die Beweiskraft natürlich ungemein.
So war es möglich, Maus-L-Zellen als Verunreiniger von Maus-Zellstämmen zu
erkennen (230), d h. also eine Verunreinigung zwischen Zellstämmen gleicher
Species. Dennoch ist nicht zu erwarten, daß analytische Chromosomenstudien
in jedem Fall von Zellverunreinigung zu zweifelsfreien diagnostischen Ergebnissen
führen, nämlich dann nicht, wenn die Chromosomenmorphologie der betreffenden
Zellen allzu geringfügige Unterscheidungscharakteristika darbietet, die eine Abgrenzung von natürlichen Variationsvorgängen nicht erlauben (55).

E. Immunologische Untersuchungen

1. Methoden. Unter den bekannten zahlreichen serologischen Methoden ist
kaum eine zu nennen, die nicht zu immunologischen Untersuchungen an Zellkulturen herangezogen worden wäre. Direkte Agglutination von Kulturzellen
mit Hilfe von Antizell-Seren wurde von Morgan Mountain (196) versucht.
Die technischen Probleme dieser Reaktion, nämlich die starke Neigung der Zellen
zur Spontanklumpung verbunden mit einer nur sehr schwachen spezifischen
Agglutinabilität, wurden durch Kite u. Mitarb. (150) gelöst, die versenhaltige
Verdünnungsflüssigkeit verwendeten. Die Nützlichkeit sowohl von Komplement-
bindungs- als auch Präcipitationsreaktionen (190) wird durch die Tatsache eingeschränkt, daß die antigene Komposition von Geweben und Zellen eine extrem
komplexe ist. Kreuzreaktionen, selbst über Speciesgrenzen hinweg, verwischen
das Bild und machen es äußerst schwierig, wenn nicht unmöglich, positive Resultate spezifisch zu analysieren, da weder die reagierenden Antigen- noch Anti-
körperfraktionen befriedigend definiert werden können. Kreuzreaktionen werden
nicht nur durch gewisse zelleigene Antigenkomponenten verursacht (102, 104,
222), sondern auch durch nichtcelluläre antigene Substanzen, wie z. B. Bestandteile oder Degradationsprodukte des Nährmediums, insbesondere aber durch
pleuropneumonieähnliche Organismen (PPLO) (47), die als häufige parasitäre
Verunreiniger von Zellkulturen beschrieben wurden (47, 225). Diese verschieden-
artigen Quellen unspezifischer Reaktionen konnten in dem von Brand und
Syverton (15, 16) empfohlenen Hämagglutinationstest ausgeschaltet werden.
Bei dieser Methode werden die zu untersuchenden Kulturzellen zur Immunisierung von geeigneten Laboratoriumstieren, also zur Herstellung von Antizell-
Seren, verwendet, nicht jedoch als Indicator-Testantigen. Hierfür werden vielmehr Erythrocyten benutzt, die durch Antizell-Seren agglutiniert werden (15, 16,
103, 172). Brand und Syverton gingen von dem Gedanken aus, daß die Erythro-
cytenmembran eine einfachere antigene Konstitution besitzen dürfte als die
komplexe Struktur von Kulturzellen, und daß infolgedessen die Reaktion

zwischen Antizell-Seren und Erythrocyten einer Definition besser zugänglich sein würde als Reaktionen zwischen Antizell-Seren und Kulturzell-Antigenen. Tatsächlich gelang es, die Species-Spezifität dieses Hämagglutinationstests zu sichern, indem Blutgruppen-Agglutinine ausgeschlossen (*15, 16, 17, 19, 55, 103*) sowie heterophile und heterogenetisch induzierte Agglutinine durch Absorptionstechniken abgetrennt werden konnten (*15, 16, 17, 19*). Während BRAND und SYVERTON gewaschene, ultraschallbehandelte Kulturzellen direkt ohne weitere Fraktionierung zur Herstellung von Antizell-Seren benutzten, verwendeten DEFENDI u. Mitarb. (*55*) mit gleich gutem Erfolg Antiseren gegen die Nucleoproteinfraktion von Kulturzellen (*38, 40, 54, 82, 127, 202*). Dieser Befund steht im Einklang mit der Angabe von BRAND (*24*), wonach das speciesspezifische Hämagglutinogen, bei dem es sich im Gegensatz zu anderen Hämagglutinogenen anscheinend um ein Protein handelt (*20, 24, 44, 226*), in allen Zellfraktionen einschließlich der nuclearen nachweisbar ist. Einen technischen Fortschritt, insbesondere für Routinezwecke, dürfte die zur Zeit noch im Stand der Erprobung befindliche Methode von STULBERG u. Mitarb. (*255*) darstellen, die auf den Arbeiten von BRAND und SYVERTON aufbaut und deren Prinzip darin besteht, daß speciesspezifische Antikörper mit Fluorescein-Isothionat markiert werden und so zur direkten speciesspezifischen Anfärbung von Kulturzellen geeignet sind. Auch der Mischzell-Agglutinationstest, den COOMBS ursprünglich für immunologische Untersuchungen an Blutplättchen und Leukocyten anwandte (*41, 42*), hat sich in jüngster Zeit als äußerst brauchbar für Untersuchungen an Kulturzellen erwiesen. Bei dieser Technik werden Anti-Erythrocyten-Seren zur Reaktion gebracht mit den korrespondierenden Erythrocyten und zugleich mit den zu untersuchenden Zellen. Im positiven Fall klumpen Zellen und Erythrocyten zusammen, was durch die Bezeichnung „Mischzell-Agglutination" ausgedrückt werden soll. Durch geeignete Auswahl der Erythrocyten und gezielte Absorption der Testseren mit Erythrocyten oder auch Kulturzellen läßt sich der Test auf verschiedene Spezifitäten einstellen, so daß sich gleichwohl speciesspezifische (*43, 45*), heterophile (*44, 45*) oder Blutgruppen-Antigene (*45, 121, 122, 123, 146, 148*) an Zellen bestimmen lassen. Die Problematik dieser Methode liegt vor allem in der Präparation spezifischer Testseren (*44*), während die Durchführung des Tests selbst technisch einfach ist.

Eine häufig angewendete Methode ist der Cytotoxicitäts- oder Zellstoffwechselhemmungstest (*40, 53, 54, 55, 82, 102, 103, 177, 191, 196, 237*). Antizell-Seren werden mit der Zellsuspension gemischt oder direkt dem Nährmedium wachsender Zellkulturen beigegeben. Im positiven Fall, d. h. wenn Antikörper und Zellantigene miteinander korrespondieren, erleiden die Zellen sichtbaren Schaden. Die Reaktion läuft dabei, solange die Zellen leben, an der Zelloberfläche ab (*120*). Irreversibler Zelltod erfolgt, wenn gleichzeitig mit den Antikörpern auch aktives Komplement auf die Zellen einwirkt (*6, 97, 99, 196, 227*), während bei Abwesenheit von Komplement reversible morphologische Veränderungen beobachtet werden (*38, 39, 40, 99*). Als Indikator des Zelltodes werden gewöhnlich spezielle Vitalfärbungen, wie Eosin (*40, 54*) oder Trypanblau (*103*), herangezogen. Eine empfindlichere Bestimmung des Zellschadens erlaubt der Zellstoffwechselhemmungstest, der darauf beruht, daß die Entwicklung von sauren Stoffwechselprodukten im Nährmedium mit Hilfe von p_H-Indicatoren verfolgt wird (*155,*

237). Im positiven Fall verharrt die Reaktion des Nährmediums im alkalischen Bereich. Die Spezifität dieser Methode war für lange Zeit Gegenstand von Diskussionen. Die Arbeitsgruppe um COLTER und DEFENDI (*40, 53, 54, 55*) vermutete zeitweilig, daß der Zelltoxicitäts-Test in Korrelation zur Zellmorphologie stünde, wenn er mit Antiseren gegen celluläre Nucleoproteinfraktionen durchgeführt wurde. Zu dieser Schlußfolgerung mußten die Autoren gelangen, da sie unwissentlich mit „transformierten" Zellstämmen gearbeitet hatten, die durch Verunreinigung mit Zellen anderer Species entstanden waren. Auf Grund empirischer Erfahrungen, jedoch weniger auf experimentellen Analysen fußend (*55*), wird jetzt allgemein festgestellt, daß der Cytotoxicitäts-Test vorwiegend, wenn auch nicht ausnahmslos (*191, 196*), speciesspezifisch anzeigt (*6, 99, 119, 158, 170, 196*), gleichgültig, ob die Antizell-Seren durch Immunisierung mit Zellfraktionen oder mit unfraktionierten Zellen und Geweben gewonnen wurden (*6, 38, 53, 54, 55, 82, 99, 103, 115, 126, 127, 158, 170, 175, 191, 196, 202, 221*). Cytotoxische Seren können jedoch nicht durch Immunisierung mit Serum (*103*), Fibrinogen oder γ-Globulin (*120*) hergestellt werden, obwohl speciesspezifische Antigene natürlich auch in diesem Material vorhanden sind. Andererseits enthalten viele Seren primär oder unter bestimmten Bedingungen sog. Cytotoxine (*17, 79, 173, 174, 227*), die nicht als Antikörper spezifischer Art anzusprechen sind (*17, 227*), jedoch mit spezifischen Zell-Antikörpern interferieren. Die analytische Auswertung von Zelltoxicitäts-Untersuchungen kann deshalb nicht selten erhebliche Schwierigkeiten bereiten, und dies umsomehr, da sowohl das Antizell-Serum selbst, aber auch der Serum-Komplementzusatz oder die Serumkomponente des Nährmediums als Quelle für unspezifische Cytotoxine in Betracht gezogen werden müssen (*17*).

Schließlich sind auch Transplantationsmethoden zu immunologischen Untersuchungen an Zellkulturen herangezogen worden (*55, 230*) mit dem Ziel, die immunogenetische Identität fraglicher Zellkulturen mit gewissen genetisch reinen Tierzuchten zu prüfen. Damit versteht es sich von selbst, daß Methoden wie diese nicht auf breiter Basis anwendbar sind, obwohl sie in geeigneten Fällen mit großer Zuverlässigkeit und Unzweideutigkeit arbeiten (*55*).

Die Vielzahl der genannten immunologischen Methoden mag den Eindruck erwecken, als ob keine von ihnen den Ansprüchen voll genügt. Dieser Eindruck ist jedoch nur halbwegs richtig. Die Vielzahl der vorgeschlagenen Methoden ergibt sich einmal aus der allgemein verbreiteten Ansicht, daß serologische und immunologische Methoden mit die erfolgversprechendsten sein dürften (*55*) bei der Differenzierung und Klassifizierung von Zellstämmen. Zum anderen hat sich herausgestellt, daß die erwähnten Methoden durchaus nicht die gleichen Antigen-Antikörper-Systeme messen. Der Akzent liegt demzufolge nicht so sehr auf der Vielzahl der Methoden, sondern vielmehr auf der Vielzahl der Antigen-Antikörper-Systeme, denen wir hier gegenüberstehen. So lassen sich beispielsweise die gegen speciesspezifische Proteine (*20, 24*) gerichteten hämagglutinierenden Zell-Antikörper von zelltoxischen Antikörpern unterscheiden (*19, 23, 55, 100, 103*). Absorption von Antizell-Seren mit Erythrocyten beeinflußt den Hämagglutinationstiter (*55*) in wesentlich stärkerem Maße als den Cytotoxicitätstiter (*55*). Andererseits verschwinden bei der Absorption von Antizell-Seren mit Kulturzellen die cytotoxischen Antikörper bereits mit dem ersten Absorptionsgang, während die Eliminierung der Hämagglutinine wiederholte Absorptionen oder größere Zellmengen erfordert (*19, 23, 100, 103*). Ähnliches trifft zu für die zellagglutinierenden Antikörper. Diese reagieren mit Zellreceptoren, welche durch Behandlung mit Perjodat, jedoch nicht mit Trypsin zerstört werden (*151*). Genau das Entgegengesetzte wurde beobachtet an den Erythrocytenreceptoren, die mit hämagglutinierenden Zell-Antikörpern reagieren (*20, 24*). Offenbar bestehen Unterschiede sogar zwischen hämagglutinierenden Zell-Antikörpern einerseits und speciesspezifischen Mischzell-Agglutininen (*21*) sowie fluorescierenden Zell-Antikörpern (*256*) andererseits.

2. **Ergebnisse.** Primäre Zellkulturen sowie Zellen, die von Gewebsexplantaten auswachsen, haben in der Regel, wie bereits besprochen, die organspezifische Zellmorphologie des Ausgangsgewebes eingebüßt. Erstaunlicherweise ist damit nach den Untersuchungen von WEILER (*277*) auch der Verlust der organspezifischen Antigenität verbunden. Dieser Befund weist zugleich auf eine interessante Beziehung zwischen Zellkultivierung und Carcinogenese hin, denn die Zellen gewisser induzierter Carcinome haben gleichfalls ihre organspezifische Antigenität, gemessen mit Hilfe der Komplementbindungs-Reaktion (*275, 276*) oder unter Anwendung fluorescierender Antikörper (*200*), verloren.

Einige weitere antigene Veränderungen treten mit der Etablierung von Zellstämmen in Erscheinung. Bereits in den Arbeiten von BRAND und SYVERTON über die Spezifizierung ihrer Hämagglutinationsmethode kam zum Ausdruck, daß etablierte Zellstämme frei von Blutgruppenantigenen sind, denn in keinem der untersuchten zahlreichen Antizell-Seren konnten Blutgruppen-Antikörper nachgewiesen werden (*16*). Diese Frage wurde mit Hilfe des Mischzell-Agglutinationstests durch HÖGMAN (*121, 122, 123*) sowie KELUS u. Mitarb. (*148*) eingehender untersucht. Danach sind Blutgruppenantigene zwar noch in primären Zellkulturen (*121, 122*), jedoch nicht mehr nach drei bis fünf Passagen nachweisbar (*123*). Unentschieden bleibt, ob die Zellen ihrer Blutgruppenantigene tatsächlich verlustig gehen, oder aber ob Zellen, die primär frei von Blutgruppenantigenen sind, selektive Vorteile bei der Etablierung des Zellstamms besitzen. Ähnlich wie bei organspezifischen Zell-Antigenen scheinen auch bei Blutgruppenantigenen gewisse Parallelen zwischen Zellkultur und Krebs, wenngleich weniger stark ausgeprägt, zu bestehen (*146, 147*).

Interessant, aber noch keineswegs erschöpfend bearbeitet, sind ferner die Beobachtungen von HAUSCHKA (*112, 113*), CORIELL (*46*), EVANS (*75*) sowie SANFORD (*239, 241, 242*) und ihren Mitarbeitern, wonach in etablierten Zellstämmen und insbesondere in Klon-Varianten Verschiebungen der Histokompatibilitäts-Barrieren bei Transplantations-Experimenten deutlich werden. HAUSCHKA korreliert Zunahme von Histokompatibilität mit Verschiebung der Chromosomenzahl in den hypotetraploiden Bereich (*112, 113*). Dennoch treten antigene Änderungen dieser Art offenbar nicht mit jener Totalität und Gesetzmäßigkeit in Erscheinung, wie sie bei organspezifischen und Blutgruppenantigenen beobachtet wurden. ROTHFELS u. Mitarb. (*230*) sowie DEFENDI u. Mitarb. (*55*) betonen jedenfalls, daß in ihren Transplantations-Experimenten die Tierstamm-Spezifität durchaus gewahrt blieb.

Unsere Kenntnisse über die komplexe antigene Struktur der Zelle sind leider noch zu gering, und nur wenige Zellantigene konnten bisher ausreichend definiert werden, so daß sicher nur ein Bruchteil dessen bekannt ist, was sich antigenetisch im Verlauf der Kultivierung, Etablierung oder Evolution von Zellstämmen abspielt. Eine gewisse Bedeutung kommt in diesem Zusammenhang dem Hinweis von Brand und Syverton (*21, 24*) zu, daß speciesspezifische Hämagglutinogene fest in den Zellen verankert zu sein scheinen. Die Autoren gelangten zu dieser Feststellung, nachdem sie nicht nur zahlreiche etablierte Zellstämme und Klon-Varianten der verschiedensten Species bearbeitet, sondern darüber hinaus ohne jeden Erfolg versucht hatten, die speciesspezifische Antigenität von Zellstämmen experimentell zu beeinflussen. Auf Grund dieser Tatsache muß den Untersuchungsergebnissen von Brand und Syverton an einer großen Reihe „transformierter" Zellstämme (*15, 16, 18, 21, 22, 23*) beträchtliche Beweiskraft eingeräumt werden. Die Autoren fanden 17 Stämme, die nicht der Species des angeblichen Ursprungsgewebes zugehörten. Da allein schon der Verlust von speciesspezifischem Antigen — wenn überhaupt möglich — ein extrem seltenes Ereignis zu sein scheint, muß ein kompletter Species-Wechsel noch unwahrscheinlicher anmuten. Die Folgerungen, die Brand und Syverton deshalb aus ihren Ergebnissen ziehen mußten, gehen im Einklang mit immunologischen Resultaten anderer Autoren (*43, 54, 55, 156, 190*) dahin, daß es sich hier nur um größtenteils laboratoriumsbedingte Zellverunreinigungen handeln kann. Ein weiterer direkter Beweis für die Richtigkeit dieser Annahme ist darin zu erblicken, daß es mit Hilfe immunologischer Methoden gelang, Mischungen von Zellstämmen unterschiedlicher Species, sozusagen „transformierende" Zellstämme in statu nascendi, zu analysieren (*21, 23*) und unter Anwendung von cytotoxischen Techniken zu trennen (*53, 156*).

F. Virologische Untersuchungen

1. Methoden. Bei den in diesem Zusammenhang angewendeten virologischen Methoden (*51, 56, 118, 140, 208*) dreht es sich grundsätzlich um die Frage, ob Zellen empfänglich sind für bestimmte Viren oder nicht. Die Empfänglichkeit wird am sinnfälligsten demonstriert durch makroskopisch sichtbaren Effekt im Gefolge der Virusinfektion. Die Resultate lassen sich differenzieren durch mancherlei Verfeinerungen der Technik, z. B. morphologische Beurteilung der Cytopathogenität (*62, 63*), vergleichende Durchführung des Tests unter aeroben und anaeroben Bedingungen (*96*) usw. Bei Anwendung der Agar-Überschichtungstechnik zwecks Lokalisierung isolierter Virusinfektionsherde lassen sich gewisse Rückschlüsse auch aus der Größe und Form der entstehenden Plaques ziehen (*198*). Bei bestimmten Virus-Zellsystemen können sichtbare cytopathogene Effekte jedoch ausbleiben, obwohl die Viren in den Zellen der betreffenden Kultur definitiv vermehrt werden. Dies läßt sich durch Infektionstitrierungen in geeigneten Indicatorsystemen demonstrieren und quantitativ bestimmen (*198*). Ein umfangreiches diagnostisches System zur Charakterisierung von Zellstämmen, basierend auf Virus-Empfänglichkeitsspektren, haben neuerdings Hull und Tritch (*140*) zur Diskussion gestellt. Diese Autoren unterscheiden zunächst polioempfängliche und polioresistente Zellstämme. Die erste Gruppe läßt sich weiter differenzieren mit Hilfe von Adenovirus 2, Echo-Virus 9 sowie einer Reihe von Affen-Viren, die letztere Gruppe mit Hilfe der Viren Coxsackie B_5, Herpes simplex, B, Vaccinia, Schweine-Influenza und Polyoma.

2. Ergebnisse. Viele experimentelle Befunde aus allen Phasen von Zellkulturen machen es deutlich, daß Virusempfänglichkeit und Virusresistenz keineswegs als sehr stabile Zelleigenschaften bezeichnet werden können. Schon beim Vergleich von in vivo-Zellen mit den entsprechenden Zellen in primärer Kultur sind Änderungen des Virus-Empfänglichkeitsspektrums vielfach beobachtet worden (*50, 74, 145, 188, 261*). Die Nierenzellen des lebenden Affen lassen sich beispielsweise nicht mit Polio-Viren infizieren (*145*), selbst nicht bei intrarenaler Injektion, während sie in primärer Kultur bekanntlich eines der Standardzellsysteme für die Poliovirus-Produktion darstellen. Das gleiche gilt für die Testikelzellen des Affen (*74*). Es fragt sich allerdings, ob diesem Phänomen intracelluläre Mechanismen zugrunde liegen, oder ob es sich lediglich um einen Zelloberflächen-Effekt handelt.

Auch der Übergang von der primären zur etablierten Zell-Kultur kann offenbar mit Änderungen der Virusempfänglichkeit verbunden sein (*188*), namentlich im Hinblick auf die Coxsackie-Virusgruppe (*261*). Während primäre Kulturen von menschlichen und Affenzellen empfänglich für das Coxsackie-Virus A_9 sind (*50, 164, 219, 264, 278*), erwiesen sich HeLa-Zellen (*50, 250*) und andere etablierte Zellstämme (*66, 73, 187, 219*) als resistent diesem Virus gegenüber. Als Grund hierfür wird der Verlust einer für das Coxsackie-Virus A_9 „spezifischen“ Zell-Receptorsubstanz angenommen (*124, 125, 179, 180*).

Schließlich werden auch manche Klon-Variationen im Zuge der Evolution etablierter Zellstämme durch das Virus-Empfänglichkeitsspektrum der Zellen reflektiert. Zahlreiche Berichte weisen auf HeLa-Varianten mit erhöhter Resistenz gegenüber dem Poliovirus hin (*51, 198, 199, 224, 245, 273*), teils ausgedrückt durch die Intensität des cytopathogenen Effekts (*51, 198, 224, 273*), teils gemessen an der Virusmenge, die durchschnittlich pro Zelle produziert wird (*224*). Bereits erwähnt wurde Pucks (*218*) HeLa-Klon, der, nachdem er Röntgenbestrahlung überlebt hatte, sich als resistent gegenüber der cytopathogenen Wirkung des Newcastle-Disease-Virus auswies. Ähnliche Beobachtungen machte, wie ebenfalls bereits erwähnt, Wong (*283*) an einem Zellklon, der von einem Chang-Conjunctiva-„Praeklon“ in verändertem Nährmedium abgezweigt worden war und der neben deutlich abweichender Zellmorphologie und Nährstoffverwertung (*284*) sein Virus-Empfänglichkeitsspektrum auf Influenzaviren, namentlich den N-WS- und Schweine-Influenzastamm, ausgedehnt hatte. Andererseits sind Beispiele in der Literatur bekannt geworden, wonach Zellstämme und Klone die Morphologie entscheidend ändern können und dennoch ihr Virus-Empfänglichkeitsspektrum strikt beibehalten (*263, 287*).

Angesichts von Zellstämmen, die ihre Entstehung Zellverunreinigungen verdanken, trägt die Bestimmung des Virus-Empfänglichkeitsspektrums nur bedingt zur Klärung bei (*55*), da die Unterscheidung gegenüber einer echten Klon-Variation nicht immer frei von Unsicherheit ist. Immerhin waren es die erstaunlichen Änderungen im Virus-Empfänglichkeitsspektrum „transformierter“ Zellstämme (*32, 53, 55, 56, 59, 61, 117, 154, 156, 176, 186, 207, 208, 214, 248, 280, 281* u. a.), welche die Forderung nach unzweideutigen, insbesondere serologischen und karyologischen Methoden zur diagnostischen Spezifizierung von Zellstämmen laut werden ließen.

Unbekannte Gemische von Zellstämmen verschiedener Herkunft und mit abweichenden Virus-Empfänglichkeitsspektren werden sich ebenfalls nicht ohne weiteres in Virus-Infektionstesten bemerkbar machen und von echten Klon-Variationen unterscheiden lassen. Jedoch ist es möglich, derartige Mischkulturen, namentlich wenn sie gegebenenfalls mit Hilfe anderer Methoden als solche erkannt werden konnten, durch differenzierende Virusaktion zu trennen. So gelang es Kunin u. Mitarb. (156), eine Mischkultur von menschlichen und Mauszellen durch Infektion mit Polio- oder COE-Virus zu reinigen.

IV. Zusammenfassende Diskussion über Zelltransformation

Der Ausdruck „Transformation" im Zusammenhang mit der Etablierung oder Evolution von Zellstämmen ist in der Literatur willkürlich und ohne präzise Definition gebraucht worden (178, 207, 208, 230, 287 u. a.). Man kann immerhin soviel sagen, daß zu dem genetischen Begriff der Transformation keinerlei Beziehung besteht. Eben aus diesem Grund ersetzten einige Autoren (207, 208) das Wort Zell-Transformation durch „Alteration", ohne jedoch damit die Begriffs-verwirrung zu beheben. Das Phänomen selbst erscheint in der Literatur als durch ein oder mehrere der folgenden Kriterien charakterisiert: 1. Änderung der Zell-Morphologie verbunden mit wesentlich beschleunigter Zell-Vermehrung, namentlich die Beobachtung, daß ein neuer vorher in der Kultur nicht festgestellter Zelltyp den bis dahin vorhandenen überwuchert und verdrängt; 2. Änderung des Virus-Empfänglichkeitsspektrums, insbesondere im Hinblick auf das Poliovirus; 3. Änderung der Antigenität, wobei man sich, wenn dieser Punkt überhaupt geprüft wurde, zumeist auf die Beantwortung der Frage beschränkte, ob der transformierte Zellstamm „gemeinsame" Antigenität mit polioempfänglichen Zellstämmen besitzt oder nicht.

Veränderungen dieser Art kamen durchweg während des Etablierungs-prozesses oder in evolutionären Übergangsphasen zur Beobachtung. Während einige Autoren versuchten, eine theoretische Basis für dieses Phänomen zu konstruieren (32, 47, 58, 175, 248, 281), wurde von anderer Seite zu bedenken gegeben (47, 87, 135, 190, 230), daß die beobachteten Zellveränderungen sehr einfach durch unbemerkte Zellverunreinigungen, wenn nicht gar Verwechslungen, erklärt werden könnten. Das Augenmerk war dabei vor allem auf diejenigen transformierten Zellstämme gerichtet, bei welchen die genannten Veränderungen geradezu explosiv (59, 117, 176, 206, 207, 230, 280) aufgetreten waren, und dies in einem Stadium, in dem die primären Zellpopulationen häufig als nahezu oder tatsächlich abgestorben betrachtet werden mußten (59, 117, 176, 280, 281). Freilich konnte die Plötzlichkeit der Veränderungen nicht als alleiniges Beweis-mittel für Zellverunreinigungen akzeptiert werden, zumal nicht alle der als trans-formiert bezeichneten Zellstämme dieses Merkmal erkennen ließen (11, 12). Andererseits müssen manche Zelltransformationen, auch wenn sie mit rapiden und tiefgreifenden Veränderungen einhergegangen waren, doch als echte Etablierungen aufgefaßt werden (115). Es ist deshalb nicht überraschend, daß bei einem Ver-such, Zellstämme entsprechend der Art ihrer Etablierung zu gruppieren (260), eine Abgrenzung zwischen echten Etablierungen und erwiesenen Zellverunreini-gungen nicht deutlich wird.

Wie in den vorangegangenen Abschnitten dargelegt worden ist, haben vor allem zwei Arbeitsrichtungen hier einige Klarheit zu schaffen vermocht, nämlich karyologische und immunologische Methoden. Dagegen erwiesen sich die verschiedenen cytologischen sowie virologischen Kriterien als unter natürlichen Bedingungen nicht konstant genug (55), als daß sie die definitive Lösung dieser Fragestellung gestattet hätten. Die Beweiskraft der karyologischen und immunologischen Methoden ergibt sich aus zwei Tatsachen. Erstens konnte ihre Species-Spezifität gesichert werden. Zweitens erwiesen sich die speciesspezifischen Zellcharakteristika weitgehend als stabil. Demnach kann Zellverunreinigung als Ursache von „Zelltransformation" als wahrscheinlich gelten, sobald sich demonstrieren läßt, daß die Species des „transformierten" Zellstammes eine andere ist als diejenige des Ursprungsgewebes. Wie bereits ausgeführt, konnte dieser Beweis in einer erstaunlich großen Anzahl von Fällen geliefert werden (*15, 16, 18, 21, 22, 23, 36, 87, 135, 178, 206, 207, 208, 230*). Wenn also Zellverunreinigungen zwischen Zellkulturen verschiedener Species somit als ein keineswegs seltenes Ereignis anzusehen sind, ergibt sich zwangsläufig der Schluß, daß Zellverunreinigungen zwischen Zellkulturen gleicher Species kaum weniger häufig vorgekommen sein werden (*18, 21*). Zur Prüfung dieser Vermutung haben wir allerdings zur Zeit noch keine Beweismittel an der Hand. Lediglich bei Verunreinigungen und Überwucherung von Mauszellkulturen mit Maus-L-Zellen konnte durch karyologische Analyse eine sichere Klärung erzielt werden (*230*), da, wie bereits besprochen, die L-Zellen trotz erhaltener Maus-Spezifität gewisse „L-Zell-spezifische" Marker-Chromosomen besitzen. Ob Methoden entwickelt werden können, die ganz allgemein innerhalb von Speciesgrenzen zu differenzieren vermögen, steht noch durchaus in Frage. Interspecies-Unterscheidungsmerkmale sind offensichtlich nicht nur verhältnismäßig schwach ausgeprägt, sondern darüber hinaus im allgemeinen von beträchtlicher Labilität, wie die mannigfachen Studien an Klon-Varianten erkennen ließen. Selbst die Antigenstruktur der Zellen macht keine Ausnahme, wie die oben erwähnten Untersuchungen über organspezifische und Blutgruppen-Antigene gezeigt haben. Wie sich heterophile Zellantigene verhalten (*44, 45*), bleibt abzuwarten. Immerhin ist aber die Existenz von individuellen Transplantations-Antigenen gesichert, und die Annahme scheint berechtigt, daß sie in ihrer Spezifität relativ beständig sind (*55*). Da Transplantationsmethoden von vornherein nicht universell für alle Species anwendbar sind, gilt es, ein in vitro-System aufzufinden, in dem sich diese Antigene zur Darstellung bringen und spezifisch definieren lassen.

V. Abschließende Bemerkungen über die praktische Bedeutung der Identifizierung und Klassifizierung von etablierten Zellstämmen

Im Frühjahr 1961 fand in Detroit (USA) ein Gedenk-Symposium für J. T. Syverton über „Konservierung, Charakterisierung und Bereitstellung von Standard-Zellkulturen" statt, welches demnächst im Journal of the National Cancer Institute gedruckt vorliegen wird. Der interessierte Leser sei auf diese Publikation verwiesen. Hier sollen nur die wichtigsten praktischen Gesichtspunkte angedeutet werden, wie sie sich aus dem Vorangegangenen ergeben.

Identifizierung und Klassifizierung von etablierten Zellstämmen sowie Feststellung der jeweiligen charakteristischen Eigenschaften sind selbstredend eine entscheidende Voraussetzung für experimentelle Arbeiten, deren kritischer Faktor in eben den verwendeten Zellkulturen zu suchen ist. Jedoch auch die praktische Anwendung von Zellkulturen etwa in der Virusdiagnostik oder zur Herstellung von Virusvaccinen usw. kann nur dann zu optimalen Ergebnissen führen, wenn die Zellstämme hinsichtlich ihrer Eigenschaften und Leistungsbreite unter Kontrolle stehen. Diese Forderungen gehen offensichtlich über das hinaus, was durch einfache Bestimmung der Zellspecies mit karyologischen oder immunologischen Methoden zu erreichen ist. Sie beziehen sich vielmehr auf gerade diejenigen Faktoren, welche nach dem oben Gesagten im Verlauf der Etablierung und Evolution von Zellstämmen erheblichen und stetig progressiven Veränderungen unterliegen.

Unter diesen Umständen ist die Verfügbarkeit von Standard-Zellstämmen mit exakt definierten Eigenschaften eine dringende Notwendigkeit. Da aber auch Standard-Zellstämme ihre speziellen Eigenschaften in Routine-Passagen auf die Dauer nicht unverändert beibehalten würden, bleibt als einziger Ausweg, diese Stämme in tiefgefrorenem Zustand zu konservieren, um sie jederzeit für kritische Schlüsselexperimente verfügbar zu haben.

Wie sich auf dem erwähnten Detroiter Symposium herauskristallisierte, darf erwartet werden, daß sich die von J. T. SYVERTON mit großem persönlichen Einsatz verfochtene Idee einer „Zell-Bank" oder „Zellkultur-Sammlung" in den USA in Kürze verwirklichen lassen wird. Diese Einrichtung wird nicht nur den Zellkultur-Fachleuten und den Mikrobiologen, die routinemäßig mit Zellkulturen arbeiten, zugute kommen, sondern wird darüber hinaus auf allen biologischen Forschungsgebieten, soweit Gewebe- und Zellkulturen zur Anwendung kommen, von größtem praktischen Nutzen sein.

Literatur

1. ARMSTRONG, M. I., A. E. GRAY and A. W. HAM: Cultivation of 4-dimethylaminoazobenzene-induced rat liver tumors in yolk sacs of chick embryos. Cancer Res. 12, 698—701 (1952).
2. AXELRAD, A. A., and E. A. McCULLOCH: Obtaining suspensions of animal cells in metaphase from cultures propagated on glass. Stain Technol. 33, 67—71 (1958).
3. BARON, S., and A. S. RABSON: A culture strain (LAC) of human epithelial-like cells from an adenocarcinoma of the lung. Proc. Soc. exp. Biol. (N.Y.) 96, 515—518 (1957).
4. BARSKI, G., L. BIEDLER and F. CORNEFERT: Modifications of characteristics of an *in vitro* mouse cell line after an increase of its tumor-producing capacity. J. nat. Cancer Inst. 26, 865—889 (1961).
5. — S. SORIEUL and F. CORNEFERT: „Hybrid" type cells in combined cultures of two different mammalian cell strains. J. nat. Cancer Inst. 26, 1269—1291 (1961).
6. BASSETT, C. A. L., D. H. CAMPBELL, V. J. EVANS and W. R. EARLE: The cytotoxic activity of rabbit immune globulin prepared from tissue cultures of human skin and whole human placenta. J. Immunol. 78, 79—93 (1957).
7. BELL jr., S. D., and R. E. JOHNSON: A strain of unclassified cells isolated from lymph node of patient with „reticulo-endotheliosis". Proc. Soc. exp. Biol. (N.Y.) 92, 46—48 (1956).
8. BERGMAN, S., S. B. NILSSON and S. G. OLSSON: Two established human cell lines: cultivation and susceptibility to viruses. Acta path. microbiol. scand. 47, 387—392 (1959).

9. BERMAN, L., C. S. STULBERG and F. H. RUDDLE: Long-term tissue culture of human bone marrow. I. Report of isolation of a strain of cells resembling epithelial cells from bone marrow of a patient with carcinoma of the lung. Blood 10, 896—911 (1955).
10. — — Eight culture strains (Detroit) of human epithelial-like cells. Proc. Soc. exp. Biol. (N.Y.) 92, 730—735 (1956).
11. — — and F. H. RUDDLE: Human cell culture. Morphology of the Detroit strains. Cancer. Res. 17, 668—676 (1957).
12. — — — Criteria of malignancy: morphology of Detroit strains of human cells in tissue culture. Trans. N.Y. Acad. Sci. 19, 432—434 (1957).
13. — — The Detroit strains of human epithelial-like cells from nonleukemic peripheral blood. Blood 13, 1149—1167 (1958).
14. BILLEN, D., and G. A. DEBRUNNER: Continuously propagating cells derived from normal mouse bone marrow. J. nat. Cancer Inst. 25, 1127—1133 (1960).
15. BRAND, K. G., and J. T. SYVERTON: Hemagglutination test for species specificity of cultivated mammalian cells. (Abstract.) Proc. Amer. Ass. Cancer Res. 3, 8—9 (1959).
16. — — Immunology of cultivated mammalian cells. I. Species specificity determined by hemagglutination. J. nat. Cancer Inst. 24, 1007—1019 (1960).
17. — Immunology of cultivated mammalian cells. II. The effect of heterophil hemagglutinin content of serum for cultivation of mammalian cells. J. nat. Cancer Inst. 24, 1021—1030 (1960).
18. —, and J. T. SYVERTON: Species determination of cultivated mammalian cells. Proc. Amer. Ass. Cancer Res. 3, 97 (1960).
19. — Comparative studies of the hemagglutination test for species-determination of cultivated mammalian cells. Tissue Culture Ass. 11, 20 (1960).
20. —, and J. T. SYVERTON: Erythrocyte receptors for species-specific hemagglutinins evoked by cultivated cells. Fed. Proc. 20 (Part 1), 151 (1961).
21. — Discussion: Identification and characterization of cells by immunological analysis, Syverton Memorial Symposium, „Preservation, Characterization and Supply of Certified Cultures", Detroit, 1961, J. nat. Cancer Inst. (in press).
22. — „Transformed" or „altered" cell strains proven or suspected to stem from cell contamination. Mammalian Chromosomes Newsletter, Univ. of Texas, No 6, 1961.
23. —, and J. T. SYVERTON: Results of species-specific hemagglutination tests on „transformed", non-transformed, and primary cell cultures. J. nat. Cancer Inst. 28, 147—157 (1962).
24. — In Vorbereitung.
25. CAILLEAU, R., T. T. CROCKER and D. A. WOOD: Attempted long-term culture of human bronchial mucosa and bronchial neoplasms. J. nat. Cancer Inst. 22, 1027—1038 (1959).
26. — The establishment of a cell strain (MAC-21) from a mucoid adenocarcinoma of the human lung. Cancer Res. 20, 837—840 (1960).
27. CHANG, R. S.: Isolation of nutritional variants from conjunctival and HeLa cells. Proc. Soc. exp. Biol. (N.Y.) 96, 818—820 (1957).
28. — Indirect evidence of changes in nutrient requirements of human epithelial-like cells in continuous culture. Spec. Publ. N.Y. Acad. Sci. 5, 315—320 (1957).
29. — Differences in inositol requirements of several strains of HeLa, conjunctival and amnion cells. Proc. Soc. exp. Biol. (N.Y.) 99, 99—102 (1958).
30. — Genetic study of human cells in vitro. Carbohydrate variants from cultures of HeLa and conjunctival cells. J. exp. Med. 111, 235—254 (1960).
31. — A comparative study of the growth, nutrition, and metabolism of the primary and the transformed human cells in vitro. J. exp. Med. 113, 405—417 (1961).
32. CHESSIN, L. N., and K. HIRSCHHORN: Virus resistance and sensitivity in cultured human synovial cells as a possible genetic marker. Exp. Cell Res. 23, 138—144 (1961).
33. CHU, E. H. Y., and N. H. G. GILES: A study of primate chromosome complements. Amer. Naturalist 91, 273—282 (1957).
34. — — Comparative chromosomal studies on mammalian cells in culture. I. The HeLa strain and its mutant clonal derivatives. J. nat. Cancer. Inst. 20, 383—401 (1958.

35. Chu, E. H. Y., K. K. Sanford and W. R. Earle: Comparative chromosomal studies on mammalian cells in culture. II. Mouse sarcoma-producing cell strains and their derivatives. J. nat. Cancer Inst. 21, 729—751 (1958).
36. Clausen, J. J., and J. T. Syverton: Comparative chromosomal study of 31 cultured mammalian cell lines. J. nat. Cancer Inst. 28, 117—146 (1962).
37. Cobb, J. P., and D. G. Walker: Effect of actinomycin D on tissue cultures of normal and neoplastic cells. J. nat. Cancer Inst. 21, 263—277 (1958).
38. Colter, J. S., H. Koprowski, H. H. Bird and K. Pfeister: Immunological studies with protein fractions isolated from Ehrlich ascites carcinoma cells. Nature (Lond.) 177, 994—995 (1956).
39. — D. Kritchevsky, H. H. Bird and R. F. J. McCandless: In vitro studies with antisera against tumor cell protein fractions. Cancer Res. 17, 272—276 (1957).
40. — V. Defendi, R. E. Wallace and H. H. Bird: Immunological studies with nucleoproteins from tissue-culture cells. I. Nucleoproteins from human leukemic bone marrow (MCN) cells. J. nat. Cancer Inst. 20, 1141—1155 (1958).
41. Coombs, R. R. A., and D. Bedford: The A and B antigens on human platelets demonstrated by means of mixed erythrocyte-platelet agglutination. Vox Sang (Basel) 5, 111—115 (1955).
42. — — and L. E. Rouillard: A and B blood group antigens on human epidermal cells demonstrated by mixed agglutination. Lancet 1956 I, 461—463.
43. — M. R. Daniel, B. W. Gurner and A. Kelus: Species-characterizing antigens of „L" and „ERK" cells. Nature (Lond.) 189 (4763), 503—504 (1961).
44. — — — — Recognition of the species of origin of cells in culture by mixed agglutination. I. Use of antisera to red cells. Immunology 4, 55—66 (1961).
45. — Identification and characterization of cells by immunological analysis with special reference to mixed agglutination. Syverton Memorial Symposium „Preservation, Characterization and Supply of Certified Cultures", Detroit, 1961. J. nat. Cancer Inst. (in press).
46. Coriell, L. L., R. M. McAllister and B. W. Wagner: Criteria for determining malignancy in tissue culture cell lines in the albino rat. Spec. Publ. N.Y. Acad. Sci. 5, 341—350 (1957).
47. — M. G. Tall and H. Gaskill: Common antigens in tissue culture cell lines. Science 128, 198—199 (1958).
48. — R. M. McAllister, A. Greene, W. Flagg, M. Tall and B. Wagner: In vitro and in vivo studies on a tissue culture cell line derived from normal monkey heart. J. Immunol. 80, 142—148 (1958).
49. Cowdrey, E. V.: Cancer cells. Philadelphia: W. B. Saunders Company 1955.
50. Crowell, R. L., and J. T. Syverton: The viral range in vitro of a malignant human epithelial cell (strain HeLa, Gey). IV. The cytopathogenicity of C viruses. J. Immunol. 74, 169—177 (1955).
51. Darnell jr., J. E., and T. K. Sawyer: Variation in plaque-forming ability among parental and clonal strains of HeLa cells. Virology 8, 223—229 (1959).
52. Dawe, C. J., M. Potter and J. Leighton: Progressions of a reticulum-cell sarcoma of the mouse in vivo and in vitro. J. nat. Cancer Inst. 21, 753—781 (1958).
53. Defendi, V., A. A. Kamrin and J. S. Colter: Selection of cell lines in tissue culture by the use of cytotoxic antisera. Nature (Lond.) 182, 1246—1248 (1958).
54. —, and J. S. Colter: Immunological studies with nucleoproteins from tissue-culture cells. II. Nucleoproteins from HeLa and H. Ep.–1 cells. J. nat. Cancer Inst. 23, 411—425 (1959).
55. —, R. E. Billingham, W. K. Silvers and P. Moorhead: Immunological and karyological criteria for identification of cell lines. J. nat. Cancer Inst. 25, 359—385 (1960).
56. Deinhardt, F., and G. Henle: Studies on the viral spectra of tissue culture lines of human cells. J. Immunol. 79, 60—67 (1957).
57. Dekegel, D.: Comparative study of aerobic glycolysis by different cell strains in tissue culture. Possible relation between poliomyelitis virus susceptibility and glycolytic metabolism. Acta Virol. Suppl. „Problems of Pathogenesis and Immunology of Virus Infections" 1959.

58. DIETEL, B., and E. EDLINGER: Das Auftreten fibroblastenartiger Zellen in einem Stamm menschlicher epithelialer Leberzellen. Acta biol. med. germanica 2, 520—525 (1959).
59. DREW, R. M.: Isolation and propagation of rabbit kidney epithelial-like cells. Science 126, 747—748 (1957).
60. DULBECCO, R., and M. VOGT: Significance of continued virus production in tissue cultures rendered neoplastic by polyoma virus. Proc. nat. Acad. Sci. (Wash.) 46, 1617—1632 (1960).
61. DUNHAM, W. B., and F. M. EWING: Propagation of poliovirus in chick embryo cell cultures. I. Cultivation of 3 virus types. Proc. Soc. exp. Biol. (N.Y.) 95, 637—639 (1957).
62. DUNNEBACKE, T. H.: Correlation of the stage of cytopathic change with the release of poliomyelitis virus. Virology 2, 399—410 (1956).
63. — Cytopathic changes associated with poliomyelitis infections in human amnion cells. Virology 2, 811—819 (1956).
64. EAGLE, H.: Propagation in a fluid medium of a human epidermoid carcinoma strain KB. Proc. Soc. exp. Biol. (N.Y.) 89, 362—364 (1955).
65. — Nutritional needs of mammalian cells in tissue culture. Science 122, 501—504 (1955).
66. — K. HABEL, W. P. ROWE and R. J. HUEBNER: Viral susceptibility of a human carcinoma cell (strain KB). Proc. Soc. exp. Biol. (N.Y.) 91, 361—364 (1956).
67. — K. A. PIEZ and R. FLEISHMAN: The utilization of phenylalanine and tyrosine for protein synthesis by human cells in tissue culture. J. biol. Chem. 228, 847—861 (1957).
68. — A. E. FREEMAN and M. LEVY: The amino acid requirements of monkey kidney cells in first culture passage. J. exp. Med. 107, 643—651 (1958).
69. EARLE, W. R.: Changes induced in a strain of fibroblasts from a strain C_3H mouse by the action of 20-methylcholanthrene (preliminary report). J. nat. Cancer Inst. 3, 555—558 (1943).
70. — Production of malignancy in vitro. IV. The mouse fibroblast cultures and changes seen in the living cells. J. nat. Cancer Inst. 4, 165—212 (1943).
71. —, and A. NETTLESHIP: Production of malignancy in vitro. V. Results of injections of cultures into mice. J. nat. Cancer Inst. 4, 213—227 (1943).
72. — E. SHELTON and E. L. SCHILLING: Production of malignancy in vitro. XI. Further results from reinjection of in vitro cell strains into strain C_3H mice. J. nat. Cancer Inst. 10, 1105—1113 (1950).
73. EVANS, A. S.: Establishment of human adult tonsil cells in continuous culture and their virus susceptibilities. Proc. Soc. exp. Biol. (N.Y.) 96, 752—757 (1957).
74. EVANS, C. A., P. H. BYATT, V. C. CHAMBERS and W. M. SMITH: Growth of neurotropic viruses in extraneural tissues. VI. Absence of in vivo multiplication of poliomyelitis virus, types I and II, after intratesticular inoculation of monkeys and other laboratory animals. J. Immunol. 72, 348—352 (1954).
75. EVANS, V. J., W. R. EARLE, E. P. WILSON, H. K. WALTZ and C. J. MACKEY: The growth in vitro of massive cultures of liver cells. J. nat. Cancer Inst. 12, 1245—1265 (1952).
76. — N. M. HAWKINS, B. B. WESTFALL and W. R. EARLE: Studies on culture derived from mouse liver parenchymatous cells grown in long-term tissue culture. Cancer Res. 18, 261—266 (1958).
77. FAWCETT, D. W.: Principal cell types and patterns of growth in cell and tissue cultures. In: An Introduction to Cell and Tissue Culture, p. 63—69. Minneapolis, Minn.: Burgess Publ. Company 1955.
78. — Cell differentiation and modulation. In: An Introduction to Cell and Tissue Culture, p. 70—73. Minneapolis, Minn.: Burgess Publ. Company 1955.
79. FEDOROFF, S.: Effect of human blood serum on tissue cultures. I. Some properties and specificity of toxic human serum, and its interaction with strain L cells. Tex. Rep. Biol. Med. 16, 31—47 (1958).
80. FERNANDES, M. V.: The development of a human amnion strain of cells. Tex. Rep. Biol. Med. 16, 48—58 (1958).

81. FIROR, W. M., and G. O. GEY: Observations on the conversion of normal into malignant cells. Ann. Surg. **121**, 700—703 (1945).

82. FLAX, M. H.: The action of anti-Ehrlich ascites tumor antibody. Cancer Res. **16**, 774—783 (1956).

83. FOGH, J., and R. O. LUND: Continuous cultivation of epithelial cell strain (FL) from human amniotic membrane. Proc. Soc. exp. Biol. (N.Y.) **94**, 532—537 (1957).

84. FOLEY, G. E., and A. H. HANDLER: Differentiation of „normal" and neoplastic cells maintained in tissue culture by implantation into normal hamster. Proc. Soc. exp. Biol. (N.Y.) **94**, 661—664 (1957).

85. — B. P. DROLET, R. E. McCARTHY, K. A. GOULET, J. M. DOKOS and D. A. FILLER: Isolation and serial propagation of malignant and normal cells in semidefined media. Cancer Res. **20**, 930—939 (1960).

86. — A. H. HANDLER and R. A. ADAMS: Assessment of potential malignancy of serially propagated cell lines. Syverton Memorial Symposium, „Preservation, Characterization and Supply of Certified Cultures", Detroit 1961. J. nat. Cancer Inst. (in press).

87. FORD, D. K., and G. YERGANIAN: Observations on the chromosomes of Chinese hamster cells in tissue culture. J. nat. Cancer Inst. **21**, 393—425 (1958).

88. — R. WAKONIG and G. YERGANIAN: Further observations on the chromosomes of Chinese hamster cells in tissue culture. J. nat. Cancer Inst. **22**, 765—799 (1959).

89. — C. BOGUSZEWSKI and N. AUERSPERG: Chinese-hamster cell strains *in vitro*: spontaneous chromosome changes and latent polyoma-virus infection. J. nat. Cancer Inst. **26**, 691—706 (1961).

90. GEY, G. O.: Cytological and cultural observations on transplantable rat sarcomata produced by the inoculation of altered normal cells maintained in continuous culture. Cancer Res. **1**, 737 (1941).

91. —, and M. K. GEY: Further observations on the conversion of normal into malignant cells *in vitro*. Cancer Res. **7**, 729 (1947).

92. — — W. M. FIROR and W. O. SELF: Cultural and cytologic studies on autologous normal and malignant cells of specific *in vitro* origin. Acta Un. int. Cancr. **6**, 706—712 (1949).

93. — F. B. BANG and M. K. GEY: An evaluation of some comparative studies on cultured strains of normal and malignant cells of animals and man. Tex. Rep. Biol. Med. **12**, 805—827 (1954).

94. — Some aspects of the constitution and behavior of normal and malignant cells maintained in continuous culture. Harvey Lect., Ser. L, 154—229 (1954/55).

95. — M. SVOTLIS and M. K. GEY: A comparative study of the ability of normal and malignant cells to lyse collagen. 12th Annual Meeting of the Tissue Culture Association, Detroit, 1961.

96. GIFFORD, G. E., and J. T. SYVERTON: Replication of poliovirus in primate cell cultures maintained under anaerobic conditions. Virology 4, 216—223 (1957).

97. GOLDBERG, B., and H. GREEN: The cytotoxic action of immune gamma globulin and complement on Krebs ascites tumor cells. I. Ultrastructural studies. J. exp. Med. **109**, 505—510 (1959).

98. GOLDBLATT, H., and G. CAMERON: Induced malignancy in cells from rat myocardium subjected to intermittent anaerobiosis during long propagation *in vitro*. J. exp. Med. **97**, 525—552 (1953).

99. GOLDSTEIN, G., and Q. N. MYRVIK: The reversible and irreversible toxic effects of anti-HeLa rabbit serum upon human cell lines in tissue culture. J. Immunol. **80**, 100—105 (1958).

100. — — The differentiation of cytotoxic and hemagglutinating antibodies in anti-HeLa cell rabbit sera. J. Immunol. **84**, 659—661 (1960).

101. GROSSER, B. I., and H. E. SWIM: *In vitro* response of cultured uterine fibroblasts to various steroids. Proc. Amer. Ass. Cancer Res. **2**, 304 (1958).

102. HABEL, K., and N. C. GREGG: Cross reactions between antisera to different human cell strains. Fed. Proc. **15**, 590—591 (1956).

103. — J. W. HORNIBROOK and N. C. GREGG: Cytotoxic effects of antisera against human epithelial cells grown in tissue culture. Ann. N.Y. Acad. Sci. **69**, 801—803 (1957).

104. HABEL, K., J. W. HORNIBROOK, N. C. GREGG, R. J. SILVERBERG and K. K. TAKEMOTO: The effect of anticellular sera on virus multiplication in tissue culture. Virology 5, 7—29 (1958).

105. HAFF, R. F., and H. E. SWIM: Serial propagation of 3 strains of rabbit fibroblasts; their susceptibility to infections with vaccinia virus. Proc. Soc. exp. Biol. (N.Y.) 93, 200—204 (1956).

106. — — Isolation of a nutritional variant from a culture of rabbit fibroblasts. Science 125, 1294 (1957).

107. — — Minimal vitamin requirements of rabbit fibroblasts, strain RM 3—73. Proc. Soc. exp. Biol. (N.Y.) 94, 779—782 (1957).

108. HANDLER, A. H., and G. E. FOLEY: Growth of human epidermoid carcinomas (strains KB and HeLa) in hamsters from tissue culture inocula. Proc. Soc. exp. Biol. (N.Y.) 91, 237—240 (1956).

109. HANKS, J. H.: Basic methods of cell and tissue culture. In: An Introduction to Cell and Tissue Culture, p. 17—21. Minneapolis, Minn.: Burgess Publ. Company 1955.

110. HARRIS, M.: Evaluation of drug resistance in cell cultures by differential toxicity tests. J. nat. Cancer Inst. 26, 13—18 (1961).

111. —, and F. H. RUDDLE: Growth and chromosome studies on drug resistant lines of cells in tissue culture. In: Cell Physiology of Neoplasia, p. 524—546. Austin: University Texas Press 1961.

112. HAUSCHKA, T. S., and A. LEVAN: Inverse relationship between chromosome ploidy and host-specificity in sixteen transplantable tumors. Exp. Cell Res. 4, 457—467 (1953).

113. — B. J. KVEDAR, S. GRINNELL and A. B. AMOS: Immuno-selection of polyploids from predominantly diploid cell-populations. Ann. N.Y. Acad. Sci. 63, 683—705 (1956).

114. HAYFLICK, L., and P. S. MOORHEAD: The serial cultivation of human diploid cell strains. Fed. Proc. 20, 150 (1961).

115. — The establishment of a line (WISH) of human amnion cells in continuous cultivation. Exp. Cell Res. 23, 14—20 (1961).

116. — Some animal cell lines from normal and neoplastic tissues. In: Mammalian Chromosomes Newsletter. Univ. Texas 5, 14—29 (1961).

117. HENLE, G., and F. DEINHARDT: The establishment of strains of human cells in tissue culture. J. Immunol. 79, 54—59 (1957).

118. HERBERT, J. L., and R. N. HULL: The virus spectra of several new cell lines. Anat. Rec. 124, 490 (1956).

119. HIRAMOTO, R., M. N. GOLDSTEIN and D. PRESSMAN: Reactions of antisera prepared against HeLa cells and normal fetal liver cells with adult human tissues. Cancer Res. 18, 668—669 (1958).

120. — — — Limited fixation of antibody by viable cells. J. nat. Cancer Inst. 24, 255—259 (1960).

121. HÖGMAN, C. F.: The principle of mixed agglutination applied to tissue culture systems. A method for study of cell-bound blood group antigens. Vox Sang. (Basel) 4, 12—20 (1959).

122. — Blood group antigens A and B determined by means of mixed agglutination on cultured cells of human fetal kidney, liver, spleen, lung, heart and skin. Vox Sang. (Basel) 4, 319—332 (1959).

123. — Blood group antigens on human cells in tissue culture. The effect of prolonged cultivation. Exp. Cell Res. 21, 137—143 (1960).

124. HOLLAND, J. J., and L. C. McLAREN: The mammalian cell-virus relationship. II. Adsorption, reception and eclipse of poliovirus by HeLa cells. J. exp. Med. 109, 487—504 (1959).

125. — — and J. T. SYVERTON: The mammalian cell-virus relationship. IV. Infection of naturally insusceptible cells with enterovirus nucleic acid. J. exp. Med. 110, 65—80 (1959).

126. HOLLINGSWORTH, J. W., and S. C. FINCH: Leukocyte response to granulocyte fraction antisera. J. Lab. clin. Med. 46, 879—884 (1955).

127. HORN, E. C.: Ascites tumor development. I. An analysis of the *in vivo* effect of nucleoprotein from Ehrlich ascites cells. Cancer Res. 15, 663—670 (1955).

128. Hsu, T. C., and C. M. Pomerat: Mammalian chromosomes *in vitro*. II. A method for spreading the chromosomes of cells in tissue culture. J. Hered. **44**, 23 (1953).

129. — — Mammalian chromosomes *in vitro*. III. On somatic aneuploidy. J. Morph. **93**, 301—330 (1953).

130. — Mammalian chromosomes *in vitro*. IV. Some human neoplasms. J. nat. Cancer Inst. **14**, 905—933 (1954).

131. — Cytological studies on HeLa, a strain of human cervical carcinoma. I. Observations on mitosis and chromosomes. Tex. Rep. Biol. Med. **12**, 833—846 (1954).

132. —, and P. S. Moorhead: Chromosome anomalies in human neoplasms with special reference to the mechanisms of polyploidization and aneuploidization in the HeLa strain. Ann. N.Y. Acad. Sci. **63**, 1083—1094 (1956).

133. — — Mammalian chromosomes *in vitro*. VII. Heteroploidy in human cell strains. J. nat. Cancer Inst. **18**, 463—471 (1957).

134. — C. M. Pomerat and P. S. Moorhead: Mammalian chromosomes *in vitro*. VIII. Heteroploid transformation in the human cell strain Mayes. J. nat. Cancer Inst. **19**, 867—873 (1957).

135. —, and O. Klatt: Mammalian chromosomes *in vitro*. IX. On genetic polymorphism in cell populations. J. nat. Cancer Inst. **21**, 437—473 (1958).

136. — — Mammalian chromosomes *in vitro*. X. Heteroploid transformation in neoplastic cells. J. nat. Cancer Inst. **22**, 313—339 (1959).

137. — Mammalian chromosomes *in vitro*. XI. Variations among progenies of a single cell. Univ. Texas Publ. **1959**, No 5914, 129—134.

138. —, and D. S. Kellogg: Mammalian chromosomes *in vitro*. XII. Experimental evolution of cell populations. J. nat. Cancer Inst. **24**, 1067—1093 (1960).

139. —, and D. J. Merchant: Mammalian chromosomes *in vitro*. XIV. Genotypic replacement in cell populations. J. nat. Cancer Inst. **26**, 1075—1083 (1961).

140. Hull, R. N., and J. O. Tritch: Characterization of cell strains by viral susceptibility. In: Syverton Memorial Symposium „Preservation, Characterization and Supply of Certified Cultures", Detroit 1961. J. nat. Cancer Inst. (in press).

141. Ising, U., and A. Levan: The chromosomes of two highly malignant human tumours. Acta path. microbiol. scand. **40**, 13—24 (1957).

142. Jordan jr., W. S.: Establishment of two lines of „epithelial" cells in continuous culture. Fed. Proc. **15**, 595 (1956).

143. — Human nasal cells in continuous culture. I. Establishment of two lines of epithelial-like cells. Proc. Soc. exp. Biol. (N.Y.) **92**, 867—871 (1956).

144. Kahn, R. H., J. L. Conklin and M. M. Dewey: Systematic cytochemical analysis of animal cell strains. In: Syverton Memorial Symposium „Preservation, Characterization and Supply of Certified Cultures", Detroit 1961. J. nat. Cancer Inst. (in press).

145. Kaplan, A. S.: The susceptibility of monkey kidney cells to poliovirus *in vivo* and *in vitro*. Virology **1**, 377—392 (1955).

146. Kay, H. E. M.: A and B antigens of normal and malignant cells. Brit. J. Cancer **11**, 409—414 (1957).

147. —, and D. M. Wallace: A and B antigens of tumors arising from urinary epithelium. J. nat. Cancer Inst. **26**, 1349—1365 (1961).

148. Kelus, A., B. W. Gurner and R. R. A. Coombs: Blood group antigens on HeLa cells shown by mixed agglutination. Immunology **2**, 262—267 (1959).

149. Khoobyarian, N., and C. G. Palmer: Rabbit heart cell culture, strain RHF-1. I. Growth, cytology, histology, and susceptibility to some inclusion-inducing viruses. J. nat. Cancer Inst. **26**, 755—773 (1961).

150. Kite jr., J. H., R. J. Kuchler and D. J. Merchant: Conditions for macroscopic agglutination of mammalian tissue cells grown *in vitro*. Amer. J. clin. Path. **28**, 174—178 (1957).

151. —, and D. J. Merchant: Studies of some antigens of the L strain mouse fibroblast. J. nat. Cancer Inst. **26**, 419—434 (1961).

152. Klein, G.: Cancer studies collateral to tissue culture. J. nat. Cancer Inst. **19**, 795—809 (1957).

153. KLEINFIELD, R., and J. L. MELNICK: Cytological aberrations in cultures of „normal“ monkey kidney epithelial cells. J. exp. Med. **107**, 599—608 (1958).

154. KRET, A.: The propagation of poliomyelitis virus and some other viruses in cultures of transplantable mouse carcinoma and sarcoma cells. Arch. ges. Virusforsch. **6**, 326—328 (1955).

155. KUCHLER, R. J.: Unpublished (zit. in *151*).

156. KUNIN, C. M., L. R. EMMONS and W. S. JORDAN jr.: Detection of cells of heterologous origin in tissue culture and their segregation by the use of differential media. J. Immunol. **85**, 203—219 (1960).

157. LARKIN, M. F.: The establishment of a strain of human cells in tissue culture. Austr. J. exp. Biol. med. Sci. **37**, 505—508 (1959).

158. LATTA, H., and B. A. KUTSAKIS: Cytotoxic effects of specific antiserum and 17-hydroxy-corticosterone on cells in tissue culture. Lab. Invest. **6**, 12—27 (1957).

159. LEIGHTON, J.: A sponge matrix method for tissue culture. Formation of organized aggregates of cells *in vitro*. J. nat. Cancer Inst. **12**, 545—561 (1951).

160. — I. KLINE and H. C. ORR: Transformation of normal human fibroblasts into histologically malignant tissue *in vitro*. Science **123**, 502—503 (1956).

161. — — M. BELKIN, F. LEGALLAIS and H. C. ORR: Some histologic features of human „normal“ and „cancer“ cell strains in sponge matrix tissue culture. Anat. Rec. **124**, 492 (1956).

162. —, and R. L. KALLA: Comparison of biological qualities of „tranformed“ cells of normal and cancerous origin. Ann. N.Y. Acad. Sci. **76**, 513—529 (1958).

163. LENNOX, E. S., and A. S. KAPLAN: Action of diphtheria toxin on cells cultivated *in vitro*. Proc. Soc. exp. Biol. (N.Y.) **95**, 700—702 (1957).

164. LERNER, A. M., K. K. TAKEMOTO and A. SHELOKOV: Human chorion cells: cultivation and susceptibility to viruses. Proc. Soc. exp. Biol. (N.Y.) **95**, 76—80 (1957).

165. LESLIE, I., W. C. FULTON and R. SINCLAIR: Biochemical tests for malignancy applied to a new strain of human cells. Nature (Lond.) **178**, 1179—1180 (1956).

166. LEVAN, A.: Chromosome studies on some human tumors and tissue of normal origin, grown *in vivo* and *in vitro* at the Sloan-Kettering Institute. Cancer (Philad.) **9**, 648—663 (1956).

167. —, and J. J. BIESELE: The role of chromosomes in cancerogenesis, as studied in serial tissue culture of mammalian cells. Ann. N.Y. Acad. Sci. **71**, 1022—1053 (1958).

168. LIEBERMAN, I., and P. OVE: Isolation and study of mutants from mammalian cells in culture. Proc. nat. Acad. Sci. (Wash.) **45**, 867—872 (1959).

169. —, and P. OVE: Control of growth of mammalian cells in culture with folic acid, thymidine, and purines. J. biol. Chem. **235**, 1119—1123 (1960).

170. LIU, C. T., W. W. McCRORY and J. A. FLICK: Cytotoxic effect of nephrotoxic serum on rat tissue culture. Proc. Soc. exp. Biol. (N.Y.) **95**, 331—335 (1957).

171. LOOMIS, W. F.: pCO_2 inhibition of normal and malignant growth. J. nat. Cancer Inst. **22**, 207—217 (1959).

172. LUMSDEN, C. E.: Effects of antibodies on cells in tissue culture. Anat. Rec. **124**, 493 (1956).

173. LUMSDEN, T. W.: The effect of an antiserum upon cancer cells *in vitro*. Lancet **1925** (208), 383—384.

174. —, and A. C. KOHN-SPEYER: Tumour immunity. A. Natural cytotoxins (heterotoxins); B. Protection of cells against homologous antibodies. J. Path. Bact. **32**, 185—193 (1929).

175. McALLISTER, R. M., P. W. GRUNMEIER, L. L. CORIELL and R. R. MARSHAK: The effects of heterologous immune serums upon HeLa cells *in vitro* and rat HeLa tumors *in vivo*. J. nat. Cancer Inst. **21**, 541—555 (1958).

176. McCARTHY, F. J., and A. A. TYTELL: A stable adult rabbit kidney cell line susceptible to poliovirus. Fed. Proc. **17**, 525 (1958).

177. McCULLOCH, E. A., R. C. PARKER and K. J. R. WIGHTMAN: Continuous cultivation of cells derived from hemic cells of man and pure strain mice. Proc. Amer. Ass. Cancer Res. **2**, 132 (1956). Abstract.

178. —, and R. C. PARKER: Continuous cultivation of cells of hemic origin. Canad. Cancer Conference **2**, 152—167 (1957).

179. McLaren, L. C., J. J. Holland and J. T. Syverton: The mammalian cell-virus relationship. I. Attachment of poliovirus to cultivated cells of primate and non-primate origin. J. exp. Med. **109**, 475—485 (1959).

180. — — — The mammalian cell-virus relationship. V. Susceptibility and resistance of cells *in vitro* to infection by Coxsackie A_9 virus. J. exp. Med. **112**, 581—594 (1960).

181. McQuilkin, W. T., V. J. Evans and W. R. Earle: The adaptation of additional lines of NCTC clone 929 (strain L) cells to chemically defined protein-free medium NCTC 109. J. nat. Cancer Inst. **19**, 885—907 (1957).

182. Madin, S. H., and N. B. Darby jr.: Established kidney cell lines of normal adult bovine and ovine origin. Proc. Soc. exp. Biol. (N.Y.) **98**, 574—576 (1958).

183. Makino, S., and T. C. Hsu: Mammalian chromosomes *in vitro*. V. The somatic complement of the Norway rat, Rattus norvegicus. Cytologia (Tokyo) **19**, 23—28 (1954).

184. Marcus, P. I., S. J. Cieciura and T. T. Puck: Clonal growth *in vitro* of epithelial cells from normal human tissues. J. exp. Med. **104**, 615—628 (1956).

185. Mars, R. de, and J. L. Hooper: A method of selecting for auxotrophic mutants of HeLa cells. J. exp. Med. **111**, 559—572 (1960).

186. Mascoli, C. C., L. V. Stanfield and L. N. Phelps: Propagation of poliovirus, measles and vaccinia in guinea pig spleen cell strains. Science **129**, 894—895 (1959).

187. Mayer, V., A. Mayerová and J. Vilček: Some aspects of the use of a transformed line of human amnion cells in virological work. Acta virol. Suppl. Problems of Pathogenesis and Immunology of Virus Infections (1959).

188. Medearis jr., D. N., and S. Kibrick: An evaluation of various tissues in culture for isolation of Eastern equine encephalitis virus. Proc. Soc. exp. Biol. (N.Y.) **97**, 152—159 (1958).

189. Medina, D., and L. Sachs: The *in vitro* formation of a stable cell-virus association with polyoma virus. Virology **10**, 387—388 (1960).

190. Melnick, J. L., and K. Habel: Antigenic relationship of poliovirus-susceptible rabbit kidney cell cultures to HeLa and other primate cell lines. Fed. Proc. **17**, 526 (1958).

191. Miller, D. G., and T. C. Hsu: The action of cytotoxic antisera on the HeLa strain of human carcinoma. Cancer Res. **16**, 306—312 (1956).

192. Moore, A. E., C. M. Southam and S. S. Sternberg: Neoplastic changes developing in epithelial cells derived from normal persons. Science **124**, 127—129 (1956).

193. — Tumor formation by cultured cells derived from normal and cancerous tissues. Spec. Publ. N.Y. Acad. Sci. **5**, 321—329 (1957).

194. — Biological consideration of normal and abnormal cell lines. Trans. N.Y. Acad. Sci. **19**, 435—446 (1957).

195. Morgan, J. F., and A. E. Pasieka. Amino acid metabolism of normal and malignant cell cultures. Canad. J. Biochem. **38**, 399—408 (1960).

196. Morgan Mountain, I.: Cytopathogenic effect of antiserum to human malignant epithelial cells (strain HeLa) on HeLa cell culture. J. Immunol. **75**, 478—484 (1955).

197. Murphy, J. B.: Transplantability of malignant tumors to the embryos of a foreign species. J. Amer. med. Ass. **59**, 874—875 (1912).

198. Murphy jr., W. H., and R. Armstrong: Differentiation of closely related cells by a variant of poliovirus, type 2, MEF_1 strain. J. exp. Med. **110**, 629—642 (1959).

199. — Clonal variation and interaction of cells with viruses. Syverton Memorial Symposium „Preservation, Characterization and Supply of Certified Cultures", Detroit 1961. J. nat. Cancer Inst. (in press).

200. Nairn, R. C., H. G. Richmond, M. G. McEntegart and J. E. Fothergill: Immunological differences between normal and malignant cells. Brit. med. J. **1960** II, 1335—1340.

201. Nakanishi, Y. H., M. V. Fernandes, M. Mizutani and C. M. Pomerat: On the chromosome numbers of human amnion cells in primary and strain cultures. Tex. Rep. Biol. Med. **17**, 345—353 (1959).

202. Nettleship, A.: Regression produced in the Murphy sarcoma by the injection of heterologous antibodies. Amer. J. Path. **21**, 527—541 (1945).

203. OHNO, S., and R. KINOSITA: The primary and secondary constrictions on the chromosomes of the rat lymphoblast. Exp. Cell Res. 8, 558—562 (1955).

204. — E. T. KOVACS and R. KINOSITA: A robertsonian type of chromosomal change in L4946 mouse ascites lymphoma. J. nat. Cancer Inst. 24, 1187—1197 (1960).

205. OSGOOD, E. E.: Blood cell survival in tissue cultures. Ann. N.Y. Acad. Sci. 77, 777—796 (1959).

206. PARKER, R. C.: Cultivation of tumor cells *in vitro.* Canad. Cancer Conf. 1, 42—54 (1955).

207. — L. N. CASTOR and E. A. McCULLOCH: Altered cell strains in continuous culture: a general survey. Spec. Publ. N.Y. Acad. Sci. 5, 303—313 (1957).

208. — Alterations in clonal populations of monkey kidney cells. In: „Poliomyelitis": Papers and discussions presented at the 4th International Poliomyelitis Conference, p. 257—267. Philadelphia: Lippincott 1958.

209. PAYLING WRIGHT, G.: Introduction to pathology, p. 459. London: Longsmans, Green & Co. 1954.

210. PERRY, V. P., V. J. EVANS and W. R. EARLE: Cultivation of large cultures of HeLa cells in horse serum. Science 121, 805 (1955).

211. — — — G. W. HYATT and W. C. BEDELL: Long term tissue culture of human skin. Amer. J. Hyg. 63, 52—58 (1956).

212. PLACIDO SOUSA, C., and D. G. EVANS: The action of diphtheria toxin on tissue cultures and its neutralization by antitoxin. Brit. J. exp. Path. 38, 644—649 (1957).

213. POMERAT, C. M., M. V. FERNANDES, Y. H. NAKANISHI and S. P. KENT: Irradiation of cells in tissue culture. V. The effect of gamma irradiation from a Cobalt[60] source on human amnion cells *in vitro.* Z. Zellforsch. 48, 1—9 (1958).

214. PRIER, J. R., and R. SULLIVAN: Development of a chick embryo heart cell for the cultivation of poliovirus. Science 129, 1025—1026 (1959).

215. PUCK, T. T., and H. W. FISHER: Genetics of somatic mammalian cells. I. Demonstration of the existence of mutants with different growth requirements in a human cancer cell strain (HeLa). J. exp. Med. 104, 427—433 (1956).

216. — The genetics of somatic mammalian cells. Advanc. biol. med. Phys. 5, 75—101 (1957).

217. — S. J. CIECIURA and A. ROBINSON: Genetics of somatic mammalian cells. III. Long-term cultivation of euploid cells from human and animal subjects. J. exp. Med. 108, 945—955 (1958).

218. PUCK, T. T.: Action of radiation on mammalian cells. III. Relationship between reproductive death and induction of chromosome anomalies by x-irradiation of euploid human cells *in vitro.* Proc. nat. Acad. Sci. (Wash.) 44, 772—780 (1958).

219. PULVERTAFT, R. V. J., J. R. DAVIES, L. WEISS and J. H. WILKINSON: Studies on tissue cultures of human pathological thyroids. J. Path. Bact. 77, 19—32 (1959).

220. PUMPER, R. W.: Adaptation of tissue cultures cells to a serum-free medium. Science 128, 363 (1958).

221. QUERSIN-THIERY, L.: Action of anticellular sera on virus infection. I. Influence on homologous tissue cultures infected with various viruses. J. Immunol. 81, 253—260 (1958).

222. — Action of anticellular sera on virus infections. II. Influence on heterologous tissue cultures. J. Immunol. 82, 542—552 (1959).

223. RABSON, A. S., F. Y. LEGALLAIS and S. BARON: Adaptation to serum-free medium by phagocytic cell strain derived from a murine lymphoma. Nature (Lond.) 181, 1343 (1958).

224. RAPP, F.: Observations of measles virus infection of human cells. III. Correlation of properties of clones of H. Ep.-2 cells with their susceptibility to infection. Virology 10, 86—96 (1960).

225. ROBINSON, L. B., R. H. WICHELHAUSEN and B. ROIZMANN: Contamination of human cell cultures by pleuropneumonia-like organisms. Science 124, 1147—1148 (1956).

226. ROSE, N. R., and L. KORNSTAD: Serological analysis of cultured cells. Fed. Proc. 20, 151 (1961).

227. ROSS, J. D.: Cytotoxins and cytotoxic antibodies. Ann. N.Y. Acad. Sci. 69, 795—800 (1957).

228. ROTHFELS, K. H., and L. SIMINOVITCH: The chromosome complement of the rhesus monkey (Macaca mulatta) determined in kidney cells cultivated *in vitro*. Chromosoma (Berl.) **9**, 163—175 (1958).

229. —, and L. SIMINOVITCH: An air-drying technique for flattening chromosomes in mammalian cells grown *in vitro*. Stain Technol. **33**, 73—77 (1958).

230. — A. A. AXELRAD, L. SIMINOVITCH, E. A. McCULLOCH and R. C. PARKER: The origin of altered cell lines from mouse, monkey, and man, as indicated by chromosome and transplantation studies. Canad. Cancer Conf. **3**, 189—214 (1959).

231. ROUS, P., and F. S. JONES: A method for obtaining suspensions of living cells from the fixed tissues, and for the plating out of individual cells. J. exp. Med. **23**, 549—555 (1916).

232. RUDDLE, F. H., L. BERMAN and C. S. STULBERG: Chromosome analysis of five long-term cell culture populations derived from nonleukemic human peripheral blood (Detroit strains). Cancer Res. **18**, 1048—1059 (1958).

233. RUSCH, H. P.: An integrated concept of carcinogenesis. In: Currents in biochemical research, D. E. GREEN edit., p. 675—697. New York: Interscience Publ. 1956.

234. SACHS, L., and D. MEDINA: *In vitro* transformation of normal cells by polyoma virus. Nature (Lond.) **189**, 457—458 (1961).

235. SALK, J. E.: Viral and cellular factors pertinent to the control of paralytic poliomyelitis with a noninfectious vaccine. Spec. Publ. N.Y. Acad. Sci. **5**, 77—89 (1957).

236. — Poliomyelitis vaccination in the Fall of 1956. Amer. J. publ. Hlth **47**, 1—18 (1957).

237. —, and E. N. WARD: Some characteristics of a continuously propagating cell derived from monkey heart tissue. Science **126**, 1338—1339 (1957).

238. SANFORD, K. K., W. R. EARLE, E. SHELTON, E. L. SCHILLING, E. M. DUCHESNE, G. D. LIKELY and M. M. BECKER: Production of malignancy *in vitro*. XII. Further transformations of mouse fibroblasts to sarcomatous cells. J. nat. Cancer Inst. **11**, 351—375 (1950).

239. — G. D. LIKELY and W. R. EARLE: The development of variations in transplantability and morphology within a clone of mouse fibroblasts transformed to sarcoma-producing cells *in vitro*. J. nat. Cancer Inst. **15**, 215—237 (1954).

240. — G. L. HOBBS and W. R. EARLE: The tumor-producing capacity of strain L mouse cells after 10 years *in vitro*. Cancer Res. **16**, 162—166 (1956).

241. — R. M. MERWIN, G. L. HOBBS, M. C. FIORAMONTI and W. R. EARLE: Studies on the difference in sarcoma-producing capacity of two lines of mouse cells derived *in vitro* from one cell. J. nat. Cancer Inst. **20**, 121—145 (1958).

242. — Clonal studies on normal cells and on their neoplastic transformation *in vitro*. Cancer Res. **18**, 747—752 (1958).

243. — R. M. MERWIN, G. L. HOBBS, J. M. YOUNG and W. R. EARLE: Clonal analysis of variant cell lines transformed to malignant cells in tissue culture. J. nat. Cancer Inst. **23**, 1035—1059 (1959).

244. — — — and W. R. EARLE: Influence of animal passage on a line of tissue culture cells. J. nat. Cancer Inst. **23**, 1061—1077 (1959).

245. SCHERER, W. F.: Comparative susceptibility of cells of the same type to infection by poliomyelitis virus. Ann. N.Y. Acad. Sci. **61**, 806—821 (1955).

246. SCOTT, D. B. M., K. K. SANFORD and B. B. WESTFALL: Growth enzyme activities correlated with tumor-producing capacity of four cell lines derived from one cell. Proc. Amer. Ass. Cancer Res. **3**, 41 (1959).

247. SELAWRY, O. S., M. N. GOLDSTEIN and T. McCORMICK: Hyperthermia in tissue-cultured cells of malignant origin. Cancer Res. **17**, 785—791 (1957).

248. SHEFFIELD, F. W., and G. M. CHURCHER: The serial propagation of poliomyelitis viruses in cells derived from rabbit embryo kidney. Brit. J. exp. Path. **38**, 155—159 (1957).

249. SHEPARD, C. C.: A comparison of the growth of selected mycobacteria in HeLa, monkey kidney, and human amnion cells in tissue culture. J. exp. Med. **107**, 237—245 (1958).

250. SICKLES, G. M., M. MUTTERER, P. FEORINO and H. PLAGER: Recently classified types of Coxsackie virus group A. Behavior in tissue culture. Proc. Soc. exp. Biol. (N.Y.) **90**, 529—531 (1955).

251. SNELL, G. D.: Transplantable tumors. In: The Physiopathology of Cancer, chapt. 14, p. 338—391. New York: Paul B. Hoeber 1953.

252. STOKER, M., and I. McPHERSON: Studies on transformation of hamster cells by polyoma virus *in vitro*. Virology **14**, 359—370 (1961).

253. STULBERG, C. S.: Personal communication (*117*).

254. — L. BERMAN and H. SHAPIRO: Personal communication. (*55*).

255. — W. F. SIMPSON, W. D. PETERSON and L. BERMAN: Determination of species antigens of cultured cells by immunofluorescence. Fed. Proc. **20**, 150 (1961).

256. — — and L. BERMAN: Personal communication.

257. SWIM, H. E., and R. F. PARKER: Isolation of nutritional variants from a mammalian cell culture. Fed. Proc. **16**, 435 (1957).

258. — — Discussion presented at the Symposium on Cellular Biology, Nucleic Acids and Viruses. Spec. Publ. N.Y. Acad. Sci. **5**, 351—355 (1957).

259. — — Culture characteristics of human fibroblasts propagated serially. Amer. J. Hyg. **66**, 235—243 (1957).

260. — Microbiological aspects of tissue culture. Ann. Rev. Microbiol. **13**, 141—176 (1959).

261. SYVERTON, J. T.: Comparative studies of normal and malignant human cells in continuous culture. Spec. Publ. N.Y. Acad. Sci. **5**, 331—340 (1957).

262. — J. D. ROSS and L. C. McLAREN: Comparative study of human cells propagated *in vitro*. Acta Un. int. Cancr. **15**, 692—695 (1959).

263. SZÁNTÓ, J.: Stable cell strains from rabbit and rat lung tissue, suitable for the propagation of herpes simplex virus. Acta virol. **4**, 308—382 (1960).

264. TAKEMOTO, K. K., and A. M. LERNER: Human amnion cell cultures; suceptibility to viruses and use in primary virus isolations. Proc. Soc. exp. Biol. (N.Y.) **94**, 179—182 (1957).

265. THOMPSON, K. W., M. M. VINCENT, F. C. JENSEN, R. T. PRICE and E. SCHAPIRO: Production of hormones by human anterior pituitary cells in serial culture. Proc. Soc. exp. Biol. (N.Y.) **102**, 403—408 (1959).

266. TJIO, J. H., and A. LEVAN: Comparative idiogram analysis of rat and the Yoshida rat sarcoma. Hereditas (Lund) **42**, 218—234 (1956).

267. —, and T. T. PUCK: Genetics of somatic mammalian cells. II. Chromosomal constitution of cells in tissue culture. J. exp. Med. **108**, 259—268 (1958).

268. — — The somatic chromosomes of man. Proc. nat. Acad. Sci. (Wash.) **44**, 1229—1237 (1958).

269. TOOLAN, H. W.: Growth of human tumors in cortisone-treated laboratory animals: the possibility of obtaining permanently transplantable human tumors. Cancer Res. **13**, 389—394 (1953).

270. — Transplantable human neoplasms maintained in cortisone-treated laboratory animals: H.S. No 1, H.Ep. No 1, H.Ep. No 2, H.Ep. No 3 and H. Emb.Rh. No 1. Cancer Res. **14**, 660—666 (1954).

271. — The potentialities of normal cells implanted in cortisonized and/or x-radiated hosts. Cancer Res. **17**, 248—250 (1957).

272. — Permanently transplantable human tumors maintained in conditioned hosts: H.Chon. No 1, H.Ep. No 4 and H.Ad. No 1. Cancer Res. **17**, 418—420 (1957).

273. VOGT, M., and R. DULBECCO: Properties of a HeLa cell culture with increased resistance to poliomyelitis virus. Virology **5**, 425—434 (1958).

274. WALLACE, R.: Unpublished observations (*40*).

275. WEILER, E.: Antigenic differences between normal hamster kidney and stilboestrol induced kidney carcinoma: complement fixation reactions with cytoplasmic particles. Brit. J. Cancer **10**, 553—559 (1956).

276. — Die Änderung der serologischen Spezifität von Leberzellen der Ratte während der Carcinogenese durch p-Dimethylaminoazobenzol. Z. Naturforsch. 11 b, 31—38 (1956).

277. — Loss of specific cell antigen in relation to a carcinogenesis. In: CIBA Foundation Symposium on Carcinogenesis: Mechanism of action (G. E. W., WOLSTENHOLME, and M., O'CONNOR, eds.), p. 165—178. Boston: Little, Brown & Co. 1958.

278. WEINSTEIN, H. J., C. ALEXANDER, G. M. YOSHIHARA and W. M. KIRBY: Preparation of human amnion tissue cultures. Proc. Soc. Exp. Biol. (N.Y.) **92**, 535—538 (1956).

279. WESTFALL, B. B., E. V. PEPPERS, V. J. EVANS, K. K. SANFORD, N. M. HAWKINS, M. C. FIORAMONTI, H. A. KERR, G. L. HOBBS and W. R. EARLE: The arginase and rhodanase activities of certain cell strains after long cultivation *in vitro*. J. biophys. biochem. Cytol. **4**, 567—570 (1958).
280. WESTWOOD, J. C. N., I. A. MACPHERSON and D. H. J. TITMUSS: Transformation of normal cells in tissue culture: its significance relative to malignancy and virus vaccine production. Brit. J. exp. Path. **38**, 138—154 (1957).
281. —, and D. H. J. TITMUSS: Transformation in tissue culture cell lines: the possible genetic mechanism. Brit. exp. Path. **38**, 587—600 (1957).
282. WOLFF, E., and K. HAFFEN: Sur une methode de culture d'organes embryonaires „*in vitro*". Tex. Rep. Biol. Med. **10**, 463—472 (1952).
283. WONG, S. C., and E. D. KILBOURNE: Changing viral susceptibility of a human cell line in continuous cultivation. I. Production of infective virus of the Chang conjunctival cell following infection with swine or N-WS influenza viruses. J. exp. Med. **113**, 95—110 (1961).
284. — M. KRIM and E. D. KILBOURNE: Changing viral susceptibility of a human cell line in continuous culture. II. Comparative properties of clones of a conjunctival cell variant susceptible to influenza virus infection. J. exp. Med. (to be published).
285. WOODS, M. W., K. K. SANFORD, D. BURK and W. R. EARLE: Glycolytic properties of high and low sarcoma-producing lines and clones of mouse tissue-culture cells. J. nat. Cancer Inst. **23**, 1079—1088 (1959).
286. YERGANIAN, G.: Reduced plating efficiency; a sign of classic diploidy? Ann. Meeting Tissue Culture Ass. **12**, 53—54 (1961).
287. ZITCER, E. M., and T. H. DUNNEBACKE: Transformation of cells from the normal human amnion into established strains. Cancer Res. **17**, 1047—1953 (1057).

Namenverzeichnis

Die in Klammern stehenden *kursiven* Ziffern beziehen sich auf die Numerierung der Literatur innerhalb des laufenden Textes und der Literaturverzeichnisse.

Die gewöhnlich gesetzten Ziffern weisen auf die entsprechenden Stellen im Text und die *kursiven* Seitenzahlen auf das Literaturverzeichnis hin.

Bradfield, J. R. G. *227*
Bradley, D. E., u. D. J. Williams *91*
— s. Franklin, J. G. 47, *93*
Brady, R. J., E. C. S. Chan, M. J. Pelczar 73, *91*
Braganca, B. s. Kalckar, H. M. 126, *164*
Brand, K. G. (*17*), (*19*), (*21*), (*22*), (*24*), 267, 268, 272, 277, 280, 281, 282, 283, 286, *288*
— u. J. T. Syverton (*15*), (*16*), (*18*), (*20*), (*23*), 272, 273, 279, 280, 281, 282, 283, 286, *288*
Brandt, K. s. Caspersson, T. *160*
Braunitzer, G. s. Wittmann, H. G. (*140*), 31, *38*
Brawerman, G., u. M. Yčas 221, *227*
— s. Yčas, M. *239*
Breed, R. S., E. G. D. Muoray u. N. R. Smith 88, *92*
Breitenfeld, P. M., u. W. Schäfer 249, 250, 254, 257, *261*
— s. Franklin, R. M. 252, 256, *261*
Brenner, S., u. R. W. Horne (*105*), 26, *38*
Bresnick, E., S. Singer u. G. H. Hitchings *227*
Briggs, M. J. s. Joklik, W. K. (*14*), 5, *36*
Britten, R. J., R. B. Roberts u. E. F. French 173, 174, 175, 183, *227*
Bronstein, S. B. s. Weber, G. 143, *169*
Brookes, P., A. R. Crathorn u. G. D. Hunter *227*
Brown, B. s. Umbarger, H. E. *237*
Brown, F., R. F. Sellers u. D. L. Stewart (*54*) 16, 21, 35, *37*
— u. D. L. Stewart (*55*), 16, 17, 22, 35, *37*
Brown, R. A. s. Colter, J. S. (*35*), (*48*), 11, 12, 13, 14, 15, 33, 34, *36*, *37*
Brunstetter, B. C., u. C. A. Magoon 39, 68, *92*
— s. Curran, H. R. 54, *92*
Bryant, C. S. s. Fabian, F. W. 71, *93*
Buchner, H. 40, 67, 68, 69, 70, 71, *92*

Buchner, P. *227*
Budreau, A. s. Lubin, M. 183, *232*
Buffa, P., L. Righi u. G. Velluti 154, *160*
Burckhalter, J. H. s. Riggs, J. L. 241, *263*
Burk, D. s. Woods, M. W. (*285*), 276, *299*
Burkholder, P. s. Klein, P. 242, *263*
Burnet 18
Burnet, F. M. s. Ada, G. L. (*64*), 18, *37*
— s. Andrewes, C. H. 240, *261*
Burnet, Sir Macfarlane *160*
Burnstein, T., u. F. B. Bang 246, *261*
Burr, H. K. s. Lewis, J. C. 52, *96*
Burrous, M. J. s. Magee, W. E. (*98*), 25, *38*
Burton, R. M. s. Anderson, E. P. *159*
— s. Maxwell, E. S. 126, *166*
Burton, T. H. s. Byrne, A. F. *92*
Bussard, A., S. Naono, F. Gros u. J. Monod *227*
Butler, J. A. V. s. Hunter, G. D. 102, *164*
Buttin u. Monod 181
Buttin, G., F. Jacob u. J. Monod 113, *160*
— s. Rickenberg, H. V. 175, 176, 177, 178, 179, 180, 183, *236*
Byatt, P. H. s. Evans, C. A. (*74*), 284, *290*
Byrne, A. F., T. H. Burton u. R. K. Koch *92*

Cailleau, R. (*26*), 270, *288*
— T. T. Crocker u. D. A. Wood (*25*), *288*
Cameron, G. s. Goldblatt, H. (*98*), 268, 272, 274, 276, *291*
Camien u. Dunn 205
Campbell, A. 127, 128, *160*, *227*
Campbell, A. M., u. S. Spiegelman 128, *160*, 182, *227*
Campbell, D. H. s. Bassett, C. A. L. (*6*), 280, 281, *287*
Campbell, L. Leon 89, *92*
Canellakis, E. S. 187, *227*
— s. Herbert, E. *231*

Caputto s. Leloir 125
Caputto, R., L. F. Leloir, C. E. Cardini u. A. C. Paladini 126, *160*
Cardini, C. E., u. L. F. Leloir *160*
— s. Caputto, R. 126, *160*
Caspersson, T. 102, *160*
— u. K. Brandt *160*
Castor, L. N. s. Parker, R. C. (*207*), 268, 285, 286, *296*
Chadwick, C. S. 257
— M. G. McEntegart u. R. C. Nairn 241, *261*
— s. Fraser, K. B. 252, *262*
Chaloupka, J., u. A. Babicky 102, *160*
Chamberland u. Roux 40, *92*
Chambers, C. W., H. H. Tabak u. P. W. Kabler *227*
Chambers, V. C. s. Evans, C. A. (*74*), 284, *290*
Chan, E. C. S. s. Brady, R. J. 73, *91*
Chance, B. 208, *227*
— u. G. R. Williams *227*
Chang, R. S. (*27*), (*28*), (*29*), (*30*), (*31*), 267, 273, 278, *288*
Chanock, R. M. s. Andrewes, C. H. 240, *261*
Chantrenne, H. 102, 104, 106, *160*, *228*
— u. C. Courtois *161*
— u. S. Devreux 102, 107, *161*, 222, 223, *228*
— u. Gobert 104, *160*, 223
— s. Brachet, J. 102, *160*
Chapman, G. B. 43, 44, 47, 50, 65, 66, *92*
— u. K. A. Zworykin 41, 47, 50, 51, *92*
Chargaff, E. s. Horowitz, J. *231*
Charney, J., W. P. Fisher u. C. P. Hagarty 71, 72, *92*
Chase, M. s. Hershey, A. D. (*17*), 6, *36*
Cheever s. Coons, A. H. 242
Cheever, F. S. s. Chu, T. H. 243, *261*
Cheng, P. Y. (*80*), 34, *37*
Chessin, L. N., u. K. Hirschhorn (*32*), 268, 272, 279, 284, 285, *288*
Chu, E. H. Y., u. N. H. G. Giles (*33*), (*34*), 274, 278, *288*
— K. K. Sanford u. W. R. Earle (*35*), 276, 278, *289*

Potter, V. R. s. Schneider, J. H. 187, *236*
Powell, E. O. 81, 83, *96*
Powell, J. F. 47, 54, 55, 70, 72, 82, 83, 85, *97*
— u. J. R. Hunter 69, 82, *97*
— u. R. E. Strange 47, 55, 64, 74, 75, 82, 85, *97*
— s. Strange, R. E. 77, 85, *98*
Preisz, H. 42, 44, 45, 46, 49, 65, 66, 68, *97*
Pressman, D. s. Hiramoto, R. (*119*), (*120*), 280, 281, *292*
Prestidge, L. S. s. Pardee, A. B. 111, 113, *167*, 179, 183, 218, 221, *235*
Preuner, R., J. v. Prittwitz u. Gaffron u. E. A. Tronnier *97*
Price, R. T. s. Thompson, K. W. (*265*), 270, 272, 273, *298*
Pricer jr., W. E., u. B. L. Horecker 138, *167*
Prier, J. R., u. R. Sullivan (*214*), 268, 270, 284, *296*
Prince, A. M., u. H. A. Ginsberg 251, *263*
Prittwitz v. J. s. Preuner, R. *97*
Proctor, M. H. 102, 107, *167*
Proszt, G. s. Vas, K. 53, *99*
Puck, T. 259, *263*
Puck, T. T. (*216*), (*218*), 272, 273, 284, *296*
— S. J. Cieciura u. A. Robinson (*217*), 277, *296*
— u. H. W. Fisher (*215*), 272, 273, *296*
— s. Marcus, P. I. (*184*), 269, *295*
— s. Tjio, J. H. (*267*), (*268*), 277, 279, *298*
Pulvertaft, R. V. J., J. R. Davies, L. Weiss u. J. H. Wilkinson (*219*), 271, 284, *296*
— u. J. A. Haynes 80, 82, *97*
Pumper, R. W. (*220*), 272, *296*
Pyl, G. (*58*), 17, *37*

Quastler, H. J. s. Baron, L. S. 102, *159*
Quayle, J. R., u. D. B. Keech 183, 215, *235*
Quersin-Thiery, L. (*221*), (*222*), 279, 281, *296*
Quirin, Chr. s. Feo, F. *162*

Raacke, I. D. *235*
Rabin, B. R. s. Datta, S. P. *229*
Rabson, A. S., F. Y. Legallais u. S. Baron (*223*), 272, 273, *296*
— s. Baron, S. (*3*), 270, *287*
Rachmeler, M. s. Yanofsky, C. 196, 213, *238*
Racker, E., u. R. Wu *236*
— s. Levin, D. H. *232*
Ramachandran, L. K. s. Fraenkel-Conrat, H. (*115*), 27, *38*
Ramsey, H. H., u. T. E. Wilson 139, *167*
Rapp, F. (*224*), 284, *296*
Redman, W. H. s. Sprunt, K. (*83*), 34, 35, *37*
Rees, C. W. s. Albert, A. *226*
Reese, E. T. s. Mandels, M. 131, *165*
Reichard, P., u. G. Hanshoff 185, *236*
Reichmann, M. E., u. R. Stace-Smith (*78*), 33, *37*
Reiner, J. M. 136, 148, *167*, 221, *236*
— u. F. Goodman *167*
— u. S. Spiegelman 102, *167*
Reithel, F. J., u. J. Ch. Kim 136, *168*
Renaux, E. s. Bordet, H. 54, 71, 75, *91*
Richman, E. E. s. Commoner, B. (*28*), 8, *36*
Richmond, H. G. s. Nairn, R. C. (*200*), 282, *295*
Richmond, M. H. 77, *97*, 221, *236*
Rickenberg, H. V., G. N. Cohen, G. Buttin u. J. Monod 175, 176, 177, 178, 179, 180, 183, *236*
— u. G. Lester 123, *168*, 205, *236*
— s. Cohen, G. N. 175, 183, *228*
— s. Cohen, N. *161*
Riggs, J. L., R. J. Seiwald, J. H. Burckhalter, C. M. Downs u. T. G. Metcalf 241, *263*
Righi, L. s. Buffa, P. 154, *160*
Rittenberg, D. s. Borek, E. 122, 123, *159*
Rivers, T. M., E. Haagen u. R. S. Muckenfuss 258, *264*
Roberts s. Winge 141, 182

Roberts, J. L., u. I. L. Baldwin 73, *97*
Roberts, R. B. s. Britten, R. J. 173, 174, 175, 183, *227*
Robertson, J. J., u. H. O. Halvorson *168*
Robichon-Szulmajster, H. de 126, *168*
— s. Cowie, D. B. 220, *228*
— s. Kalckar, H. M. *164*
— s. Stadtman, E. R. *237*
Robinow, C. F. 39, 40, 41, 43, 44, 46, 47, 50, 52, 65, 67, 71, *97*
— s. Mayall, B. H. 52, 83, *96*
Robinson, A. s. Puck, T. T. (*217*), 277, *296*
Robinson, L. B., R. H. Wichelhausen u. B. Roizmann (*225*), 279, *296*
Rode, L. J., u. J. W. Foster 43, 48, 84, 85, *97*
Roger 59
Rogers, P., u. G. D. Novelli *236*
Roizmann, B. s. Robinson, L. B. (*225*), 279, *296*
Roote, S. M. s. Polglase, W. J. *235*
Rosano, C. L. s. Hurwitz, Ch. *231*
Rose, N. R., u. L. Kornstad (*226*), 280, *296*
Ross, F. A., u. E. Billing *97*
Ross, J. D. (*227*), 280, 281, *296*
— s. Syverton, J. T. (*262*), 274, 275, *298*
Roth, N. G., D. H. Lively u. H. M. Hodge 73, *97*
Rothfels, K. H., A. A. Axelrad, L. Siminovitch, E. A. McCulloch u. R. C. Parker (*230*), 268, 269, 272, 273, 274, 277, 278, 279, 281, 282, 285, 286, *297*
— u. L. Siminovitch (*228*), (*229*), 277, *297*
Rott, R., u. W. Schäfer 247, *264*
— s. Schäfer, W. 246, *264*
— s. Scholtissek, C. (*96*), 25, *38*
Rouillard, L. E. s. Coombs, R. R. A. (*42*), 280, *289*
Rous, P., u. F. S. Jones (*231*), *297*
— P. D. McMaster u. S. S. Hudack 258, *264*
Roux s. Chamberland 40, *92*

Sachverzeichnis